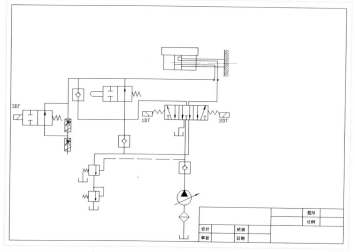

**YT4543滑台液压系统电气图**

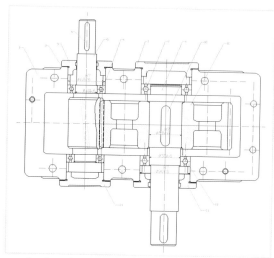

**变速器组装图**

| 序号 | 名 称 | 数量 | 材 料 | 备 注 |
|------|-------|------|-------|-------|
| 14 | 端盖 | 1 | HT150 | |
| 13 | 端盖 | 1 | HT150 | |
| 12 | 定距环 | 1 | Q235A | |
| 11 | 大齿轮 | 1 | 40 | |
| 10 | 键16X70 | 1 | Q275 | GB 1095-79 |
| 9 | 轴 | 1 | 45 | |
| 8 | 轴承 | 2 | | 30208 |
| 7 | 端盖 | 1 | HT200 | |
| 6 | 轴承 | 2 | | 30211 |
| 5 | 轴 | 1 | 45 | |
| 4 | 键8X50 | 1 | Q275 | GB 1093-79 |
| 3 | 端盖 | 1 | HT200 | |
| 2 | 调整垫片 | 2组 | 08F | |
| 1 | 减速器箱体 | 1 | HT200 | |

**变速器组装图明细表**

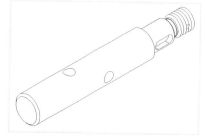

**泵轴**

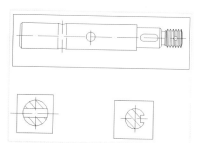

**泵轴视图**

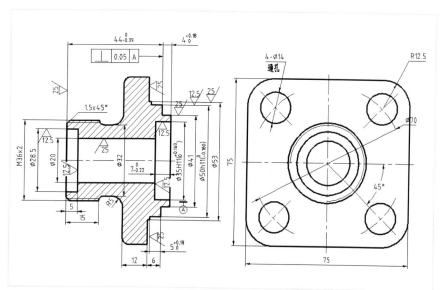

**阀盖DWF文件讲解图**

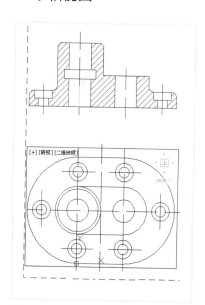

**泵盖三视图**

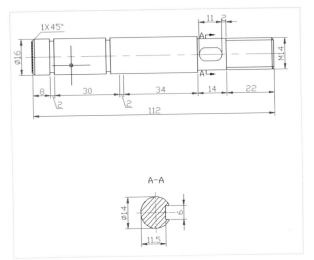

标注泵轴

标注齿轮轴

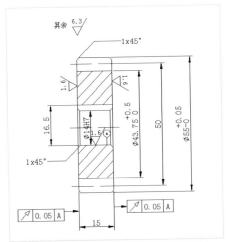

标注齿轮表面粗糙度

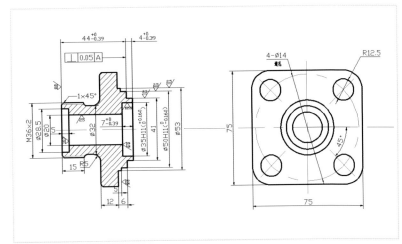

标注阀盖

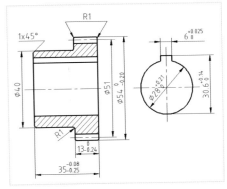

标注齿轮轴套

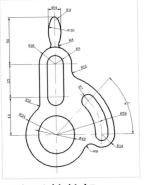

标注挂轮架

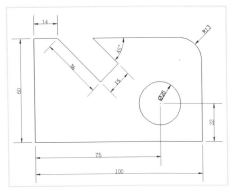

标注卡槽

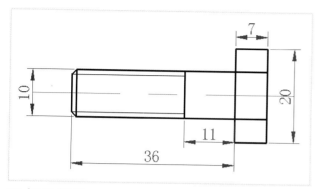

**标注螺栓**

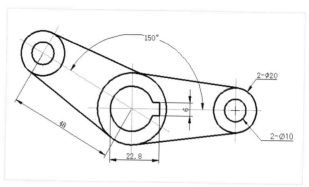

**标注曲柄**

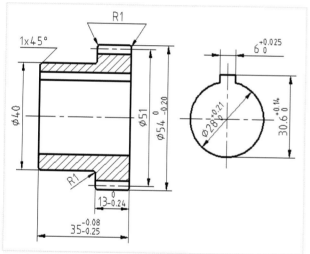

**齿轮套**

| 阀体 | | 比例 | | |
|---|---|---|---|---|
| | | 件数 | | |
| 制图 | | 重量 | | 共 张 第 张 |
| 描图 | | 三维书屋工作室 | | |
| 审核 | | | | |

**绘制标题栏**

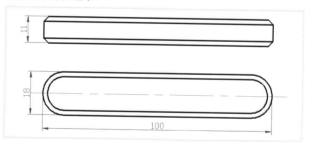

**标注圆头平键**

| 11 | hu11 | 橡胶密封圈 | 1 | |
|---|---|---|---|---|
| 10 | hu10 | 橡胶密封圈 | 1 | |
| 9 | hu9 | 卡环 | 1 | |
| 8 | hu8 | 卡环 | 1 | |
| 7 | hu7 | 离合器压板 | 1 | |
| 6 | hu6 | 外齿摩擦片 | 7 | |
| 5 | hu5 | 弹簧 | 20 | |
| 4 | hu4 | 离合器活塞 | 1 | |
| 3 | hu3 | CNL离合器缸体 | 1 | |
| 2 | hu2 | 弹簧座总成 | 1 | |
| 1 | hu1 | 内齿摩擦片总成 | 7 | |
| 序号 | 代 号 | 名 称 | 数量 | 备 注 |

**明细表**

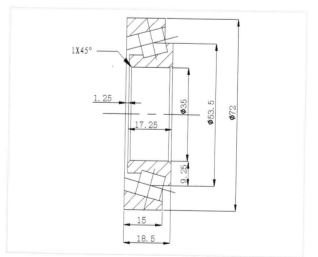

**圆锥滚子轴承**

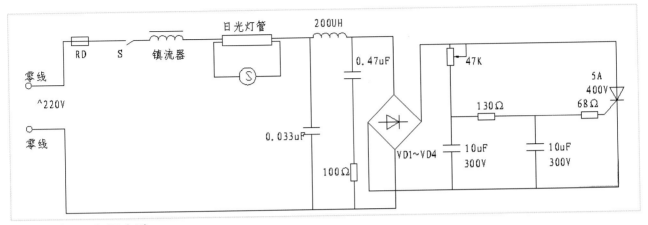

**日光灯调光器电路**

**机座三维实体**

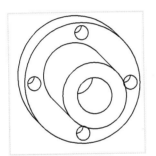

**端盖的斜二侧图**

**轴承座正等轴测图**

**轴承支座轴测图**

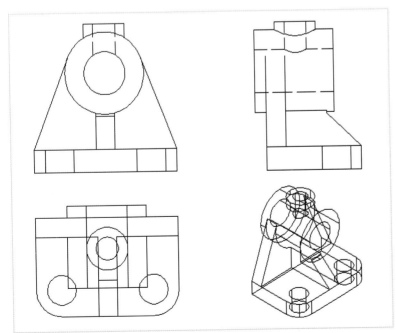

**轴承座三视图**

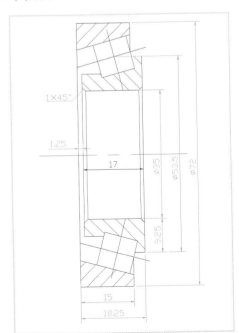

**圆锥滚子轴承**

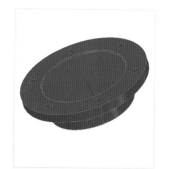

**泵盖**

**表面模型**

**叉拨架**

**茶壶**

**齿轮泵装配图**

**带轮**

**弹簧**

**固定板**

**阀体**

**顶针**

**六角螺钉**

**凉亭**

**连接轴环**

**壳体**

**接头**

**棘轮**

┖ 花篮

┖ 转向盘

┖ 轴支架

┖ 轴承座

┖ 支架

┖ 战斗机

┖ 镶块

┖ 弯管接头

┖ 透镜、平键

┖ 台灯

┖ 锁、六角螺母

┖ 手推车小轮

┖ 三通管

┖ 六角形拱顶

┖ 实体模型

┖ 石桌

清华社"视频大讲堂"大系

CAD/CAM/CAE技术视频大讲堂

# AutoCAD 2016 中文版
# 从入门到精通（标准版）

CAD/CAM/CAE 技术联盟　编著

清華大學出版社

北　京

# 内 容 简 介

《AutoCAD 2016 中文版从入门到精通（标准版）》综合介绍了 AutoCAD 2016 中文版的基础知识和应用技巧。全书共 14 章，其中第 1～10 章主要介绍了 AutoCAD 2016 中文版在二维平面绘图的基础知识和使用技巧，第 11～14 章主要介绍了在软件中三维对象的创建方法及编辑技巧。每章的知识点都配有案例讲解，使读者对知识点有更进一步的了解，并在每章最后配有巩固练习题，使读者能综合运用所学的知识点。

另外，本书随书光盘中还配备了极为丰富的学习资源，具体内容如下：

1. 112 集本书实例配套教学视频，可像看电影一样轻松学习，然后对照书中实例进行练习。

2. AutoCAD 应用技巧大全、疑难问题汇总、经典练习题、常用图块集、快捷键命令速查手册、快捷键速查手册、常用工具按钮速查手册等，能极大地方便学习，提高学习和工作效率。

3. 6 套大型图纸设计方案及长达 10 小时同步教学视频，可以增强实战能力，拓宽视野。

4. 全书实例的源文件和素材，方便按照书中实例操作时直接调用。

本书适合入门级读者学习使用，也适合有一定基础的读者作参考，还可用作职业培训、职业教育的教材。

**图书在版编目（CIP）数据**

AutoCAD 2016 中文版从入门到精通：标准版/CAD/CAM/CAE 技术联盟编著. —北京：清华大学出版社，2017
（2022.9 重印）

（清华社"视频大讲堂"大系　CAD/CAM/CAE 技术视频大讲堂）

ISBN 978-7-302-46962-9

Ⅰ. ①A… Ⅱ. ①C… Ⅲ. ①AutoCAD 软件 Ⅳ. ①TP391.72

中国版本图书馆 CIP 数据核字（2017）第 080098 号

责任编辑：杨静华
封面设计：李志伟
版式设计：牛瑞瑞
责任校对：王　云
责任印制：刘海龙

出版发行：清华大学出版社
　　　　网　　址：http://www.tup.com.cn, http://www.wqbook.com
　　　　地　　址：北京清华大学学研大厦 A 座　　　邮　　编：100084
　　　　社 总 机：010-83470000　　　　　　　　邮　　购：010-62786544
　　　　投稿与读者服务：010-62776969, c-service@tup.tsinghua.edu.cn
　　　　质量反馈：010-62772015, zhiliang@tup.tsinghua.edu.cn

印 装 者：三河市金元印装有限公司
经　 销：全国新华书店
开　 本：203mm×260mm　印　张：39.5　插　页：4　字　数：1159 千字
　　　　（附 DVD 光盘 1 张）
版　 次：2017 年 10 月第 1 版　　　　　　印　次：2022 年 9 月第 7 次印刷
定　 价：99.80 元

产品编号：063967-02

在当今的计算机工程界，恐怕没有一款软件比 AutoCAD 更具有知名度和普适性了。AutoCAD 是美国 Autodesk 公司推出的集二维绘图、三维设计、参数化设计、协同设计及通用数据库管理和互联网通信功能为一体的计算机辅助绘图软件包。AutoCAD 自 1982 年推出以来，发展到现在，广泛应用在机械、电子、建筑、室内装潢、家具、园艺和市政工程等工程设计领域，成为计算机 CAD 系统中应用最为广泛的图形软件之一。同时，AutoCAD 也是一个最具有开放性的工程设计开发平台，其开放性的源代码可以供各个行业进行广泛的二次开发，目前国内一些著名的二次开发软件，例如 CAXA 系列、天正系列等无不是在 AutoCAD 基础上进行本土化开发的产品。本书将以目前应用最为广泛的 AutoCAD 2016 版本为基础进行讲解。

## 一、编写目的

鉴于 AutoCAD 强大的功能和深厚的工程应用底蕴，我们力图开发一套全方位介绍 AutoCAD 在各个工程行业实际应用情况的书籍。具体就每本书而言，我们不求事无巨细地将 AutoCAD 知识点全面讲解清楚，而是针对专业或行业需要，以 AutoCAD 大体知识脉络为线索，以实例为"抓手"，帮助读者掌握利用 AutoCAD 进行本专业或本行业工程设计的基本技能和技巧。

## 二、本书特点

### ☑ 专业性强

本书的编者都是高校多年从事计算机图形教学研究的一线人员，他们具有丰富的教学实践经验与编写教材经验，有一些执笔者是国内 AutoCAD 图书出版界知名的作者，前期出版的一些相关书籍经过市场检验，很受读者欢迎。多年的教学工作使他们能够准确地把握学生的心理与实际需求，本书是作者总结多年的设计经验以及教学的心得体会，历时多年精心准备编写而成的，力求全面细致地展现 AutoCAD 在工业设计应用领域的各种功能和使用方法。

### ☑ 实例丰富

本书的实例不论是数量还是种类，都非常丰富。从数量上说，本书结合大量的工业设计实例详细讲解 AutoCAD 知识要点，全书包含 100 多个实例，让读者在学习案例的过程中潜移默化地掌握 AutoCAD 软件操作技巧。从种类上说，基于本书面向专业面宽泛的特点，我们在组织实例的过程中，注意实例的行业分布广泛性，以普通工业造型和机械零件造型为主，并辅助一些建筑、电气等专业方向的实例。

### ☑ 涵盖面广

就本书而言，我们的目的是编写一本对工科各专业具有普适性的基础应用学习书籍。因为有很多读者的专业学习方向，我们不可能机械地将其归类为机械、建筑或电气的某一个专业门类。有的读者学习的可能也不只是在某一个专业方向上的应用。因此本书对知识点的讲解做到尽量全面，包罗了 AutoCAD 常用的功能讲解，内容涵盖了二维绘制、二维编辑、基本绘图工具、文字和表格、尺寸编辑、图块与外部参照、辅助绘图工具、数据交换、三维绘图和编辑命令等知识。对每个知识点而言，我们不求过于艰深，只要求读者能够掌握一般工程设计的知识。因此在语言上尽量做到浅显易懂、言简意赅。

☑ **突出技能提升**

本书从全面提升 AutoCAD 设计能力的角度出发，结合大量的案例来讲解如何利用 AutoCAD 进行工程设计，让读者懂得计算机辅助设计并能够独立地完成各种工程设计。

本书中有很多实例本身就是工程设计项目案例，经过作者精心提炼和改编，不仅保证了读者能够学好知识点，更重要的是能帮助读者掌握实际的操作技能，同时培养工程设计实践能力。

## 三、本书的配套资源

光盘中提供了极为丰富的学习配套资源，以便读者朋友在最短的时间学会并精通这门技术。

**1．配套教学视频**

针对本书实例专门制作了 112 集配套教学视频，读者可以先看视频，像看电影一样轻松愉悦地学习本书内容，然后对照课本加以实践和练习，大大提高了学习效率。

**2．AutoCAD 应用技巧、疑难解答等资源**

（1）AutoCAD 应用技巧大全：汇集了 AutoCAD 绘图的各类技巧，对提高作图效率很有帮助。

（2）AutoCAD 疑难问题汇总：疑难解答的汇总，对入门者来讲非常有用，可以扫除学习障碍，让学习少走弯路。

（3）AutoCAD 经典练习题：额外精选了不同类型的练习，读者朋友只要认真去练，到一定程度就可以实现从量变到质变的飞跃。

（4）AutoCAD 常用图块集：在实际工作中，积累大量的图块可以拿来就用，或者稍加改动就可以用，对于提高作图效率极为重要。

（5）AutoCAD 快捷键命令速查手册：汇集了 AutoCAD 常用快捷命令，熟记可以提高作图效率。

（6）AutoCAD 快捷键速查手册：汇集了 AutoCAD 常用快捷键，绘图高手通常会直接用快捷键。

（7）AutoCAD 常用工具按钮速查手册：熟练掌握 AutoCAD 工具按钮的使用方法也是提高作图效率的方法之一。

**3．6 套大型图纸设计方案及长达 10 小时同步教学视频**

为了帮助读者拓宽视野，本书光盘特意赠送 6 套设计图纸集，图纸源文件，以及视频教学录像（动画演示），视频总长 10 小时。

**4．全书实例的源文件和素材**

本书附带了很多实例，光盘中包含实例和练习实例的源文件和素材，读者可以安装 AutoCAD 2016 软件打开并使用它们。

## 四、关于本书的服务

**1．"AutoCAD 2016 简体中文版"安装软件的获取**

按照本书上的实例进行操作练习，以及使用 AutoCAD 2016 进行绘图，需要事先在电脑上安装 AutoCAD 2016 软件。"AutoCAD 2016 简体中文版"安装软件可以登录 http://www.autodesk.com.cn 联系购买正版软件，或者使用其试用版。另外，当地电脑城、软件经销商一般都售这种软件。

**2．关于本书的技术问题或有关本书信息的发布**

读者朋友遇到有关本书的技术问题，可以登录 www.tup.com.cn，找到该书后单击下部的"网络资源"下载，看该书的留言是否已经对相关问题进行了回复，如果没有请将问题发到邮箱 win760520@126.com 或 CADCAMCAE7510@163.com，我们将及时回复。或加 QQ 交流群：597056765，直接在线交流。

**3．关于本书光盘的使用**

本书光盘可以放在电脑 DVD 格式光驱中使用，其中的视频文件可以用播放软件进行播放，但不能在家用 DVD 播放机上播放，也不能在 CD 格式光驱的电脑上使用（现在 CD 格式的光驱已经很少）。如果光盘仍然无法读取，建议最快的解决办法是换一台电脑读取，然后复制过来，极个别光驱与光盘不兼容的现象是有的。另外，盘面有脏物时建议要先行擦拭干净。

**4．关于手机在线学习**

扫描书后二维码，可在手机中观看对应教学视频。充分利用碎片化时间，随时随地提升。

# 五、关于作者

本书由 CAD/CAM/CAE 技术联盟编著。CAD/CAM/CAE 技术联盟是一个 CAD/CAM/CAE 技术研讨、工程开发、培训咨询和图书创作的工程技术人员协作联盟，包含 20 多位专职成员和众多兼职 CAD/CAM/CAE 工程技术专家。

CAD/CAM/CAE 技术联盟负责人由 Autodesk 中国认证考试中心首席专家担任，全面负责 Autodesk 中国官方认证考试大纲制定、题库建设、技术咨询和师资力量培训工作，成员精通 Autodesk 系列软件。其创作的很多教材成为国内具有引导性的旗帜作品，在国内相关专业方向图书创作领域具有举足轻重的地位。

赵志超、张辉、赵黎黎、朱玉莲、徐声杰、张琪、卢园、杨雪静、孟培、闫聪聪、李兵、甘勤涛、孙立明、李亚莉、王敏、宫鹏涵、左昉、李谨、张亭、秦志霞、井晓翠、解江坤、闫国超、吴秋彦、胡仁喜、刘昌丽、康士廷、毛瑢、王玮、王艳池、王培合、王义发、王玉秋、张红松、王佩凯、陈晓鸽、张日晶、禹飞舟、杨肖、吕波、李瑞、贾燕、刘建英、薄亚、方月、刘浪、穆礼渊、张俊生、郑传文等参与了本书具体章节的编写工作，对他们的付出表示真诚的感谢。

# 六、致谢

在本书的写作过程中，原项目负责人刘利民先生和杨静华编辑给予了很大的帮助和支持，提出了很多中肯的建议，在此表示感谢。同时，还要感谢清华大学出版社的其他编审人员为本书的出版所付出的辛勤劳动。本书的成功出版是大家共同努力的结果，谢谢所有给予支持和帮助的人。

编 者

# 目 录

Contents

**Note**

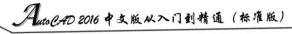

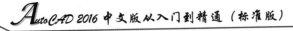

# AutoCAD 疑难问题汇总

## （本目录对应的内容在光盘中）

# AutoCAD 应用技巧大全

## （本目录对应的内容在光盘中）

# AutoCAD 2016 基础

AutoCAD 2016 是美国 Autodesk 公司于 2015 年推出的版本，该版本与 AutoCAD 2009 版的 DWG 文件及应用程序兼容，拥有很好的整合性。

本章开始循序渐进地学习 AutoCAD 2016 绘图的有关基本知识。了解如何设置图形的系统参数、样板图，熟悉建立新的图形文件、打开已有文件的方法等。

- ☑ 操作界面
- ☑ 设置绘图环境
- ☑ 配置绘图系统
- ☑ 文件管理
- ☑ 基本输入操作
- ☑ 缩放与平移

## 任务驱动&项目案例

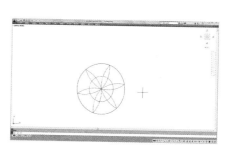

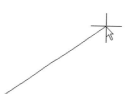

# 1.1 操作界面

AutoCAD 的操作界面是打开软件显示的第一个画面，也是 AutoCAD 显示、编辑图形的区域。下面先对操作界面进行简要的介绍，帮助读者打开进入 AutoCAD 的大门。

如图 1-1 所示为启动 AutoCAD 2016 后的默认界面，这个界面采用 AutoCAD 2009 以后出现的新界面风格，包括标题栏、绘图区、十字光标、坐标系图标、命令行窗口、状态栏、布局标签和快速访问工具栏等功能组件。

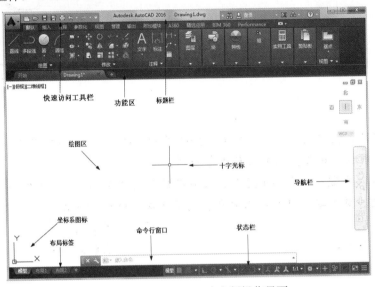

图 1-1　AutoCAD 2016 中文版操作界面

注意：安装 AutoCAD 2016 后，在绘图区中右击，打开快捷菜单，如图 1-2 所示。选择"选项"命令，打开"选项"对话框，选择"显示"选项卡，将"窗口元素"选项组中的"配色方案"设置为"明"，如图 1-3 所示，单击"确定"按钮，退出对话框，其操作界面如图 1-4 所示。

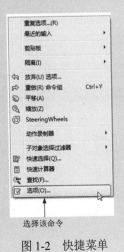

图 1-2　快捷菜单

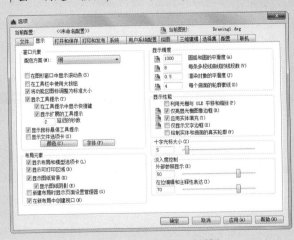

图 1-3　"选项"对话框

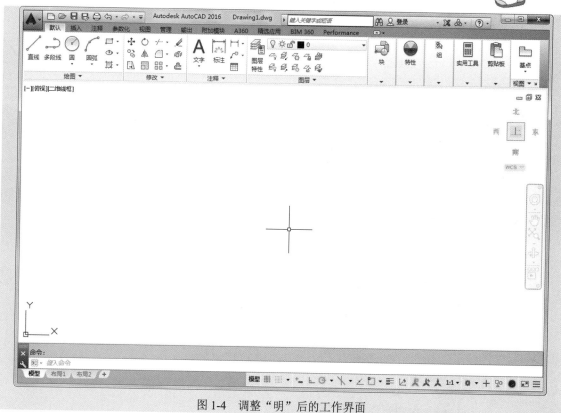

图1-4 调整"明"后的工作界面

## 1.1.1 标题栏

在 AutoCAD 2016 中文版绘图窗口的最上端是标题栏。标题栏中显示系统当前正在运行的应用程序（AutoCAD 2016）和用户正在使用的图形文件名称。第一次启动 AutoCAD 2016 时，在绘图窗口的标题栏中显示 AutoCAD 2016 启动时创建并打开的图形文件的名称 Drawing1.dwg，如图 1-1 所示。

## 1.1.2 绘图区

绘图区是指在标题栏下方的大片空白区域，它是用户使用 AutoCAD 绘制图形的区域，用户完成一幅设计图的主要工作都是在绘图区中进行的。

绘图区有一个类似光标作用的十字线，其交点反映光标在当前坐标系中的位置。在 AutoCAD 中将该十字线称为光标，AutoCAD 通过光标显示当前点的位置。十字线的方向与当前用户坐标系的 X 轴、Y 轴方向平行，系统预设十字线的长度为屏幕大小的 5%，如图 1-1 所示。

1. 修改图形窗口中十字光标的大小

光标的长度系统预设为屏幕大小的 5%，用户可以根据绘图的实际需要更改其大小。改变光标大小的方法如下：

在绘图窗口中选择菜单栏中的"工具"→"选项"命令，打开"选项"对话框，选择"显示"选项卡，在"十字光标大小"选项组的文本框中直接输入数值，或者拖动文本框后面的滑块，即可对十字光标的大小进行调整，如图 1-3 所示。

此外，还可以通过设置系统变量 CURSORSIZE 的值，实现对十字光标大小的更改，方法是在命令行中输入：

```
命令: CURSORSIZE✓
输入 CURSORSIZE 的新值 <5>:
```

在提示下输入新值即可。默认值为 5%。

**2. 修改绘图窗口的颜色**

在默认情况下，AutoCAD 的绘图窗口是黑色背景、白色线条，这不符合绝大多数用户的习惯，因此修改绘图窗口颜色是大多数用户都需要进行的操作。

修改绘图窗口颜色的步骤如下：

（1）选择"工具"→"选项"命令，打开"选项"对话框，选择"显示"选项卡，单击"窗口元素"选项组中的"颜色"按钮，打开如图 1-5 所示的"图形窗口颜色"对话框。

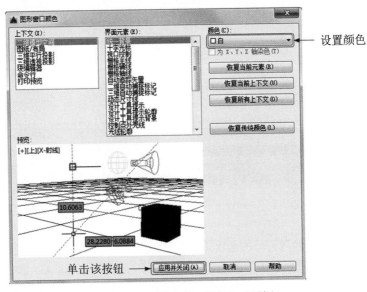

图 1-5　"图形窗口颜色"对话框

（2）在"颜色"下拉列表框中选择需要的窗口颜色，然后单击"应用并关闭"按钮，此时 AutoCAD 的绘图窗口变成了选择的背景色，通常按视觉习惯选择白色为窗口颜色。

## 1.1.3　坐标系图标

在绘图区的左下角有一个直线指向图标，称为坐标系图标，表示用户绘图时正使用的是坐标系形式，如图 1-1 所示。坐标系图标的作用是为点的坐标确定一个参照系，详细情况将在 1.5.4 节介绍。根据工作需要，用户可以将其关闭，方法是选择"视图"→"显示"→"UCS 图标"→"开"命令，如图 1-6 所示。

## 1.1.4　菜单栏

在 AutoCAD 的快速访问工具栏处调出菜单栏，如图 1-7 所示，调出后的菜单栏界面如图 1-8 所示。同其他 Windows 程序一样，AutoCAD 的菜单也是下拉形式，并在菜单中包含子菜单。AutoCAD

的菜单栏中包含"文件""编辑""视图""插入""格式""工具""绘图""标注""修改""参数""窗口""帮助"12 个菜单，这些菜单几乎包含 AutoCAD 的所有绘图命令，后面的章节将围绕这些菜单展开讲述，具体内容在此从略。

图 1-6　"视图"菜单

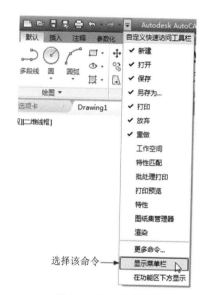

图 1-7　调出菜单栏

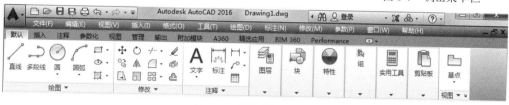

图 1-8　菜单栏显示界面

一般来讲，AutoCAD 下拉菜单中的命令有以下 3 种类型。

### 1. 带有小三角形的菜单命令

这种类型的命令后面带有子菜单。例如，选择"绘图"→"圆弧"命令，屏幕上就会进一步下拉出"圆弧"子菜单中所包含的命令，如图 1-9 所示。

### 2. 打开对话框的菜单命令

这种类型的命令后面带有省略号。例如，选择"格式"→"表格样式"命令，如图 1-10 所示，屏幕上就会打开"表格样式"对话框，如图 1-11 所示。

### 3. 直接操作的菜单命令

选择这种类型的命令将直接进行相应的绘图或其他操作。例如，选择"视图"→"重画"命令，系统将刷新显示所有视口，如图 1-12 所示。

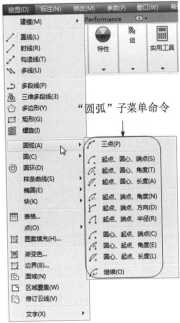

"圆弧" 子菜单命令

图 1-9　带有子菜单的菜单命令

←选择该命令

图 1-10　打开相应对话框的菜单命令

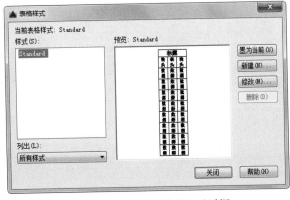

图 1-11　"表格样式"对话框

选择该命令

图 1-12　直接执行菜单命令

## 1.1.5　工具栏

工具栏是一组图标型工具的集合,选择菜单栏中的"工具"→"工具栏"→AutoCAD 命令,调出所需要的工具栏,把光标移动到某个图标,稍停片刻即在该图标一侧显示相应的工具提示,同时在状态栏中,显示对应的说明和命令名。此时,单击图标也可以启动相应命令。

**1．设置工具栏**

　　AutoCAD 2016 的标准菜单提供有几十种工具栏，选择菜单栏中的"工具"→"工具栏"→AutoCAD命令，系统会自动打开单独的工具栏标签列表，如图 1-13 所示。单击某一个未在界面显示的工具栏标签名，系统自动在工作界面打开该工具栏；反之，则关闭工具栏。

**2．工具栏的固定、浮动与打开**

　　工具栏可以在绘图区浮动，如图 1-14 所示，此时显示该工具栏标题，并可关闭该工具栏，用鼠标可以拖动浮动工具栏到图形区边界，使它变为固定工具栏，此时该工具栏标题隐藏。可以把固定工具栏拖出，使它成为浮动工具栏。

　　在有些图标的右下角带有一个小三角，单击该工具栏图标会打开相应的工具栏，如图 1-15 所示；按住鼠标左键，将光标移动到某一图标上然后松手，该图标就成为当前图标。单击当前图标，就会执行相应的命令。

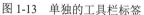

图 1-13　单独的工具栏标签

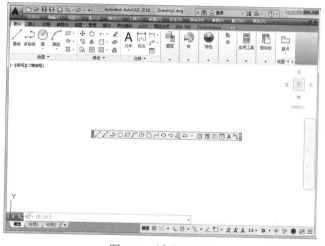

图 1-14　浮动工具栏

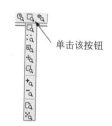

单击该按钮

图 1-15　打开工具栏

## 1.1.6　命令行窗口

　　命令行窗口是输入命令名和显示命令提示的区域，默认情况下命令行窗口布置在绘图区下方，是若干文本行。对于命令行窗口，有以下几点需要说明。

　　☑　移动拆分条，可以扩大与缩小命令行窗口。

　　☑　可以拖动命令行窗口，将其布置在屏幕上的其他位置。

☑ 对当前命令行窗口中输入的内容可以按 F2 键用文本编辑的方法进行编辑，如图 1-16 所示。AutoCAD 文本窗口和命令行窗口相似，可以显示当前 AutoCAD 进程中命令的输入和执行过程，在执行 AutoCAD 某些命令时，会自动切换到文本窗口，列出有关信息。

☑ AutoCAD 通过命令行窗口反馈各种信息，包括出错信息。因此，用户要时刻关注命令行窗口中出现的信息。

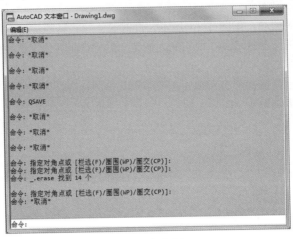

图 1-16　文本窗口

## 1.1.7　布局标签

AutoCAD 系统默认设定一个模型空间布局标签和"布局 1""布局 2"两个图样空间布局标签。

### 1. 布局

布局是系统为绘图设置的一种环境，包括图样大小、尺寸单位、角度设定、数值精确度等，在系统预设的 3 个标签中，这些环境变量都按默认设置。用户可根据实际需要改变这些变量的值，也可以根据需要设置符合自己要求的新标签。

### 2. 模型

AutoCAD 的空间分为模型空间和图样空间。模型空间是通常绘图的环境，而在图样空间中，用户可以创建叫作"浮动视口"的区域，以不同视图显示所绘图形。用户可以在图样空间中调整浮动视口并决定所包含视图的缩放比例。如果选择图样空间，则可打印多个视图，用户可以打印任意布局的视图。

AutoCAD 系统默认打开模型空间，用户可以通过单击选择需要的布局。

## 1.1.8　状态栏

状态栏在屏幕的底部，依次有"坐标""模型空间""栅格""捕捉模式""推断约束""动态输入""正交模式""极轴追踪""等轴测草图""对象捕捉追踪""二维对象捕捉""线宽""透明度""选择循环""三维对象捕捉""动态 UCS""选择过滤""小控件""注释可见性""自动缩放""注释比例""切换工作空间""注释监视器""单位""快捷特性""图形性能""全屏显示""自定义"28 个功能按钮。单击部分开关按钮，可以实现这些功能的开关。通过部分按钮也可以控制图形或绘图区的状态。

Note

注意：默认情况下，不会显示所有工具，可以通过状态栏最右侧的按钮，选择要从"自定义"菜单显示的工具。状态栏上显示的工具可能会发生变化，具体取决于当前的工作空间以及当前显示的是"模型"空间还是"布局"图样空间。

下面对部分状态栏上的按钮做简单介绍，如图1-17所示。

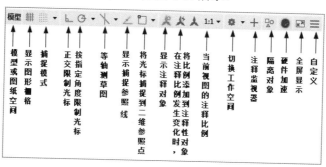

图1-17 状态栏

- ☑ 模型或图纸空间：在模型空间与布局空间之间进行转换。
- ☑ 显示图形栅格：栅格是覆盖整个坐标系（UCS）XY平面的直线或点组成的矩形图案。使用栅格类似于在图形下放置一张坐标纸。利用栅格可以对齐对象并直观显示对象之间的距离。
- ☑ 捕捉模式：对象捕捉对于在对象上指定精确位置非常重要。不论何时提示输入点，都可以指定对象捕捉。默认情况下，当光标移到对象的对象捕捉位置时，将显示标记和工具提示。
- ☑ 正交限制光标：将光标限制在水平或垂直方向上移动，以便于精确地创建和修改对象。当创建或移动对象时，可以使用"正交"模式将光标限制在相对于用户坐标系（UCS）的水平或垂直方向上。
- ☑ 按指定角度限制光标（极轴追踪）：使用极轴追踪，光标将按指定角度进行移动。创建或修改对象时，可以使用极轴追踪来显示由指定的极轴角度所定义的临时对齐路径。
- ☑ 等轴测草图：通过设定"等轴测捕捉/栅格"，可以很容易地沿3个等轴测平面之一对齐对象。尽管等轴测图形看似三维图形，但它实际上是由二维图形表示。因此不能期望提取三维距离和面积，也不能从不同视点显示对象或自动消除隐藏线。
- ☑ 显示捕捉参照线（对象捕捉追踪）：使用对象捕捉追踪，可以沿着基于对象捕捉点的对齐路径进行追踪。已获取的点将显示一个小加号（+），一次最多可以获取7个追踪点。获取点之后，在绘图路径上移动光标，将显示相对于获取点的水平、垂直或极轴对齐路径。例如，可以基于对象的端点、中点或者交点，沿着某个路径选择一点。
- ☑ 将光标捕捉到二维参照点（对象捕捉）：使用执行对象捕捉设置（也称为对象捕捉），可以在对象上的精确位置指定捕捉点。选择多个选项后，将应用选定的捕捉模式，以返回距离靶框中心最近的点。按Tab键可以在这些选项之间循环。
- ☑ 显示注释对象：当图标亮显时表示显示所有比例的注释性对象，当图标变暗时表示仅显示当前比例的注释性对象。
- ☑ 在注释比例发生变化时，将比例添加到注释性对象：注释比例更改时，自动将比例添加到注释对象。
- ☑ 当前视图的注释比例：单击注释比例右下角的小三角符号弹出注释比例列表，如图1-18所示，可以根据需要选择适当的注释比例。
- ☑ 切换工作空间：进行工作空间转换。

☑ 注释监视器：打开仅用于所有事件或模型文档事件的注释监视器。

☑ 隔离对象：当选择隔离对象时，在当前视图中显示选定对象，所有其他对象都暂时隐藏。当选择隐藏对象时，在当前视图中暂时隐藏选定对象，所有其他对象都可见。

☑ 硬件加速：设定图形卡的驱动程序以及设置硬件加速的选项。

☑ 全屏显示：该选项可以清除 Windows 窗口中的标题栏、功能区和选项板等界面元素，使 AutoCAD 的绘图窗口全屏显示，如图 1-19 所示。

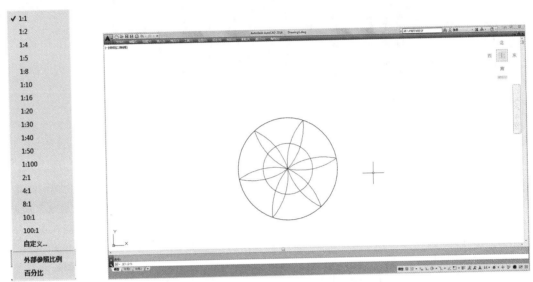

图 1-18　注释比例列表　　　　　　　　　　图 1-19　全屏显示

☑ 自定义：状态栏可以提供重要信息，而无须中断工作流。使用 MODEMACRO 系统变量可将应用程序所能识别的大多数数据显示在状态栏中。使用该系统变量的计算、判断和编辑功能可以完全按照用户的要求构造状态栏。

## 1.1.9　快速访问工具栏和交互信息工具栏

### 1. 快速访问工具栏

快速访问工具栏包括"新建""打开""保存""另存为""打印""放弃""重做""工作空间"等常用的工具。用户也可以单击该工具栏后面的下拉按钮设置需要的常用工具。

### 2. 交互信息工具栏

交互信息工具栏包括"搜索"、Autodesk 360、"Autodesk Exchange 应用程序"、"保持连接"和"帮助"等常用的数据交互访问工具。

## 1.1.10　功能区

在默认情况下，功能区包括"默认"、"插入"、"注释"、"参数化"、"视图"、"管理"、"输出"、"附加模块"、A360、"精选应用"、BIM 360 以及 Performance 选项卡，如图 1-20 所示（所有选项卡显示面板如图 1-21 所示）。每个选项卡集成了相关的操作工具，方便用户的使用。用户可以单击功能区选项后面的 按钮控制功能的展开与收缩。

图 1-20　默认情况下出现的选项卡

图 1-21　所有的选项卡

（1）设置选项卡。将光标放在面板中任意位置处，右击，打开如图 1-22 所示的快捷菜单。单击某一个未在功能区显示的选项卡名，系统会自动在功能区打开该选项卡。反之，关闭选项卡（调出面板的方法与调出选项板的方法类似，这里不再赘述）。

图 1-22　快捷菜单

（2）选项卡中面板的"固定"与"浮动"。面板可以在绘图区"浮动"，如图 1-23 所示。将鼠标放到浮动面板的右上角位置处，显示"将面板返回到功能区"注释，如图 1-24 所示。单击此处，使它变为"固定"面板。也可以把"固定"面板拖出，使它成为"浮动"面板。

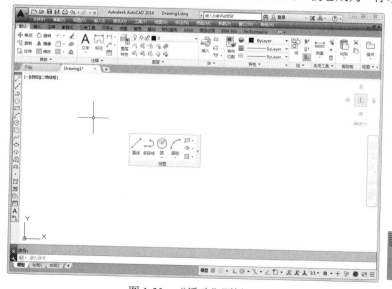

图 1-23　"浮动"面板

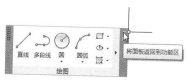

图 1-24　"绘图"面板

# 1.2 设置绘图环境

一般情况下，可以采用计算机默认的单位和图形边界，但有时需根据绘图的实际需要进行设置。在 AutoCAD 中，可以利用相关命令对图形单位和图形边界，以及工作文件进行具体设置。

## 1.2.1 图形单位设置

### 1. 执行方式

☑ 命令行：DDUNITS（或 UNITS）。

☑ 菜单栏：格式→单位。

### 2. 操作步骤

执行上述操作后，系统打开"图形单位"对话框，如图 1-25 所示。该对话框用于定义单位和角度格式。

### 3. 选项说明

（1）"长度"与"角度"选项组：指定当前单位测量的长度与角度及当前单位的精度。

（2）"插入时的缩放单位"选项组：控制使用工具选项板（如 DesignCenter 或 i-drop）拖入当前图形块的测量单位。如果块或图形创建时使用的单位与该选项指定的单位不同，则在插入这些块或图形时将对其按比例缩放。插入比例是源块或图形使用的单位与目标图形使用的单位之比。如果插入块时不按指定单位缩放，选择"无单位"选项。

（3）"输出样例"选项组：显示用当前单位和角度设置的例子。

（4）"光源"选项组：用于指定当前图形中光源强度的单位。

（5）"方向"按钮：单击该按钮，系统打开"方向控制"对话框，如图 1-26 所示。可以在该对话框中进行方向控制的设置。

图 1-25 "图形单位"对话框

图 1-26 "方向控制"对话框

## 1.2.2 图形边界设置

### 1. 执行方式

☑ 命令行：LIMITS。

☑　菜单栏：格式→图形界限。

2. 操作步骤

命令：LIMITS✓
重新设置模型空间界限：
指定左下角点或 [开(ON)/关(OFF)] <0.0000,0.0000>：（输入边界左下角的坐标后按 Enter 键）
指定右上角点 <12.0000,90000>：（输入图形边界右上角的坐标后按 Enter 键）

3. 选项说明

（1）开(ON)：使绘图边界有效。系统在绘图边界以外拾取的点视为无效。

（2）关(OFF)：使绘图边界无效。用户可以在绘图边界以外拾取点或实体。

（3）动态输入角点坐标：它可以直接在屏幕上输入角点坐标，输入横坐标值后，按"，"键，接着输入纵坐标值，如图 1-27 所示。可以移动光标位置后直接按鼠标左键确定角点位置。

图 1-27　动态输入

# 1.3　配置绘图系统

每台计算机所使用的显示器、输入设备和输出设备的类型不同，用户喜好的风格及计算机的具体设置也不同。一般来讲，使用 AutoCAD 2016 的默认配置即可绘图，但为了使用用户的定点设备或打印机，以及提高绘图的效率，推荐用户在开始作图前先进行必要的配置。

1. 执行方式

☑　命令行：Preferences。
☑　菜单栏：工具→选项。
☑　快捷菜单：在绘图区中右击，在弹出的快捷菜单中选择"选项"命令，如图 1-28 所示。

2. 操作步骤

执行上述操作后，系统打开"选项"对话框。用户可以在该对话框中设置有关选项，对绘图系统进行配置。

3. 选项说明

下面对其中主要的两个选项卡进行说明，其他配置选项在后面章节中再作具体说明。

（1）系统配置

"选项"对话框中的第五个选项卡为"系统"选项卡，用来设置 AutoCAD 系统的有关特性，如图 1-29 所示。其中，"常规选项"选项组确定是否选择系统配置的有关基本选项。

（2）显示配置

"选项"对话框中的第二个选项卡为"显示"选项卡，用于控制 AutoCAD 系统的外观，如图 1-30 所示。该选项卡设定滚动条显示与否、绘图区颜色、光标大小、AutoCAD 的版面布局设置、各实体的显示精度等参数。

图 1-28　快捷菜单

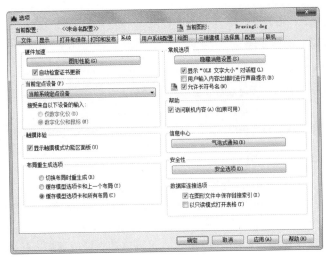

图 1-29　"系统"选项卡

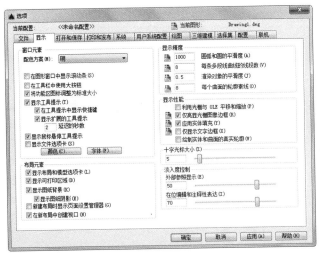

图 1-30　"显示"选项卡

**技巧**：设置实体显示精度时，务必记住，显示质量越高，即精度越高，计算机计算的时间越长，建议不要将精度设置得过高，显示质量设定在一个合理的程度即可。

# 1.4　文件管理

本节介绍有关文件管理的一些基本操作方法，包括新建文件、打开文件、保存文件、退出文件、图形修复等，这些都是 AutoCAD 2016 最基础的知识。

## 1.4.1　新建文件

### 1. 执行方式

☑　命令行：NEW（或 QNEW）。

☑　菜单栏：文件→新建或主菜单→新建。

☑　工具栏：标准→新建□或快速访问→新建□。

2. 操作步骤

执行上述操作后，系统打开如图 1-31 所示的"选择样板"对话框，在"文件类型"下拉列表框中有 3 种格式的图形样板，文件扩展名分别是.dwt、.dwg 和.dws。在一般情况下，.dwt 文件是标准的样板文件，通常将一些规定的标准样板文件设成.dwt 文件；.dwg 文件是普通的样板文件；.dws 文件是包含标准图层、标注样式、线型和文字样式的样板文件。

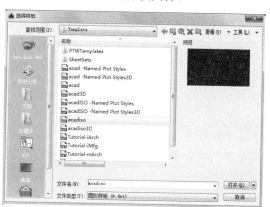

图 1-31　"选择样板"对话框

## 1.4.2　打开文件

1. 执行方式

☑　命令行：OPEN。

☑　菜单栏：文件→打开或主菜单→打开。

☑　工具栏：标准→打开▷或快速访问→打开▷。

2. 操作步骤

执行上述操作后，打开"选择文件"对话框，如图 1-32 所示。在"文件类型"下拉列表框中可以选择.dwg 文件、.dwt 文件、.dxf 文件和.dws 文件。.dxf 文件是用文本形式存储的图形文件，该类型文件能够被其他程序读取，许多第三方应用软件都支持.dxf 格式。

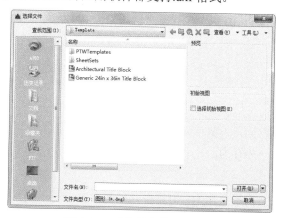

图 1-32　"选择文件"对话框

Note

### 1.4.3 保存文件

#### 1. 执行方式

- ☑ 命令行：QSAVE（或 SAVE）。
- ☑ 菜单栏：文件→保存或主菜单→保存。
- ☑ 工具栏：标准→保存🖫或快速访问→保存🖫。

#### 2. 操作步骤

执行上述操作后，若文件已命名，则 AutoCAD 自动保存；若文件未命名（即为默认名 Drawing1.dwg），则系统打开"图形另存为"对话框，如图 1-33 所示，用户可以命名保存。在"保存于"下拉列表框中可以指定保存文件的路径，在"文件类型"下拉列表框中可以指定保存文件的类型。

图 1-33 "图形另存为"对话框

为了防止因意外操作或计算机系统故障导致正在绘制的图形文件丢失，可以对当前图形文件设置自动保存。操作步骤如下：

（1）利用系统变量 SAVEFILEPATH 设置所有"自动保存"文件的位置，如 D:\HU\。

（2）利用系统变量 SAVEFILE 存储"自动保存"文件名。该系统变量存储的文件是只读文件，用户可以从中查询自动保存的文件名。

（3）利用系统变量 SAVETIME 指定在使用"自动保存"功能时多长时间保存一次图形。

### 1.4.4 另存为

#### 1. 执行方式

- ☑ 命令行：SAVEAS。
- ☑ 菜单栏：文件→另存为或主菜单→另存为。
- ☑ 工具栏：快速访问→另存为。

#### 2. 操作步骤

执行上述操作后，打开"图形另存为"对话框，如图 1-33 所示。此时，AutoCAD 用另存名进行保存，并把当前图形更名。

## 1.4.5 退出

1. 执行方式

☑ 命令行：QUIT（或 EXIT）。
☑ 菜单栏：文件→退出或主菜单→关闭。
☑ 按钮：AutoCAD 操作界面右上角的"关闭"按钮 **×**。

2. 操作步骤

命令:QUIT✓（或 EXIT✓）

执行上述命令后，若用户对图形所作的修改尚未保存，则会出现如图 1-34 所示的系统警告对话框。单击"是"按钮，系统将保存文件，然后退出；单击"否"按钮，系统将不保存文件。若用户对图形所作的修改已经保存，则直接退出。

## 1.4.6 图形修复

1. 执行方式

☑ 命令行：DRAWINGRECOVERY。
☑ 菜单栏：文件→图形实用工具→图形修复管理器。

2. 操作步骤

命令:DRAWINGRECOVERY✓

执行上述操作后，系统打开图形修复管理器，如图 1-35 所示，打开"备份文件"列表中的文件，可以重新保存，从而进行图形修复。

图 1-34 系统警告对话框

图 1-35 图形修复管理器

# 1.5　基本输入操作

AutoCAD 有一些基本的输入操作方法，这些基本方法是进行 AutoCAD 绘图必备的知识基础，也是深入学习 AutoCAD 功能的前提。

## 1.5.1　命令输入方式

AutoCAD 交互绘图必须输入必要的指令和参数。AutoCAD 命令输入方式有多种（此处以画直线为例）。

**1. 在命令行窗口输入命令名**

命令字符可以不区分大小写，如命令 LINE。执行命令时，在命令行提示中经常会出现命令选项。如输入绘制直线命令 LINE 后，命令行中的提示如下：

> 命令：LINE✓
> 指定第一个点：（在屏幕上指定一点或输入一个点的坐标）
> 指定下一点或 [放弃(U)]：

选项中不带括号的提示为默认选项，因此可以直接输入直线段的起点坐标或在屏幕上指定一点。如果要选择其他选项，则应该首先输入该选项的标识字符，如"放弃"选项的标识字符为 U，然后按系统提示输入数据即可。在命令选项的后面有时还带有尖括号，尖括号内的数值为默认数值。

**2. 在命令行窗口输入命令缩写字母**

命令缩写字母包括 L（Line）、C（Circle）、A（Arc）、Z（Zoom）、R（Redraw）、M（More）、CO（Copy）、PL（Pline）、E（Erase）等。

**3. 选择"绘图"菜单中的"直线"命令**

选择该命令后，在状态栏中可以看到对应的命令说明及命令名。

**4. 选取工具栏中的对应图标**

选取该图标后，在状态栏中可以看到对应的命令说明及命令名。

**5. 在命令行打开右键快捷菜单**

如果在前面刚使用过要输入的命令，可以在命令行打开右键快捷菜单，在"最近使用的命令"子菜单中选择需要的命令，如图 1-36 所示。"最近使用的命令"子菜单中存储最近使用的 6 个命令，如果经常重复使用某个 6 次操作以内的命令，这种方法就比较快速简洁。

**6. 在绘图区右击**

如果用户要重复使用上次使用的命令，可以直接在绘图区右击，系统立即重复执行上次使用的命令，这种方法适用于重复执行某个命令。

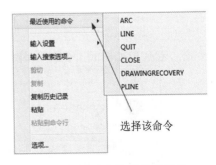

图 1-36　命令行右键快捷菜单

## 1.5.2 命令执行方式

有的命令有两种执行方式，即通过对话框或通过命令行输入命令。指定使用命令行窗口方式，可以在命令名前加短画线来表示，如-LAYER 表示用命令行方式执行"图层"命令。如果在命令行中输入 LAYER，系统则会自动打开"图层"对话框。

另外，有些命令同时存在命令行、菜单栏、工具栏和功能区 4 种执行方式，这时如果选择菜单或工具栏方式，命令行会显示该命令，并在前面加"_"，如通过菜单或工具栏方式执行"直线"命令时，命令行会显示_line，命令的执行过程和结果与通过命令行方式相同。

## 1.5.3 命令的重复、撤销与重做

#### 1. 命令的重复

在命令行窗口中按 Enter 键可重复调用上一个命令，不管上一个命令是完成了，还是被取消了。

#### 2. 命令的撤销

在命令执行的任何时刻都可以取消和终止命令的执行。执行方式如下。

- ☑ 命令行：UNDO。
- ☑ 菜单栏：编辑→放弃。
- ☑ 工具栏：标准→放弃 ⤺ 。
- ☑ 快捷键：Esc。

#### 3. 命令的重做

已被撤销的命令还可以恢复重做。执行方式如下。

- ☑ 命令行：REDO。
- ☑ 菜单栏：编辑→重做。
- ☑ 工具栏：标准→重做 ⤻ 。

工具栏命令可以一次执行多重放弃或重做操作。单击 UNDO 或 REDO 列表箭头，可以选择要放弃或重做的操作，如图 1-37 所示。

图 1-37　多重放弃或重做

## 1.5.4 坐标系统与数据的输入方法

#### 1. 坐标系

AutoCAD 采用两种坐标系：世界坐标系（WCS）与用户坐标系（UCS）。用户进入 AutoCAD 时的坐标系统就是世界坐标系，是固定的坐标系统。世界坐标系是坐标系统中的基准，绘制图形时多数情况下都是在这个坐标系统下进行的。用户可根据需要切换到用户坐标系统，执行方式如下。

- ☑ 命令行：UCS。
- ☑ 菜单栏：工具→新建 UCS。
- ☑ 工具栏：标准→坐标系。

AutoCAD 有两种视图显示方式：模型空间和图样空间。模型空间指单一视图显示法，通常使用这种显示方式；图样空间指在绘图区域创建图形的多视图，用户可以对其中每一个视图进行单独操作。在默认情况下，当前 UCS 与 WCS 重合。如图 1-38（a）所示为模型空间下的 UCS 坐标，放在绘图区左下角处；可以指定它放在当前 UCS 的实际坐标原点位置，如图 1-38（b）所示；如图 1-38（c）所

示为布局空间下的坐标系图标。

(a)

(b)

(c)

图 1-38 坐标系图标

### 2. 数据输入方法

在 AutoCAD 中，点的坐标可以用直角坐标、极坐标、球面坐标和柱面坐标表示，每一种坐标又分别具有两种坐标输入方式：绝对坐标和相对坐标。其中，直角坐标和极坐标最为常用，下面主要介绍它们的输入方法。

（1）直角坐标法：用点的 X、Y 坐标值表示的坐标。

例如，在命令行中输入点的坐标提示下，输入"15,18"，则表示输入一个 X、Y 的坐标值分别为15、18 的点，此为绝对坐标输入方式，表示该点的坐标是相对于当前坐标原点的坐标值，如图 1-39（a）所示。如果输入"@10,20"，则为相对坐标输入方式，表示该点的坐标是相对于前一点的坐标值，如图 1-39（b）所示。

（2）极坐标法：用长度和角度表示的坐标，只能用来表示二维点的坐标。

在绝对坐标输入方式下，表示为"长度<角度"，如"25<50"，其中长度为该点到坐标原点的距离，角度为该点至原点的连线与 X 轴正向的夹角，如图 1-39（c）所示。

在相对坐标输入方式下，表示为"@长度<角度"，如"@25<45"，其中长度为该点到前一点的距离，角度为该点至前一点的连线与 X 轴正向的夹角，如图 1-39（d）所示。

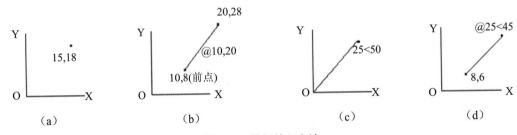

图 1-39 数据输入方法

### 3. 动态数据输入

按下状态栏上的 DYN 按钮，系统打开动态输入功能，可以在屏幕上动态地输入某些参数数据。例如，绘制直线时，在光标附近，会动态地显示"指定第一个点"及后面的坐标框，当前坐标框中显示的是光标所在位置，可以输入数据，两个数据之间以逗号隔开，如图 1-40 所示。指定第一点后，系统动态地显示直线的角度，同时要求输入线段长度值，如图 1-41 所示，其输入效果与"@长度<角度"方式相同。

图 1-40 动态输入坐标值　　　　　图 1-41 动态输入长度值

下面分别讲述点与距离值的输入方法。

（1）点的输入

在绘图过程中，常需要输入点的位置，AutoCAD 提供如下几种输入点的方式。

❶ 直接在命令行窗口中输入点的坐标。直角坐标有两种输入方式："X,Y"（点的绝对坐标值，如"100,50"）和"@X,Y"（相对于上一点的相对坐标值，如"@50,-30"）。坐标值是相对于当前的用户坐标系。

极坐标的输入方式为"长度<角度"（其中，长度为点到坐标原点的距离，角度为原点至该点连线与 X 轴的正向夹角，如"20<45"）或"@长度<角度"（相对于上一点的相对极坐标，如"@50<-30"）。

❷ 用鼠标等定标设备移动光标单击，在屏幕上直接取点。

❸ 用目标捕捉方式捕捉屏幕上已有图形的特殊点（如端点、中点、中心点、插入点、交点、切点、垂足点等，详见第 4 章）。

❹ 直接输入距离：先用光标拖拉出橡筋线确定方向，然后用键盘输入距离。这样有利于准确控制对象的长度等参数。

（2）距离值的输入

在 AutoCAD 命令中，有时需要提供高度、宽度、半径、长度等距离值。AutoCAD 提供两种输入距离值的方式：一种是用键盘在命令行窗口中直接输入数值；另一种是在屏幕上拾取两点，以两点的距离值定出所需数值。

## 1.5.5　操作实例——绘制线段

绘制一条 20mm 长的线段。操作步骤如下：

（1）绘制直线。单击"默认"选项卡"绘图"面板中的"直线"按钮。命令行提示与操作如下：

> 命令：LINE↙
> 指定第一个点：（在屏幕上指定一点）
> 指定下一点或 [放弃(U)]：

（2）这时在屏幕上移动鼠标指针指明线段的方向，但不要单击确认，如图 1-42 所示，然后在命令行中输入 20，这样就在指定方向上准确地绘制了长度为 20mm 的线段。

## 1.5.6　透明命令

在 AutoCAD 中有些命令不仅可以直接在命令行中使用，而且还可以在其他命令的执行过程中插入并执行，待该命令执行完毕后，系统继续执行原命令，这种命令称为透明命令。

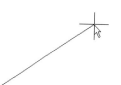

图 1-42　绘制直线

透明命令一般多为修改图形设置或打开辅助绘图工具的命令，如在执行 ARC 命令的过程中执行 ZOOM 命令：

> 命令：ARC↙
> 指定圆弧的起点或 [圆心(C)]：ZOOM↙（透明使用显示缩放命令 ZOOM）
> >>（执行 ZOOM 命令）
> 正在恢复执行 ARC 命令。
> 指定圆弧的起点或 [圆心(C)]：（继续执行原命令）

### 1.5.7　按键定义

在 AutoCAD 中，除了可以通过在命令行窗口输入命令、单击工具栏图标或选择菜单项来完成指定的功能外，还可以使用键盘上的一组功能键或快捷键，快速实现指定的功能，如按 F1 键，系统会调用"AutoCAD 帮助"对话框。

系统使用 AutoCAD 传统标准（Windows 之前）或 Microsoft Windows 标准解释快捷键。

有些功能键或快捷键在 AutoCAD 的菜单中已经说明，如"粘贴"命令的快捷键为 Ctrl+V，这些只要用户在使用的过程中多加留意，就会熟练掌握。快捷键的定义见菜单命令后面的说明，如"粘贴(P)Ctrl+V"。

# 1.6　缩放与平移

改变视图最一般的方法就是利用缩放和平移命令。用它们可以在绘图区放大或缩小图像显示，或改变图形位置，这样有利于作图和看图。

## 1.6.1　缩放

AutoCAD 根据用户缩放图形尺寸的需要而设置各种缩放工具，这里介绍典型的几个。

**1．实时缩放**

AutoCAD 2016 为交互式的缩放和平移提供了条件。利用实时缩放，用户就可以通过垂直向上或向下移动鼠标指针的方式来放大或缩小图形。利用实时平移，能通过单击或移动鼠标指针重新放置图形。

（1）执行方式

☑　命令行：ZOOM。

☑　菜单栏：视图→缩放→实时。

☑　工具栏：标准→实时缩放。

☑　功能区：视图→导航→实时。

（2）操作步骤

按住鼠标左键垂直向上或向下移动，可以放大或缩小图形。

**2．动态缩放**

如果打开"快速缩放"功能，就可以用动态缩放功能改变图形显示而不产生重新生成的效果。动态缩放会在当前视区中显示图形的全部。

（1）执行方式

☑　命令行：ZOOM。

☑　菜单栏：视图→缩放→动态。

☑　工具栏：标准→动态缩放。

☑　功能区：视图→导航→动态。

（2）操作步骤

命令：ZOOM↙

指定窗口角点，输入比例因子（nX 或 nXP），或者[全部(A)/中心(C)/动态(D)/范围(E)/上一个(P)/比例(S)/窗口(W)/对象(O)] <实时>：D↙

执行上述命令后，系统弹出一个图框。选择动态缩放前图形区呈绿色的点线框，如果要动态缩放的图形显示范围与选择的动态缩放前的范围相同，则此绿色点线框与白线框重合而不可见。重生成区域的四周有一个蓝色虚线框，用以标记虚拟图纸，此时，如果线框中有一个"×"出现，就可以拖动线框，把它平移到另外一个区域。如果要放大图形到不同的放大倍数，单击，"×"就会变成一个箭头，这时左右拖动边界线可以重新确定视区的大小。

另外，缩放命令还有窗口缩放、比例缩放、放大、缩小、中心缩放、全部缩放、对象缩放、缩放上一个和最大图形范围缩放等模式，其操作方法与动态缩放类似，此处不再赘述。

## 1.6.2　平移

平移是相对于缩放的另一种转换图形显示范围的工具，在绘图过程中也经常用到。下面介绍两种平移的方式。

### 1. 实时平移

（1）执行方式

☑　命令行：PAN。

☑　菜单栏：视图→平移→实时。

☑　工具栏：标准→实时平移🖐。

☑　功能区：视图→导航→平移🖐。

（2）操作步骤

执行上述操作后，光标变为🖐形状，按住鼠标左键移动手形光标即可平移图形。移动到图形的边沿时，光标就以 🔍 显示。

另外，在 AutoCAD 2016 中，为显示控制命令而设置了一个快捷菜单，如图 1-43 所示。在该菜单中，用户可以在显示命令执行的过程中透明地进行切换。

### 2. 定点平移

除了最常用的"实时平移"命令外，也常用到"定点平移"命令。

（1）执行方式

☑　命令行：-PAN。

☑　菜单栏：视图→平移→点。

（2）操作步骤

```
命令：-PAN✓
指定基点或位移：指定基点位置或输入位移值
指定第二点：指定第二点确定位移和方向
```

执行上述命令后，当前图形按指定的位移和方向进行平移。另外，"平移"子菜单还有"左""右""上""下"4 个平移命令，如图 1-44 所示，选择这些命令时，图形按指定的方向平移一定的距离。

图 1-43　快捷菜单

图 1-44　"平移"子菜单

## 1.6.3 重画与重生成

用户在绘图的过程中，由于操作的原因，使得屏幕上出现一些残留光标点。为了擦除这些不必要的光标点，使图形显得整洁、清晰，可以利用 AutoCAD 的重画和重生成功能。

1. 图形的重画

（1）执行方式

☑ 命令行：REDRAW。

☑ 菜单栏：视图→重画（如图 1-45 所示）。

图 1-45 "视图"菜单

（2）操作步骤

执行上述操作后，屏幕上或当前视区中原有的图形消失，紧接着把该图形又重画一遍。如果原图中有残留的光标点，那么它在重画后的图形中不再出现。可以利用 REDRAWALL 命令对所有的视区进行重画，操作方法与 REDRAW 命令类似。

2. 图形的重生成

（1）执行方式

☑ 命令行：REGEN。

☑ 菜单栏：视图→重生成。

（2）操作步骤

执行上述操作后，重新生成全部图形并在屏幕上显示出来。执行该命令时生成图形的速度较慢，因此除非有必要，该命令一般较少使用。

与 REDRAW 命令相比，该命令所用时间较长，这是因为 REDRAW 命令只是把显示器的帧缓冲区刷新一次，而 REGEN 命令则要把图形文件的原始数据全部重新计算一遍，形成显示文件后再显示出来，这样执行起来速度就较慢。

可以利用 REGENALL 命令对所有的视区进行重生成，操作方法与 REGEN 命令类似。

### 1.6.4　清除屏幕

利用清除屏幕功能，可以将图形环境中除了一些基本的命令或菜单外的其他配置都从屏幕上清除，只保留绘图区，这样更有利于突出图形本身。

1．执行方式

☑　菜单栏：视图→全屏显示。
☑　快捷键：Ctrl+0。
☑　状态栏：单击状态栏中的"全屏显示"图标。

2．操作步骤

执行上述操作后，系统清除屏幕或返回，如图 1-46 所示为清除屏幕后的效果。

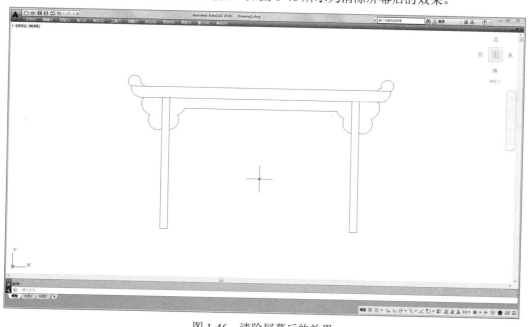

图 1-46　清除屏幕后的效果

## 1.7　动手练一练

通过前面的学习，读者对 AutoCAD 的基础知识应有了大体的了解，本节通过 5 个操作练习使读者进一步掌握本章知识要点。

### 1.7.1　熟悉操作界面

操作提示：

（1）启动 AutoCAD 2016，进入绘图界面。

（2）调整操作界面大小。

（3）设置绘图窗口颜色与光标大小。

（4）打开、移动、关闭工具栏。

（5）尝试同时利用命令行、下拉菜单和工具栏绘制一条线段。

### 1.7.2　设置绘图环境

操作提示：

（1）选择菜单栏中的"文件"→"新建"命令，系统打开"选择样板"对话框，单击"打开"按钮，进入绘图界面。

（2）选择菜单栏中的"格式"→"图形界限"命令，在打开的对话框中设置界限为"（0,0），（297,210）"，在命令行中可以重新设置模型空间界限。

（3）选择菜单栏中的"格式"→"单位"命令，系统打开"图形单位"对话框。设置长度类型为"小数"，精度为0；角度类型为"十进制度数"，精度为0；用于缩放插入内容的单位为"毫米"，用于指定光源强度的单位为"国际"；角度方向为"顺时针"。

（4）选择菜单栏中的"工具"→"工作空间"→"草图与注释"命令，进入工作空间。

### 1.7.3　管理图形文件

操作提示：

（1）启动 AutoCAD 2016，进入绘图界面。

（2）打开一幅已经保存过的图形。

（3）进行自动保存设置。

（4）进行加密设置。

（5）将图形以新的名称保存。

（6）尝试在图形上绘制任意图线。

（7）退出该图形。

（8）尝试重新打开按新名称保存的图形。

### 1.7.4　数据输入

操作提示：

（1）在命令行中输入 LINE。

（2）输入起点的直角坐标方式下的绝对坐标值。

（3）输入下一点的直角坐标方式下的相对坐标值。

（4）输入下一点的极坐标方式下的绝对坐标值。

（5）输入下一点的极坐标方式下的相对坐标值。

（6）用鼠标直接指定下一点的位置。

（7）单击状态栏中的"正交模式"按钮，用鼠标拉出下一点的方向，在命令行中输入一个数值。

（8）按 Enter 键结束绘制线段的操作。

## 1.7.5　查看零件图的细节

操作提示：

如图 1-47 所示，利用平移工具和缩放工具移动和缩放图形。

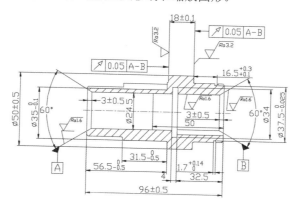

图 1-47　零件图

# 第2章

# 简单二维绘图命令

二维图形是指在二维平面空间绘制的图形，主要由一些图形元素组成，如点、直线、圆弧、圆、椭圆、矩形、多边形、多段线、样条曲线、多线等几何元素。AutoCAD 提供大量的绘图工具，可以帮助用户完成二维图形的绘制。本章主要包括直线、圆和圆弧、椭圆和椭圆弧、平面图形和点命令的应用及图形绘制等内容。

- ☑ 直线类命令
- ☑ 圆类命令
- ☑ 平面图形
- ☑ 点

## 任务驱动&项目案例

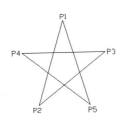
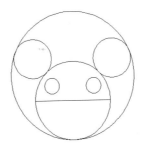
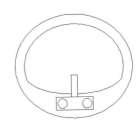

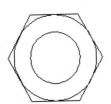

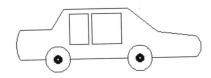

# 2.1　直线类图形的绘制

直线类命令包括"直线""构造线""射线"命令，这几个命令是 AutoCAD 中最简单的绘图命令。

## 2.1.1　绘制直线段

无论多么复杂的图形都是由点、直线、圆弧等元素按不同的粗细、间隔、颜色组合而成的。其中，直线是 AutoCAD 绘图中最简单、最基本的一种图形单元，连续的直线可以组成折线，直线与圆弧的组合又可以组成多段线。直线在机械制图中常用于表达物体棱边或平面的投影，在建筑制图中则常用于建筑平面投影。这里暂时不关注直线段的颜色、粗细、间隔等属性，下面先简单讲述怎样开始绘制一条基本的直线段。

1. 执行方式

☑　命令行：LINE（快捷命令：L）。

☑　菜单栏：绘图→直线（如图 2-1 所示）。

☑　工具栏：绘图→直线 ✐（如图 2-2 所示）。

☑　功能区：默认→绘图→直线（如图 2-3 所示）。

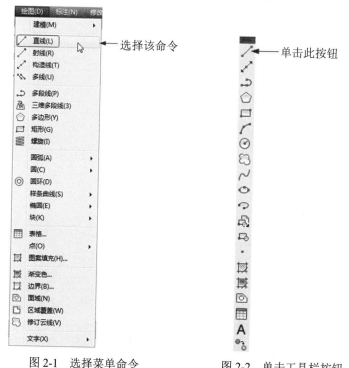

图 2-1　选择菜单命令　　　　图 2-2　单击工具栏按钮

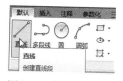

图 2-3　"绘图"面板

✍ 技巧：在 AutoCAD 中，任意一个命令或操作的执行方式一般有在命令行输入命令名、菜单栏选择相应命令和工具栏单击相应的按钮 3 种方式，这 3 种方式的执行结果一样。一般来说，采取工具栏方式操作起来比较方便快捷。对于那些需要长期大量作图的用户，还有一种操作方式更加方便快捷，那就是命令行快捷命令。AutoCAD 针对不同的命令设置了很多相

应的快捷命令,只要在命令行中输入一两个字母,就可以快速执行命令,这种方式要求多练多用,长期使用就会记住各种快捷命令,形成一种快速绘图的技能。

### 2. 操作步骤

```
命令:LINE✓
指定第一个点:(输入直线段的起点,用鼠标指定点或者给定点的坐标)
指定下一点或 [放弃(U)]:(输入直线段的端点,也可以用鼠标指定一定角度后,直接输入直线的长度)
指定下一点或 [放弃(U)]:(输入下一直线段的端点。输入U表示放弃前面的输入;右击或按Enter
键,结束命令)
指定下一点或 [闭合(C)/放弃(U)]:(输入下一直线段的端点,或输入C使图形闭合,结束命令)
```

### 3. 知识拓展

(1)若按 Enter 键响应"指定第一个点"提示,系统会把上次绘制图线的终点作为本次图线的起始点。若上次操作为绘制圆弧,按 Enter 键响应后绘出通过圆弧终点并与该圆弧相切的直线段,该线段的长度为光标在绘图区指定的一点与切点之间线段的距离。

(2)在"指定下一点"提示下,用户可以指定多个端点,从而绘出多条直线段。但是,每一段直线是一个独立的对象,可以进行单独的编辑操作。

(3)绘制两条以上直线段后,若输入 C 响应"指定下一点"提示,系统会自动连接起始点和最后一个端点,从而绘出封闭的图形。

(4)若输入 U 响应提示,则会删除最近一次绘制的直线段。

(5)若设置正交方式(单击状态栏中的"正交模式"按钮),只能绘制水平线段或垂直线段。

(6)若设置动态数据输入方式(单击状态栏中的"动态输入"按钮),则可以动态输入坐标或长度值,效果与非动态数据输入方式类似。除了特别需要,以后不再强调,本书只按非动态数据输入方式输入相关数据。

## 2.1.2 操作实例——五角星

本实例主要练习执行"直线"命令后,通过分别在动态输入和命令行中直接输入坐标点来绘制五角星,绘制流程如图 2-4 所示。

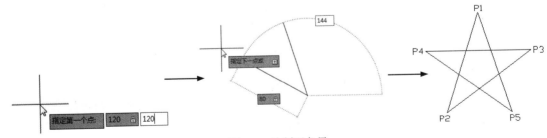

图 2-4 绘制五角星

**操作步骤:**(光盘\实例演示\第 2 章\五角星.avi)

方法一:用动态输入,绘制五角星轮廓。

(1)系统默认打开动态输入,如果动态输入没有打开,单击状态栏中的"动态输入"按钮,打开动态输入,单击"默认"选项卡"绘图"面板中的"直线"按钮,在动态输入框中输入第一点坐标为(120,120),如图 2-5 所示。按 Enter 键确认 P1 点。

（2）拖动鼠标，然后在动态输入框中输入长度为 80，按 Tab 键切换到角度输入框，输入角度为 72，如图 2-6 所示，按 Enter 键确认 P2 点。

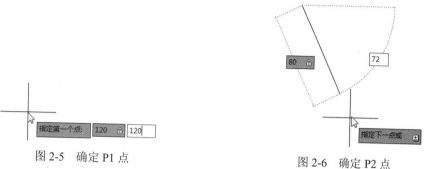

图 2-5　确定 P1 点　　　　　　　　　　　图 2-6　确定 P2 点

（3）拖动鼠标，然后在动态输入框中输入长度为 80，按 Tab 键切换到角度输入框，输入角度为 144，如图 2-7 所示，按 Enter 键确认 P3 点。

（4）拖动鼠标，然后在动态输入框中输入长度为 80，如果角度中显示为 0，如图 2-8 所示，按 Enter 键确认 P4 点；如果角度中显示的不是 0，则按 Tab 键切换到角度输入框，输入角度为 0。

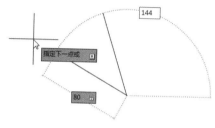
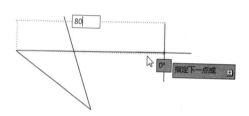

图 2-7　确定 P3 点　　　　　　　　　　　图 2-8　确定 P4 点

（5）拖动鼠标，然后在动态输入框中输入长度为 80，按 Tab 键切换到角度输入框，输入角度为 144，按 Enter 键确认 P5 点。

（6）拖动鼠标，直接捕捉 P1 点，如图 2-9 所示，也可以输入长度为 80，按 Tab 键切换到角度输入框，输入角度为 72，则完成绘制。

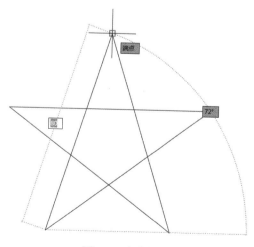

图 2-9　完成绘制

方法二：直接用命令行绘制五角星轮廓。

单击状态栏中的"动态输入"按钮 ，关闭动态输入，单击"默认"选项卡"绘图"面板中的"直线"按钮 ，命令行提示与操作如下：

```
命令：_line
    指定第一个点：120,120✓（在命令行中输入"120,120"（即顶点 P1 的位置）后按 Enter 键，系
统继续提示，用相似方法输入五角星的各个顶点）
    指定下一点或[放弃(U)]：@80<252✓（P2 点）
    指定下一点或 [放弃(U)]：159.091，90.870✓（P3 点，也可以输入相对坐标"@80<36"）
    指定下一点或 [闭合(C)/放弃(U)]：@80,0✓（错位的 P4 点）
    指定下一点或 [闭合(C)/放弃(U)]：U✓（取消对 P4 点的输入）
    指定下一点或 [闭合(C)/放弃(U)]：@-80,0✓（P4 点）
    指定下一点或 [闭合(C)/放弃(U)]：144.721,43.916✓（P5 点，也可以输入相对坐标"@80<-36"）
    指定下一点或 [闭合(C)/放弃(U)]：C✓
```

提示：动态输入框中坐标输入与命令行有所不同，如果是之前没有定位任何一个点，输入框输入的坐标是绝对坐标，当定位下一个点时默认输入的就是相对坐标，无须在坐标值前加"@"。如果想在动态输入的输入框中输入绝对坐标，反而需要先输入一个"#"，例如输入"#20,30"，就相当于在命令行中直接输入"20,30"，输入"#20<45"就相当于在命令行中输入"20<45"。需要注意的是，由于 AutoCAD 现在可以通过鼠标确定方向，直接输入距离并按 Enter 键就可以确定下一点坐标，如果你在输入"#20"后就按 Enter 键，这和输入 20 就直接按 Enter 键没有任何区别，只是将点定位到沿光标方向距离上一点 20 的位置。

## 2.1.3 绘制构造线

构造线就是无穷长度的直线，用于模拟手工作图中的辅助作图线。构造线用特殊的线型显示，在图形输出时可不作输出。应用构造线作为辅助线绘制机械图中的三视图是构造线的主要用途，构造线的应用保证三视图之间"主、俯视图长对正，主、左视图高平齐，俯、左视图宽相等"的对应关系。如图 2-10 所示为应用构造线作为辅助线绘制机械图中三视图的示例。图中细线为构造线，粗线为三视图轮廓线。

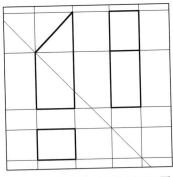

图 2-10　构造线辅助绘制三视图

构造线的绘制方法有"指定点""水平""垂直""角度""二等分""偏移"6 种，其示意图如图 2-11 所示。

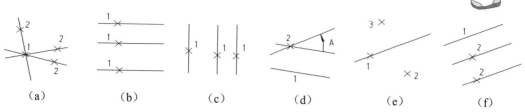

|（a）|（b）|（c）|（d）|（e）|（f）|

图 2-11 构造线

下面具体讲述构造线的绘制方法。

**1. 执行方式**

☑ 命令行：XLINE（快捷命令：XL）。
☑ 菜单栏：绘图→构造线。
☑ 工具栏：绘图→构造线 ✎。
☑ 功能区：默认→绘图→构造线 ✎。

**2. 操作步骤**

下面以"指定点"的绘制方法为例讲述具体的操作步骤。执行上述操作后，命令行提示与操作如下：

> 命令：XLINE✓
> 指定点或 [水平(H)/垂直(V)/角度(A)/二等分(B)/偏移(O)]：(指定起点 1)
> 指定通过点：(指定通过点 2，绘制一条双向无限长直线)
> 指定通过点：(继续指定点，继续绘制直线，如图 2-11（a）所示，按 Enter 键结束命令)

其他 5 种绘制方法与此类似，这里不再赘述，读者可以根据命令行提示进行相应的操作。

## 2.1.4 绘制射线

射线是单向的无限长直线，相当于光线从某一点单向发射出去。射线可以取代构造线作为绘图辅助线，也可以在某些场合替代直线段使用。

**1. 执行方式**

☑ 命令行：RAY。
☑ 菜单栏：绘图→射线。
☑ 功能区：默认→绘图→射线 ✎。

**2. 操作步骤**

> 命令：RAY✓
> 指定起点：(给出起点)
> 指定通过点：(给出通过点，画出射线)
> 指定通过点：(过起点画出另一射线，按 Enter 键结束命令)

# 2.2 圆类图形的绘制

圆类命令主要包括"圆""圆弧""圆环""椭圆""椭圆弧"命令，这些命令是 AutoCAD 中较简

**Note**

单的曲线命令。

## 2.2.1 绘制圆

圆是一种简单的封闭曲线，也是绘制工程图形时经常用到的图形单元。在 AutoCAD 中绘制圆的方法共有 6 种，如图 2-12 所示。在后面的绘制方法中及绘制"哈哈猪造型"实例中将全面讲述这 6 种方法，请读者注意体会。

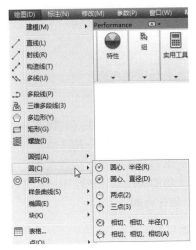

1. 执行方式

☑　命令行：CIRCLE（快捷命令：C）。

☑　菜单栏：绘图→圆。

☑　工具栏：绘图→圆◎。

☑　功能区：默认→绘图→圆。

2. 操作步骤

下面以"三点"法为例讲述圆的绘制方法。执行上述操作后，命令行提示与操作如下：

图 2-12　圆的绘制方法

```
命令：CIRCLE✓
指定圆的圆心或 [三点(3P)/两点(2P)/切点、切点、半径(T)]:3P✓
指定圆上的第一个点：(指定一点或者输入一个点的坐标值)
指定圆上的第二个点：(指定一点或者输入一个点的坐标值)
指定圆上的第三个点：(指定一点或者输入一个点的坐标值)
```

3. 知识拓展

（1）相切、相切、半径(T)：该方法通过先指定两个相切对象，再给出半径的方法绘制圆。如图 2-13 所示给出以"相切、相切、半径"方式绘制圆的各种情形（加粗的圆为最后绘制的圆）。

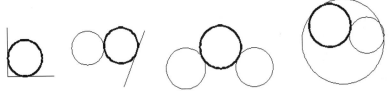

图 2-13　圆与另外两个对象相切

（2）选择菜单栏中的"绘图"→"圆"→"相切、相切、相切"命令，如图 2-12 所示，命令行提示与操作如下：

```
指定圆上的第一个点：_tan 到：(选择相切的第一个圆弧)
指定圆上的第二个点：_tan 到：(选择相切的第二个圆弧)
指定圆上的第三个点：_tan 到：(选择相切的第三个圆弧)
```

💡**提示：**这种绘制方法只能通过菜单方式操作才能实现。命令行提示中的"_tan 到"是提示用户指定所相切的圆弧上的切点。有的读者会问，我怎么能准确找到切点呢？不用着急，这时系统会自动打开"自动捕捉"功能（在后面章节将具体讲述），用户只要大体指定所要相切的圆或圆弧，系统会自动捕捉到切点，并且会根据后面指定的两个圆或圆弧的位置自动调整切点的具体位置。

## 2.2.2　操作实例——哈哈猪造型

本实例利用圆的各种绘制方法来共同完成哈哈猪造型的绘制。首先绘制哈哈猪的耳朵、嘴巴，以及头，然后利用"直线"命令绘制上下颌分界线，最后绘制鼻孔，绘制流程如图 2-14 所示。

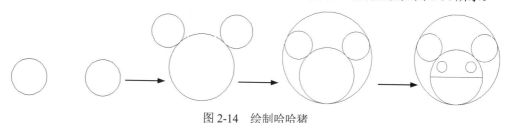

图 2-14　绘制哈哈猪

**操作步骤：**（光盘\实例演示\第 2 章\哈哈猪.avi）

（1）绘制哈哈猪的两个眼睛。单击"默认"选项卡"绘图"面板中的"圆"按钮 ⊙，绘制圆，命令行提示与操作如下：

命令：CIRCLE✓（输入绘制圆命令）
指定圆的圆心或 [三点(3P)/两点(2P)/切点、切点、半径(T)]：200,200✓（输入左边小圆的圆心坐标）
指定圆的半径或 [直径(D)] <75.3197>：25✓（输入圆的半径）
命令：C✓（输入"圆"命令的缩写名）
指定圆的圆心或 [三点(3P)/两点(2P)/切点、切点、半径(T)]：2P✓（两点方式绘制右边小圆）
指定圆直径的第一个端点：280,200✓（输入圆直径的左端点坐标）
指定圆直径的第二个端点：330,200✓（输入圆直径的右端点坐标）

结果如图 2-15 所示。

（2）绘制哈哈猪的嘴巴。单击"默认"选项卡"绘图"面板中的"圆"按钮 ⊙，以"切点、切点、半径"方式捕捉两只眼睛的切点，绘制半径为 50 的圆，命令行提示与操作如下：

命令：✓（直接按 Enter 键表示执行上次的命令）
指定圆的圆心或 [三点(3P)/两点(2P)/切点、切点、半径(T)]：T✓（"切点、切点、半径"方式绘制）
指定对象与圆的第一个切点：（指定左边圆的右下方）
指定对象与圆的第二个切点：（指定右边圆的左下方）
指定圆的半径：50✓

结果如图 2-16 所示。

图 2-15　哈哈猪的眼睛

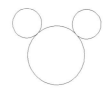

图 2-16　哈哈猪的嘴巴

**Note**

> **提示**：在这里满足与绘制的两个圆相切且半径为 50 的圆有 4 个，分别与两个圆在上下方内外切，所以要指定切点的大致位置。系统会自动在大致指定的位置附近捕捉切点，这样所确定的圆才是读者想要的圆。

（3）绘制哈哈猪的头部。单击"默认"选项卡"绘图"面板中的"圆"下拉菜单中的"相切、相切、相切"按钮◎，命令行提示与操作如下：

```
命令：CIRCLE✓
指定圆的圆心或 [三点(3P)/两点(2P)/切点、切点、半径(T)]：_3p
指定圆上的第一个点：_tan 到：(指定 3 个圆中第一个圆的适当位置)
指定圆上的第二个点：_tan 到：(指定 3 个圆中第二个圆的适当位置)
指定圆上的第三个点：_tan 到：(指定 3 个圆中第三个圆的适当位置)
```

结果如图 2-17 所示。

> **提示**：在这里指定 3 个圆的顺序可以任意选择，但大体位置要指定正确，因为满足和 3 个圆相切的圆有两个，切点的大体位置不同，绘制出的圆也不同。

（4）绘制哈哈猪的上下颌分界线。单击"默认"选项卡"绘图"面板中的"直线"按钮✏，以嘴巴的两个象限点为端点绘制直线，结果如图 2-18 所示。

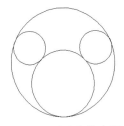
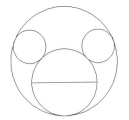

图 2-17　哈哈猪的头部　　　　　　　图 2-18　哈哈猪的上下颌分界线

（5）绘制哈哈猪的鼻子。单击"默认"选项卡"绘图"面板中的"圆"按钮◎，分别以（225,165）和（280,165）为圆心，绘制直径为 20 的圆，命令行提示与操作如下：

```
命令：CIRCLE✓（输入"圆"命令）
指定圆的圆心或 [三点(3P)/两点(2P)/切点、切点、半径(T)]：225,165✓（输入左边鼻孔圆的圆心坐标）
指定圆的半径或 [直径(D)]：D✓
指定圆的直径：20✓
```

用同样的方法绘制右边的小鼻孔，最终结果如图 2-14 所示。

> **归纳与总结**：请读者思考本例中总共用到了几种圆的绘制方法，各种方法是否可以相互取代。

## 2.2.3　绘制圆弧

圆弧是圆的一部分。在工程造型中，圆弧的使用比圆更普遍。通常强调的"流线形"造型或圆润的造型实际上就是圆弧造型。圆弧的绘制方法共有 11 种，图 2-19 所示为各种不同绘制方法的示意图。具体绘制方法和利用菜单栏中的"绘图"→"圆弧"中子菜单提供的 11 种方式相似。下面将在绘制方法和其后的实例中讲述几种具有代表性的绘制方法的具体操作过程。

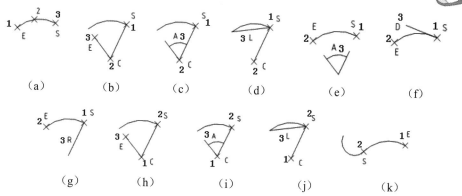

$$(a)\quad\quad(b)\quad\quad(c)\quad\quad(d)\quad\quad(e)\quad\quad(f)$$

$$(g)\quad\quad(h)\quad\quad(i)\quad\quad(j)\quad\quad(k)$$

图 2-19　11 种圆弧绘制方法

### 1. 执行方式

- ☑ 命令行：ARC（快捷命令：A）。
- ☑ 菜单栏：绘图→圆弧。
- ☑ 工具栏：绘图→圆弧⟋。
- ☑ 功能区：默认→绘图→圆弧。

### 2. 操作步骤

下面以"三点"法为例讲述圆弧的绘制方法。执行上述命令后，命令行提示与操作如下：

> 命令：ARC↙
> 指定圆弧的起点或［圆心(C)］：（指定起点）
> 指定圆弧的第二个点或［圆心(C)/端点(E)］：（指定第二点）
> 指定圆弧的端点：（指定末端点）

### 3. 知识拓展

需要强调的是"继续"方式，该方式绘制的圆弧与上一线段或圆弧相切。继续绘制圆弧段，只提供端点即可，如图 2-19（k）所示。

## 2.2.4 操作实例——梅花造型

本实例利用"圆弧"命令的几种绘制方式创建梅花，绘制流程如图 2-20 所示。

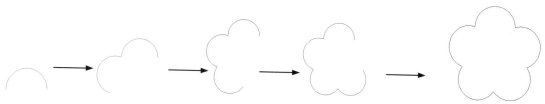

图 2-20　绘制梅花

**操作步骤：（光盘\实例演示\第 2 章\梅花.avi）**

（1）绘制第一段圆弧。单击"默认"选项卡"绘图"面板中的"圆弧"按钮⟋，绘制圆弧，命令行提示与操作如下：

命令：_arc
圆弧创建方向：逆时针（按住 Ctrl 键可切换方向）
指定圆弧的起点或 [圆心(C)]：140,110✓
指定圆弧的第二个点或 [圆心(C)/端点(E)]：E✓
指定圆弧的端点：@40<180✓
指定圆弧的中心点(按住 Ctrl 键以切换方向)或[角度(A)/方向(D)/半径(R)]：r✓
指定圆弧的半径(按住 Ctrl 键以切换方向)：20✓

结果如图 2-21 所示。

💡提示：AutoCAD 不区分字母的大小写，在命令行中输入命令时，可以随意输入大写字母或小写字母，其结果都是一样的。

（2）绘制第二段圆弧。单击"默认"选项卡"绘图"面板中的"圆弧"按钮，命令行提示与操作如下：

命令：_arc
圆弧创建方向：逆时针（按住 Ctrl 键可切换方向）
指定圆弧的起点或 [圆心(C)]：（选择如图 2-21 所示的圆弧端点 1）
指定圆弧的第二个点或 [圆心(C)/端点(E)]：E✓
指定圆弧的端点：@40<252✓
指定圆弧的中心点(按住 Ctrl 键以切换方向)或 [角度(A)/方向(D)/半径(R)]：A✓
指定夹角(按住 Ctrl 键以切换方向)：180✓

结果如图 2-22 所示。

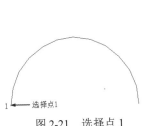

图 2-21　选择点 1

图 2-22　选择点 2

（3）绘制第三段圆弧。单击"绘图"工具栏中的"圆弧"按钮，绘制圆弧，命令行提示与操作如下：

命令：_arc
圆弧创建方向：逆时针（按住 Ctrl 键可切换方向）
指定圆弧的起点或 [圆心(C)]：（选择如图 2-22 所示的圆弧端点 2）
指定圆弧的第二个点或 [圆心(C)/端点(E)]：C✓
指定圆弧的圆心：@20<324✓
指定圆弧的端点(按住 Ctrl 键以切换方向)或 [角度(A)/弦长(L)]：A✓
指定夹角(按住 Ctrl 键以切换方向)：180✓

结果如图 2-23 所示。

（4）绘制第四段圆弧。单击"默认"选项卡"绘图"面板中的"圆弧"按钮，绘制圆弧，命令行提示与操作如下：

```
命令：_arc
圆弧创建方向：逆时针（按住 Ctrl 键可切换方向）
指定圆弧的起点或 [圆心(C)]：（选择如图 2-23 所示的圆弧端点 3）
指定圆弧的第二个点或 [圆心(C)/端点(E)]：C↙
指定圆弧的圆心：@20<36↙
指定圆弧的起点：
指定圆弧的端点(按住 Ctrl 键以切换方向)或 [角度(A)/弦长(L)]：L↙
指定弦长(按住 Ctrl 键以切换方向)：40↙
```

结果如图 2-24 所示。

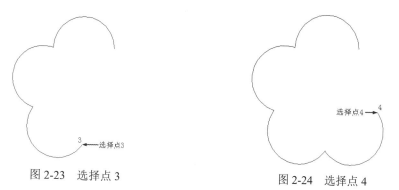

图 2-23　选择点 3　　　　　图 2-24　选择点 4

（5）绘制第五段圆弧。单击"默认"选项卡"绘图"面板中的"圆弧"按钮，绘制圆弧，命令行提示与操作如下：

```
命令：_arc
圆弧创建方向：逆时针（按住 Ctrl 键可切换方向）
指定圆弧的起点或 [圆心(C)]：（选择如图 2-24 所示的圆弧端点 4）
指定圆弧的第二个点或 [圆心(C)/端点(E)]：E↙
指定圆弧的端点：选择圆弧起点 P1
指定圆弧的中心点(按住 Ctrl 键以切换方向)或 [角度(A)/方向(D)/半径(R)]：D↙
指定圆弧起点的相切方向(按住 Ctrl 键以切换方向)：@20<20↙
```

最终结果如图 2-20 所示。

## ◆技术看板——准确把握圆弧的方向

绘制圆弧时，圆弧的曲率是遵循逆时针方向的，所以在选择指定圆弧两个端点和半径模式时，需要注意端点的指定顺序，否则有可能导致圆弧的凹凸形状与预期的相反。

### 2.2.5　绘制圆环

圆环可以看作是两个同心圆，利用"圆环"命令可以快速完成同心圆的绘制。

1. 执行方式

☑　命令行：DONUT（快捷命令：DO）。

☑　菜单栏：绘图→圆环。

☑　功能区：默认→绘图→圆环。

**2. 操作步骤**

> 命令：DONUT✓
> 指定圆环的内径 <默认值>:指定圆环内径
> 指定圆环的外径 <默认值>:指定圆环外径
> 指定圆环的中心点或 <退出>:指定圆环的中心点
> 指定圆环的中心点或 <退出>:继续指定圆环的中心点，则继续绘制相同内外径的圆环

按 Enter 键、Space 键或右击，结束命令，如图 2-25（a）所示。

**3. 知识拓展**

（1）若指定内径为 0，则画出实心填充圆，如图 2-25（b）所示。

（2）用 FILL 命令可以控制圆环是否填充，具体方法如下：

> 命令：FILL✓
> 输入模式 [开(ON)/关(OFF)] <开>:（选择"开(ON)"选项表示填充，选择"关(OFF)"选项表示不填充，如图 2-25（c）所示）

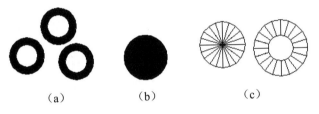

（a）　　　　　　　（b）　　　　　　　（c）

图 2-25　绘制圆环

## 2.2.6　绘制椭圆与椭圆弧

椭圆也是一种典型的封闭曲线图形，圆在某种意义上可以看成是椭圆的特例。椭圆在工程图形中的应用不多，只在某些特殊造型，如室内设计单元中的浴盆、桌子等造型或机械造型中的杆状结构的截面形状等图形中才会出现。

**1. 执行方式**

☑　命令行：ELLIPSE（快捷命令：EL）。
☑　菜单栏：绘图→椭圆→圆弧。
☑　工具栏：绘图→椭圆　/椭圆弧　。
☑　功能区：默认→绘图→椭圆。

**2. 操作步骤**

> 命令：ELLIPSE✓
> 指定椭圆的轴端点或 [圆弧(A)/中心点(C)]:（指定轴端点 1，如图 2-26（a）所示）
> 指定轴的另一个端点:（指定轴端点 2，如图 2-26（a）所示）
> 指定另一条半轴长度或 [旋转(R)]:

**3. 选项说明**

（1）指定椭圆的轴端点：根据两个端点定义椭圆的第一条轴，第一条轴的角度确定整个椭圆的角度。第一条轴既可定义椭圆的长轴，也可定义其短轴。

（2）圆弧(A)：用于创建一段椭圆弧，与单击"默认"选项卡"绘图"面板中的"椭圆弧"按钮 功能相同。其中，第一条轴的角度确定椭圆弧的角度。选择该项，系统命令行中继续提示如下。

```
命令：_ellipse
指定椭圆的轴端点或 [圆弧(A)/中心点(C)]：_A
指定椭圆弧的轴端点或 [中心点(C)]：（指定端点或输入C✓）
指定轴的另一个端点：（指定另一端点）
指定另一条半轴长度或 [旋转(R)]：（指定另一条半轴长度或输入R✓）
指定起点角度或 [参数(P)]：（指定起始角度或输入P✓）
指定端点角度或 [参数(P)/夹角(I)]：（指定适当点✓）
```

其中，各选项含义如下。

☑　起始角度：指定椭圆弧端点的两种方式之一，光标与椭圆中心点连线的夹角为椭圆端点位置的角度，如图 2-26（b）所示。

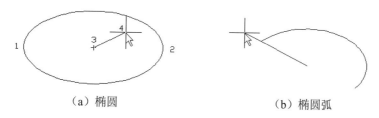

（a）椭圆　　　　　　　　　　　　　　（b）椭圆弧

图 2-26　椭圆和椭圆弧

☑　参数(P)：指定椭圆弧端点的另一种方式，该方式同样是指定椭圆弧端点的角度，但通过以下矢量参数方程式创建椭圆弧。

$$P(u)= c + a×\cos(u)+ b×\sin(u)$$

其中，c 是椭圆的中心点，a 和 b 分别是椭圆的长轴和短轴，u 为光标与椭圆中心点连线的夹角。

☑　夹角(I)：定义从起始角度开始的包含角度。

（3）中心点(C)：通过指定的中心点创建椭圆。

（4）旋转(R)：通过绕第一条轴旋转圆来创建椭圆。相当于将一个圆绕椭圆轴翻转一个角度后的投影视图。

## 2.2.7　操作实例——洗脸盆造型

本实例主要介绍椭圆和椭圆弧绘制方法的具体应用。首先利用前面学到的知识绘制水龙头和旋钮，然后利用椭圆和椭圆弧绘制洗脸盆内沿和外沿，绘制流程如图 2-27 所示。

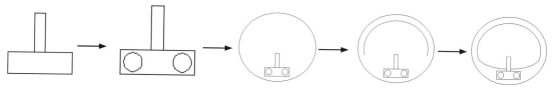

图 2-27　绘制洗脸盆

**操作步骤：（光盘\实例演示\第 2 章\洗脸盆.avi）**

（1）绘制水龙头。单击"默认"选项卡"绘图"面板中的"直线"按钮 ，绘制直线，绘制结果如图 2-28 所示。

（2）绘制水龙头旋钮。单击"默认"选项卡"绘图"面板中的"圆"按钮⊙，绘制圆，绘制结果如图 2-29 所示。

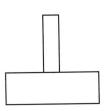

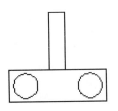

图 2-28　绘制水龙头　　　　图 2-29　绘制旋钮

（3）绘制脸盆外沿。单击"默认"选项卡"绘图"面板中的"椭圆"按钮⊙，绘制椭圆，命令行提示与操作如下：

```
命令：_ELLIPSE
指定椭圆的轴端点或 [圆弧(A)/中心点(C)]：（指定椭圆轴端点）
指定轴的另一个端点：（指定另一端点）
指定另一条半轴长度或 [旋转(R)]：（在绘图区拉出另一半轴长度）
```

绘制结果如图 2-30 所示。

（4）绘制脸盆部分内沿。单击"默认"选项卡"绘图"面板中的"椭圆弧"按钮⊙，绘制椭圆弧，命令行提示与操作如下：

```
命令：_ELLIPSE
指定椭圆的轴端点或 [圆弧(A)/中心点(C)]：A
指定椭圆弧的轴端点或 [中心点(C)]：C✓
指定椭圆弧的中心点：（单击状态栏中的"对象捕捉"按钮□，捕捉绘制的椭圆中心点）
指定轴的端点：（适当指定一点）
指定另一条半轴长度或 [旋转(R)]：R✓
指定绕长轴旋转的角度：（在绘图区指定椭圆轴端点）
指定起点角度或 [参数(P)]：（在绘图区拉出起始角度）
指定终点角度或 [参数(P)/夹角(I)]：（在绘图区拉出终止角度）
```

绘制结果如图 2-31 所示。

（5）绘制内沿其他部分。单击"绘图"工具栏中的"圆弧"按钮◿，绘制圆弧。从而完成绘制。

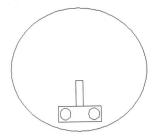

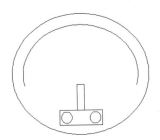

图 2-30　绘制脸盆外沿　　　　图 2-31　绘制脸盆部分内沿

# 2.3 平面图形的绘制

简单的平面图形命令包括"矩形"和"多边形"命令。

## 2.3.1 绘制矩形

矩形是一种简单的封闭直线图形，在机械制图中常用来表达平行投影平面的面，在建筑制图中常用来表达墙体平面。

### 1. 执行方式

☑ 命令行：RECTANG（快捷命令：REC）。

☑ 菜单栏：绘图→矩形。

☑ 工具栏：绘图→矩形▢。

☑ 功能区：默认→绘图→矩形▢。

### 2. 操作步骤

命令：RECTANG↙
指定第一个角点或 [倒角(C)/标高(E)/圆角(F)/厚度(T)/宽度(W)]：（指定角点）
指定另一个角点或 [面积(A)/尺寸(D)/旋转(R)]：

### 3. 选项说明

（1）第一个角点：通过指定两个角点确定矩形，如图2-32（a）所示。

（2）倒角(C)：指定倒角距离，绘制带倒角的矩形，如图 2-32（b）所示。每一个角点的逆时针和顺时针方向的倒角距离可以相同，也可以不同，其中第一个倒角距离是指角点逆时针方向倒角距离，第二个倒角距离是指角点顺时针方向倒角距离。

（3）标高(E)：指定矩形标高（Z 坐标），即把矩形放置在标高为 Z 并与 XOY 坐标面平行的平面上，并作为后续矩形的标高值。

（4）圆角(F)：指定圆角半径，绘制带圆角的矩形，如图2-32（c）所示。

（5）厚度(T)：指定矩形的厚度，如图2-32（d）所示。

（6）宽度(W)：指定线宽，如图2-32（e）所示。

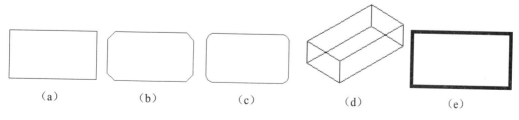

| （a） | （b） | （c） | （d） | （e） |

图 2-32 绘制矩形

（7）面积(A)：指定面积和长或宽创建矩形。选择该项，命令行提示与操作如下：

输入以当前单位计算的矩形面积 <20.0000>：（输入面积值）
计算矩形标注时的依据 [长度(L)/宽度(W)] <长度>：（按 Enter 键或输入 W）

输入矩形长度 <4.0000>:（指定长度或宽度）

指定长度或宽度后，系统自动计算另一个维度，绘制出矩形。如果矩形有倒角或圆角，则长度或面积计算中也会考虑此设置，如图 2-33 所示。

（8）尺寸(D)：使用长和宽创建矩形，第二个指定点将矩形定位在与第一角点相关的 4 个位置中的一个内。

（9）旋转(R)：使所绘制的矩形旋转一定角度。选择该项，命令行提示与操作如下：

指定旋转角度或 [拾取点(P)] <135>:（指定角度）
指定另一个角点或 [面积(A)/尺寸(D)/旋转(R)]:（指定另一个角点或选择其他选项）

指定旋转角度后，系统按指定角度创建矩形，如图 2-34 所示。

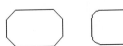

图 2-33　按面积绘制矩形 　　　　　　　　图 2-34　按指定旋转角度绘制矩形

## 2.3.2　操作实例——方头平键图形

本实例主要介绍矩形绘制方法，以及构造线绘制方法的具体应用。首先利用"直线"命令绘制主视图，然后利用"矩形"命令绘制俯视图与左视图，绘制流程如图 2-35 所示。

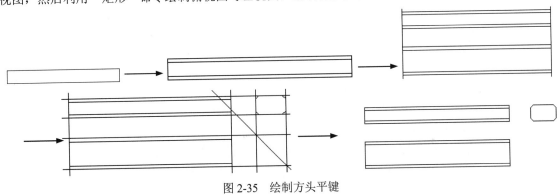

图 2-35　绘制方头平键

**操作步骤：（光盘\实例演示\第 2 章\方头平键图形.avi）**

（1）绘制主视图外形。单击"默认"选项卡"绘图"面板中的"矩形"按钮▭，命令行提示与操作如下：

命令: _rectang
指定第一个角点或 [倒角(C)/标高(E)/圆角(F)/厚度(T)/宽度(W)]: 0,30✓
指定另一个角点或 [面积(A)/尺寸(D)/旋转(R)]: @100,11✓

绘制结果如图 2-36 所示。

（2）绘制主视图两条棱线。单击"默认"选项卡"绘图"面板中的"直线"按钮╱，绘制直线。一条棱线端点的坐标值为（0,32）和（@100,0），另一条棱线端点的坐标值为（0,39）和（@100,0），绘制结果如图 2-37 所示。

图 2-36　绘制主视图外形 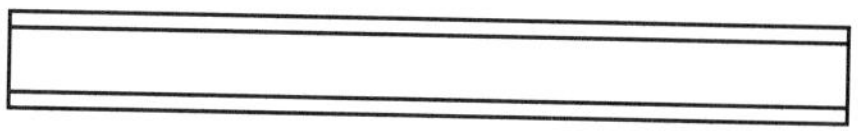　　　　　　图 2-37　绘制主视图棱线

（3）绘制辅助线。单击"默认"选项卡"绘图"面板中的"构造线"按钮，绘制构造线，命令行提示与操作如下：

```
命令：_xline
指定点或 [水平(H)/垂直(V)/角度(A)/二等分(B)/偏移(O)]：(指定主视图左边竖线上一点)
指定通过点：(指定竖直位置上一点)
指定通过点：✓
```

采用同样的方法绘制右边竖直构造线，绘制结果如图 2-38 所示。

（4）绘制俯视图。单击"默认"选项卡"绘图"面板中的"矩形"按钮，命令行提示与操作如下：

```
命令：_rectang
指定第一个角点或 [倒角(C)/标高(E)/圆角(F)/厚度(T)/宽度(W)]：(指定左边构造线上一点)
指定另一个角点或 [面积(A)/尺寸(D)/旋转(R)]：@100,18
```

单击"默认"选项卡"绘图"面板中的"直线"按钮，接着绘制两条直线，端点分别为 {(0,2)，(@100,0)} 和 {(0,16)，(@100,0)}，绘制结果如图 2-39 所示。

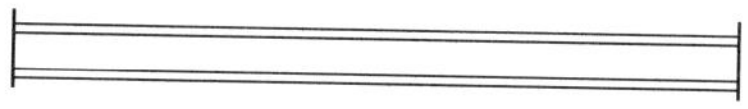

图 2-38　绘制竖直构造线 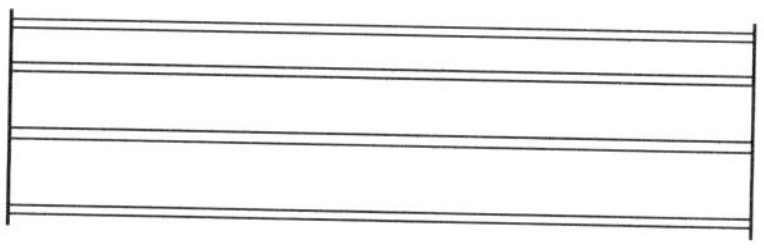　　　　　　图 2-39　绘制俯视图

（5）绘制左视图构造线。单击"默认"选项卡"绘图"面板中的"构造线"按钮，绘制构造线，命令行提示与操作如下：

```
命令：_xline
指定点或 [水平(H)/垂直(V)/角度(A)/二等分(B)/偏移(O)]：H✓
指定通过点：(指定主视图上右上端点)
指定通过点：(指定主视图上右下端点)
指定通过点：(指定俯视图上右上端点)
指定通过点：(指定俯视图上右下端点)
指定通过点：✓
命令：✓ (按Enter键表示重复"构造线"命令)
指定点或 [水平(H)/垂直(V)/角度(A)/二等分(B)/偏移(O)]：A✓
输入构造线的角度 (0) 或 [参照(R)]：-45✓
指定通过点：(任意指定一点)
指定通过点：✓
命令：✓
指定点或 [水平(H)/垂直(V)/角度(A)/二等分(B)/偏移(O)]：V✓
指定通过点：(指定斜线与向下数第三条水平线的交点)
指定通过点：(指定斜线与向下数第四条水平线的交点)
```

绘制结果如图 2-40 所示。

（6）绘制左视图。单击"默认"选项卡"绘图"面板中的"矩形"按钮，设置矩形两个倒角距离均为 2，命令行提示与操作如下：

```
命令：_rectang
指定第一个角点或 [倒角(C)/标高(E)/圆角(F)/厚度(T)/宽度(W)]：C✓
指定矩形的第一个倒角距离 <0.0000>：2
指定矩形的第二个倒角距离 <2.0000>：✓
指定第一个角点或[倒角(C)/标高(E)/圆角(F)/厚度(T)宽度(W)]：（按构造线确定位置指定一个角点）
指定另一个角点或 [面积(A)/尺寸(D)/旋转(R)]：（按构造线确定位置指定另一个角点）
```

绘制结果如图 2-41 所示。

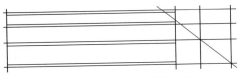

图 2-40　绘制左视图构造线

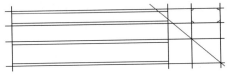

图 2-41　绘制左视图

（7）删除构造线，最终绘制结果如图 2-35 所示。

## 2.3.3　绘制正多边形

正多边形是相对复杂的一种平面图形，人类曾经为准确地找到手工绘制正多边形的方法而长期求索。伟大数学家高斯为发现正十七边形的绘制方法而引以为毕生的荣誉，以至于他的墓碑被设计成正十七边形。现在利用 AutoCAD 可以轻松地绘制任意边的正多边形。

### 1. 执行方式

☑　命令行：POLYGON（快捷命令：POL）。

☑　菜单栏：绘图→多边形。

☑　工具栏：绘图→多边形⬠。

☑　功能区：默认→绘图→多边形⬠。

### 2. 操作步骤

```
命令：POLYGON✓
输入侧面数 <4>：（指定多边形的边数，默认值为 4）
指定正多边形的中心点或 [边(E)]：（指定中心点）
输入选项 [内接于圆(I)/外切于圆(C)] <I>：（指定是内接于圆或外切于圆）
指定圆的半径：（指定外接圆或内切圆的半径）
```

### 3. 选项说明

（1）边(E)：选择该选项，则只要指定多边形的一条边，系统就会按逆时针方向创建该正多边形，如图 2-42（a）所示。

（2）内接于圆(I)：选择该选项，绘制的多边形内接于圆，如图 2-42（b）所示。

（3）外切于圆(C)：选择该选项，绘制的多边形外切于圆，如图 2-42（c）所示。

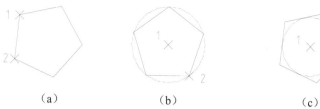

（a）　　　　　　　　（b）　　　　　　　　（c）

图 2-42　绘制正多边形

## 2.3.4　操作实例——螺母图形

本实例利用"圆"命令绘制圆，然后利用"多边形"命令绘制正六边形，最后利用"圆"命令绘制孔，绘制流程如图 2-43 所示。

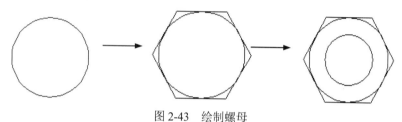

图 2-43　绘制螺母

**操作步骤：（光盘\实例演示\第 2 章\螺母.avi）**

（1）单击"默认"选项卡"绘图"面板中的"圆"按钮⊙，绘制一个圆心坐标为（150,150）、半径为 50 的圆，结果如图 2-44 所示。

（2）单击"默认"选项卡"绘图"面板中的"多边形"按钮⬡，绘制正六边形，命令行提示与操作如下：

```
命令：_polygon
输入侧面数 <4>: 6↙
指定正多边形的中心点或 [边(E)]: 150,150↙
输入选项 [内接于圆(I)/外切于圆(C)] <I>: C↙
指定圆的半径：50↙
```

结果如图 2-45 所示。

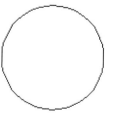

图 2-44　绘制圆

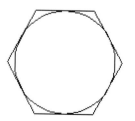

图 2-45　绘制正六边形

（3）单击"默认"选项卡"绘图"面板中的"圆"按钮⊙，以（150,150）为圆心、以 30 为半径绘制另一个圆。螺母绘制完成。

Note

# 2.4 点 的 绘 制

点在 AutoCAD 中有多种不同的表示方式，用户可以根据需要进行设置，也可以设置等分点和测量点。

## 2.4.1 绘制点

通常认为，点是最简单的图形单元。在工程图形中，点通常用来标定某个特殊的坐标位置，或者作为某个绘制步骤的起点和基础。为了使点更显眼，AutoCAD 为点设置了各种样式，用户可以根据需要来选择。

### 1. 执行方式

☑ 命令行：POINT（快捷命令：PO）。
☑ 菜单栏：绘图→点。
☑ 工具栏：绘图→点 。
☑ 功能区：默认→绘图→多点 。

### 2. 操作步骤

命令：POINT↙
指定点：（指定点所在的位置）

### 3. 知识拓展

（1）通过菜单方法操作，"单点"命令表示只输入一个点，"多点"命令表示可输入多个点，如图 2-46 所示。

（2）可以单击状态栏中的"对象捕捉"按钮，设置点捕捉模式，帮助用户选择点。

（3）点在图形中的表示样式共有 20 种。可通过 DDPTYPE 命令或选择菜单栏中的"格式"→"点样式"命令，通过打开的"点样式"对话框来设置，如图 2-47 所示。

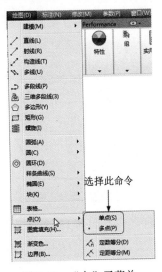

图 2-46 "点"子菜单

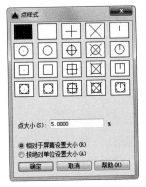

图 2-47 "点样式"对话框

## 2.4.2 定数等分点

有时需要把某个线段或曲线按一定的份数进行等分。这一点在手工绘图中很难实现，但在 AutoCAD 中可以通过相关命令轻松完成。

### 1. 执行方式

☑ 命令行：DIVIDE（快捷命令：DIV）。
☑ 菜单栏：绘图→点→定数等分。
☑ 功能区：默认→绘图→定数等分🖉。

### 2. 操作步骤

> 命令：DIVIDE✓
> 选择要定数等分的对象：
> 输入线段数目或 [块(B)]：（指定实体的等分数）

如图 2-48（a）所示为绘制定数等分的图形。

### 3. 知识拓展

（1）等分数目范围为 2～32767。
（2）在等分点处，按当前点样式设置画出等分点。
（3）在第二提示行选择"块(B)"选项时，表示在等分点处插入指定的块。

## 2.4.3 定距等分点

和定数等分类似的是，有时需要把某个线段或曲线以给定的长度为单元进行等分。在 AutoCAD 中，可以通过相关命令来完成这一操作。

### 1. 执行方式

☑ 命令行：MEASURE（快捷命令：ME）。
☑ 菜单栏：绘图→点→定距等分。
☑ 功能区：默认→绘图→定距等分🖉。

### 2. 操作步骤

> 命令：MEASURE✓
> 选择要定距等分的对象：（选择要设置测量点的实体）
> 指定线段长度或 [块(B)]：（指定分段长度）

如图 2-48（b）所示为绘制定距等分的图形。

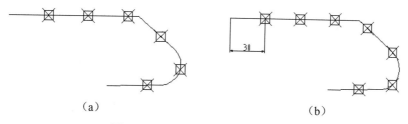

（a） （b）

图 2-48 定数等分和定距等分的图形

### 3. 知识拓展

（1）设置的起点一般是指定线的绘制起点。

（2）在第二提示行选择"块(B)"选项时，表示在测量点处插入指定的块。

（3）在等分点处，按当前点样式设置绘制测量点。

（4）最后一个测量段的长度不一定等于指定分段长度。

## 2.4.4  操作实例——棘轮图形

本实例利用"圆弧"命令的几种绘制方式及定数等分点创建棘轮图形，绘制流程如图 2-49 所示。

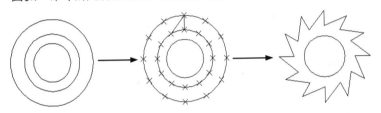

图 2-49　绘制棘轮

**操作步骤：**（光盘\实例演示\第 2 章\棘轮.avi）

（1）绘制同心圆。单击"默认"选项卡"绘图"面板中的"圆"按钮，绘制 3 个半径分别为 90、60、40 的同心圆，如图 2-50 所示。

（2）设置点样式。单击"默认"选项卡"实用工具"面板中的"点样式"按钮，在打开的"点样式"对话框中选择×样式，如图 2-51 所示。

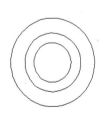

图 2-50　绘制同心圆

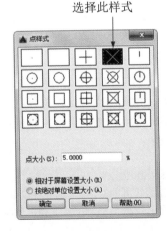

图 2-51　"点样式"对话框

（3）等分圆。单击"默认"选项卡"绘图"面板中的"定数等分"按钮，将步骤（1）绘制的圆进行等分，命令行提示与操作如下：

```
命令: _divide
选择要定数等分的对象:（选择 R90 圆）
输入线段数目或 [块(B)]: 12↙
```

采用同样的方法，等分 R60 圆，等分结果如图 2-52 所示。

（4）绘制棘轮轮齿。单击"默认"选项卡"绘图"面板中的"直线"按钮 ✓，连接 3 个等分点，绘制直线，如图 2-53 所示。

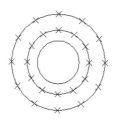

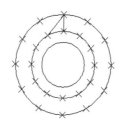

图 2-52　等分圆　　　　　　　图 2-53　绘制棘轮轮齿

（5）绘制其余轮齿。采用相同的方法连接其他点，选择绘制的点和多余的圆及圆弧，按 Delete 键删除，则绘制完成。

# 2.5　综合演练——汽车造型

绘制汽车造型的大体顺序是先绘制两个车轮，从而确定汽车的大体尺寸和位置。然后绘制车体轮廓，最后绘制车窗。绘制过程中要用到"直线""圆""圆弧""多段线""圆环""矩形""正多边形"等命令，绘制流程如图 2-54 所示。

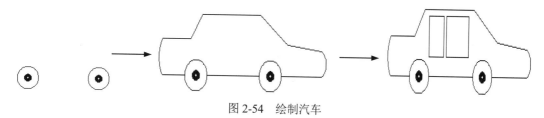

图 2-54　绘制汽车

**操作步骤：（光盘\实例演示\第 2 章\汽车.avi）**

（1）绘制车轮。单击"默认"选项卡"绘图"面板中的"圆"按钮 ⊙，绘制两个圆，命令行提示与操作如下：

```
命令：_circle
指定圆的圆心或 [三点(3P)/两点(2P)/切点、切点、半径(T)]：500,200✓
指定圆的半径或 [直径(D)] <163.7959>：150✓
```

用同样的方法指定圆心坐标为（1500,200）、半径为 150，绘制另外一个圆。

单击"默认"选项卡"绘图"面板中的"圆环"按钮 ◎，绘制两个圆环，命令行提示与操作如下：

```
命令：_donut
指定圆环的内径 <10.0000>：30✓
指定圆环的外径 <80.0000>：100✓
指定圆环的中心点或 <退出>：500,200✓
指定圆环的中心点或 <退出>：1500,200✓
指定圆环的中心点或 <退出>：✓
```

结果如图 2-55 所示。

（2）绘制车体轮廓。

❶ 绘制底板。单击"默认"选项卡"绘图"面板中的"直线"按钮，命令行提示与操作如下。

```
命令：_line
指定第一个点：50,200↙
指定下一点或 [放弃(U)]：350,200↙
指定下一点或 [放弃(U)]：↙
```

用同样的方法指定端点坐标分别为{（650,200），（1350,200）}和{（1650,200），（2200,200）}，绘制两条线段，结果如图 2-56 所示。

图 2-55　绘制车轮　　　　　　　　　　　　　图 2-56　绘制底板

❷ 绘制轮廓。单击"默认"选项卡"绘图"面板中的"多段线"按钮 （此命令将在后面章节中详细讲述），绘制多段线，命令行提示与操作如下：

```
命令：_pline
指定起点：50,200↙
当前线宽为 0.0000
指定下一个点或 [圆弧(A)/半宽(H)/长度(L)/放弃(U)/宽度(W)]：A↙（在 AutoCAD 中执行命令
时，采用大写字母与小写字母效果相同）
指定圆弧的端点(按住 Ctrl 键以切换方向)或[角度(A)/圆心(CE)/方向(D)/半宽(H)/直线(L)/
半径(R)/第二个点(S)/放弃(U)/宽度(W)]：s↙
指定圆弧上的第二个点：0,380↙
指定圆弧的端点：50,550↙
指定圆弧的端点(按住 Ctrl 键以切换方向)或[角度(A)/圆心(CE)/闭合(CL)/方向(D)/半宽(H)/
直线(L)/半径(R)/第二个点(S)/放弃(U)/宽度(W)]：l↙
指定下一点或 [圆弧(A)/闭合(C)/半宽(H)/长度(L)/放弃(U)/宽度(W)]：@375,0↙
指定下一点或 [圆弧(A)/闭合(C)/半宽(H)/长度(L)/放弃(U)/宽度(W)]：@160,240↙
指定下一点或 [圆弧(A)/闭合(C)/半宽(H)/长度(L)/放弃(U)/宽度(W)]：@780,0↙
指定下一点或 [圆弧(A)/闭合(C)/半宽(H)/长度(L)/放弃(U)/宽度(W)]：@365,-285↙
指定下一点或 [圆弧(A)/闭合(C)/半宽(H)/长度(L)/放弃(U)/宽度(W)]：@470,-60↙
指定下一点或 [圆弧(A)/闭合(C)/半宽(H)/长度(L)/放弃(U)/宽度(W)]：↙
```

单击"默认"选项卡"绘图"面板中的"圆弧"按钮，命令行提示与操作如下：

```
命令：_arc
指定圆弧的起点或 [圆心(C)]：2200,200↙
指定圆弧的第二个点或 [圆心(C)/端点(E)]：2256,322↙
指定圆弧的端点：2200,445↙
```

结果如图 2-57 所示。

（3）绘制车窗。

❶ 绘制车窗 1。单击"默认"选项卡"绘图"面板中的"矩形"按钮，命令行提示与操作如下：

Note

```
命令：_rectang
指定第一个角点或 [倒角(C)/标高(E)/圆角(F)/厚度(T)/宽度(W)]：650,730↙
指定另一个角点或 [面积(A)/尺寸(D)/旋转(R)]：880,370↙
```

❷ 绘制车窗 2。单击"默认"选项卡"绘图"面板中的"多边形"按钮，绘制四边形，命令行提示与操作如下：

```
命令：_polygon
输入侧面数<4>：↙
指定正多边形的中心点或 [边(E)]：E↙
指定边的第一个端点：920,730↙
指定边的第二个端点：920,370↙
```

结果如图 2-58 所示。

图 2-57　绘制轮廓

图 2-58　汽车

# 2.6　动手练一练

通过本章的学习，读者对直线类、圆类、平面图形和点命令的应用等知识有了大体的了解，本节通过 3 个操作练习使读者进一步掌握这些知识要点。

## 2.6.1　绘制粗糙度符号

练习绘制如图 2-59 所示的符号，涉及的命令主要是"直线"命令。为了使绘制过程准确无误，要求通过坐标值的输入指定线段的端点，利用这些操作使读者灵活掌握线段的绘制方法。

操作提示：

（1）计算好各个点的坐标。

（2）利用"直线"命令绘制各条线段。

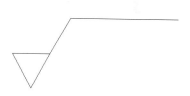

图 2-59　粗糙度符号

## 2.6.2　绘制圆头平键

练习绘制如图 2-60 所示的圆头平键，涉及的命令有"直线"和"圆弧"命令。本例对尺寸要求不是很严格，在绘图时可以适当指定位置。通过本例，要求读者掌握圆弧的绘制方法，同时巩固直线的绘制方法。

操作提示：

图 2-60　圆头平键

（1）利用"直线"命令绘制两条平行直线。

（2）利用"圆弧"命令绘制图形中圆弧部分，采用"起点、端点和包含角"方式。

### 2.6.3 绘制卡通造型

练习绘制如图 2-61 所示的卡通造型,本例图形涉及各种命令,通过此练习可使读者灵活掌握各种图形的绘制方法。

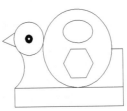

图 2-61 卡通造型

操作提示:

(1)利用"矩形"命令绘制底座。

(2)利用"圆""椭圆""多边形"命令绘制头和身体。

(3)利用"圆弧"和"直线"命令完善细节。

(4)利用"圆环"命令绘制眼睛。

# 第3章

# 辅助工具

为了快捷准确地绘制图形和方便高效地管理图形，AutoCAD 提供多种必要和辅助的绘图工具，如工具条、对象选择工具、图层管理器、精确定位工具等。利用这些工具，可以方便、迅速、准确地实现图形的绘制和编辑，不仅可以提高工作效率，而且能更好地保证图形的质量。

本章主要介绍图层设置和精确定位的有关知识。

☑ 精确定位工具  ☑ 对象约束

☑ 对象捕捉与对象追踪  ☑ 图层设置

☑ 动态输入

## 任务驱动&项目案例

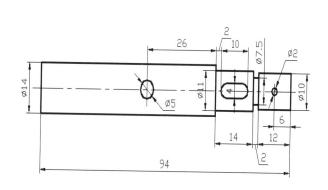

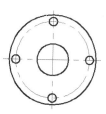

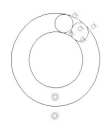

# 3.1　精确定位工具

从前面的简单绘图过程中可以发现，有时要指定一个特殊位置或点很费力，例如绘制一条水平线或找到圆心。为了解决这个问题，提高绘图的效率，AutoCAD 提供了一系列的精确定位工具。精确定位工具是指能够帮助用户快速、准确地定位某些特殊点（如端点、中点、圆心等）和特殊位置（如水平位置、垂直位置）的工具。

精确定位工具主要集中在状态栏上，如图 3-1 所示为默认状态下显示的状态栏按钮。

图 3-1　状态栏按钮

## 3.1.1　正交模式

在用 AutoCAD 绘图的过程中，经常需要绘制水平直线和垂直直线，但是用鼠标拾取线段的端点时很难保证两个点严格地处于水平或垂直方向上。为此，AutoCAD 提供正交功能，启用正交模式时，画线或移动对象时只能沿水平方向或垂直方向移动光标，因此只能画平行于坐标轴的正交线段。

### 1. 执行方式

☑　命令行：ORTHO。

☑　状态栏：正交模式。

☑　快捷键：F8。

### 2. 操作步骤

命令：ORTHO↙
输入模式 [开(ON)/关(OFF)] <开>：（设置开或关）

## 3.1.2　栅格工具

用户可以应用显示栅格工具使绘图区域上出现可见的网格，它是一个形象的画图工具，就像传统的坐标纸一样，这样在绘图时有一个参照，绘图就会相对准确一些。本节介绍控制栅格的显示及设置栅格参数的方法。

### 1. 执行方式

☑　菜单栏：工具→绘图设置。

☑　状态栏：显示图形栅格（仅限于打开与关闭）。

☑　快捷键：F7（仅限于打开与关闭）。

### 2. 操作步骤

按上述操作打开"草图设置"对话框，选择"捕捉和栅格"选项卡，如图 3-2 所示。

其中，"启用栅格"复选框控制是否显示栅格，"栅格间距"选项组用来设置栅格在水平与垂直方向的间距。如果"栅格 X 轴间距"和"栅格 Y 轴间距"都设置为 0，则 AutoCAD 会自动将捕捉栅格间距应用于栅格，且其原点及角度总是和捕捉栅格的原点及角度相同。"栅格行为"选项组用来设置栅格显示时的有关特性。可通过 Grid 命令在命令行设置栅格间距。

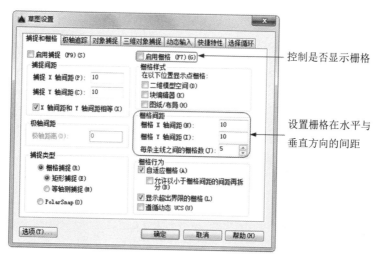

控制是否显示栅格

设置栅格在水平与
垂直方向的间距

图 3-2　"草图设置"对话框

> **注意**：若在"栅格 X 轴间距"文本框中输入一个数值后按 Enter 键，则 AutoCAD 自动传送这个值给"栅格 Y 轴间距"，这样可减少工作量。

## 3.1.3　捕捉工具

为了准确地在屏幕上捕捉点，AutoCAD 提供捕捉工具，可以在屏幕上生成一个隐含的栅格（捕捉栅格），这个栅格能够捕捉光标，约束它只能落在栅格的某一个节点上，使用户能够高精确度地捕捉和选择这个栅格上的点。本节介绍捕捉栅格的参数设置方法。

**1. 执行方式**

- ☑ 菜单栏：工具→绘图设置。
- ☑ 状态栏：捕捉模式（仅限于打开与关闭）。
- ☑ 快捷键：F9（仅限于打开与关闭）。

**2. 操作步骤**

按上述操作打开"草图设置"对话框，选择"捕捉和栅格"选项卡，如图 3-2 所示。

**3. 选项说明**

（1）"启用捕捉"复选框：控制捕捉功能的开关，与按 F9 键或单击状态栏中的"捕捉模式"按钮功能相同。

（2）"捕捉间距"选项组：设置捕捉各参数。其中，"捕捉 X 轴间距"与"捕捉 Y 轴间距"确定捕捉栅格点在水平和垂直两个方向上的间距。

（3）"极轴间距"选项组：该选项组只有在"极轴捕捉"类型时才可用。可在"极轴距离"文本框中输入距离值，也可以通过 SNAP 命令设置捕捉有关参数。

（4）"捕捉类型"选项组：确定捕捉类型和样式。AutoCAD 提供两种捕捉栅格的方式，即"栅格捕捉"和"极轴捕捉"。"栅格捕捉"是指按正交位置捕捉位置点，而"极轴捕捉"则可以根据设置的任意极轴角捕捉位置点。

"栅格捕捉"又分为"矩形捕捉"和"等轴测捕捉"两种方式。在"矩形捕捉"方式下捕捉栅格是标准的矩形，在"等轴测捕捉"方式下捕捉栅格和光标十字线不再互相垂直，而是成绘制等轴测图时的特定角度，这种方式对于绘制等轴测图是十分方便的。

# 3.2 对象捕捉

在利用 AutoCAD 画图时经常要用到一些特殊的点，如圆心、切点、线段或圆弧的端点、中点等，如果用鼠标拾取，要准确地找到这些点是十分困难的。为此，AutoCAD 提供了一些识别这些点的工具，通过这些工具可方便地构造新的几何体，使创建的对象精确地画出来，其结果比传统手工绘图更精确，更容易维护。

## 3.2.1 特殊位置点捕捉

在绘制 AutoCAD 图形时，有时需要指定一些特殊位置的点，如圆心、端点、中点、平行线上的点等，如表 3-1 所示。可以通过对象捕捉功能来捕捉这些点。

表 3-1 特殊位置点捕捉

| 名　　称 | 命　　令 | 含　　义 |
|---|---|---|
| 临时追踪点 | TT | 建立临时追踪点 |
| 两点之间中点 | M2P | 捕捉两个独立点之间的中点 |
| 捕捉自 | FRO | 与其他捕捉方式配合使用建立一个临时参考点，作为指出后继点的基点 |
| 端点 | END | 线段或圆弧的端点 |
| 中点 | MID | 线段或圆弧的中点 |
| 交点 | INT | 线、圆弧或圆等对象的交点 |
| 外观交点 | APP | 图形对象在视图平面上的交点 |
| 延长线 | EXT | 指定对象延伸线上的点 |
| 圆心 | CET | 圆或圆弧的圆心 |
| 象限点 | QUA | 距光标最近的圆或圆弧上可见部分象限点，即圆周上 0°、90°、180°、270° 位置点 |
| 切点 | TAN | 最后生成的一个点到选中的圆或圆弧上引切线的切点位置 |
| 垂足 | PER | 在线段、圆、圆弧或其延长线上捕捉一个点，使最后生成的对象线与原对象正交 |
| 平行线 | PAR | 指定对象平行的图形对象上的点 |
| 节点 | NOD | 捕捉用 Point 或 DIVIDE 等命令生成的点 |
| 插入点 | INS | 文本对象和图块的插入点 |
| 最近点 | NEA | 离拾取点最近的线段、圆、圆弧等对象上的点 |
| 无 | NON | 取消对象捕捉 |
| 对象捕捉设置 | OSNAP | 设置对象捕捉 |

AutoCAD 提供命令行、工具栏和快捷菜单 3 种执行特殊点对象捕捉的方法。

1. 命令行方式

绘图时，在命令行中提示输入一点时，输入相应特殊位置点命令，然后根据提示操作即可。

> 提示：AutoCAD 对象捕捉功能中捕捉垂足（Perpendicular）和捕捉交点（Intersection）等项有延伸捕捉的功能，即如果对象没有相交，AutoCAD 会假想把线或弧延长，从而找出相应的点。

### 2. 工具栏方式

使用如图 3-3 所示的"对象捕捉"工具栏可以使用户更方便地实现捕捉点的目的。当命令行提示输入一点时，在"对象捕捉"工具栏中单击相应的按钮。把鼠标指针放在某一图标上时，会显示出该图标功能的提示，然后根据提示操作即可。

### 3. 快捷菜单方式

快捷菜单可通过同时按下 Shift 键和右击来激活菜单中列出的 AutoCAD 对象捕捉模式，如图 3-4 所示。操作方法与工具栏相似，只要在 AutoCAD 提示输入点时选择快捷菜单中相应的命令，然后按提示操作即可。

Note

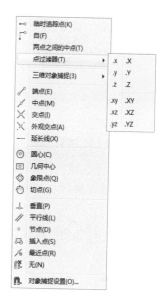

图 3-3    "对象捕捉"工具栏

图 3-4    快捷菜单

## 3.2.2    操作实例——盘盖

利用上面所学的特殊位置点捕捉功能，依次绘制不同半径、不同位置的圆，绘制如图 3-5 所示的盘盖。

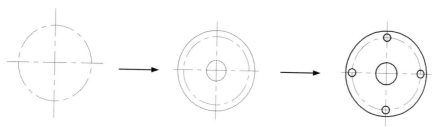

图 3-5    绘制盘盖

**操作步骤：（光盘\实例演示\第 3 章\盘盖.avi）**

（1）设置图层。单击"默认"选项卡"图层"面板中的"图层特性"按钮，弹出"图层特性管理器"选项板，新建图层如下。

❶ "中心线"图层：线型为 CENTER，颜色为红色，其余属性默认。

❷ "粗实线"图层：线宽为 0.30mm，其余属性默认。

（2）绘制中心线。将"中心线"图层设置为当前图层，单击"默认"选项卡"绘图"面板中的"直线"按钮 ，绘制垂直中心线。

（3）绘制辅助圆。单击"默认"选项卡"绘图"面板中的"圆"按钮 ，绘制圆形中心线。在指定圆心时，捕捉垂直中心线的交点，如图 3-6 所示，结果如图 3-7 所示。

（4）绘制外圆和内孔。转换到"粗实线"图层，单击"默认"选项卡"绘图"面板中的"圆"按钮 ，绘制两个同心圆。在指定圆心时，捕捉已绘制的圆的圆心，如图 3-8 所示，结果如图 3-9 所示。

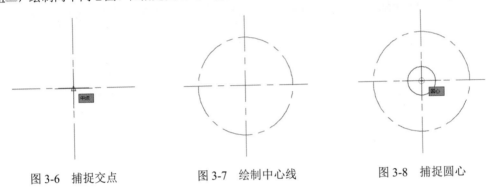

| 图 3-6 捕捉交点 | 图 3-7 绘制中心线 | 图 3-8 捕捉圆心 |

（5）绘制螺孔。单击"默认"选项卡"绘图"面板中的"圆"按钮 ，绘制侧边小圆。在指定圆心时，捕捉圆形中心线与水平中心线或垂直中心线的交点，如图 3-10 所示，结果如图 3-11 所示。

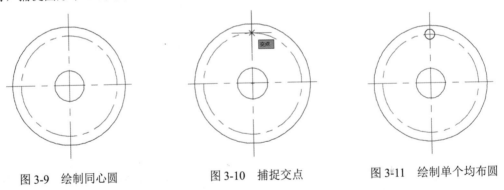

| 图 3-9 绘制同心圆 | 图 3-10 捕捉交点 | 图 3-11 绘制单个均布圆 |

（6）绘制其余螺孔。使用同样的方法绘制其他 3 个螺孔，最终结果如图 3-5 所示。

## 3.2.3 对象捕捉设置

在用 AutoCAD 绘图之前，可以根据需要设置运行一些对象捕捉模式，绘图时 AutoCAD 能自动捕捉这些特殊点，从而加快绘图速度，提高绘图质量。

**1. 执行方式**

☑ 命令行：DDOSNAP。

☑ 菜单栏：工具→绘图设置。

☑ 工具栏：对象捕捉→对象捕捉设置 。

☑ 状态栏：对象捕捉（功能仅限于打开与关闭）。

☑ 快捷键：F3（功能仅限于打开与关闭）。

☑ 快捷菜单：对象捕捉设置（如图 3-4 所示）。

## 2. 操作步骤

命令: DDOSNAP✓

系统打开"草图设置"对话框，选择"对象捕捉"选项卡，在此可以设置对象捕捉方式，如图 3-12 所示。

打开或关闭对象捕捉方式　　打开或关闭自动追踪功能

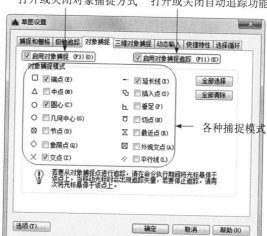

各种捕捉模式

图 3-12　"对象捕捉"选项卡

## 3. 选项说明

（1）"启用对象捕捉"复选框：打开或关闭对象捕捉方式。选中此复选框时，在"对象捕捉模式"选项组中选中的捕捉模式处于激活状态。

（2）"启用对象捕捉追踪"复选框：打开或关闭自动追踪功能。

（3）"对象捕捉模式"选项组：该选项组列出各种捕捉模式的复选框，选中则该模式被激活。单击"全部清除"按钮，则所有模式均被清除。单击"全部选择"按钮，则所有模式均被选中。

另外，在对话框的左下角有一个"选项"按钮，单击它可打开"选项"对话框中的"草图"选项卡，利用该对话框可决定捕捉模式的各项设置。

📖 **操作与点拨**：有时用户无法按预定的设想捕捉到相应的特殊位置点，这里的主要原因是没有设置这些点作为捕捉的特殊位置点。只要重新进行设置即可解决此问题。

# 3.2.4　操作实例——圆公切线

本例首先绘制两个有一定间距的圆，再利用对象捕捉功能及"直线"命令绘制圆的公切线，如图 3-13 所示。

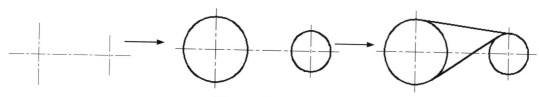

图 3-13　绘制圆公切线

**Note**

**操作步骤：**（光盘\实例演示\第 3 章\圆公切线.avi）

（1）设置图层。单击"默认"选项卡"图层"面板中的"图层特性"按钮🔚，新建图层如下。

❶ "中心线"图层：线型为 CENTER，其余属性默认。

❷ "粗实线"图层：线宽为 0.30mm，其余属性默认。

（2）绘制中心线。将"中心线"图层设置为当前图层，单击"默认"选项卡"绘图"面板中的"直线"按钮✏️，以适当长度绘制垂直相交中心线，结果如图 3-14 所示。

（3）绘制圆。转换到"粗实线"图层，单击"默认"选项卡"绘图"面板中的"圆"按钮⊙，绘制图形轴孔部分，绘制圆时，分别以水平中心线与竖直中心线的交点为圆心，以适当半径绘制两个圆，结果如图 3-15 所示。

图 3-14  绘制中心线

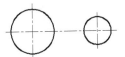
图 3-15  绘制圆

（4）设置捕捉模式。选择菜单栏中的"工具"→"绘图设置"命令，打开"草图设置"对话框中的"对象捕捉"选项卡，单击"全部选择"按钮，选择所有的捕捉模式，并选中"启用对象捕捉"复选框，如图 3-16 所示，单击"确定"按钮。

（5）在状态栏中打开捕捉模式。

（6）绘制第一条公切线。单击"默认"选项卡"绘图"面板中的"直线"按钮✏️，绘制公切线，命令行提示与操作如下：

```
命令：_line
指定第一个点：（单击"对象捕捉"工具栏中的"切点"按钮⊙）
_tan 到：（指定左边圆上一点，系统自动显示"递延切点"提示，如图 3-17 所示）
指定下一点或 [放弃(U)]：（单击"对象捕捉"工具栏中的"切点"按钮⊙）
_tan 到：（指定右边圆上一点，系统自动显示"递延切点"提示，如图 3-18 所示）
指定下一点或 [放弃(U)]：✓
```

（7）绘制第二条公切线。单击"默认"选项卡"绘图"面板中的"直线"按钮✏️，绘制公切线。同样利用"切点"按钮捕捉切点，如图 3-19 所示为捕捉第二个切点的情形。

选中该复选框  选择该选项卡  单击该按钮

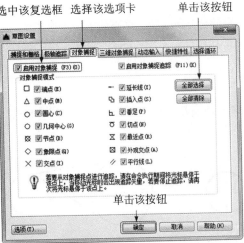
单击该按钮
图 3-16  对象捕捉设置

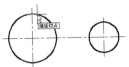
图 3-17  捕捉切点

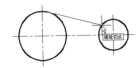
图 3-18  递延切点提示

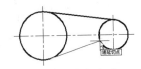
图 3-19  捕捉切点

（8）捕捉切点。系统自动捕捉到切点的位置，最终结果如图3-13所示。

**注意：** 不管用户指定圆上哪一点作为切点，系统会自动根据圆的半径和指定的大致位置确定准确的切点，并且根据大致指定点与内外切点的距离，依据距离趋近原则判断是绘制外切线还是内切线。

## 3.2.5 基点捕捉

在绘制图形时，有时需要指定以某个点为基点绘制其他点。这时可以利用基点捕捉功能来捕捉此点，基点捕捉要求确定一个临时参考点作为指定后续点的基点，通常与其他对象捕捉模式及相关坐标联合使用。

1. 执行方式

☑ 命令行：FROM。

☑ 快捷菜单：自（如图3-20所示）。

图3-20 快捷菜单

2. 操作步骤

在输入一点的提示下输入FROM，或单击相应的工具图标时，命令行提示与操作如下：

基点：（指定一个基点）
<偏移>：（输入相对于基点的偏移量）

执行上述命令后得到一个点，这个点与基点之间坐标差为指定的偏移量。

**注意：** 在"<偏移>："提示后输入的坐标必须是相对坐标，如（@10,15）等。

## 3.2.6 操作实例——绘制直线1

利用上面所学的基点捕捉功能绘制一条从点（45,45）到点（80,120）的线段。

**操作步骤:**（光盘\实例演示\第 3 章\绘制直线 1.avi）

单击"默认"选项卡"绘图"面板中的"直线"按钮，命令行提示与操作如下:

```
命令: LINE↙
指定第一个点: 45,45↙
指定下一点或 [放弃(U)]: FROM↙
基点: 100,100↙
<偏移>: -20,20↙
指定下一点或 [放弃(U)]: ↙
```

执行上述操作后，绘制出从点（45,45）到点（80,120）的一条线段。

### 3.2.7　点过滤器捕捉

利用点过滤器捕捉功能，可以根据一个点的 X 坐标和另一点的 Y 坐标来确定一个新点。在"指定下一点或[放弃(U)]:"提示下选择此项（在快捷菜单中选取），AutoCAD 提示:

```
.x 于: (指定一个点)
(需要 YZ): (指定另一个点)
```

执行操作后，新建的点具有第一个点的 X 坐标和第二个点的 Y 坐标。

### 3.2.8　操作实例——绘制直线 2

利用上面所学的点过滤器捕捉功能，绘制从点（45,45）到点（80,120）的一条线段。

**操作步骤:**（光盘\实例演示\第 3 章\绘制直线 2.avi）

单击"绘图"工具栏中的"直线"按钮，命令行提示与操作如下:

```
命令: LINE↙
指定第一个点: 45,45↙
指定下一点或 [放弃(U)]: (打开右键快捷菜单，选择: 点过滤器→X)
.x 于: 80,100↙
(需要 YZ): 100,120↙
指定下一点或 [放弃(U)]: ↙
```

执行上述操作后，绘制出从点（45,45）到点（80,120）的一条线段。

# 3.3　对　象　追　踪

对象追踪是指按指定角度或与其他对象的指定关系绘制对象。可以结合对象捕捉功能进行自动追踪，利用自动追踪功能可以对齐路径，有助于以精确的位置和角度创建对象。自动追踪包括两种追踪选项:"对象捕捉追踪"和"极轴追踪"。可以指定临时点进行临时追踪。

### 3.3.1　对象捕捉追踪

对象捕捉追踪是指以捕捉到的特殊位置点为基点，按指定的极轴角或极轴角的倍数对齐要指定点的路径。

对象捕捉追踪必须配合对象捕捉功能一起使用，即同时打开状态栏上的"对象捕捉"和"对象捕捉追踪"开关。

### 1. 执行方式

- ☑ 命令行：DDOSNAP。
- ☑ 菜单栏：工具→绘图设置。
- ☑ 工具栏：对象捕捉→对象捕捉设置 🖰。
- ☑ 状态栏：对象捕捉+对象捕捉追踪。
- ☑ 快捷键：F11。
- ☑ 快捷菜单：对象捕捉设置（如图 3-4 所示）。

### 2. 操作步骤

按照上面的执行方式或者在"对象捕捉"或"对象捕捉追踪"开关上右击，在弹出的快捷菜单中选择"设置"命令，系统打开"草图设置"对话框，然后选择"对象捕捉"选项卡，选中"启用对象捕捉追踪"复选框，即完成对象捕捉追踪设置。

## 3.3.2 操作实例——绘制直线 3

利用上面所学的对象捕捉追踪功能绘制一条线段，使该线段的一个端点与另一条线段的端点在一条水平线上。

**操作步骤：**（光盘\实例演示\第 3 章\绘制直线 3.avi）

（1）设置捕捉。同时打开状态栏上的"对象捕捉"和"对象捕捉追踪"按钮，启动对象捕捉追踪功能。

（2）绘制第一条线段。单击"默认"选项卡"绘图"面板中的"直线"按钮，绘制第一条线段。

（3）绘制第二条线段。单击"默认"选项卡"绘图"面板中的"直线"按钮，绘制第二条线段，命令行提示与操作如下：

> 命令：LINE↙
> 指定第一个点：（指定点 1，如图 3-21（a）所示）
> 指定下一点或 [放弃(U)]：（将鼠标指针移动到点 2 处，系统自动捕捉到第一条直线的端点 2，如图 3-21（b）所示。系统显示一条虚线为追踪线，移动鼠标指针，在追踪线的适当位置指定一点 3，如图 3-21（c）所示）
> 指定下一点或 [放弃(U)]：↙

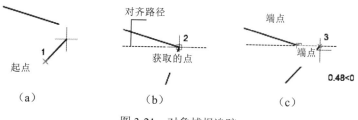

（a）　　　　　　　（b）　　　　　　　（c）

图 3-21　对象捕捉追踪

### 3.3.3 极轴追踪

极轴追踪是指按指定的极轴角或极轴角的倍数对齐要指定点的路径。极轴追踪必须配合对象捕捉追踪功能一起使用，即同时打开状态栏上的"极轴追踪"和"对象捕捉追踪"开关。

#### 1. 执行方式

- ☑ 命令行：DDOSNAP。
- ☑ 菜单栏：工具→绘图设置。
- ☑ 工具栏：对象捕捉→对象捕捉设置 。
- ☑ 状态栏：极轴追踪。
- ☑ 快捷键：F10。
- ☑ 快捷菜单：极轴追踪设置。

#### 2. 操作步骤

按照上面的执行方式或者在"极轴"开关上右击，在弹出的快捷菜单中选择"设置"命令，系统打开如图 3-22 所示的"草图设置"对话框，选择"极轴追踪"选项卡。

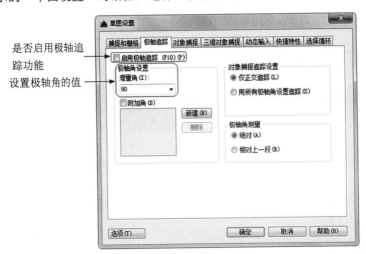

是否启用极轴追踪功能 →

设置极轴角的值 →

图 3-22 "极轴追踪"选项卡

#### 3. 选项说明

（1）"启用极轴追踪"复选框：选中该复选框，即启用极轴追踪功能。

（2）"极轴角设置"选项组：设置极轴角的值。可以在"增量角"下拉列表框中选择一种角度值，也可选中"附加角"复选框，单击"新建"按钮设置任意附加角。系统在进行极轴追踪时，同时追踪增量角和附加角，可以设置多个附加角。

（3）"对象捕捉追踪设置"和"极轴角测量"选项组：按界面提示设置相应单选按钮。

### 3.3.4 操作实例——极轴追踪法绘制方头平键

本例利用上面所学的极轴追踪方法绘制如图 3-23 所示的方头平键。请读者注意体会和第 2 章讲述的方法有什么不同。

图 3-23 绘制方头平键

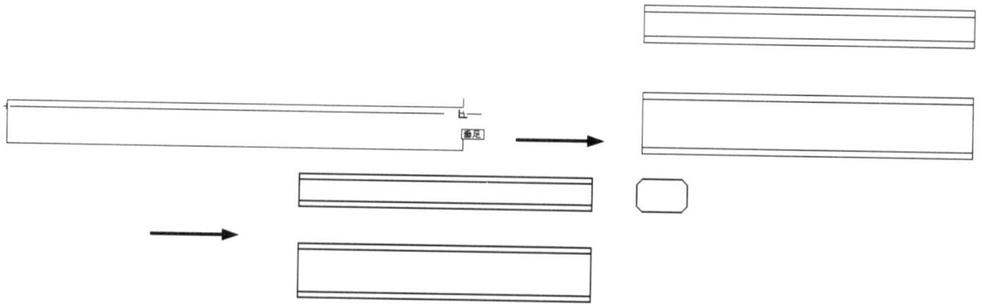

**操作步骤：（光盘\实例演示\第 3 章\极轴追踪法绘制方头平键.avi）**

（1）绘制主视图。单击"默认"选项卡"绘图"面板中的
"矩形"按钮▭，绘制矩形。首先在屏幕上适当位置指定一个
角点，然后指定第二个角点为（@100,11），结果如图 3-24 所示。

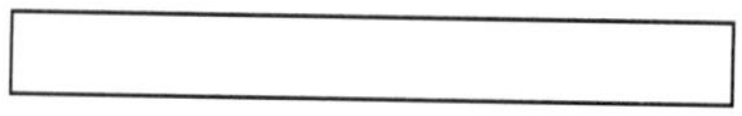

图 3-24 绘制主视图外形

（2）绘制主视图棱线。同时打开状态栏上的"对象捕捉"
和"对象捕捉追踪"按钮，启动对象捕捉追踪功能。单击"默认"选项卡"绘图"面板中的"直线"
按钮╱，绘制直线，命令行提示与操作如下：

```
命令：LINE✓
指定第一个点：FROM✓
基点：(捕捉矩形左上角点，如图 3-25 所示)
<偏移>：@0,-2✓
指定下一点或 [放弃(U)]：(鼠标右移，捕捉矩形右边上的垂足，如图 3-26 所示)
```

使用相同的方法，以矩形左下角点为基点，向上偏移两个单位，利用基点捕捉绘制下边的另一条
棱线，结果如图 3-27 所示。

图 3-25 捕捉角点

图 3-26 捕捉垂足

（3）设置捕捉。打开如图 3-22 所示的"草图设置"对话框的"极轴追踪"选项卡，将增量角设
置为 90，将对象捕捉追踪设置为"仅正交追踪"。

（4）绘制俯视图外形。单击"默认"选项卡"绘图"面板中的"矩形"按钮▭，捕捉上面绘制
矩形左下角点，系统显示追踪线，沿追踪线向下在适当位置指定一点为矩形角点，如图 3-28 所示。
另一角点坐标为（@100,18），结果如图 3-29 所示。

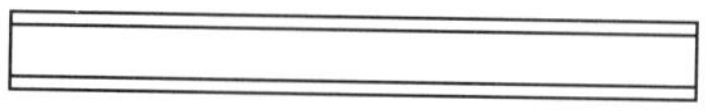

图 3-27 绘制主视图棱线

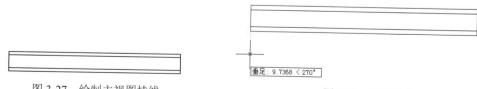

图 3-28 追踪对象

（5）绘制俯视图棱线。单击"默认"选项卡"绘图"面板中的"直线"按钮╱，结合基点捕捉
功能绘制俯视图棱线，偏移距离为 2，结果如图 3-30 所示。

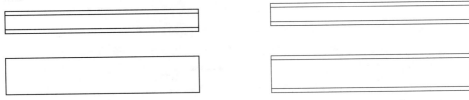

图 3-29　绘制俯视图　　　　　　　　　图 3-30　绘制俯视图棱线

（6）绘制左视图构造线。单击"默认"选项卡"绘图"面板中的"构造线"按钮，首先指定适当一点绘制-45°构造线，继续绘制构造线，命令行提示与操作如下：

> 命令：XLINE✓
> 指定点或 [水平(H)/垂直(V)/角度(A)/二等分(B)/偏移(O)]：（捕捉俯视图右上角点，在水平追踪线上指定一点，如图 3-31 所示）
> 指定通过点：（打开状态栏上的"正交"开关，指定水平方向一点指定斜线与第四条水平线的交点）

使用同样的方法绘制另一条水平构造线，再捕捉两条水平构造线与斜构造线交点为指定点，绘制两条竖直构造线，如图 3-32 所示。

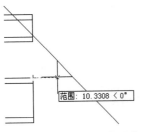

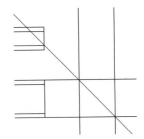

图 3-31　绘制左视图构造线　　　　　　图 3-32　完成左视图构造线

（7）绘制左视图。单击"默认"选项卡"绘图"面板中的"矩形"按钮，绘制矩形，命令行提示与操作如下：

> 命令：_rectang✓
> 指定第一个角点或 [倒角(C)/标高(E)/圆角(F)/厚度(T)/宽度(W)]：C✓
> 指定矩形的第一个倒角距离 <0.0000>：2
> 指定矩形的第一个倒角距离 <2.0000>：2
> 指定第一个角点或 [倒角(C)/标高(E)/圆角(F)/厚度(T)/宽度(W)]：（捕捉主视图矩形上边延长线与第一条竖直构造线交点，如图 3-33 所示）
> 指定另一个角点或 [尺寸(D)]：（捕捉主视图矩形下边延长线与第二条竖直构造线交点）

完成上述操作后结果如图 3-34 所示。

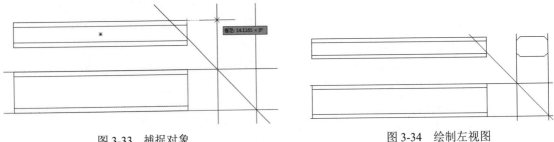

图 3-33　捕捉对象　　　　　　　　　　图 3-34　绘制左视图

（8）删除辅助线。单击"默认"选项卡"修改"面板中的"删除"按钮，删除构造线，最终结果如图 3-23 所示。

## 3.3.5　临时追踪

在绘制图形对象时，除了可以进行自动追踪外，还可以指定临时点作为基点，进行临时追踪。

在提示输入点时，输入 tt，或右击选择快捷菜单中的"临时追踪点"命令，然后指定一个临时追踪点。该点上将出现一个小的加号（+）。移动光标时，将相对于这个临时点显示自动追踪对齐路径。要删除此点，将光标移回到加号（+）上面。

## 3.3.6　操作实例——绘制直线 4

利用上面所学的临时追踪功能绘制一条线段，使其一个端点与一个已知点水平。

**操作步骤：（光盘\实例演示\第 3 章\绘制直线 4.avi）**

（1）捕捉设置。打开状态栏上的"对象捕捉"开关，并打开如图 3-22 所示的"草图设置"对话框的"极轴追踪"选项卡，将增量角设置为 90，将对象捕捉追踪设置为"仅正交追踪"。

（2）绘制点。选择菜单栏中的"格式"→"点样式"命令，打开"点样式"对话框，从中选择×形样式，如图 3-35 所示。

（3）单击"默认"选项卡"绘图"面板中的"多点"按钮，绘制一个点，如图 3-36 所示。

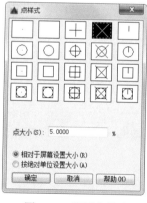

图 3-35　设置点样式

图 3-36　绘制点

（4）绘制直线。单击"默认"选项卡"绘图"面板中的"直线"按钮，绘制直线，命令行提示与操作如下：

```
命令：LINE↙
指定第一个点：（适当指定一点）
指定下一点或 [放弃(U)]：tt↙
指定临时对象追踪点：（捕捉左边的点，该点显示一个加号，移动鼠标，显示追踪线，如图 3-37 所示）
指定下一点或 [放弃(U)]：（在追踪线上适当位置指定一点）
指定下一点或 [放弃(U)]：↙
```

上述操作完成后，结果如图 3-38 所示。

图 3-37    显示追踪线                        图 3-38    绘制结果

# 3.4   动 态 输 入

动态输入功能可以在绘图平面直接动态地输入绘制对象的各种参数,使绘图变得直观简捷。

## 1. 执行方式

☑    命令行:DSETTINGS。
☑    菜单栏:工具→绘图设置。
☑    工具栏:对象捕捉→对象捕捉设置 。
☑    状态栏:"动态输入"按钮 (只限于打开与关闭)。
☑    快捷键:F12(只限于打开与关闭)。
☑    快捷菜单:对象捕捉设置。

## 2. 操作步骤

按照上面的执行方式或者在"动态输入"开关上右击,在弹出的快捷菜单中选择"动态输入设置"命令,系统打开如图 3-39 所示的"草图设置"对话框的"动态输入"选项卡。其中,"指针输入"选项功能如下。

(1)启动指针输入:打开动态输入的指针输入功能。

(2)设置:单击该按钮,打开"指针输入设置"对话框,可以设置指针输入的格式和可见性,如图 3-40 所示。

选择此选项卡

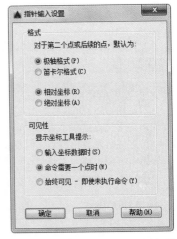

图 3-39    "动态输入"选项卡                   图 3-40    "指针输入设置"对话框

# 3.5 对象约束

"约束"能够精确地控制草图中的对象。草图约束有两种类型：几何约束和尺寸约束。

几何约束可以建立草图对象的几何特性（如要求某一直线具有固定长度）或两个及更多草图对象的关系类型（如要求两条直线垂直或平行，或几个弧具有相同的半径）。在图形区用户可以使用"参数化"选项卡中的"全部显示"、"全部隐藏"或"显示"选项来显示有关信息，并显示代表这些约束的直观标记（如图 3-41 所示的水平标记 $\overline{\phantom{x}}$ 和共线标记 $\checkmark$）。

尺寸约束建立草图对象的大小（如直线的长度、圆弧的半径等），或两个对象之间的关系（如两点之间的距离）。如图 3-42 所示为一个带有尺寸约束的示例。

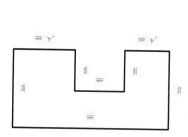

图 3-41 几何约束示意图

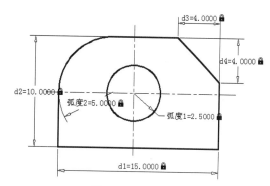

图 3-42 尺寸约束示意图

## 3.5.1 建立几何约束

使用几何约束可以指定草图对象必须遵守的条件，或是草图对象之间必须维持的关系。"几何约束"面板及工具栏（面板在"参数化"选项卡内的"几何"面板中）如图 3-43 所示。其主要几何约束选项功能如表 3-2 所示。

图 3-43 "几何约束"面板及工具栏

表 3-2 几何约束选项功能

| 约 束 模 式 | 功 能 |
| --- | --- |
| 重合 | 约束两个点使其重合，或者约束一个点使其位于曲线（或曲线的延长线）上。可以使对象上的约束点与某个对象重合，也可以使其与另一对象上的约束点重合 |
| 共线 | 使两条或多条直线段沿同一直线方向分布 |
| 同心 | 将两个圆弧、圆或椭圆约束到同一个中心点。结果与将重合约束应用于曲线的中心点所产生的结果相同 |

续表

| 约束模式 | 功 能 |
|---|---|
| 固定 | 将几何约束应用于一对对象时，选择对象的顺序及选择每个对象的点可能会影响对象彼此间的放置方式 |
| 平行 | 使选定的直线位于彼此平行的位置。平行约束在两个对象之间应用 |
| 垂直 | 使选定的直线位于彼此垂直的位置。垂直约束在两个对象之间应用 |
| 水平 | 使直线或点对位于与当前坐标系的 X 轴平行的位置。默认选择类型为对象 |
| 竖直 | 使直线或点对位于与当前坐标系的 Y 轴平行的位置 |
| 相切 | 将两条曲线约束为保持彼此相切或其延长线保持彼此相切。相切约束在两个对象之间应用 |
| 平滑 | 将样条曲线约束为连续，并与其他样条曲线、直线、圆弧或多段线保持 G2 连续 |
| 对称 | 使选定对象受对称约束，相对于选定直线对称 |
| 相等 | 将选定圆弧和圆的尺寸重新调整为半径相同，或将选定直线的尺寸重新调整为长度相同 |

绘图中可指定二维对象或对象上的点之间的几何约束，之后编辑受约束的几何图形时，将保留约束。因此，通过使用几何约束，可以在图形中包括设计要求。

## 3.5.2 几何约束设置

在用 AutoCAD 绘图时，可以控制约束栏的显示，使用如图 3-44 所示"约束设置"对话框，可控制约束栏上显示或隐藏的几何约束类型。可单独或全局显示/隐藏几何约束和约束栏。可执行以下操作：

☑ 显示（或隐藏）所有的几何约束。
☑ 显示（或隐藏）指定类型的几何约束。
☑ 显示（或隐藏）所有与选定对象相关的几何约束。

1. 执行方式

☑ 命令行：CONSTRAINTSETTINGS（快捷命令：CSETTINGS）。
☑ 菜单栏：参数→约束设置。
☑ 功能区：参数化→几何→对话框启动器 ▪。
☑ 工具栏：参数化→约束设置 ▒。

2. 操作步骤

命令：CONSTRAINTSETTINGS✓

系统打开"约束设置"对话框，选择"几何"选项卡，如图 3-44 所示。利用此对话框可以控制约束栏上约束类型的显示。

3. 选项说明

（1）"约束栏显示设置"选项组：此选项组控制图形编辑器中是否为对象显示约束栏或约束点标记。例如，可以为水平约束和竖直约束隐藏约束栏的显示。

（2）"全部选择"按钮：选择几何约束类型。

（3）"全部清除"按钮：清除选定的几何约束类型。

（4）"仅为处于当前平面中的对象显示约束栏"复选框：仅为当前平面上受几何约束的对象显示约束栏。

（5）"约束栏透明度"选项组：设置图形中约束栏的透明度。

（6）"将约束应用于选定对象后显示约束栏"复选框：手动应用约束后或使用 AUTOCONSTRAIN 命令时显示相关约束栏。

图 3-44 "约束设置"对话框

## 3.5.3 操作实例——相切及同心圆

利用上面所学的几何约束功能绘制如图 3-45 所示的相切及同心圆。

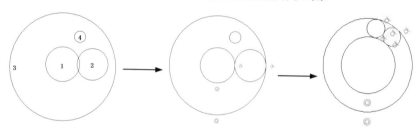

图 3-45 绘制相切及同心圆

**操作步骤：（光盘\实例演示\第 3 章\相切及同心圆.avi）**

（1）绘制圆。单击"默认"选项卡"绘图"面板中的"圆"按钮◎，以适当半径绘制 4 个圆，结果如图 3-46 所示。

（2）打开工具栏。选择菜单栏中的"工具"→"工具栏"→AutoCAD 命令，调出"几何约束"工具栏。

（3）设置圆约束关系。

❶ 单击"几何约束"工具栏中的"相切"按钮◯，绘制两圆并使之相切，命令行提示与操作如下：

> 命令：_GcTangent
> 选择第一个对象：（使用鼠标指针选择圆 1）
> 选择第二个对象：（使用鼠标指针选择圆 2）

系统自动将圆 2 向右移动与圆 1 相切，结果如图 3-47 所示。

❷ 单击"几何约束"工具栏中的"同心"按钮◎，使其中两圆同心，命令行提示与操作如下：

> 命令：_GcConcentric
> 选择第一个对象：（选择圆 1）
> 选择第二个对象：（选择圆 3）

系统自动建立同心的几何关系，如图 3-48 所示。

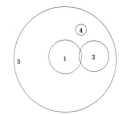

图 3-46　绘制圆

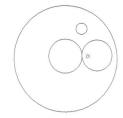

图 3-47　建立相切几何关系

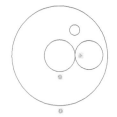

图 3-48　建立同心几何关系

❸ 同样，使圆 3 与圆 2 建立相切几何约束，如图 3-49 所示。

❹ 同样，使圆 1 与圆 4 建立相切几何约束，如图 3-50 所示。

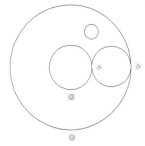

图 3-49　建立圆 3 与圆 2 相切几何关系

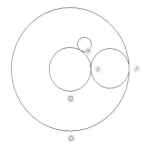

图 3-50　建立圆 1 与圆 4 相切几何关系

❺ 同样，使圆 4 与圆 2 建立相切几何约束，如图 3-51 所示。

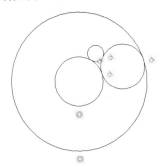

图 3-51　建立圆 4 与圆 2 相切几何关系

❻ 同样，使圆 3 与圆 4 建立相切几何约束，最终结果如图 3-45 所示。

## 3.5.4　建立尺寸约束

建立尺寸约束是限制图形几何对象的大小，也就是与在草图上标注的尺寸相似，同样设置尺寸标注线，同时再建立相应的表达式，不同的是可以在后续的编辑工作中实现尺寸的参数化驱动。"标注约束"面板及工具栏（面板在"参数化"选项卡内的"标注"面板中）如图 3-52 所示。

在生成尺寸约束时，用户可以选择草图曲线、边、基准平面或基准轴上的点，以生成水平、竖直、平行、垂直和角度尺寸。

生成尺寸约束时，系统会生成一个表达式，其名称和值显示在弹出的对话框文本区域中，如图 3-53 所示，用户可以接着编辑该表达式的名称和值。

图 3-52 "标注约束"面板及工具栏

图 3-53 尺寸约束编辑示意图

生成尺寸约束时，只要选中几何体，其尺寸及其延伸线和箭头就会全部显示出来。将尺寸拖动到位，然后单击。完成尺寸约束后，用户还可以随时更改尺寸约束。只需在图形区选中该值，双击，然后可以使用生成过程所采用的方式编辑其名称、值或位置。

## 3.5.5　尺寸约束设置

在用 AutoCAD 绘图时，可以控制约束栏的显示，使用"约束设置"对话框中的"标注"选项卡可控制显示标注约束时的系统配置，标注约束控制设计的大小和比例。标注约束可以约束以下内容：

☑　对象之间或对象上的点之间的距离。

☑　对象之间或对象上的点之间的角度。

1. 执行方式

☑　命令行：CONSTRAINTSETTINGS（快捷命令：CSETTINGS）。

☑　菜单栏：参数→约束设置。

☑　功能区：参数化→标注→对话框启动器 。

☑　工具栏：参数化→约束设置 。

2. 操作步骤

命令：CONSTRAINTSETTINGS✓

系统打开"约束设置"对话框，选择"标注"选项卡，在此可以控制约束栏上约束类型的显示，如图 3-54 所示。

图 3-54 "约束设置"对话框

**3. 选项说明**

（1）"标注约束格式"选项组：该选项组内可以设置标注名称格式，同时锁定图标的显示。

☑ "标注名称格式"下拉列表框：为应用标注约束时显示的文字指定格式。将名称格式设置为"显示：名称、值"或"名称和表达式"。例如，宽度=长度/2。

☑ "为注释性约束显示锁定图标"复选框：针对已应用注释性约束的对象显示锁定图标。

（2）"为选定对象显示隐藏的动态约束"复选框：显示选定时已设置为隐藏的动态约束。

## 3.5.6 操作实例——尺寸约束法绘制方头平键

利用上面所学的尺寸约束功能绘制如图 3-55 所示的方头平键。注意体会和 3.3.4 节的绘制方法有什么不同。

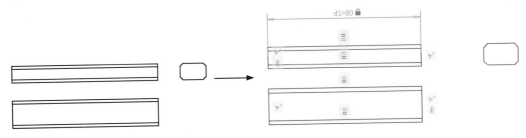

图 3-55 绘制键 B18×80

**操作步骤：**（光盘\实例演示\第 3 章\尺寸约束法绘制方头平键.avi）

（1）打开"源文件\第 3 章\方头平键（键 B18×100）"，如图 3-56 所示。

图 3-56 键 B18×100

（2）标注约束设置。

❶ 单击"参数化"选项卡"几何"面板中的"共线"按钮，使左端各竖直直线建立共线的几何约束。采用同样的方法创建右端各直线共线的几何约束。

❷ 单击"参数化"选项卡"几何"面板中的"相等"按钮，使最上端水平线与下面各条水平线建立相等的几何约束。

❸ 单击"参数化"选项卡"几何"面板中的"竖直"按钮，使两侧的竖线建立竖直的几何约束。

❹ 单击"参数化"选项卡"标注"面板中的"线性"按钮，更改水平尺寸，命令行提示与操作如下：

```
命令：_DcHorizonta
指定第一个约束点或 [对象(O)] <对象>：（单击最上端直线左端）
指定第二个约束点：（单击最上端直线右端）
指定尺寸线位置（在合适位置单击）
标注文字 = 100（输入长度80）
```

系统自动将长度 100 调整为 80，最终结果如图 3-55 所示。

### 3.5.7　自动约束设置

在用 AutoCAD 绘图时，使用"约束设置"对话框中的"自动约束"选项卡，可将设定公差范围内的对象自动设置为"相关约束"。

#### 1. 执行方式

- ☑　命令行：CONSTRAINTSETTINGS（快捷命令：CSETTINGS）。
- ☑　菜单栏：参数→约束设置。
- ☑　功能区：参数化→标注→对话框启动器⊠。
- ☑　工具栏：参数化→约束设置🔣。

#### 2. 操作步骤

命令：CONSTRAINTSETTINGS✓

系统打开"约束设置"对话框，选择"自动约束"选项卡，在此选项卡可以控制自动约束相关参数，如图 3-57 所示。

图 3-57　"自动约束"选项卡

#### 3. 选项说明

（1）"约束类型"列表框：显示自动约束的约束类型及优先级。可以通过"上移"和"下移"按钮调整优先级的先后顺序。可以单击✔符号选择或去掉某约束类型是否作为自动约束类型。

（2）"相切对象必须共用同一交点"复选框：指定两条曲线必须共用一个点（在距离公差内指定），以便应用相切约束。

（3）"垂直对象必须共用同一交点"复选框：指定直线必须相交或者一条直线的端点必须与另一条直线或直线的端点重合（在距离公差内指定）。

（4）"公差"选项组：设置可接受的"距离"和"角度"公差值以确定是否可以应用约束。

### 3.5.8　操作实例——三角形

利用上面所学的自动约束功能，对如图 3-58 所示的未封闭三角形进行约束控制。

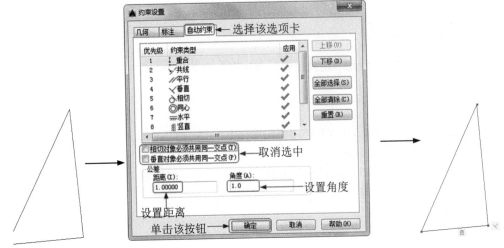

图 3-58    未封闭三角形

**操作步骤:(光盘\实例演示\第 3 章\三角形.avi)**

(1)打开"源文件\第 3 章\原图",如图 3-59 所示。

(2)设置约束与自动约束。选择菜单栏中的"参数"→"约束设置"命令,打开"约束设置"对话框。选择"几何"选项卡,单击"全部选择"按钮,选择全部约束方式,如图 3-60 所示。再选择"自动约束"选项卡,将"距离"和"角度"公差设置为 1,取消选中"相切对象必须共用同一交点"和"垂直对象必须共用同一交点"复选框,约束优先顺序按图 3-61 所示设置。

(3)调出工具栏。选择菜单栏中的"工具"→"工具栏"→AutoCAD命令,调出"参数化"工具栏,如图 3-62 所示。

图 3-59    打开原图

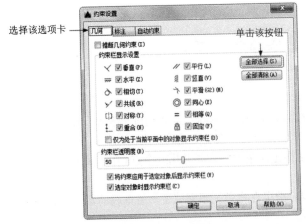

图 3-60    "几何"选项卡设置

图 3-61    "自动约束"选项卡设置

(4)固定边。单击"参数化"工具栏中的"固定"按钮,选择三角形的底边,命令行提示与操作如下:

```
命令：_GcFix
选择点或 [对象(O)] <对象>：（选择三角形底边）
```

完成上述操作后底边被固定，并显示固定标记，如图 3-63 所示。

图 3-62　"参数化"工具栏

单击此按钮

图 3-63　固定约束

（5）自动约束。单击"参数化"选项卡"几何"面板中的"自动约束"按钮，命令行提示与操作如下：

```
命令：_AutoConstrain
选择对象或 [设置(S)]：（选择三角形底边）
选择对象或 [设置(S)]：（选择三角形左边，这里已知左边两个端点的距离为 0.7，在自动约束公差范围内）
选择对象或 [设置(S)]：✓
```

这时左边下移，使底边和左边的端点重合，并显示固定标记，而原来重合的上顶点现在分离，如图 3-64 所示。

（6）点重合。使用同样的方法，使上边两个端点进行自动约束，两者重合，并显示重合标记，如图 3-65 所示。

（7）自动约束。再次单击"参数化"工具栏中的"自动约束"按钮，选择底边和右边为自动约束对象，如图 3-66 所示（注意：这里右边必然要缩短）。

图 3-64　自动重合约束 1　　　　图 3-65　自动重合约束 2　　　　图 3-66　自动重合与自动垂直约束

# 3.6　图　层　设　置

图层的概念类似投影片，将不同属性的对象分别画在不同的投影片（图层）上，例如将图形的主要线段、中心线、标注等分别画在不同的图层上，每个图层可设定不同的线型、线条颜色，然后把不同的图层堆叠在一起成为一张完整的视图,如此可使视图层次更有条理,方便图形对象的编辑与管理。
一个完整的图形就是它所包含所有图层上的对象叠加在一起,如图 3-67 所示。

图 3-67　图层效果

## 3.6.1　设置图层

在用图层功能绘图之前,首先要对图层的各项特性进行设置,包括建立和命名图层、设置当前图层、设置图层的颜色和线型、图层是否关闭、图层是否冻结、图层是否锁定,以及图层删除等。本节主要对图层的这些相关操作进行介绍。

1. 利用对话框设置图层

AutoCAD 2016 提供详细直观的"图层特性管理器"选项板,用户可以方便地通过对该选项板中的各选项及其二级对话框进行设置,从而实现建立新图层、设置图层颜色及线型等各种操作功能。

(1)执行方式

☑ 命令行:LAYER。

☑ 菜单栏:格式→图层。

☑ 工具栏:图层→图层特性管理器 。

☑ 功能区:默认→图层→图层特性 。

(2)操作步骤

命令:LAYER✓

系统打开如图 3-68 所示的"图层特性管理器"选项板。

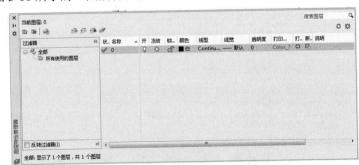

图 3-68　"图层特性管理器"选项板

(3)选项说明

☑ "新建特性过滤器"按钮 :显示"图层过滤器特性"对话框,如图 3-69 所示,从中可以基于一个或多个图层特性创建图层过滤器。

☑ "新建组过滤器"按钮📁：创建一个图层过滤器，其中包含用户选定并添加到该过滤器的图层。

☑ "图层状态管理器"按钮🔛：显示"图层状态管理器"对话框，如图 3-70 所示，从中可以设置图层的当前特性，并保存到命名图层状态中，以后可以再恢复这些设置。

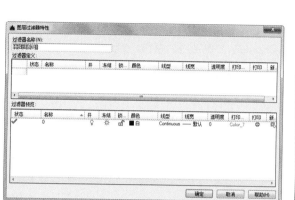

图 3-69    "图层过滤器特性"对话框          图 3-70    "图层状态管理器"对话框

☑ "新建图层"按钮🗂：建立新图层。单击此按钮，图层列表中将出现一个新的图层名称"图层 1"，用户可使用此名称，也可更改。为同时产生多个图层，可在选中一个图层名后，输入多个名称，各名称之间以逗号分隔。图层的名称可以包含字母、数字、空格和特殊符号，AutoCAD 2016 支持长达 255 个字符的图层名称。新的图层继承建立新图层时所选中的已有图层的所有特性（如颜色、线型、ON/OFF 状态等），如果新建图层时没有图层被选中，则新图层具有默认的设置。

☑ "删除图层"按钮❌：删除所选层。在图层列表中选中某一图层，然后单击此按钮，则将该层删除。

☑ "置为当前"按钮✔：设置当前图层。在图层列表中选中某一图层，然后单击此按钮，则可把该图层设置为当前图层，并在"当前图层"一栏中显示其名称。当前图层的名称存储在系统变量 CLAYER 中。另外，双击图层名也可把该图层设置为当前图层。

☑ "搜索图层"文本框：输入字符时，按名称快速过滤图层列表。关闭图层特性管理器时并不保存此过滤器。

☑ "反转过滤器"复选框：打开此复选框，显示所有不满足选定"图层特性过滤器"中条件的图层。

☑ 图层列表区：显示已有的图层及其特性。要修改某一图层的某一特性，单击它所对应的图标即可。右击空白区域或利用快捷菜单可快速选中所有图层。列表区中各列含义如下。

　　➢ 名称：显示满足条件的图层的名称。如果要对某图层进行修改，首先要选中该图层，使其逆反显示。

　　➢ 状态转换图标：在"图层特性管理器"选项板的名称栏中分别有一列图标，移动指针到图标上单击可以打开或关闭该图标所代表的功能，或从详细数据区中选中或取消选中关闭（💡/💡）、锁定（🔓/🔒）、在所有视口内冻结（☼/❋）及不打印（🖨/🖨）等项目，各图标功能说明如表 3-3 所示。

表 3-3　状态转换图标功能说明

| 图　示 | 名　　称 | 功　能　说　明 |
|---|---|---|
| ♀ / ♀ | 打开/关闭 | 将图层设定为打开或关闭状态，当呈现关闭状态时，该图层上的所有对象将隐藏，只有打开状态的图层会在屏幕上显示或由打印机打印出来。因此，绘制复杂的视图时，先将不编辑的图层暂时关闭，可降低图形的复杂度。图 3-71 表示尺寸标注图层打开和关闭的情形 |
| ☼ / ❄ | 解冻/冻结 | 将图层设定为解冻或冻结状态。当图层呈现冻结状态时，该图层上的对象均不会显示在屏幕上或由打印机打印出来，而且不会执行"重生"（REGEN）、"缩放"（ROOM）、"平移"（PAN）等命令的操作，因此若将视图中不编辑的图层暂时冻结，可加快执行绘图编辑的速度。♀/♀（打开/关闭）功能只是单纯将对象隐藏，因此并不会加快执行速度 |
| 🔓 / 🔒 | 解锁/锁定 | 将图层设定为解锁或锁定状态。被锁定的图层仍然显示在画面上，但不能以编辑命令修改被锁定的对象，只能绘制新的对象，如此可以防止重要的图形被修改 |
| 🖨 / 🖨 | 打印/不打印 | 设定该图层是否可以打印输出 |
| 🔲 / 🔲 | 新视口冻结 | 在新布局视口中冻结选定图层。例如，在所有新视口中冻结 DIMENSIONS 图层，将在所有新创建的布局视口中限制该图层上的标注显示，但不会影响现有视口中的 DIMENSIONS 图层。如果以后创建了需要标注的视口，则可以通过更改当前视口设置来替代默认设置 |
| | 透明度 | 控制所有对象在选定图层上的可见性。对单个对象应用透明度时，对象的透明度特性将替代图层的透明度设置 |

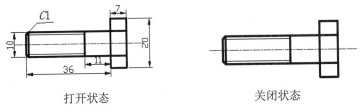

打开状态　　　　　　　　　　　　关闭状态

图 3-71　打开或关闭尺寸标注图层

> 颜色：显示和改变图层的颜色。如果要改变某一图层的颜色，单击其对应的颜色图标，AutoCAD 打开如图 3-72 所示的"选择颜色"对话框，用户可从中选取需要的颜色。
> 线型：显示和修改图层的线型。如果要修改某一图层的线型，单击该图层的"线型"项，打开"选择线型"对话框，如图 3-73 所示，其中列出当前可用的线型，用户可从中选取，具体内容将在 3.6.3 节详细介绍。
> 线宽：显示和修改图层的线宽。如果要修改某一层的线宽，单击该图层的"线宽"项，打开"线宽"对话框，如图 3-74 所示，其中列出 AutoCAD 设定的线宽，用户可从中选取。其中，"线宽"列表框显示可以选用的线宽值，包括一些绘图中经常用到的线宽，用户可从中选取需要的线宽。"旧的"显示行显示前面赋予图层的线宽。建立一个新图层时，采用默认线宽（其值为 0.01in，即 0.25mm），默认线宽的值由系统变量 LWDEFAULT 设置。"新的"显示行显示赋予图层的新的线宽。
> 打印样式：修改图层的打印样式，所谓打印样式是指打印图形时各项属性的设置。

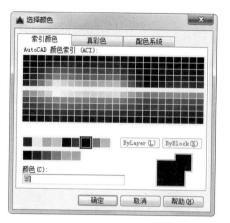

图 3-72　"选择颜色"对话框

图 3-73　"选择线型"对话框

**2．利用工具栏设置图层**

AutoCAD 提供一个"特性"面板，如图 3-75 所示。用户可以利用面板上的图标快速地查看和改变所选对象的图层、颜色、线型和线宽等特性。"特性"面板上的图层颜色、线型、线宽和打印样式的控制增强了查看和编辑对象属性的命令。在绘图屏幕上选择任何对象都将在面板上自动显示它所在图层、颜色、线型等属性。下面简单说明"特性"面板各部分的功能。

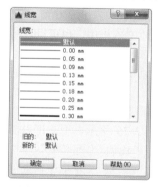

图 3-74　"线宽"对话框

图 3-75　"特性"面板

（1）"颜色控制"下拉列表框：单击右侧的下三角按钮，弹出一个下拉列表，用户可从中选择某一颜色，使之成为当前颜色，如果选择"选择颜色"选项，AutoCAD 打开"选择颜色"对话框以选择其他颜色。修改当前颜色之后，不论在哪个图层上绘图都将采用这种颜色，但对各个图层的颜色设置没有影响。

（2）"线型控制"下拉列表框：单击右侧的下三角按钮，弹出一个下拉列表，用户可从中选择某一线型，使之成为当前线型。修改当前线型之后，不论在哪个图层上绘图都采用这种线型，但对各个图层的线型设置没有影响。

（3）"线宽控制"下拉列表框：单击右侧的下三角按钮，弹出一个下拉列表，用户可从中选择一个线宽使之成为当前线宽。修改当前线宽之后，不论在哪个图层上绘图都采用这种线宽，但对各个图层的线宽设置没有影响。

（4）"打印类型控制"下拉列表框：单击右侧的下三角按钮，弹出一个下拉列表，用户可从中选择一种打印样式，使之成为当前打印样式。

### 3.6.2 颜色的设置

由 AutoCAD 绘制的图形对象都具有一定的颜色,为使绘制的图形清晰明了,可把同一类的图形对象用相同的颜色绘制,而使不同类的对象具有不同的颜色以示区分。为此,需要适当地对颜色进行设置。AutoCAD 允许用户为图层设置颜色,以及为新建的图形对象设置当前颜色,还可以改变已有图形对象的颜色。

**1. 执行方式**

☑ 命令行:COLOR。
☑ 菜单栏:格式→颜色。

**2. 操作步骤**

命令:COLOR✓

单击相应的菜单项或在命令行中输入 COLOR 后按 Enter 键,AutoCAD 打开"选择颜色"对话框。也可在图层操作中打开此对话框,具体方法 3.6.1 节已讲述。

**3. 选项说明**

(1)"索引颜色"选项卡
打开此选项卡,可以在系统所提供的 255 种索引色表中选择所需要的颜色,如图 3-72 所示。

☑ "AutoCAD 颜色索引"列表框:依次列出 255 种索引色。可在此选择所需要的颜色。
☑ "颜色"文本框:所选择颜色的代号值显示在"颜色"文本框中,也可以直接在该文本框中输入设定的代号值来选择颜色。
☑ ByLayer 和 ByBlock 按钮:单击这两个按钮,颜色分别按图层和图块设置。这两个按钮只有在设定图层颜色和图块颜色后才可以使用。

(2)"真彩色"选项卡
选择"真彩色"选项卡,可以选择需要的任意颜色,如图 3-76 所示。用户可以拖动调色板中的颜色指示光标和"亮度"滑块选择颜色及其亮度,也可以通过"色调""饱和度"和"亮度"调节钮来选择需要的颜色。所选择颜色的红、绿、蓝值显示在下面的"颜色"文本框中,也可以直接在该文本框中输入设定的红、绿、蓝值来选择颜色。

在此选项卡的右边有一个"颜色模式"下拉列表框,默认的颜色模式为 HSL 模式,即如图 3-76 所示的模式。如果选择 RGB 模式,则如图 3-77 所示,在该模式下选择颜色的方式与 HSL 模式下类似。

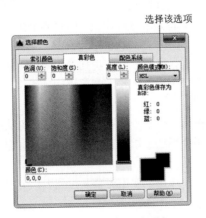

图 3-76 "真彩色"选项卡

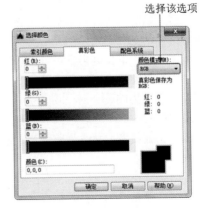

图 3-77 RGB 模式

（3）"配色系统"选项卡

选择"配色系统"选项卡，可以从标准配色系统（如 Pantone）中选择预定义的颜色，如图 3-78 所示。可以在"配色系统"下拉列表框中选择需要的系统，然后拖动右边的滑块来选择具体的颜色，所选择的颜色编号显示在下面的"颜色"文本框中，也可以直接在该文本框中输入编号值来选择颜色。

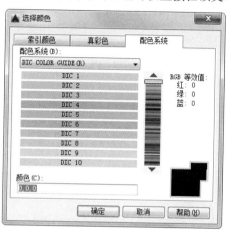

图 3-78　"配色系统"选项卡

## 3.6.3　线型的设置

国家标准 GB/T 4457.4—2002 对机械图样中使用的各种图线的名称、线型、线宽及在图样中的应用作了规定，如表 3-4 所示。其中，常用的图线有 4 种，即粗实线、细实线、细点划线和虚线。

表 3-4　图线的型式及应用

| 图 线 名 称 | 线　　型 | 线　　宽 | 主 要 用 途 |
|---|---|---|---|
| 粗实线 | —————————— | b | 可见轮廓线、可见过渡线 |
| 细实线 | ———————— | 约 b/2 | 尺寸线、尺寸界线、剖面线、引出线、弯折线、牙底线、齿根线、辅助线等 |
| 细点划线 | — — — — — | 约 b/2 | 轴线、对称中心线、齿轮节线等 |
| 虚线 | - - - - - - | 约 b/2 | 不可见轮廓线、不可见过渡线 |
| 波浪线 | ∿∿∿ | 约 b/2 | 断裂处的边界线、剖视与视图的分界线 |
| 双折线 | ─/\─/\─ | 约 b/2 | 断裂处的边界线 |
| 粗点划线 | ━ ━ ━ ━ | b | 有特殊要求的线或面的表示线 |
| 双点划线 | — - — - — | 约 b/2 | 相邻辅助零件的轮廓线、极限位置的轮廓线、假想投影的轮廓线 |

### 1. 在"图层特性管理器"选项板中设置线型

打开"图层特性管理器"选项板，如图 3-68 所示。在图层列表的线型项下单击线型名，系统打开"选择线型"对话框，如图 3-73 所示。该对话框中各选项的含义如下。

（1）"已加载的线型"列表框：显示在当前绘图中加载的线型，可供用户选用，其右侧显示出线型的形式。

（2）"加载"按钮：单击此按钮，打开"加载或重载线型"对话框，如图 3-79 所示。用户可通过此对话框加载线型并把它添加到线型列表中，不过加载的线型必须在线型库（LIN）文件中定义过。标准线型都保存在 acadiso.lin 文件中。

### 2. 直接设置线型

用户也可以直接设置线型。执行方式如下。

命令行：LINETYPE。

在命令行中输入上述命令后，系统打开"线型管理器"对话框，如图 3-80 所示。该对话框的功能与前面讲述的相关知识相同，这里不再赘述。

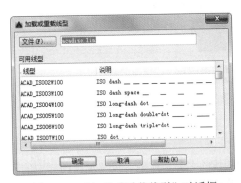

图 3-79　"加载或重载线型"对话框

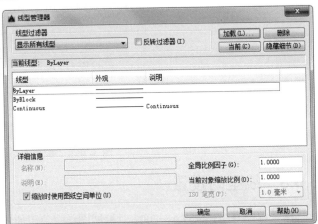

图 3-80　"线型管理器"对话框

## 3.6.4　线宽的设置

3.6.3 节已经讲到，国家标准 GB/T 4457.4—2002 对机械图样中使用的各种图线的线宽作了规定，图线分为粗、细两种，粗线的宽度 b 应按图样的大小和图形的复杂程度在 0.5～2mm 之间选择，细线的宽度约为 b/2。AutoCAD 提供相应的工具帮助用户来设置线宽。

### 1. 在"图层特性管理器"选项板中设置线型

打开"图层特性管理器"选项板，单击该图层的"线宽"项，打开"线宽"对话框，其中列出AutoCAD 设定的线宽，用户可从中选取。

### 2. 直接设置线宽

用户也可以直接设置线型，执行方式如下。

☑　命令行：LINEWEIGHT。

☑　菜单栏：格式→线宽。

执行上述命令后，系统打开"线宽"对话框。该对话框用法与前面讲述的相关知识相同，这里不再赘述。

💡提示：有的读者设置了线宽，但在图形中显示不出来，出现这种情况一般有两种原因。

（1）没有打开状态栏上的"显示线宽"按钮。

（2）线宽设置的宽度不够，AutoCAD 只能显示出 0.30mm 以上的线宽的宽度。如果宽度低于 0.30mm，无法显示出线宽的效果。

## 3.6.5 操作实例——泵轴

利用"直线""圆弧""多段线"命令绘制如图 3-81 所示的泵轴,利用上面所学的图层设置相关功能设置标注约束。

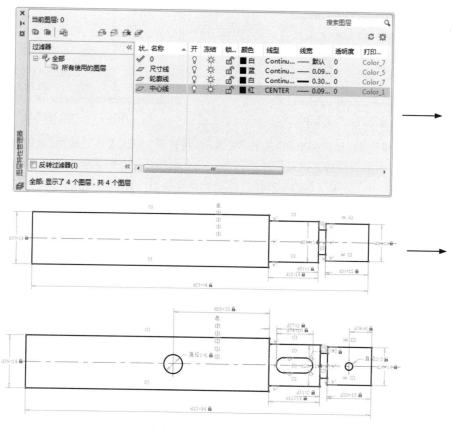

图 3-81 绘制泵轴

**操作步骤:(光盘\实例演示\第 3 章\泵轴.avi)**

(1)设置绘图环境,命令行提示与操作如下:

```
命令:LIMITS↙
重新设置模型空间界限:
指定左下角点或 [开(ON)/关(OFF)] <0.0000,0.0000>:↙
指定右上角点 <420.0000,297.0000>:297,210↙
```

(2)图层设置。

❶ 单击"默认"选项卡"图层"面板中的"图层特性"按钮 ,打开"图层特性管理器"选项板。

❷ 单击"新建图层"按钮 ,创建一个新图层,将该图层命名为"中心线"。

❸ 单击"中心线"图层对应的"颜色"列,打开"选择颜色"对话框,如图 3-82 所示。选择红色为该图层颜色,单击"确定"按钮,返回"图层特性管理器"选项板。

❹ 单击"中心线"图层对应的"线型"列,打开"选择线型"对话框,如图 3-83 所示。

图 3-82 "选择颜色"对话框

图 3-83 "选择线型"对话框

❺ 在"选择线型"对话框中单击"加载"按钮，系统打开"加载或重载线型"对话框，选择 CENTER 线型，如图 3-84 所示，单击"确定"按钮退出。在"选择线型"对话框中选择 CENTER（点画线）为该图层线型，单击"确定"按钮，返回"图层特性管理器"选项板。

❻ 单击"中心线"图层对应的"线宽"列，打开"线宽"对话框，如图 3-85 所示。选择 0.09mm 线宽，单击"确定"按钮。

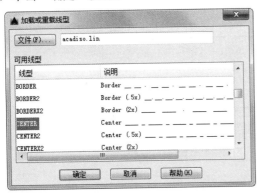

图 3-84 "加载或重载线型"对话框

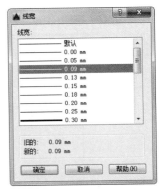

图 3-85 "线宽"对话框

❼ 采用相同的方法再创建两个新图层，分别命名为"轮廓线"和"尺寸线"。"轮廓线"图层的颜色设置为"白"，线型为 Continuous（实线），线宽为 0.30mm。"尺寸线"图层的颜色设置为"蓝"，线型为 Continuous，线宽为 0.09mm。设置完成后，使 3 个图层均处于打开、解冻和解锁状态，各项设置如图 3-86 所示。

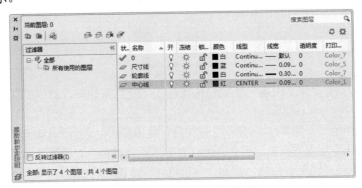

图 3-86 新建图层的各项设置

（3）绘制中心线。当前图层设置为"中心线"图层，单击"默认"选项卡"绘图"面板中的"直线"按钮✎，绘制泵轴的水平中心线。

（4）绘制泵轴的外轮廓线。当前图层设置为"轮廓线"图层。单击"默认"选项卡"绘图"面板中的"直线"按钮✎，绘制如图 3-87 所示的泵轴外轮廓线，尺寸无须精确。

（5）添加约束。

❶ 单击"参数化"选项卡"几何"面板中的"固定"按钮🔒，添加水平中心线的固定约束，命令行提示与操作如下：

> 命令：_GcFix
> 选择点或 [对象(O)] <对象>：（选取水平中心线）

结果如图 3-88 所示。

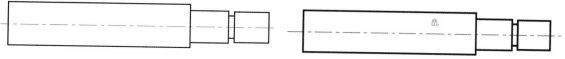

图 3-87　泵轴的外轮廓线　　　　　　图 3-88　添加固定约束

❷ 单击"参数化"选项卡"几何"面板中的"重合"按钮⊥，选取左端竖直线的上端点和最上端水平直线的左端点添加重合约束。命令行提示与操作如下：

> 命令：_GcCoincident
> 选择第一个点或 [对象(O)/自动约束(A)] <对象>：（选取左端竖直线的上端点）
> 选择第二个点或 [对象(O)] <对象>：（选取最上端水平直线的左端点）

采用相同的方法，添加各个端点之间的重合约束，如图 3-89 所示。

❸ 单击"参数化"选项卡"几何"面板中的"共线"按钮✕，添加轴肩竖直之间的共线约束，结果如图 3-90 所示。

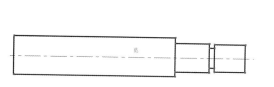

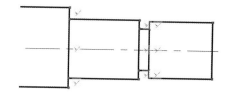

图 3-89　添加重合约束　　　　　　图 3-90　添加共线约束

❹ 单击"参数化"选项卡"标注"面板中的"竖直"按钮🔲，选择左侧第一条竖直线的两端点进行尺寸约束，命令行提示与操作如下：

> 命令：_DcVertical
> 指定第一个约束点或 [对象(O)] <对象>：（选取竖直线的上端点）
> 指定第二个约束点：（选取竖直线的下端点）
> 指定尺寸线位置：（指定尺寸线的位置）
> 标注文字 = 19

更改尺寸值为 14，直线的长度根据尺寸进行变化。采用相同的方法，对其他线段进行竖直约束，结果如图 3-91 所示。

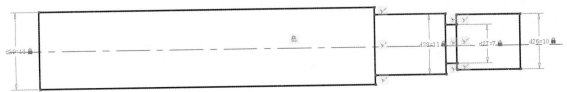

图 3-91　添加竖直尺寸约束

❺ 单击"参数化"选项卡"几何"面板中的"水平"按钮，对泵轴外轮廓尺寸进行约束设置，命令行提示与操作如下：

```
命令：_DcHorizontal
指定第一个约束点或 [对象(O)] <对象>：（指定第一个约束点）
指定第二个约束点：（指定第二个约束点）
指定尺寸线位置：（指定尺寸线的位置）
标注文字 = 12.56
```

更改尺寸值为 12，直线的长度根据尺寸进行变化。采用相同的方法，对其他线段进行水平约束，绘制结果如图 3-92 所示。

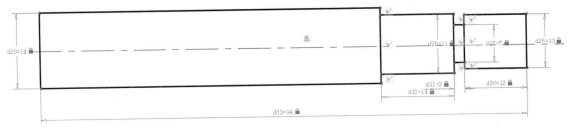

图 3-92　添加水平尺寸约束

❻ 单击"参数化"选项卡"几何"面板中的"对称"按钮，添加上下两条水平直线相对于水平中心线的对称约束关系，命令行提示与操作如下：

```
命令：_GcSymmetric
选择第一个对象或 [两点(2P)] <两点>：（选取右侧上端水平直线）
选择第二个对象：（选取右侧下端水平直线）
选择对称直线：（选取水平中心线）
```

采用相同的方法，添加其他 3 个轴段相对于水平中心线的对称约束关系，结果如图 3-93 所示。

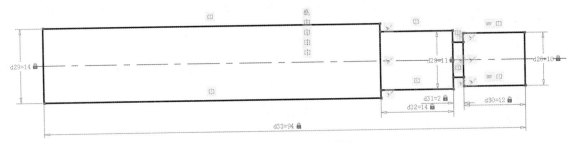

图 3-93　添加竖直尺寸约束

（6）绘制泵轴的键槽。将"轮廓线"图层设置为当前图层。单击"默认"选项卡"绘图"面板中的"直线"按钮 ，在第二轴段内适当位置绘制两条水平直线。

❶ 单击"默认"选项卡"绘图"面板中的"圆弧"按钮 ，在直线的两端绘制圆弧，结果如图 3-94 所示。

❷ 单击"参数化"选项卡"几何"面板中的"重合"按钮 ，分别添加直线端点与圆弧端点的重合约束关系。

❸ 单击"参数化"选项卡"几何"面板中的"对称"按钮 ，添加键槽上下两条水平直线相对于水平中心线的对称约束关系。

❹ 单击"参数化"选项卡"几何"面板中的"相切"按钮 ，添加直线与圆弧之间的相切约束关系，结果如图 3-95 所示。

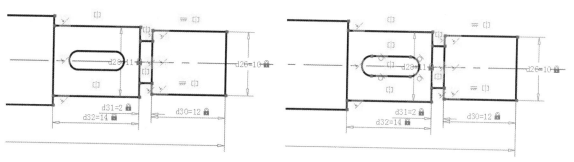

图 3-94　绘制键槽轮廓　　　　　　　　　　图 3-95　添加键槽的几何约束

❺ 单击"参数化"选项卡"标注"面板中的"线性"按钮 ，对键槽进行线性尺寸约束。

❻ 单击"参数化"选项卡"标注"面板中的"半径"按钮 ，更改半径尺寸为 2，结果如图 3-96 所示。

（7）绘制孔。

❶ 当前图层设置为"中心线"图层，单击"默认"选项卡"绘图"面板中的"直线"按钮 ，在第一轴段和最后一轴段适当位置绘制竖直中心线。

❷ 单击"参数化"选项卡"标注"面板中的"线性"按钮 ，对竖直中心线进行线性尺寸约束，如图 3-97 所示。

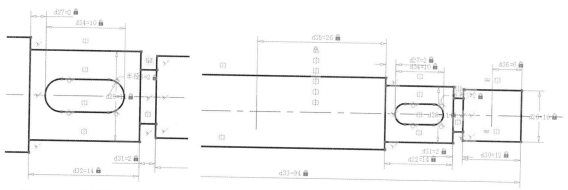

图 3-96　添加键槽的尺寸约束　　　　　　　图 3-97　添加尺寸约束

❸ 当前图层设置为"轮廓线"图层，单击"默认"选项卡"绘图"面板中的"圆"按钮 ，在竖直中心线和水平中心线的交点处绘制圆，如图 3-98 所示。

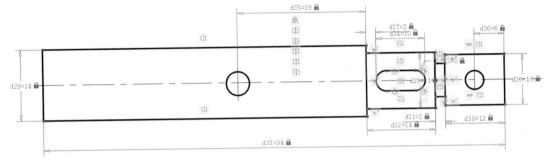

图 3-98　绘制圆

❹ 单击"参数化"选项卡"标注"面板中的"直径"按钮，对圆的直径进行尺寸约束，如图 3-99 所示。

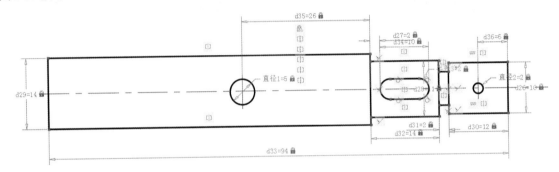

图 3-99　标注直径尺寸

**注意：** 图层的使用技巧：在画图时，所有图元的各种属性都尽量与层一致。不出现下列情况：这根线是 WA 层的，颜色却是黄色，线型又变成点画线。尽量保持图元的属性和图层属性一致，也就是说，尽可能使图元属性都是 ByLayer。在需要修改某一属性时，可以通过统一修改当前图层属性来完成。这样有助于图面提高清晰度、准确率和效率。

**注意：** 在进行几何约束和尺寸约束时，注意约束顺序，约束出错的话，可以根据需求适当添加几何约束。

# 3.7　动手练一练

通过本章的学习，读者对精确绘图知识有了大体的了解，本节通过 3 个操作练习使读者进一步掌握本章知识要点。

## 3.7.1　利用图层命令绘制螺栓

操作提示：

（1）如图 3-100 所示，设置 3 个新图层。

（2）绘制中心线。

（3）绘制螺栓轮廓线。

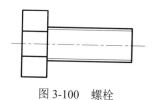

图 3-100　螺栓

（4）绘制螺纹牙底线。

### 3.7.2　过四边形上下边延长线交点作四边形右边平行线

操作提示：

（1）基本图如图 3-101 所示，打开"对象捕捉"工具栏。

（2）利用"对象捕捉"工具栏中的"交点"工具捕捉四边形上下边的延长线交点作为直线起点。

（3）利用"对象捕捉"工具栏中的"平行线"工具捕捉一点作为直线终点。

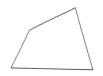

图 3-101　四边形

### 3.7.3　利用对象捕捉追踪功能绘制特殊位置直线

基本图如图 3-102（a）所示，结果图如图 3-102（b）所示。

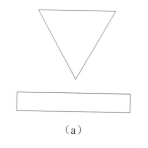

（a）

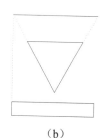

（b）

图 3-102　绘制直线

操作提示：

（1）设置对象捕捉追踪与对象捕捉功能。

（2）在三角形左边延长线上捕捉一点作为直线起点。

（3）结合对象捕捉追踪与对象捕捉功能在三角形右边延长线上捕捉一点作为直线终点。

# 第4章

## 平面图形的编辑

　　图形绘制完毕后，经常要进行复审，找出疏漏或根据变化来修改图形，力求准确与完美，这就是图形的编辑与修改。AutoCAD 2016立足实践，对图形的一些技术要求提供丰富的图形编辑修改功能，最大限度地满足用户工程技术上的指标要求。

　　这些编辑命令配合绘图命令，可以进一步完成复杂图形对象的绘制工作，并可使用户合理安排和组织图形，保证作图准确，提高设计和绘图的效率。

　　本章主要讲述复制类命令、改变几何特性命令与删除及恢复类命令等知识。

- ☑ 选择对象
- ☑ 复制类编辑命令
- ☑ 改变几何特性类命令
- ☑ 删除及恢复类命令

### 任务驱动&项目案例

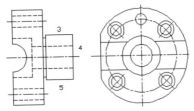

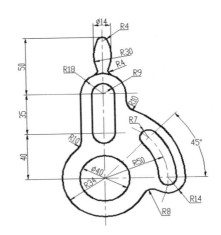

# 4.1　选择对象

选择对象是进行编辑的前提。AutoCAD 提供多种对象选择方法，如点取方法、用选择窗口选择对象、用选择线选择对象、用对话框选择对象等。

AutoCAD 可以把选择的多个对象组成整体，如选择集和对象组进行整体编辑与修改。

AutoCAD 提供两种执行效果相同的途径编辑图形：

☑　先执行编辑命令，然后选择要编辑的对象。

☑　先选择要编辑的对象，然后执行编辑命令。

## 4.1.1　构造选择集

选择集可以仅由一个图形对象构成，也可以是一个复杂的对象组，如位于某一特定层上具有某种特定颜色的一组对象。选择集的构造可以在调用编辑命令之前或之后。

AutoCAD 提供以下几种方法构造选择集。

☑　先选择一个编辑命令，然后选择对象，按 Enter 键结束操作。

☑　使用 SELECT 命令。

☑　用点取设备选择对象，然后调用编辑命令。

☑　定义对象组。

无论使用哪种方法，AutoCAD 都将提示用户选择对象，并且光标的形状由十字光标变为拾取框。

下面结合 SELECT 命令说明选择对象的方法。

SELECT 命令可以单独使用，即在命令行中输入 SELECT 后按 Enter 键，也可以在执行其他编辑命令时被自动调用。此时，屏幕出现提示：

> 选择对象：

等待用户以某种方式选择对象作为回答。AutoCAD 提供多种选择方式，可以输入 "?" 查看这些选择方式。选择该选项后，出现如下提示：

> 需要点或窗口(W)/上一个(L)/窗交(C)/框选(BOX)/全部(ALL)/栏选(F)/圈围(WP)/圈交(CP)/
> 编组(G)/添加(A)/删除(R)/多个(M)/上一个(P)/放弃(U)/自动(AU)/单选(SI)/子对象(SU)/对象(O)
> 选择对象：

上面各选项含义如下。

（1）点：该选项表示直接通过点取的方式选择对象。这是较常用也是系统默认的一种对象选择方法。用鼠标或键盘移动拾取框，使其框住要选取的对象，然后单击，就会选中该对象并高亮显示。该点的选定也可以使用键盘输入一个点坐标值来实现。选定点后，系统立即扫描图形，搜索并且选择穿过该点的对象。

用户可以利用"工具"→"选项"命令，在打开的"选项"对话框中设置拾取框的大小。选择"选择"选项卡，移动"拾取框大小"选项组的滑动标尺可以调整拾取框的大小。左侧的空白区中会显示相应的拾取框的尺寸大小。

（2）窗口(W)：用由两个对角顶点确定的矩形窗口选取位于其范围内部的所有图形，与边界相交的对象不会被选中。指定对角顶点时应该遵照从左向右的顺序。

在"选择对象:"提示下输入 W 后按 Enter 键，选择该选项后，出现如下提示：

指定第一个角点：（输入矩形窗口的第一个对角点的位置）
指定对角点：（输入矩形窗口的另一个对角点的位置）

指定两个对角顶点后，位于矩形窗口内部的所有图形被选中，并高亮显示，如图 4-1 所示。

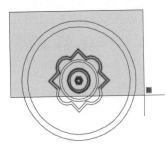

（a）图中深色覆盖部分为选择窗口　　　　　　　（b）选择后的图形

图 4-1　"窗口"对象选择方式

（3）上一个(L)：在"选择对象:"提示下输入 L 后按 Enter 键，系统会自动选取最后绘出的一个对象。

（4）窗交(C)：该方式与上述"窗口"方式类似，区别在于：它不但选择矩形窗口内部的对象，也选中与矩形窗口边界相交的对象。

在"选择对象:"提示下输入 C 后按 Enter 键，系统提示：

指定第一个角点：（输入矩形窗口的第一个对角点的位置）
指定对角点：（输入矩形窗口的另一个对角点的位置）

选择的对象如图 4-2 所示。

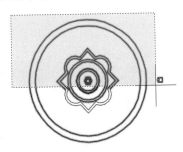

（a）图中深色覆盖部分为选择窗口　　　　　　　（b）选择后的图形

图 4-2　"窗交"对象选择方式

（5）框(BOX)：该方式没有命令缩写字。使用时，系统根据用户在屏幕上给出的两个对角点的位置而自动引用"窗口"或"窗交"选择方式。若从左向右指定对角点，为"窗口"方式；反之，为"窗交"方式。

（6）全部(ALL)：选取图面上所有对象。在"选择对象:"提示下输入 ALL 后按 Enter 键。此时，绘图区域内的所有对象均被选中。

（7）栏选(F)：用户临时绘制一些直线，这些直线不必构成封闭图形，凡是与这些直线相交的对象均被选中。这种方式对选择相距较远的对象比较有效。交线可以穿过本身。在"选择对象:"提示下输入 F 后按 Enter 键，选择该选项后，出现如下提示：

指定第一个栏选点或拾取/拖动光标：（指定交线的第一点）
指定下一个栏选点或 [放弃(U)]：（指定交线的第二点）
指定下一个栏选点或 [放弃(U)]：（指定下一条交线的端点）
…
指定下一个栏选点或 [放弃(U)]：（按 Enter 键结束操作）

执行结果如图 4-3 所示。

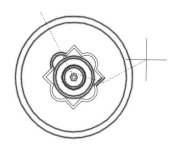

（a）图中虚线为选择栏　　　　　　　　（b）选择后的图形

图 4-3　"栏选"对象选择方式

（8）圈围(WP)：使用一个不规则的多边形来选择对象。在"选择对象:"提示下输入 WP，系统提示如下：

第一个圈围点或拾取/拖动光标：（输入不规则多边形的第一个顶点坐标）
指定直线的端点或 [放弃(U)]：（输入第二个顶点坐标）
指定直线的端点或 [放弃(U)]：（按 Enter 键结束操作）

根据提示，用户顺次输入构成多边形所有顶点的坐标，直到最后按 Enter 键作出空回答结束操作，系统将自动连接第一个顶点与最后一个顶点形成封闭的多边形。多边形的边不能接触或穿过本身。若输入 U，则取消已定义的坐标点并且重新指定。凡是被多边形围住的对象均被选中（不包括边界），执行结果如图 4-4 所示。

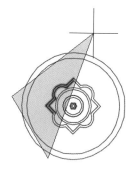

（a）图中十字线所拉出多边形为选择框　　　（b）选择后的图形

图 4-4　"圈围"对象选择方式

（9）圈交(CP)：类似于"圈围"方式，在提示后输入 CP，后续操作与 WP 方式相同。区别在于：与多边形边界相交的对象也被选中，如图 4-5 所示。

其他几种选择方式与前面讲述的方式类似，这里不再赘述。

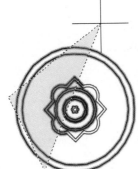

（a）图中十字线所拉出多边形为选择框　　　　（b）选择后的图形

图 4-5　"圈交"对象选择方式

## 4.1.2　快速选择

有时用户需要选择具有某些共同属性的对象来构造选择集，如选择具有相同颜色、线型或线宽的对象，用户当然可以使用前面介绍的方法选择这些对象，但如果要选择的对象数量较多且分布在较复杂的图形中，会导致很大的工作量。AutoCAD 2016 提供 QSELECT 命令来解决这个问题。调用 QSELECT 命令后，打开"快速选择"对话框（如图 4-6 所示），利用该对话框可以根据用户指定的过滤标准快速创建选择集。

1. 执行方式

☑　命令行：QSELECT。

☑　菜单栏：工具→快速选择。

☑　快捷菜单：快速选择（如图 4-7 所示）。

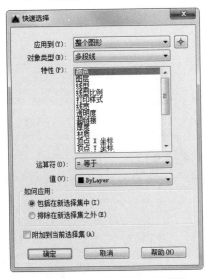

图 4-6　"快速选择"对话框　　　　　　　　图 4-7　快捷菜单

2. 操作步骤

执行上述命令后，在打开的"快速选择"对话框中可以选择符合条件的对象或对象组。

### 4.1.3　操作实例——选择指定对象

利用上面所学的快速选择功能，删除图 4-8 中所有直径小于 8 的圆。

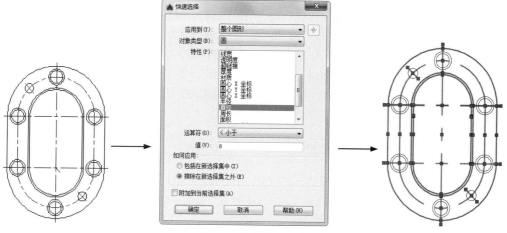

图 4-8　选择指定对象

**操作步骤：（光盘\实例演示\第 4 章\选择指定对象.avi）**

（1）单击快速访问工具栏中的"打开"按钮 🗁，打开"源文件\第 4 章\原图"图形文件，右击，在弹出的快捷菜单中选择"快速选择"命令，打开"快速选择"对话框。

（2）在"应用到"下拉列表框中选择"整个图形"。

（3）在"对象类型"下拉列表框中选择"圆"。

（4）在"特性"列表框中选择"直径"。

（5）在"运算符"下拉列表框中选择"小于"。

（6）在"值"文本框中输入 8。

（7）在"如何应用"选项组中选中"排除在新选择集之外"单选按钮，如图 4-9 所示。

（8）单击"确定"按钮，结果如图 4-8 所示，几个直径小于 8 的圆没有被选中。

图 4-9　快速选择设置

# 4.2　复制类编辑命令

在 AutoCAD 中，一些编辑命令不改变编辑对象形状和大小，只是改变对象相对位置和数量。利用这些编辑功能，可以方便地编辑绘制的图形。

## 4.2.1　复制链接对象

1．执行方式

☑　命令行：COPYLINK。

☑ 菜单栏：编辑→复制链接。

**2. 操作步骤**

命令：COPYLINK↙

对象链接和嵌入的操作过程与用剪贴板粘贴的操作类似，但其内部运行机制却有很大的差异。链接对象及其创建应用程序始终保持联系。例如，Word 文档中包含一个 AutoCAD 图形对象，在 Word 中双击该对象，Windows 自动将其装入 AutoCAD 中，以供用户进行编辑。如果对原始 AutoCAD 图形作了修改，则 Word 文档中的图形也随之发生相应的变化。如果是用剪贴板粘贴上的图形，则它只是 AutoCAD 图形的一个副件，粘贴之后，就不再与 AutoCAD 图形保持任何联系，原始图形的变化不会对它产生任何作用。

## 4.2.2 操作实例——链接图形

利用上面所学的复制链接功能，在 Word 文档中链接 AutoCAD 图形对象，链接过程如图 4-10 所示。

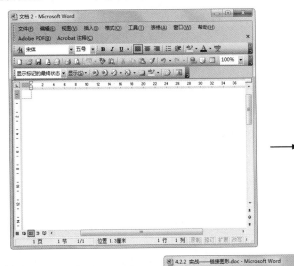

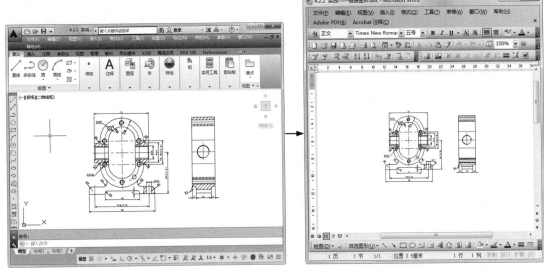

图 4-10 链接图形过程

**操作步骤：**（光盘\实例演示\第 4 章\链接图形**.avi**）

（1）打开文件。启动 Word，打开一个文件，在编辑窗口将光标移到要插入 AutoCAD 图形的位置。

（2）打开 CAD。启动 AutoCAD，打开或绘制一个 DWG 文件。

（3）链接对象。在命令行中输入 COPYLINK（如图 4-11 所示）。

（4）粘贴对象。重新切换到 Word 中，在"编辑"菜单中选择"粘贴"命令，AutoCAD 图形即粘贴到 Word 文档中，如图 4-12 所示。

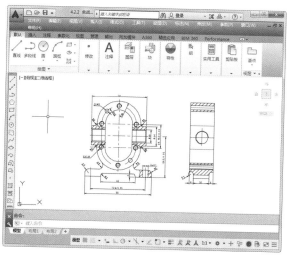

图 4-11　选择 AutoCAD 对象

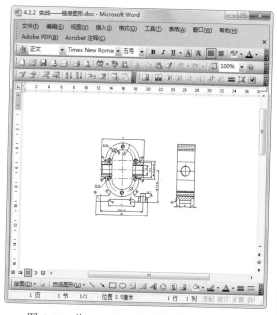

图 4-12　将 AutoCAD 对象链接到 Word 文档

## 4.2.3　"复制"命令

### 1. 执行方式

☑　命令行：COPY。

☑　菜单栏：修改→复制。

☑　工具栏：修改→复制 ⚙（如图 4-13 所示）。

☑　快捷菜单：选择要复制的对象，在绘图区域右击，在弹出的快捷菜单中选择"复制选择"命令（如图 4-14 所示）。

☑　功能区：默认→修改→复制 ⚙（如图 4-15 所示）。

### 2. 操作步骤

命令：COPY✓
选择对象：（选择要复制的对象）

用前面介绍的选择对象的方法选择一个或多个对象，按 Enter 键结束选择操作。系统提示如下：

当前设置：复制模式 = 多个
指定基点或 [位移(D)/模式(O)] <位移>：（指定基点或位移）

选择该
命令

单击该按钮

图 4-13    "修改"工具栏          图 4-14    "修改"菜单          图 4-15    "修改"面板

### 3. 选项说明

（1）指定基点

指定一个坐标点后，AutoCAD 2016 把该点作为复制对象的基点，并提示：

指定第二个点或 [阵列(A)] <使用第一点作为位移>：

指定第二个点后，系统将根据这两点确定的位移矢量把选择的对象复制到第二点处。如果此时直接按 Enter 键，即选择默认的"使用第一点作为位移"，则第一个点被当作相对于 X、Y、Z 的位移。例如，如果指定基点为 2、3 并在下一个提示下按 Enter 键，则该对象从它当前的位置开始在 X 方向上移动 2 个单位，在 Y 方向上移动 3 个单位。

复制完成后，系统会继续提示：

指定第二个点或 [阵列(A)/退出(E)/放弃(U)] <退出>：

这时，可以不断指定新的第二点，从而实现多重复制。

（2）位移

直接输入位移值，表示以选择对象时的拾取点为基准，以拾取点坐标为移动方向纵横比移动指定位移后确定的点为基点。例如，选择对象时拾取点坐标为（2,3），设置位移为 5，则表示以点（2,3）为基准，沿纵横比为 3:2 的方向移动 5 个单位所确定的点为基点。

（3）模式

控制是否自动重复该命令。选择该项后，系统提示如下：

输入复制模式选项 [单个(S)/多个(M)] <当前>：

可以设置复制模式是单个或多个。

## 4.2.4  操作实例——办公桌的绘制

本例利用"矩形"命令绘制办公桌侧边，利用上面所学的复制功能，绘制如图 4-16 所示的办公桌。

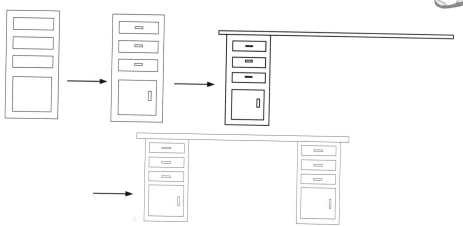

图 4-16　绘制办公桌

**操作步骤：**（光盘\实例演示\第 4 章\办公桌.avi）

（1）绘制矩形。单击"默认"选项卡"绘图"面板中的"矩形"按钮口，绘制矩形，如图 4-17 所示。

（2）绘制抽屉。单击"默认"选项卡"绘图"面板中的"矩形"按钮口，在合适的位置绘制一系列矩形，绘制结果如图 4-18 所示。

（3）绘制拉手。单击"默认"选项卡"绘图"面板中的"矩形"按钮口，在合适的位置绘制一系列矩形，绘制结果如图 4-19 所示。

图 4-17　绘制矩形　　　　图 4-18　绘制抽屉　　　　图 4-19　绘制拉手

（4）绘制桌面。单击"默认"选项卡"绘图"面板中的"矩形"按钮口，在合适的位置绘制一个矩形，绘制结果如图 4-20 所示。

图 4-20　绘制桌面

（5）复制桌子另一边。单击"默认"选项卡"修改"面板中的"复制"按钮，将办公桌左边的一系列矩形复制到右边，完成办公桌的绘制，命令行提示与操作如下：

命令：_copy
选择对象：（选择左边的一系列矩形）

选择对象：✓
指定基点或 [位移(D)/模式(O)] <位移>：（选择最外面的矩形与桌面的交点）
指定第二个点或[阵列(A)] <使用第一个点作为位移>：（选择放置矩形的位置）
指定第二个点 [阵列(A)/退出(E)/放弃(U)] <退出>：✓

最终绘制结果如图 4-16 所示。

## 4.2.5 "镜像"命令

镜像对象是指把选择的对象围绕一条镜像线作对称复制。镜像操作完成后，可以保留源对象，也可以将其删除。

### 1. 执行方式

☑ 命令行：MIRROR。

☑ 菜单栏：修改→镜像。

☑ 工具栏：修改→镜像▲。

☑ 功能区：默认→修改→镜像▲。

### 2. 操作步骤

命令：MIRROR✓
选择对象：（选择要镜像的对象）
指定镜像线的第一点：（指定镜像线的第一个点）
指定镜像线的第二点：（指定镜像线的第二个点）
要删除源对象吗？ [是(Y)/否(N)] <N>：（确定是否删除源对象）

这两点确定一条镜像线，被选择的对象以该线为对称轴进行镜像操作。包含该线的镜像平面与用户坐标系统的 XY 平面垂直，即镜像操作工作在与用户坐标系统的 XY 平面平行的平面上。

## 4.2.6 操作实例——整流桥电路

本例利用"直线"命令绘制二极管及一侧导线，再利用上面所学的镜像功能绘制如图 4-21 所示的整流桥电路。

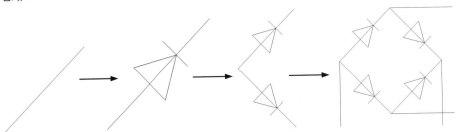

图 4-21 绘制整流桥电路

**操作步骤：（光盘\实例演示\第 4 章\整流桥电路.avi）**

（1）绘制导线。单击"默认"选项卡"绘图"面板中的"直线"按钮，绘制一条 45°斜线，如图 4-22 所示。

（2）绘制二极管。

❶ 单击"默认"选项卡"绘图"面板中的"多边形"按钮，绘制一个三角形，捕捉三角形中

心为斜直线中点，并指定三角形一个顶点在斜线上，如图 4-23 所示。

❷ 利用"直线"命令打开状态栏上的"对象捕捉追踪"按钮，捕捉三角形在斜线上的顶点为端点，绘制一条与斜线垂直的短直线，完成二极管符号的绘制，如图 4-24 所示。

图 4-22　绘制直线　　　　　图 4-23　绘制三角形　　　　　图 4-24　二极管符号

（3）镜像二极管。

❶ 单击"修改"工具栏中的"镜像"按钮▲，命令行提示与操作如下：

```
命令：_mirror
选择对象：（选择上步绘制的对象）
选择对象：✓
指定镜像线的第一点：（捕捉斜线下端点）
指定镜像线的第二点：（指定水平方向任意一点）
要删除源对象吗？ [是(Y)/否(N)] <N>：✓
```

结果如图 4-25 所示。

❷ 单击"默认"选项卡"修改"面板中的"镜像"按钮▲，以过右上斜线中点并与本斜线垂直的直线为镜像轴，删除源对象，将左上角二极管符号进行镜像。使用同样的方法，将左下角二极管符号进行镜像，结果如图 4-26 所示。

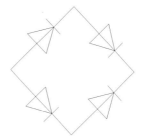

图 4-25　镜像二极管　　　　　图 4-26　再次镜像二极管

（4）利用"直线"命令绘制 4 条导线，最终结果如图 4-21 所示。

## 4.2.7　"偏移"命令

偏移对象是指保持选择的对象的形状、在不同的位置以不同的尺寸大小新建一个对象。

### 1. 执行方式

☑　命令行：OFFSET。

☑　菜单栏：修改→偏移。

☑　工具栏：修改→偏移▲。

☑　功能区：默认→修改→偏移▲。

**2．操作步骤**

```
命令：OFFSET✓
当前设置：删除源=否　图层=源　OFFSETGAPTYPE=0
指定偏移距离或［通过(T)/删除(E)/图层(L)］<通过>：（指定距离值）
选择要偏移的对象，或［退出(E)/放弃(U)］<退出>：（选择要偏移的对象。按 Enter 键结束操作）
指定要偏移的那一侧上的点，或［退出(E)/多个(M)/放弃(U)］<退出>：（指定偏移方向）
选择要偏移的对象，或［退出(E)/放弃(U)］<退出>：
```

**3．选项说明**

（1）指定偏移距离：输入一个距离值，或按 Enter 键使用当前的距离值，系统把该距离值作为偏移距离，如图 4-27 所示。

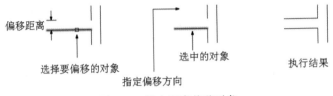

图 4-27　指定距离偏移对象

（2）通过(T)：指定偏移的通过点。选择该选项后出现如下提示：

```
选择要偏移的对象或 <退出>：（选择要偏移的对象。按 Enter 键结束操作）
指定通过点：（指定偏移对象的一个通过点）
```

上述操作完毕后系统根据指定的通过点绘出偏移对象，如图 4-28 所示。

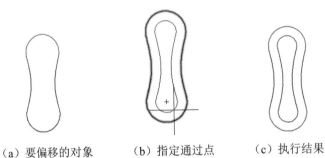

（a）要偏移的对象　　　　（b）指定通过点　　　　（c）执行结果

图 4-28　指定通过点偏移对象

（3）图层(L)：确定将偏移对象创建在当前图层上还是源对象所在的图层上。选择该选项后出现如下提示：

```
输入偏移对象的图层选项［当前(C)/源(S)］<源>：
```

上述操作完毕后系统根据指定的图层绘出偏移对象。

## 4.2.8　操作实例——门的绘制

本例利用"矩形"命令绘制门框，再利用上面所学的偏移功能绘制如图 4-29 所示的门。

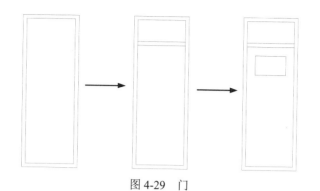

图4-29 门

**操作步骤：（光盘\实例演示\第4章\门.avi）**

（1）绘制门框。单击"默认"选项卡"绘图"面板中的"矩形"按钮▢，绘制第一角点为（0,0）、第二角点为（@900,2400）的矩形，绘制结果如图4-30所示。

（2）偏移门框。单击"默认"选项卡"修改"面板中的"偏移"按钮▱，将步骤（1）绘制的矩形向内偏移60，命令行提示与操作如下：

```
命令：_offset
当前设置：删除源=否 图层=源 OFFSETGAPTYPE=0
指定偏移距离或 [通过(T)/删除(E)/图层(L)] <通过>：60✓
选择要偏移的对象，或 [退出(E)/放弃(U)] <退出>：(指定绘制的矩形)
指定要偏移的那一侧上的点，或 [退出(E)/多个(M)/放弃(U)] <退出>：(指定矩形内侧)
选择要偏移的对象，或 [退出(E)/放弃(U)] <退出>：✓
```

结果如图4-31所示。

（3）绘制门棱。单击"默认"选项卡"绘图"面板中的"直线"按钮✎，绘制坐标点为{（60,2000），（@780,0）}的直线，绘制结果如图4-32所示。

（4）偏移门棱。单击"默认"选项卡"修改"面板中的"偏移"按钮▱，将步骤（3）绘制的直线向下偏移60，绘制结果如图4-33所示。

图4-30 绘制矩形　　图4-31 偏移矩形　　图4-32 绘制直线　　图4-33 偏移操作

（5）绘制其余部分。单击"默认"选项卡"绘图"面板中的"矩形"按钮▢，绘制角点坐标为{（200,1500），（700,1800）}的矩形，绘制结果如图4-29所示。

🔊 **注意：** 一般在绘制结构相同并且要求保持恒定的相对位置时，可以采用"偏移"命令实现。

## 4.2.9 "移动"命令

### 1. 执行方式

☑ 命令行：MOVE。
☑ 菜单栏：修改→移动。
☑ 快捷菜单：选择要移动的对象，在绘图区域右击，在弹出的快捷菜单中选择"移动"命令。
☑ 工具栏：修改→移动✛。
☑ 功能区：默认→修改→移动✛。

### 2. 操作步骤

命令：MOVE✓
选择对象：（选择对象）
选择对象：

用前面介绍的对象选择方法选择要移动的对象，按 Enter 键结束选择。系统继续提示：

指定基点或[位移(D)] <位移>：（指定基点或移至点）
指定第二个点或 <使用第一个点作为位移>：

各选项功能与 COPY 命令相关选项功能相同，所不同的是对象被移动后，原位置处的对象消失。

## 4.2.10 操作实例——电视柜

本例分别打开"电视柜"与"电视机"源文件并将两个图形放置到一个图形文件中，再利用上面所学的移动功能绘制如图 4-34 所示的电视柜。

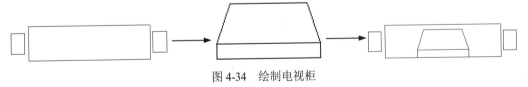

图 4-34　绘制电视柜

**操作步骤：（光盘\实例演示\第 4 章\电视柜.avi）**

（1）打开"电视柜"图形。打开"源文件\图库\电视柜"图形文件，如图 4-35 所示。

（2）打开"电视机"图形。打开"源文件\图库\电视"图形文件，如图 4-36 所示。选中对象，右击，在弹出的快捷菜单中选择"带基点复制"命令，选择适当的点为基点，打开"电视柜"图形文件，在适当位置右击，在弹出的快捷菜单中选择"粘贴"命令。

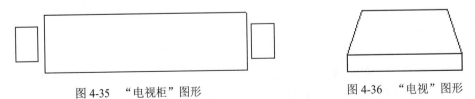

图 4-35　"电视柜"图形　　　　　　　　　　图 4-36　"电视"图形

（3）移动电视机。单击"修改"工具栏中的"移动"按钮✛，移动电视机到电视柜图形上，命令行提示与操作如下：

命令：MOVE↙

选择对象：指定对角点：找到 1 个

选择对象：（选择"电视机"图形）↙

指定基点或 [位移(D)] <位移>：（指定"电视机"图形外边的中点）指定第二个点或 <使用第一个点作为位移>：（F8 关闭正交） <正交 关>（选取"电视机"图形外边的中点到"电视柜"外边中点）

绘制结果如图 4-34 所示。

## 4.2.11 "旋转"命令

### 1. 执行方式

- ☑ 命令行：ROTATE。
- ☑ 菜单栏：修改→旋转。
- ☑ 快捷菜单：选择要旋转的对象，在绘图区域右击，在弹出的快捷菜单中选择"旋转"命令。
- ☑ 工具栏：修改→旋转 ○。
- ☑ 功能区：默认→修改→旋转 ○。

### 2. 操作步骤

命令：ROTATE↙

UCS 当前的正角方向：ANGDIR=逆时针 ANGBASE=0

选择对象：（选择要旋转的对象）

指定基点：（指定旋转的基点。在对象内部指定一个坐标点）

指定旋转角度，或 [复制(C)/参照(R)] <0>：（指定旋转角度或其他选项）

### 3. 选项说明

（1）复制(C)：选择该选项，可在旋转对象的同时保留源对象，如图 4-37 所示。

（a）旋转前 （b）旋转后

图 4-37 复制旋转

（2）参照(R)：采用参考方式旋转对象时，系统提示如下：

指定参照角 <0>：（指定要参考的角度，默认值为 0）

指定新角度或 [点(P)] <0>：（输入旋转后的角度值）

上述操作完毕后，对象被旋转至指定的角度位置。

注意：可以用拖动鼠标的方法旋转对象。选择对象并指定基点后，从基点到当前光标位置会出现一条连线，移动鼠标时选择的对象会动态地随着该连线与水平方向的夹角的变化而旋转，按 Enter 键后确认旋转操作，如图 4-38 所示。

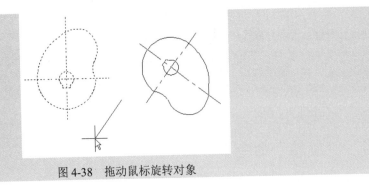

图 4-38　拖动鼠标旋转对象

## 4.2.12　操作实例——曲柄

本例主要利用"直线""圆"命令先绘制一侧曲柄，并利用上面所学的旋转功能绘制如图 4-39 所示的曲柄。

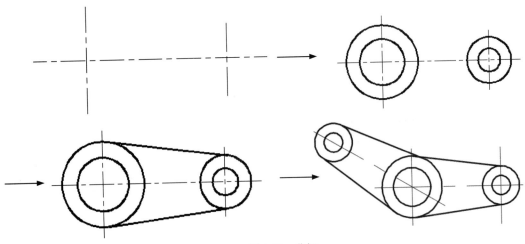

图 4-39　曲柄

**操作步骤：(光盘\实例演示\第 4 章\曲柄.avi)**

（1）新建图层。单击"默认"选项卡"图层"面板中的"图层特性"按钮，新建图层如下："中心线"图层，线型为 CENTER，其余属性默认；"粗实线"图层，线宽为 0.30mm，其余属性默认。

（2）绘制中心线。将"中心线"图层设置为当前图层，单击"默认"选项卡"绘图"面板中的"直线"按钮，绘制中心线。坐标分别为{（100,100），（180,100）}和{（120,120），（120,80）}，结果如图 4-40 所示。

（3）偏移中心线。单击"默认"选项卡"修改"面板中的"偏移"按钮，绘制另一条中心线，偏移距离为 48，结果如图 4-41 所示。

（4）绘制圆。转换到"粗实线"图层，单击"默认"选项卡"绘图"面板中的"圆"按钮，绘制图形轴孔部分。绘制圆时，以水平中心线与左边竖直中心线交点为圆心，以 32 和 20 为直径绘制同心圆；以水平中心线与右边竖直中心线交点为圆心，以 20 和 10 为直径绘制同心圆。结果如图 4-42 所示。

（5）绘制连接线。单击"默认"选项卡"绘图"面板中的"直线"按钮，绘制连接板。分别捕捉左右外圆的切点为端点，绘制上下两条连接线，结果如图 4-43 所示。

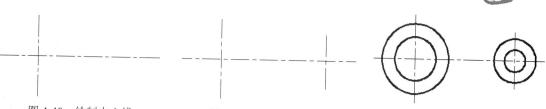

图 4-40 绘制中心线　　　　图 4-41 偏移中心线　　　　图 4-42 绘制同心圆

（6）旋转复制曲柄。单击"默认"选项卡"修改"面板中的"旋转"按钮○，将所绘制的图形进行复制旋转，命令行提示与操作如下：

> 命令：ROTATE✓
> UCS 当前的正角方向：ANGDIR=逆时针　ANGBASE=0
> 选择对象：（如图 4-44 所示，选择图形中要旋转的部分）
> 找到 1 个，总计 6 个
> 选择对象：✓
> 指定基点：_int 于（捕捉左边中心线的交点）
> 指定旋转角度，或 [复制(C)/参照(R)] <0>：C✓
> 旋转一组选定对象
> 指定旋转角度，或 [复制(C)/参照(R)] <0>：150✓

最终结果如图 4-39 所示。

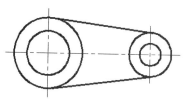

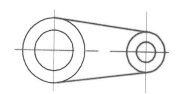

图 4-43 绘制切线　　　　　　图 4-44 选择复制对象

## 4.2.13 "阵列"命令

阵列是指多重复制选择的对象并把这些副本按矩形、路径或环形排列。把副本按矩形排列称为建立矩形阵列，把副本按路径排列称为建立路径阵列，把副本按环形排列称为建立极阵列。建立极阵列时，应该控制复制对象的次数和对象是否被旋转；建立矩形阵列时，应该控制行和列的数量及对象副本之间的距离。

**1. 执行方式**

☑　命令行：ARRAY。

☑　菜单：修改→阵列。

☑　工具栏：修改→阵列 ▦ ⌀ ⬡。

☑　功能区：默认→修改→矩形阵列▦/路径阵列⌀/环形阵列⬡。

**2. 操作步骤**

> 命令：ARRAY✓（在命令行中输入 ARRAY）
> 选择对象：（使用对象选择方法）
> 输入阵列类型[矩形(R)/路径(PA)/极轴(PO)]<矩形>：PA✓

类型=路径 关联=是

选择路径曲线：(使用一种对象选择方法)

选择夹点以编辑阵列或 [关联(AS)/方法(M)/基点(B)/切向(T)/项目(I)/行(R)/层(L)/对齐项目(A)/Z 方向(Z)/退出(X)] <退出>：I

指定沿路径的项目之间的距离或 [表达式(E)] <1293.769>：(指定距离)

最大项目数 = 5

指定项目数或 [填写完整路径(F)/表达式(E)] <5>：(输入数目)

选择夹点以编辑阵列或 [关联(AS)/方法(M)/基点(B)/切向(T)/项目(I)/行(R)/层(L)/对齐项目(A)/Z 方向(Z)/退出(X)] <退出>：

3. 选项说明

（1）切向(T)：控制选定对象是否将相对于路径的起始方向重定向（旋转），然后再移动到路径的起点。

（2）表达式(E)：使用数学公式或方程式获取值。

（3）基点(B)：指定阵列的基点。

（4）关联(AS)：指定是否在阵列中创建项目作为关联阵列对象，或作为独立对象。

（5）项目(I)：编辑阵列中的项目数。

（6）行(R)：指定阵列中的行数和行间距，以及它们之间的增量标高。

（7）层(L)：指定阵列中的层数和层间距。

（8）对齐项目(A)：指定是否对齐每个项目以与路径的方向相切。对齐相对于第一个项目的方向。

（9）Z 方向(Z)：控制是否保持项目的原始 Z 方向或沿三维路径自然倾斜项目。

（10）退出(X)：退出命令。

## 4.2.14  操作实例——餐厅桌椅

利用上面所学的阵列功能绘制餐厅桌椅，如图 4-45 所示。

本实例绘制餐厅桌椅，可以先绘制椅子，再绘制桌子，然后调整桌椅相互位置，最后摆放椅子。在绘制与布置桌椅时，要用到"复制""旋转""移动""偏移""阵列"等各种编辑命令。在绘制过程中，注意灵活运用这些命令，以最快速、方便的方法达到目的。绘制流程如图 4-45 所示。

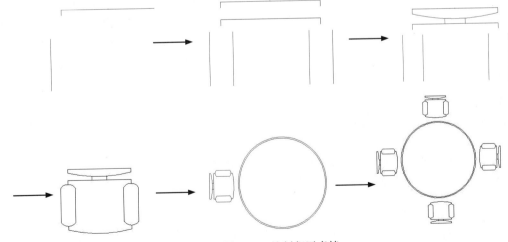

图 4-45  绘制餐厅桌椅

**操作步骤:**（光盘\实例演示\第 4 章\餐厅桌椅.avi）

（1）绘制椅子。

❶ 绘制初步轮廓。单击"默认"选项卡"绘图"面板中的"直线"按钮，绘制 3 条线段，如图 4-46 所示。

❷ 复制线段。单击"默认"选项卡"修改"面板中的"复制"按钮，复制竖直直线，命令行提示与操作如下:

> 命令: COPY↙
> 选择对象:（选择左边短竖线）
> 找到 1 个
> 选择对象: ↙
> 当前设置: 复制模式 = 多个
> 指定基点或 [位移(D)/模式(O)] <位移>:（捕捉横线段左端点）
> 指定第二个点或 [阵列(A)] <使用第一个点作为位移>:（捕捉横线段右端点）

结果如图 4-47 所示。使用同样的方法依次按图 4-48～图 4-50 的顺序复制椅子轮廓线。

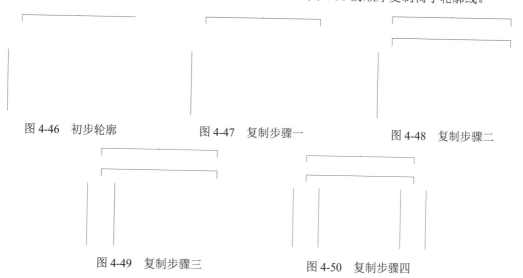

图 4-46　初步轮廓　　图 4-47　复制步骤一　　图 4-48　复制步骤二

图 4-49　复制步骤三　　图 4-50　复制步骤四

❸ 完成椅子轮廓绘制。单击"默认"选项卡"绘图"面板中的"圆弧"按钮和"直线"按钮，绘制椅背轮廓，命令行提示与操作如下:

> 命令: ARC↙
> 指定圆弧的起点或 [圆心(C)]:（用鼠标指定左上方竖线段端点）
> 指定圆弧的第二个点或 [圆心(C)/端点(E)]:（用鼠标在上方两竖线段正中间指定一点）
> 指定圆弧的端点:（用鼠标指定右上方竖线段端点）
> 命令: LINE↙
> 指定第一个点:（用鼠标在已绘制圆弧上指定一点）
> 指定下一点或 [放弃(U)]:（在垂直方向上用鼠标在中间水平线段上指定一点）
> 指定下一点或 [放弃(U)]: ↙

单击"默认"选项卡"修改"面板中的"复制"按钮，复制另一条竖线段，如图 4-51 所示。

单击"默认"选项卡"绘图"面板中的"圆弧"按钮，命令行提示与操作如下:

命令：ARC↙
指定圆弧的起点或 [圆心(C)]：(用鼠标指定图 4-51 上的端点 1)
指定圆弧的第二个点或 [圆心(C)/端点(E)]：E↙
指定圆弧的端点：(用鼠标指定图 4-51 上的端点 2)
指定圆弧的中心点(按住 Ctrl 键以切换方向)或 [角度(A)/方向(D)/半径(R)]：R↙
指定圆弧的半径(按住 Ctrl 键以切换方向)：(用鼠标指定图 4-51 上的端点 3) ↙

采用同样的方法或者复制的方法绘制另外 3 段圆弧，如图 4-52 所示。

命令：LINE↙
指定第一个点：(用鼠标在已绘制圆弧正中间指定一点)
指定下一点或 [放弃(U)]：(在垂直方向上用鼠标指定一点)
指定下一点或 [放弃(U)]：↙

单击"修改"工具栏中的"复制"按钮，绘制两条短竖线段，命令行提示与操作如下：

命令：ARC↙
指定圆弧的起点或 [圆心(C)]：(用鼠标指定已绘制线段的下端点)
指定圆弧的第二个点或 [圆心(C)/端点(E)]：E↙
指定圆弧的端点：(用鼠标指定已绘制另一线段的下端点)
指定圆弧的中心点(按住 Ctrl 键以切换方向)或 [角度(A)/方向(D)/半径(R)]：D↙
指定圆弧起点的相切方向(按住 Ctrl 键以切换方向)：(用鼠标指定圆弧起点切向)

完成图形，如图 4-53 所示。

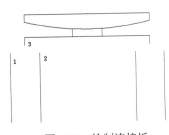

图 4-51　绘制连接板

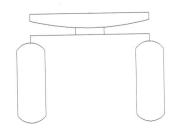

图 4-52　绘制扶手圆弧

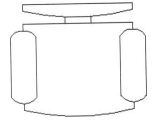

图 4-53　椅子图形

思考："复制"命令的应用是不是简捷而且准确？是否可以用"偏移"命令取代"复制"命令？

(2) 绘制桌子。在命令行中输入 ZOOM，将图形缩放到适当大小。单击"默认"选项卡"绘图"面板中的"圆"按钮和"修改"面板中的"偏移"按钮，命令行提示与操作如下：

命令：CIRCLE↙
指定圆的圆心或 [三点(3P)/两点(2P)/切点、切点、半径(T)]：(指定圆心)
指定圆的半径或 [直径(D)]：(指定半径)
命令：OFFSET↙
当前设置：删除源=否　图层=源　OFFSETGAPTYPE=0
指定偏移距离或 [通过(T)/删除(E)/图层(L)] <通过>：↙
选择要偏移的对象，或 [退出(E)/放弃(U)] <退出>：(选择已绘制的圆)
指定通过点或 [退出(E)/多个(M)/放弃(U)] <退出>：(指定一点)
选择要偏移的对象，或 [退出(E)/放弃(U)] <退出>：↙

绘制的图形如图 4-54 所示。

（3）布置桌椅。

❶ 单击"默认"选项卡"修改"面板中的"旋转"按钮○，将椅子正对餐桌，命令行提示与操作如下：

```
命令：ROTATE↙
UCS 当前的正角方向：ANGDIR=逆时针  ANGBASE=0
选择对象：(框选椅子)
指定对角点：
找到 21 个
选择对象：↙
指定基点：(指定椅背中心点)
指定旋转角度，或 [复制(C)/参照(R)] <0>：90↙
```

结果如图 4-55 所示。

❷ 单击"默认"选项卡"修改"面板中的"移动"按钮✛，将椅子放置到适当位置，命令行提示与操作如下：

```
命令：MOVE↙
选择对象：(框选椅子)
指定对角点：找到 21 个
选择对象：↙
指定基点或 [位移(D)] <位移>：(指定椅背中心点)
指定第二个点或 <使用第一个点作为位移>：(移到水平直径位置)
```

绘制结果如图 4-56 所示。

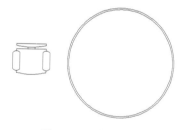

图 4-54　绘制桌子

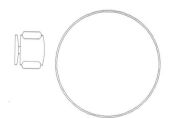

图 4-55　旋转椅子

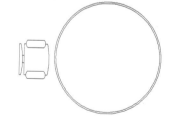

图 4-56　移动椅子

❸ 单击"默认"选项卡"修改"面板中的"环形阵列"按钮❖，布置椅子，命令行提示与操作如下：

```
命令：_arraypolar
选择对象：(框选椅子图形)
选择对象：↙
类型 = 极轴  关联 = 是
指定阵列的中心点或 [基点(B)/旋转轴(A)]：(选择桌面圆心)
选择夹点以编辑阵列或 [关联(AS)/基点(B)/项目(I)/项目间角度(A)/填充角度(F)/行(ROW)/
层(L)/旋转项目(ROT)/退出(X)] <退出>：I
输入阵列中的项目数或 [表达式(E)] <6>：4
选择夹点以编辑阵列或 [关联(AS)/基点(B)/项目(I)/项目间角度(A)/填充角度(F)/行(ROW)/
层(L)/旋转项目(ROT)/退出(X)] <退出>：F
```

指定填充角度(+=逆时针、-=顺时针)或 [表达式(EX)] <360>:360

选择夹点以编辑阵列或 [关联(AS)/基点(B)/项目(I)/项目间角度(A)/填充角度(F)/行(ROW)/层(L)/旋转项目(ROT)/退出(X)] <退出>:

绘制的最终图形如图 4-45 所示。

## 4.2.15 "缩放"命令

### 1. 执行方式

- ☑ 命令行:SCALE。
- ☑ 菜单栏:修改→缩放。
- ☑ 快捷菜单:选择要缩放的对象,在绘图区域右击,在弹出的快捷菜单中选择"缩放"命令。
- ☑ 工具栏:修改→缩放 🔲。
- ☑ 功能区:默认→修改→缩放 🔲。

### 2. 操作步骤

命令:SCALE✓
选择对象:(选择要缩放的对象)
指定基点:(指定缩放操作的基点)
指定比例因子或 [复制(C)/参照(R)] <1.0000>:

### 3. 选项说明

(1)采用参考方向缩放对象。系统提示如下:

指定参照长度 <1>:(指定参考长度值)
指定新的长度或[点(P)]<1.0000>:(指定新长度值)

若新长度值大于参考长度值,则放大对象,否则缩小对象。操作完毕后,系统以指定的基点按指定比例因子缩放对象。如果选择"点(P)"选项,则指定两点来定义新的长度。

(2)可以用拖动鼠标的方法缩放对象。选择对象并指定基点后,从基点到当前光标位置会出现一条连线,线段的长度即为比例大小。移动鼠标选择的对象会动态地随着该连线长度的变化而缩放,按 Enter 键确认缩放操作。

## 4.2.16 操作实例——装饰盘

本实例绘制过程中可用到"圆""圆弧""阵列"等命令绘制如图 4-57 所示的装饰盘。

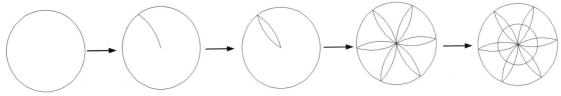

图 4-57 绘制装饰盘

**操作步骤:**(光盘\实例演示\第 4 章\装饰盘.avi)

(1)绘制外轮廓。单击"默认"选项卡"绘图"面板中的"圆"按钮 ◎,绘制一个圆心为(100,100)、半径为 200 的圆作为盘外轮廓线，如图 4-58 所示。

（2）绘制部分花瓣。单击"默认"选项卡"绘图"面板中的"圆弧"按钮，绘制花瓣，如图 4-59 所示。

（3）镜像花瓣。单击"默认"选项卡"修改"面板中的"镜像"按钮，镜像花瓣，如图 4-60 所示。

（4）阵列花瓣。单击"默认"选项卡"修改"面板中的"环形阵列"按钮，选择花瓣为源对象，以圆心为阵列中心点阵列花瓣，如图 4-61 所示。

   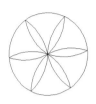

图 4-58　绘制圆形　　　　图 4-59　绘制花瓣　　　　图 4-60　镜像花瓣　　　　图 4-61　阵列花瓣

（5）缩放装饰盘。单击"默认"选项卡"修改"面板中的"缩放"按钮，缩放一个圆作为装饰盘内装饰圆，命令行提示与操作如下：

```
命令：SCALE✓
选择对象：（选择圆）
指定基点：（指定圆心）
指定比例因子或 [复制(C)/参照(R)]<1.0000>: C✓
指定比例因子或 [复制(C)/参照(R)]<1.0000>: 0.5✓
```

绘制完成，效果如图 4-57 所示。

# 4.3　改变几何特性类命令

这一类编辑命令在对指定对象进行编辑后，使编辑对象的几何特性发生变化。这类命令包括"修剪""延伸""圆角""倒角""拉伸""拉长""打断""打断于点""分解"等。

## 4.3.1　"修剪"命令

### 1. 执行方式

☑　命令行：TRIM。
☑　菜单栏：修改→修剪。
☑　工具栏：修改→修剪。
☑　功能区：默认→修改→修剪。

### 2. 操作步骤

```
命令：TRIM✓
当前设置:投影=UCS,边=无
选择修剪边…
选择对象或<全部选择>：（选择一个或多个对象并按Enter键，或者按Enter键选择所有显示的对象）
```

按 Enter 键结束对象选择,系统提示如下:

> 选择要修剪的对象,或按住 Shift 键选择要延伸的对象,或[栏选(F)/窗交(C)/投影(P)/边(E)/删除(R)/放弃(U)]:

**3. 选项说明**

(1)在选择对象时,如果按住 Shift 键,系统就自动将"修剪"命令转换成"延伸"命令。"延伸"命令将在 4.3.3 节介绍。

(2)选择"边"选项时,可以选择对象的修剪方式。

☑ 延伸(E):延伸边界进行修剪。在此方式下,如果修剪边没有与要修剪的对象相交,系统会延伸修剪边,直至与对象相交,然后再修剪,如图 4-62 所示。

选择剪切边　　　　　选择要修剪的对象　　　　修剪后的结果

图 4-62　延伸方式修剪对象

☑ 不延伸(N):不延伸边界修剪对象,只修剪与修剪边相交的对象。

(3)选择"栏选(F)"选项时,系统以栏选的方式选择被修剪对象,如图 4-63 所示。

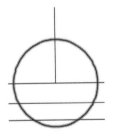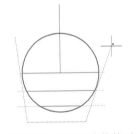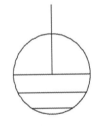

(a)选定修剪边　　　　(b)使用栏选选定的要修剪的对象　　　　(c)结果

图 4-63　栏选修剪对象

(4)选择"窗交(C)"选项时,系统以窗交的方式选择被修剪对象,如图 4-64 所示。

(5)被选择的对象可以互为边界和被修剪对象,此时系统会在选择的对象中自动判断边界,如图 4-64 所示。

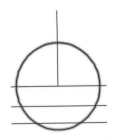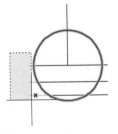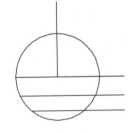

(a)使用窗交选择选定的边　　　　(b)选定要修剪的对象　　　　(c)结果

图 4-64　窗交选择修剪对象

## 4.3.2 操作实例——间歇轮

间歇机构是机械机构中一种重要而非连续运动的机构。本例利用上面所学的修剪功能绘制间歇机构的核心零件间歇轮，如图 4-65 所示。

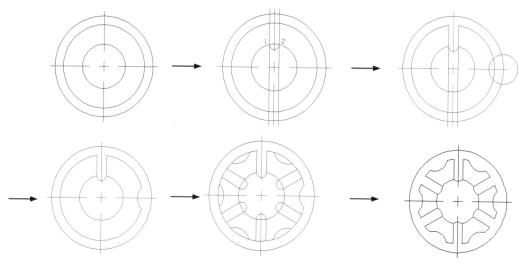

图 4-65 绘制间歇轮

**操作步骤：（光盘\实例演示\第 4 章\间歇轮.avi）**

（1）设置图层。单击"默认"选项卡"图层"面板中的"图层特性"按钮📇，新建两个图层。

❶ 第一个图层命名为"轮廓线"，线宽属性为 0.30mm，其余属性默认。

❷ 第二个图层命名为"中心线"，颜色设为红色，线型加载为 CENTER，其余属性默认。

（2）绘制直线。将当前图层设置为"中心线"图层，命令行提示与操作如下：

> 命令：LINE✓（或者单击"绘图"工具栏中的"直线"按钮✓）
> 指定第一个点：165,200✓
> 指定下一点或 [放弃(U)]：235,200✓
> 指定下一点或 [放弃(U)]：✓

重复 LINE 命令绘制从点（200,165）到点（200,235）的直线，结果如图 4-66 所示。

（3）绘制圆。将当前图层设置为"轮廓线"图层。单击"默认"选项卡"绘图"面板中的"圆"按钮⊙，命令行提示与操作如下：

> 命令：CIRCLE✓
> 指定圆的圆心或 [三点(3P)/两点(2P)/切点、切点、半径(T)]：200,200✓
> 指定圆的半径或 [直径(D)]：32✓

按 Space 键，重复"圆"命令，绘制以点（200,200）为圆心、分别以 24.5 和 14 为半径的同心圆，如图 4-67 所示。

（4）绘制直线。在竖直中心线左右两边各 3mm 处绘制两条与其平行的直线，如图 4-68 所示。

（5）绘制圆弧。单击"默认"选项卡"绘图"面板中的"圆弧"按钮✓，命令行提示与操作如下：

命令: ARC↙

指定圆弧的起点或 [圆心(C)]: (选取 1 点)

指定圆弧的第二个点或 [圆心(C)/端点(E)]: E↙

指定圆弧的端点: (选取 2 点)

指定圆弧的中心点(按住 Ctrl 键以切换方向)或 [角度(A)/方向(D)/半径(R)]: R↙

指定圆弧的半径(按住 Ctrl 键以切换方向): 3↙

图 4-66　绘制直线

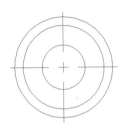

图 4-67　绘制圆

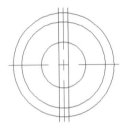

图 4-68　绘制直线

结果如图 4-69 所示。

（6）修剪处理。单击"默认"选项卡"修改"面板中的"修剪"按钮，命令行提示与操作如下：

命令: _trim

当前设置: 投影=UCS，边=延伸

选择剪切边…

选择对象或 <全部选择>: (选择如图 4-70 所示的图形)

选择对象: ↙

选择要修剪的对象，或按住 Shift 键选择要延伸的对象，或[栏选(F)/窗交(C)/投影(P)/边(E)/删除(R)/放弃(U)]: (选择要修剪的图形)

选择要修剪的对象，或按住 Shift 键选择要延伸的对象，或[栏选(F)/窗交(C)/投影(P)/边(E)/删除(R)/放弃(U)]: 选择要修剪的对象，或按住 Shift 键选择要延伸的对象，或[栏选(F)/窗交(C)/投影(P)/边(E)/删除(R)/放弃(U)]:

选择要修剪的对象，或按住 Shift 键选择要延伸的对象，或[栏选(F)/窗交(C)/投影(P)/边(E)/删除(R)/放弃(U)]: ↙

选择要修剪的对象，或按住 Shift 键选择要延伸的对象，或[栏选(F)/窗交(C)/投影(P)/边(E)/删除(R)/放弃(U)]:

结果如图 4-71 所示。

（7）绘制圆。单击"默认"选项卡"绘图"面板中的"圆"按钮，绘制以大圆与水平直线的交点为圆心、半径为 9 的圆，如图 4-72 所示。

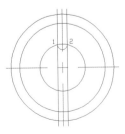

图 4-69　绘制圆弧

图 4-70　选择修剪边

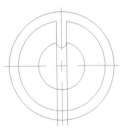

图 4-71　修剪处理

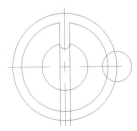

图 4-72　绘制圆

（8）修剪处理。单击"默认"选项卡"修改"面板中的"修剪"按钮，进行修剪，结果如图 4-73 所示。

（9）阵列处理。单击"默认"选项卡"修改"面板中的"环形阵列"按钮，阵列轮片，命令行提示与操作如下：

> 命令：ARRAYPOLAR↙
> 选择对象：（选择已修剪的圆弧与第（6）步修剪的两竖线及其相连的圆弧）
> 选择对象：↙
> 类型 = 极轴　关联 = 是
> 指定阵列的中心点或 [基点(B)/旋转轴(A)]：（选择圆中心线交点）
> 选择夹点以编辑阵列或 [关联(AS)/基点(B)/项目(I)/项目间角度(A)/填充角度(F)/行(ROW)/层(L)/旋转项目(ROT)/退出(X)] <退出>：I
> 输入阵列中的项目数或 [表达式(E)] <4>:6
> 选择夹点以编辑阵列或 [关联(AS)/基点(B)/项目(I)/项目间角度(A)/填充角度(F)/行(ROW)/层(L)/旋转项目(ROT)/退出(X)] <退出>：F
> 指定填充角度(+=逆时针、-=顺时针)或 [表达式(EX)] <360>:360
> 选择夹点以编辑阵列或 [关联(AS)/基点(B)/项目(I)/项目间角度(A)/填充角度(F)/行(ROW)/层(L)/旋转项目(ROT)/退出(X)] <退出>：

结果如图 4-74 所示。

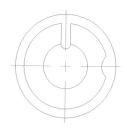

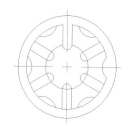

图 4-73　修剪处理　　　　　　　　　图 4-74　阵列结果

（10）修剪处理。单击"默认"选项卡"修改"面板中的"修剪"按钮，进行修剪，结果如图 4-65 所示。

## 4.3.3　"延伸"命令

"延伸"命令用于延伸对象到另一个对象的边界线，如图 4-75 所示。

（a）选择边界　　　　　　（b）选择要延伸的对象　　　　　（c）执行结果

图 4-75　延伸对象

### 1. 执行方式

☑　命令行：EXTEND。

☑ 菜单栏：修改→延伸。

☑ 工具栏：修改→延伸 ↲。

☑ 功能区：默认→修改→延伸 ↲。

2. 操作步骤

命令：EXTEND↙
当前设置：投影=UCS，边=无
选择边界的边...
选择对象或 <全部选择>：（选择边界对象）

此时可以选择对象来定义边界。若直接按 Enter 键，则选择所有对象作为边界对象。

AutoCAD 2016 规定可以用作边界对象的对象有直线段、射线、双向无限长线、圆弧、圆、椭圆、二维和三维多段线、样条曲线、文本、浮动的视口、区域。如果选择二维多段线作边界对象，系统会忽略其宽度而把对象延伸至多段线的中心线。

选择边界对象后，系统继续提示如下：

选择要延伸的对象，或按 Shift 键选择要修剪的对象，或[栏选(F)/窗交(C)/投影(P)/边(E)/放弃(U)]：

3. 选项说明

选择对象时，如果按住 Shift 键，系统会自动将"延伸"命令转换成"修剪"命令。

## 4.3.4 操作实例——力矩式自整角发送机

本例绘制力矩式自整角发送机，将重点学习"偏移"命令的使用，在本例中绘制完直线和圆后都会使用到"偏移"命令，最后添加注释完成绘图，绘制流程如图 4-76 所示。

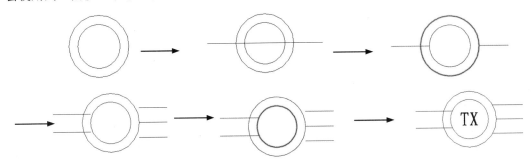

图 4-76 绘制流程

**操作步骤：**（光盘\实例演示\第 4 章\力矩式自整角发送机.avi）

（1）绘制圆。单击"默认"选项卡"绘图"面板中的"圆"按钮 ⊙，在点（100,100）处绘制半径为 10 的外圆。

（2）偏移外圆。单击"默认"选项卡"修改"面板中的"偏移"按钮 ⊜，绘制内圆。命令行提示与操作如下：

命令：_offset
当前设置：删除源=否 图层=源 OFFSETGAPTYPE=0
指定偏移距离或 [通过(T)/删除(E)/图层(L)] <通过>：3 （偏移距离为 3）

> 选择要偏移的对象，或 [退出(E)/放弃(U)] <退出>:（选择外圆为偏移对象）
> 指定要偏移的那一侧上的点，或 [退出(E)/多个(M)/放弃(U)] <退出>:（选择圆内侧，按 Enter 键确认）

偏移后的效果如图 4-77 所示。

（3）绘制两端引线，左边 2 条，右边 3 条。

❶ 单击"默认"选项卡"绘图"面板中的"直线"按钮 ⁄，从点（80,100）到点（120,100）绘制直线，如图 4-78 所示。

❷ 单击"默认"选项卡"修改"面板中的"修剪"按钮 ⊬，以内圆为修剪参考，修剪直线，效果如图 4-79 所示。

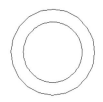

图 4-77　偏移效果

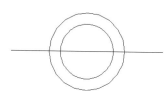

图 4-78　绘制直线

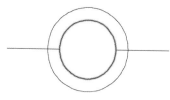

图 4-79　内圆修剪

❸ 单击"默认"选项卡"修改"面板中的"修剪"按钮 ⊬，以外圆为修剪参考，修剪直线，效果如图 4-80 所示。

❹ 单击"默认"选项卡"修改"面板中的"复制"按钮 ⁣，分别向上、向下复制移动右边引线，移动距离为 5，如图 4-81 所示。

❺ 单击"默认"选项卡"修改"面板中的"移动"按钮 ✛，向上移动左边引线，移动距离为 3；单击"默认"选项卡"修改"面板中的"复制"按钮 ⁣，向下复制移动左引线，移动距离为 6，如图 4-82 所示。

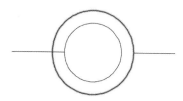

图 4-80　外圆修剪

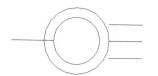

图 4-81　右引线复制和移动

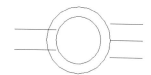

图 4-82　左引线移动和复制

❻ 单击"默认"选项卡"修改"面板中的"延伸"按钮 ⁃⁄，以内圆为延伸边界，延伸左边两条引线，命令行提示与操作如下：

```
命令: _extend
当前设置:投影=UCS,边=无
选择边界的边…
选择对象或 <全部选择>:（选择倒角生成的斜线）
找到 1 个
选择对象: ↙
选择要延伸的对象，或按住 Shift 键选择要修剪的对象，或[栏选(F)/窗交(C)/投影(P)/边(E)/
放弃(U)]:（选择已绘制的细实线）
选择要延伸的对象，或按住 Shift 键选择要修剪的对象，或 [栏选(F)/窗交(C)/投影(P)/边(E)/
放弃(U)]: ↙
```

效果如图 4-83 所示。

❼ 单击"默认"选项卡"修改"面板中的"延伸"按钮 ⊸ ，以外圆为延伸参考，延伸右边 3 条引线，效果如图 4-84 所示。

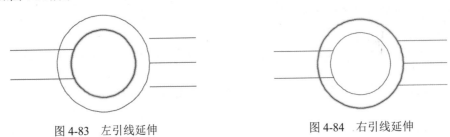

图 4-83　左引线延伸　　　　　　　　　　图 4-84　右引线延伸

❽ 单击"默认"选项卡"注释"面板中的"多行文字"按钮 Ⓐ （此命令将在后面章节中详细讲述），在内圆中心输入 TX。力矩式自整角发送机符号如图 4-76 所示。

## 4.3.5　"圆角"命令

圆角是指用指定的半径决定的一段平滑圆弧连接两个对象。AutoCAD 2016 规定可以圆滑连接一对直线段、非圆弧的多义线段、样条曲线、双向无限长线、射线、圆、圆弧和椭圆，可以在任何时刻圆滑连接多义线的每个节点。

### 1. 执行方式

☑　命令行：FILLET。
☑　菜单栏：修改→圆角。
☑　工具栏：修改→圆角 ▱。
☑　功能区：默认→修改→圆角 ▱。

### 2. 操作步骤

```
命令：FILLET✓
当前设置：模式 = 修剪，半径 = 0.0000
选择第一个对象或 [放弃(U)/多段线(P)/半径(R)/修剪(T)/多个(M)]：（选择第一个对象或别的选项）
选择第二个对象，或按住 Shift 键选择对象以应用角点或 [半径(R)]：（选择第二个对象）
```

### 3. 选项说明

（1）多段线(P)：在一条二维多段线的两段直线段节点处插入圆滑的弧。选择多段线后系统会根据指定的圆弧半径把多段线各顶点用圆滑的弧连接起来。

（2）修剪(T)：决定在圆滑连接两条边时，是否修剪这两条边，如图 4-85 所示。

　　　（a）修剪方式　　　　　（b）不修剪方式

图 4-85　圆角连接

（3）多个(M)：同时对多个对象进行圆角编辑，而不必重新起用命令。

（4）快速创建零距离倒角或零半径圆角：按住 Shift 键并选择两条直线，可以快速创建零距离倒角或零半径圆角。

## 4.3.6　操作实例——挂轮架

本实例利用上面所学的圆角功能绘制挂轮架，绘制流程如图 4-86 所示。

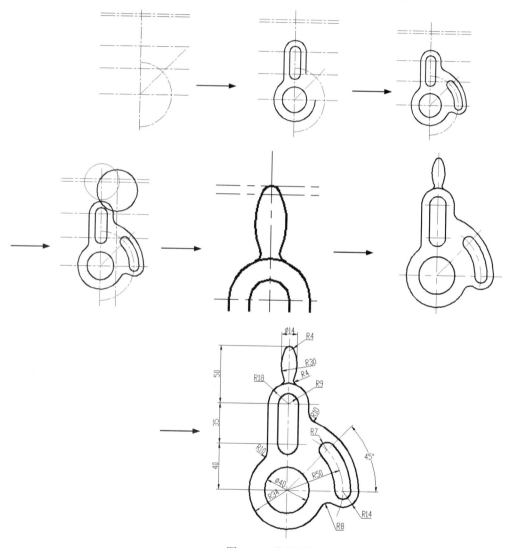

图 4-86　绘制挂轮架

由图 4-86 可知，该挂轮架主要由直线、相切的圆及圆弧组成。因此，可以用"直线""圆""圆弧"命令，并配合"修剪"命令来绘制；挂轮架的上部是对称的结构，因此可以使用"镜像"命令对其进行操作；对于其中的圆角如 R10、R8、R4 等均可以采用"圆角"命令来绘制。

**操作步骤：（光盘\实例演示\第 4 章\挂轮架.avi）**

（1）设置绘图环境。

**Note**

❶ 利用 LIMITS 命令设置图幅:297×210。

❷ 单击"默认"选项卡"图层"面板中的"图层特性"按钮,设置 CSX 图层的线型为实线,线宽为 0.30mm,其他默认;XDHX 图层的线型为 CENTER,线宽为 0.09mm,其他默认。

(2)绘制对称中心线。将 XDHX 图层设置为当前图层,单击"默认"选项卡"绘图"面板中的"直线"按钮,命令行提示与操作如下:

> 命令:LINE✓(绘制最下面的水平对称中心线)
> 指定第一个点:80,70✓
> 指定下一点或 [放弃(U)]:210,70✓
> 指定下一点或 [放弃(U)]:✓

❶ 利用 LINE 命令绘制另两条线段,端点分别为{(140,210),(140,12)}、{(中心线的交点),(@70<45)}。

❷ 单击"默认"选项卡"修改"面板中的"偏移"按钮,将水平中心线分别向上偏移 40、35、50、4,依次以偏移形成的水平对称中心线为偏移对象。

❸ 单击"默认"选项卡"绘图"面板中的"圆"按钮,以下部中心线的交点为圆心绘制半径为 50 的中心线圆。

❹ 单击"默认"选项卡"修改"面板中的"修剪"按钮,修剪中心线圆,结果如图 4-87 所示。

(3)绘制挂轮架中部。将 CSX 图层设置为当前图层。

❶ 单击"默认"选项卡"绘图"面板中的"圆"按钮,以下部中心线的交点为圆心,分别绘制半径为 20 和 34 的同心圆。

❷ 单击"默认"选项卡"修改"面板中的"偏移"按钮,将竖直中心线分别向两侧偏移 9、18。

❸ 单击"默认"选项卡"绘图"面板中的"直线"按钮,分别捕捉竖直中心线与水平中心线的交点并绘制 4 条竖直线。

❹ 单击"默认"选项卡"修改"面板中的"删除"按钮,删除偏移的竖直对称中心线,结果如图 4-88 所示。

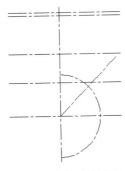

图 4-87 修剪后的图形

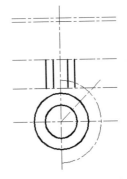

图 4-88 绘制中间的竖直线

❺ 单击"默认"选项卡"绘图"面板中的"圆弧"按钮,在偏移的中心线上方绘制圆弧,命令行提示与操作如下:

> 命令:ARC✓(绘制 R18 圆弧)
> 指定圆弧的起点或 [圆心(C)]:C✓
> 指定圆弧的圆心:(捕捉中心线的交点)
> 指定圆弧的起点:(捕捉左侧中心线的交点)

**Note**

指定圆弧的端点(按住 Ctrl 键以切换方向)或 [角度(A)/弦长(L)]: A↙
指定夹角(按住 Ctrl 键以切换方向): -180↙
命令: ARC ("圆弧"命令, 绘制上部 R9 圆弧)
指定圆弧的起点或 [圆心(C)]: C
指定圆弧的圆心:
指定圆弧的起点:
指定圆弧的端点(按住 Ctrl 键以切换方向)或 [角度(A)/弦长(L)]: a
指定夹角(按住 Ctrl 键以切换方向): -180

同理, 绘制下部 R9 圆弧和左端 R10 圆角, 命令行提示与操作如下:

命令: _arc (按 Space 键继续执行"圆弧"命令, 绘制下部 R9 圆弧)
指定圆弧的起点或 [圆心(C)]: C
指定圆弧的圆心:
指定圆弧的起点:
指定圆弧的端点(按住 Ctrl 键以切换方向)或 [角度(A)/弦长(L)]: a
指定夹角(按住 Ctrl 键以切换方向): 180
命令: _fillet↙ ("圆角"命令, 绘制左端 R10 圆角)
当前设置: 模式 = 修剪, 半径 = 0.0000
选择第一个对象或 [放弃(U)/多段线(P)/半径(R)/修剪(T)/多个(M)]: R
指定圆角半径 <0.0000>: 10
选择第一个对象或 [放弃(U)/多段线(P)/半径(R)/修剪(T)/多个(M)]: T
输入修剪模式选项 [修剪(T)/不修剪(N)] <修剪>: T
选择第一个对象或 [放弃(U)/多段线(P)/半径(R)/修剪(T)/多个(M)]: (选择中间最左侧的竖直线
的下部)
选择第二个对象, 或按住 Shift 键选择对象以应用角点或 [半径(R)]: (选择下部 R34 圆)
选择第二个对象, 或按住 Shift 键选择对象以应用角点或 [半径(R)]:

❻ 单击"默认"选项卡"修改"面板中的"修剪"按钮┵, 修剪 R34 圆, 结果如图 4-89 所示。
(4) 绘制挂轮架右部。

❶ 分别捕捉圆弧 R50 与倾斜中心线、水平中心线的交点为圆心, 以 7 为半径绘制圆。捕捉 R34
圆的圆心, 分别绘制半径为 43、57 的圆弧, 命令行提示与操作如下:

命令: CIRCLE↙ (绘制 R7 圆弧)
指定圆的圆心或 [三点(3P)/两点(2P)/切点、切点、半径(T)]: _int 于 (捕捉圆弧 R50 与倾斜中
心线的交点)
指定圆的半径或 [直径(D)]: 7↙
命令: _circle
指定圆的圆心或 [三点(3P)/两点(2P)/切点、切点、半径(T)]: (捕捉圆弧 R50 与水平中心线的交点)
指定圆的半径或 [直径(D)] <7.0000>: ↙
命令: ARC↙ (绘制 R43 圆弧)
指定圆弧的起点或 [圆心(C)]: C↙
指定圆弧的圆心: (捕捉 R34 圆弧的圆心)
指定圆弧的起点: (捕捉下部 R7 圆与水平对称中心线的左交点)
指定圆弧的端点(按住 Ctrl 键以切换方向)或 [角度(A)/弦长(L)]: _int 于 (捕捉上部 R7 圆与
倾斜对称中心线的左交点)
命令: ARC↙ (绘制 R57 圆弧)
指定圆弧的起点或 [圆心(C)]: C↙

指定圆弧的圆心：(捕捉 R34 圆弧的圆心)
指定圆弧的起点：(捕捉下部 R7 圆与水平对称中心线的右交点)
指定圆弧的端点(按住 Ctrl 键以切换方向)或 [角度(A)/弦长(L)]：(捕捉上部 R7 圆与倾斜对称中心线的右交点)

❷ 单击"默认"选项卡"修改"面板中的"修剪"按钮，修剪 R7 圆。

❸ 单击"默认"选项卡"绘图"面板中的"圆"按钮，以 R34 圆弧的圆心为圆心绘制半径为 64 的圆。

❹ 单击"默认"选项卡"修改"面板中的"圆角"按钮，绘制上部 R10 圆角。

❺ 单击"默认"选项卡"修改"面板中的"修剪"按钮，修剪 R64 圆。

❻ 单击"默认"选项卡"绘图"面板中的"圆弧"按钮，绘制 R14 圆弧，命令行提示与操作如下：

命令：ARC✓（绘制下部 R14 圆弧）
指定圆弧的起点或 [圆心(C)]：C✓
指定圆弧的圆心：_cen 于（捕捉下部 R7 圆的圆心）
指定圆弧的起点：_int 于（捕捉 R64 圆与水平对称中心线的交点）
指定圆弧的端点(按住 Ctrl 键以切换方向)或 [角度(A)/弦长(L)]：A✓
指定夹角(按住 Ctrl 键以切换方向)：-180

❼ 单击"默认"选项卡"修改"面板中的"圆角"按钮，绘制下部 R8 圆角，结果如图 4-90 所示，命令行提示与操作如下：

命令：FILLET
当前设置：模式 = 修剪，半径 = 10.0000
选择第一个对象或 [放弃(U)/多段线(P)/半径(R)/修剪(T)/多个(M)]：R
指定圆角半径 <10.0000>：8
选择第一个对象或 [放弃(U)/多段线(P)/半径(R)/修剪(T)/多个(M)]：T
输入修剪模式选项 [修剪(T)/不修剪(N)] <修剪>：T
选择第一个对象或 [放弃(U)/多段线(P)/半径(R)/修剪(T)/多个(M)]：
选择第二个对象，或按住 Shift 键选择对象以应用角点或 [半径(R)]：

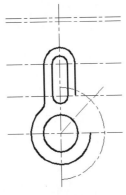

图 4-89　挂轮架中部图形

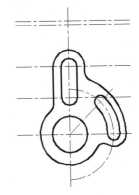

图 4-90　绘制完成挂轮架右部图形

（5）绘制挂轮架上部。

❶ 单击"默认"选项卡"修改"面板中的"偏移"按钮，将竖直对称中心线向右偏移 22。

❷ 将 0 图层设置为当前图层，单击"默认"选项卡"绘图"面板中的"圆"按钮，以第二条

水平中心线与竖直中心线的交点为圆心绘制 R26 辅助圆。

❸ 将 CSX 图层设置为当前图层，单击"默认"选项卡"绘图"面板中的"圆"按钮⊘，以 R26 圆与偏移的竖直中心线的交点为圆心绘制 R30 圆，结果如图 4-91 所示。

❹ 单击"默认"选项卡"修改"面板中的"删除"按钮，分别选择偏移形成的竖直中心线及 R26 圆。

❺ 单击"默认"选项卡"修改"面板中的"修剪"按钮，修剪 R30 圆。

❻ 单击"默认"选项卡"修改"面板中的"镜像"按钮，以竖直中心线为镜像轴，镜像所绘制的 R30 圆弧，结果如图 4-92 所示。单击"默认"选项卡"修改"面板中的"圆角"按钮，绘制 R4 圆角，命令行提示与操作如下：

```
命令：FILLET↙（绘制最上部 R4 圆角）
当前设置：模式 = 修剪，半径 = 8.0000
选择第一个对象或[放弃(U)/多段线(P)/半径(R)/修剪(T)/多个(M)]：R↙
指定圆角半径 <8.0000>：4↙
选择第一个对象或 [放弃(U)/多段线(P)/半径(R)/修剪(T)/多个(M)]：T
输入修剪模式选项 [修剪(T)/不修剪(N)] <修剪>：T
选择第一个对象或[放弃(U)/多段线(P)/半径(R)/修剪(T)/多个(M)]：（选择左侧 R30 圆弧的上部）
选择第二个对象，或按住 Shift 键选择对象以应用角点或 [半径(R)]：（选择右侧 R30 圆弧的上部）
命令：FILLET↙（绘制左边 R4 圆角）
当前设置：模式 = 修剪，半径 = 4.0000
选择第一个对象或[放弃(U)/多段线(P)/半径(R)/修剪(T)/多个(M)]：T↙（更改修剪模式）
输入修剪模式选项 [修剪(T)/不修剪(N)] <修剪>：N↙（选择修剪模式为"不修剪"）
选择第一个对象或[放弃(U)/多段线(P)/半径(R)/修剪(T)/多个(M)]：（选择左侧 R30 圆弧的下端）
选择第二个对象，或按住 Shift 键选择对象以应用角点或 [半径(R)]：（选择 R18 圆弧的左侧）
命令：FILLET↙（绘制右边 R4 圆角）
当前设置：模式 = 不修剪，半径 = 4.0000
选择第一个对象或[放弃(U)/多段线(P)/半径(R)/修剪(T)/多个(M)]：（选择右侧 R30 圆弧的下端）
选择第二个对象，或按住 Shift 键选择对象以应用角点或 [半径(R)]：（选择 R18 圆弧的右侧）
```

❼ 单击"修改"工具栏中的"修剪"按钮，修剪 R30 圆。结果如图 4-93 所示。

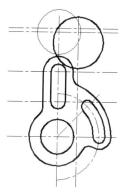
图 4-91　绘制 R30 圆

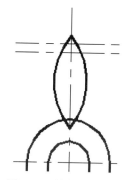
图 4-92　镜像 R30 圆

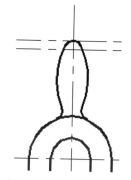
图 4-93　挂轮架的上部

（6）整理并保存图形。单击"默认"选项卡"修改"面板中的"拉长"按钮（此命令将在下节中详细讲述），调整中心线长度；单击快速访问工具栏中的"保存"按钮，保存文件，命令行提示与操作如下：

```
命令：LENGTHEN✓（"拉长"命令，对图中的中心线进行调整）
选择要测量的对象或 [增量(DE)/百分数(P)/全部(T)/动态(DY)]：DY✓（选择动态调整）
选择要修改的对象或 [放弃(U)]：（分别选择欲调整的中心线）
指定新端点：（将选择的中心线调整到新的长度）
选择要修改的对象或 [放弃(U)]：✓
命令：ERASE✓（删除多余的中心线）
选择对象：（选择最上边的两条水平中心线）
……  找到 1 个，总计 2 个
命令：SAVE AS✓（将绘制完成的图形以"挂轮架.dwg"为文件名保存在指定的路径中）
```

💡提示：使用"圆角"命令操作时，需要注意设置圆角半径，否则圆角操作后看起来好像没有效果，
因为系统默认的圆角半径是 0。

### 4.3.7　"倒角"命令

倒角是指用斜线连接两个不平行的线型对象，可以用斜线连接直线段、双向无限长线、射线和多义线。

AutoCAD 采用两种方法确定连接两个线型对象的斜线：指定斜线距离和指定斜线角度。下面分别介绍这两种方法。

（1）指定斜线距离

斜线距离是指从被连接的对象与斜线的交点到被连接的两对象可能的交点距离，如图 4-94 所示。

（2）指定斜线角度和一个斜距离连接选择的对象

采用这种方法斜线连接对象时，需要输入两个参数：斜线与一个对象的斜线距离和斜线与该对象的夹角，如图 4-95 所示。

图 4-94　斜线距离

图 4-95　斜线距离与夹角

#### 1．执行方式

- ☑　命令行：CHAMFER。
- ☑　菜单栏：修改→倒角。
- ☑　工具栏：修改→倒角◻。
- ☑　功能区：默认→修改→倒角◻。

#### 2．操作步骤

```
命令：CHAMFER✓
（"不修剪"模式）当前倒角距离 1 = 0.0000，距离 2 = 0.0000
选择第一条直线或 [放弃(U)/多段线(P)/距离(D)/角度(A)/修剪(T)/方式(E)/多个(M)]：（选择
第一条直线或别的选项）
```

选择第二条直线，或按住 Shift 键选择直线以应用角点或 [距离(D)/角度(A)/方法(M)]:（选择第二条直线）

> **注意：** 有时用户在执行"圆角"和"倒角"命令时，发现命令不执行或执行没什么变化，那是因为系统默认圆角半径和倒角距离均为 0。如果不事先设定圆角半径或倒角距离，系统就以默认值执行命令，所以好像没有执行命令。

3. 选项说明

（1）多段线(P)：对多段线的各个交叉点倒斜角。为了得到最好的连接效果，一般设置斜线是相等的值。系统根据指定的斜线距离把多段线的每个交叉点都作斜线连接，连接的斜线成为多段线新添加的构成部分，如图 4-96 所示。

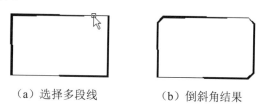

（a）选择多段线　　　　　　（b）倒斜角结果

图 4-96　斜线连接多段线

（2）距离(D)：选择倒角的两个斜线距离。这两个斜线距离可以相同或不相同，若两者均为 0，则系统不绘制连接的斜线，而是把两个对象延伸至相交并修剪超出的部分。

（3）角度(A)：选择第一条直线的斜线距离和第一条直线的倒角角度。

（4）修剪(T)：与圆角连接命令 FILLET 相同，该选项决定连接对象后是否修剪原对象。

（5）方式(E)：决定采用"距离"方式，还是"角度"方式来倒斜角。

（6）多个(M)：同时对多个对象进行倒斜角编辑。

## 4.3.8　操作实例——洗菜盆

利用上面所学的倒角功能绘制厨房用的洗菜盆。

本例绘制的洗菜盆是厨房用具，可先绘制外轮廓，再依次绘制水龙头、出水口等小部件，最后绘制倒角，绘制流程如图 4-97 所示。

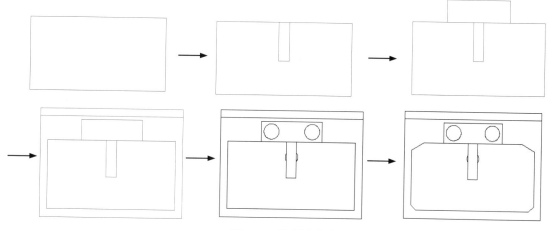

图 4-97　绘制洗菜盆

**操作步骤:**(光盘\实例演示\第 **4** 章\洗菜盆.avi)

(1)绘制初步轮廓。单击"默认"选项卡"绘图"面板中的"直线"按钮 ✎ ,绘制矩形,大约尺寸如图 4-98 所示。

(2)绘制水龙头和出水口。单击"默认"选项卡"绘图"面板中的"圆"按钮 ⊙ ,以在图 4-98 中矩形 1 约左中位置处指定圆心,35 为半径,绘制圆。单击"默认"选项卡"修改"面板中的"复制"按钮 ⊙ ,复制绘制的圆,命令行提示与操作如下:

```
命令: _circle
指定圆的圆心或 [三点(3P)/两点(2P)/切点、切点、半径(T)]:
指定圆的半径或 [直径(D)]: 35
命令: _copy
选择对象: 找到 1 个
选择对象:
当前设置: 复制模式 = 多个
指定基点或 [位移(D)/模式(O)] <位移>: D
指定位移 <60.0000, 0.0000, 0.0000>: 120,0
```

单击"默认"选项卡"绘图"面板中的"圆"按钮 ⊙ ,以在图 4-98 中矩形 2 正中位置指定圆心,25 为半径,绘制出水口。

(3)修剪图形。单击"默认"选项卡"修改"面板中的"修剪"按钮 ⊁ ,将绘制的出水口圆修剪成如图 4-99 所示的样式。

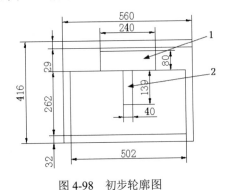

图 4-98　初步轮廓图

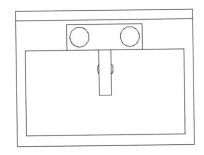

图 4-99　绘制水笼头和出水口

(4)绘制倒角。单击"默认"选项卡"修改"面板中的"倒角"按钮 ⌐ ,绘制水盆四角,命令行提示与操作如下:

```
命令: CHAMFER✓
("修剪"模式) 当前倒角距离 1 = 0.0000, 距离 2 = 0.0000
选择第一条直线或 [放弃(U)/多段线(P)/距离(D)/角度(A)/修剪(T)/方式(E)/多个(M)]: D✓
指定第一个倒角距离 <0.0000>: 50✓
指定第二个倒角距离 <50.0000>: 30✓
选择第一条直线或 [放弃(U)/多段线(P)/距离(D)/角度(A)/修剪(T)/方式(E)/多个(M)]: M✓
选择第一条直线或 [放弃(U)/多段线(P)/距离(D)/角度(A)/修剪(T)/方式(E)/多个(M)]: (选择右上角横线段)
选择第二条直线,或按住 Shift 键选择直线以应用角点或 [距离(D)/角度(A)/方法(M)]: (选择右上角竖线段)
```

选择第一条直线或 [放弃(U)/多段线(P)/距离(D)/角度(A)/修剪(T)/方式(E)/多个(M)]:（选择左上角横线段）

选择第二条直线，或按住 Shift 键选择直线以应用角点或 [距离(D)/角度(A)/方法(M)]:（选择右上角竖线段）

命令：CHAMFER✓

（"修剪"模式）当前倒角距离 1 = 50.0000，距离 2 = 30.0000

选择第一条直线或 [放弃(U)/多段线(P)/距离(D)/角度(A)/修剪(T)/方式(E)/多个(M)]: A✓

指定第一条直线的倒角长度 <20.0000>: ✓

指定第一条直线的倒角角度 <0>: 45✓

选择第一条直线或 [放弃(U)/多段线(P)/距离(D)/角度(A)/修剪(T)/方式(E)/多个(M)]: M✓

选择第一条直线或 [放弃(U)/多段线(P)/距离(D)/角度(A)/修剪(T)/方式(E)/多个(M)]:（选择左下角横线段）

选择第二条直线，或按住 Shift 键选择直线以应用角点或 [距离(D)/角度(A)/方法(M)]:（选择左下角竖线段）

选择第一条直线或 [放弃(U)/多段线(P)/距离(D)/角度(A)/修剪(T)/方式(E)/多个(M)]:（选择右下角横线段）

选择第二条直线，或按住 Shift 键选择直线以应用角点或 [距离(D)/角度(A)/方法(M)]:（选择右下角竖线段）

洗菜盆绘制完成，结果如图 4-97 所示。

**注意：**"倒角"命令和"圆角"命令类似，需要注意设置倒角距离，否则倒角操作后好像没有效果，因为系统默认的倒角距离是0。

## 4.3.9 "拉伸"命令

拉伸对象是指拖拉选择的对象，且对象的形状发生变化。拉伸对象时应指定拉伸的基点和移至点。利用一些辅助工具（如捕捉、钳夹功能及相对坐标等）可以提高拉伸的精度，如图 4-100 所示。

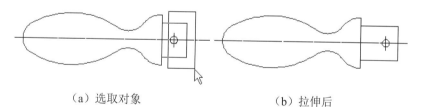

（a）选取对象　　　　　　　（b）拉伸后

图 4-100 拉伸对象

### 1. 执行方式

☑ 命令行：STRETCH。

☑ 菜单栏：修改→拉伸。

☑ 工具栏：修改→拉伸▣。

☑ 功能区：默认→修改→拉伸▣。

### 2. 操作步骤

命令：STRETCH✓

以交叉窗口或交叉多边形选择要拉伸的对象...

选择对象：C✓

指定第一个角点：指定对角点：找到 2 个（采用交叉窗口的方式选择要拉伸的对象）

指定基点或 [位移(D)]<位移>：(指定拉伸的基点)
指定第二个点或 <使用第一个点作为位移>：(指定拉伸的移至点)

此时，若指定第二个点，系统将根据这两点决定矢量拉伸对象。若直接按 Enter 键，系统会把第一个点的坐标值作为 X 和 Y 轴的分量值。

> 📢 **注意**：用交叉窗口选择拉伸对象后，落在交叉窗口内的端点被拉伸，落在外部的端点保持不动。

### 4.3.10 操作实例——手柄

利用上面所学的拉伸功能绘制如图 4-101 所示的手柄。

本例绘制矩形可先绘制中心线，再利用"圆"与"直线"命令绘制外轮廓，最后依次修剪图形，其流程如图 4-101 所示。

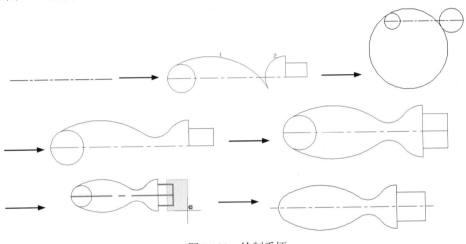

图 4-101 绘制手柄

**操作步骤**：(光盘\实例演示\第 4 章\手柄.avi)

（1）设置图层。单击"默认"选项卡"图层"面板中的"图层特性"按钮🖿。新建两个图层："轮廓线"图层，线宽属性为 0.3mm，其余属性默认；"中心线"图层，颜色设为红色，线型加载为 CENTER，其余属性默认。

（2）绘制中心线。将"中心线"图层设置为当前图层。单击"默认"选项卡"绘图"面板中的"直线"按钮╱，绘制直线，直线的两个端点坐标是（150,150）和（@100,0），结果如图 4-102 所示。

（3）绘制外轮廓。将"轮廓线"图层设置为当前图层。单击"默认"选项卡"绘图"面板中的"圆"按钮◎，以点（160,150）为圆心、半径为 10 绘制圆；以点（235,150）为圆心、半径为 15 绘制圆。再绘制半径为 50 的圆与前两个圆相切，结果如图 4-103 所示。

图 4-102 绘制直线      图 4-103 绘制圆

（4）绘制直线。单击"默认"选项卡"绘图"面板中的"直线"按钮，绘制直线，各端点坐标为{（250,150），（@10<90），（@15<180）}，重复"直线"命令绘制从点（235,165）到点（235,150）的直线，结果如图 4-104 所示。

（5）修剪处理。单击"默认"选项卡"修改"面板中的"修剪"按钮，将图 4-104 修剪成如图 4-105 所示的样式。

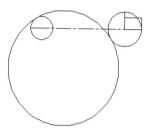

图 4-104　绘制直线

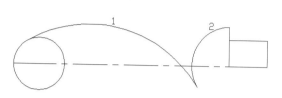

图 4-105　修剪处理

（6）绘制圆。单击"默认"选项卡"绘图"面板中的"圆"按钮，绘制与圆弧 1 和圆弧 2 相切的圆，半径为 12，结果如图 4-106 所示。

（7）修剪处理。单击"默认"选项卡"修改"面板中的"修剪"按钮，将多余的圆弧进行修剪，结果如图 4-107 所示。

图 4-106　绘制圆

图 4-107　修剪处理

（8）镜像处理。单击"修改"工具栏中的"镜像"按钮，以中心线为对称轴，不删除源对象，将绘制的中心线以上对象进行镜像，结果如图 4-108 所示。

（9）修剪处理。单击"修改"工具栏中的"修剪"按钮，进行修剪处理，结果如图 4-109 所示。

图 4-108　镜像处理

图 4-109　修剪结果

（10）拉长接头。选择菜单栏中的"修改"→"拉伸"命令，拉长接头部分，命令行提示与操作如下：

```
命令：STRETCH✓
以交叉窗口或交叉多边形选择要拉伸的对象...
选择对象：C✓
指定第一个角点：（框选手柄接头部分，如图 4-110 所示）
指定对角点：找到 6 个
选择对象：✓
```

> 指定基点或 [位移(D)] <位移>: 100，100✓
> 指定位移的第二个点或 <用第一个点作位移>:105，100✓

结果如图 4-111 所示。

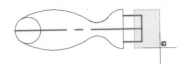

图 4-110　选择对象

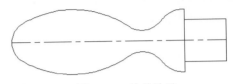

图 4-111　拉伸结果

（11）拉长中心线。利用夹点编辑命令调整中心线长度，结果如图 4-101 所示。

## 4.3.11　"拉长"命令

### 1. 执行方式

- ☑　命令行：LENGTHEN。
- ☑　菜单栏：修改→拉长。
- ☑　功能区：默认→修改→拉长✓。

### 2. 操作步骤

> 命令：LENGTHEN✓
> 选择要测量的对象或 [增量(DE)/百分数(P)/全部(T)/动态(DY)]：（选定对象）

### 3. 选项说明

（1）增量(DE)：用指定增量的方法改变对象的长度或角度。
（2）百分数(P)：用指定占总长度百分比的方法改变圆弧或直线段的长度。
（3）全部(T)：用指定新的总长度或总角度值的方法来改变对象的长度或角度。
（4）动态(DY)：打开动态拖拉模式。在这种模式下，可以使用拖拉鼠标的方法来动态地改变对象的长度或角度。

## 4.3.12　操作实例——挂钟

利用上面所学的拉长功能绘制如图 4-112 所示的挂钟。
本例利用"圆"命令先绘制挂钟外壳，再利用"直线"命令绘制指针，最后利用"拉长"命令拉伸秒针，其流程如图 4-112 所示。

图 4-112　绘制挂钟

**操作步骤：（光盘\实例演示\第 4 章\挂钟.avi）**

（1）绘制外轮廓线。单击"默认"选项卡"绘图"面板中的"圆"按钮，以端点（100,100）

为圆心，绘制半径为 20 的圆形作为挂钟的外轮廓线，如图 4-113 所示。

（2）绘制指针。单击"默认"选项卡"绘图"面板中的"直线"按钮，绘制坐标为{（100,100），（100,118）}、{（100,100），（86,100）}、{（100,100），（105,94）}的 3 条直线作为挂钟的指针，如图 4-114 所示。

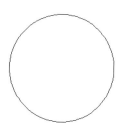

图 4-113 绘制圆形

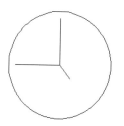

图 4-114 绘制指针

（3）拉长秒针。单击"默认"选项卡"修改"面板中的"拉长"按钮，将秒针拉长至圆的边，命令行提示与操作如下：

```
命令：_lengthen
选择要测量的对象或 [增量(DE)/百分比(P)/总计(T)/动态(DY)] <增量(DE)>：DE
输入长度增量或 [角度(A)] <0.0000>：2↙
选择要修改的对象或 [放弃(U)]：选择秒针↙
选择要修改的对象或 [放弃(U)]：↙
```

绘制挂钟完成，效果如图 4-112 所示。

## 4.3.13 "打断"命令

### 1. 执行方式

- ☑ 命令行：BREAK。
- ☑ 菜单栏：修改→打断。
- ☑ 工具栏：修改→打断。
- ☑ 功能区：默认→修改→打断。

### 2. 操作步骤

```
命令：BREAK↙
选择对象：（选择要打断的对象）
指定第二个打断点或 [第一点(F)]：（指定第二个断开点或输入 F）
```

### 3. 选项说明

如果选择"第一点(F)"，AutoCAD 2016 将丢弃前面的第一个选择点，重新提示用户指定两个断开点。

## 4.3.14 操作实例——连接盘

本实例利用上面所学的打断功能绘制连接盘，本例主要用到"圆弧""偏移""阵列""修剪""镜像"等命令，绘制流程如图 4-115 所示。

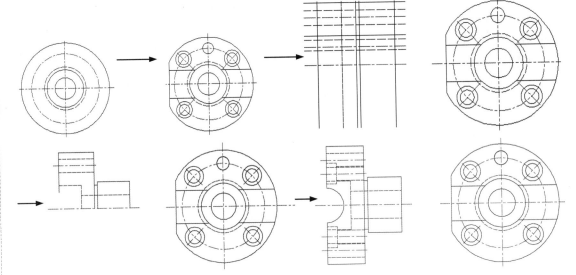

图 4-115　绘制连接盘

**操作步骤：**（光盘\实例演示\第 4 章\连接盘.avi）

（1）设置图层。单击"默认"选项卡"图层"面板中的"图层特性"按钮🔳，新建 3 个图层。

❶ 第一个图层命名为"轮廓线"，线宽属性为 0.30mm，其余属性默认。

❷ 第二个图层命名为"中心线"，颜色设为红，线型加载为 CENTER，其余属性默认。

❸ 第三个图层命名为"虚线"，线型加载为 ACAD_ISO02W100，其余属性默认。

（2）绘制中心线。将"中心线"图层设置为当前图层。单击"默认"选项卡"绘图"面板中的
"直线"按钮✏，绘制两条垂直的中心线。单击"默认"选项卡"绘图"面板中的"圆"按钮⊙，以
两中心线交点为圆心绘制 R130 圆，命令行提示与操作如下：

> 命令：LINE↙
> 指定第一个点：
> 指定下一点或 [放弃(U)]：（用鼠标在水平方向选取两点）
> 指定下一点或 [放弃(U)]：↙

重复上述命令绘制竖直中心线。

> 命令：CIRCLE↙（或者单击"默认"选项卡"绘图"面板中的"圆"按钮⊙）
> 指定圆的圆心或 [三点(3P)/两点(2P)/切点、切点、半径(T)]：（选择两条中心线的交点）
> 指定圆的半径或 [直径(D)]：130↙

结果如图 4-116 所示。

（3）绘制圆。将"轮廓线"图层设置为当前图层。单击"默认"选项卡"绘图"面板中的"圆"
按钮⊙，分别绘制半径为 170、80、70、40 的同心圆，并将半径为 80 的圆放置在"虚线"图层，结果
如图 4-117 所示。

（4）绘制辅助直线。将"中心线"图层设置为当前图层。单击"默认"选项卡"绘图"面板中
的"直线"按钮✏，绘制与水平方向成 45°的辅助直线。单击"默认"选项卡"修改"面板中的"打
断"按钮🔲，或者在命令行中输入 BREAK 后按 Enter 键（快捷命令为 BR），将斜线进行打断操作，
命令行提示与操作如下：

命令：BREAK↙
选择对象：（选择斜点划线上适当一点）
指定第二个打断点或 [第一点(f)]：（选择圆心点）

结果如图 4-118 所示。

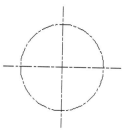

图 4-116  绘制中心线

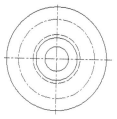

图 4-117  绘制圆

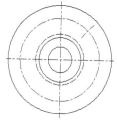

图 4-118  绘制辅助直线

（5）绘制圆。将"轮廓线"图层设置为当前图层。单击"默认"选项卡"绘图"面板中的"圆"按钮 ⊘，以辅助直线与半径为 130 的圆的交点为圆心分别绘制半径为 20 和 30 的圆。重复上述命令，以竖直中心线与半径为 130 的圆的交点为圆心绘制半径为 20 的圆，结果如图 4-119 所示。

（6）阵列处理。单击"默认"选项卡"修改"面板中的"环形阵列"按钮 ⊞，其中阵列项目数为 4，在绘图区域选择半径分别为 20 和 30 的圆，以及其斜中心线，阵列的中心点为两条中心线的交点，结果如图 4-120 所示。

（7）偏移处理。单击"默认"选项卡"修改"面板中的"偏移"按钮 ⊘，将竖直中心线向左进行偏移 150 操作，命令行提示与操作如下：

命令：OFFSET↙
当前设置：删除源=否  图层=源  OFFSETGAPTYPE=0
指定偏移距离或 [通过(T)/删除(E)/图层(L)] <通过>：150↙
选择要偏移的对象，或 [退出(E)/放弃(U)] <退出>：（选择竖直中心线）
指定要偏移那一侧上的点，或 [退出(E)/多个(M)/放弃(U)] <退出>：（选择竖直中心线的左侧）
选择要偏移的对象，或 [退出(E)/放弃(U)] <退出>：↙

重复上述命令，将水平中心线分别向两侧偏移 50。选取偏移后的直线，将其所在层修改为"轮廓线"图层，结果如图 4-121 所示。

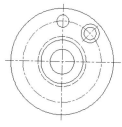

图 4-119  绘制圆

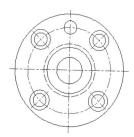

图 4-120  阵列处理

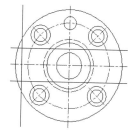

图 4-121  偏移处理

（8）修剪处理。单击"默认"选项卡"修改"面板中的"修剪"按钮 ⊬，将多余的线段进行修剪，命令行提示与操作如下：

命令：TRIM↙
当前设置：投影=ucs，边=无

选择修剪边...

选择对象或 <全部选择>：（全部选择）

选择对象或 <全部选择>：✓

选择要修剪的对象，或按住 Shift 键选择要延伸的对象，或[栏选(F)/窗交(C)/投影(P)/边(E)/删除(R)/放弃(U)]：（用鼠标选择要修剪的对象）

选择要修剪的对象，或按住 Shift 键选择要延伸的对象，或[栏选(F)/窗交(C)/投影(P)/边(E)/删除(R)/放弃(U)]：✓

结果如图 4-122 所示。

（9）绘制辅助直线。转换图层，单击"默认"选项卡"绘图"面板中的"直线"按钮 ，绘制辅助直线，结果如图 4-123 所示。

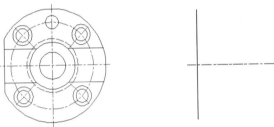
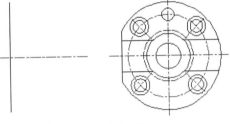

图 4-122　修剪处理　　　　　图 4-123　绘制辅助直线

（10）偏移处理。单击"默认"选项卡"修改"面板中的"偏移"按钮 ，将水平辅助直线分别向右偏移 70、110、120 和 220，再将竖直辅助直线向上分别偏移 40、50、70、80、110、130、150 和 170。选取偏移后的直线，将其所在图层修改为"轮廓线"或"虚线"图层，结果如图 4-124 所示。

（11）修剪处理。单击"默认"选项卡"修改"面板中的"修剪"按钮 ，进行修剪处理，并且将轴槽处的图线转换成粗实线，结果如图 4-125 所示。

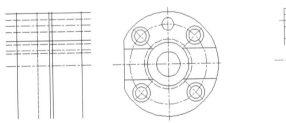

图 4-124　偏移处理　　　　　图 4-125　修剪处理

（12）绘制投影孔。

❶ 单击"默认"选项卡"绘图"面板中的"直线"按钮 ，绘制左视图中半径分别为 30 和 20 的阶梯孔投影，并将绘制好的直线放置在"虚线"图层，然后捕捉孔的中心向右引出中心线，并放置在"中心线"图层。

❷ 单击"默认"选项卡"修改"面板中的"偏移"按钮 ，将左侧竖直直线向右偏移为 30，并替换到"虚线"图层中，如图 4-126 所示。

❸ 单击"默认"选项卡"修改"面板中的"修剪"按钮 ，修剪辅助线，完成投影孔的绘制，结果如图 4-127 所示。

（13）镜像处理。单击"默认"选项卡"修改"面板中的"镜像"按钮 ，选中中心线上方除半径 20 的通孔外的所有图线，以水平线为对称中心线对图形进行镜像处理，命令行提示与操作如下：

命令：MIRROR↙
选择对象：（选择左侧的主视图）
选择对象：↙
指定镜像线的第一点：
指定镜像线的第二点：（在水平辅助直线上取两点）
要删除源对象？[是(y)/否(n)] <n>：↙

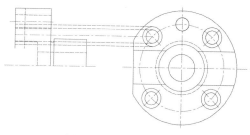

图 4-126　绘制辅助线

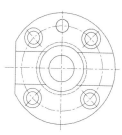

图 4-127　绘制投影孔

结果如图 4-128 所示。

（14）绘制圆弧。将"轮廓线"图层设置为当前图层，单击"默认"选项卡"绘图"面板中的"圆弧"按钮，绘制圆弧，命令行提示与操作如下：

命令：ARC↙
指定圆弧的起点或 [圆心(C)]：（选取点 2）
指定圆弧的第二个点或 [圆心(C)/端点(E)]：E↙
指定圆弧的端点：（选取点 1）
指定圆弧的圆心或 [角度(A)/方向(D)/半径(R)]：R↙
指定圆弧的半径：50↙

结果如图 4-129 所示。

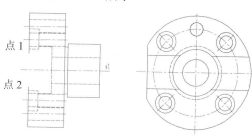

图 4-128　镜像处理

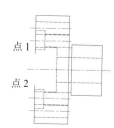

图 4-129　绘制圆弧

## 4.3.15　"打断于点"命令

"打断于点"命令是指在对象上指定一点，从而把对象在此点拆分成两部分，此命令与"打断"命令类似。

### 1. 执行方式

☑　工具栏：修改→打断于点。
☑　功能区：默认→修改→打断于点。

2．操作步骤

选择对象：（选择要打断的对象）
指定第二个打断点或 [第一点(F)]：_f（系统自动执行"第一点(F)"选项）
指定第一个打断点：（选择打断点）
指定第二个打断点：@（系统自动忽略此提示）

### 4.3.16　操作实例——油标尺

利用上面所学的打断于点功能，绘制变速箱的油标尺，主要利用"直线"和"圆弧"命令，绘制流程如图 4-130 所示。

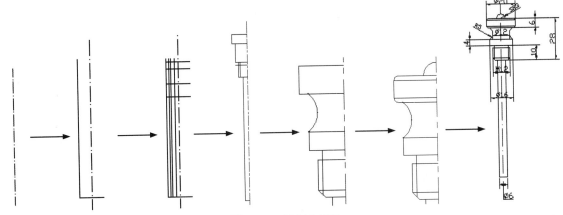

图 4-130　绘制油标尺

**操作步骤：（光盘\实例演示\第 4 章\油标尺.avi）**

（1）设置图层。单击"默认"选项卡"图层"面板中的"图层特性"按钮，新建 3 个图层。

❶ 第一个图层命名为"轮廓线"，线宽属性为 0.30mm，其余属性默认。

❷ 第二个图层命名为"中心线"，颜色设为红色，线型加载为 CENTER，其余属性默认。

❸ 第三个图层命名为"细实线"，颜色设为蓝色，其余属性默认。

（2）绘制中心线。将"中心线"图层设置为当前图层。单击"默认"选项卡"绘图"面板中的"直线"按钮，绘制端点坐标为{（150,100），（150,250）}的直线，如图 4-131 所示。

（3）绘制直线。将"轮廓线"图层设置为当前图层。单击"默认"选项卡"绘图"面板中的"直线"按钮，绘制端点坐标为{（140,110），（160,110）}的直线与端点坐标为{（140,110），（140,220）}的直线，如图 4-132 所示。

（4）绘制轮廓线。单击"默认"选项卡"修改"面板中的"偏移"按钮，水平直线向上分别偏移 80、90、102 和 108，竖直直线向右分别偏移 2、4 和 7，结果如图 4-133 所示。

（5）修剪图形。单击"默认"选项卡"修改"面板中的"修剪"按钮，对图形进行修剪，结果如图 4-134 所示。

（6）绘制螺纹。单击"默认"选项卡"修改"面板中的"偏移"按钮，将直线 1 向下偏移 2，将直线 2 向右偏移 1。并单击"默认"选项卡"修改"面板中的"修剪"按钮，将中心线右边的图线修剪掉，结果如图 4-135 所示。继续修剪偏移生成的直线，结果如图 4-136 所示。

（7）倒角。单击"修改"工具栏中的"倒角"按钮，将图 4-134 中的直线 2 与其下面相交直线形成的夹角倒直角 C1.5。单击"绘图"工具栏中的"直线"按钮 ⍿，在倒角交点绘制一条与中心线相交的水平线，结果如图 4-137 所示。

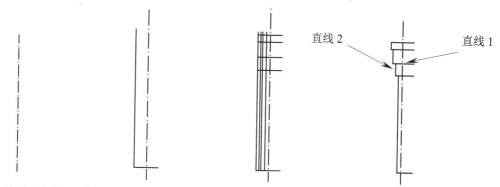

图 4-131　绘制中心线　　图 4-132　绘制边界线　　图 4-133　绘制偏移线　　图 4-134　图形修剪

（8）打断直线。单击"默认"选项卡"修改"面板中的"打断于点"按钮 ⍿，命令行提示与操作如下：

```
命令：_break
选择对象：（选择直线 3）
指定第二个打断点 或 [第一点(F)]：_F
指定第一个打断点：（指定交点 4）
指定第二个打断点：@
```

将直线 3 的图层属性更改为"细实线"图层，如图 4-138 所示。

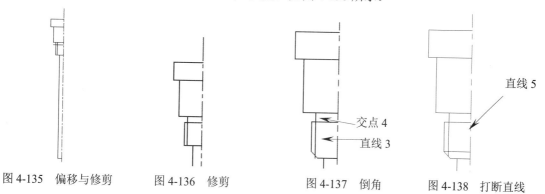

图 4-135　偏移与修剪　　图 4-136　修剪　　图 4-137　倒角　　图 4-138　打断直线

（9）绘制偏移直线和圆弧。单击"默认"选项卡"修改"面板中的"偏移"按钮 ⍿，将水平直线 5 向上偏移 4 和 8，中心线向左偏移 6；单击"默认"选项卡"绘图"面板中的"圆弧"按钮 ⍿，使用 3 点绘制方式，选择交点 6、7、8 绘制圆弧，结果如图 4-139 所示。

（10）修剪图形。单击"默认"选项卡"修改"面板中的"修剪"按钮 ⍿ 和"删除"按钮 ⍿，对图形进行修剪编辑，结果如图 4-140 所示。

（11）绘制偏移直线和倒圆角。单击"默认"选项卡"修改"面板中的"偏移"按钮 ⍿，将图 4-140 中最上面的两条水平线分别向内偏移 1；单击"默认"选项卡"修改"面板中的"圆角"按钮 ⍿，将图 4-140 中最上面的两条水平线与左边竖线夹角倒圆角，圆角半径为 1，绘制结果如图 4-141 所示。

（12）绘制圆弧。单击"默认"选项卡"绘图"面板中的"圆"按钮 ⍿，以中心线与顶面交点为圆心绘制半径为 3 的圆；修剪为左上 1/4 圆弧，如图 4-142 所示。

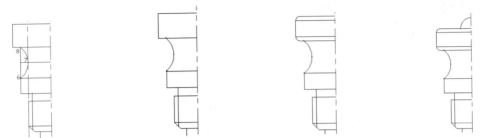

图 4-139　绘制偏移直线和圆弧　　图 4-140　修剪图形　　图 4-141　偏移直线和倒圆　　图 4-142　绘制圆弧

（13）镜像图形。单击"默认"选项卡"修改"面板中的"镜像"按钮▲，以中心线为镜像轴，将中心线左侧图形镜像到中心线右侧，最终结果如图 4-130 所示。

## ▲技巧与提示——巧用"打断"命令

如果指定的第二断点在所选对象的外部，则分为两种情况：

（1）如果所选对象为直线或圆弧，则对象的该端被切掉，如图 4-143（a）和图 4-143（b）所示。

（2）如果所选对象为圆，则从第一断点逆时针方向到第二断点的部分被切掉，如图 4-143（c）所示。

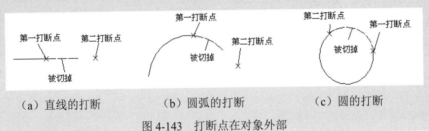

　　　（a）直线的打断　　　　　　（b）圆弧的打断　　　　　　（c）圆的打断

图 4-143　打断点在对象外部

## 4.3.17　"分解"命令

### 1. 执行方式

☑　命令行：EXPLODE。

☑　菜单栏：修改→分解。

☑　工具栏：修改→分解🔲。

☑　功能区：默认→修改→分解🔲。

### 2. 操作步骤

> 命令：EXPLODE✓
> 选择对象：（选择要分解的对象）

选择一个对象后，该对象会被分解。系统将继续提示该行信息，允许分解多个对象。

### 3. 选项说明

选择的对象不同，分解的结果也不同，下面列出几种对象的分解结果。

（1）二维和优化多段线：放弃所有关联的宽度或切线信息。对于宽多段线，将沿多段线中心放置结果直线和圆弧。

（2）三维多段线：分解成直线段。为三维多段线指定的线型应用到每一个得到的线段。

（3）三维实体：将平整面分解成面域，将非平整面分解成曲面。

（4）注释性对象：分解一个包含属性的块将删除属性值并重显示属性定义。无法分解使用 MINSERT 命令和外部参照插入的块及其依赖块。

（5）体：分解成一个单一表面的体（非平面表面）、面域或曲线。

（6）圆：如果位于非一致比例的块内，则分解为椭圆。

（7）引线：根据不同的引线，可分解成直线、样条曲线、实体（箭头）、块插入（箭头、注释块）、多行文字或公差对象。

（8）网格对象：将每个面分解成独立的三维面对象，保留指定的颜色和材质。

（9）多行文字：分解成文字对象。

（10）多行：分解成直线和圆弧。

（11）多面网格：单顶点网格分解成点对象，双顶点网格分解成直线，三顶点网格分解成三维面。

（12）面域：分解成直线、圆弧或样条曲线。

## 4.3.18 操作实例——圆头平键

圆头平键是机械零件中的标准件，结构虽然很简单，但在绘制时，其尺寸一定要遵守《平键 键槽的剖面尺寸》（GB/T 1095—2003）中的相关规定。

本实例绘制的圆头平键结构很简单，按以前学习的方法，可以通过"直线"和"圆弧"命令绘制而成。现在可以通过"倒角"和"圆角"命令取代"直线"和"圆弧"命令绘制圆头结构，以快速、方便的方法达到绘制目的，绘制流程如图 4-144 所示。

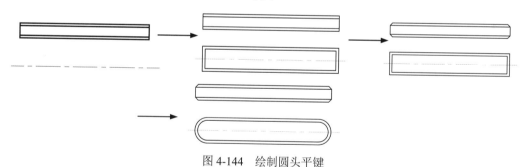

图 4-144 绘制圆头平键

**操作步骤：（光盘\实例演示\第 4 章\圆头平键.avi）**

（1）新建图层。单击"默认"选项卡"图层"面板中的"图层特性"按钮 ，新建 3 个图层。

❶ 第一层命名为"粗实线"，线宽 0.30mm，其余属性默认。

❷ 第二层命名为"中心线"，颜色为红色，线型为 CENTER，其余属性默认。

❸ 第三层命名为"标注"，颜色为绿色，其余属性默认。

将线宽显示打开。

（2）绘制中心线。将"中心线"图层设置为当前图层，单击"默认"选项卡"绘图"面板中的"直线"按钮 ，命令行提示与操作如下：

```
命令：LINE↙
指定第一个点：-5,-21↙
```

指定下一点或 [放弃(U)]:@110,0↙

（3）绘制平键主视图。将"粗实线"图层设置为当前图层，单击"默认"选项卡"绘图"面板中的"矩形"按钮口和"直线"按钮，命令行提示与操作如下：

```
命令：RECTANG↙
指定第一个角点或 [倒角(C)/标高(E)/圆角(F)/厚度(T)/宽度(W)]: 0,0↙
指定另一个角点或 [面积(A)/尺寸(D)/旋转(R)]: @100,11↙
命令：LINE↙
指定第一个点: 0,2↙
指定下一点或 [放弃(U)]: @100,0↙
指定下一点或 [放弃(U)]: ↙
```

使用同样的方法绘制线段，端点坐标为（0,9）、（@100,0），绘制结果如图 4-145 所示。

（4）绘制平键俯视图。单击"默认"选项卡"绘图"面板中的"矩形"按钮口和"修改"工具栏中的"偏移"按钮，命令行提示与操作如下：

```
命令：RECTANG↙
指定第一个角点或 [倒角(C)/标高(E)/圆角(F)/厚度(T)/宽度(W)]: 0,-30↙
指定另一个角点或 [面积(A)/尺寸(D)/旋转(R)]: @100,18↙
命令：OFFSET↙
当前设置：删除源=否 图层=源 OFFSETGAPTYPE=0
指定偏移距离或 [通过(T)/删除(E)/图层(L)] <通过>: 2↙
选择要偏移的对象，或 [退出(E)/放弃(U)] <退出>: (选择上一步绘制的矩形)
指定要偏移那一侧上的点，或 [退出(E)/多个(M)/放弃(U)] <退出>: (用鼠标选择矩形内任意一点)
选择要偏移的对象，或 [退出(E)/放弃(U)] <退出>: ↙
```

绘制结果如图 4-146 所示。

图 4-145 绘制主视图　　　　　　　　图 4-146 绘制轮廓线

（5）分解矩形。单击"默认"选项卡"修改"面板中的"分解"按钮，分解矩形，命令行提示与操作如下：

```
命令：EXPLODE↙ (选择对象:框选主视图图形)
指定对角点：
找到 3 个，总计 1 个
2 个不能分解。
选择对象：↙
```

这样，主视图矩形被分解成为 4 条直线。

思考：为什么要分解矩形？"分解"命令是将合成对象分解为其部件对象，可以分解的对象包括矩形、尺寸标注、块体、多边形等。将矩形分解成线段为下一步进行倒角作准备。

（6）倒角处理。单击"默认"选项卡"修改"面板中的"倒角"按钮，命令行提示与操作如下：

命令：CHAMFER✓ （"修剪"模式） 当前倒角距离 1 = 0.0000，距离 2 = 0.0000
选择第一条直线或 [放弃(U)/多段线(P)/距离(D)/角度(A)/修剪(T)/方式(E)/多个(M)]：D✓
指定第一个倒角距离 <0.0000>：2✓
指定第二个倒角距离 <2.0000>：2✓
选择第一条直线或 [放弃(U)/多段线(P)/距离(D)/角度(A)/修剪(T)/方式(E)/多个(M)]：（选择如图 4-147 所示的直线）
选择第二条直线，或按住 Shift 键选择直线以应用角点或 [距离(D)/角度(A)/方法(M)]：（选择如图 4-147 所示的直线）

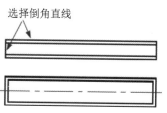

图 4-147　倒角所选择的两条直线

执行完命令之后，变成如图 4-148 所示的图形。

对其他边倒角，仍然运用"倒角"命令，将图形绘制成如图 4-149 所示的样式。

图 4-148　倒角之后的图形

图 4-149　倒角处理

**注意**：倒角需要指定倒角的距离和倒角对象。如果需要加倒角的两个对象在同一图层，AutoCAD 将在这个图层创建倒角。否则，AutoCAD 在当前图层上创建倒角线。倒角的颜色、线型和线宽也是如此。

（7）圆角处理。单击"默认"选项卡"修改"面板中的"圆角"按钮□，命令行提示与操作如下：

命令：FILLET✓
当前设置：模式 = 修剪，半径 = 0.0000
选择第一个对象或 [放弃(U)/多段线(P)/半径(R)/修剪(T)/多个(M)]：R✓
指定圆角半径 <0.0000>：9✓
选择第一个对象或 [放弃(U)/多段线(P)/半径(R)/修剪(T)/多个(M)]：P✓
选择二维多段线或 [半径(R)]：（选择图 4-150 俯视图中的外矩形）

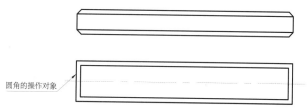

圆角的操作对象

图 4-150　操作圆角的对象

执行"圆角"命令之后，图形如图 4-151 所示。

Note

下面对第二个矩形进行圆角操作。

单击"默认"选项卡"修改"面板中的"圆角"按钮，命令行提示与操作如下：

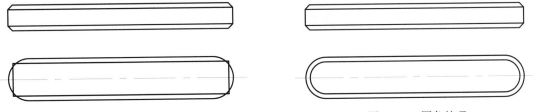
命令：FILLET✓
当前设置：模式 = 修剪，半径 = 9.0000
选择第一个对象或 [放弃(U)/多段线(P)/半径(R)/修剪(T)/多个(M)]：R✓
指定圆角半径 <9.0000>：7✓
选择第一个对象或 [放弃(U)/多段线(P)/半径(R)/修剪(T)/多个(M)]：P✓
选择二维多段线或 [半径(R)]：(选择图4-150俯视图中的内矩形)
4 条直线已被圆角

操作之后图形如图4-152所示。

图 4-151　　"圆角"命令后的图形　　　　　　　　　图 4-152　　圆角处理

（8）尺寸标注。将"标注"图层设置为当前图层，为圆头平键进行尺寸标注（具体操作将在后面讲解），结果如图4-144所示。

注意：可以给多段线的直线加圆角，这些直线可以相邻、不相邻、相交或由线段隔开。如果多段线的线段不相邻，则被延伸以适应圆角。如果它们是相交的，则被修剪以适应圆角。图形界限检查打开时，要创建圆角，则多段线的线段必须收敛于图形界限之内。

结果是包含圆角（作为弧线段）的单个多段线。这条新多段线的所有特性（如图层、颜色和线型）将继承所选的第一个多段线的特性。

## 4.3.19　　"合并"命令

"合并"命令可以将直线、圆、椭圆弧和样条曲线等独立的线段合并为一个对象，如图4-153所示。

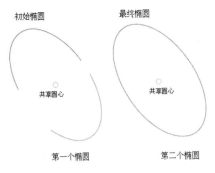

图 4-153　　合并对象

### 1. 执行方式

☑　　命令行：JOIN。

☑　菜单栏：修改→合并。

☑　工具栏：修改→合并 ⧏ 。

☑　功能区：默认→修改→合并 ⧏ 。

2. 操作步骤

命令：JOIN✓
选择源对象或要一次合并的多个对象：（选择一个对象）
找到 1 个
选择要合并的对象：（选择另一个对象）
找到 1 个，总计 2 个
选择要合并的对象：✓
2 条直线已合并为 1 条直线

### 4.3.20　"光顺曲线"命令

在两条开放曲线的端点之间创建相切或平滑的样条曲线。

1. 执行方式

☑　命令行：BLEND。

☑　菜单栏：修改→光顺曲线。

☑　工具栏：修改→光顺曲线 ∿ 。

☑　功能区：默认→修改→光顺曲线 ∿ 。

2. 操作步骤

命令：BLEND✓
连续性=相切
选择第一个对象或 [连续性(CON)]：CON
输入连续性[相切(T)/平滑(S)] <相切>：
选择第一个对象或 [连续性(CON)]：
选择第二个点：

3. 选项说明

（1）连续性(CON)：在两种过渡类型中指定一种。

（2）相切(T)：创建一条三阶样条曲线，在选定对象的端点处具有相切（G1）连续性。

（3）平滑(S)：创建一条五阶样条曲线，在选定对象的端点处具有曲率（G2）连续性。

如果使用"平滑"选项，勿将显示从控制点切换为拟合点。此操作将样条曲线更改为三阶，这会改变样条曲线的形状。

## 4.4　删除及恢复类命令

这一类命令主要用于删除图形的某部分或对已被删除的部分进行恢复，包括"删除""恢复""清除"等命令。

### 4.4.1 "删除"命令

如果所绘制的图形不符合要求或不小心绘错图形，可以使用"删除"命令把它删除。

1. 执行方式

☑ 命令行：ERASE。
☑ 菜单栏：修改→删除。
☑ 快捷菜单：选择要删除的对象，在绘图区域右击，在弹出的快捷菜单中选择"删除"命令。
☑ 工具栏：修改→删除 ✎。
☑ 功能区：默认→修改→删除 ✎。

2. 操作步骤

可以先选择对象后调用"删除"命令，也可以先调用"删除"命令然后再选择对象。选择对象时可以使用前面介绍的对象选择的各种方法。

选择多个对象时，多个对象都被删除；若选择的对象属于某个对象组，则该对象组的所有对象都被删除。

### 4.4.2 "恢复"命令

若不小心误删图形，可以使用"恢复"命令恢复误删的对象。

1. 执行方式

☑ 命令行：OOPS 或 U。
☑ 工具栏：标准→放弃。
☑ 快捷键：Ctrl+Z。

2. 操作步骤

在命令行窗口中输入 OOPS 后按 Enter 键。

### 4.4.3 "清除"命令

此命令与"删除"命令功能完全相同。

1. 执行方式

☑ 菜单栏：编辑→删除。
☑ 快捷键：Delete。

2. 操作步骤

用菜单或快捷键执行上述操作后，系统提示如下：

选择对象：（选择要清除的对象，按 Enter 键执行"清除"命令）

## 4.5 综合演练——M10 螺母

螺母和螺栓配合组成螺纹紧固件是机械工业上最常见的连接零件，具有连接方便、承受力强等优

Note

点。由于用量巨大，适用场合普遍，现在已经形成国家标准，其参数已经固定，所以在绘制螺纹零件时，一定要注意不要随便设置参数，一定要参照相关的国家标准（GB 6170—1986 等），按照规范的参数进行绘制。

M10 螺母的绘制过程分为两步：对于主视图，由多边形和圆构成，直接绘制；对于俯视图，则需要利用与主视图的投影对应关系进行定位与绘制，再利用"修剪"命令完成细节绘制，最后使用"镜像"命令完成俯视图的绘制，绘制流程如图 4-154 所示。

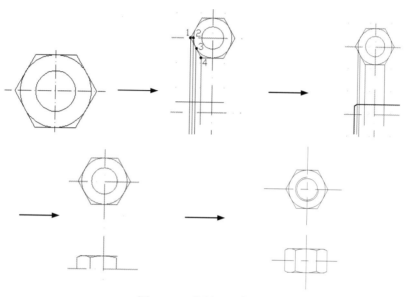

图 4-154 绘制 M10 螺母

**操作步骤：（光盘\实例演示\第 4 章\M10 螺母.avi）**

（1）设置绘图环境。单击快速访问工具栏中的"新建"按钮，新建一个名称为"M10 螺母.dwg"的文件。

❶ 用 LIMITS 命令设置图幅：297×210。

❷ 单击"默认"选项卡"图层"面板中的"图层特性"按钮，创建 CSX、XSX 和 XDHX 图层。其中，CSX 图层的线型为实线，线宽为 0.30mm，其他默认；XDHX 图层的线型为 CENTER，线宽为 0.09mm。

（2）绘制中心线。将 XDHX 图层设置为当前图层，单击"默认"选项卡"绘图"面板中的"直线"按钮，绘制主视图中心线，即直线{（100,200），（250,200）}和直线{（173,100），（173,300）}。利用"偏移"命令，将水平中心线向下偏移 30，以绘制俯视图中心线。

（3）将 CSX 图层设置为当前图层，绘制螺母主视图。

❶ 绘制内外圆环。单击"默认"选项卡"绘图"面板中的"圆"按钮，在绘图窗口中绘制两个圆，圆心为（173,200），半径分别为 4.5 和 8。

❷ 绘制正六边形。单击"默认"选项卡"绘图"面板中的"多边形"按钮，以点（173,200）为中心点，绘制外切圆半径为 8 的正六边形，命令行提示与操作如下：

```
命令：POLYGON✓
输入侧面数 <4>：6✓
指定正多边形的中心点或 [边(E)]：173,200✓
```

输入选项 [内接于圆(I)/外切于圆(C)] <I>: C✓（选择外切于圆）

指定圆的半径: 8✓（输入外切圆的半径）

结果如图 4-155 所示。

（4）绘制螺母俯视图。

❶ 绘制竖直参考线。单击"默认"选项卡"绘图"面板中的"直线"按钮✓，如图 4-156 所示，通过点 1、2、3、4 绘制竖直参考线。

❷ 绘制螺母顶面线。单击"默认"选项卡"绘图"面板中的"直线"按钮✓，绘制直线{（160,175），（180,175）}，结果如图 4-157 所示。

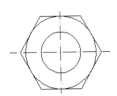

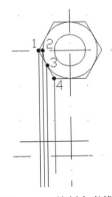

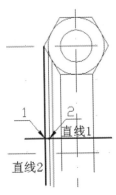

图 4-155　绘制主视图　　　　图 4-156　绘制参考线　　　　图 4-157　绘制顶面线

❸ 倒角处理。单击"默认"选项卡"修改"面板中的"倒角"按钮□，选择直线 1 和直线 2 进行倒角处理，倒角距离为点 1 和点 2 之间的距离，角度为 30°，命令行提示与操作如下：

```
命令: CHAMFER✓
（"修剪"模式) 当前倒角距离 1 = 0.0000, 距离 2 = 0.0000
选择第一条直线或 [放弃(U)/多段线(P)/距离(D)/角度(A)/修剪(T)/方式(E)/多个(M)]: A✓
指定第一条直线的倒角长度 <0.0000>:（捕捉点 1）
指定第二点:（捕捉点 2)（点 1 和点 2 之间的距离作为直线的倒角长度）
指定第一条直线的倒角角度 <0>: 30✓
选择第一条直线或 [放弃(U)/多段线(P)/距离(D)/角度(A)/修剪(T)/方式(E)/多个(M)]:（直线 1）
选择第二条直线, 或按住 Shift 键选择直线以应用角点或 [距离(D)/角度(A)/方法(M)]:（直线 2）
```

结果如图 4-158 所示。

 注意：对于在长度和角度模式下的"倒角"操作，在指定倒角长度时，不仅可以直接输入数值，还可以利用"对象捕捉"捕捉两个点的距离指定倒角长度，例如上例中捕捉点 1 和点 2 的距离作为倒角长度，这种方法往往对于某些不可测量或事先不知道倒角距离的情况特别适用。

❹ 绘制辅助线。单击"默认"选项卡"绘图"面板中的"直线"按钮✓，通过步骤❸倒角的左端顶点绘制一条水平直线，结果如图 4-159 所示。

❺ 绘制圆弧。单击"默认"选项卡"绘图"面板中的"圆弧"按钮 ，分别通过点 1、2、3 和点 3、4、5 绘制圆弧，结果如图 4-160 所示。

❻ 修剪处理。单击"默认"选项卡"修改"面板中的"修剪"按钮 ，修剪图形中的多余线段，结果如图 4-161 所示。

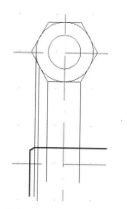
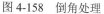

图 4-158 倒角处理

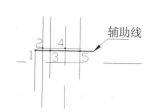

图 4-159 绘制辅助线

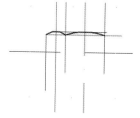

图 4-160 绘制圆弧

❼ 删除辅助线。单击"默认"选项卡"修改"面板中的"删除"按钮 ，或者在命令行中输入 ERASE 后按 Enter 键，命令行提示与操作如下：

> 命令：ERASE✓
> 选择对象：（指定删除对象）
> 选择对象：（可以按 Enter 键结束命令，也可以继续指定删除对象）

结果如图 4-162 所示。

❽ 镜像处理。单击"默认"选项卡"修改"面板中的"镜像"按钮 ，或者在命令行中输入 MIRROR 后按 Enter 键，命令行提示与操作如下：

> 命令：MIRROR✓
> 选择对象：（指定镜像对象，选择螺母左上部分）
> 选择对象：（可以按 Enter 键或 Space 键结束选择）
> 指定镜像线的第一点：（选择中心线作为镜像线）
> 指定镜像线的第二点：
> 要删除源对象吗？[是(Y)/否(N)] <N>：N✓

结果如图 4-163 所示。

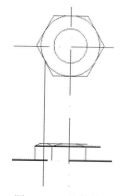

图 4-161 修剪处理

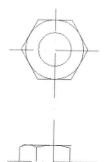

图 4-162 删除辅助线

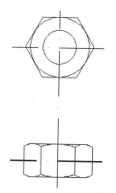

图 4-163 镜像处理

❾ 绘制内螺纹线。将 XSX 图层设置为当前图层，单击"默认"选项卡"绘图"面板中的"圆弧"按钮 ，绘制圆弧，圆弧 3 点坐标分别为（173,205）、（168,200）和（178,200）。单击"默认"选项卡"修改"面板中的"打断"按钮 ，删除过长的中心线，得到的最终结果如图 4-154 所示。

# 4.6 动手练一练

通过本章的学习，读者对平面图形编辑的相关知识有了大体的了解，本节通过 4 个操作练习使读者进一步掌握本章知识要点。

## 4.6.1 绘制紫荆花

操作提示：

（1）如图 4-164 所示，利用"多段线"和"圆弧"命令绘制花瓣外框。

图 4-164 紫荆花

（2）利用"多边形""直线""修剪"等命令绘制五角星。

（3）阵列花瓣。

## 4.6.2 绘制均布结构图形

本例设计的图形是一种常见的机械零件，如图 4-165 所示。在绘制过程中，除了要用到"直线""圆"等基本绘图命令外，还要用到"修剪"和"阵列"命令。通过本例，要求读者熟练掌握"修剪"和"阵列"命令的用法。

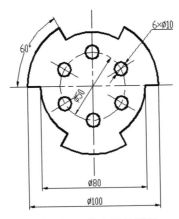

图 4-165 均布结构图形

操作提示：

（1）设置新图层。

（2）绘制中心线和基本轮廓。

（3）进行阵列编辑。

（4）进行修剪编辑。

## 4.6.3 绘制轴承座

操作提示：

（1）如图 4-166 所示，利用"图层"命令设置 3 个图层。

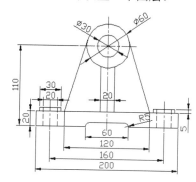

图 4-166 轴承座

（2）利用"直线"命令绘制中心线。

（3）利用"直线"和"圆"命令绘制部分轮廓线。

（4）利用"圆角"命令进行圆角处理。

（5）利用"直线"命令绘制螺孔线。

（6）利用"镜像"命令对左端局部结构进行镜像。

## 4.6.4 绘制阶梯轴

操作提示：

（1）如图 4-167 所示，利用"图层"命令设置图层。

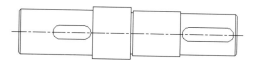

图 4-167 阶梯轴

（2）利用"直线"命令绘制中心线和定位直线。

（3）利用"修剪""倒角""镜像""偏移"命令绘制轴外形。

（4）利用"圆""直线""修剪"命令继续绘制键槽。

# 第**5**章

# 复杂二维绘图和编辑命令

通过前面讲述的一些基本的二维绘图和编辑命令，可以完成一些简单二维图形的绘制。但是，有些二维图形的绘制利用前面所学的命令很难完成。为此，AutoCAD 推出一些高级二维绘图和编辑命令来方便有效地完成这些复杂的二维图形的绘制。

本章主要讲述多段线、样条曲线、多线、面域、图案填充、对象编辑等内容。

☑ 多段线　　　　　　　　☑ 面域
☑ 样条曲线　　　　　　　☑ 图案填充
☑ 多线　　　　　　　　　☑ 对象编辑

## 任务驱动&项目案例

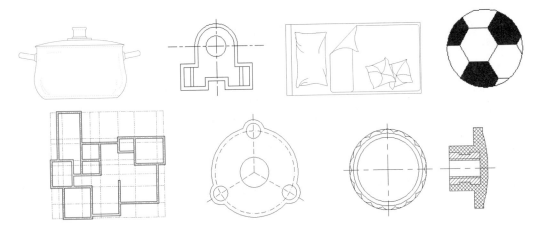

# 5.1 多 段 线

多段线是一种由线段和圆弧组合而成的，不同线宽的多线，这种线由于其组合形式多样，线宽变化，弥补了直线或圆弧功能的不足，适合绘制各种复杂的图形轮廓，因而得到广泛的应用。

## 5.1.1 绘制多段线

**1. 执行方式**

☑  命令行：PLINE（快捷命令：PL）。

☑  菜单栏：绘图→多段线。

☑  工具栏：绘图→多段线 ⊅。

☑  功能区：默认→绘图→多段线 ⊅。

**2. 操作步骤**

```
命令：PLINE↙
指定起点：（指定多段线的起点）
当前线宽为 0.0000
指定下一个点或 [圆弧(A)/半宽(H)/长度(L)/放弃(U)/宽度(W)]：（指定多段线的下一点）
```

**3. 选项说明**

多段线主要由连续的不同宽度的线段或圆弧组成，如果在上述命令提示中选择"圆弧"选项，则命令行提示如下：

```
指定圆弧的端点(按住 Ctrl 键以切换方向)或 [角度(A)/圆心(CE)/闭合(CL)/方向(D)/半宽(H)/直线(L)/半径(R)/第二个点(S)/放弃(U)/宽度(W)]：
```

绘制圆弧的方法与"圆弧"命令相似。

## 5.1.2 操作实例——锅

本例讲解利用"多段线"命令绘制功能绘制锅。先通过多段线等功能绘制锅的右半部分，再将右半部分作为镜像的对象完成整个锅的绘制，绘制流程如图 5-1 所示。

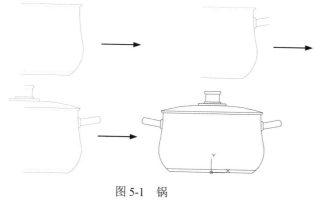

图 5-1 锅

**操作步骤：**（光盘\实例演示\第 5 章\锅.avi）

（1）绘制轮廓线。单击"默认"选项卡"绘图"面板中的"多段线"按钮，绘制锅轮廓线，命令行提示与操作如下：

```
命令: _pline↙
指定起点: 0,0
当前线宽为 0.0000
指定下一个点或 [圆弧(A)/半宽(H)/长度(L)/放弃(U)/宽度(W)]: 157.5,0↙
指定下一点或 [圆弧(A)/闭合(C)/半宽(H)/长度(L)/放弃(U)/宽度(W)]: A↙
指定圆弧的端点(按住 Ctrl 键以切换方向)或[角度(A)/圆心(CE)/闭合(CL)/方向(D)/半宽(H)/
直线(L)/半径(R)/第二个点(S)/放弃(U)/宽度(W)]: s↙
指定圆弧上的第二个点: 196.4,49.2↙
指定圆弧的端点: 201.5,94.4↙
指定圆弧的端点(按住 Ctrl 键以切换方向)或[角度(A)/圆心(CE)/闭合(CL)/方向(D)/半宽(H)/
直线(L)/半径(R)/第二个点(S)/放弃(U)/宽度(W)]: s↙
指定圆弧上的第二个点: 191,155.6↙
指定圆弧的端点: 187.5,217.5↙
指定圆弧的端点(按住 Ctrl 键以切换方向)或[角度(A)/圆心(CE)/闭合(CL)/方向(D)/半宽(H)/
直线(L)/半径(R)/第二个点(S)/放弃(U)/宽度(W)]: s↙
指定圆弧上的第二个点: 192.3,220.2↙
指定圆弧的端点: 195,225↙
指定圆弧的端点(按住 Ctrl 键以切换方向)或[角度(A)/圆心(CE)/闭合(CL)/方向(D)/半宽(H)/
直线(L)/半径(R)/第二个点(S)/放弃(U)/宽度(W)]: l↙
指定下一点或 [圆弧(A)/闭合(C)/半宽(H)/长度(L)/放弃(U)/宽度(W)]: 0,225↙
指定下一点或 [圆弧(A)/闭合(C)/半宽(H)/长度(L)/放弃(U)/宽度(W)]: ↙
```

（2）绘制直线。单击"默认"选项卡"绘图"面板中的"直线"按钮，绘制坐标为{（0,10.5），（172.5,10.5）}和{（0,217.5），（187.5,217.5）}的两条直线，绘制结果如图 5-2 所示。

（3）绘制扶手。单击"默认"选项卡"绘图"面板中的"多段线"按钮，绘制扶手，命令行提示与操作如下：

```
命令: _pline↙
指定起点: 188,194.6↙
当前线宽为 0.0000
指定下一个点或 [圆弧(A)/半宽(H)/长度(L)/放弃(U)/宽度(W)]: A↙
指定圆弧的端点(按住 Ctrl 键以切换方向)或 [角度(A)/圆心(CE)/方向(D)/半宽(H)/直线(L)/
半径(R)/第二个点(S)/放弃(U)/宽度(W)]: S↙
指定圆弧上的第二个点: 193.6,192.7↙
指定圆弧的端点: 196.7,187.7↙
指定圆弧的端点(按住 Ctrl 键以切换方向)或 [角度(A)/圆心(CE)/闭合(CL)/方向(D)/半
宽(H)/直线(L)/半径(R)/第二个点(S)/放弃(U)/宽度(W)]: L↙
指定下一点或 [圆弧(A)/闭合(C)/半宽(H)/长度(L)/放弃(U)/宽度(W)]: 197.9,165↙
指定下一点或 [圆弧(A)/闭合(C)/半宽(H)/长度(L)/放弃(U)/宽度(W)]: A↙
指定圆弧的端点(按住 Ctrl 键以切换方向)或 [角度(A)/圆心(CE)/闭合(CL)/方向(D)/半
宽(H)/直线(L)/半径(R)/第二个点(S)/放弃(U)/宽度(W)]: S↙
指定圆弧上的第二个点: 195.4,160.5↙
指定圆弧的端点: 190.8,158↙
指定圆弧的端点(按住 Ctrl 键以切换方向)或 [角度(A)/圆心(CE)/闭合(CL)/方向(D)/半
```

```
宽(H)/直线(L)/半径(R)/第二个点(S)/放弃(U)/宽度(W)]:✓
        命令：PLINE✓
        指定起点：196.7,187.7✓
        当前线宽为 0.0000
        指定下一个点或 [圆弧(A)/半宽(H)/长度(L)/放弃(U)/宽度(W)]: 259.2,198.7✓
        指定下一点或 [圆弧(A)/闭合(C)/半宽(H)/长度(L)/放弃(U)/宽度(W)]: A✓
        指定圆弧的端点(按住 Ctrl 键以切换方向)或[角度(A)/圆心(CE)/闭合(CL)/方向(D)/半宽(H)/
直线(L)/半径(R)/第二个点(S)/放弃(U)/宽度(W)]: S✓
        指定圆弧上的第二个点：267.3,188.9✓
        指定圆弧的端点：263.8,176.7✓
        指定圆弧的端点(按住 Ctrl 键以切换方向)或 [角度(A)/圆心(CE)/闭合(CL)/方向(D)/半
宽(H)/直线(L)/半径(R)/第二个点(S)/放弃(U)/宽度(W)]: L✓
        指定下一点或 [圆弧(A)/闭合(C)/半宽(H)/长度(L)/放弃(U)/宽度(W)]: 197.9,165✓
        指定下一点或 [圆弧(A)/闭合(C)/半宽(H)/长度(L)/放弃(U)/宽度(W)]: ✓
```

绘制结果如图 5-3 所示。

（4）绘制圆弧。单击"默认"选项卡"绘图"面板中的"圆弧"按钮，以（195,225）为起点、第二点为（124.5,241.3）、端点为（52.5,247.5）绘制圆弧。

（5）绘制矩形。单击"默认"选项卡"绘图"面板中的"矩形"按钮，分别以{（52.5,247.5），（−52.5,255）}和{（31.4,255），（@-62.8,6）}为角点绘制矩形。

（6）绘制锅盖。单击"默认"选项卡"绘图"面板中的"多段线"按钮，绘制锅盖把弧线，命令行提示与操作如下：

```
        命令：_pline✓
        指定起点：26.3,261✓
        当前线宽为 0.0000
        指定下一个点或 [圆弧(A)/半宽(H)/长度(L)/放弃(U)/宽度(W)]: @0,30✓
        指定下一点或 [圆弧(A)/闭合(C)/半宽(H)/长度(L)/放弃(U)/宽度(W)]: A✓
        指定圆弧的端点(按住 Ctrl 键以切换方向)或[角度(A)/圆心(CE)/闭合(CL)/方向(D)/半宽(H)/
直线(L)/半径(R)/第二个点(S)/放弃(U)/宽度(W)]: S✓
        指定圆弧上的第二个点：31.5,296.3✓
        指定圆弧的端点：26.3,301.5✓
        指定圆弧的端点(按住 Ctrl 键以切换方向)或 [角度(A)/圆心(CE)/闭合(CL)/方向(D)/半
宽(H)/直线(L)/半径(R)/第二个点(S)/放弃(U)/宽度(W)]: L✓
        指定下一点或 [圆弧(A)/闭合(C)/半宽(H)/长度(L)/放弃(U)/宽度(W)]: 0,301.5✓
        指定下一点或 [圆弧(A)/闭合(C)/半宽(H)/长度(L)/放弃(U)/宽度(W)]: ✓
```

（7）绘制直线。单击"默认"选项卡"绘图"面板中的"直线"按钮，绘制坐标点为{（26.3,291），（@-26.3,0）}的直线，绘制结果如图 5-4 所示。

图 5-2　绘制轮廓线

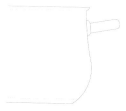

图 5-3　绘制扶手

图 5-4　绘制锅盖

（8）镜像对象。单击"默认"选项卡"修改"面板中的"镜像"按钮，将整个对象以端点坐标为（0,0）和（0,10）的线段为对称线镜像处理，绘制结果如图 5-1 所示。

### 5.1.3 编辑多段线

1．执行方式

☑ 命令行：PEDIT（快捷命令：PE）。
☑ 菜单栏：修改→对象→多段线。
☑ 工具栏：修改 II→编辑多段线。
☑ 快捷菜单：选择要编辑的多段线，在绘图区域右击，在弹出的快捷菜单中选择"多段线"→"编辑多段线"命令。

2．操作步骤

命令：PEDIT✓
选择多段线或 [多条(M)]：（选择一条要编辑的多段线）
输入选项 [闭合(C)/合并(J)/宽度(W)/编辑顶点(E)/拟合(F)/样条曲线(S)/非曲线化(D)/线型生成(L)/反转(R)/放弃(U)]：

3．选项说明

（1）合并(J)：以选中的多段线为主体，合并其他直线段、圆弧和多段线，使其成为一条多段线。能合并的条件是各段端点首尾相连，如图 5-5 所示。

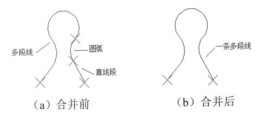

（a）合并前　　　　　　（b）合并后

图 5-5　合并多段线

（2）宽度(W)：修改整条多段线的线宽，使其具有同一线宽，如图 5-6 所示。

（3）编辑顶点(E)：选择该项后，在多段线起点处出现一个斜的十字叉"×"，它为当前顶点的标记，并在命令行出现进行后续操作的提示：

[下一个(N)/上一个(P)/打断(B)/插入(I)/移动(M)/重生成(R)/拉直(S)/切向(T)/宽度(W)/退出(X)] <N>：

这些选项允许用户进行移动、插入顶点和修改任意两点间的线宽等操作。

（4）拟合(F)：将指定的多段线生成由光滑圆弧连接的圆弧拟合曲线，该曲线经过多段线的各顶点，如图 5-7 所示。

（a）修改前　　　　（b）修改后

（a）修改前　　　　　　（b）修改后

图 5-6　修改整条多段线的线宽　　　　图 5-7　生成圆弧拟合曲线

（5）样条曲线(S)：将指定的多段线以各顶点为控制点生成 B 样条曲线，如图 5-8 所示。

（6）非曲线化(D)：将指定的多段线中的圆弧由直线代替。对于选用"拟合(F)"或"样条曲线(S)"选项后生成的圆弧拟合曲线或样条曲线，则删除生成曲线时新插入的顶点恢复成由直线段组成的多段线。

（7）线型生成(L)：当多段线的线型为点划线时，控制多段线的线型生成方式开关。选择此项，系统提示：

输入多段线线型生成选项 [开(ON)/关(OFF)] <关>:

选择"开(ON)"选项时，将在每个顶点处允许以短画开始和结束生成线型；选择"关(OFF)"选项时，将在每个顶点处以长画开始和结束生成线型。"线型生成"不能用于带变宽线段的多段线，如图 5-9 所示。

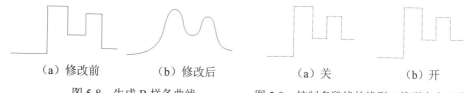

（a）修改前　　　　（b）修改后　　　　　　（a）关　　　　　（b）开

图 5-8　生成 B 样条曲线　　　　　　图 5-9　控制多段线的线型（线型为点画线时）

（8）反转(R)：反转多段线顶点的顺序。使用此选项可反转使用包含文字线型的对象的方向。例如，根据多段线的创建方向，线型中的文字可能倒置显示。

## 5.1.4　操作实例——支架

本例利用上面所学的多段线编辑功能绘制支架。主要利用基本二维绘图命令绘制支架的外轮廓，然后用"多段线"命令将其合并，再利用"偏移"命令完成整个图形，绘制流程如图 5-10 所示。

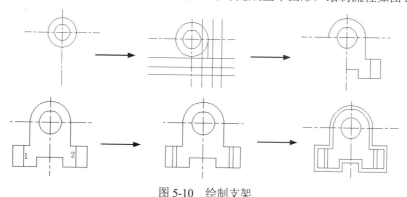

图 5-10　绘制支架

**操作步骤：**（光盘\实例演示\第 5 章\支架.avi）

（1）设置图层。单击"默认"选项卡"图层"面板中的"图层特性"按钮，新建两个图层。

❶ 第一个图层命名为"轮廓线"，线宽属性为 0.30mm，其余属性默认。

❷ 第二个图层命名为"中心线"，颜色设为红色，线型加载为 CENTER，其余属性默认。

（2）绘制辅助直线。将"中心线"图层设置为当前图层，单击"默认"选项卡"绘图"面板中的"直线"按钮，命令行提示与操作如下：

```
命令：LINE↙
指定第一个点：
指定下一点或 [放弃(U)]：（用鼠标在水平方向选取两点）
指定下一点或 [放弃(U)]：↙
```

重复上述命令绘制竖直线，结果如图 5-11 所示。

（3）绘制圆。将"轮廓线"图层设置为当前图层，单击"默认"选项卡"绘图"面板中的"圆"按钮 ⊙，分别绘制半径为 12 与 22 的两个圆，命令行提示与操作如下：

```
命令：CIRCLE↙
指定圆的圆心或 [三点(3P)/两点(2P)/切点、切点、半径(T)]：（选取两条辅助直线的交点）
指定圆的半径或 [直径(D)]：12↙
```

重复上述命令绘制半径为 22 的同心圆，结果如图 5-12 所示。

图 5-11　绘制辅助直线　　　　　　　　　　图 5-12　绘制圆

（4）偏移处理。单击"默认"选项卡"修改"面板中的"偏移"按钮 ⊕，命令行提示与操作如下：

```
命令：OFFSET
当前设置：删除源=否　图层=源　OFFSETGAPTYPE=0
指定偏移距离或 [通过(T)/删除(E)/图层(L)] <通过>：14↙
选择要偏移的对象，或 [退出(E)/放弃(U)] <退出>：（选择竖直线）
选择要偏移的对象或 <退出>：↙
选择要偏移的对象，或 [退出(E)/放弃(U)] <退出>：（选择竖直线的右侧）
```

重复上述命令，将竖直线分别向右偏移 28、40，将水平直线分别向下偏移 24、36、46。选取偏移后的直线，将图层修改为"轮廓线"图层，结果如图 5-13 所示。

（5）绘制直线。单击"默认"选项卡"绘图"面板中的"直线"按钮 ∠，绘制与大圆相切的竖直线，结果如图 5-14 所示。

（6）修剪处理。单击"默认"选项卡"修改"面板中的"修剪"按钮 ⊁，修剪相关图线，结果如图 5-15 所示。

（7）镜像处理。单击"默认"选项卡"修改"面板中的"镜像"按钮 ⚏，命令行提示与操作如下：

```
命令：MIRROR
选择对象：（选择点画线的右下区）
指定对角点：找到 7 个
选择对象：↙
指定镜像线的第一点：指定镜像线的第二点：（在竖直辅助直线上选取两点）
要删除源对象？ [是(Y)/否(N)] <N>：↙
```

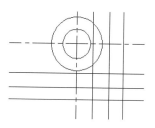

图 5-13　偏移处理

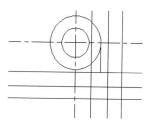

图 5-14　绘制直线

结果如图 5-16 所示。

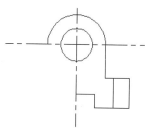

图 5-15　修剪处理

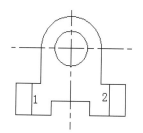

图 5-16　镜像处理

（8）偏移处理。单击"默认"选项卡"修改"面板中的"偏移"按钮 ，将线段 1 向左偏移 4，将线段 2 向右偏移 4，结果如图 5-17 所示。

（9）多段线的转化。命令行提示与操作如下：

```
命令：PEDIT↙
选择多段线或 [多条(M)]：M↙
选择对象：（选取图形的外轮廓线）
选择对象：↙
是否将直线、圆弧和样条曲线转换为多段线？[是(Y)/否(N)]？<Y>
输入选项 [闭合(C)/打开(O)/合并(J)/宽度(W)/拟合(F)/样条曲线(S)/非曲线化(D)/线型生成(L)/反转(R)/放弃(U)]：J↙
合并类型 = 延伸
输入模糊距离或 [合并类型(J)] <0.0000>：↙
多段线已增加 12 条线段
输入选项 [闭合(C)/打开(O)/合并(J)/宽度(W)/拟合(F)/样条曲线(S)/非曲线化(D)/线型生成(L)/反转(R)/放弃(U)]：↙
```

（10）偏移处理。单击"默认"选项卡"修改"面板中的"偏移"按钮 ，将外轮廓线向外偏移 4，结果如图 5-18 所示。

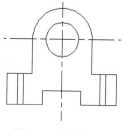

图 5-17　偏移处理

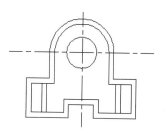

图 5-18　偏移多段线

（11）修剪中心线。单击"默认"选项卡"修改"面板中的"打断"按钮，命令行提示与操作如下：

> 命令：BREAK↙
> 选择对象：（选择水平中心线上右边适当一点）
> 指定第二个打断点或 [第一点(F)]：（选择线外右边一点）

按同样的方法修剪中心线左端以及上下两端，结果如图 5-10 所示。

◀» **注意**：机械制图有关国家标准规定，中心线不能超出轮廓线 2～5mm。

# 5.2 样条曲线

样条曲线可用于创建形状不规则的曲线，例如地理信息系统（GIS）应用或汽车设计绘制轮廓线。AutoCAD 使用一种称为非一致有理 B 样条（NURBS）曲线的特殊样条曲线类型。NURBS 曲线在控制点之间产生一条光滑的曲线，如图 5-19 所示。

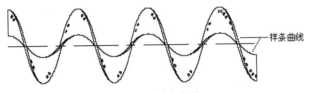

图 5-19　样条曲线

## 5.2.1 绘制样条曲线

### 1. 执行方式

- ☑ 命令行：SPLINE。
- ☑ 菜单栏：绘图→样条曲线。
- ☑ 工具栏：绘图→样条曲线✍。
- ☑ 功能区：默认→样条曲线拟合✍或样条曲线控制点✍。

### 2. 操作步骤

> 命令：SPLINE↙
> 当前设置：方式=拟合　节点=弦
> 指定第一个点或 [方式(M)/节点(K)/对象(O)]：（指定一点或选择"对象(O)"选项）
> 输入下一个点或 [起点切向(T)/公差(L)]：（指定第二点）
> 输入下一个点或 [端点相切(T)/公差(L)/放弃(U)]：（指定第三点）
> 输入下一个点或 [端点相切(T)/公差(L)/放弃(U)/闭合(C)]：C

### 3. 选项说明

（1）对象(O)：将二维或三维的二次或三次样条曲线拟合多段线转换为等价的样条曲线，然后根据 DELOBJ 系统变量的设置删除该多段线。

（2）闭合(C)：将最后一点定义为与第一点一致，并使它在连接处相切，这样可以闭合样条曲线。选择该项，系统继续提示：

指定切向:(指定点或按 Enter 键)

用户可以指定一点来定义切向矢量,或者使用"切点"和"垂足"对象捕捉模式使样条曲线与现有对象相切或垂直。

(3)公差(L):指定距样条曲线必须经过的指定拟合点的距离。公差应用于除起点和端点外的所有拟合点。修改该项,命令行提示与操作如下:

```
命令: SPLINE
当前设置: 方式=拟合      节点=弦
指定第一个点或 [方式(M)/节点(K)/对象(O)]: M
输入样条曲线创建方式 [拟合(F)/控制点(CV)] <拟合>: F
当前设置: 方式=拟合      节点=弦
指定第一个点或 [方式(M)/节点(K)/对象(O)]:
输入下一个点或 [起点切向(T)/公差(L)]: L
指定拟合公差<0.0000>:
```

(4)起点切向(T):定义样条曲线的第一点和最后一点的切向。

如果在样条曲线的两端都指定切向,可以输入一个点或者使用"切点"和"垂足"对象捕捉模式使样条曲线与已有的对象相切或垂直。

如果按 Enter 键,AutoCAD 将计算默认切向。

## 5.2.2　编辑样条曲线

### 1. 执行方式

☑　命令行:SPLINEDIT。

☑　菜单栏:修改→对象→样条曲线。

☑　快捷菜单:选择要编辑的样条曲线,在绘图区域右击,在弹出的快捷菜单中选择"样条曲线"下拉菜单中的各项命令。

☑　工具栏:修改 II→编辑样条曲线 ☒。

### 2. 操作步骤

```
命令: SPLINEDIT↙
选择样条曲线:(选择不闭合的样条曲线)
输入选项 [打开(O)/拟合数据(F)/编辑顶点(E)/转换为多段线(P)/反转(R)/放弃(U)/退出(X)]
<退出>:
选择样条曲线:(选择不闭合的样条曲线)
输入选项 [闭合(C)/合并(J)/拟合数据(F)/编辑顶点(E)/转换为多段线(P)/反转(R)/放弃(U)/
退出(X)] <退出>:
```

### 3. 选项说明

(1)闭合(C):通过定义与第一个点重合的最后一个点,闭合开放的样条曲线。在默认情况下,闭合的样条曲线是周期性的,沿整个曲线保持曲率连续性(C2)。

(2)打开(O):通过删除最初创建样条曲线时指定的第一个和最后一个点之间的最终曲线段可打开闭合的样条曲线。

(3)合并(J):选定的样条曲线、直线和圆弧在重合端点处合并到现有样条曲线。选择有效对象后，该对象将合并到当前样条曲线，合并点处将具有一个折点。

（4）拟合数据(F)：编辑近似数据。选择该项后，创建该样条曲线时指定的各点以小方格的形式显示出来。

（5）编辑顶点(E)：精密调整样条曲线定义。

（6）转换为多段线（P）：将样条曲线转换为多段线。精度值决定结果多段线与源样条曲线拟合的精确程度。有效值为介于 0～99 之间的任意整数。

（7）反转(R)：翻转样条曲线的方向。该项操作主要用于应用程序。

（8）放弃(U)：取消上一编辑操作。

## 5.2.3　操作实例——单人床

本例利用上面所学的样条曲线功能绘制单人床，如图 5-20 所示。

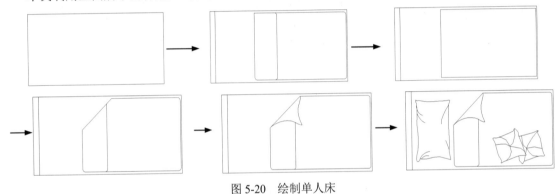

图 5-20　绘制单人床

在建筑卧室设计图中，床是必不可少的内容，床分单人床和双人床。在一般的建筑中，卧室的位置及床的摆放均需要进行精心的设计，以方便房主居住生活，同时要考虑舒适、采光、美观等因素。

**操作步骤：**（光盘\实例演示\第 5 章\单人床.avi）

（1）绘制矩形。单击"默认"选项卡"绘图"面板中的"矩形"按钮□，绘制矩形，长为 300，宽为 150，如图 5-21 所示。

（2）绘制床头。单击"默认"选项卡"绘图"面板中的"直线"按钮／，在床左侧绘制一条垂直的直线，如图 5-22 所示为床头的平面图。

（3）绘制被子轮廓。在空白位置绘制一个长为 200、宽为 140 的矩形，并利用"移动"命令将其移动到床的右侧，注意两边的间距要尽量相等，右侧距床轮廓的边缘稍近，如图 5-23 所示，此矩形即为被子的轮廓。

图 5-21　床轮廓　　　　　　　　图 5-22　绘制床头　　　　　　　图 5-23　绘制被子轮廓

（4）倒圆角。在被子左顶端绘制一水平方向为 40、垂直方向为 140 的矩形，如图 5-24 所示。利用"圆角"命令修改矩形的角部，设置圆角半径为 5，如图 5-25 所示。

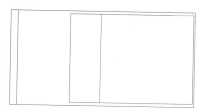

图 5-24 绘制矩形

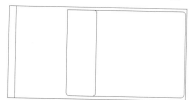

图 5-25 修改圆角

Note

（5）绘制辅助线。在被子轮廓的左上角绘制一条 45°的斜线，单击"默认"选项卡"绘图"面板中的"直线"按钮，绘制一条水平直线。然后单击"默认"选项卡"修改"面板中的"旋转"按钮，选择线段一端为旋转基点，在角度提示行后面输入 45，按 Enter 键，旋转直线，如图 5-26 所示。再将其移动到适当的位置，单击"默认"选项卡"修改"面板中的"修剪"按钮，将多余线段删除，得到如图 5-27 所示模式。删除直线左上侧的多余部分，如图 5-28 所示。

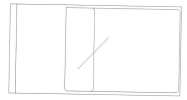

图 5-26 绘制 45°直线

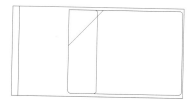

图 5-27 移动直线

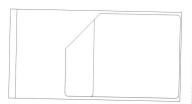

图 5-28 删除多余线段

（6）绘制样条曲线 1。单击"默认"选项卡"绘图"面板中的"样条曲线拟合"按钮。首先单击已绘制的 45°斜线的端点，如图 5-29 所示，依次单击点 A、B、C，再单击 E 点，设置端点的切线方向，命令行提示与操作如下：

```
命令：SPLINE
当前设置：方式=拟合    节点=弦
指定第一个点或 [方式(M)/节点(K)/对象(O)]：<对象捕捉追踪 开>  <对象捕捉 开>  <对象捕捉追踪 关>（选择点 A）
输入下一个点或 [起点切向(T)/公差(L)]：（选择点 B）
输入下一个点或 [端点相切(T)/公差(L)/放弃(U)]：（选择点 C）
输入下一个点或 [端点相切(T)/公差(L)/放弃(U)/闭合(C)]：T
指定端点切向：（选择点 E）
```

（7）绘制样条曲线 2。同理，另外一侧的样条曲线如图 5-30 所示。首先依次单击点 A、B、C，然后按 Enter 键，以 D 点为起点切线方向，E 点为终点切线方向。此为被子的掀开角，绘制完成后删除角内的多余直线，如图 5-31 所示。

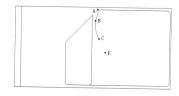

图 5-29 绘制样条曲线 1

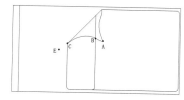

图 5-30 绘制样条曲线 2

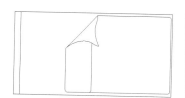

图 5-31 绘制掀起角

（8）绘制枕头和抱枕。用同样的方法绘制枕头和抱枕的图形，最终效果如图 5-20 所示，绘制完成后保存为单人床模块。

# 5.3 多 线

多线是一种复合线，由连续的直线段复合组成。这种线的一个突出优点是能够提高绘图效率，保证图线之间的统一性。

## 5.3.1 绘制多线

### 1. 执行方式

☑ 命令行：MLINE。

☑ 菜单栏：绘图→多线。

### 2. 操作步骤

```
命令: MLINE✓
当前设置: 对正 = 上，比例 = 20.00，样式 = STANDARD
指定起点或 [对正(J)/比例(S)/样式(ST)]: (指定起点)
指定下一点: (给定下一点)
指定下一点或 [放弃(U)]: (继续给定下一点绘制线段。输入 U，则放弃前一段的绘制；右击或按 Enter
键，结束命令)
指定下一点或 [闭合(C)/放弃(U)]: (继续给定下一点绘制线段。输入 C，则闭合线段，结束命令)
```

### 3. 选项说明

（1）对正(J)：该项用于给定绘制多线的基准，共有 3 种对正类型："上"、"无"和"下"。其中，"上(T)"表示以多线上侧的线为基准，其余两种依此类推。

（2）比例(S)：选择该项，要求用户设置平行线的间距。输入值为 0 时平行线重合，值为负时多线的排列倒置。

（3）样式(ST)：该项用于设置当前使用的多线样式。

## 5.3.2 定义多线样式

### 1. 执行方式

☑ 命令行：MLSTYLE。

☑ 菜单栏：格式→多线样式。

### 2. 操作步骤

```
命令: MLSTYLE✓
```

系统自动执行该命令，打开如图 5-32 所示的"多线样式"对话框。在该对话框中，用户可以对多线样式进行定义、保存和加载等操作。下面通过定义一个新的多线样式来介绍该对话框的使用方法。欲定义的多线样式由 3 条平行线组成，中心轴线为紫色的中心线，其余两条平行线为黑色实线，相对于中心轴线上、下各偏移 0.5。操作步骤如下：

（1）在"多线样式"对话框中单击"新建"按钮，系统打开"创建新的多线样式"对话框，如图 5-33 所示。

图 5-32 "多线样式"对话框

图 5-33 "创建新的多线样式"对话框

（2）在"新样式名"文本框中输入 THREE，单击"继续"按钮。

（3）系统打开"新建多线样式"对话框，如图 5-34 所示。

（4）在"封口"选项组中可以设置多线起点和端点的特性，包括以直线、外弧，还是内弧封口，及封口线段或圆弧的角度。

（5）在"填充颜色"下拉列表框中选择多线填充的颜色。

（6）在"图元"选项组中设置组成多线的元素的特性。单击"添加"按钮，为多线添加元素；反之，单击"删除"按钮，可以为多线删除元素。在"偏移"文本框中可以设置选中的元素的位置偏移值。在"颜色"下拉列表框中为选中元素选择颜色。单击"线型"按钮，为选中元素设置线型。

（7）设置完毕后，单击"确定"按钮，系统返回到如图 5-32 所示的"多线样式"对话框，在"样式"列表中会显示已设置的多线样式名，选择该样式，单击"置为当前"按钮，则将已设置的多线样式设置为当前样式，下面的预览框中会显示当前多线样式。

（8）单击"确定"按钮，完成多线样式设置。如图 5-35 所示为按图 5-34 设置的多线样式绘制的多线。

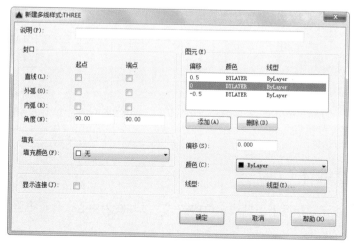

图 5-34 "新建多线样式"对话框

图 5-35 绘制的多线

### 5.3.3 编辑多线

#### 1. 执行方式

☑ 命令行：MLEDIT。

☑ 菜单栏：修改→对象→多线。

#### 2. 操作步骤

调用该命令后，打开"多线编辑工具"对话框，如图 5-36 所示。

利用该对话框可以创建或修改多线的模式。对话框分 4 列显示示例图形。其中，第一列管理十字交叉形式的多线，第二列管理 T 形多线，第三列管理拐角接合点和节点，第四列管理多线被剪切或连接的形式。

单击"多线编辑工具"对话框中的某个示例图形，即可调用该项编辑功能。

下面以"十字打开"为例介绍多线编辑方法：把选择的两条多线进行交叉。选择该选项后，在命令行中出现如下提示：

> 选择第一条多线：（选择第一条多线）
> 选择第二条多线：（选择第二条多线）

选择完毕后，第二条多线被第一条多线横断交叉。系统继续提示：

> 选择第一条多线：

完成上述操作后可以继续选择多线进行操作，选择"放弃(U)"功能会撤销前次操作。操作过程和执行结果如图 5-37 所示。

图 5-36 "多线编辑工具"对话框

选择第一条复合线　　选择第二条复合线　　执行结果

图 5-37 十字打开

### 5.3.4 操作实例——别墅墙体

在建筑平面图中，墙体用双线表示，一般采用轴线定位的方式，以轴线为中心，具有很强的对称关系，因此绘制墙线通常有 3 种方法：

☑ 使用"偏移"命令，直接偏移轴线，将轴线向两侧偏移一定距离，得到双线，然后将所得双线转移至"墙线"图层。

☑　使用"多线"命令直接绘制墙线。

☑　当墙体要求填充成实体颜色时，也可以采用"多段线"命令直接绘制，将线宽设置为墙厚即可。

　　在本例中，笔者推荐选用第二种方法，即采用"多线"命令绘制墙线，如图 5-38 所示为绘制完成的别墅首层墙体平面。

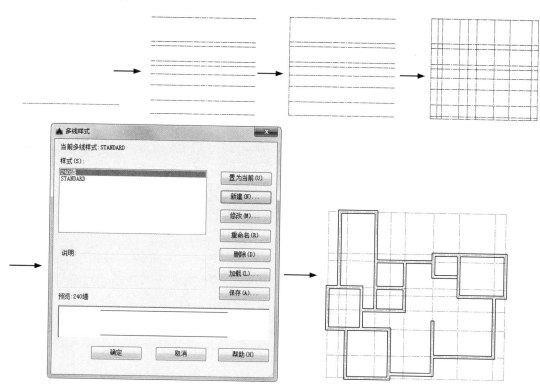

图 5-38　绘制别墅墙体

**操作步骤：（光盘\实例演示\第 5 章\别墅墙体.avi）**

　　（1）设置图层。单击"默认"选项卡"图层"面板中的"图层特性"按钮，打开"图层特性管理器"选项板，新建"轴线"和"墙体"图层，将轴线的颜色设置为红色，线型为 CENTER，墙体的线宽设为 0.30mm，其余属性默认，结果如图 5-39 所示。

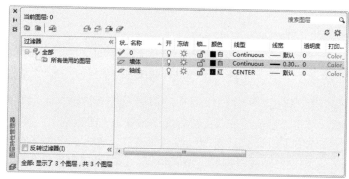

图 5-39　"图层特性管理器"选项板

**注意：** 在使用 AutoCAD 2016 绘图过程中，应经常保存已绘制的图形文件，以避免因软件系统不稳定导致软件瞬间关闭而无法及时保存文件，从而丢失大量已绘制的信息。AutoCAD 软件有自动保存图形文件的功能，使用者只需在绘图时将该功能激活即可，设置步骤如下：选择"工具"→"选项"命令，弹出"选项"对话框。选择"打开和保存"选项卡，在"文件安全措施"选项组中选中"自动保存"复选框，根据个人需要输入"保存间隔分钟数"，然后单击"确定"按钮，设置完成，如图 5-40 所示。

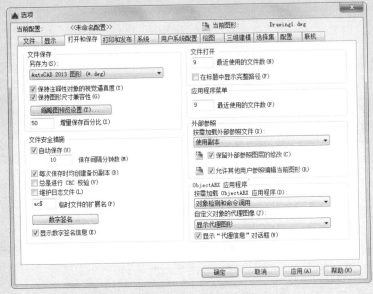

图 5-40　文件自动保存设置

（2）绘制轴线。建筑轴线是在绘制建筑平面图时布置墙体和门窗的依据，同样也是建筑施工定位的重要依据。在轴线的绘制过程中，主要使用"直线"和"偏移"命令。如图 5-41 所示为绘制完成的别墅平面轴线。

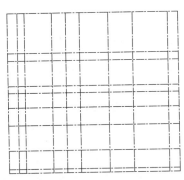

图 5-41　别墅平面轴线

❶ 设置线型比例。选择"格式"→"线型"命令，弹出"线型管理器"对话框。选择线型 CENTER，单击"显示细节"按钮（单击"显示细节"按钮后该按钮变为"隐藏细节"按钮），将全局比例因子设置为 20，然后单击"确定"按钮，完成对轴线线型的设置，如图 5-42 所示。

❷ 绘制横向轴线。绘制横向轴线基准线。将"轴线"图层设置为当前图层，单击"默认"选项卡"绘图"面板中的"直线"按钮，绘制一条横向基准轴线，长度为 14700，如图 5-43 所示，命令

行提示与操作如下：

```
命令：_line
指定第一个点：（适当指定一点）
指定下一点或 [放弃(U)]：@14700, 0↙
指定下一点或 [放弃(U)]：↙
指定下一点或 [放弃(U)]：↙
```

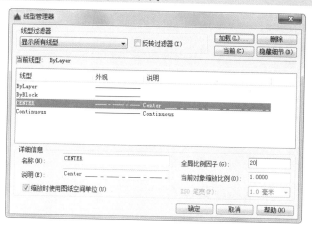

图 5-42　设置线型比例

图 5-43　绘制横向基准轴线

Note

绘制其余横向轴线。单击"默认"选项卡"修改"面板中的"偏移"按钮，将横向基准轴线依次向下偏移，偏移量分别为 3300、3900、6000、6600、7800、9300、11400 和 13200，如图 5-44 所示依次完成横向轴线的绘制。

❸ 绘制纵向轴线。绘制纵向基准轴线。单击"默认"选项卡"绘图"面板中的"直线"按钮，以前面绘制的横向基准轴线的左端点为起点，垂直向下绘制一条纵向基准轴线，长度为 13200，如图 5-45 所示，命令行提示与操作如下：

```
命令：_line
指定第一个点：（适当指定一点）
指定下一点或 [放弃(U)]：@0, -13200↙
指定下一点或 [放弃(U)]：↙
```

绘制其余纵向轴线。单击"默认"选项卡"修改"面板中的"偏移"按钮，将纵向基准轴线依次向右偏移，偏移量分别为 900、1500、3900、5100、6300、8700、10800、13800 和 14700，如图 5-46 所示，依次完成纵向轴线的绘制。

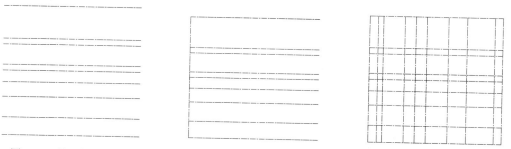

图 5-44　偏移横向轴线

图 5-45　绘制纵向基准轴线

图 5-46　偏移纵向轴线

> 提示：在绘制建筑轴线时，一般选择建筑横向、纵向的最大长度为轴线长度，但当建筑物形体过于复杂时，太长的轴线往往会影响图形效果。因此，也可以仅在一些需要轴线定位的建筑局部绘制轴线。

（3）绘制墙体。

❶ 定义多线样式。在使用"多线"命令绘制墙线前，应首先对多线样式进行设置。

选择菜单栏中的"格式"→"多线样式"命令，弹出"多线样式"对话框，如图 5-47 所示。单击"新建"按钮，在弹出的对话框中输入新样式名为"240 墙"，如图 5-48 所示。

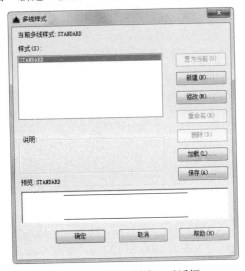

图 5-47  "多线样式"对话框

图 5-48  "创建新的多线样式"对话框

单击"继续"按钮，弹出"新建多线样式：240 墙"对话框，如图 5-49 所示。在该对话框中进行以下设置：选择直线起点和端点均封口，元素偏移量首行设为 120，第二行设为-120。

单击"确定"按钮，返回"多线样式"对话框，在"样式"列表框中选择多线样式"240 墙"，单击"置为当前"按钮，将其置为当前，如图 5-50 所示。

图 5-49  设置多线样式

图 5-50  将所建"多线样式"置为当前

❷ 绘制墙线。在"图层"下拉列表中选择"墙体"图层，将其设置为当前图层。

选择菜单栏中的"绘图"→"多线"命令（或者在命令行中输入 ml，执行"多线"命令）绘制墙线，绘制结果如图 5-51 所示，命令行提示与操作如下：

```
命令：_mline
当前设置：对正 = 上，比例 = 20.00，样式 = 240 墙
指定起点或 [对正(J)/比例(S)/样式(ST)]：J↙（输入 J，重新设置多线的对正方式）
输入对正类型 [上(T)/无(Z)/下(B)] <上>：Z↙（输入 Z，选择"无"为当前对正方式）
当前设置：对正 = 无，比例 = 20.00，样式 = 240 墙
指定起点或 [对正(J)/比例(S)/样式(ST)]：S↙（输入 S，重新设置多线比例）
输入多线比例 <20.00>：1↙（输入 1，作为当前多线比例）
当前设置：对正 = 无，比例 = 1.00，样式 = 240 墙
指定起点或 [对正(J)/比例(S)/样式(ST)]：（捕捉左上部墙体轴线交点作为起点）
指定下一点：
…（依次捕捉墙体轴线交点，绘制墙线）
指定下一点或 [放弃(U)]：↙（绘制完成后，按 Enter 键结束命令）
```

❸ 编辑和修整墙线。选择菜单栏中的"修改"→"对象"→"多线"命令，在弹出的"多线编辑工具"对话框中提供 12 种多线编辑工具，可根据不同的多线交叉方式选择相应的工具进行编辑，如图 5-52 所示。

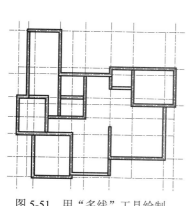

图 5-51 用"多线"工具绘制

图 5-52 "多线编辑工具"对话框

少数较复杂的墙线结合处无法找到相应的多线编辑工具进行编辑，因此可以选择"分解"命令，将多线分解，然后利用"修剪"命令对该结合处的线条进行修整。

另外，一些内部墙体并不在主要轴线上，可以通过添加辅助轴线，并结合"修剪"或"延伸"命令进行绘制和修整。经过编辑和修整后的墙线如图 5-38 所示。

# 5.4 面　域

面域是具有边界的平面区域，内部可以包含孔。在 AutoCAD 中，用户可以将由某些对象围成的

封闭区域转变为面域,这些封闭区域可以是圆、椭圆、封闭二维多段线和封闭的样条曲线等对象,也可以是由圆弧、直线、二维多段线和样条曲线等对象构成的封闭区域。

### 5.4.1　创建面域

**1. 执行方式**

☑　命令行:REGION。
☑　菜单栏:绘图→面域。
☑　工具栏:绘图→面域 ⬚ 。
☑　功能区:默认→绘图→面域 ⬚ 。

**2. 操作步骤**

> 命令: REGION↙
> 选择对象:

选择对象后,系统自动将所选择的对象转换成面域。

### 5.4.2　面域的布尔运算

布尔运算是数学上的一种逻辑运算,在 AutoCAD 绘图中能够极大地提高绘图的效率。

💡提示:布尔运算的对象只包括实体和共面的面域,普通的线条图形对象无法使用布尔运算。

通常的布尔运算包括并集、交集和差集,操作方法类似,下面进行介绍。

**1. 执行方式**

☑　命令行:UNION(并集)、INTERSECT(交集)或 SUBTRACT(差集)。
☑　菜单栏:修改→实体编辑→并集(交集、差集)。
☑　工具栏:实体编辑→并集 ⬚ (交集 ⬚ 、差集 ⬚ )。
☑　功能区:三维工具→实体编辑→并集(交集、差集)。

**2. 操作步骤**

> 命令: UNION(INTERSECT)↙
> 选择对象:

选择对象后,系统对所选择的面域进行并集(交集)计算。

> 命令: SUBTRACT↙
> 选择要从中减去的实体、曲面和面域...
> 选择对象:(选择差集运算的主体对象)
> 选择对象:(右击结束)
> 选择对象:(选择差集运算的参照体对象)
> 选择对象:(右击结束)

选择对象后,系统对所选择的面域进行差集计算,运算逻辑是主体对象减去与参照体对象重叠的部分。布尔运算的结果如图 5-53 所示。

面域原图　　　并集　　　交集　　　差集

图 5-53　布尔运算的结果

## 5.4.3　面域的数据提取

面域对象除了具有一般图形对象的属性外，还具有作为面对象所具备的属性，其中一个重要的属性就是质量特性。用户可以通过相关操作提取面域的有关数据。

1. 执行方式

☑　命令行：MASSPROP。

☑　菜单栏：工具→查询→面域/质量特性。

2. 操作步骤

命令：MASSPROP✓

选择对象：

选择对象后，系统自动切换到文本窗口，显示对象面域的质量特性数据，如图 5-54 所示为图 5-53 中并集面域的质量特性数据。用户可以将分析结果写入文本文件，并保存。

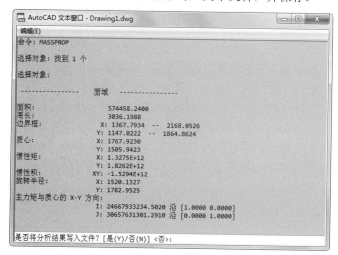

图 5-54　文本窗口

## 5.4.4　操作实例——法兰盘

本实例利用上面所学的面域相关功能绘制法兰盘。

本实例绘制的法兰盘需要两个基本图层：一个为"粗实线"图层，另一个为"中心线"图层。如果只需要单独绘制零件图形，则可以利用一些基本的绘图命令和编辑命令来完成。现需要计算质量特性数据，所以可以考虑采用面域的布尔运算方法来绘制图形并计算质量特性数据。绘制流程如图 5-55 所示。

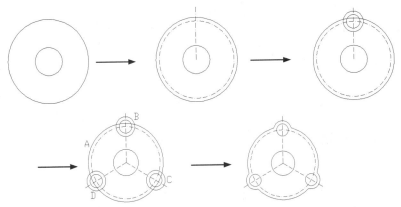

图 5-55　绘制法兰盘

**操作步骤：**（光盘\实例演示\第 5 章\法兰盘.avi）

（1）设置图层。单击"默认"选项卡"图层"面板中的"图层特性"按钮，新建两个图层。

❶ 第一个图层命名为"粗实线"，线宽属性为 0.30mm，其余属性默认。

❷ 第二个图层命名为"中心线"，颜色设为红色，线型加载为 CENTER，其余属性默认。

（2）绘制圆。将"粗实线"图层设置为当前图层，单击"默认"选项卡"绘图"面板中的"圆"按钮，绘制圆，命令行提示与操作如下：

```
命令：CIRCLE↙
指定圆的圆心或 [三点(3P)/两点(2P)/切点、切点、半径(T)]：(指定圆心)
指定圆的半径或 [直径(D)]：60↙
```

同理，捕捉上一圆的圆心为圆心，指定半径为 20 绘制圆，结果如图 5-56 所示。

（3）绘制圆。将"中心线"图层设置为当前图层，绘制圆。单击"默认"选项卡"绘图"面板中的"圆"按钮，捕捉上一圆的圆心为圆心，指定半径为 55 绘制圆。

（4）绘制中心线。单击"默认"选项卡"绘图"面板中的"直线"按钮，以大圆的圆心为起点，终点坐标为（@0,75），结果如图 5-57 所示。

（5）绘制圆。将"粗实线"图层设置为当前图层，绘制圆。单击"默认"选项卡"绘图"面板中的"圆"按钮，以定位圆和中心线的交点为圆心，分别绘制半径为 15 和 10 的圆，结果如图 5-58 所示。

图 5-56　绘制圆后的图形

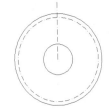

图 5-57　绘制中心线后的图形

图 5-58　绘制圆后的图形

（6）阵列对象。单击"默认"选项卡"修改"面板中的"环形阵列"按钮，命令行提示与操作如下：

```
命令：_arraypolar
选择对象：(选择图中边缘的两个圆和中心线)
```

选择对象：✓

类型 = 极轴　关联 = 否

指定阵列的中心点或 [基点(B)/旋转轴(A)]：（用鼠标拾取图中大圆的中心点）

选择夹点以编辑阵列或 [关联(AS)/基点(B)/项目(I)/项目间角度(A)/填充角度(F)/行(ROW)/层(L)/旋转项目(ROT)/退出(X)] <退出>：I

输入阵列中的项目数或 [表达式(E)] <6>：3

选择夹点以编辑阵列或 [关联(AS)/基点(B)/项目(I)/项目间角度(A)/填充角度(F)/行(ROW)/层(L)/旋转项目(ROT)/退出(X)] <退出>：F

指定填充角度(+=逆时针、-=顺时针) 或 [表达式(EX)] <360>：

选择夹点以编辑阵列或 [关联(AS)/基点(B)/项目(I)/项目间角度(A)/填充角度(F)/行(ROW)/层(L)/旋转项目(ROT)/退出(X)] <退出>：✓

结果如图 5-59 所示。

（7）面域处理。单击"默认"选项卡"绘图"面板中的"面域"按钮，命令行提示与操作如下：

命令：REGION✓

选择对象：

选择对象：✓

已提取 4 个环

已创建 4 个面域

（8）并集处理。单击"三维工具"选项卡"实体编辑"面板中的"并集"按钮，命令行提示与操作如下：

命令：UNION✓（或者下同）

选择对象：（依次选择图 5-59 中的圆 A、B、C 和 D）

选择对象：✓

结果如图 5-60 所示。

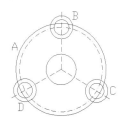

图 5-59　阵列后的图形

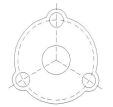

图 5-60　并集后的图形

（9）提取数据。选择菜单栏中的"工具"→"查询"→"面域/质量特性"命令，如图 5-61 所示，命令行提示与操作如下：

命令：MASSPROP✓　（或者选择对象：框选对象）

指定对角点：（指定对角点）

找到 9 个

选择对象：✓

系统自动切换到文本窗口，如图 5-62 所示，选择"是"或"否"，数据提取完成。

Note

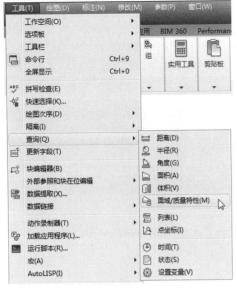

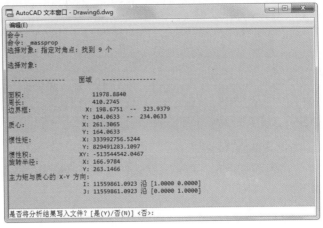

图 5-61  "面域/质量特性"命令　　　　　　　　图 5-62  文本窗口

# 5.5  图 案 填 充

当用户需要用一个重复的图案(pattern)填充一个区域时,可以使用 BHATCH 命令建立一个相关联的填充阴影对象,即所谓的图案填充。

## 5.5.1  基本概念

### 1. 图案边界

进行图案填充时,首先要确定填充图案的边界。定义边界的对象只能是直线、双向射线、单向射线、多线、样条曲线、圆弧、圆、椭圆、椭圆弧、面域等对象或用这些对象定义的块,而且作为边界的对象在当前屏幕上必须全部可见。

### 2. 孤岛

在进行图案填充时,把位于总填充域内的封闭区域称为孤岛,如图 5-63 所示。在用 BHATCH 命令填充时,AutoCAD 允许用户以点取点的方式确定填充边界,即在希望填充的区域内任意点取一点,AutoCAD 会自动确定填充边界,同时也确定该边界内的岛。如果用户是以点取对象的方式确定填充边界的,则必须确切地点取这些岛。有关知识将在 5.5.2 节中介绍。

### 3. 填充方式

在进行图案填充时,需要控制填充的范围,AutoCAD 系统为用户设置以下 3 种填充方式实现对填充范围的控制。

☑　普通方式:如图 5-64(a)所示,该方式从边界开始,由每条填充线或每个填充符号的两端向里画,遇到内部对象与之相交时,填充线或符号断开,直到遇到下一次相交时再继续画。采用这种方式时,要避免剖面线或符号与内部对象的相交次数为奇数。该方式为系统内部的默认方式。

☑　最外层方式：如图 5-64（b）所示，该方式从边界向里…相交，剖面符号由此断开，而不再继续画。

☑　忽略方式：如图 5-65 所示，该方式忽略边界内的对象，所有在边界内部与对象…剖面符号覆盖。

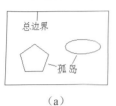
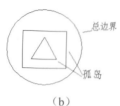

| （a） | （b） | （a） | （b） |

图 5-63　孤岛　　　　　　　　图 5-64　填充方式　　　图 5-65 忽略方式

## 5.5.2　图案填充的操作

### 1. 执行方式

☑　命令行：BHATCH。

☑　菜单栏：绘图→图案填充。

☑　工具栏：绘图→图案填充或绘图→渐变色。

☑　功能区：默认→绘图→图案填充。

### 2. 操作步骤

执行上述操作后系统打开如图 5-66 所示的"图案填充创建"选项卡。

图 5-66　　"图案填充创建"选项卡

### 3. 选项说明

（1）"边界"面板

☑　拾取点：通过选择由一个或多个对象形成的封闭区域内的点，确定图案填充边界（如图 5-67 所示）。指定内部点时，可以随时在绘图区域中右击以显示包含多个选项的快捷菜单。

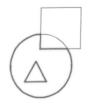

（a）选择一点　　　　　（b）填充区域　　　（c）填充结果

图 5-67　边界确定

☑　选择边界对象：指定基于选定对象的图案填充边界。使用该选项时，不会自动检测内部对象，必须选择选定边界内的对象，以按照当前孤岛检测样式填充这些对象（如图 5-68 所示）。

☑　删除边界对象：从边界定义中删除之前添加的任何对象，如图 5-69 所示。

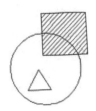

（a）原始图形　　　　（b）选取边界对象　　　　（c）填充结果

图 5-68　选择边界对象

（a）选取边界对象　　　　（b）删除边界　　　　（c）填充结果

图 5-69　删除"岛"后的边界

☑　重新创建边界：围绕选定的图案填充或填充对象创建多段线或面域，并使其与图案填充对象相关联（可选）。

☑　显示边界对象：选择构成选定关联图案填充对象的边界的对象，使用显示的夹点可修改图案填充边界。

☑　保留边界对象：指定如何处理图案填充边界对象。选项包括以下内容。

➢　不保留边界：不创建独立的图案填充边界对象。

➢　保留边界 - 多段线：创建封闭图案填充对象的多段线。

➢　保留边界 - 面域：创建封闭图案填充对象的面域对象。

➢　选择新边界集：指定对象的有限集（称为边界集），以便通过创建图案填充时的拾取点进行计算。

（2）"图案"面板

显示所有预定义和自定义图案的预览图像。

（3）"特性"面板

☑　图案填充类型：指定是使用纯色、渐变色、图案还是用户定义的填充。

☑　图案填充颜色：替代实体填充和填充图案的当前颜色。

☑　背景色：指定填充图案背景的颜色。

☑　图案填充透明度：设定新图案填充或填充的透明度，替代当前对象的透明度。

☑　图案填充角度：指定图案填充或填充的角度。

☑　填充图案比例：放大或缩小预定义或自定义填充图案。

☑　相对图纸空间：（仅在布局中可用）相对于图纸空间单位缩放填充图案。使用此选项，可很容易地做到以适合于布局的比例显示填充图案。

☑　双向：（仅当"图案填充类型"设定为"用户定义"时可用）将绘制第二组直线，与原始直线成 90° 角，从而构成交叉线。

☑　ISO 笔宽：（仅对于预定义的 ISO 图案可用）基于选定的笔宽缩放 ISO 图案。

（4）"原点"面板

☑　设定原点：直接指定新的图案填充原点。

Note

- ☑ 左下：将图案填充原点设定在图案填充边界矩形范围的左下角。
- ☑ 右下：将图案填充原点设定在图案填充边界矩形范围的右下角。
- ☑ 左上：将图案填充原点设定在图案填充边界矩形范围的左上角。
- ☑ 右上：将图案填充原点设定在图案填充边界矩形范围的右上角。
- ☑ 中心：将图案填充原点设定在图案填充边界矩形范围的中心。
- ☑ 使用当前原点：将图案填充原点设定在 HPORIGIN 系统变量中存储的默认位置。
- ☑ 存储为默认原点：将新图案填充原点的值存储在 HPORIGIN 系统变量中。

（5）"选项"面板

- ☑ 关联：指定图案填充或填充为关联图案填充。关联的图案填充或填充在用户修改其边界对象时将会更新。
- ☑ 注释性：指定图案填充为注释性。此特性会自动完成缩放注释过程，从而使注释能够以正确的大小在图纸上打印或显示。
- ☑ 特性匹配。
  - ➢ 使用当前原点：使用选定图案填充对象（除图案填充原点外）设定图案填充的特性。
  - ➢ 使用源图案填充的原点：使用选定图案填充对象（包括图案填充原点）设定图案填充的特性。
- ☑ 允许的间隙：设定将对象用作图案填充边界时可以忽略的最大间隙。默认值为 0，此值指定对象必须封闭区域而没有间隙。
- ☑ 创建独立的图案填充：控制当指定了几个单独的闭合边界时，是创建单个图案填充对象，还是创建多个图案填充对象。
- ☑ 孤岛检测。
  - ➢ 普通孤岛检测：从外部边界向内填充。如果遇到内部孤岛，填充将关闭，直到遇到孤岛中的另一个孤岛。
  - ➢ 外部孤岛检测：从外部边界向内填充。此选项仅填充指定的区域，不会影响内部孤岛。
  - ➢ 忽略孤岛检测：忽略所有内部的对象，填充图案时将通过这些对象。
- ☑ 绘图次序：为图案填充或填充指定绘图次序。选项包括不更改、后置、前置、置于边界之后和置于边界之前。

（6）"关闭"面板

关闭图案填充创建：退出 HATCH 并关闭上下文选项卡；也可以按 Enter 键或 Esc 键退出 HATCH。

## 5.5.3　编辑填充的图案

利用 HATCHEDIT 命令可以编辑已经填充的图案。

1. 执行方式

- ☑ 命令行：HATCHEDIT。
- ☑ 菜单栏：修改→对象→图案填充。
- ☑ 功能区：默认→修改→编辑图案填充 ▣。

2. 操作步骤

执行上述操作后，AutoCAD 会给出下列提示：

选择图案填充对象：

选取关联填充物体后，系统弹出如图 5-70 所示的"图案填充编辑器"选项卡。

图 5-70　"图案填充编辑器"选项卡

在图 5-70 中，只有正常显示的选项才可以对其进行操作。该对话框中各项的含义与如图 5-66 所示的"图案填充创建"选项卡中各项的含义相同。利用该对话框，可以对已弹出的图案进行一系列的编辑修改。

## 5.5.4　操作实例——旋钮

本例利用上面所学的图案填充相关功能绘制旋钮。

根据图形的特点，采用"圆""阵列"等命令绘制主视图，利用"镜像"和"图案填充"命令完成左视图，绘制流程如图 5-71 所示。

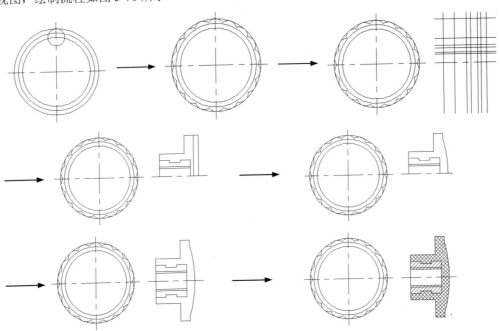

图 5-71　绘制旋钮

**操作步骤：(光盘\实例演示\第 5 章\旋钮.avi)**

（1）设置图层。单击快速访问工具栏中的"新建"按钮 ，新建一个名称为"旋钮"的文件。单击"默认"选项卡"图层"面板中的"图层特性"按钮 ，新建 3 个图层。

❶ 第一个图层命名为"轮廓线"，线宽属性为 0.30mm，其余属性默认。

❷ 第二个图层命名为"中心线"，颜色设为红色，线宽属性为 0.15mm，线型加载为 CENTER，其余属性默认。

❸ 第三个图层命名为"细实线"，颜色设为蓝色，线宽属性为 0.15mm，其余属性默认。

（2）绘制直线。将"中心线"图层设置为当前图层，单击"默认"选项卡"绘图"面板中的"直线"按钮，命令行提示与操作如下：

```
命令：LINE✓
指定第一个点：
指定下一点或 [放弃(U)]：（用鼠标在水平方向上取一点）
指定下一点或 [放弃(U)]：✓
```

重复上述命令，绘制竖直中心线，结果如图 5-72 所示。

（3）绘制圆。将"轮廓线"图层设置为当前图层，单击"默认"选项卡"绘图"面板中的"圆"按钮，命令行提示与操作如下：

```
命令：CIRCLE✓
指定圆的圆心或 [三点(3P)/两点(2P)/切点、切点、半径(T)]：（选择两中心线的交点）
指定圆的半径或 [直径(D)]：20✓
```

重复上述命令，分别绘制半径为 22.5 和 25 的同心圆，再以半径为 20 的圆和竖直中心线的交点为圆心，绘制半径为 5 的圆，结果如图 5-73 所示。

（4）绘制辅助线。单击"默认"选项卡"绘图"面板中的"直线"按钮，命令行提示与操作如下：

```
命令：LINE✓
指定第一个点：
指定下一点或 [放弃(U)]：@30<80✓
指定下一点或 [放弃(U)]：✓
命令：line✓
指定第一个点：
指定下一点或 [放弃(U)]：@30<100✓
指定下一点或 [放弃(U)]：✓
```

结果如图 5-74 所示。

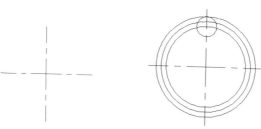

图 5-72　绘制中心线　　　图 5-73　绘制圆　　　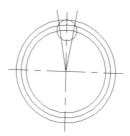

图 5-74　绘制辅助线

（5）修剪处理。单击"默认"选项卡"修改"面板中的"修剪"按钮，修剪相关图线，结果如图 5-75 所示。

（6）删除线段。单击"默认"选项卡"修改"面板中的"删除"按钮，删除辅助直线，结果如图 5-76 所示。

（7）阵列处理。单击"默认"选项卡"修改"面板中的"环形阵列"按钮，将图形阵列，命令行提示与操作如下：

```
命令：_arraypolar
```

选择对象：找到 1 个（选择修剪后的圆弧）
选择对象：✓
类型 = 极轴 关联 = 是
指定阵列的中心点或 [基点(B)/旋转轴(A)]：（选择两中心线的交点）
选择夹点以编辑阵列或 [关联(AS)/基点(B)/项目(I)/项目间角度(A)/填充角度(F)/行(ROW)/层(L)/旋转项目(ROT)/退出(X)] <退出>: I
输入阵列中的项目数或 [表达式(E)] <6>: 18
选择夹点以编辑阵列或 [关联(AS)/基点(B)/项目(I)/项目间角度(A)/填充角度(F)/行(ROW)/层(L)/旋转项目(ROT)/退出(X)] <退出>: F
指定填充角度(+=逆时针、-=顺时针)或 [表达式(EX)] <360>: 360
选择夹点以编辑阵列或 [关联(AS)/基点(B)/项目(I)/项目间角度(A)/填充角度(F)/行(ROW)/层(L)/旋转项目(ROT)/退出(X)] <退出>:

结果如图 5-77 所示。

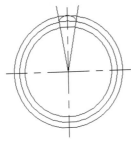
图 5-75 修剪处理

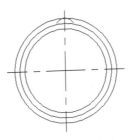
图 5-76 删除结果

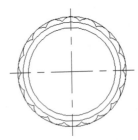
图 5-77 阵列处理

（8）绘制直线。单击"默认"选项卡"绘图"面板中的"直线"按钮，绘制线段 1 和线段 2，其中线段 1 与左边的中心线处于同水平位置，结果如图 5-78 所示。

（9）偏移处理。单击"默认"选项卡"修改"面板中的"偏移"按钮，命令行提示与操作如下：

命令: OFFSET✓
当前设置：删除源=否 图层=源 OFFSETGAPTYPE=0
指定偏移距离或 [通过(T)/删除(E)/图层(L)] <通过>: 5✓
选择要偏移的对象，或 [退出(E)/放弃(U)] <退出>：（选择线段1）
指定要偏移的那一侧上的点，或 [退出(E)/多个(M)/放弃(U)] <退出>：（选择线段1的上侧）
选择要偏移的对象，或 [退出(E)/放弃(U)] <退出>: ✓

重复上述命令，将线段 1 分别向上偏移 6、8.5、10、14 和 25，将线段 2 分别向右偏移 6.5、13.5、16、20、22 和 25。

选取偏移后的直线，将其所在图层分别修改为"轮廓线"和"细实线"图层，其中离基准点画线最近的线为细实线，结果如图 5-79 所示。

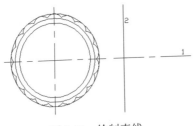
图 5-78 绘制直线

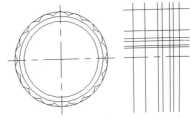
图 5-79 偏移处理

（10）修剪处理。单击"默认"选项卡"修改"面板中的"修剪"按钮，将多余的线段进行修剪，结果如图 5-80 所示。

（11）绘制圆。单击"默认"选项卡"绘图"面板中的"圆"按钮，命令行提示与操作如下：

```
命令：CIRCLE↙
指定圆的圆心或 [三点(3P)/两点(2P)/切点、切点、半径(T)]：（从"对象捕捉"快捷菜单中按
Shift 键后右击，选择"自"命令）
_from 基点：（选择最右侧竖直线与水平中心线的交点）
<偏移>：@-80,0↙
指定圆的半径或 [直径(D)]：80↙
```

结果如图 5-81 所示。

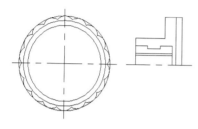

图 5-80　修剪处理

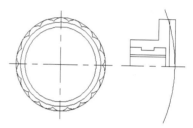

图 5-81　绘制圆

（12）修剪处理。单击"默认"选项卡"修改"面板中的"修剪"按钮，将多余的线段进行修剪，结果如图 5-82 所示。

（13）删除多余线段。单击"默认"选项卡"修改"面板中的"删除"按钮，将多余的线段进行删除，结果如图 5-83 所示。

（14）镜像处理。单击"默认"选项卡"修改"面板中的"镜像"按钮，命令行提示与操作如下：

```
命令：MIRROR↙
选择对象：（选择左视图）
选择对象：↙
指定镜像线的第一点：指定镜像线的第二点：（在水平中心线上取两点）
要删除源对象？[是(y)/否(n)] <n>：↙
```

结果如图 5-84 所示。

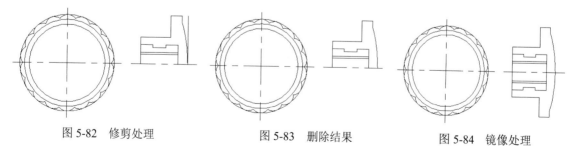

图 5-82　修剪处理　　　　　图 5-83　删除结果　　　　　图 5-84　镜像处理

（15）绘制剖面线。切换当前图层为"细实线"，单击"默认"选项卡"绘图"面板中的"图案填充"按钮，打开"图案填充创建"选项卡，如图 5-85 所示。

在"图案填充创建"选项卡中，选择 ANSI37 填充图案，在所需填充区域中拾取任意一个点，重

复拾取直至所有填充区域都被虚线框包围，按 Enter 键完成图案填充操作，重复操作填充 ANSI31 填充图案即完成剖面线的绘制。至此，旋钮的绘制工作完成，最终效果如图 5-71 所示。

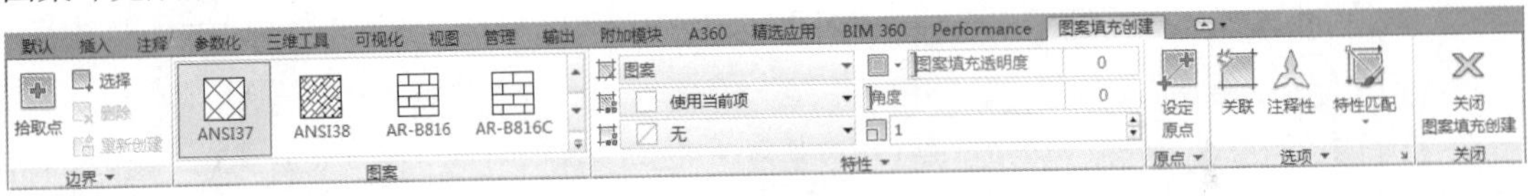

图 5-85　"图案填充创建"选项卡

> 提示：在剖视图中，被剖切面剖切到的部分称为剖面。为了在剖视图上区分剖面和其他表面，应在剖面上画出剖面符号（也称为剖面线）。机件的材料不相同，采用的剖面符号也不相同。各种材料的剖面符号如表 5-1 所示。

表 5-1　剖面符号（GB/T 4457.4—2002）

| 材料名称 | 剖面符号 | 材料名称 | 剖面符号 |
|---|---|---|---|
| 金属材料（已有规定剖面符号者除外） | 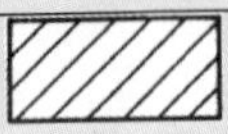 | 木质胶合板（不分层数） |  |
| 非金属材料（已有规定剖面符号者除外） |  | 基础周围的泥土 |  |
| 转子、电枢、变压器和电抗器等的迭钢片 | 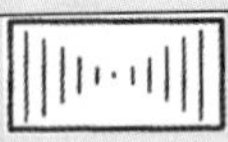 | 混凝土 | 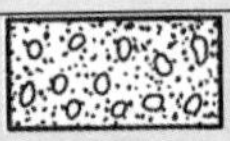 |
| 线圈绕组元件 | 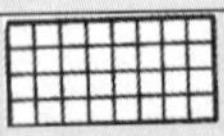 | 钢筋混凝土 |  |
| 型砂、填砂、粉末冶金、砂轮、陶瓷刀片、硬质合金、刀片等 | 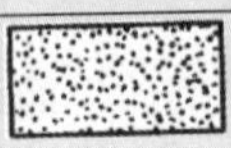 | 砖 |  |
| 玻璃及供观察用的其他透明材料 |  | 格网、筛网、过滤网等 | |
| 木材 |  纵剖面 | 液体 | 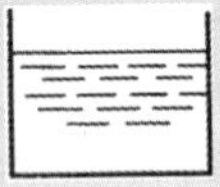 |
| |  横剖面 | | |

# 5.6　对象编辑

在 AutoCAD 中，对象编辑是指直接对对象本身的参数或图形要素进行编辑，包括钳夹功能、对象属性修改和特性匹配等。

## 5.6.1　夹点编辑

利用夹点编辑功能可以快速方便地编辑对象。AutoCAD 在图形对象上定义了一些特殊点，称为夹持点，利用夹持点可以灵活地控制对象，如图 5-86 所示。

要使用夹点编辑功能编辑对象，必须先打开夹点编辑功能，打开的方法为：选择菜单栏中的"工具"→"选项"命令，在弹出的对话框中"选择集"选项卡的"夹点"选项组下选中"显示夹点"复选框。在该页面上还可以设置代表夹点的小方格的尺寸和颜色，也可以通过 GRIPS 系统变量控制是否打开钳夹功能：1 代表打开，0 代表关闭。

打开夹点编辑功能后，应该在编辑对象之前先选择对象。夹点表示对象的控制位置。

使用夹点编辑对象，要选择一个夹点作为基点，称为基准夹点。然后选择一种编辑操作，如删除、移动、复制选择、拉伸和缩放等，可以用 Space 键、Enter 键或键盘上的快捷键循环选择这些功能。

下面仅以其中的拉伸对象操作为例进行讲述，其他操作方法与此类似。

在图形上拾取一个夹点，该夹点改变颜色，此点为夹点编辑的基准点。这时系统提示：

> ** 拉伸 **
> 指定拉伸点或 [基点(B)/复制(C)/放弃(U)/退出(X)]：

在上述拉伸编辑提示下输入"移动"命令或右击，在弹出的快捷菜单中选择"移动"命令，如图 5-87 所示，系统就会转换为"移动"操作，其他操作与此类似。

图 5-86 夹持点

图 5-87 快捷菜单

## 5.6.2 操作实例——编辑图形

绘制如图 5-88（a）所示的图形，并利用钳夹功能编辑如图 5-88（b）所示的图形。

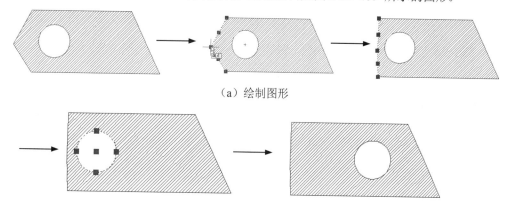

（a）绘制图形

（b）编辑图形

图 5-88 编辑填充图案

**操作步骤：（光盘\实例演示\第 5 章\编辑图形.avi）**

（1）绘制图形轮廓。单击"默认"选项卡"绘图"面板中的"直线"按钮 和"圆"按钮 ，绘制图形轮廓。

（2）填充图形。单击"默认"选项卡"绘图"面板中的"图案填充"按钮▨，系统打开"图案填充创建"选项卡，在"类型"下拉列表框中选择"用户定义"选项，角度设置为 45，间距设置为 20，如图 5-89 所示。

图 5-89　"图案填充创建"选项卡

**注意：** 一定要选中"选项"面板中的"关联"选项。

（3）夹点编辑功能设置。选择菜单栏中的"工具"→"选项"命令，系统打开"选项"对话框，在"选择集"选项组中选中"显示夹点"复选框，并进行其他设置。完成设置后单击"确定"按钮退出。

（4）夹点编辑。用鼠标分别点取如图 5-90 所示图形的左边界的两线段，这两个线段上会显示出相应的特征点方框，再用鼠标点取图中最左边的特征点，该点则以醒目方式显示。拖动鼠标，使光标移到图 5-91 中的相应位置，单击确认，则得到如图 5-92 所示的图形。

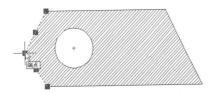  

图 5-90　显示边界特征点　　　　图 5-91　移动夹点到新位置　　　　图 5-92　编辑后的图案

用鼠标点取圆，圆上会出现相应的特征点，再用鼠标点取圆的圆心部位，则该特征点以醒目方式显示，如图 5-93 所示。拖动鼠标，使光标位于另一点的位置，然后单击确认，则得到如图 5-94 所示的结果。

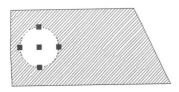 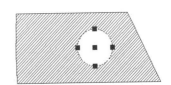

图 5-93　显示圆上特征点　　　　　　　　图 5-94　夹点移动到新位置

## 5.6.3　修改对象属性

**1. 执行方式**

☑　命令行：DDMODIFY 或 PROPERTIES。

☑　菜单栏：修改→特性。

**2. 操作步骤**

命令：DDMODIFY✓

执行该命令后，AutoCAD 打开"特性"选项板，如图 5-95 所示，利用它可以方便地设置或修改对象的各种属性。不同的对象属性种类和值不同，修改属性值，则对象改变为新的属性。

图 5-95 "特性"选项板

## 5.6.4 操作实例——花朵

本例利用上面所学的二维图形绘制、夹点编辑和修改对象属性的相关功能绘制花朵。

花朵图案由花朵与枝叶组成，其中花朵外围是一个由 5 段圆弧组成的图形。花枝和花叶可以用多段线来绘制。不同的颜色可以通过"特性"选项板来修改，这是在不分别设置图层的情况下的一种简洁方法，绘制流程如图 5-96 所示。

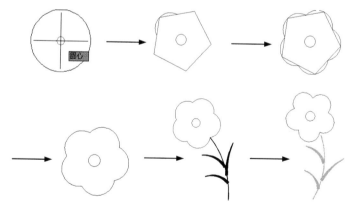

图 5-96 绘制花朵

**操作步骤：**（光盘\实例演示\第 5 章\花朵.avi）

（1）绘制花蕊。单击"默认"选项卡"绘图"面板中的"圆"按钮⊙，绘制花蕊，命令行提示与操作如下：

```
命令：_circle
指定圆的圆心或 [三点(3P)/两点(2P)/切点、切点、半径(T)]：（指定圆心）
指定圆的半径或 [直径(D)]：（用鼠标拉出圆的半径）
```

（2）绘制正五边形。单击"默认"选项卡"绘图"面板中的"多边形"按钮⬠，命令行提示与

**Note**

操作如下:

> 命令: _polygon
> 输入侧面数 <4>: 5↙
> 指定正多边形的中心点或 [边(E)]: <对象捕捉 开>（单击状态栏中的"对象捕捉"按钮，打开对象
> 捕捉功能，捕捉圆心，如图 5-97 所示）
> 输入选项 [内接于圆(I)/外切于圆(C)] <I>: ↙
> 指定圆的半径:（用鼠标拉出圆的半径）

绘制结果如图 5-98 所示。

图 5-97　捕捉圆心

图 5-98　绘制正五边形

（3）绘制花朵。单击"默认"选项卡"绘图"面板中的"圆弧"按钮，绘制花朵外轮廓雏形，命令行提示与操作如下:

> 命令: _arc
> 指定圆弧的起点或 [圆心(C)]:（捕捉最上斜边的中点）
> 指定圆弧的第二个点或 [圆心(C)/端点(E)]:（捕捉最上顶点）
> 指定圆弧的端点:（捕捉左上斜边中点）

绘制结果如图 5-99 所示。用同样的方法绘制另外 4 段圆弧，结果如图 5-100 所示。最后删除正五边形，结果如图 5-101 所示。

图 5-99　绘制一段圆弧

图 5-100　绘制所有圆弧

图 5-101　绘制花朵

（4）绘制枝叶。单击"默认"选项卡"绘图"面板中的"多段线"按钮，绘制枝叶，命令行提示与操作如下:

> 命令: _pline
> 指定起点:（捕捉圆弧右下角的交点）
> 当前线宽为 0.0000
> 指定下一个点或 [圆弧(A)/半宽(H)/长度(L)/放弃(U)/宽度(W)]: W↙
> 指定起点宽度 0.0000>: 4↙
> 指定端点宽度 <4.0000>: ↙
> 指定下一个点或 [圆弧(A)/半宽(H)/长度(L)/放弃(U)/宽度(W)]: A↙
> 指定圆弧的端点(按住 Ctrl 键以切换方向)或 [角度(A)/圆心(CE)/方向(D)/半宽(H)/直线(L)/
> 半径(R)/第二个点(S)/放弃(U)/宽度(W)]: S↙
> 指定圆弧上的第二个点:（指定第二点）
> 指定圆弧的端点:（指定第三点）

指定圆弧的端点(按住 Ctrl 键以切换方向)或 [角度(A)/圆心(CE)/闭合(CL)/方向(D)/半宽(H)/直线(L)/半径(R)/第二个点(S)/放弃(U)/宽度(W)]:✓（完成花枝绘制）
  命令: _pline
  指定起点:（捕捉花枝上一点）
  当前线宽为 4.0000
  指定下一个点或 [圆弧(A)/半宽(H)/长度(L)/放弃(U)/宽度(W)]: H✓
  指定起点半宽 <2.0000>: 12✓
  指定端点半宽 <12.0000>: 3✓
  指定下一个点或 [圆弧(A)/半宽(H)/长度(L)/放弃(U)/宽度(W)]: A✓
  指定圆弧的端点(按住 Ctrl 键以切换方向)或 [角度(A)/圆心(CE)/方向(D)/半宽(H)/直线(L)/半径(R)/第二个点(S)/放弃(U)/宽度(W)]: S✓
  指定圆弧上的第二个点:（指定第二点）
  指定圆弧的端点:（指定第三点）
  指定圆弧的端点(按住 Ctrl 键以切换方向)或 [角度(A)/圆心(CE)/闭合(CL)/方向(D)/半宽(H)/直线(L)/半径(R)/第二个点(S)/放弃(U)/宽度(W)]:✓

用同样的方法绘制另两片叶子，结果如图 5-102 所示。
（5）调整颜色。

❶ 选择枝叶，枝叶上显示夹点标志，如图 5-103 所示，在一个夹点上右击，在弹出的快捷菜单中选择"特性"命令，如图 5-104 所示。系统打开"特性"选项板，在"颜色"下拉列表框中选择"绿"，如图 5-105 所示。

图 5-102 绘制出枝叶图案

图 5-103 选择枝叶

图 5-104 快捷菜单

图 5-105 修改枝叶颜色

**Note**

❷ 用同样的方法修改花朵的颜色为"红",花蕊的颜色为"洋红",最终结果如图 5-96 所示。

💡 提示: 本例讲解了一个简单的花朵造型的绘制过程,在绘制时一定要先绘制中心的圆,因为正五边形的外接圆与此圆同心,必须通过捕捉获得正五边形的外接圆圆心位置。反过来,如果先画正五边形,再画圆,会发现无法捕捉正五边形外接圆圆心。所以,绘图时必须注意绘制的先后顺序。

另外,本例强调"特性"选项板的灵活应用。"特性"选项板包含当前对象的各种特性参数,用户可以通过修改特性参数来灵活修改和编辑对象。"特性"选项板对任何对象都适用,读者注意灵活运用。

### 5.6.5 特性匹配

利用特性匹配功能可将目标对象的属性与源对象的属性进行匹配,使目标对象的属性与源对象的属性相同。利用特性匹配功能可以方便快捷地修改对象属性,并保持不同对象的属性相同。

1. 执行方式

☑ 命令行: MATCHPROP。

☑ 工具栏: 标准→特性匹配🖌。

☑ 菜单栏: 修改→特性匹配。

☑ 功能区: 默认→特性→特性匹配🖌。

2. 操作步骤

命令: MATCHPROP✓
选择源对象: (选择源对象)
选择目标对象或[设置(S)]: (选择目标对象)

如图 5-106(a)所示为两个不同属性的对象,以左边的圆为源对象,对右边的矩形进行属性匹配,结果如图 5-106(b)所示。

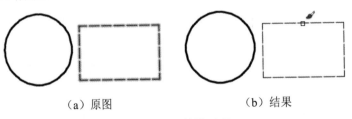

（a）原图 （b）结果

图 5-106 特性匹配

## 5.7 综合演练——足球

本例讲解一个简单的足球造型。这是一个很有趣味的造型,乍看起来不知道怎样绘制,仔细研究其中图线的规律就可以寻找到一定的方法。本例巧妙地运用"圆""镜像""正多边形""阵列""图案填充"等命令来完成造型的绘制,读者在这个简单的实例中要学会全面理解和掌握基本绘图命令与灵活应用编辑命令。

本例绘制的足球是由相互邻接的正六边形通过用圆修剪而形成的。因此，可以利用"多边形"命令（POLYGON）绘制一个正六边形，利用"镜像"命令（MIRROR）对其进行镜像操作。然后对这个镜像形成的正六边形利用"环形阵列"命令（ARRAYPOLAR）进行阵列操作。接着在适当的位置用"圆"命令（CIRCLE）绘制一个圆，将所绘制圆外面的线条用"修剪"命令（TRIM）修剪掉，最后将圆中的3个区域利用"图案填充"命令（BHATCH）进行实体填充。其绘制流程如图5-107所示。

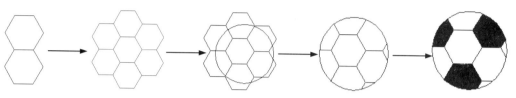

图 5-107　绘制足球

**操作步骤：（光盘\实例演示\第 5 章\足球.avi）**

（1）绘制正六边形。单击"默认"选项卡"绘图"面板中的"多边形"按钮，绘制正六边形，命令行提示与操作如下：

```
命令：POLYGON✓
输入侧面数 <4>：6✓
指定正多边形的中心点或 [边(E)]：240,120✓
输入选项 [内接于圆(I)/外切于圆(C)] <I>：✓
指定圆的半径：20✓
```

（2）镜像操作。单击"默认"选项卡"修改"面板中的"镜像"按钮，命令行提示与操作如下：

```
命令：MIRROR✓
选择对象：✓（用鼠标左键点取正六边形上的一点）
选择对象：✓（按 Enter 键，结束选择）
指定镜像线的第一点：<对象捕捉 开>（捕捉正六边形下边的顶点）
指定镜像线的第二点：（方法同上）
要删除源对象吗[是(Y)/否(N)] <N>：（不删除源对象）
```

结果如图 5-108 所示。

（3）环形阵列操作。单击"默认"选项卡"修改"面板中的"环形阵列"按钮，完成足球内部花式，命令行提示与操作如下：

```
命令：ARRAYPOLAR✓
选择对象：（选择图 5-108 下面的正六边形）
选择对象：✓
类型 = 极轴　关联 = 否
指定阵列的中心点或 [基点(B)/旋转轴(A)]：(240,120)
选择夹点以编辑阵列或 [关联(AS)/基点(B)/项目(I)/项目间角度(A)/填充角度(F)/行(ROW)/
层(L)/旋转项目(ROT)/退出(X)] <退出>：I
    输入阵列中的项目数或 [表达式(E)] <4>：6
    选择夹点以编辑阵列或 [关联(AS)/基点(B)/项目(I)/项目间角度(A)/填充角度(F)/行(ROW)/
层(L)/旋转项目(ROT)/退出(X)] <退出>：F
```

指定填充角度(+=逆时针、-=顺时针)或 [表达式(EX)] <360>: 360
选择夹点以编辑阵列或 [关联(AS)/基点(B)/项目(I)/项目间角度(A)/填充角度(F)/行(ROW)/
层(L)/旋转项目(ROT)/退出(X)] <退出>:

生成如图 5-109 所示的图形。

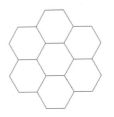

图 5-108  正六边形镜像后的图形　　　图 5-109  环形阵列后的图形

（4）绘制圆。单击"默认"选项卡"绘图"面板中的"圆"按钮⊙，绘制足球外轮廓，命令行
提示与操作如下：

命令: C↙
指定圆的圆心或 [三点(3P)/两点(2P)/切点、切点、半径(T)]: 250,115↙
指定圆的半径或 [直径(D)]: 35↙

绘制结果如图 5-110 所示。
（5）修剪操作。单击"默认"选项卡"修改"面板中的"修剪"按钮⌐，对六边形阵列进行修
剪，结果如图 5-111 所示。

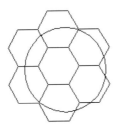
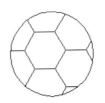

图 5-110  绘制圆后的图形　　　图 5-111  修剪后的图形

（6）填充操作。单击"默认"选项卡"绘图"面板中的"图案填充"按钮▨，系统打开如图 5-112
所示的"图案填充创建"选项卡，图案设置成 SOLID。用鼠标指定 3 个将要填充的区域，确认后生
成如图 5-107 所示的图形。

图 5-112  "图案填充创建"选项卡

# 5.8　动手练一练

通过本章的学习，读者对复杂二维图形的绘制和编辑有了大体的了解，本节通过 7 个操作练习使

读者进一步掌握本章知识要点。

## 5.8.1　绘制浴缸

操作提示：

（1）如图 5-113 所示，利用"多段线"命令绘制浴缸外沿。

（2）利用"椭圆"命令绘制缸底。

## 5.8.2　绘制雨伞

操作提示：

（1）如图 5-114 所示，利用"圆弧"命令绘制伞的外框。

（2）利用"样条曲线"命令绘制伞的底边。

（3）利用"圆弧"命令绘制伞面。

（4）利用"多段线"命令绘制伞顶和伞把。

## 5.8.3　利用布尔运算绘制三角铁

操作提示：

（1）如图 5-115 所示，利用"多边形"和"圆"命令绘制初步轮廓。

图 5-113　浴缸

图 5-114　雨伞

图 5-115　三角铁

（2）利用"面域"命令将三角形及其边上的 6 个圆转换成面域。

（3）利用"并集"命令，将正三角形分别与 3 个角上的圆进行并集处理。

（4）利用"差集"命令，以三角形为主体对象，3 个边中间位置的圆为参照体，进行差集处理。

## 5.8.4　绘制圆锥滚子轴承

本练习需要绘制的是一种圆锥滚子轴承的剖视图，如图 5-116 所示。除了要用到一些基本的绘图命令外，还要用到"图案填充"命令及"旋转""镜像""修剪"等编辑命令。本练习的目的是进一步帮助读者熟悉常见的编辑命令和"图案填充"命令的使用方法。

操作提示：

（1）设置新图层。

（2）绘制中心线及滚子所在的矩形。

（3）旋转滚子所在的矩形。

图 5-116　圆锥滚子轴承

（4）绘制半个轴承轮廓线。

（5）对绘制的图形进行修剪。

（6）镜像图形。

（7）分别对轴承外圈和内圈进行图案填充。

### 5.8.5　绘制连接盘

如图 5-117 所示，本练习设计的图形是一种常见的机械零件。在绘制的过程中，除了要用到"直线""圆""图案填充"等基本绘图命令外，还要用到"修剪""阵列""偏移"等编辑命令。本练习的目的是通过上机操作，帮助读者掌握"修剪""阵列""偏移"等编辑命令的用法。

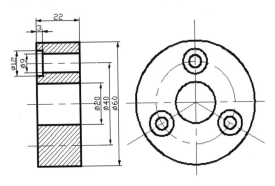

图 5-117　连接盘

操作提示：

（1）设置新图层。

（2）绘制中心线和左视图基本轮廓。

（3）对左视图同心小圆进行阵列编辑。

（4）利用主左视图之间"高平齐"尺寸关系绘制主视图基本轮廓。

（5）进行偏移编辑，产生连接盘厚度。

（6）进行修剪操作，修剪掉多余的图线。

（7）进行图案填充操作，填充剖面线。

### 5.8.6　绘制齿轮

如图 5-118 所示，本练习设计的图形是一种重要的机械零件。在绘制的过程中，除了要用到"直线""圆""图案填充"等基本绘图命令外，还要用到"修剪""镜像""偏移""倒角""圆角"等编辑命令。本练习的目的是通过上机操作，帮助读者掌握"修剪""镜像""偏移""倒角""圆角"等编辑命令的用法。

操作提示：

（1）设置新图层。

（2）绘制中心线和左视图基本轮廓。

（3）偏移左视图轴线形成键槽轮廓。

（4）改变偏移直线线型，并进行修剪。

（5）利用主左视图之间"高平齐"尺寸关系及"偏移"命令绘制主视图基本轮廓。

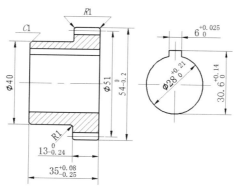

图 5-118　齿轮

（6）进行"修剪"和"镜像"编辑，产生主视图基本外形。

（7）进行"倒角"和"圆角"操作，对相关部位进行倒角和圆角。

（8）进行图案填充操作，填充剖面线。

## 5.8.7　绘制阀盖

如图 5-119 所示，本练习设计的图形是一种常见的阀盖类零件，结构相对复杂。在绘制的过程中，除了要用到"直线""圆""图案填充"等基本绘图命令外，还要用到"修剪""阵列""镜像""偏移""打断""倒角""圆角"等编辑命令。本练习的目的是通过上机操作，帮助读者掌握"修剪""镜像""打断""偏移""阵列""倒角""圆角"等编辑命令的用法。

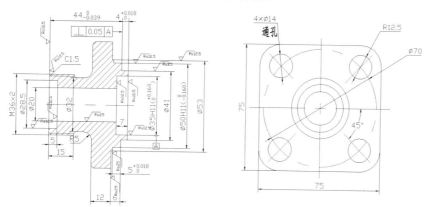

图 5-119　阀盖

操作提示：

（1）设置新图层。

（2）绘制中心线。

（3）绘制左视图，其中要用到"打断"命令来控制通孔中心线及螺纹牙底线的长度。

（4）利用主左视图之间"高平齐"尺寸关系，以及"偏移"命令绘制前视图基本轮廓。

（5）进行"修剪"和"镜像"编辑，产生前视图基本外形。

（6）进行"倒角"和"圆角"操作，对相关部位进行倒角和圆角。

（7）进行图案填充操作，填充剖面线。

# 第**6**章

# 文字与表格

文字注释是图形中很重要的一部分内容，进行各种设计时，通常不仅要绘出图形，还要在图形中标注一些文字，如技术要求、注释说明等，对图形对象加以解释。AutoCAD 提供了多种写入文字的方法。本章将介绍文本的注释和编辑功能。图表在 AutoCAD 图形中也有大量的应用，如明细表、参数表和标题栏等。图表功能使绘制图表变得方便快捷。

本章主要讲述文字标注与图表绘制的有关知识。

- ☑ 文本样式
- ☑ 文本标注
- ☑ 文本编辑
- ☑ 创建表格
- ☑ 编辑表格文字

## 任务驱动&项目案例

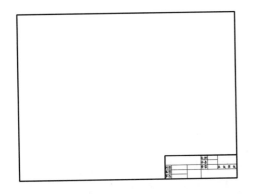

| 11 | hu11 | 橡胶密封圈 | 1 |  |
|----|------|----------|-----|---|
| 10 | hu10 | 橡胶密封圈 | 1 |  |
| 9 | hu9 | 卡环 | 1 |  |
| 8 | hu8 | 卡环 | 1 |  |
| 7 | hu7 | 离合器压板 | 1 |  |
| 6 | hu6 | 外齿摩擦片 | 7 |  |
| 5 | hu5 | 弹簧 | 20 |  |
| 4 | hu4 | 离合器活塞 | 1 |  |
| 3 | hu3 | CNL离合器缸体 | 1 |  |
| 2 | hu2 | 弹簧座总成 | 1 |  |
| 1 | hu1 | 内齿摩擦片总成 | 7 |  |
| 序号 | 代　号 | 名　称 | 数量 | 备注 |

# 6.1 文 本 样 式

文本样式是用来控制文字基本形状的一组设置。AutoCAD 提供"文字样式"对话框,通过该对话框可方便直观地定制需要的文本样式,或是对已有样式进行修改。

所有 AutoCAD 图形中的文字都有和其相对应的文本样式。输入文字对象时,AutoCAD 使用当前设置的文本样式。模板文件 ACAD.DWT 和 ACADISO.DWT 定义了名为 STANDARD 的默认文本样式。

### 1. 执行方式

☑ 命令行:STYLE 或 DDSTYLE。
☑ 菜单栏:格式→文字样式。
☑ 工具栏:文字→文字样式 A 。
☑ 功能区:默认→注释→文字样式 A 或注释→文字→文字样式→管理文字样式或注释→文字→对话框启动器 ⅃ 。

### 2. 操作步骤

命令:STYLE✓

在命令行中输入 STYLE 或 DDSTYLE,或选择"格式"→"文字样式"命令,打开"文字样式"对话框,如图 6-1 所示。

### 3. 选项说明

(1)"字体"选项组:确定字体式样。文字字体确定字符的形状,在 AutoCAD 中,除了固有的 SHX 形状字体文件外,还可以使用 TrueType 字体(如宋体、楷体、italley 等)。一种字体可以设置不同的效果从而被多种文本样式使用,如图 6-2 所示就是同一种字体(宋体)的不同样式。

图 6-1 "文字样式"对话框

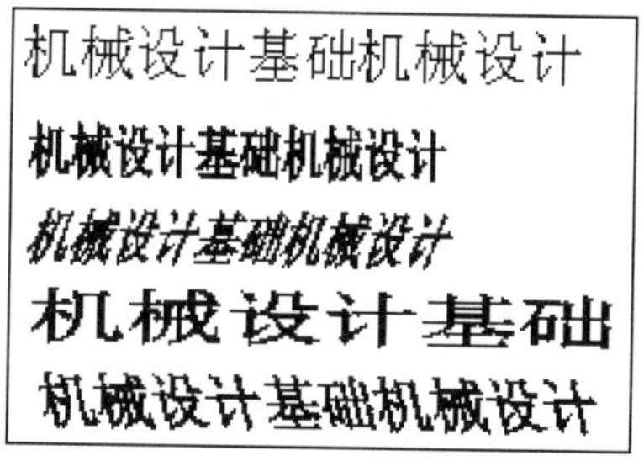

图 6-2 同一种字体的不同样式

(2)"大小"选项组。

❶ "注释性"复选框:指定文字为注释性文字。

❷ "使文字方向与布局匹配"复选框:指定图纸空间视口中的文字方向与布局方向匹配。如果

取消选中"注释性"复选框，则该选项不可用。

    ❸ "高度"文本框：设置文字高度。如果设置为 0.2，则每次用该样式输入文字时，文字默认高度为 0.2。

    （3）"效果"选项组：此选项组中的各项用于设置字体的特殊效果。

    ❶ "颠倒"复选框：选中此复选框，表示将文本文字倒置标注，如图 6-3（a）所示。

    ❷ "反向"复选框：确定是否将文本文字反向标注，图 6-3（b）给出了这种标注效果。

    ❸ "垂直"复选框：确定文本是水平标注，还是垂直标注。此复选框选中时为垂直标注，否则为水平标注，如图 6-4 所示。

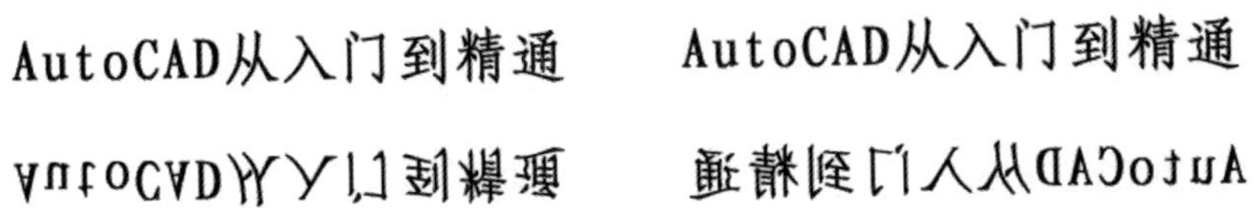

（a）倒置             （b）反向

图 6-3  文字倒置标注与反向标注         图 6-4  垂直标注文字

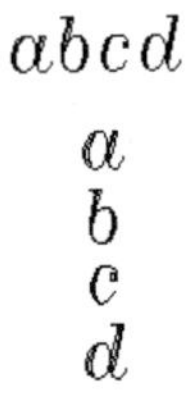

📢 注意："垂直"复选框只有在 SHX 字体下才可用。

    ❹ "宽度因子"文本框：设置宽度系数，确定文本字符的宽高比。当比例系数为 1 时表示按字体文件中定义的宽高比标注文字。当此系数小于 1 时字变窄，反之变宽。图 6-5（a）给出不同比例系数下标注的文本。

    ❺ "倾斜角度"文本框：用于确定文字的倾斜角度。角度为 0 时不倾斜，为正时向右倾斜，为负时向左倾斜，如图 6-5（b）所示。

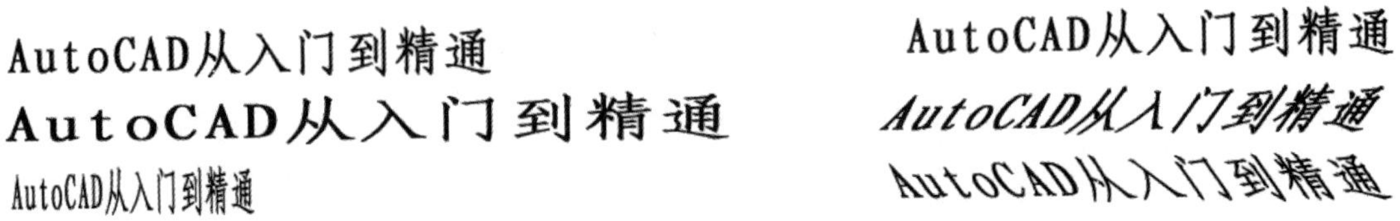

（a）不同宽度系数            （b）倾斜

图 6-5  不同宽度系数的文字标注与文字倾斜标注

    （4）"置为当前"按钮：该按钮用于将在"样式"下选定的样式设置为"当前"。

    （5）"新建"按钮：该按钮用于新建文字样式。单击此按钮，系统弹出如图 6-6 所示的"新建文字样式"对话框，并自动为当前设置提供名称"样式 n"（其中，n 为所提供样式的编号）。可以采用默认值或在该框中输入名称，然后单击"确定"按钮使新样式名使用当前样式设置。

图 6-6  "新建文字样式"对话框

    （6）"删除"按钮：该按钮用于删除未使用文字样式。

# 6.2  文 本 标 注

    在制图过程中文字传递很多设计信息，它可能是一个很长、很复杂的说明，也可能是一个简短的文字信息。需要标注的文本不太长时，可以利用 TEXT 命令创建单行文本。需要标注很长、很复杂的文字信息时，用户可以用 MTEXT 命令创建多行文本。

## 6.2.1 单行文本标注

### 1. 执行方式

☑ 命令行：TEXT。
☑ 菜单栏：绘图→文字→单行文字。
☑ 工具栏：文字→单行文字AI。
☑ 功能区：默认→注释→单行文字AI或注释→文字→单行文字AI。

### 2. 操作步骤

命令：`TEXT✓`

选择相应的菜单项或在命令行中输入 TEXT 后按 Enter 键，AutoCAD 提示如下：

当前文字样式：`Standard` 当前文字高度：`0.2000`
指定文字的起点或 `[对正(J)/样式(S)]`：

### 3. 选项说明

（1）指定文字的起点
在此提示下直接在作图屏幕上点取一点作为文本的起始点，AutoCAD 提示如下：

指定高度 `<0.2000>`：（确定字符的高度）
指定文字的旋转角度 `<0>`：（确定文本行的倾斜角度）
输入文字：（输入文本）

在此提示下输入一行文本后按 Enter 键，AutoCAD 继续显示"输入文字:"提示，可继续输入文本，待全部输入完后在此提示下直接按 Enter 键，则退出 TEXT 命令。因此，TEXT 命令也可创建多行文本，只是这种多行文本每一行是一个对象，不能对多行文本同时进行操作。

📢 **注意：** 只有当前文本样式中设置的字符高度为 0 时，在使用 TEXT 命令时 AutoCAD 才出现要求用户确定字符高度的提示信息，AutoCAD 允许将文本行倾斜排列，如图 6-7 所示为倾斜角度分别是 0°、45°和-45°时的排列效果。在"指定文字的旋转角度 <0>:"提示下输入文本行的倾斜角度或在屏幕上拉出一条直线来指定倾斜角度，这与图 6-5 所示文字倾斜标注不同。

图 6-7 文本行倾斜排列的效果

（2）对正(J)
在上面的提示信息下输入 J，用来确定文本的对齐方式，对齐方式决定文本的哪一部分与所选的插入点对齐。执行此选项，AutoCAD 提示：

> 输入选项 [左 (L) /居中 (C) /右 (R) /对齐 (A) /中间 (M) /布满 (F) /左上 (TL) /中上 (TC) /右上 (TR) /
> 左中 (ML) /正中 (MC) /右中 (MR) /左下 (BL) /中下 (BC) /右下 (BR) ]：

在此提示下选择一个选项作为文本的对齐方式。当文本串水平排列时，AutoCAD 为标注文本串定义如图 6-8 所示的顶线、中线、基线和底线，各种对齐方式如图 6-9 所示，图中大写字母对应上述提示中各命令。

图 6-8　文本行的底线、基线、中线和顶线

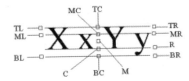

图 6-9　文本的对齐方式

下面以"对齐"命令为例进行简要说明。

选择"对齐(A)"选项，要求用户指定文本行基线的起始点与终止点的位置，AutoCAD 提示如下：

> 指定文字基线的第一个端点：（指定文本行基线的起点位置）
> 指定文字基线的第二个端点：（指定文本行基线的终点位置）
> 输入文字：（输入一行文本后按 Enter 键）
> 输入文字：（继续输入文本或直接按 Enter 键结束命令）

执行结果：所输入的文本字符均匀地分布于指定的两点之间，如果两点间的连线不水平，则文本行倾斜放置，倾斜角度由两点间的连线与 X 轴夹角确定；字高、字宽根据两点间的距离、字符的多少及文本样式中设置的宽度系数自动确定。指定两点之后，每行输入的字符越多，字宽和字高越小。

其他命令选项与"对齐"命令类似，不再赘述。

实际绘图时，有时需要标注一些特殊字符，如直径符号、上画线或下画线、温度符号等。由于这些符号不能直接从键盘上输入，AutoCAD 为此提供一些控制码，用来实现这些要求。控制码用两个百分号（%%）加一个字符构成，常用的控制码如表 6-1 所示。

表 6-1　AutoCAD 常用的控制码

| 符　号 | 功　能 | 符　号 | 功　能 |
| --- | --- | --- | --- |
| %%o | 上划线 | \U+E107 | 流线 |
| %%u | 下划线 | \U+2261 | 标识 |
| %%d | "度数"符号 | \U+E102 | 界碑线 |
| %%p | "正/负"符号 | \U+2260 | 不相等 |
| %%c | "直径"符号 | \U+2126 | 欧姆 |
| %%% | 百分号 | \U+03A9 | 欧米伽 |
| \U+2248 | 几乎相等 | \U+214A | 地界线 |
| \U+2220 | 角度 | \U+2082 | 下标 2 |
| \U+E100 | 边界线 | \U+00B2 | 平方 |
| \U+2104 | 中心线 | \U+0278 | 电相位 |
| \U+0394 | 差值 | | |

在表 6-1 中，%%o 和 %%u 分别是上划线和下划线的开关，第一次出现此符号开始画上划线和下

划线，第二次出现此符号上划线和下划线终止。例如在"Text:"提示后输入"I want to %%u go to Beijing%%u."，则得到如图 6-10 上行所示的文本行；输入 "50%%d+%%c75%%p12"，则得到如图 6-10 下行所示的 文本行。

I want to <u>go to Beijing</u>.

50°+∅75±12

图 6-10　文本行

Note

用 TEXT 命令可以创建一个或若干个单行文本，也就 是说用此命令可以标注多行文本。在"输入文本:"提示下 输入一行文本后按 Enter 键，AutoCAD 继续提示"输入文 本:"，用户可输入第二行文本，依此类推，直到文本全部输完，再在此提示下直接按 Enter 键，结束 文本输入命令。每一次按 Enter 键就结束一个单行文本的输入，每一个单行文本是一个对象，可以单 独修改其文本样式、字高、旋转角度和对齐方式等。

用 TEXT 命令创建文本时，在命令行中输入的文字同时显示在屏幕上，而且在创建过程中可以随 时改变文本的位置，只要将光标移到新的位置单击，则当前行结束，随后输入的文本在新的位置出现。 用这种方法可以把多行文本标注到屏幕的任何地方。

## 6.2.2　多行文本标注

1. 执行方式

☑　命令行：MTEXT。
☑　菜单栏：绘图→文字→多行文字。
☑　工具栏：绘图→多行文字**A**或文字→多行文字**A**。
☑　功能区：默认→注释→多行文字**A**或注释→文字→多行文字**A**。

2. 操作步骤

命令：MTEXT↙

选择相应的菜单项或单击工具图标，或在命令行中输入 MTEXT 后按 Enter 键，系统提示：

当前文字样式：Standard　当前文字高度：1.9122　注释性：否
指定第一角点：(指定矩形框的第一个角点)
指定对角点或 [高度(H)/对正(J)/行距(L)/旋转(R)/样式(S)/宽度(W)/栏(C)]：

3. 选项说明

（1）指定对角点：直接在屏幕上点取一个点作为矩形框的第二个角点，AutoCAD 以这两个点为 对角点形成一个矩形区域，其宽度作为将来要标注的多行文本的宽度，而且第一个点作为第一行文本 顶线的起点。响应后 AutoCAD 打开如图 6-11 所示的多行文字编辑器，可利用此对话框与编辑器输入 多行文本并对其格式进行设置。关于对话框中各选项的含义与编辑器功能稍后再详细介绍。

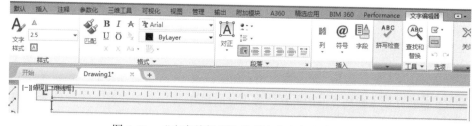

图 6-11　"文字编辑器"选项卡和多行文字编辑器

（2）对正(J)：确定所标注文本的对齐方式。选择此选项，AutoCAD 提示：

> 输入对正方式 [左上(TL)/中上(TC)/右上(TR)/左中(ML)/正中(MC)/右中(MR)/左下(BL)/中下(BC)/右下(BR)] <左上(TL)>：

这些对齐方式与 TEXT 命令中的各对齐方式相同，不再重复。选取一种对齐方式后按 Enter 键，AutoCAD 回到上一级提示。

（3）行距(L)：确定多行文本的行间距，这里所说的"行间距"是指相邻两文本行基线之间的垂直距离。执行此选项，AutoCAD 提示：

> 输入行距类型 [至少(A)/精确(E)] <至少(A)>：

在此提示下有两种方式确定行间距："至少"方式和"精确"方式。"至少"方式下，AutoCAD 根据每行文本中最大的字符自动调整行间距。"精确"方式下，AutoCAD 为多行文本赋予一个固定的行间距。可以直接输入一个确切的间距值，也可以输入 nx 的形式，其中 n 是一个具体数，表示行间距设置为单行文本高度的 n 倍，而单行文本高度是本行文本字符高度的 1.66 倍。

（4）旋转(R)：确定文本行的倾斜角度。选择此选项，AutoCAD 提示：

> 指定旋转角度 <0>：（输入倾斜角度）

输入角度值后按 Enter 键，AutoCAD 返回到"指定对角点或 [高度(H)/对正(J)/行距(L)/旋转(R)/样式(S)/宽度(W)/栏(C)]："提示。

（5）样式(S)：确定当前的文本样式。

（6）宽度(W)：指定多行文本的宽度。可在屏幕上选取一点与由前面确定的第一个角点组成的矩形框的宽作为多行文本宽度。可以输入一个数值，精确设置多行文本的宽度。

> **技巧：** 在创建多行文本时，只要给定文本行的起始点和宽度，AutoCAD 就会打开如图 6-11 所示的"文字编辑器"选项卡，用户可以在编辑器中输入和编辑多行文本，包括字高、文本样式及倾斜角等。
>
> 该编辑器与 Microsoft 的 Word 编辑器界面类似，事实上该编辑器与 Word 编辑器在某些功能上趋于一致。这样既增强了多行文字编辑功能，又能使用户更熟悉和方便地使用，效果很好。

（7）栏(C)：根据栏宽、栏间距宽度和栏高组成矩形框，打开如图 6-11 所示的"文字编辑器"选项卡和多行文字编辑器。

（8）"文字编辑器"选项卡：用来控制文本的显示特性。可以在输入文本前设置文本的特性，也可以改变已输入的文本特性。要改变已有文本显示特性，首先应选择要修改的文本，选择文本的方式有以下 3 种。

☑　将光标定位到文本开始处，按住鼠标左键，拖到文本末尾。

☑　双击某个文字，则该文字被选中。

☑　3 次单击鼠标，则选中全部内容。

下面介绍"文字编辑器"选项卡中部分选项的功能。

❶ "格式"面板

☑　"文本高度"下拉列表框：用于确定文本的字符高度，可在文本编辑器中直接输入新的字符高度，也可从此下拉列表框中选择已设定过的高度。

☑　**B** 和 *I* 按钮：用于设置黑体或斜体效果，只对 TrueType 字体有效。

☑　"删除线"按钮 ꜩ：用于在文字上添加水平删除线。

☑ "下画线"按钮U与"上画线"按钮Ō：用于设置或取消上（下）划线。

☑ "堆叠"按钮∺：即层叠/非层叠文本按钮，用于层叠所选的文本，也就是创建分数形式。当文本中某处出现"/"、"^"或"#"这 3 种层叠符号之一时可层叠文本，方法是选中需层叠的文字，然后单击此按钮，则符号左边的文字作为分子，右边的文字作为分母。AutoCAD提供了 3 种分数形式，如果选中"abcd/efgh"后单击此按钮，则得到如图 6-12（a）所示的分数形式；如果选中"abcd^efgh"后单击此按钮，则得到如图 6-12（b）所示的形式，此形式多用于标注极限偏差；如果选中"abcd # efgh"后单击此按钮，则创建斜排的分数形式，如图 6-12（c）所示。如果选中已经层叠的文本对象后单击此按钮，则恢复到非层叠形式。

☑ "倾斜角度"下拉列表框⁰/：用于设置文字的倾斜角度，如图 6-13 所示。

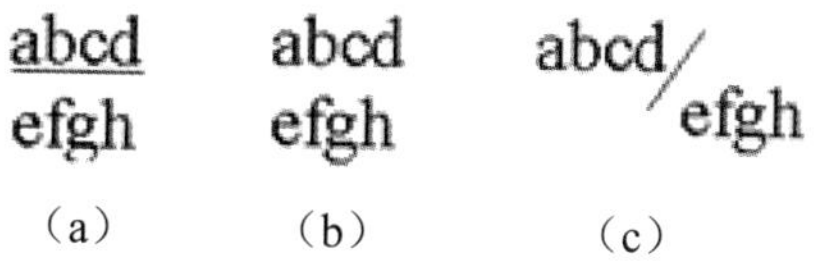

图 6-12 文本层叠

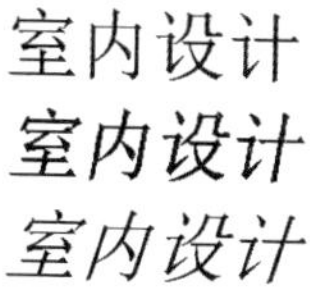

图 6-13 倾斜角度与斜体效果

☑ "符号"按钮@·：用于输入各种符号。单击该按钮，系统打开符号列表，如图 6-14 所示，可以从中选择符号输入到文本中。

☑ "插入字段"按钮🗒：用于插入一些常用或预设字段。单击该按钮，系统打开"字段"对话框，如图 6-15 所示，用户可以从中选择字段插入到标注文本中。

图 6-14 符号列表

图 6-15 "字段"对话框

☑ "追踪"按钮ᵃᵇ：用于增大或减小选定字符之间的空隙。

❷ "段落"面板

☑ "多行文字对正"按钮🄰·：显示"多行文字对正"菜单，并且有 9 个对齐选项可用。

☑ "宽度因子"按钮◐：用于扩展或收缩选定字符。

☑ "上标"按钮x·：将选定文字转换为上标，即在输入线的上方设置稍小的文字。

☑ "下标"按钮x·：将选定文字转换为下标，即在输入线的下方设置稍小的文字。

☑ "清除格式"下拉列表：删除选定字符的字符格式，或删除选定段落的段落格式，或删除选定段落中的所有格式。

☑ 关闭：如果选择此选项，将从应用了列表格式的选定文字中删除字母、数字和项目符号。不更改缩进状态。

☑ 以数字标记：应用将带有句点的数字用于列表中的项的列表格式。

☑ 以字母标记：应用将带有句点的字母用于列表中的项的列表格式。如果列表含有的项多于字母中含有的字母，可以使用双字母继续序列。

☑ 以项目符号标记：应用将项目符号用于列表中的项的列表格式。

☑ 起点：在列表格式中启动新的字母或数字序列。如果选定的项位于列表中间，则选定项下面的未选中的项也将成为新列表的一部分。

☑ 连续：将选定的段落添加到上面最后一个列表然后继续序列。如果选择了列表项而非段落，选定项下面的未选中的项将继续序列。

☑ 允许自动项目符号和编号：在输入时应用列表格式。以下字符可以用作字母和数字后的标点并不能用作项目符号：句点（.）、逗号（,）、右括号（)）、右尖括号（>）、右方括号（]）右花括号（}）。

☑ 允许项目符号和列表：如果选择此选项，列表格式将应用到外观类似列表的多行文字对象中的所有纯文本。

☑ 段落：为段落和段落的第一行设置缩进。指定制表位和缩进，控制段落对齐方式、段落间距和段落行距，如图 6-16 所示。

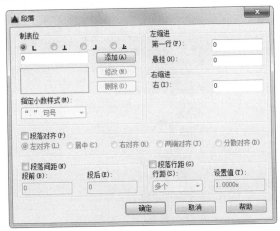

图 6-16    "段落"对话框

❸ "拼写检查"面板

☑ 拼写检查：确定输入时拼写检查处于打开还是关闭状态。

☑ 编辑词典：显示"词典"对话框，从中可添加或删除在拼写检查过程中使用的自定义词典。

❹ "工具"面板

输入文字：选择此选项，系统打开"选择文件"对话框，如图 6-17 所示。选择任意 ASCII 或 RTF 格式的文件。输入的文字保留原始字符格式和样式特性，但可以在多行文字编辑器中编辑和格式化输入的文字。选择要输入的文本文件后，可以替换选定的文字或全部文字，或在文字边界内将插入的文字附加到选定的文字中。输入文字的文件必须小于 32KB。

❺ "选项"面板

标尺：在编辑器顶部显示标尺。拖动标尺末尾的箭头可更改文字对象的宽度。列模式处于活动状态时，还显示高度和列夹点。

图 6-17 "选择文件"对话框

### 6.2.3 操作实例——在标注文字时插入"±"

下面讲述在标注文字时插入一些特殊字符的方法。

**操作步骤：（光盘\实例演示\第 6 章\在标注文字时插入"±".avi）**

（1）打开多行文字。单击"默认"选项卡"注释"面板中的"多行文字"按钮**A**，系统打开"文字编辑器"选项卡。单击"符号"按钮**@**，系统打开"符号"下拉菜单，继续在"符号"下拉菜单中选择"其他"命令，如图 6-18 所示。系统打开"字符映射表"对话框，如图 6-19 所示，其中包含当前字体的整个字符集。

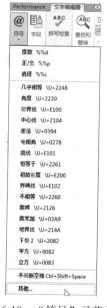

图 6-18 "符号"子菜单

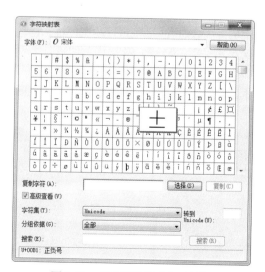

图 6-19 "字符映射表"对话框

（2）选中要插入的字符，然后单击"选择"按钮。

（3）选中要使用的所有字符，然后单击"复制"按钮。

（4）在多行文字编辑器中右击，在弹出的快捷菜单中选择"粘贴"命令。

# 6.3 文 本 编 辑

对于已经标注完的文本，如果需要更改，可以使用文本编辑相关命令来实现。本节主要介绍文本编辑命令 DDEDIT。

## 6.3.1 文本编辑命令

### 1. 执行方式

- ☑ 命令行：DDEDIT。
- ☑ 菜单栏：修改→对象→文字→编辑。
- ☑ 工具栏：文字→编辑 。
- ☑ 快捷菜单：修改多行文字或编辑文字。

### 2. 操作步骤

命令：DDEDIT✓
选择注释对象或 [放弃(U)]：

要求选择要修改的文本，同时光标变为拾取框。用拾取框拾取对象，如果选取的文本是用 TEXT 命令创建的单行文本，则高显该文本，可对其进行修改。如果选取的文本是用 MTEXT 命令创建的多行文本，选取后则打开多行文字编辑器，可根据前面的介绍对各项设置或内容进行修改。

## 6.3.2 操作实例——机械制图样板图

所谓样板图就是将绘制图形通用的一些基本内容和参数事先设置好并绘制出来，以.dwt 的格式保存。例如，国标的 A3 图纸可以绘制图框、标题栏，设置图层、文字样式、标注样式等，然后作为样板图保存。以后需要绘制 A3 幅面的图形时，可打开此样板图，在此基础上绘图。如果有很多张图纸，可明显提高绘图效率，也有利于图形标准化。

本例绘制的样板图如图 6-20 所示。样板图包括边框、图形外围、标题栏、图层、文本样式、标注样式等，可以逐步进行设置。

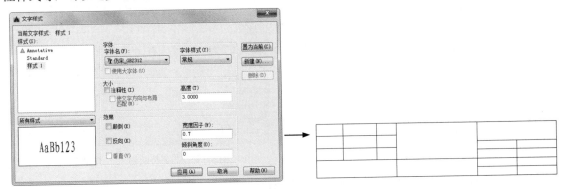

图 6-20 绘制的样板图

Note

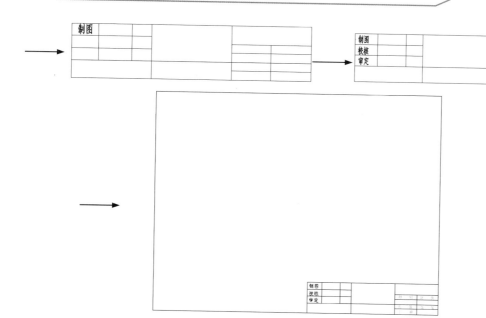

图 6-20　绘制的样板图（续）

**操作步骤:（光盘\实例演示\第 6 章\机械制图样板图.avi）**

（1）设置单位。选择菜单栏中的"格式"→"单位"命令，打开"图形单位"对话框，如图 6-21 所示。设置长度的类型为"小数"，精度为 0；角度的类型为"十进制度数"，精度为 0，系统默认逆时针方向为正；插入时的缩放单位设置为"无单位"。

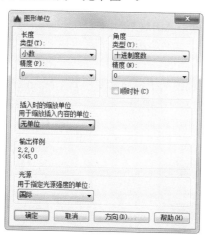

图 6-21　"图形单位"对话框

（2）设置图形边界。国标对图纸的幅面大小作了严格规定，在这里按国标 A3 图纸幅面设置图形边界，A3 图纸的幅面为 420mm×297mm，故设置图形边界如下:

```
命令: LIMITS✓
重新设置模型空间界限:
指定左下角点或 [开(ON)/关(OFF)] <0.0>: ✓
指定右上角点 <420,297>: 420,297✓
```

（3）设置图层。图层约定如表 6-2 所示。

表 6-2　图层约定

| 图层名 | 颜色 | 线型 | 线宽 | 用途 |
|--------|------|------|------|------|
| 0 | 7（白） | Continuous | b | 默认 |
| 细实线层 | 2（红） | Continuous | b | 细实线隐藏线 |
| 图框层 | 5（白） | Continuous | b | 图框线 |
| 标题栏层 | 3（白） | Continuous | b | 标题栏零件名 |

（4）设置层名。单击"默认"选项卡"图层"面板中的"图层特性"按钮，打开"图层特性管理器"选项板，如图 6-22 所示。在该选项板中单击"新建图层"按钮，建立不同层名的新图层，这些不同的图层分别存放不同的图线或图形。

图 6-22　"图层特性管理器"选项板

（5）设置图层颜色。为了区分不同图层上的图线，增加图形不同部分的对比度，可以在"图层特性管理器"选项板中单击对应图层"颜色"列下的颜色色块，打开"选择颜色"对话框，如图 6-23 所示。在该对话框中选择需要的颜色。

（6）设置线型。在常用的工程图纸中，通常要用到不同的线型，这是因为不同的线型表示不同的含义。在"图层特性管理器"选项板中选择"线型"选项卡下的线型选项，打开"选择线型"对话框，如图 6-24 所示，在该对话框中可选择对应的线型，如果在"已加载的线型"列表框中没有需要的线型，可以单击"加载"按钮，打开"加载或重载线型"对话框加载线型，如图 6-25 所示。

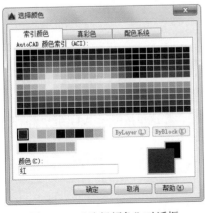

图 6-23　"选择颜色"对话框

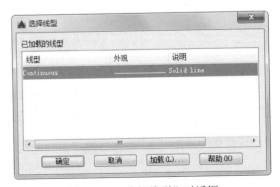

图 6-24　"选择线型"对话框

（7）设置线宽。在工程图纸中，不同的线宽也表示不同的含义，因此也要对不同图层的线宽进行设置，选择"图层特性管理器"选项板中"线宽"列下的选项，打开"线宽"对话框，如图 6-26 所示，在该对话框中可选择适当的线宽。需要注意的是，应尽量保持细线与粗线之间的比例大约为 1:2。

图 6-25 "加载或重载线型"对话框

图 6-26 "线宽"对话框

（8）设置文字样式。下面列出一些文字样式中的格式，按如下约定进行设置：文字高度一般为 7，零件名称为 10，标题栏中其他文字为 5，尺寸文字为 5，线型比例为 1，图纸空间线型比例为 1，单位为十进制，小数点后 0 位，角度小数点后 0 位。

可以生成 4 种文字样式，分别用于一般注释、标题块中零件名注释、标题块注释及尺寸标注。

（9）单击"默认"选项卡"注释"面板中的"文字样式"按钮，打开"文字样式"对话框，单击"新建"按钮，系统打开"新建文字样式"对话框，如图 6-27 所示。接受默认的"样式 1"文字样式名，单击"确定"按钮退出。

（10）系统回到"文字样式"对话框。在"字体名"下拉列表框中选择"仿宋_GB2312"选项，在"高度"文本框中输入 3，在"宽度因子"文本框中将宽度比例设置为 0.7，如图 6-28 所示。单击"应用"按钮，然后再单击"关闭"按钮。其他文字样式设置与此类似。

图 6-27 "新建文字样式"对话框

图 6-28 "文字样式"对话框

（11）绘制图框线。将当前图层设置为 0 图层，在该图层绘制图框线。单击"默认"选项卡"绘图"面板中的"直线"按钮，命令行提示与操作如下：

```
命令：LINE↙
指定第一个点：25,5↙
指定下一点或 [放弃(U)]：415,5↙
```

```
指定下一点或 [放弃(U)]: 415,292↙
指定下一点或 [闭合(C)/放弃(U)]: 25,292↙
指定下一点或 [闭合(C)/放弃(U)]: C↙
```

（12）绘制标题栏图框。按照有关标准或规范设定尺寸，利用"直线"命令和相关编辑命令绘制标题栏图框，如图 6-29 所示。

（13）注写标题栏中的文字。单击"默认"选项卡"注释"面板中的"多行文字"按钮 **A**，输入文字"制图"，命令行提示与操作如下：

```
命令: _mtext
当前文字样式: Standard  文字高度: 3.0000  注释性: 否
指定第一角点: （指定文字输入的起点）
指定对角点或 [高度(H)/对正(J)/行距(L)/旋转(R)/样式(S)/宽度(W)/栏(C)]:
命令: MOVE↙
选择对象: （选择已标注的文字）
找到 1 个
选择对象: ↙
指定基点或 [位移(D)] <位移>: （指定一点）
指定位移的第二点或 <用第一点作位移>: （指定适当的一点，使文字正好处于图框中间位置）
```

结果如图 6-30 所示。

图 6-29　绘制标题栏图框

图 6-30　标注和移动文字

（14）单击"默认"选项卡"修改"面板中的"复制"按钮 ，复制文字，命令行提示与操作如下：

```
命令: COPY↙
选择对象: （选择文字"制图"）
找到 1 个
选择对象: ↙
当前设置: 复制模式 = 多个
指定基点或 [位移(D)/模式(O)] <位移>: （指定基点）
指定第二个点或 [阵列(A)] <使用第一个点作为位移>: （指定第二点）
……
```

结果如图 6-31 所示。

（15）修改文字。选择复制的文字"制图"，单击亮显，在夹点编辑标志点上右击，打开快捷菜单，选择"特性"命令，如图 6-32 所示。系统打开"特性"选项板，如图 6-33 所示。选择"文字"选项组中的"内容"选项，单击后面的 按钮，打开"文字编辑器"选项卡和多行文字编辑器，如图 6-34 所示。在编辑器中将其中的文字"制图"改为"校核"。用同样的方法修改其他

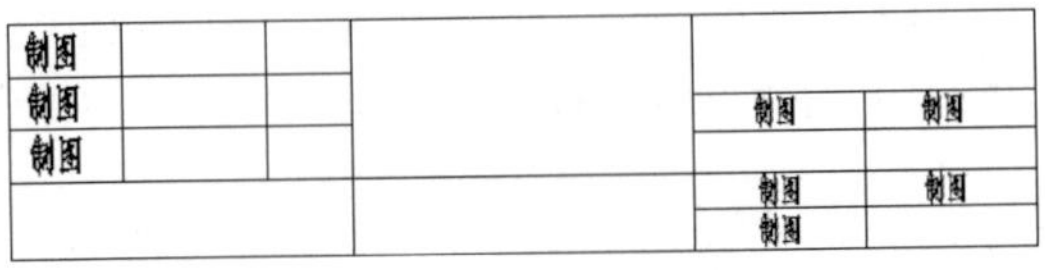

图 6-31　复制文字

文字，结果如图 6-35 所示。

图 6-32 快捷菜单

图 6-33 "特性"选项板

图 6-34 "文字编辑器"选项卡和多行文字编辑器

绘制标题栏后的样板图如图 6-36 所示。

图 6-35 修改文字

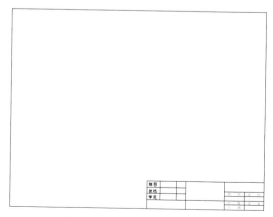

图 6-36 绘制标题栏后的样板图

（16）设置尺寸标注样式。有关尺寸标注内容第 7 章将详细介绍，此处不再赘述。

（17）保存成样板图文件。样板图及其环境设置完成后，可以将其保存成样板图文件。在"文件"下拉菜单中选择"保存"或"另存为"命令，打开"保存"或"图形另存为"对话框，如图 6-37 所示。在"文件类型"下拉列表框中选择"AutoCAD 图形样板（*.dwt）"选项，输入文件名"机械"，单击"保存"按钮，保存文件。系统打开"样板选项"对话框，如图 6-38 所示，单击"确定"按钮保存文件。下次绘图时，可以打开该样板图文件，在此基础上开始绘图。

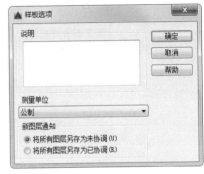

图 6-37  保存样板图 　　　　　　　　　　图 6-38  "样板选项"对话框

# 6.4  表　　格

在 AutoCAD 以前的版本中，要绘制表格必须采用绘制图线或者图线结合"偏移""复制"等编辑命令来完成。这样的操作过程烦琐而复杂，不利于提高绘图效率。表格功能使创建表格变得非常容易，用户可以直接插入设置好样式的表格，而不用绘制由单独的图线组成的栅格。

## 6.4.1  定义表格样式

和文字样式一样，AutoCAD 所有图形中的表格都有和其相对应的表格样式。插入表格对象时，AutoCAD 使用当前设置的表格样式。表格样式是用来控制表格基本形状和间距的一组设置。模板文件 ACAD.DWT 和 ACADISO.DWT 中定义了名为 STANDARD 的默认表格样式。

1. 执行方式

☑　命令行：TABLESTYLE。

☑　菜单栏：格式→表格样式。

☑　工具栏：样式→表格样式管理器 ⊞。

☑　功能区：默认→注释→表格样式 ⊞ 或注释→表格→表格样式→管理表格样式或注释→表格→对话框启动器 ⌐。

2. 操作步骤

命令：TABLESTYLE✓

在命令行中输入 TABLESTYLE，或单击"默认"选项卡"注释"面板中的"表格样式"按钮，将打开"表格样式"对话框，如图 6-39 所示。

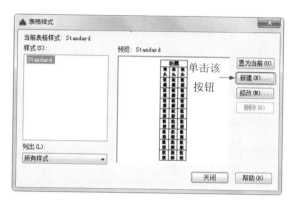

图 6-39 "表格样式"对话框

3. 选项说明

（1）新建

单击该按钮，系统打开"创建新的表格样式"对话框，如图 6-40 所示。输入新的表格样式名后，单击"继续"按钮，系统打开"新建表格样式"对话框，如图 6-41 所示，从中可以定义新的表格样式。

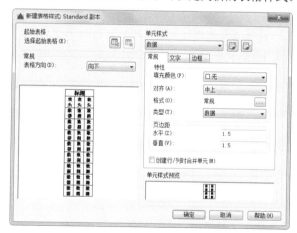

图 6-40 "创建新的表格样式"对话框　　　　图 6-41 "新建表格样式"对话框

"新建表格样式"对话框的"单元样式"下拉列表中包含有"数据"、"表头"和"标题"3 个选项，分别控制表格中数据、列标题和总标题的有关参数，如图 6-42 所示。下面以"数据"单元样式为例说明其中各参数的功能。

❶ "常规"选项卡：用于控制数据栏与标题栏的上下位置关系。

❷ "文字"选项卡：用于设置文字属性，选择此选项卡，在"文字样式"下拉列表框中可以选择已定义的文字样式并应用于数据文字，也可以单击右侧的按钮重新定义文字样式。其中有"文字高度"、"文字颜色"和"文字角度"各选项设定的相应参数格式可供用户选择。

❸ "边框"选项卡：用于设置表格的边框属性，下面的边框线按钮控制数据边框线的各种形式，如绘制所有数据边框线、只绘制数据边框外部边框线、只绘制数据边框内部边框线、无边框线、只绘制底部边框线等。选项卡中的"线宽"、"线型"和"颜色"下拉列表框则控制边框线的线宽、线型和

颜色；选项卡中的"间距"文本框用于控制单元边界和内容之间的间距。

图 6-43 中数据文字样式为 Standard，文字高度为 4.5，文字颜色为红色，填充颜色为黄色，对齐方式为"右下"；没有页眉行，标题文字样式为 Standard，文字高度为 6，文字颜色为蓝色，填充颜色为"无"，对齐方式为"正中"；表格方向为"上"，水平单元边距和垂直单元边距都为 1.5。

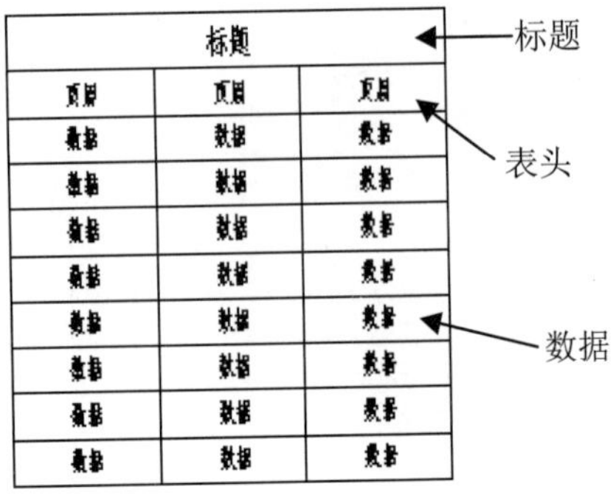

图 6-42　表格样式

图 6-43　表格示例

（2）修改

对当前表格样式进行修改，方式与新建表格样式相同。

## 6.4.2　创建表格

在设置好表格样式后，用户可以利用 TABLE 命令创建表格。

### 1. 执行方式

☑　命令行：TABLE。

☑　菜单栏：绘图→表格。

☑　工具栏：绘图→表格▦。

☑　功能区：默认→注释→表格▦或注释→表格→表格▦。

### 2. 操作步骤

命令：TABLE↙

在命令行中输入 TABLE，或单击"默认"选项卡"注释"面板中的"表格"按钮▦，将打开"插入表格"对话框，如图 6-44 所示。

### 3. 选项说明

（1）"表格样式"选项组

可以在"表格样式"下拉列表框中选择一种表格样式，也可以单击后面的▣按钮新建或修改表格样式。

（2）"插入方式"选项组

❶　"指定插入点"单选按钮：指定表左上角的位置。可以使用定点设备，也可以在命令行中输入坐标值。如果表格样式将表的方向设置为由下而上读取，则插入点位于表的左下角。

❷　"指定窗口"单选按钮：指定表的大小和位置。可以使用定点设备，也可以在命令行中输入坐标值。选中此单选按钮时，行数、列数、列宽和行高取决于窗口的大小及列和行的设置。

（3）"列和行设置"选项组

指定列和行的数目，以及列宽与行高。

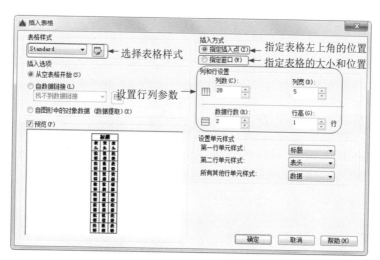

图 6-44 "插入表格"对话框

**注意：** 在"插入方式"选项组中选中"指定窗口"单选按钮后，列与行设置的两个参数中只能指定一个，另外一个由指定窗口大小自动等分指定。

在"插入表格"对话框中进行相应设置后，单击"确定"按钮，系统在指定的插入点或窗口自动插入一个空表格，并显示多行文字编辑器，用户可以逐行逐列输入相应的文字或数据，如图 6-45 所示。

图 6-45 多行文字编辑器

**注意：** 在插入后的表格中选择某一个单元格，单击后出现钳夹点，通过移动钳夹点可以改变单元格的大小，如图 6-46 所示。

图 6-46 改变单元格大小

## 6.4.3 表格文字编辑

### 1. 执行方式

☑ 命令行：TABLEDIT。

☑ 快捷菜单：选定表和一个或多个单元后，右击，在弹出的快捷菜单中选择"编辑文字"命令。

☑ 定点设备：在表单元内双击。

**2. 操作步骤**

> 命令：TABLEDIT✓

系统打开多行文字编辑器，用户可以对指定表格单元的文字进行编辑。

## 6.4.4 操作实例——明细表

明细表是机械装配图中必不可少的要素，可以明确组成装配图各个零件的名称、代号、数量等相关信息。本例绘制如图 6-47 所示的明细表。

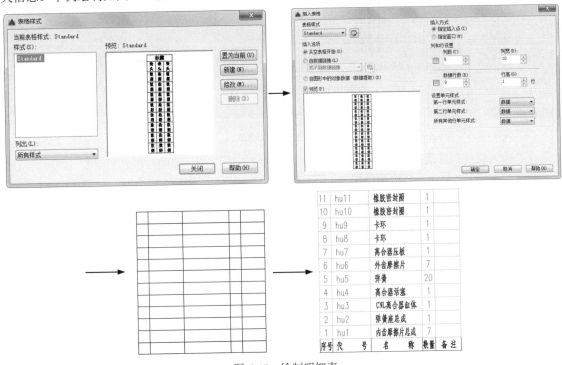

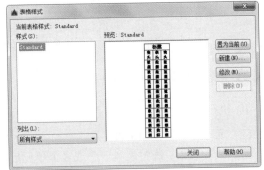

图 6-47 绘制明细表

**操作步骤：（光盘\实例演示\第 6 章\明细表.avi）**

（1）设置表格样式。单击"默认"选项卡"注释"面板中的"表格样式"按钮，打开"表格样式"对话框，如图 6-48 所示。

（2）修改样式。单击"修改"按钮，打开"修改表格样式"对话框，如图 6-49 所示。在该对话框中进行如下设置：将"数据"单元中"文字样式"设置为 Standard，文字高度为 5，文字颜色为"红"，填充颜色为"无"，对齐方式为"左中"，边框颜色为"绿"，水平页边距和垂直页边距均为 1.5；将"标题"单元中"文字样式"设置为 Standard，文字高度为 5，文字颜色为"蓝"，填充颜色为"无"，对齐方式为"正中"，表格方向为"向上"。

图 6-48 "表格样式"对话框

（3）设置好表格样式后，单击"确定"按钮退出。

（4）创建表格。单击"默认"选项卡"注释"面板中的"表格"按钮，打开"插入表格"对话框，如图 6-50 所示。设置插入方式为"指定插入点"，数据行数和列数设置为 11 行 5 列、列宽为10、行高为 1 行。

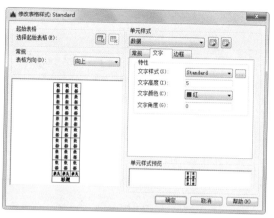

图 6-49 "修改表格样式"对话框

图 6-50 "插入表格"对话框

（5）插入表格。单击"确定"按钮后，在绘图平面指定插入点，则插入如图 6-51 所示的空表格，并显示多行文字编辑器，不输入文字，直接在多行文字编辑器中单击"确定"按钮退出。

（6）调整表格。单击第 2 列中的任意一个单元格，出现钳夹点后，将右边钳夹点向右拖动，将列宽设定为 30。使用同样的方法，将第 3 列和第 5 列的列宽设置为 40 和 20，结果如图 6-52 所示。

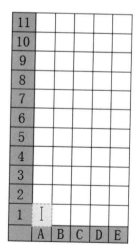

图 6-51 空表格及"文字编辑器"选项卡

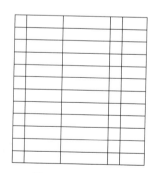

图 6-52 改变列宽

（7）输入文字。双击要输入文字的单元格，重新打开多行文字编辑器，在各单元中输入相应的文字或数据，最终结果如图 6-47 所示。

# 6.5　动手练一练

通过本章的学习，读者对工程制图中文字和表格的应用等知识有了大体的了解，本节通过 3 个操作练习使读者进一步掌握本章知识要点。

## 6.5.1　标注技术要求

操作提示：

（1）如图 6-53 所示，设置文字标注的样式。

（2）利用"多行文字"命令进行标注。

（3）利用右键菜单输入特殊字符。在输入尺寸公差时注意输入"+0.05^-0.06"，然后选择这些文字，单击"文字格式"对话框中的"堆叠"按钮。

> 1.当无标准齿轮时，允许检查下列三项代替检查径向综合公差和一齿径向综合公差
> 　a.齿圈径向跳动公差Fr为0.056
> 　b.齿形公差ff为0.016
> 　c.基节极限偏差±f_{pb}为0.018
> 2.用带凸角的刀具加工齿轮，但齿根不允许有凸台，允许下凹，下凹深度不大于0.2
> 3.未注倒角1x45°
> 4.尺寸为$\phi 30^{+0.05}_{-0.06}$的孔抛光处理。

图 6-53　技术要求

## 6.5.2　绘制并填写标题栏

操作提示：

（1）如图 6-54 所示，按照有关标准或规范设定尺寸，利用"直线"命令和相关编辑命令绘制标题栏。

（2）设置两种不同的文字样式。

（3）注写标题栏中的文字。

## 6.5.3　绘制变速器组装图明细表

操作提示：

（1）如图 6-55 所示，设置表格样式。

| 阀体 | | 比例 | | | |
| | | 件数 | | | |
| 制图 | | 重量 | | 共 张 第 张 | |
| 描图 | | | | 三维书屋工作室 | |
| 审核 | | | | | |

图 6-54　标注图形名和单位名称

| 14 | 端盖 | 1 | HT150 | |
| 13 | 端盖 | 1 | HT150 | |
| 12 | 定距环 | 1 | Q235A | |
| 11 | 大齿轮 | 1 | 40 | |
| 10 | 键 16×70 | 1 | Q275 | GB 1095-79 |
| 9 | 轴 | 1 | 45 | |
| 8 | 轴承 | 2 | | 30208 |
| 7 | 端盖 | 1 | HT200 | |
| 6 | 轴承 | 2 | | 30211 |
| 5 | 轴 | 1 | 45 | |
| 4 | 键8×50 | 1 | Q275 | GB 1095-79 |
| 3 | 端盖 | 1 | HT200 | |
| 2 | 调整垫片 | 2组 | 08F | |
| 1 | 减速器箱体 | 1 | HT200 | |
| 序号 | 名　称 | 数量 | 材　料 | 备　注 |

图 6-55　变速器组装图明细表

（2）插入空表格，并调整列宽。

（3）重新输入文字和数据。

# 第7章

# 尺寸标注

尺寸标注是绘图设计过程中相当重要的一个环节。因为图形的主要作用是表达物体的形状，而物体各部分的真实大小和各部分之间的确切位置只能通过尺寸标注来表达。因此，没有正确的尺寸标注，绘制出的图样对于加工制造就没有什么意义。AutoCAD 提供方便、准确的标注尺寸功能。本章将对这些功能进行详细介绍。

- ☑ 尺寸样式
- ☑ 标注尺寸
- ☑ 引线标注
- ☑ 编辑尺寸标注

## 任务驱动&项目案例

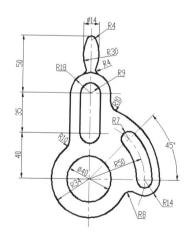

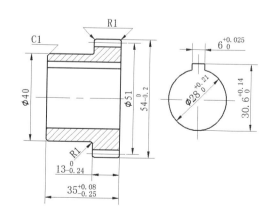

# 7.1 尺 寸 概 述

对于不同行业应用的尺寸，其具体的组成和要素形式有所不同。在标注尺寸时，通常要遵守一定的规则，本节将对这些内容进行简要介绍。

## 7.1.1 尺寸标注的规则

我国《机械制图 图样画法 图线》（GB/T 4457.4—2002）中对尺寸标注的规则作出了一些规定，要求尺寸标注必须遵守以下基本规则。

- ☑ 物体的真实大小应以图形上所标注的尺寸数值为依据，与图形的显示大小和绘图的精确度无关。
- ☑ 图形中的尺寸以毫米为单位时，不需要标注尺寸单位的代号或名称。如果采用其他单位，则必须注明尺寸单位的代号或名称，如度、厘米、英寸等。
- ☑ 图形中所标注的尺寸为图形所表示的物体的最后完工尺寸，如果是中间过程的尺寸（如在涂镀前的尺寸等），则必须另加说明。
- ☑ 物体的每一尺寸一般只标注一次，并应标注在最能清晰反映该结构的视图上。

## 7.1.2 尺寸标注的组成

一个完整的尺寸标注由尺寸线、尺寸界线、尺寸箭头、尺寸文本，以及一些相关的符号组成，如图 7-1 所示。通常，AutoCAD 将构成一个尺寸的尺寸线、尺寸界线、尺寸箭头和尺寸文本以块的形式放在图形文件内，因此可以把一个尺寸看成一个对象。下面介绍尺寸标注各组成部分的特点。

**1. 尺寸界线**

尺寸界线用细实线绘制，如图 7-2（a）所示。尺寸界线一般是图形轮廓线、轴线或对称中心线的延伸线，超出箭头 2～3mm。可直接用轮廓线、轴线或对称中心线作尺寸界线。

尺寸界线一般与尺寸线垂直，必要时允许倾斜。

**2. 尺寸线**

尺寸线用细实线绘制，如图 7-2（a）所示。尺寸线必须单独画出，不能用图上任何其他图线代替，也不能与图线重合或在其延长线上（如图 7-2（b）所示中尺寸 3 和 8 的尺寸线），并应尽量避免尺寸线之间及尺寸线与尺寸界线之间相交。

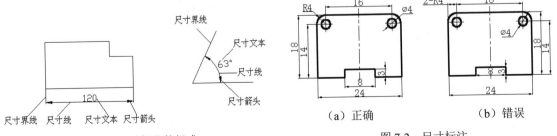

图 7-1 尺寸标注的组成　　　　　　　　图 7-2 尺寸标注

标注线性尺寸时，尺寸线必须与所标注的线段平行，相同方向的各尺寸线间距要均匀，间隔应大于 5mm。

### 3. 尺寸线终端

尺寸线终端有两种形式，即箭头或细斜线，如图 7-3 所示。

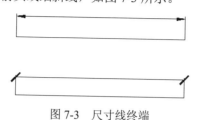

图 7-3 尺寸线终端

箭头适用于各种类型的图形，箭头尖端与尺寸界线接触，不得超出，也不得脱离，如图 7-4 所示。

（a）箭头画法　　　　（b）正确画法　　　　（c）错误画法

图 7-4 箭头画法

细斜线方向和画法如图 7-3 所示。当尺寸线终端采用斜线形式时，尺寸线与尺寸界线必须相互垂直，并且同一图样中只能采用一种尺寸终端形式。

采用箭头作为尺寸线终端时，位置若不够，允许用圆点或细斜线代替箭头。

### 4. 尺寸数字

线性尺寸的数字一般注写在尺寸线上方或尺寸线中断处。同一图样内大小一致，位置不够时可引出标注。

线性尺寸数字方向按图 7-5（a）所示方向进行注写，并尽可能避免在图示 30° 范围内标注尺寸，无法避免时，可按图 7-5（b）所示标注。

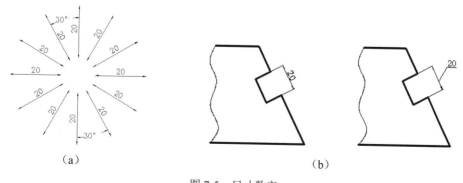

（a）　　　　　　　　　　　（b）

图 7-5 尺寸数字

### 5. 符号

图中常用以下符号区分不同类型的尺寸。

- ☑ ∅——直径。
- ☑ R——半径。
- ☑ S——球面。
- ☑ δ——板状零件厚度。
- ☑ □——正方形。
- ☑ ∠——斜度。
- ☑ ◁——锥度。
- ☑ ±——正负偏差。
- ☑ ×——参数分隔符，如 M10×1、槽宽×槽深等。
- ☑ -——连字符，如 4-∅10、M10×1-6H 等。

## 7.1.3 尺寸标注的注意事项

表 7-1 列出国标所规定尺寸标注的一些示例，以及相关的注意事项。

表 7-1 尺寸标注示例

| 标注内容 | 图 例 | 说 明 |
|---|---|---|
| 角度 | | （1）角度尺寸线沿径向引出<br>（2）角度尺寸线画成圆弧，圆心是该角顶点<br>（3）角度尺寸数字一律写成水平方向 |
| 圆的直径 | | （1）直径尺寸应在尺寸数字前加注符号∅<br>（2）尺寸线应通过圆心，尺寸线终端画成箭头<br>（3）整圆或大于半圆标注直径 |
| 大圆弧 | （a）　　　　（b） | 当圆弧半径过大，在图纸范围内无法标出圆心位置时按图（a）形式标注；若无须标出圆心位置，则按图（b）形式标注 |
| 圆弧半径 | | （1）半径尺寸数字前加注符号 R<br>（2）半径尺寸必须注在投影为圆弧的图形上，且尺寸线应通过圆心<br>（3）半圆或小于半圆的圆弧标注半径尺寸 |

| 标注内容 | 图　　例 | 说　　明 |
|---|---|---|
| 狭小部位 | | 在没有足够位置画箭头或注写数字时,可按图例的形式标注 |
| 对称机件 | | 当对称机件的图形只画出一半或略大于一半时,尺寸线应略超过对称中心线或断裂处的边界线,并在尺寸线一端画出箭头 |
| 正方形结构 | | 表示表面为正方形结构尺寸时,可在正方形边长尺寸数字前加注符号□,或用 14×14 代替□14 |

| 标 注 内 容 | 图　　　例 | 说　　　明 |
|---|---|---|
| 板状零件 | 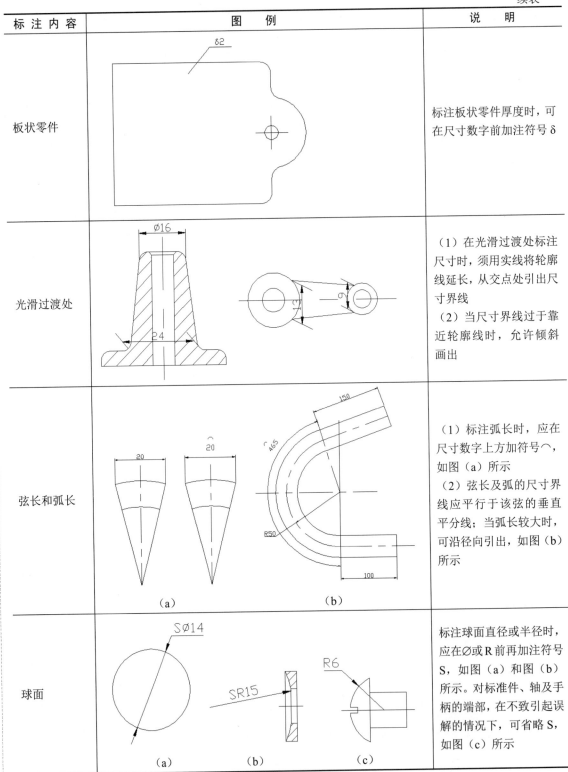 | 标注板状零件厚度时,可在尺寸数字前加注符号δ |
| 光滑过渡处 | | (1)在光滑过渡处标注尺寸时,须用实线将轮廓线延长,从交点处引出尺寸界线<br>(2)当尺寸界线过于靠近轮廓线时,允许倾斜画出 |
| 弦长和弧长 | | (1)标注弧长时,应在尺寸数字上方加符号⌒,如图(a)所示<br>(2)弦长及弧的尺寸界线应平行于该弦的垂直平分线;当弧长较大时,可沿径向引出,如图(b)所示 |
| 球面 | | 标注球面直径或半径时,应在∅或R前再加注符号S,如图(a)和图(b)所示。对标准件、轴及手柄的端部,在不致引起误解的情况下,可省略S,如图(c)所示 |

续表

| 标 注 内 容 | 图 例 | 说 明 |
|---|---|---|
| 斜度和锥度 | 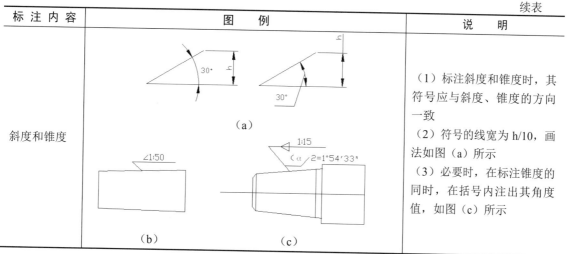<br>（a）<br><br>（b）　　　（c） | （1）标注斜度和锥度时，其符号应与斜度、锥度的方向一致<br>（2）符号的线宽为 h/10，画法如图（a）所示<br>（3）必要时，在标注锥度的同时，在括号内注出其角度值，如图（c）所示 |

# 7.2 尺 寸 样 式

在进行尺寸标注之前，要建立尺寸标注的样式。如果用户不建立尺寸样式而直接进行标注，系统使用默认名称为 STANDARD 的样式。用户如果认为使用的标注样式某些设置不合适，可以修改标注样式。

## 1. 执行方式

☑　命令行：DIMSTYLE。

☑　菜单栏：格式→标注样式（如图 7-6 所示）或标注→标注样式。

☑　工具栏：标注→标注样式（如图 7-7 所示）。

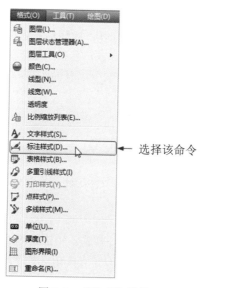

图 7-6　"格式"菜单

图 7-7　"标注"工具栏

☑ 功能区：默认→注释→标注样式 （如图 7-8 所示），或注释→标注→标注样式→管理标注
样式（如图 7-9 所示），或注释→标注→对话框启动器 。

图 7-8  "注释"面板

图 7-9  "标注"面板

### 2. 操作步骤

命令：DIMSTYLE✓

通过命令、选择相应的菜单命令或单击工具栏中的图标，打开"标注样式管理器"对话框，如
图 7-10 所示。利用此对话框可方便直观地定制和浏览尺寸标注样式，包括产生新的标注样式、修改
已存在的样式、设置当前尺寸标注样式、样式重命名，以及删除一个已有样式等。

### 3. 选项说明

（1）"置为当前"按钮

单击此按钮，可将"样式"列表框中选中的样式设置为当前样式。

（2）"新建"按钮

定义一个新的尺寸标注样式。单击此按钮，在打开的"创建新标注样式"对话框（如图 7-11 所
示）中可创建一个新的尺寸标注样式，其中各项的功能说明如下。

❶ "新样式名"文本框：给新的尺寸标注样式命名。

❷ "基础样式"下拉列表框：选取创建新样式所基于的标注样式。单击右侧的向下箭头，出现
当前已有的样式列表，从中选取一个作为定义新样式的基础，新的样式是在这个样式的基础上修改一
些特性得到的。

❸ "用于"下拉列表框：指定新样式应用的尺寸类型。单击右侧的向下箭头，出现尺寸类型列

表：如果新建样式应用于所有尺寸，则选择"所有标注"选项；如果新建样式只应用于特定的尺寸标注（如只在标注直径时使用此样式），则选取相应的尺寸类型。

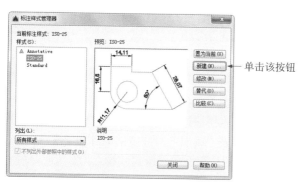

图 7-10 "标注样式管理器"对话框

Note

图 7-11 "创建新标注样式"对话框

❹ "继续"按钮：各选项设置好以后，单击该按钮，在打开的"新建标注样式"对话框（如图 7-12 所示）中可对新样式的各项特性进行设置。该对话框中各部分的含义和功能将在后面介绍。

（3）"修改"按钮

修改一个已存在的尺寸标注样式。单击此按钮，弹出"修改标注样式"对话框，该对话框中的各选项与"新建标注样式"对话框中完全相同，可以对已有标注样式进行修改。

（4）"替代"按钮

设置临时覆盖尺寸标注样式。单击此按钮，打开"替代当前样式"对话框，该对话框中各选项与"新建标注样式"对话框完全相同，用户可改变选项的设置覆盖原来的设置。这种修改只对指定的尺寸标注起作用，而不影响当前尺寸变量的设置。

（5）"比较"按钮

比较两个尺寸标注样式在参数上的区别或浏览一个尺寸标注样式的参数设置。单击此按钮，打开"比较标注样式"对话框，如图 7-13 所示。可以把比较结果复制到剪贴板上，然后再粘贴到其他的 Windows 应用软件上。

图 7-12 "新建标注样式"对话框

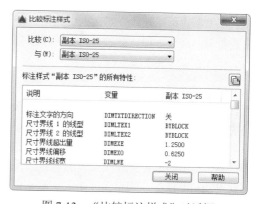

图 7-13 "比较标注样式"对话框

### 7.2.1 线

在"新建标注样式"对话框中，第 1 个选项卡是"线"，如图 7-12 所示。该选项卡用于设置尺寸线、尺寸界线的形式和特性。下面对该选项卡下的选项功能进行介绍。

**1."尺寸线"选项组**

该选项组用来设置尺寸线的特性，主要选项的含义如下。

（1）"颜色"下拉列表框：设置尺寸线的颜色。可直接输入颜色名称，也可从下拉列表中选择。如果选择"选择颜色"选项，系统打开"选择颜色"对话框供用户选择其他颜色。

（2）"线宽"下拉列表框：设置尺寸线的线宽，下拉列表中列出各种线宽的名称和宽度。

（3）"超出标记"微调框：当尺寸箭头设置为短斜线、短波浪线等，或尺寸线上无箭头时，可利用此微调框设置尺寸线超出尺寸界线的距离。

（4）"基线间距"微调框：设置以基线方式标注尺寸时，相邻两条尺寸线之间的距离。

（5）"隐藏"复选框组：确定是否隐藏尺寸线及相应的箭头。选中"尺寸线 1"复选框表示隐藏第一段尺寸线，选中"尺寸线 2"复选框表示隐藏第二段尺寸线。

**2."尺寸界线"选项组**

该选项组用于确定尺寸界线的形式，主要选项的含义如下。

（1）"颜色"下拉列表框：设置尺寸界线的颜色。

（2）"线宽"下拉列表框：设置尺寸界线的线宽。

（3）"超出尺寸线"微调框：确定尺寸界线超出尺寸线的距离。

（4）"起点偏移量"微调框：确定尺寸界线的实际起始点相对于指定的尺寸界线的起始点的偏移量。

（5）"隐藏"复选框组：确定是否隐藏尺寸界线。选中"尺寸界线 1"复选框表示隐藏第一段尺寸界线，选中"尺寸界线 2"复选框表示隐藏第二段尺寸界线。

**3. 尺寸样式显示框**

"新建标注样式"对话框的右上方有一个尺寸样式显示框，该显示框以样例的形式显示用户设置的尺寸样式。

### 7.2.2 符号和箭头

在"新建标注样式"对话框中，第 2 个选项卡是"符号和箭头"，如图 7-14 所示。该选项卡用于设置箭头、圆心标记、弧长符号和半径折弯标注的形式和特性。

**1."箭头"选项组**

设置尺寸箭头的形式，AutoCAD 提供多种多样的箭头形状，列在"第一个"和"第二个"下拉列表框中。另外，允许采用用户自定义的箭头形状。两个尺寸箭头可以采用相同的形式，也可采用不同的形式。

（1）"第一个"下拉列表框：用于设置第一个尺寸箭头的形式。单击右侧的小箭头，从下拉列表中选择，其中列出各种箭头形式的名称以及各类箭头的形状。一旦确定第一个箭头的类型，第二个箭头则自动与其匹配，为使第二个箭头取不同的形状，可在"第二个"下拉列表框中设定。

如果在列表中选择了"用户箭头"选项，则打开如图 7-15 所示的"选择自定义箭头块"对话框，可以事先把自定义的箭头存成一个图块，在该对话框中输入该图块名即可。

选择该选项卡

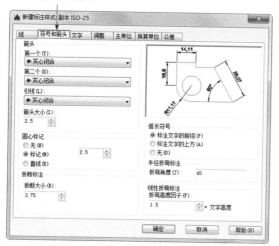

图 7-14　"符号和箭头"选项卡

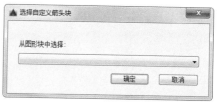

图 7-15　"选择自定义箭头块"对话框

（2）"第二个"下拉列表框：确定第二个尺寸箭头的形式，可与第一个箭头不同。

（3）"引线"下拉列表框：确定引线箭头的形式，与"第一个"设置类似。

（4）"箭头大小"微调框：设置箭头的大小。

2. "圆心标记"选项组

（1）"无"单选按钮：既不产生中心标记，也不产生中心线，如图 7-16 所示。

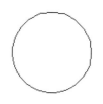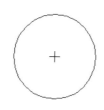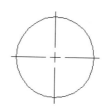

图 7-16　圆心标记

（2）"标记"单选按钮：中心标记为一个记号。

（3）"直线"单选按钮：中心标记采用中心线的形式。

3. "弧长符号"选项组

该选项组用来控制弧长标注中圆弧符号的显示，有 3 个单选按钮。

（1）"标注文字的前缀"单选按钮：将弧长符号放在标注文字的前面，如图 7-17（a）所示。

（2）"标注文字的上方"单选按钮：将弧长符号放在标注文字的上方，如图 7-17（b）所示。

（3）"无"单选按钮：不显示弧长符号，如图 7-17（c）所示。

（a）　　　　　　　　　　（b）　　　　　　　　　　（c）

图 7-17　弧长符号

**4．"半径折弯标注"选项组**

该选项组用来控制折弯（Z字形）半径标注的显示。半径折弯标注通常在中心点位于页面外部时创建。在"折弯角度"文本框中可以输入连接半径标注的尺寸界线和尺寸线横向直线的角度，如图7-18所示。

## 7.2.3　尺寸文本

在"新建标注样式"对话框中，第3个选项卡是"文字"，如图7-19所示。该选项卡用于设置尺寸文本的形式、布置和对齐方式等。

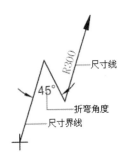

图 7-18　折弯角度

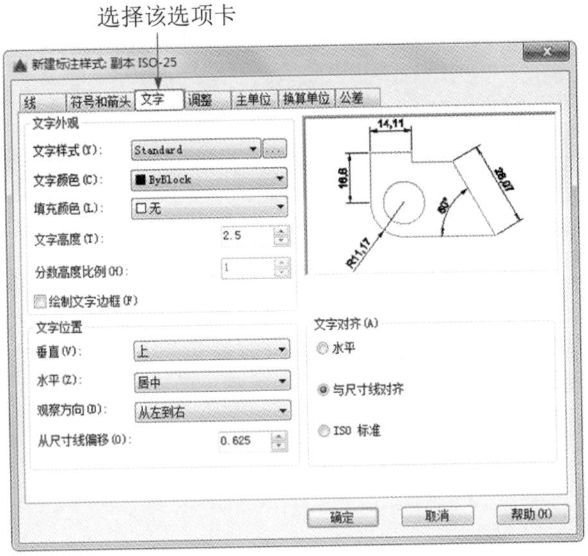

图 7-19　"文字"选项卡

**1．"文字外观"选项组**

该选项组用来设置文字的外观，主要选项的含义如下。

（1）"文字样式"下拉列表框：选择当前尺寸文本采用的文本样式。可单击小箭头，从下拉列表中选取一个样式，也可单击右侧的 按钮，打开"文字样式"对话框以创建新的文本样式或对文本样式进行修改。

（2）"文字颜色"下拉列表框：设置尺寸文本的颜色，其操作方法与设置尺寸线颜色的方法相同。

（3）"文字高度"微调框：设置尺寸文本的字高。如果选用的文本样式中已设置具体的字高（不是0），则此处的设置无效；如果文本样式中设置的字高为0，才以此处的设置为准。

（4）"分数高度比例"微调框：确定尺寸文本的比例系数。

（5）"绘制文字边框"复选框：选中此复选框，AutoCAD在尺寸文本周围加上边框。

**2．"文字位置"选项组**

该选项组用来设置文字的位置，主要选项的含义如下。

（1）"垂直"下拉列表框：确定尺寸文本相对于尺寸线在垂直方向的对齐方式。单击右侧的向下箭头，弹出下拉列表，可选择的对齐方式有以下4种。

❶ 居中：将尺寸文本放在尺寸线的中间。

❷ 上：将尺寸文本放在尺寸线的上方。

❸ 外部：将尺寸文本放在远离第一条尺寸界线起点的位置，即和所标注的对象分列于尺寸线的两侧。

❹ JIS：使尺寸文本的放置符合 JIS（日本工业标准）规则。

这几种文本布置方式如图 7-20 所示。

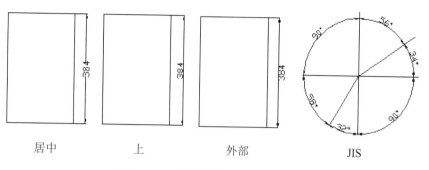

图 7-20　尺寸文本在垂直方向的放置

（2）"水平"下拉列表框：确定尺寸文本相对于尺寸线和尺寸界线在水平方向的对齐方式。单击右侧的向下箭头，弹出下拉列表，对齐方式有以下 5 种：居中、第一条尺寸界线、第二条尺寸界线、第一条尺寸界线上方、第二条尺寸界线上方，如图 7-21 所示。

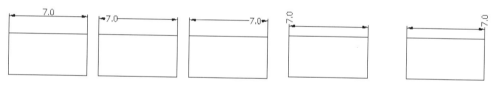

图 7-21　尺寸文本在水平方向的对齐方式

（3）"从尺寸线偏移"微调框：当尺寸文本放在断开的尺寸线中间时，此微调框用来设置尺寸文本与尺寸线之间的距离（尺寸文本间隙）。

3．"文字对齐"选项组

该选项组用来控制尺寸文本排列的方向。

（1）"水平"单选按钮：尺寸文本沿水平方向放置。不论标注什么方向的尺寸，尺寸文本总保持水平。

（2）"与尺寸线对齐"单选按钮：尺寸文本沿尺寸线方向放置。

（3）"ISO 标准"单选按钮：当尺寸文本在尺寸界线之间时，沿尺寸线方向放置；在尺寸界线之外时，沿水平方向放置。

## 7.2.4　调整

在"新建标注样式"对话框中，第 4 个选项卡是"调整"，如图 7-22 所示。该选项卡根据两条尺寸界线之间的空间，设置将尺寸文本、尺寸箭头放在两条尺寸界线的里边，还是外边。如果空间允许，AutoCAD 总是把尺寸文本和箭头放在尺寸线的里边；如果空间不够，则根据本选项卡的各项设置放置。

1．"调整选项"选项组

（1）"文字或箭头（最佳效果）"单选按钮：选中此单选按钮，按以下方式放置尺寸文本和箭头：

如果空间允许，把尺寸文本和箭头都放在两条尺寸界线之间；如果两条尺寸界线之间只够放置尺寸文本，则把文本放在尺寸界线之间，而把箭头放在尺寸界线的外边；如果只够放置箭头，则把箭头放在里边，把文本放在外边；如果两条尺寸界线之间既放不下文本，也放不下箭头，则把二者均放在外边。

（2）"箭头"单选按钮：选中此单选按钮，按以下方式放置尺寸文本和箭头：如果空间允许，把尺寸文本和箭头都放在两条尺寸界线之间；如果空间只够放置箭头，则把箭头放在尺寸界线之间，把文本放在外边；如果尺寸界线之间的空间放不下箭头，则把箭头和文本均放在外面。

（3）"文字"单选按钮：选中此单选按钮，按以下方式放置尺寸文本和箭头：如果空间允许，把尺寸文本和箭头都放在两条尺寸界线之间，否则把文本放在尺寸界线之间，把箭头放在外面；如果尺寸界线之间的空间放不下尺寸文本，则把文本和箭头都放在外面。

（4）"文字和箭头"单选按钮：选中此单选按钮，如果空间允许，把尺寸文本和箭头都放在两尺寸界线之间，否则把文本和箭头都放在尺寸界线外面。

（5）"文字始终保持在尺寸界线之间"单选按钮：选中此单选按钮，AutoCAD 总把尺寸文本放在两条尺寸界线之间。

（6）"若箭头不能放在尺寸界线内，则将其消"复选框：选中此复选框，则尺寸界线之间的空间不够时省略尺寸箭头。

2. "文字位置"选项组

该选项组用来设置尺寸文本的位置，其中 3 个单选按钮的含义如下。

（1）"尺寸线旁边"单选按钮：选中此单选按钮，把尺寸文本放在尺寸线的旁边，如图 7-23（a）所示。

（2）"尺寸线上方，带引线"单选按钮：选中此单选按钮，把尺寸文本放在尺寸线的上方，并用引线与尺寸线相连，如图 7-23（b）所示。

（3）"尺寸线上方，不带引线"单选按钮：选中此单选按钮，把尺寸文本放在尺寸线的上方，中间无引线，如图 7-23（c）所示。

选择该选项卡

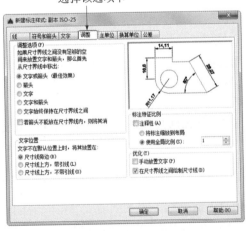

图 7-22　"调整"选项卡

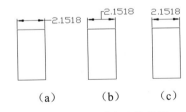

图 7-23　尺寸文本的位置

3. "标注特征比例"选项组

（1）"注释性"复选框：选中此复选框，则指定标注为 annotative。

（2）"将标注缩放到布局"单选按钮：确定图纸空间内的尺寸比例系数，默认值为 1。

*Note*

（3）"使用全局比例"单选按钮：确定尺寸的整体比例系数。其后面的"比例值"微调框可以用来选择需要的比例。

**4."优化"选项组**

该选项组用来设置附加的尺寸文本布置，包含以下两个选项。

（1）"手动放置文字"复选框：选中此复选框，标注尺寸时由用户确定尺寸文本的放置位置，忽略前面的对齐设置。

（2）"在尺寸界线之间绘制尺寸线"复选框：选中此复选框，无论尺寸文本在尺寸界线内部，还是外面，AutoCAD 均在两条尺寸界线之间绘出一条尺寸线；当尺寸界线内放不下尺寸文本而将其放在外面时，尺寸界线之间无尺寸线。

## 7.2.5　主单位

在"新建标注样式"对话框中，第 5 个选项卡是"主单位"，如图 7-24 所示。该选项卡用来设置尺寸标注的主单位和精度，以及给尺寸文本添加固定的前缀或后缀。本选项卡含两个选项组，分别对长度型标注和角度型标注进行设置。

**1."线性标注"选项组**

该选项组用来设置标注长度型尺寸时采用的单位和精度，主要选项的含义如下。

（1）"单位格式"下拉列表框：确定标注尺寸时使用的单位制（角度型尺寸除外），提供"科学""小数""工程""建筑""分数""Windows 桌面"6 种单位制，根据需要选择。

选择该选项卡

图 7-24　"主单位"选项卡

（2）"分数格式"下拉列表框：设置分数的形式，提供"水平""对角""非堆叠"3 种形式供用户选用。

（3）"小数分隔符"下拉列表框：确定十进制单位（Decimal）的分隔符，提供"."（点）、","（逗点）和空格 3 种形式。

（4）"舍入"微调框：设置除角度之外尺寸测量的圆整规则。在文本框中输入一个值，如果输入1，则所有测量值均圆整为整数。

（5）"前缀"文本框：设置固定前缀。可以输入文本，也可以用控制符产生特殊字符，这些文本被加在所有尺寸文本之前。

（6）"后缀"文本框：给尺寸标注设置固定后缀。

（7）"测量单位比例"选项组：确定 AutoCAD 自动测量尺寸时的比例因子。其中，"比例因子"微调框用来设置除角度之外所有尺寸测量的比例因子。例如，如果用户确定"比例因子"为 2，则把实际测量为 1 的尺寸标注为 2。

如果选中"仅应用到布局标注"复选框，则设置的比例因子只适用于布局标注。

（8）"消零"选项组：用于设置是否省略标注尺寸时的 0，主要选项的含义如下。

❶ "前导"复选框：选中此复选框，可省略尺寸值处于高位的 0。例如，0.50000 标注为.50000。

**❷** "后续"复选框：选中此复选框，可省略尺寸值小数点后末尾的 0。例如，12.5000 标注为 12.5，而 30.0000 标注为 30。

**❸** "0 英尺"复选框：采用"工程"和"建筑"单位制时，如果尺寸值小于 1 尺时，省略尺。例如，0'-6 1/2"标注为 6 1/2"。

**❹** "0 英寸"复选框：采用"工程"和"建筑"单位制时，如果尺寸值是整数尺时，省略寸。例如，1'-0'标注为 1'。

**2. "角度标注"选项组**

该选项组用来设置标注角度时采用的角度单位。

（1）"单位格式"下拉列表框：设置角度单位制，提供"十进制度数""度/分/秒""百分度""弧度"4 种角度单位。

（2）"精度"下拉列表框：设置角度型尺寸标注的精度。

（3）"消零"选项组：设置是否省略标注角度时的 0。

## 7.2.6 换算单位

在"新建标注样式"对话框中，第 6 个选项卡是"换算单位"，如图 7-25 所示。该选项卡用于对替换单位进行设置。

**1. "显示换算单位"复选框**

选中此复选框，则替换单位的尺寸值同时显示在尺寸文本上。

**2. "换算单位"选项组**

用于设置替换单位，其中各项的含义如下。

（1）"单位格式"下拉列表框：选取替换单位采用的单位制。

（2）"精度"下拉列表框：设置替换单位的精度。

（3）"换算单位倍数"微调框：指定主单位和替换单位的转换因子。

（4）"舍入精度"微调框：设定替换单位的圆整规则。

（5）"前缀"文本框：设置替换单位文本的固定前缀。

（6）"后缀"文本框：设置替换单位文本的固定后缀。

选择该选项卡

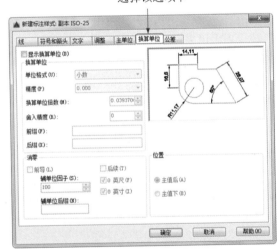

图 7-25 "换算单位"选项卡

**3. "消零"选项组**

设置是否省略尺寸标注中的 0。

**4. "位置"选项组**

设置替换单位尺寸标注的位置。

（1）"主值后"单选按钮：把替换单位尺寸标注放在主单位标注的后边。

（2）"主值下"单选按钮：把替换单位尺寸标注放在主单位标注的下边。

## 7.2.7 公差

在"新建标注样式"对话框中，第 7 个选项卡是"公差"，如图 7-26 所示。该选项卡用来确定标注公差的方式。

### 1．"公差格式"选项组

该选项组用来设置公差的标注方式，主要选项的含义如下。

（1）"方式"下拉列表框：设置以何种形式标注公差。单击右侧的向下箭头，在弹出的下拉列表中列出提供的 5 种标注公差的形式，用户可从中选择。这 5 种形式分别是"无"、"对称"、"极限偏差"、"极限尺寸"和"基本尺寸"，其中"无"表示不标注公差，即通常标注情形。其余 4 种标注情况如图 7-27 所示。

图 7-26　"公差"选项卡

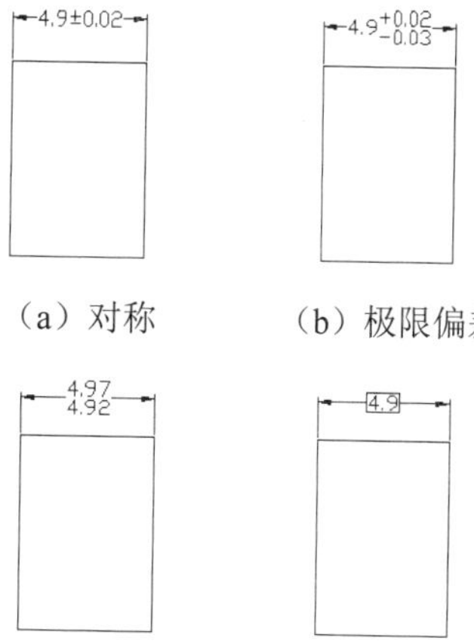

图 7-27　公差标注的形式

（a）对称　（b）极限偏差

（c）极限尺寸　（d）基本尺寸

（2）"精度"下拉列表框：确定公差标注的精度。

（3）"上偏差"微调框：设置尺寸的上偏差。

（4）"下偏差"微调框：设置尺寸的下偏差。

> **注意：** 系统自动在上偏差数值前加上"+"，在下偏差数值前加上"–"。如果上偏差是负值或下偏差是正值，都需要在输入的偏差值前加上"–"，如下偏差是+0.005，则需要在"下偏差"微调框中输入–0.005。

（5）"高度比例"微调框：设置公差文本的高度比例，即公差文本的高度与一般尺寸文本的高度之比。

（6）"垂直位置"下拉列表框：控制"对称"和"极限偏差"形式的公差标注的文本对齐方式，包括以下 3 种。

❶ 上：公差文本的顶部与一般尺寸文本的顶部对齐。

❷ 中：公差文本的中线与一般尺寸文本的中线对齐。

❸ 下：公差文本的底部与一般尺寸文本的底线对齐。

这 3 种对齐方式如图 7-28 所示。

（7）"消零"选项组：设置是否省略公差标注中的 0。

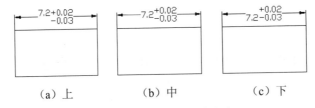

（a）上       （b）中       （c）下

图 7-28   公差文本的对齐方式

**2．"换算单位公差"选项组**

该选项组用来对形位公差标注的替换单位进行设置。其中，各项的设置方法与上面相同。

# 7.3   标 注 尺 寸

正确地进行尺寸标注是设计绘图工作中非常重要的一个环节，AutoCAD 2016 提供了方便快捷的尺寸标注方法，可通过执行命令实现，也可利用菜单或工具图标实现。本节重点介绍如何对各种类型的尺寸进行标注。

## 7.3.1   长度型尺寸标注

长度型尺寸是最简单的一种尺寸，下面讲述其标注方法。

**1．执行方式**

☑   命令行：DIMLINEAR（快捷命令：DIMLIN）。
☑   菜单栏：标注→线性。
☑   工具栏：标注→线性□。
☑   功能区：默认→注释→线性□或注释→标注→线性□。

**2．操作步骤**

> 命令：DIMLIN✓

选择相应的命令或单击工具图标，或在命令行中输入 DIMLIN 后按 Enter 键，AutoCAD 提示：

> 指定第一个尺寸界线原点或 <选择对象>：

**3．选项说明**

在此提示下有两种选择，直接按 Enter 键选择要标注的对象或确定尺寸界线的起始点，分别说明如下。

（1）直接按 Enter 键
光标变为拾取框，并且在命令行提示：

> 选择标注对象：

用拾取框点取要标注尺寸的线段，AutoCAD 提示：

> 指定尺寸线位置或 [多行文字(M)/文字(T)/角度(A)/水平(H)/垂直(V)/旋转(R)]：

各项的含义如下。

❶ 指定尺寸线位置：确定尺寸线的位置。用户可移动鼠标选择合适的尺寸线位置，然后按 Enter 键或单击，AutoCAD 则自动测量所选线段的长度并标注出相应的尺寸。

❷ 多行文字(M)：用多行文字编辑器确定尺寸文本。

❸ 文字(T)：在命令行提示下输入或编辑尺寸文本。选择此选项后，AutoCAD 提示：

> 输入标注文字 <默认值>：

其中的默认值是 AutoCAD 自动测量得到的所选线段的长度，直接按 Enter 键即可采用此长度值，也可输入其他数值代替默认值。当尺寸文本中包含默认值时，可使用尖括号"<>"表示默认值。

◀ 注意：要在公差尺寸前或后添加某些文本符号，必须输入尖括号"<>"表示默认值。例如，要将如图 7-29（a）所示的原始尺寸改为如图 7-29（b）所示的尺寸，在进行线性标注时，在执行 M 或 T 命令后，在"输入标注文字 <默认值>："提示下应该输入"%%c<>"。如果要将图 7-29（a）所示的尺寸文本改为图 7-29（c）所示的文本则比较麻烦。因为后面的公差是堆叠文本，这时可以用"多行文字"命令来执行，在多行文字编辑器中输入"5.8+0.1^−0.2"，然后堆叠处理即可。

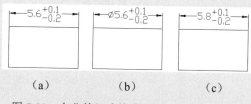

（a） （b） （c）

图 7-29 在公差尺寸前或后添加某些文本符号

❹ 角度(A)：确定尺寸文本的倾斜角度。

❺ 水平(H)：水平标注尺寸，不论标注什么方向的线段，尺寸线均水平放置。

❻ 垂直(V)：垂直标注尺寸，不论被标注线段沿什么方向，尺寸线总保持垂直。

❼ 旋转(R)：输入尺寸线旋转的角度值，旋转标注尺寸。

（2）指定第一条尺寸界线原点

指定第一条与第二条尺寸界线的起始点。

## 7.3.2 操作实例——标注螺栓

利用上面所学的长度型尺寸标注方法标注螺栓。本例首先设置标注样式，再标注图形，流程如图 7-30 所示。

**操作步骤：（光盘\实例演示\第 7 章\标注螺栓.avi）**

（1）打开"源文件\第 7 章\螺栓"图形文件，如图 7-31 所示。

（2）单击"默认"选项卡"注释"面板中的"标注样式"按钮，设置标注样式，命令行提示与操作如下：

> 命令：DIMSTYLE✓

按 Enter 键后，打开"标注样式管理器"对话框，如图 7-32 所示。选择"格式"→"标注样式"命令，或者选择"标注"→"样式"命令，均可调出该对话框。由于系统的标注样式有些不符合要求，因此，根据图 7-30 中的标注样式，进行线性标注样式的设置。单击"新建"按钮，弹出"创建新标注样式"对话框,如图 7-33 所示,在"用于"下拉列表框中选择"线性标注"选项,然后单击"继续"按钮,弹出"新建标注样式"对话框,选择"文字"选项卡,进行如图 7-34 所示的设置,设置完成后,单击"确定"按钮,返回"标注样式管理器"对话框。

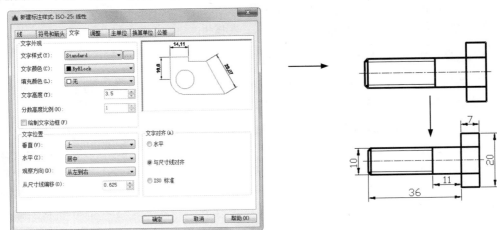

图 7-30   标注螺栓

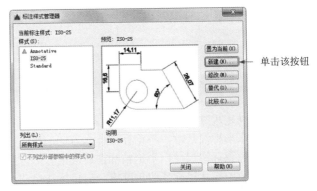

图 7-31   螺栓

图 7-32   "标注样式管理器"对话框

图 7-33   "创建新标注样式"对话框

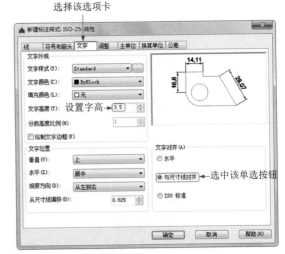

图 7-34   "新建标注样式"对话框

（3）打开文件。打开"源文件\第 7 章\螺栓"图形文件，单击"默认"选项卡"注释"面板中的"线性"按钮□，标注主视图高度，命令行提示与操作如下：

> 命令：DIMLINEAR✓
> 　指定第一个尺寸界线原点或 <选择对象>：_endp 于（捕捉标注为 11 的边的一个端点，作为第一条尺寸界线的起点）
> 　指定第二条尺寸界线起点：_endp 于（捕捉标注为11 的边的另一个端点，作为第二条尺寸界线的起点）
> 　指定尺寸线位置或 [多行文字(M)/文字(T)/角度(A)/水平(H)/垂直(V)/旋转(R)]：T✓（按Enter 键后，系统在命令行显示尺寸的自动测量值，可以对尺寸值进行修改）
> 　输入标注文字<11>：✓（按 Enter 键，采用尺寸的自动测量值 11）
> 　指定尺寸线位置或 [多行文字(M)/文字(T)/角度(A)/水平(H)/垂直(V)/旋转(R)]：（指定尺寸线的位置。拖动鼠标，出现动态的尺寸标注，在合适的位置单击，确定尺寸线的位置）
> 　标注文字=11

（4）水平标注。单击"默认"选项卡"注释"面板中的"线性"按钮□，标注其他水平方向尺寸，方法与上面相同。

（5）竖直标注。单击"默认"选项卡"注释"面板中的"线性"按钮□，标注竖直方向尺寸，方法与上面相同。

## 7.3.3　对齐标注

对齐标注就是让标注的尺寸线与图形轮廓平行对齐，用于标注那些倾斜或不规则的轮廓。

1. 执行方式

☑　命令行：DIMALIGNED。
☑　菜单栏：标注→对齐。
☑　工具栏：标注→对齐◟。
☑　功能区：默认→注释→对齐◟或注释→标注→对齐◟。

2. 操作步骤

> 命令：DIMALIGNED✓
> 　指定第一个尺寸界线原点或 <选择对象>：

这种命令标注的尺寸线与所标注轮廓线平行，标注的是起始点到终点之间的距离尺寸。

## 7.3.4　坐标尺寸标注

坐标尺寸是指标注点的坐标位置，这种尺寸标注应用相对较少，在建筑总平面图绘制时有时用到。

1. 执行方式

☑　命令行：DIMORDINATE。
☑　菜单栏：标注→坐标。
☑　工具栏：标注→坐标◟。
☑　功能区：默认→注释→坐标◟或注释→标注→坐标◟。

2. 操作步骤

> 命令：DIMORDINATE✓
> 　指定点坐标：

点取或捕捉要标注坐标的点，AutoCAD 把这个点作为指引线的起点，并提示：

创建了无关联的标注。
指定引线端点或 [X 基准(X)/Y 基准(Y)/多行文字(M)/文字(T)/角度(A)]:

3. 选项说明

（1）指定引线端点：确定另外一点。根据这两点之间的坐标差决定是生成 X 坐标尺寸，还是 Y 坐标尺寸。如果这两点的 Y 坐标之差比较大，则生成 X 坐标，反之生成 Y 坐标。

（2）X（Y）基准：生成该点的 X（Y）坐标。

## 7.3.5 直径标注

在标注圆或大于半圆的圆弧时，要用到"直径"命令。

1. 执行方式

☑ 命令行：DIMDIAMETER。
☑ 菜单栏：标注→直径。
☑ 工具栏：标注→直径。
☑ 功能区：默认→注释→直径或注释→标注→直径。

2. 操作步骤

命令：DIMDIAMETER✓
选择圆弧或圆：（选择要标注直径的圆或圆弧）
指定尺寸线位置或 [多行文字(M)/文字(T)/角度(A)]:（确定尺寸线的位置或选择某一选项）

用户可以选择"多行文字(M)"、"文字(T)"或"角度(A)"选项来输入、编辑尺寸文本或确定尺寸文本的倾斜角度，也可以直接确定尺寸线的位置，以标注出指定圆或圆弧的直径。

## 7.3.6 半径标注

在标注小于或等于半圆的圆弧时，要用到"半径"命令。

1. 执行方式

☑ 命令行：DIMRADIUS。
☑ 菜单栏：标注→半径。
☑ 工具栏：标注→半径◎。
☑ 功能区：默认→注释→半径◎或注释→标注→半径◎。

2. 操作步骤

命令：DIMRADIUS✓
选择圆弧或圆：（选择要标注半径的圆或圆弧）
指定尺寸线位置或 [多行文字(M)/文字(T)/角度(A)]:（确定尺寸线的位置或选择某一选项）

用户可以选择"多行文字(M)"、"文字(T)"或"角度(A)"选项来输入、编辑尺寸文本或确定尺寸文本的倾斜角度，也可以直接确定尺寸线的位置标注出指定圆或圆弧的半径。

## ◆技术看板——正确地标注直径或半径尺寸

我国机械制图相关标准规定，圆及大于半圆的圆弧应标注直径，小于等于半圆的圆弧标注半径。因此，在工程图样中标注圆及圆弧的尺寸时，应适当选用"直径"和"半径"命令。

另外，在标注直径尺寸时，一般要求标注在非圆视图上，这样标注的实际上是长度型尺寸，标注方法也相对简单。

### 7.3.7 角度尺寸标注

**1. 执行方式**

☑ 命令行：DIMANGULAR。
☑ 菜单栏：标注→角度。
☑ 工具栏：标注→角度△。
☑ 功能区：默认→注释→角度△或注释→标注→角度△。

**2. 操作步骤**

命令：DIMANGULAR✓
选择圆弧、圆、直线或 <指定顶点>：

**3. 选项说明**

（1）选择圆弧（标注圆弧的中心角）
当用户选取一段圆弧后，AutoCAD 提示：

指定标注弧线位置或 [多行文字(M)/文字(T)/角度(A)/象限点(Q)]：（确定尺寸线的位置或选取某一项）

在此提示下确定尺寸线的位置，AutoCAD 按自动测量得到的值标注出相应的角度，在此之前用户可以选择"多行文字(M)"、"文字(T)"、"角度(A)"或"象限点(Q)"选项，通过多行文字编辑器或命令行来输入或定制尺寸文本，以及指定尺寸文本的倾斜角度。

（2）选择一个圆（标注圆上某段弧的中心角）
当用户点取圆上一点选择该圆后，AutoCAD 提示选取第二点：

指定角的第二个端点：（选取另一点，该点可在圆上，也可不在圆上）
指定标注弧线位置或 [多行文字(M)/文字(T)/角度(A)/象限点(Q)]：

确定尺寸线的位置，AutoCAD 标出一个角度值，该角度以圆心为顶点，两条尺寸界线通过所选取的两点，第二点可以不必在圆周上。用户还可以选择"多行文字(M)"、"文字(T)"、"角度(A)"或"象限点(Q)"选项编辑尺寸文本和指定尺寸文本的倾斜角度，如图 7-35 所示。

（3）选择一条直线（标注两条直线间的夹角）
当用户选取一条直线后，AutoCAD 提示选取另一条直线：

选择第二条直线：（选取另外一条直线）
指定标注弧线位置或 [多行文字(M)/文字(T)/角度(A)/象限点(Q)]：

在此提示下确定尺寸线的位置，AutoCAD 标出这两条直线之间的夹角。该角以两条直线的交点为顶点，以两条直线为尺寸界线，所标注角度取决于尺寸线的位置，如图 7-36 所示。用户还可以利用"多行文字(M)"、"文字(T)"、"角度(A)"或"象限点(Q)"选项编辑尺寸文本和指定尺寸文本的倾斜角度。

图 7-35  标注角度

图 7-36  用 DIMANGULAR 命令标注两条直线的夹角

（4）指定顶点

直接按 Enter 键，AutoCAD 提示：

> 指定角的顶点：（指定顶点）
> 指定角的第一个端点：（输入角的第一个端点）
> 指定角的第二个端点：（输入角的第二个端点）
> 创建了无关联的标注。
> 指定标注弧线位置或 [多行文字(M)/文字(T)/角度(A)/象限点(Q)]：（输入一点作为角的顶点）

在此提示下给定尺寸线的位置，AutoCAD 根据给定的 3 点标注出角度，如图 7-37 所示。另外，用户还可以用"多行文字(M)"、"文字(T)"、"角度(A)"或"象限点(Q)"选项编辑尺寸文本和指定尺寸文本的倾斜角度。

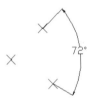

图 7-37  用 DIMANGULAR 命令标注由 3 点确定的角度

## ◆技术看板——巧用"角度"命令标注

角度标注可以测量指定的象限点，该象限点是在直线或圆弧的端点、圆心或两个顶点之间对角度进行标注时形成的。创建角度标注时，可以测量 4 个可能的角度。通过指定象限点，使用户可以确保标注正确的角度。指定象限点后，放置角度标注时，用户可以将标注文字放置在标注的尺寸界线之外，尺寸线自动延长。

## 7.3.8  操作实例——标注卡槽

下面综合利用所学的长度型尺寸标注、对齐尺寸标注、半径尺寸标注、直径尺寸标注及角度尺寸标注方法标注如图 7-38 所示的卡槽尺寸。

**操作步骤：**（光盘\实例演示\第 7 章\标注卡槽尺寸.avi）

（1）打开"源文件\第 7 章\卡槽"图形文件，如图 7-39 所示。

（2）创建图层。单击"默认"选项卡"图层"面板中的"图层特性"按钮，系统打开"图层特性管理器"选项板，单击"新建图层"按钮，创建一个 CHC 图层，颜色为绿色，线型为 Continuous，线宽为默认值，并将其设置为当前图层。

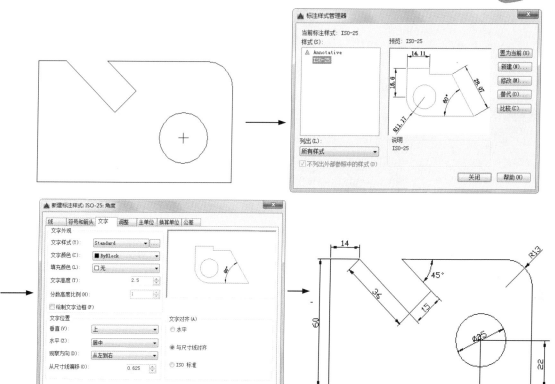

图 7-38　标注卡槽

（3）设置标注样式。由于系统的标注样式有些不符合要求，因此，根据图 7-38 所示的标注样式，进行角度、直径、半径标注样式的设置。

单击"默认"选项卡"注释"面板中的"标注样式"按钮，系统打开"标注样式管理器"对话框，如图 7-40 所示。单击"新建"按钮，打开"创建新标注样式"对话框，如图 7-41 所示。在"用于"下拉列表框中选择"角度标注"选项，然后单击"继续"按钮，打开"新建标注样式"对话框。选择"文字"选项卡，进行如图 7-42 所示的设置，设置完成后，单击"确定"按钮，返回"标注样式管理器"对话框。按上述方法，新建"半径"标注样式和"直径"标注样式，如图 7-43 和图 7-44 所示。

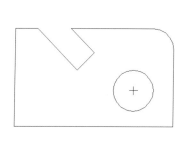

图 7-39　卡槽

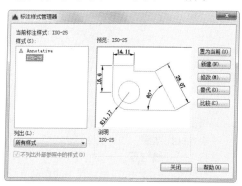

图 7-40　"标注样式管理器"对话框

图 7-41　"创建新标注样式"对话框

图 7-42　"角度"标注样式

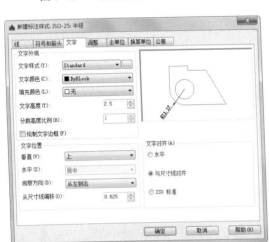

图 7-43　"半径"标注样式

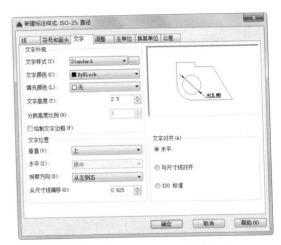

图 7-44　"直径"标注样式

（4）标注线性尺寸。

❶ 标注线性尺寸 60 和 14。单击"默认"选项卡"注释"面板中的"线性"按钮，命令行提示与操作如下：

```
命令：_dimlinear
指定第一个尺寸界线原点或 <选择对象>：（单击"对象捕捉"工具栏中的"端点"按钮）
_endp 于：（捕捉标注为 60 的边的一个端点，作为第一条尺寸界线的原点）
指定第二条尺寸界线原点：（单击"对象捕捉"工具栏中的"端点"按钮）
_endp 于：（捕捉标注为 60 的边的另一个端点，作为第二条尺寸界线的原点）
指定尺寸线位置或 [多行文字(M)/文字(T)/角度(A)/水平(H)/垂直(V)/旋转(R)]：T
输入标注文字 <60.00>：60↙（系统在命令行显示尺寸的自动测量值，可以对尺寸值进行修改）
指定尺寸线位置或 [多行文字(M)/文字(T)/角度(A)/水平(H)/垂直(V)/旋转(R)]：
标注文字=60.00（采用尺寸的自动测量值"60"）
```

采用相同的方法标注线性尺寸 14。

❷ 添加圆心标记。单击"注释"选项卡"标注"面板中的"圆心标记"按钮，命令行提示与

操作如下：

> 命令：_dimcenter
> 选择圆弧或圆：选择⌀25 圆，添加该圆的圆心符号

❸ 标注线性尺寸 75 和 22。单击"默认"选项卡"注释"面板中的"线性"按钮▭，命令行提示与操作如下：

> 命令：DIMLINEAR✓
> 指定第一个尺寸界线原点或 <选择对象>：（单击"对象捕捉"工具栏中的"端点"按钮◢）
> _endp 于：（捕捉标注为 75 长度的左端点，作为第一条尺寸界线的原点）
> 指定第二条尺寸界线原点：（单击"对象捕捉"工具栏中的"端点"按钮◢）
> _cen 于：（捕捉圆的中心，作为第二条尺寸界线的原点）
> 指定尺寸线位置或 [多行文字(M)/文字(T)/角度(A)/水平(H)/垂直(V)/旋转(R)]：指定尺寸线的位置
> 标注文字 =75

采用相同的方法标注线性尺寸 22。

❹ 标注线性尺寸 100。单击"注释"选项卡"标注"面板中的"基线"按钮⊢，命令行提示与操作如下：

> 命令：DIMBASELINE✓
> 指定第二条尺寸界线原点或 [放弃(U)/选择(S)] <选择>：✓（选择作为基准的尺寸标注）
> 选择基准标注：（选择尺寸标注 75 为基准标注）
> 指定第二条尺寸界线原点或 [放弃(U)/选择(S)] <选择>：（单击"对象捕捉"工具栏中的"端点"按钮◢）
> _endp 于：（捕捉标注为 100 的底边的左端点）
> 标注文字 =100
> 指定第二条尺寸界线原点或 [放弃(U)/选择(S)] <选择>：✓
> 选择基准标注：✓

❺ 标注线性尺寸 36 和 15。单击"默认"选项卡"注释"面板中的"对齐"按钮╲，命令行提示与操作如下：

> 命令：DIMALIGNED✓
> 指定第一个尺寸界线原点或 <选择对象>：（单击"对象捕捉"工具栏中的"端点"按钮◢）
> _endp 于：（捕捉标注为 36 的斜边的一个端点）
> 指定第二条尺寸界线原点：（单击"对象捕捉"工具栏中的"端点"按钮◢）
> _endp 于：（捕捉标注为 36 的斜边的另一个端点）
> 指定尺寸线位置或 [多行文字(M)/文字(T)/角度(A)]：指定尺寸线的位置
> 标注文字 =36

采用相同的方法标注对齐尺寸 15。

（5）标注其他尺寸。

❶ 标注⌀25 圆。单击"默认"选项卡"注释"面板中的"直径"按钮◎，命令行提示与操作如下：

> 命令：DIMDIAMETER✓
> 选择圆弧或圆：（选择标注为⌀25 的圆）
> 标注文字=25

指定尺寸线位置或 [多行文字(M)/文字(T)/角度(A)]:(指定尺寸线位置)

❷ 标注 R13 圆弧。单击"默认"选项卡"注释"面板中的"半径"按钮◎，命令行提示与操作如下：

> 命令：DIMRADIUS↙
> 选择圆弧或圆：(选择标注为 R13 的圆弧)
> 标注文字 =13
> 指定尺寸线位置或 [多行文字(M)/文字(T)/角度(A)]:(指定尺寸线位置)

❸ 标注 45°角。选择菜单栏中的"标注"→"角度"命令，或单击"标注"工具栏中的"角度"按钮△，命令行提示与操作如下：

> 命令：DIMANGULAR↙
> 选择圆弧、圆、直线或 <指定顶点>:(选择标注为 45°角的一条边)
> 选择第二条直线：(选择标注为 45°角的另一条边)
> 指定标注弧线位置或 [多行文字(M)/文字(T)/角度(A)/象限点(Q)]:(指定标注弧线的位置)
> 标注文字=45

最终标注结果如图 7-38 所示。

## 7.3.9 弧长标注

弧长尺寸是 AutoCAD 新增加的标注方法，只在极少数场合使用。

### 1. 执行方式

- ☑ 命令行：DIMARC。
- ☑ 菜单栏：标注→弧长。
- ☑ 工具栏：标注→弧长 *.
- ☑ 功能区：默认→注释→弧长 * 或注释→标注→弧长 *.

### 2. 操作步骤

> 命令：DIMARC↙
> 选择弧线段或多段线弧线段：(选择圆弧)
> 指定弧长标注位置或 [多行文字(M)/文字(T)/角度(A)/部分(P)/引线(L)]:

### 3. 选项说明

(1) 部分(P)：缩短弧长标注的长度。系统提示：

> 指定圆弧长度标注的第一个点：(指定圆弧上弧长标注的起点)
> 指定圆弧长度标注的第二个点：(指定圆弧上弧长标注的终点，结果如图 7-45 所示)

(2) 引线(L)：添加引线对象。仅当圆弧（或弧线段）大于 90°时才会显示此选项。引线是按径向绘制的，指向所标注圆弧的圆心，如图 7-46 所示。

图 7-45　部分圆弧标注

图 7-46　引线

## 7.3.10  折弯标注

折弯标注用来标注选定对象的半径，并显示前面带有一个半径符号的标注文字，可以在任意合适的位置指定尺寸线的原点。当圆或圆弧的半径较大，用直径或半径标注引线过长时，可采用折弯标注。

**1. 执行方式**

- ☑ 命令行：DIMJOGGED。
- ☑ 菜单栏：标注→折弯。
- ☑ 工具栏：标注→折弯 ⌒。
- ☑ 功能区：默认→注释→折弯 ⌒ 或注释→标注→折弯 ⌒。

**2. 操作步骤**

命令：DIMJOGGED✓
选择圆弧或圆：（选择圆弧或圆）
指定图示中心位置：（指定一点）
标注文字 = 51.28
指定尺寸线位置或 [多行文字(M)/文字(T)/角度(A)]：（指定一点或其他选项）
指定折弯位置：（指定折弯位置，如图 7-47 所示）

图 7-47  折弯标注

## 7.3.11  圆心标记

圆心标记是指标注出圆心所在的位置。

**1. 执行方式**

- ☑ 命令行：DIMCENTER。
- ☑ 菜单栏：标注→圆心标记。
- ☑ 工具栏：标注→圆心标记 ⊙。
- ☑ 功能区：注释→标注→圆心标记 ⊙。

**2. 操作步骤**

命令：DIMCENTER✓
选择圆弧或圆：（选择要标注圆心的圆或圆弧）

## 7.3.12  基线标注

基线标注用于产生一系列基于同一条尺寸界线的尺寸标注，适用于长度尺寸标注、角度标注和坐标标注等。在使用基线标注方式之前，应该先标注出一个相关的尺寸。

**Note**

1. 执行方式

☑ 命令行：DIMBASELINE。
☑ 菜单栏：标注→基线。
☑ 工具栏：标注→基线 ┡╌。
☑ 功能区：注释→标注→基线 ┡╌。

2. 操作步骤

> 命令：DIMBASELINE✓
> 指定第二条尺寸界线原点或 [放弃(U)/选择(S)] <选择>：

3. 选项说明

（1）指定第二条尺寸界线原点：直接确定另一个尺寸的第二条尺寸界线的起点，AutoCAD 以上次标注的尺寸为基准标注，标注出相应尺寸。

（2）<选择>：在上述提示下直接按 Enter 键，AutoCAD 提示：

> 选择基准标注：（选取作为基准的尺寸标注）

## 7.3.13 连续标注

连续标注又称为尺寸链标注，用于产生一系列连续的尺寸标注，后一个尺寸标注均把前一个标注的第二尺寸界线作为它的第一条尺寸界线，适用于长度尺寸标注、角度标注和坐标标注等。在使用连续标注方式之前，应该先标注出一个相关的尺寸。

1. 执行方式

☑ 命令行：DIMCONTINUE。
☑ 菜单栏：标注→连续。
☑ 工具栏：标注→连续 ┠╢╢。
☑ 功能区：注释→标注→连续 ┠╢╢。

2. 操作步骤

> 命令：DIMCONTINUE✓
> 选择连续标注：
> 指定第二条尺寸界线原点或 [放弃(U)/选择(S)] <选择>：

在此提示下的各选项与基线标注中完全相同，不再赘述。

📢 **注意**：系统允许利用基线标注方式和连续标注方式进行角度标注，如图 7-48 所示。

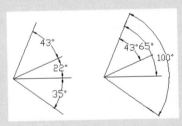

图 7-48 连续型和基线型角度标注

## 7.3.14 操作实例——标注挂轮架

下面综合利用学过的长度型尺寸标注、连续尺寸标注、半径尺寸标注、直径尺寸标注，以及角度尺寸标注方法标注挂轮架尺寸，流程如图 7-49 所示。

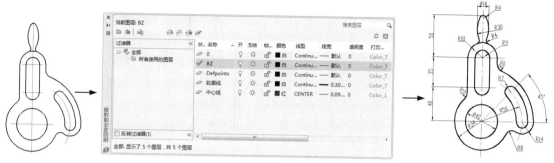

图 7-49 标注挂轮架

**操作步骤：（光盘\实例演示\第 7 章\标注挂轮架.avi）**

（1）打开随书光盘"源文件\第 7 章\挂轮架"图形文件。

（2）创建尺寸标注图层，设置尺寸标注样式，创建一个新图层 BZ，并将其设置为当前图层，如图 7-50 所示，命令行提示与操作如下：

> 命令：LAYER✓
>
> 命令：DIMSTYLE✓（方法同前，分别设置"机械制图"标注样式，并在此基础上设置"直径"标注样式、"半径"标注样式及"角度"标注样式，其中"半径"标注样式与"直径"标注样式设置一样，将其用于半径标注）

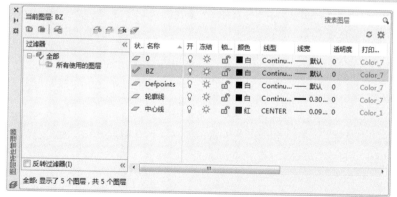

图 7-50 创建图层

（3）单击"默认"选项卡"注释"面板中的"半径"按钮◎、"直径"按钮◎和"线性"按钮◻，命令行提示与操作如下：

> 命令：DIMRADIUS✓（"半径"命令，标注图中的半径尺寸 R8）
>
> 选择圆弧或圆：（选择挂轮架下部的 R8 圆弧）
>
> 标注文字=8
>
> 指定尺寸线位置或 [多行文字(M)/文字(T)/角度(A)]：（指定尺寸线位置）

……（方法同前，分别标注图中的半径尺寸）
命令：DIMLINEAR↙（标注图中的线性尺寸Ø14）
指定第一个尺寸界线原点或 <选择对象>：
_qua 于（捕捉左边 R30 圆弧的象限点）
指定第二个尺寸界线原点：
_qua 于（捕捉右边 R30 圆弧的象限点）
指定尺寸线位置或 [多行文字(M)/文字(T)/角度(A)/水平(H)/垂直(V)/旋转(R)]：T↙
输入标注文字 <14>：%%c14↙
指定尺寸线位置或 [多行文字(M)/文字(T)/角度(A)/水平(H)/垂直(V)/旋转(R)]：（指定尺寸线位置）
标注文字=14

……（方法同前，分别标注图中的线性尺寸）
命令：DIMCONTINUE↙（"连续"命令，标注图中的连续尺寸）
指定第二条尺寸界线原点或 [放弃(U)/选择(S)] <选择>：（按 Enter 键，选择作为基准的尺寸标注）
选择连续标注：（选择线性尺寸 40 作为基准标注）
指定第二条尺寸界线原点或 [放弃(U)/选择(S)] <选择>：
_endp 于（捕捉上边的水平中心线端点，标注尺寸 35）
标注文字=35
指定第二条尺寸界线原点或 [放弃(U)/选择(S)] <选择>：
_endp 于（捕捉最上边的 R4 圆弧的端点，标注尺寸 50）
标注文字=50
指定第二条尺寸界线原点或 [放弃(U)/选择(S)] <选择>：↙
选择连续标注：↙（按 Enter 键结束命令）

（4）单击"默认"选项卡"注释"面板中的"直径"按钮◎和"角度"按钮△，命令行提示与操作如下：

命令：DIMDIAMETER↙（标注图中的直径尺寸Ø40）
选择圆弧或圆：（选择中间Ø40 圆）
标注文字=40
指定尺寸线位置或 [多行文字(M)/文字(T)/角度(A)]：（指定尺寸线位置）
命令：DIMANGULAR↙（标注图中的角度尺寸 45°）
选择圆弧、圆、直线或 <指定顶点>：（选择标注为 45°角的一条边）
选择第二条直线：（选择标注为 45°角的另一条边）
指定标注弧线位置或 [多行文字(M)/文字(T)/角度(A)/象限点(Q)]：（指定尺寸线位置）
标注文字=45

结果如图 7-49 所示。

## 7.3.15 快速尺寸标注

"快速标注"命令使用户可以交互地、动态地、自动化地进行尺寸标注。在 QDIM 命令中可以同时选择多个圆或圆弧标注直径或半径，也可同时选择多个对象进行基线标注和连续标注，选择一次即可完成多个标注，因此可节省时间，提高工作效率。

1. 执行方式

☑ 命令行：QDIM。

☑ 菜单栏：标注→快速标注。

☑ 工具栏：标注→快速标注 🖽。

☑ 功能区：注释→标注→快速标注 🖽。

2. 操作步骤

> 命令：QDIM✓
> 关联标注优先级 = 端点
> 选择要标注的几何图形：（选择要标注尺寸的多个对象后按 Enter 键）
> 指定尺寸线位置或 ［连续(C)/并列(S)/基线(B)/坐标(O)/半径(R)/直径(D)/基准点(P)/编辑(E)/设置(T)］ <连续>：

3. 选项说明

（1）指定尺寸线位置：直接确定尺寸线的位置，则在该位置按默认的尺寸标注类型标注出相应的尺寸。

（2）连续(C)：产生一系列连续标注的尺寸。输入 C，AutoCAD 提示用户选择要进行标注的对象，选择完成后按 Enter 键，返回上面的提示，给定尺寸线位置，则完成连续尺寸标注。

（3）并列(S)：产生一系列交错的尺寸标注，如图 7-51 所示。

（4）基线(B)：产生一系列基线标注尺寸。后面的"坐标(O)""半径(R)""直径(D)"含义与此类同。

（5）基准点(P)：为基线标注和连续标注指定一个新的基准点。

（6）编辑(E)：对多个尺寸标注进行编辑。AutoCAD 允许对已存在的尺寸标注添加或移去尺寸点。选择此选项，AutoCAD 提示：

> 指定要删除的标注点或 ［添加(A)/退出(X)］ <退出>：

在此提示下确定要移去的点之后按 Enter 键，AutoCAD 对尺寸标注进行更新。如图 7-52 所示为删除图 7-51 中间最底下的标注点后的尺寸标注。

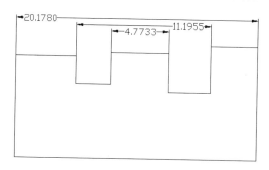

图 7-51　交错尺寸标注

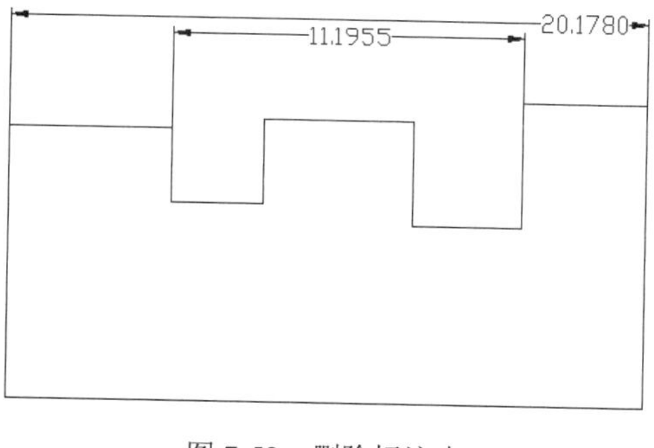

图 7-52　删除标注点

## 7.3.16　等距标注

等距标注是指等距离地连续标注一系列的尺寸。

1. 执行方式

☑ 命令行：DIMSPACE。

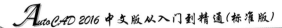

Note

☑ 菜单栏：标注→标注间距。
☑ 工具栏：标注→等距标注。
☑ 功能区：注释→标注→调整间距。

2. 操作步骤

> 命令：DIMSPACE✓
> 选择基准标注：(选择平行线性标注或角度标注)
> 选择要产生间距的标注：(选择平行线性标注或角度标注以从基准标注均匀隔开，并按 Enter 键)
> 输入值或 [自动(A)] <自动>：(指定间距或按 Enter 键)

3. 选项说明

（1）输入值：指定从基准标注均匀隔开选定标注的间距值。

（2）自动(A)：基于在选定基准标注的标注样式中指定的文字高度自动计算间距。所得的间距值是标注文字高度的两倍。

## 7.3.17 折断标注

当圆弧半径过大而在图纸范围内无法标出圆心位置时，可以采用折断标注。

1. 执行方式

☑ 命令行：DIMBREAK。
☑ 菜单栏：标注→标注打断。
☑ 工具栏：标注→折断标注。
☑ 功能区：注释→标注→折断。

2. 操作步骤

> 选择要添加/删除折断的标注或 [多个(M)]：(选择标注，或输入 M 并按 Enter 键)
> 选择要折断标注的对象或 [自动(A)/手动(M)/删除(R)] <自动>：(选择与标注相交或与选定标注的尺寸界线相交的对象，输入选项，或按 Enter 键)
> 选择要折断标注的对象：(选择通过标注的对象或按 Enter 键以结束命令)

3. 选项说明

（1）多个(M)：指定要向其中添加打断或要从中删除打断的多个标注。

> 选择标注：(使用对象选择方法，并按 Enter 键)
> 输入选项 [打断(B)/恢复(R)] <打断>：(输入选项或按 Enter 键)

（2）自动(A)：自动将折断标注放置在与选定标注相交对象的所有交点处。修改标注或相交对象时，会自动更新使用此选项创建的所有折断标注。

（3）删除(R)：从选定的标注中删除所有的折断标注。

（4）手动(M)：手动放置折断标注。为打断位置指定标注或尺寸界线上的两点。如果修改标注或相交对象，则不会更新使用此选项创建的任何折断标注。使用此选项，一次仅可以放置一个手动折断标注。

> 指定第一个打断点：(指定点)
> 指定第二个打断点：(指定点)

# 7.4 引线标注

AutoCAD 提供引线标注功能，利用该功能不仅可以标注特定的尺寸，如圆角、倒角等，还可以在图中添加多行旁注、说明。在引线标注中，指引线可以是折线，也可以是曲线；指引线端部可以有箭头，也可以没有箭头。

## 7.4.1 一般引线标注

利用 LEADER 命令可以创建灵活多样的引线标注形式，可根据需要把指引线设置为折线或曲线。指引线可带箭头，也可不带箭头；注释文本可以是多行文本，也可以是形位公差，也可以从图形其他部位复制，还可以是一个图块。

1. 执行方式

命令行：LEADER。

2. 操作步骤

> 命令：LEADER✓
> 指定引线起点：（输入指引线的起始点）
> 指定下一点：（输入指引线的另一点）

AutoCAD 由上面两点画出指引线并继续提示：

> 指定下一点或 [注释(A)/格式(F)/放弃(U)] <注释>：

3. 选项说明

（1）指定下一点

直接输入一点，AutoCAD 根据前面的点画出折线作为指引线。

（2）<注释>

输入注释文本，为默认项。在上面提示下直接按 Enter 键，AutoCAD 提示：

> 输入注释文字的第一行或 <选项>：

❶ 输入注释文字：在此提示下输入第一行文本后按 Enter 键，用户可继续输入第二行文本，如此反复执行，直到输入全部注释文本，然后在此提示下直接按 Enter 键，AutoCAD 会在指引线终端标注出所输入的多行文本，并结束 LEADER 命令。

❷ 直接按 Enter 键：如果在上面的提示下直接按 Enter 键，AutoCAD 提示：

> 输入注释选项 [公差(T)/副本(C)/块(B)/无(N)/多行文字(M)] <多行文字>：

在此提示下选择一个注释选项或直接按 Enter 键选择"多行文字"选项。其中，各选项含义如下。

☑ 公差(T)：标注形位公差。形位公差的标注见 7.5 节。

☑ 副本(C)：把已由 LEADER 命令创建的注释复制到当前指引线的末端。选择该选项，AutoCAD 提示如下。

> 选择要复制的对象：

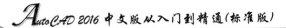

在此提示下选取一个已创建的注释文本，则 AutoCAD 把它复制到当前指引线的末端。

☑ 块(B)：插入块，把已经定义好的图块插入到指引线末端。选择该选项，系统提示如下。

> 输入块名或 [?]：

在此提示下输入一个已定义好的图块名，AutoCAD 把该图块插入到指引线的末端，或输入"?"列出当前已有图块，用户可从中选择。

☑ 无(N)：不进行注释，没有注释文本。

☑ <多行文字>：用多行文字编辑器标注注释文本并定制文本格式，为默认选项。

（3）格式(F)

确定指引线的形式。选择该选项，AutoCAD 提示：

> 输入引线格式选项 [样条曲线(S)/直线(ST)/箭头(A)/无(N)] <退出>：
> 选择指引线形式，或直接按 Enter 键回到上一级提示。

❶ 样条曲线(S)：设置指引线为样条曲线。

❷ 直线(ST)：设置指引线为折线。

❸ 箭头(A)：在指引线的起始位置画箭头。

❹ 无(N)：在指引线的起始位置不画箭头。

❺ <退出>：此项为默认选项，选择该项退出"格式"选项，返回"指定下一点或 [注释(A)/格式(F)/放弃(U)] <注释>:"提示，并且指引线形式按默认方式设置。

## 7.4.2 快速引线标注

利用 QLEADER 命令可快速生成指引线及注释，而且可以通过"命令行优化"对话框进行用户自定义，由此可以消除不必要的命令行提示，取得更高的工作效率。

1. 执行方式

命令行：QLEADER。

2. 操作步骤

> 命令：QLEADER✓
> 指定第一个引线点或 [设置(S)] <设置>：

3. 选项说明

（1）指定第一个引线点

在上面的提示下确定一点作为指引线的第一点，AutoCAD 提示：

> 指定下一点：（输入指引线的第二点）
> 指定下一点：（输入指引线的第三点）

AutoCAD 提示用户输入点的数目由"引线设置"对话框确定。输入完指引线的点后 AutoCAD 提示：

> 指定文字宽度 <0.0000>：（输入多行文本的宽度）
> 输入注释文字的第一行 <多行文字(M)>：

此时，有两种命令输入选择，它们的含义如下。

❶ 输入注释文字的第一行：在命令行中输入第一行文本，系统继续提示：

输入注释文字的下一行：（输入另一行文本）
输入注释文字的下一行：（输入另一行文本或按 Enter 键）

❷ <多行文字(M)>：打开多行文字编辑器，输入编辑多行文字。

输入全部注释文本后，在此提示下直接按 Enter 键，AutoCAD 结束 QLEADER 命令并把多行文本标注在指引线的末端附近。

（2）<设置>

在上面提示下直接按 Enter 键或输入 S，AutoCAD 打开"引线设置"对话框，允许对引线标注进行设置。该对话框包含"注释""引线和箭头""附着"3 个选项卡，下面分别对它们进行介绍。

❶ "注释"选项卡（如图 7-53 所示）：用于设置引线标注中注释文本的类型、多行文本的格式并确定注释文本是否多次使用。

❷ "引线和箭头"选项卡（如图 7-54 所示）：用来设置引线标注中指引线和箭头的形式。其中，"点数"选项组设置执行 QLEADER 命令时 AutoCAD 提示用户输入的点的数目。例如，设置点数为3，执行 QLEADER 命令时当用户在提示下指定 3 个点后，AutoCAD 自动提示用户输入注释文本。注意设置的点数要比用户希望的指引线的段数多 1。可利用微调框进行设置，如果选中"无限制"复选框，AutoCAD 会一直提示用户输入点直到连续按 Enter 键两次为止。"角度约束"选项组设置第一段和第二段指引线的角度约束。

图 7-53 "注释"选项卡

图 7-54 "引线和箭头"选项卡

❸ "附着"选项卡（如图 7-55 所示）：设置注释文本和指引线的相对位置。如果最后一段指引线指向右边，则 AutoCAD 自动把注释文本放在右侧；如果最后一段指引线指向左边，则 AutoCAD自动把注释文本放在左侧。利用本页左侧和右侧的单选按钮分别设置位于左侧和右侧的注释文本与最后一段指引线的相对位置，二者可相同，也可不相同。

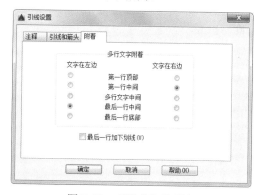

图 7-55 "附着"选项卡

Note

### 7.4.3 操作实例——标注齿轮轴套

下面综合利用学过的长度型尺寸标注、连续尺寸标注、半径尺寸标注、直径尺寸标注、角度尺寸，以及引线标注功能标注方法标注齿轮轴套尺寸，流程如图 7-56 所示。

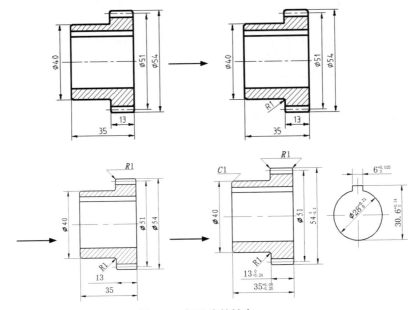

图 7-56 标注齿轮轴套

**操作步骤：（光盘\实例演示\第 7 章\标注齿轮轴套.avi）**

（1）打开随书光盘"源文件\第 7 章\齿轮轴套"图形文件。

（2）设置文字样式。单击"默认"选项卡"注释"面板中的"文字样式"按钮，设置文字样式。

（3）设置标注样式。单击"默认"选项卡"注释"面板中的"标注样式"按钮，设置标注样式为机械图样。

（4）线性标注。单击"默认"选项卡"注释"面板中的"线性"按钮，标注齿轮主视图中的线性尺寸Ø40、Ø51、Ø54。

（5）基线标注。方法同前，标注齿轮轴套主视图中的线性尺寸 13，然后利用"基线"命令，标注基线尺寸 35，结果如图 7-57 所示。

（6）半径标注。单击"默认"选项卡"注释"面板中的"半径"按钮，标注齿轮轴套主视图中的半径尺寸，命令行提示与操作如下：

```
命令：DIMRADIUS✓
选择圆弧或圆：（选取齿轮轴套主视图中的圆角）
标注文字 =1
指定尺寸线位置或 [多行文字(M)/文字(T)/角度(A)]：（拖动鼠标，确定尺寸线位置）
```

结果如图 7-58 所示。

（7）引线标注。在命令行中输入 Leader，用引线标注齿轮轴套主视图上部的圆角半径，命令行提示与操作如下：

命令：LEADER✓（引线标注）

指定引线起点：_nea 到（捕捉离齿轮轴套主视图上部圆角最近一点）

指定下一点：（拖动鼠标，在适当位置处单击）

指定下一点或 [注释(A)/格式(F)/放弃(U)] <注释>：<正交 开>（打开正交功能，向右拖动鼠标，在适当位置处单击）

指定下一点或 [注释(A)/格式(F)/放弃(U)] <注释>：✓

输入注释文字的第一行或 <选项>：R1✓

输入注释文字的下一行：✓（结果如图 7-59 所示）

命令：✓（继续引线标注）

指定引线起点：_nea 到（捕捉离齿轮轴套主视图上部右端圆角最近一点）

指定下一点：（利用对象追踪功能，捕捉上一个引线标注的端点，拖动鼠标，在适当位置处单击）

指定下一点或 [注释(A)/格式(F)/放弃(U)] <注释>：（捕捉上一个引线标注的端点）

指定下一点或 [注释(A)/格式(F)/放弃(U)] <注释>：✓

输入注释文字的第一行或 <选项>：✓

输入注释选项 [公差(T)/副本(C)/块(B)/无(N)/多行文字(M)] <多行文字>：N✓（无注释的引线标注）

结果如图 7-60 所示。

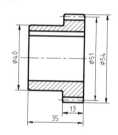

图 7-57　标注线性及基线尺寸

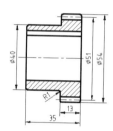

图 7-58　标注半径尺寸 R1

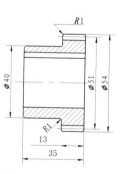

图 7-59　引线标注 R1

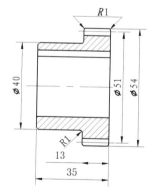

图 7-60　引线标注

（8）引线标注。在命令行中输入 Qleader，用引线标注齿轮轴套主视图的倒角，命令行提示与操作如下：

命令：QLEADER✓

指定第一个引线点或 [设置(S)] <设置>：✓（按 Enter 键，弹出如图 7-61 所示的"引线设置"对话框，如图 7-61 和图 7-62 所示分别设置其选项卡，设置完成后，单击"确定"按钮）

指定第一个引线点或 [设置(S)] <设置>：（捕捉齿轮轴套主视图中上端倒角的端点）

指定下一点：（拖动鼠标，在适当位置处单击）

指定下一点：（拖动鼠标，在适当位置处单击）

> 指定文字宽度 <0>: ↙
> 输入注释文字的第一行 <多行文字(M)>: 1x45%%d↙
> 输入注释文字的下一行: ↙

结果如图 7-63 所示。

图 7-61 "引线设置"对话框

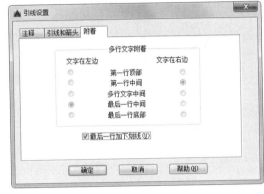

图 7-62 "附着"选项卡

（9）线性标注。单击"默认"选项卡"注释"面板中的"线性"按钮，标注齿轮轴套局部视图中的尺寸，命令行提示与操作如下：

> 命令: DIMLINEAR
> 指定第一个尺寸界线原点或 <选择对象>:
> 指定第二条尺寸界线原点:
> 命令: DIMLINEAR↙（标注线性尺寸 6）
> 指定第一个尺寸界线原点或 <选择对象>: ↙
> 选择标注对象:（选取齿轮轴套局部视图上端水平线）
> 指定尺寸线位置或 [多行文字(M)/文字(T)/角度(A)/水平(H)/垂直(V)/旋转(R)]: T↙
> 输入标注文字 <6>: 6{\H0.7x;\S+0.025^ 0;}↙（其中 H0.7x 表示公差字高比例系数为 0.7，需要注意的是：x 为小写）
> 指定尺寸线位置或 [多行文字(M)/文字(T)/角度(A)/水平(H)/垂直(V)/旋转(R)]:（拖动鼠标，在适当位置处单击，结果如图 7-64 所示）
> 标注文字=6

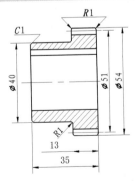

图 7-63 引线标注倒角尺寸

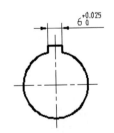

图 7-64 标注尺寸偏差

采用前面的方法，标注线性尺寸 30.6，上偏差为+0.14，下偏差为 0。

采用前面的方法，单击"默认"选项卡"注释"面板中的"直径"按钮，标注直径尺寸⌀28，输入标注文字为"%%C28{\H0.7x;\S+0.21^ 0;}",结果如图7-65所示。

（10）标注样式。单击"默认"选项卡"注释"面板中的"标注样式"按钮 ，修改齿轮轴套主视图中的线性尺寸，为其添加尺寸偏差，命令行提示与操作如下：

命令：DDIM✓（修改"标注样式"命令。也可以使用设置标注样式命令DIMSTYLE，用于修改线性尺寸13及35）

在弹出的"标注样式管理器"对话框的"样式"列表中选择"机械图样"样式，如图7-66所示，单击"替代"按钮。

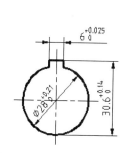

图7-65　局部视图中的尺寸

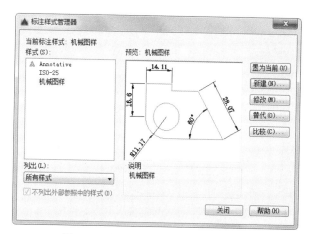

图7-66　替代"机械图样"标注样式

系统弹出修改当前样式的对话框，选择"主单位"选项卡，如图7-67所示，将"线性标注"选项组中的精度设置为0.00。选择"公差"选项卡，如图7-68所示，在"公差格式"选项组中将方式设置为"极限偏差"，设置上偏差为0，下偏差为0.24，高度比例为0.7，设置完成后单击"确定"按钮，命令行提示与操作如下：

命令：-dimstyle（或单击"注释"选项卡"标注"面板中的"更新"按钮 ）
当前标注样式：ISO-25
输入标注样式选项 [保存(S)/恢复(R)/状态(ST)/变量(V)/应用(A)/?] <恢复>：A✓
选择对象：（选取线性尺寸13，即可为该尺寸添加尺寸偏差）

采用前面的方法，继续修改标注样式。设置"公差"选项卡中的上偏差为-0.08，下偏差为0.25。单击"注释"选项卡"标注"面板中的"快速标注"按钮 ，选取线性尺寸35，即可为该尺寸添加尺寸偏差，结果如图7-69所示。

（11）尺寸标注。在命令行中输入Explode命令分解尺寸标注，双击分解后的标注文字，修改齿轮轴套主视图中的线性尺寸∅54，为其添加尺寸偏差，命令行提示与操作如下：

命令：EXPLODE✓
选择对象：（选择尺寸∅54，按Enter键）
命令：MTEDIT✓（编辑多行文字命令）
选择多行文字对象：（选择分解的∅54尺寸，在弹出的"文字编辑器"选项卡中将标注的文字修改为"%%C54 0^-0.20"，选择"0^-0.20"，单击"堆叠"按钮 ，此时，标注变为尺寸偏差的形式，单击"确定"按钮）

结果如图7-70所示。

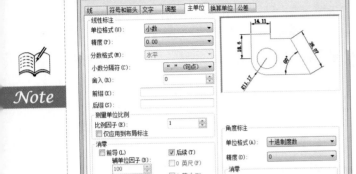

图 7-67 "主单位"选项卡

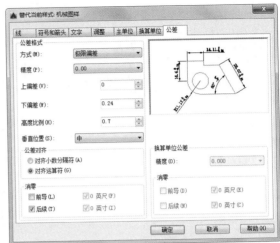

图 7-68 "公差"选项卡

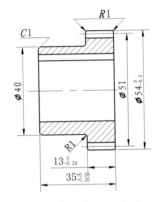

图 7-69 修改线性尺寸 13 及 35

图 7-70 修改线性尺寸 ⌀54

# 7.5 形位公差

为方便机械设计工作，AutoCAD 提供标注形位公差的功能。形位公差的标注包括指引线、公差符号、公差值及附加符号、基准代号及附加符号。利用 AutoCAD 2016 可方便地标注出形位公差。

形位公差的标注如图 7-71 所示。

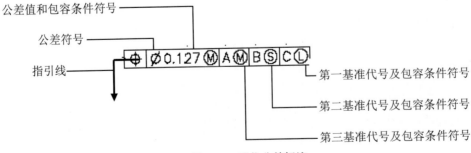

图 7-71 形位公差标注

1. 执行方式

- ☑　命令行：TOLERANCE。
- ☑　菜单栏：标注→公差。
- ☑　工具栏：标注→公差⊞。
- ☑　功能区：注释→标注→公差⊞。

2. 操作步骤

　　命令：TOLERANCE✓

在命令行中输入 TOLERANCE，或选择相应的命令，或单击工具图标，AutoCAD 打开如图 7-72 所示的"形位公差"对话框，可通过此对话框对形位公差标注进行设置。

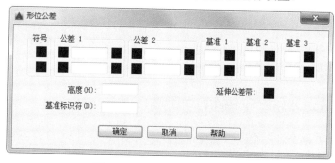

图 7-72　　"形位公差"对话框

3. 选项说明

（1）符号：设定或改变公差代号。单击其下的黑方块，系统打开如图 7-73 所示的"特征符号"对话框，可从中选取公差代号。

（2）公差 1（2）：产生第一（二）个公差的公差值及"附加符号"符号。白色文本框左侧的黑块控制是否在公差值之前加一个直径符号，单击它，则出现一个直径符号，再单击则消失。白色文本框用于确定公差值，可在其中输入一个具体数值。右侧黑块用于插入"包容条件"符号，单击它，AutoCAD 打开如图 7-74 所示的"附加符号"对话框，可从中选取所需符号。

图 7-73　　"特征符号"对话框

图 7-74　　"附加符号"对话框

（3）基准 1（2、3）：确定第一（二、三）个基准代号及材料状态符号。在白色文本框中输入一个基准代号。单击其右侧黑块，AutoCAD 弹出"附加符号"对话框，可从中选择适当的"包容条件"符号。

（4）"高度"文本框：确定标注复合形位公差的高度。

（5）延伸公差带：单击此黑块，在复合公差带后面加一个复合公差符号，如图 7-75（d）所示。

（6）"基准标识符"文本框：产生一个标识符号，用一个字母表示。

**注意：** 在"形位公差"对话框中有两行可实现复合形位公差的标注。如果两行中输入的公差代号相同，则得到如图 7-75（e）所示的形式。

如图 7-75 所示为 5 个利用 TOLERANCE 命令标注的形位公差。

图 7-75  形位公差标注举例

# 7.6  编辑尺寸标注

AutoCAD 允许对已经创建好的尺寸标注进行编辑修改，包括修改尺寸文本的内容、改变其位置、使尺寸文本倾斜一定的角度等，还可以对尺寸界线进行编辑。

## 7.6.1  利用 DIMEDIT 命令编辑尺寸标注

用户通过 DIMEDIT 命令可以修改已有尺寸标注的文本内容、把尺寸文本倾斜一定的角度，还可以对尺寸界线进行修改，使其旋转一定角度从而标注一段线段在某一方向上的投影尺寸。DIMEDIT 命令可以同时对多个尺寸标注进行编辑。

**1. 执行方式**

☑  命令行：DIMEDIT。
☑  菜单栏：标注→对齐文字→默认。
☑  工具栏：标注→编辑标注📐。

**2. 操作步骤**

命令：DIMEDIT✓
输入标注编辑类型 [默认(H)/新建(N)/旋转(R)/倾斜(O)] <默认>：

**3. 选项说明**

（1）<默认>：按尺寸标注样式中设置的默认位置和方向放置尺寸文本，如图 7-76（a）所示。选择此选项，AutoCAD 提示：

选择对象：（选择要编辑的尺寸标注）

（2）新建(N)：选择此选项，AutoCAD 打开多行文字编辑器，可利用此编辑器对尺寸文本进行修改。

（3）旋转(R)：改变尺寸文本行的倾斜角度。尺寸文本的中心点不变，使文本沿给定的角度方向倾斜排列，如图 7-76（b）所示。若输入角度为 0，则按"新建标注样式"对话框"文字"选项卡中设置的默认方向排列。

（4）倾斜(O)：修改长度型尺寸标注尺寸界线，使其倾斜一定角度，与尺寸线不垂直，如图 7-76（c）所示。

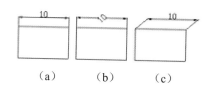

图 7-76  尺寸标注的编辑 1

Note

## 7.6.2  利用 DIMTEDIT 命令编辑尺寸标注

通过 DIMTEDIT 命令可以改变尺寸文本的位置，使其位于尺寸线的左端、右端或中间，而且可使文本倾斜一定的角度。

### 1. 执行方式

☑  命令行：DIMTEDIT。

☑  菜单栏：标注→对齐文字→（除"默认"命令外其他命令）。

☑  工具栏：标注→编辑标注文字 △。

### 2. 操作步骤

> 命令：DIMTEDIT✓
> 选择标注：(选择一个尺寸标注)
> 为标注文字指定新位置或 [左对齐(L)/右对齐(R)/居中(C)/默认(H)/角度(A)]：

### 3. 选项说明

（1）为标注文字指定新位置：更新尺寸文本的位置。用鼠标把文本拖动到新的位置，这时系统变量 DIMSHO 为 ON。

（2）左（右）对齐：使尺寸文本沿尺寸线左（右）对齐，如图 7-77（a）和图 7-77（b）所示。此选项只对长度型、半径型、直径型尺寸标注起作用。

（3）居中(C)：把尺寸文本放在尺寸线上的中间位置，如图 7-76（a）所示。

（4）默认(H)：把尺寸文本按默认位置放置。

（5）角度(A)：改变尺寸文本行的倾斜角度。

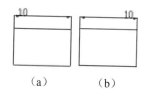

图 7-77  尺寸标注的编辑 2

## 7.6.3  操作实例——标注阀盖尺寸

下面综合利用学过的长度型尺寸标注、连续尺寸标注、半径尺寸标注、直径尺寸标注、引线标注，以及基准符号功能标注方法标注阀盖尺寸，流程如图 7-78 所示。

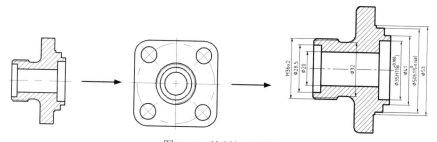

图 7-78  绘制标注阀盖

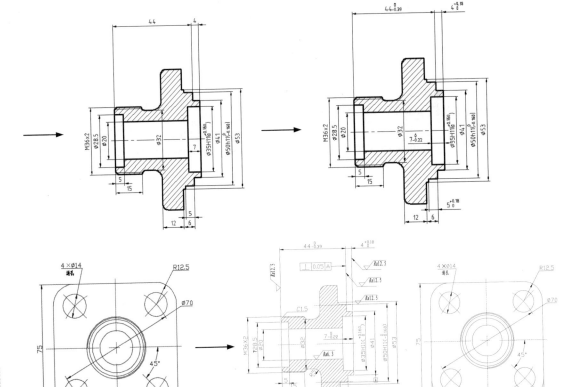

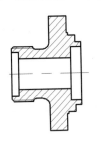

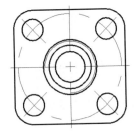

图 7-78　绘制标注阀盖（续）

**操作步骤：（光盘\实例演示\第 7 章\标注阀盖尺寸.avi）：**

（1）打开随书光盘"源文件\第 7 章\阀盖"图形文件，如图 7-79 所示。

图 7-79　阀盖

（2）文字样式。单击"默认"选项卡"注释"面板中的"文字样式"按钮，设置文字样式。

（3）标注样式。单击"默认"选项卡"注释"面板中的"标注样式"按钮，设置标注样式。在弹出的"标注样式管理器"对话框中单击"新建"按钮，创建新的标注样式并命名为"机械设计"，用于标注图样中的尺寸。

单击"继续"按钮，对弹出的"新建标注样式"对话框中的各个选项卡进行设置，如图 7-80 和图 7-81 所示。设置完成后，单击"确定"按钮，返回"标注样式管理器"对话框。

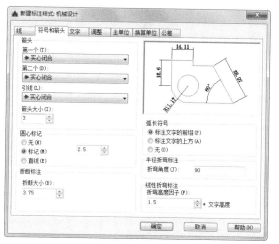

图 7-80 "符号和箭头"选项卡

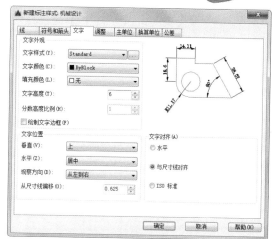

图 7-81 "文字"选项卡

（4）新建标注。选择"机械设计"选项，单击"新建"按钮，分别设置直径、半径及角度标注样式。其中，在直径及半径标注样式的"调整"选项卡中选中"手动放置文字"复选框，如图 7-82 所示；在角度标注样式的"文字"选项卡的"文字对齐"选项组中选中"水平"单选按钮，如图 7-83 所示。其他选项卡的设置均保持默认。

图 7-82 直径及半径标注样式的"调整"选项卡

图 7-83 角度标注样式的"文字"选项卡

（5）设置标注。在"标注样式管理器"对话框中选择"机械设计"标注样式，单击"置为当前"按钮，将其设置为当前标注样式。

（6）标注阀盖主视图中的线性尺寸。利用"线性"命令从左至右依次标注阀盖主视图中的竖直线性尺寸为 M36×2、∅28.5、∅20、∅32、∅35、∅41、∅50 及∅53。在标注尺寸∅35 时，需要输入标注文字"%%C35H11（\H0.7x;\S+0.160^0;}）"；在标注尺寸∅50 时，需要输入标注文字"%%C50H11（{\H0.7x; \S0^–0.160;}）"，结果如图 7-84 所示。

（7）线性标注。利用"线性"命令标注阀盖主视图上部的线性尺寸 44；利用"连续"命令标注连续尺寸 4。利用"线性"命令标注阀盖主视图中部的线性尺寸 7 和阀盖主视图下部左边的线性尺寸 5；利用"基线"命令标注基线尺寸 15。利用"线性"命令标注阀盖主视图下部右边的线性尺寸 5；

利用"基线"命令标注基线尺寸6;利用"连续"命令标注连续尺寸12。结果如图7-85所示。

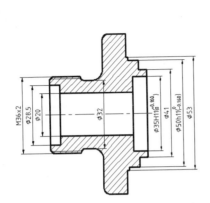

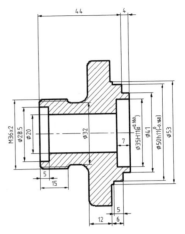

图7-84 标注主视图竖直线性尺寸          图7-85 标注主视图水平线性尺寸

（8）设置样式。利用"标注样式"命令，打开"标注样式管理器"对话框，在"样式"列表框中选择"机械设计"选项，单击"替代"按钮，系统弹出"替代当前样式"对话框，选择"主单位"选项卡，将"线性标注"选项组中的精度设置为0.00;选择"公差"选项卡，在"公差格式"选项组中将方式设置为"极限偏差"，设置上偏差为0，下偏差为0.39，高度比例为0.7。设置完成后单击"确定"按钮。

执行"标注更新"命令，选取主视图上线性尺寸44，即可为该尺寸添加尺寸偏差。

按同样的方式分别为主视图中的线性尺寸4、7及5标注尺寸偏差，结果如图7-86所示。

（9）标注阀盖主视图中的倒角及圆角半径。

❶ 利用"快速引线"按钮标注主视图中的倒角尺寸C1.5。

❷ 利用"半径"命令标注主视图中的半径尺寸R5。

（10）标注阀盖左视图中的尺寸。

❶ 利用"线性"命令标注阀盖左视图中的线性尺寸75。

❷ 利用"直径"命令标注阀盖左视图中的直径尺寸∅70及4-∅14。在标注尺寸4-∅14时，需要输入标注文字"4-<>"。

❸ 利用"半径"命令标注左视图中的半径尺寸R12.5。

❹ 利用"角度"命令标注左视图中的角度尺寸45°。

❺ 单击"默认"选项卡"注释"面板中的"文字样式"按钮，创建新文字样式HZ，用于书写汉字。该标注样式的"字体名"为"仿宋_GB2312"，"宽度比例"为0.7。

在命令行中输入TEXT，设置文字样式为HZ，在尺寸4-∅14的引线下部输入文字"通孔"，结果如图7-87所示。

（11）标注阀盖主视图中的形位公差，命令行提示与操作如下:

命令: QLEADER✓（利用"快速引线"命令，标注形位公差）
指定第一个引线点或 [设置(S)] <设置>: ✓（按Enter键，在弹出的"引线设置"对话框中设置各个选项卡，如图7-88和图7-89所示。设置完成后单击"确定"按钮）
指定第一个引线点或 [设置(S)] <设置>:（捕捉阀盖主视图尺寸44右端延伸线上的最近点）
指定下一点:（向左移动鼠标，在适当位置处单击，弹出"形位公差"对话框，对其进行设置，如图7-90所示，单击"确定"按钮）

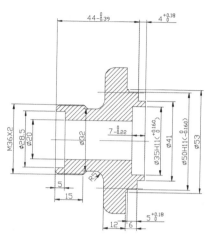

图 7-86　标注尺寸偏差

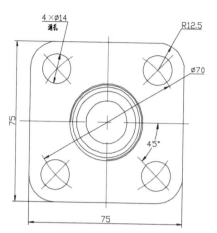

图 7-87　标注左视图中的尺寸

图 7-88　"注释"选项卡

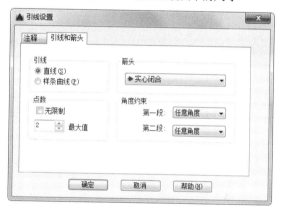

图 7-89　"引线和箭头"选项卡

（12）利用相关绘图命令绘制基准符号，结果如图 7-91 所示。

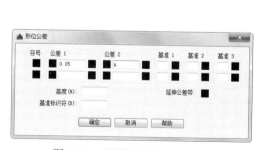

图 7-90　"形位公差"对话框

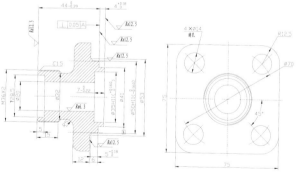

图 7-91　绘制基准符号

（13）利用图块相关命令绘制粗糙度图块，然后插入到图形相应位置（相关内容将在第 8 章讲述）。

## ▲提示与总结——快速标注或修改公差的方法

公差的标注和修改通常有 3 种方法。

☑ 通过"公差"选项卡来标注。这是最传统的一种方法,在上面的实例中已经讲述。

☑ 在常规的尺寸标注中,要在标注文字后面加后缀,例如上面实例中第(6)步标注的尺寸文字"%%C35H11({\H0.7x;\S+0.160^0;})"。

☑ 还有一种修改公差的方法是两次"分解"命令:第一次分解尺寸线与公差文字,第二次分解公差文字中的主尺寸文字与极限偏差文字,然后单独利用"编辑文字"命令对上下极限偏差文字进行编辑修改。

# 7.7 动手练一练

通过本章的学习,读者对尺寸标注的相关知识应有了大体的了解,本节通过 4 个操作练习使读者进一步掌握本章知识要点。

## 7.7.1 标注圆头平键线性尺寸

操作提示:

(1)如图 7-92 所示,设置标注样式。

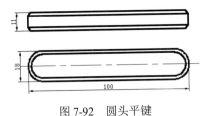

图 7-92 圆头平键

(2)进行线性标注。

## 7.7.2 标注曲柄尺寸

操作提示:

(1)如图 7-93 所示,设置文字样式和标注样式。

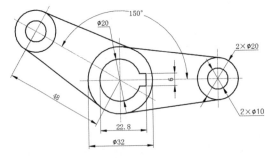

图 7-93 曲柄

(2)标注线性尺寸。

(3)标注直径尺寸。

（4）标注角度尺寸。注意：有时要根据需要进行标注样式替代设置。

## 7.7.3 绘制并标注泵轴尺寸

操作提示：

（1）如图 7-94 所示，绘制图形。

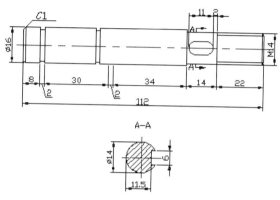

图 7-94 泵轴

（2）设置文字样式和标注样式。
（3）标注线性尺寸。
（4）标注连续尺寸。
（5）标注引线尺寸。

## 7.7.4 绘制并标注齿轮轴尺寸

操作提示：

（1）如图 7-95 所示，设置文字样式和标注样式。

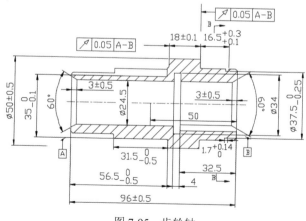

图 7-95 齿轮轴

（2）标注轴尺寸。
（3）标注形位公差。

# 第8章

# 图块、外部参照与光栅图像

在设计绘图过程中经常会遇到一些重复出现的图形（如机械设计中的螺钉、螺帽，建筑设计中的桌椅、门窗等），如果每次都重新绘制这些图形，不仅造成大量的重复工作，而且存储这些图形及其信息要占据相当大的磁盘空间。AutoCAD 提供图块和外部参照来解决这些问题。

本章主要介绍图块及其属性、外部参照和光栅图像等知识。

☑ 定义、保存图块　　　　　☑ 图块的属性

☑ 插入图块　　　　　　　　☑ 外部参照

☑ 动态块　　　　　　　　　☑ 光栅图像

## 任务驱动&项目案例

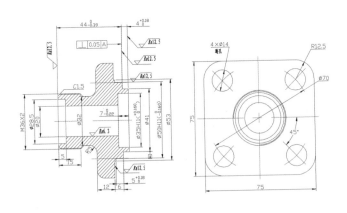

# 8.1 图 块 操 作

AutoCAD 把一个图块作为一个对象进行编辑修改等操作，用户可根据绘图需要把图块插入到图中任意指定的位置，而且在插入时还可以指定不同的缩放比例和旋转角度。图块还可以重新定义，一旦被重新定义，整个图中基于该块的对象都将随之改变。

## 8.1.1 定义图块

在使用图块时，首先要定义图块，下面讲述定义图块的具体方法。

1. 执行方式

- ☑ 命令行：BLOCK。
- ☑ 菜单栏：绘图→块→创建。
- ☑ 工具栏：绘图→创建块🖫。
- ☑ 功能区：默认→块→创建🖫或插入→块定义→创建块🖫。

2. 操作步骤

命令：BLOCK✓

选择相应的菜单命令或单击相应的工具栏图标，或在命令行中输入 BLOCK 后按 Enter 键，在打开的如图 8-1 所示的"块定义"对话框中可定义图块并为之命名。

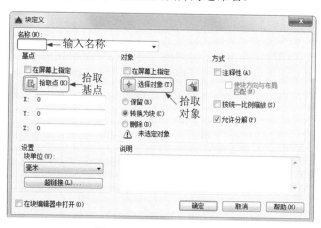

图 8-1 "块定义"对话框

3. 选项说明

（1）"基点"选项组

确定图块的基点，默认值是（0,0,0）。可以在下面的 X、Y、Z 文本框中输入块的基点坐标值。单击"拾取点"按钮，AutoCAD 临时切换到作图屏幕，用鼠标在图形中拾取一点后，返回"块定义"对话框，把所拾取的点作为图块的基点。

（2）"对象"选项组

该选项组用于选择制作图块的对象，以及对象的相关属性。

如图 8-2 所示，把图 8-2（a）中的正五边形定义为图块，图 8-2（b）为选中"删除"单选按钮的结果，图 8-2（c）为选中"保留"单选按钮的结果。

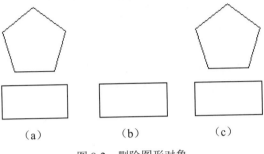

（a）　　　　　（b）　　　　　（c）

图 8-2　删除图形对象

（3）"方式"选项组

❶ "注释性"复选框：指定块为"注释性"。

❷ "使块方向与布局匹配"复选框：指定在图纸空间视口中块参照的方向与布局的方向匹配。

❸ "按统一比例缩放"复选框：指定是否阻止块参照按统一比例缩放。如果未选中"注释性"复选框，则该复选框不可用。

❹ "允许分解"复选框：指定块参照是否可以被分解。

（4）"设置"选项组

指定从 AutoCAD 设计中心拖动图块时用于测量图块的单位和超链接等设置。

（5）"在块编辑器中打开"复选框

选中此复选框，系统打开块编辑器，可以定义动态块，后面详细讲述。

## 8.1.2　图块的保存

用 BLOCK 命令定义的图块保存在其所属的图形当中，该图块只能在该图中插入，而不能插入到其他的图中，但是有些图块在许多图中要经常用到，这时可以用 WBLOCK 命令把图块以图形文件的形式（后缀为.dwg）写入磁盘，图形文件可以在任意图形中用 INSERT 命令插入。

### 1. 执行方式

☑ 命令行：WBLOCK。

☑ 功能区：插入→块定义→写块 。

### 2. 操作步骤

命令：WBLOCK✓

在命令行中输入 WBLOCK 后按 Enter 键，在打开的如图 8-3 所示的"写块"对话框中可把图形对象保存为图形文件或把图块转换成图形文件。

### 3. 选项说明

（1）"源"选项组

确定要保存为图形文件的图块或图形对象。

❶ "块"单选按钮：选中此单选按钮，单击右侧的向下箭头，在下拉列表框中选择一个图块，将其保存为图形文件。

图 8-3　"写块"对话框

❷　"整个图形"单选按钮：选中此单选按钮，则把当前的整个图形保存为图形文件。

❸　"对象"单选按钮：选中此单选按钮，则把不属于图块的图形对象保存为图形文件。对象的选取通过"对象"选项组来完成。

（2）"目标"选项组

用于指定图形文件的名称、保存路径和插入单位等。

## 8.1.3　操作实例——定义"螺母"图块

利用上面学过的定义图块和图块保存相关知识将螺母图形定义为图块并保存，如图 8-4 所示。

图 8-4　定义"螺母"图块

**操作步骤：（光盘\实例演示\第 8 章\定义"螺母"图块.avi）**

（1）创建块。绘制如图 8-5 所示的图形。单击"默认"选项卡"块"面板中的"创建"按钮，打开"块定义"对话框。

（2）输入名称。在"名称"下拉列表框中输入名称"螺母"，如图 8-6 所示。

（3）拾取点。单击"拾取点"按钮切换到作图屏幕，选择圆心为插入基点，返回"块定义"对话框。

（4）选择对象。单击"选择对象"按钮切换到作图屏幕，选择图 8-5 中的对象后，按 Enter 键返回"块定义"对话框。

图 8-5  绘制图形

图 8-6  "块定义"对话框

（5）关闭"块定义"对话框。

（6）写块。在命令行中输入 WBLOCK，系统打开如图 8-7 所示的"写块"对话框，在"源"选项组中选中"块"单选按钮，在后面的下拉列表框中选择"螺母"，并进行其他相关设置后单击"确定"按钮退出。

图 8-7  "写块"对话框

## 8.1.4  图块的插入

在用 AutoCAD 绘图的过程中，可根据需要随时把已经定义好的图块或图形文件插入到当前图形的任意位置，在插入的同时还可以改变图块的大小、旋转一定角度或把图块分解等。插入图块的方法有多种，本节将逐一进行介绍。

1. 执行方式

☑  命令行：INSERT。

☑  菜单栏：插入→块。

☑  工具栏：插入→插入块🔲或绘图→插入块🔲。

☑  功能区：默认→块→插入🔲或插入→块→插入🔲。

### 2. 操作步骤

命令：INSERT✓

AutoCAD 打开"插入"对话框，如图 8-8 所示，可以指定要插入的图块及插入位置。

### 3. 选项说明

（1）"名称"文本框：指定图块的保存路径名称。

（2）"插入点"选项组：指定插入点，插入图块时该点与图块的基点重合。可以在屏幕上指定该点，也可以通过下面的文本框输入该点坐标值。

（3）"比例"选项组：确定插入图块时的缩放比例。图块被插入到当前图形中时，可

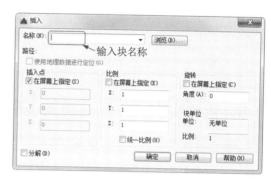

图 8-8　"插入"对话框

以任意比例放大或缩小，如图 8-9（a）所示是被插入的图块，如图 8-9（b）所示是取比例系数为 1.5 插入该图块的结果，如图 8-9（c）所示是取比例系数为 0.5 插入该图块的结果；X 轴方向和 Y 轴方向的比例系数也可以取不同的值，如图 8-9（d）所示，X 轴方向的比例系数为 1，Y 轴方向的比例系数为 1.5。另外，比例系数还可以是一个负数，当为负数时表示插入图块的镜像，其效果如图 8-10 所示。

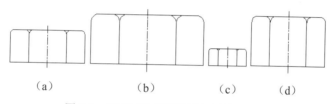

（a）　　　　　　　　（b）　　　　　（c）　　　（d）

图 8-9　取不同比例系数插入图块的效果

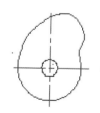 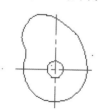 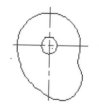 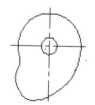

X 比例=1，Y 比例=1　　　X 比例=-1，Y 比例=1　　　X 比例=1，Y 比例=-1　　　X 比例=-1，Y 比例=-1

图 8-10　取比例系数为负值时插入图块的效果

（4）"旋转"选项组：指定插入图块时的旋转角度。图块被插入到当前图形中时，可以绕其基点旋转一定的角度，角度可以是正数（表示沿逆时针方向旋转），也可以是负数（表示沿顺时针方向旋转）。图 8-11（b）是如图 8-11（a）所示的图块旋转 30°插入的效果，图 8-11（c）是旋转-30°插入的效果。

如果选中"在屏幕上指定"复选框，系统将切换到作图屏幕，在屏幕上拾取一点，AutoCAD 会自动测量插入点与该点连线和 X 轴正方向之间的夹角，并把它作为块的旋转角。还可以在"角度"文本框中直接输入插入图块时的旋转角度。

（5）"分解"复选框：选中此复选框，则在插入块的同时把其分解，插入到图形中组成块的对象

不再是一个整体，可对每个对象单独进行编辑操作。

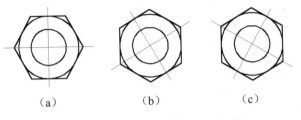

（a）　　　　　　（b）　　　　　　（c）

图 8-11　以不同旋转角度插入图块的效果

## 8.1.5　操作实例——标注阀盖表面粗糙度

粗糙度是机械零件图中必不可少的要素，用来表征零件表面的光洁程度。但是粗糙度是中国国标中的相关规定，AutoCAD 作为一种外国开发的软件，并没有专门设置粗糙度的标注工具。为了减小重复标注的工作量，提高效率，可以把粗糙度设置为图块，然后进行快速标注。下面利用图块相关功能标注如图 8-12 所示图形中的表面粗糙度符号。

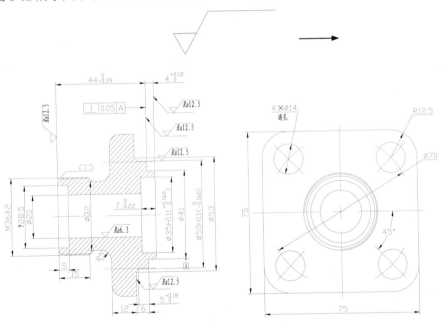

图 8-12　标注阀盖表面粗糙度

**操作步骤：（光盘\实例演示\第 8 章\标注阀盖表面粗糙度.avi）**

（1）绘制粗糙度。单击"默认"选项卡"绘图"面板中的"直线"按钮，绘制如图 8-13 所示的图形。

（2）写块。在命令行中输入 WBLOCK，打开"写块"对话框，拾取图 8-13 图形下尖点为基点，以该图形为对象，输入图块名称并指定路径，单击"确定"按钮后退出。

图 8-13　绘制表面粗糙度符号

（3）插入块。单击"默认"选项卡"块"面板中的"插入"按钮，打开"插入"对话框，单击"浏览"按钮找到已保存的图块，在屏幕上指定插入点、比例和旋转角度，插入时选择适当的插入点、比例和旋转角度，将该图块插入到如图 8-14 所示的图形中。

（4）输入文字。单击"默认"选项卡"注释"面板中的"多行文字"按钮 **A**，标注文字，标注时注意对文字进行旋转。

（5）插入粗糙度。同样利用插入图块的方法标注其他表面粗糙度。

## ★知识链接——表面粗糙度符号的标示规定

既然表面粗糙度符号是用来表明材料或工件的表面情况、表面加工方法及粗糙程度等属性的，那么就应该有一套标示规定。表面粗糙度数值及在符号中注写的位置等有关规定如图 8-14 所示，其中：

☑ h 为字体高度，$d'=1/10h$。

☑ $a_1$、$a_2$ 为表面粗糙度高度参数的允许值，单位为 mm。

☑ b 为加工方法、镀涂或其他表面处理。

☑ c 为取样长度，单位为 mm。

☑ d 为加工纹理方向符号。

☑ e 为加工余量，单位为 mm。

☑ f 为表面粗糙度间距参数值或轮廓支撑长度率。

零件的表面粗糙度是评定零件表面质量的一项技术指标，零件表面粗糙度要求越高，表面粗糙度参数值越小，则其加工成本也就越高。因此，应在满足零件表面功能的前提下合理选用表面粗糙度参数。

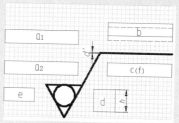

图 8-14 表面粗糙度的有关规定

## 8.1.6 动态块

动态块具有灵活性和智能性。用户在操作时可以轻松地更改图形中的动态块参照，也可以通过自定义夹点或自定义特性来操作动态块参照中的几何图形。这使得用户可以根据需要在位调整块，而不用搜索另一个块以插入或重定义现有的块。

例如，如果在图形中插入一个门块参照，编辑图形时可能需要更改门的大小。如果该块是动态的，并且定义为可调整大小，那么只需拖动自定义夹点或在"特性"选项板中指定不同的大小就可以修改门的大小，如图 8-15 所示。用户可能还需要修改门的打开角度，如图 8-16 所示。该门块还可能包含对齐夹点，使用对齐夹点可以轻松地将门块参照与图形中的其他几何图形对齐，如图 8-17 所示。

图 8-15 改变大小

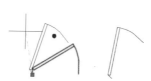

图 8-16 改变角度

图 8-17 对齐

可以使用块编辑器创建动态块。块编辑器是一个专门的编写区域，用于添加能够使块成为动态块的元素。用户可以从头创建块，也可以向现有的块定义中添加动态行为，还可以像在绘图区中一样创建几何图形。

### 1. 执行方式

☑ 命令行：BEDIT。

☑ 菜单栏：工具→块编辑器。

☑ 工具栏：标准→块编辑器🖾。

☑ 快捷菜单：选择一个块参照，在绘图区中右击，在弹出的快捷菜单中选择"块编辑器"命令。

☑ 功能区：插入→块定义→块编辑器🖾。

2. 操作步骤

命令：BEDIT↙

执行上述操作，系统打开"编辑块定义"对话框，如图 8-18 所示。在"要创建或编辑的块"文本框中输入块名，或在列表框中选择已定义的块或当前图形。确认后，系统打开"块编写"选项板和"块编辑器"工具栏，如图 8-19 所示。

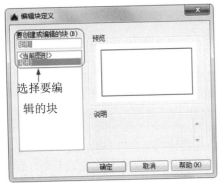

图 8-18 "编辑块定义"对话框

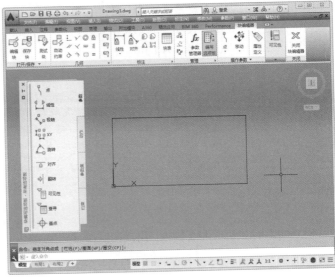

图 8-19 块编辑状态绘图平面

3. 选项说明

（1）"块编写"选项板

该选项板有 4 个选项卡。

❶ "参数"选项卡：提供用于向块编辑器的动态块定义中添加参数的工具。参数用于指定几何图形在块参照中的位置、距离和角度。将参数添加到动态块定义中时，该参数将定义块的一个或多个自定义特性。此选项卡也可以通过 BPARAMETER 命令来打开。

☑ 点参数：可向动态块定义中添加一个点参数，并为块参照定义自定义 X 和 Y 特性。点参数定义图形中的 X 和 Y 位置。在块编辑器中，点参数类似于一个坐标标注。

☑ 线性参数：可向动态块定义中添加一个线性参数，并为块参照定义自定义距离特性。线性参数显示两个目标点之间的距离，限制沿预设角度进行的夹点移动。在块编辑器中，线性参数类似于对齐标注。

☑ 极轴参数：可向动态块定义中添加一个极轴参数，并为块参照定义自定义距离和角度特性。极轴参数显示两个目标点之间的距离和角度值，可以使用夹点和"特性"选项板来共同更改距离值和角度值。在块编辑器中，极轴参数类似于对齐标注。

☑ XY 参数：可向动态块定义中添加一个 XY 参数，并为块参照定义自定义水平距离和垂直距离特性。XY 参数显示距参数基点的 X 距离和 Y 距离。在块编辑器中，XY 参数显示为一对标注（水平标注和垂直标注），这一对标注共享一个公共基点。

☑ 旋转参数：可向动态块定义中添加一个旋转参数，并为块参照定义自定义角度特性。旋转参数用于定义角度，在块编辑器中，旋转参数显示为一个圆。

☑ 对齐参数：可向动态块定义中添加一个对齐参数。对齐参数用于定义 X 位置、Y 位置和角度。对齐参数总应用于整个块，并且无须与任何动作相关联。对齐参数允许块参照自动围绕一个点旋转，以便与图形中的其他对象对齐。对齐参数影响块参照的角度特性，在块编辑器中对齐参数类似于对齐线。

☑ 翻转参数：可向动态块定义中添加一个翻转参数，并为块参照定义自定义翻转特性。翻转参数用于翻转对象。在块编辑器中，翻转参数显示为投影线，可以围绕这条投影线翻转对象。翻转参数将显示一个值，该值显示块参照是否已被翻转。

☑ 可见性参数：可向动态块定义中添加一个可见性参数，并为块参照定义自定义可见性特性。通过可见性参数，用户可以创建可见性状态并控制块中对象的可见性。可见性参数总应用于整个块，并且无须与任何动作相关联。在图形中单击夹点可以显示块参照中所有可见性状态的列表。在块编辑器中，可见性参数显示为带有关联夹点的文字。

☑ 查寻参数：可向动态块定义中添加一个查寻参数，并为块参照定义自定义查寻特性。查寻参数用于定义自定义特性，用户可以指定或设置该特性，以便从定义的列表或表格中计算出某个值。该参数可以与单个查寻夹点相关联，在块参照中单击该夹点可以显示可用值的列表。在块编辑器中，查寻参数显示为文字。

☑ 基点参数：可向动态块定义中添加一个基点参数。基点参数用于定义动态块参照相对于块中的几何图形的基点。基点参数无法与任何动作相关联，可以属于某个动作的选择集。在块编辑器中，基点参数显示为带有十字光标的圆。

❷ "动作"选项卡：提供用于向块编辑器的动态块定义中添加动作的工具。动作定义在图形中操作块参照的自定义特性时，动态块参照的几何图形将如何移动或变化。应将动作与参数相关联。此选项卡也可以通过 BACTIONTOOL 命令来打开。

☑ 移动动作：可在用户将移动动作与点参数、线性参数、极轴参数或 XY 参数关联时将该动作添加到动态块定义中。移动动作类似于 MOVE 命令。在动态块参照中，移动动作将使对象移动指定的距离和角度。

☑ 缩放动作：可在用户将缩放动作与线性参数、极轴参数或 XY 参数关联时将该动作添加到动态块定义中。缩放动作类似于 SCALE 命令。在动态块参照中，通过移动夹点或使用"特性"选项板编辑关联的参数时，缩放动作将使其选择集发生缩放。

☑ 拉伸动作：可在用户将拉伸动作与点参数、线性参数、极轴参数或 XY 参数关联时将该动作添加到动态块定义中。拉伸动作将使对象在指定的位置移动和拉伸指定的距离。

☑ 极轴拉伸动作：可在用户将极轴拉伸动作与极轴参数关联时将该动作添加到动态块定义中。通过夹点或"特性"选项板更改关联的极轴参数上的关键点时，极轴拉伸动作将使对象旋转、移动和拉伸指定的角度和距离。

☑ 旋转动作：可在用户将旋转动作与旋转参数关联时将该动作添加到动态块定义中。旋转动作类似于 ROTATE 命令。在动态块参照中，通过夹点或"特性"选项板编辑相关联的参数时，旋转动作将使其相关联的对象进行旋转。

☑ 翻转动作：可在用户将翻转动作与翻转参数关联时把该动作添加到动态块定义中。使用翻转动作可以围绕指定的轴（称为投影线）翻转动态块参照。

☑ 阵列动作：可在用户将阵列动作与线性参数、极轴参数或 XY 参数关联时把该动作添加到动态块定义中。通过夹点或"特性"选项板编辑关联的参数时，阵列动作将复制关联的对象并按矩形的方式进行阵列。

☑ 查寻动作：可向动态块定义中添加一个查寻动作。向动态块定义中添加查寻动作并将其与查寻参数相关联后，将创建查寻表。可以使用查寻表将自定义特性和值指定给动态块。

❸ "参数集"选项卡：提供用于向块编辑器的动态块定义中添加一个参数和至少一个动作的工具。将参数集添加到动态块中时，动作将自动与参数相关联。将参数集添加到动态块中后，双击黄色警示图标（或使用 BACTIONSET 命令），然后按照命令行上的提示将动作与几何图形选择集相关联。此选项卡也可以通过命令 BPARAMETER 来打开。

☑ 点移动：可向动态块定义中添加一个点参数，系统自动添加与该点参数相关联的移动动作。

☑ 线性移动：可向动态块定义中添加一个线性参数，系统自动添加与该线性参数的端点相关联的移动动作。

☑ 线性拉伸：可向动态块定义中添加一个线性参数，系统自动添加与该线性参数相关联的拉伸动作。

☑ 线性阵列：可向动态块定义中添加一个线性参数，系统自动添加与该线性参数相关联的阵列动作。

☑ 线性移动配对：可向动态块定义中添加一个线性参数，系统自动添加两个移动动作，一个与基点相关联，另一个与线性参数的端点相关联。

☑ 线性拉伸配对：可向动态块定义中添加一个线性参数，系统自动添加两个拉伸动作，一个与基点相关联，另一个与线性参数的端点相关联。

☑ 极轴移动：可向动态块定义中添加一个极轴参数，系统自动添加与该极轴参数相关联的移动动作。

☑ 极轴拉伸：可向动态块定义中添加一个极轴参数，系统自动添加与该极轴参数相关联的拉伸动作。

☑ 环形阵列：可向动态块定义中添加一个极轴参数，系统自动添加与该极轴参数相关联的阵列动作。

☑ 极轴移动配对：可向动态块定义中添加一个极轴参数，系统会自动添加两个移动动作，一个与基点相关联，另一个与极轴参数的端点相关联。

☑ 极轴拉伸配对：可向动态块定义中添加一个极轴参数，系统自动添加两个拉伸动作，一个与基点相关联，另一个与极轴参数的端点相关联。

☑ XY 移动：可向动态块定义中添加一个 XY 参数，系统自动添加与 XY 参数的端点相关联的移动动作。

☑ XY 移动配对：可向动态块定义中添加一个 XY 参数，系统自动添加两个移动动作，一个与基点相关联，另一个与 XY 参数的端点相关联。

☑ XY 移动方格集：运行 BPARAMETER 命令，然后指定 4 个夹点并选择"XY 参数"选项，可向动态块定义中添加一个 XY 参数。系统自动添加 4 个移动动作，分别与 XY 参数上的 4 个关键点相关联。

☑ XY 拉伸方格集：可向动态块定义中添加一个 XY 参数，系统自动添加 4 个拉伸动作，分别与 XY 参数上的 4 个关键点相关联。

☑ XY 阵列方格集：可向动态块定义中添加一个 XY 参数，系统自动添加与该 XY 参数相关联的阵列动作。

☑ 旋转集：可向动态块定义中添加一个旋转参数，系统自动添加与该旋转参数相关联的旋转

*Note*

动作。

☑ 翻转集：可向动态块定义中添加一个翻转参数，系统自动添加与该翻转参数相关联的翻转动作。

☑ 可见性集：可向动态块定义中添加一个可见性参数并允许定义可见性状态，无须添加与可见性参数相关联的动作。

☑ 查寻集：可向动态块定义中添加一个查寻参数，系统自动添加与该查寻参数相关联的查寻动作。

❹ "约束"选项卡：提供用于将几何约束和约束参数应用于对象的工具。将几何约束应用于一对对象时，选择对象的顺序及选择每个对象的点可能影响对象相对于彼此的放置方式。

☑ 几何约束。

➢ 重合约束：可同时将两个点或一个点约束至曲线（或曲线的延伸线）。对象上的任意约束点均可以与其他对象上的任意约束点重合。

➢ 垂直约束：可使选定直线垂直于另一条直线。垂直约束在两个对象之间应用。

➢ 平行约束：可使选定的直线位于彼此平行的位置。平行约束在两个对象之间应用。

➢ 相切约束：可使曲线与其他曲线相切。相切约束在两个对象之间应用。

➢ 水平约束：可使直线或点对位于与当前坐标系的 X 轴平行的位置。

➢ 竖直约束：可使直线或点对位于与当前坐标系的 Y 轴平行的位置。

➢ 共线约束：可使两条直线段沿同一条直线的方向。

➢ 同心约束：可将两条圆弧、圆或椭圆约束到同一个中心点，结果与将重合应用于曲线的中心点所产生的结果相同。

➢ 平滑约束：可在共享一个重合端点的两条样条曲线之间创建曲率连续（G2）条件。

➢ 对称约束：可使选定的直线或圆受相对于选定直线的对称约束。

➢ 相等约束：可将选定圆弧和圆的尺寸重新调整为半径相同，或将选定直线的尺寸重新调整为长度相同。

➢ 固定约束：可将点和曲线锁定在位。

☑ 约束参数。

➢ 对齐约束：可约束直线的长度、两条直线之间的距离、对象上的点和直线之间或不同对象上的两个点之间的距离。

➢ 水平约束：可约束直线或不同对象上的两个点之间的 X 距离，有效对象包括直线段和多段线线段。

➢ 竖直约束：可约束直线或不同对象上的两个点之间的 Y 距离，有效对象包括直线段和多段线线段。

➢ 角度约束：可约束两条直线段或多段线线段之间的角度，这与角度标注类似。

➢ 半径约束：可约束圆、圆弧或多段圆弧段的半径。

➢ 直径约束：可约束圆、圆弧或多段圆弧段的直径。

（2）"块编辑器"选项卡

该选项卡提供在块编辑器中使用、创建动态块，以及设置可见性状态的工具。

☑ 编辑块：显示"编辑块定义"对话框。

☑ 保存块：保存当前块定义。

☑ 将块另存为：显示"将块另存为"对话框，可以在其中用一个新名称保存当前块定义的副本。

☑ 测试块 ：运行 BTESTBLOCK 命令，可从块编辑器中打开一个外部窗口以测试动态块。

☑ 自动约束 ：运行 AUTOCONSTRAIN 命令，可根据对象相对于彼此的方向将几何约束应用于对象的选择集。

☑ 显示/隐藏 ：运行 CONSTRAINTBAR 命令，可显示或隐藏对象上的可用几何约束。

☑ 块表 ：运行 BTABLE 命令，可显示对话框以定义块的变量。

☑ 参数管理器 $fx$：参数管理器处于未激活状态时执行 PARAMETERS 命令，否则，将执行 PARAMETERSCLOSE 命令。

☑ 编写选项板 ：编写选项板处于未激活状态时执行 BAUTHORPALETTE 命令，否则，将执行 BAUTHORPALETTECLOSE 命令。

☑ 属性定义 ：显示"属性定义"对话框，从中可以定义模式、属性标记、提示、值、插入点和属性的文字选项。

☑ 可见性模式 ：设置 BVMODE 系统变量，可以使当前可见性状态下不可见的对象变暗或隐藏。

☑ 使可见 ：运行 BVSHOW 命令，可以使对象在当前可见性状态或所有可见性状态下均可见。

☑ 使不可见 ：运行 BVHIDE 命令，可以使对象在当前可见性状态或所有可见性状态下均不可见。

☑ 可见性状态 ：显示"可见性状态"对话框，从中可以创建、删除、重命名和设置当前可见性状态。在列表框中选择一种状态，右击，在弹出的快捷菜单中选择"新状态"命令，打开"新建可见性状态"对话框，可以设置可见性状态。

☑ 关闭块编辑器 ：运行 BCLOSE 命令，可关闭块编辑器，并提示用户保存或放弃对当前块定义所做的任何更改。

## 8.1.7 操作实例——动态块功能标注阀盖粗糙度

利用学过的动态块功能标注阀盖的粗糙度符号，具体过程如图 8-20 所示，在操作过程中读者注意体会与 8.1.5 节中讲述的方法有什么区别。

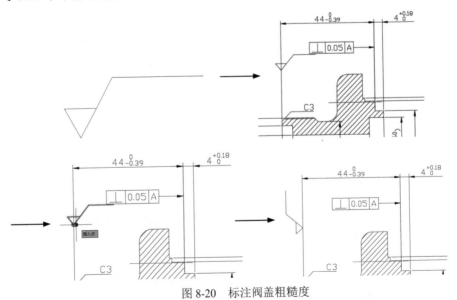

图 8-20 标注阀盖粗糙度

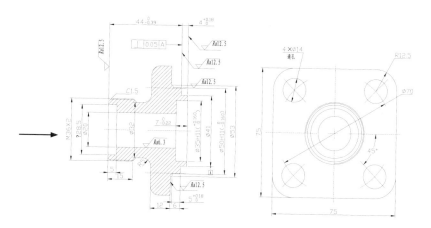

图 8-20　标注阀盖粗糙度（续）

**操作步骤：**（光盘\实例演示\第 8 章\动态块功能标注阀盖粗糙度.avi）

（1）绘制粗糙度符号。单击"默认"选项卡"绘图"面板中的"直线"按钮，绘制粗糙度符号。

（2）写块。在命令行中输入 WBLOCK，打开"写块"对话框，拾取上面图形的下尖点为基点，以上面图形为对象，输入图块名称并指定路径，单击"确定"按钮后退出。

（3）插入块。单击"默认"选项卡"块"面板中的"插入"按钮，打开"插入"对话框，设置插入点和比例为"在屏幕上指定"，旋转角度为固定的任意值，单击"浏览"按钮找到已保存的图块，在屏幕上指定插入点和比例，将该图块插入到如图 8-21 所示的图形中，结果如图 8-22 所示。

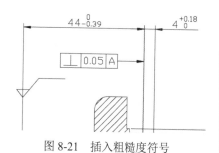

图 8-21　插入粗糙度符号

（4）编辑块。单击"插入"选项卡"块定义"面板中的"块编辑器"按钮，选择刚才保存的块，打开块编辑界面和"块编写"选项板，在"块编写"选项板的"参数"选项卡中选择"旋转参数"选项，命令行提示与操作如下：

```
命令：_bedit
正在重生成模型。
命令：_BParameter（选择"旋转参数"选项）
指定基点或 [名称(N)/标签(L)/链(C)/说明(D)/选项板(P)/值集(V)]：（指定粗糙度图块下角点为基点）
指定参数半径：（指定适当半径）
指定默认旋转角度或 [基准角度(B)] <0>：0（指定适当角度）
指定标签位置：（指定适当夹点数）
```

在"块编写"选项板的"动作"选项卡中选择"旋转动作"选项，命令行提示与操作如下：

```
命令：_BActionTool
选择参数：（选择已设置的旋转参数）
指定动作的选择集
选择对象：（选择粗糙度图块）
```

（5）关闭块编辑器。

（6）旋转块。在当前图形中选择已标注的图块，系统显示图块的动态旋转标记，选中该标记，按住鼠标拖动，如图 8-22 所示，直到图块旋转到满意的位置为止，如图 8-23 所示。

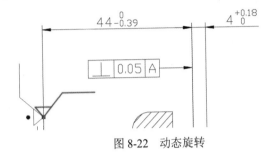

图 8-22　动态旋转

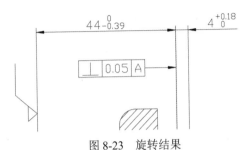

图 8-23　旋转结果

（7）标注文字。单击"默认"选项卡"注释"面板中的"多行文字"按钮**A**，标注文字，标注时注意对文字进行旋转。

（8）插入粗糙度。同样利用插入图块的方法标注其他粗糙度。

## ◆技术看板——表面粗糙度在图样上的标注方法

　　表面粗糙度符号应标注在可见的轮廓线、尺寸线、尺寸界线或它们的延长线上；对于镀涂表面，可标注在表示线上。符号的尖端必须从材料外指向表面，如图 8-21 和图 8-22 所示。表面粗糙度代号中数字及符号的方向必须按图 8-24 和图 8-25 所示的规定标注。

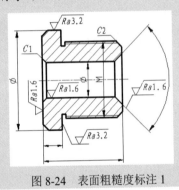

图 8-24　表面粗糙度标注 1

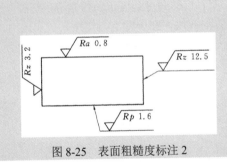

图 8-25　表面粗糙度标注 2

# 8.2　图块的属性

　　图块除了包含图形对象以外，还可以具有非图形信息，例如把一个椅子的图形定义为图块后，还可把椅子的号码、材料、重量、价格及说明等文本信息一并加入到图块中。图块的这些非图形信息称为图块的属性，是图块的一个组成部分，与图形对象构成一个整体，在插入图块时 AutoCAD 可以把图形对象连同属性一起插入到图形中。

## 8.2.1　定义图块属性

　　在使用图块属性前，要对其属性进行定义，下面讲述属性定义的具体方法。

### 1. 执行方式

☑　命令行：ATTDEF。

☑　菜单栏：绘图→块→定义属性。

### 2. 操作步骤

命令：ATTDEF✓

Note

选取相应的命令或在命令行中输入 ATTDEF，打开"属性定义"对话框，如图 8-26 所示。

### 3. 选项说明

（1）"模式"选项组

该选项组用来确定属性的模式。

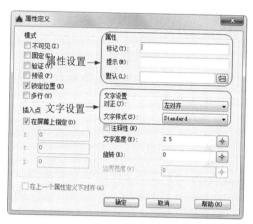

图 8-26　"属性定义"对话框

❶ "不可见"复选框：选中此复选框，则属性为不可见显示方式，即插入图块并输入属性值后，属性值在图中并不显示出来。

❷ "固定"复选框：选中此复选框，则属性值为常量，即属性值在属性定义时给定，在插入图块时 AutoCAD 不再提示输入属性值。

❸ "验证"复选框：选中此复选框，插入图块时 AutoCAD 重新显示属性值，让用户验证该值是否正确。

❹ "预设"复选框：选中此复选框，插入图块时 AutoCAD 自动把事先设置好的默认值赋予属性，而不再提示输入属性值。

❺ "锁定位置"复选框：选中此复选框，锁定块参照中属性的位置。解锁后，属性可以相对于使用夹点编辑的块的其他部分移动，并且可以调整多行文字属性的大小。

📢 **注意：** 在动态块中，由于属性的位置包括在动作的选择集中，因此必须将其锁定。

❻ "多行"复选框：指定属性值可以包含多行文字，选中此复选框可以指定属性的边界宽度。

（2）"属性"选项组

该选项组用于设置属性值。在每个文本框中 AutoCAD 允许输入不超过 256 个字符。

❶ "标记"文本框：输入属性标记。属性标记可由除空格和感叹号以外的所有字符组成，AutoCAD 可自动把小写字母改为大写字母。

❷ "提示"文本框：输入属性提示。属性提示是插入图块时 AutoCAD 要求输入属性值的提示，如果不在此文本框中输入文本，则以属性标记作为提示。如果在"模式"选项组中选中"固定"复选框，即设置属性为常量，则无须设置属性提示。

❸ "默认"文本框：设置默认的属性值。可把使用次数较多的属性值作为默认值，也可不设默认值。

（3）"插入点"选项组

该选项组用来确定属性文本的位置。可以在插入时由用户在图形中确定属性文本的位置，也可在 X、Y、Z 文本框中直接输入属性文本的位置坐标。

（4）"文字设置"选项组

该选项组用来设置属性文本的对齐方式、文本样式、字高和倾斜角度。

（5）"在上一个属性定义下对齐"复选框

选中此复选框，表示把属性标签直接放在前一个属性的下面，而且该属性继承前一个属性的文本样式、字高和倾斜角度等特性。

## 8.2.2 修改属性的定义

在定义图块之前，可以对属性的定义加以修改，不仅可以修改属性标签，还可以修改属性提示和属性默认值。

### 1. 执行方式

☑　命令行：DDEDIT。
☑　菜单栏：修改→对象→文字→编辑。

### 2. 操作步骤

```
命令：DDEDIT↙
选择注释对象或 [放弃(U)]:
```

在此提示下选择要修改的属性定义，AutoCAD 打开"编辑属性定义"对话框，如图 8-27 所示，该对话框表示要修改的属性标记为"文字"，提示为"数值"，无默认值，可在各文本框中对各项进行修改。

图 8-27　"编辑属性定义"对话框

## 8.2.3 编辑图块属性

当属性被定义到图块中，甚至图块被插入到图形中之后，用户还可以对属性进行编辑。利用 ATTEDIT 命令可以通过对话框对指定图块的属性值进行修改，利用 ATTEDIT 命令不仅可以修改属性值，而且可以对属性的位置、文本等其他设置进行编辑。

### 1. 执行方式

☑　命令行：ATTEDIT。
☑　菜单栏：修改→对象→属性→单个。
☑　工具栏：修改 II→编辑属性 🖤。
☑　功能区：修改 II→编辑属性 🖤。

### 2. 操作步骤

```
命令：ATTEDIT↙
选择块参照：
```

同时光标变为拾取框，选择要修改属性的图块，则 AutoCAD 打开如图 8-28 所示的"编辑属性"对话框，该对话框中显示出所选图块中包含的前 8 个属性值，用户可对这些属性值进行修改。如果该图块中还有其他属性，可单击"上一个"和"下一个"按钮对它们进行观察和修改。

当用户通过菜单或工具栏执行上述命令时，系统打开"增强属性编辑器"对话框，如图 8-29 所示。该对话框不仅可以编辑属性值，还可以编辑属性的文字选项和图层、线型、颜色等特性值。

图 8-28　"编辑属性"对话框

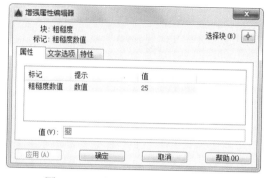

图 8-29　"增强属性编辑器"对话框

Note

另外，还可以通过"块属性管理器"对话框来编辑属性，方法是单击"修改 II"工具栏中的"块属性管理器"按钮。系统打开"块属性管理器"对话框，如图 8-30 所示。单击"编辑"按钮，系统打开"编辑属性"对话框，如图 8-31 所示，可以通过该对话框编辑属性。

图 8-30　"块属性管理器"对话框

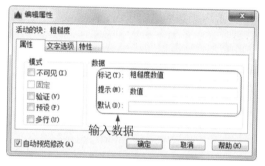

图 8-31　"编辑属性"对话框

## 8.2.4　操作实例——属性功能标注阀盖粗糙度

本例将 8.1.5 节中的表面粗糙度数值设置成图块属性，并重新标注，读者注意体会本例操作与 8.1.5 节中讲述的方法有什么区别。本例流程如图 8-32 所示。

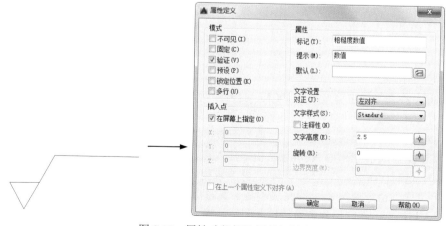

图 8-32　属性功能标注阀盖粗糙度

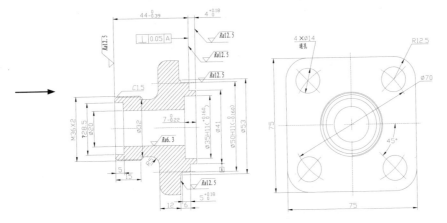

图 8-32　属性功能标注阀盖粗糙度（续）

**操作步骤：（光盘\实例演示\第 8 章\属性功能标注阀盖粗糙度.avi）**

（1）绘制粗糙度。单击"默认"选项卡"绘图"面板中的"直线"按钮，绘制表面粗糙度符号图形。

（2）定义属性。单击"默认"选项卡"块"面板中的"定义属性"按钮，系统打开"属性定义"对话框，进行如图 8-33 所示的设置，其中插入点为表面粗糙度符号水平线中点，单击"确定"按钮后退出。

图 8-33　"属性定义"对话框

（3）写块。在命令行中输入 WBLOCK，打开"写块"对话框，拾取上面图形的下尖点为基点，以上面图形为对象，输入图块名称并指定路径，单击"确定"按钮后退出。

（4）插入块。单击"默认"选项卡"块"面板中的"插入"按钮，打开"插入"对话框，单击"浏览"按钮找到保存的图块，在屏幕上指定插入点、比例和旋转角度，将该图块插入到如图 8-32 所示的图形中，这时，命令行提示输入属性，并要求验证属性值，此时输入表面粗糙度数值 12.5，最后结合"多行文字"命令输入 Ra，即完成了一个表面粗糙度的标注。

（5）插入粗糙度。继续插入表面粗糙度图块，输入不同的属性值作为表面粗糙度数值，直到完成所有表面粗糙度标注。

## ▲技巧与提示——表面粗糙度简略标注技巧

在同一图样上，每一表面一般只标注一次符号，并尽可能靠近有关的尺寸线。当图样狭小或不便于标注时，代号可以引出标注，如图 8-34 所示。

当用统一标注和简化标注的方法表达表面粗糙度要求时，其代号和文字说明均应是图形上所注代号和文字的 1.4 倍，如图 8-34 和图 8-35 所示。

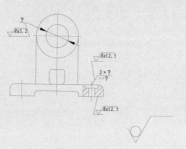

图 8-34　表面粗糙度标注

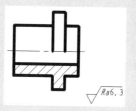

图 8-35　表面粗糙度标注（2）

当零件所有表面具有相同的表面粗糙度要求时，其代号可在图样的右下角统一标注，如图 8-35 所示。

当零件的大部分表面具有相同的表面粗糙度要求时，对其中使用最多的一种代号可以统一标注在图样的右下角，如图 8-34 所示。

# 8.3　外部参照

外部参照（Xref）是把已有的其他图形文件链接到当前图形文件中，它与插入"外部块"的区别在于，插入"外部块"是将块的图形数据全部插入到当前图形中；而外部参照只记录参照图形位置等链接信息，并不插入该参照图形的图形数据。

外部参照及 8.4 节"光栅图像"的工具栏命令集中在"参照"与"参照编辑"工具栏中，如图 8-36 所示。

"参照"工具栏　　　　　　　　　　"参照编辑"工具栏

图 8-36　"参照"与"参照编辑"工具栏

## 8.3.1　外部参照附着

利用外部参照的第一步是要将外部参照附着到宿主图形上，下面讲述其具体方法。

1. 执行方式

☑　命令行：XATTACH（或 XA）。

☑　菜单栏：插入→DWG 参照。

☑　工具栏：参照→附着外部参照。

☑　功能区：插入→参照→附着。

Note

### 2. 操作步骤

命令: XATTACH↙

系统打开如图 8-37 所示的"选择参照文件"对话框。在该对话框中选择要附着的图形文件，单击"打开"按钮，则打开"附着外部参照"对话框，如图 8-38 所示。

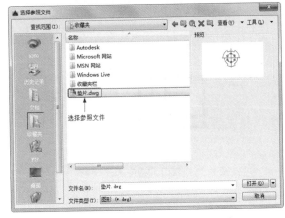

图 8-37　"选择参照文件"对话框 　　　图 8-38　"附着外部参照"对话框

### 3. 选项说明

（1）"参照类型"选项组

❶ "附着型"单选按钮：选中该单选按钮，则外部参照是可以嵌套的。

❷ "覆盖型"单选按钮：选中该单选按钮，则外部参照不可以嵌套。

举个简单的例子，如图 8-39 所示，假设图形 B 附加于图形 A，图形 A 又附加或覆盖于图形 C。如果选中"附着型"单选按钮，则 B 最终也会嵌套到 C 中；选中"覆盖型"单选按钮，B 就不会嵌套进 C，如图 8-40 所示。

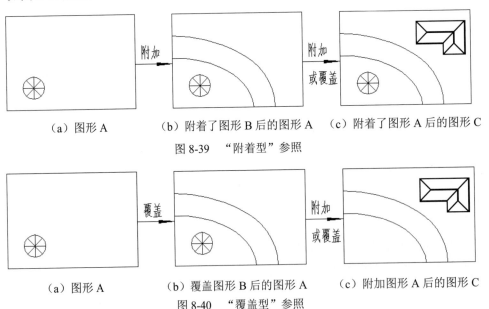

（a）图形 A　　　（b）附着了图形 B 后的图形 A　　　（c）附着了图形 A 后的图形 C

图 8-39　"附着型"参照

（a）图形 A　　　（b）覆盖图形 B 后的图形 A　　　（c）附加图形 A 后的图形 C

图 8-40　"覆盖型"参照

（2）"路径类型"下拉列表框

❶ 无路径：在不使用路径附着外部参照时，AutoCAD 首先在宿主图形的文件夹中查找外部参照。当外部参照文件与宿主图形位于同一个文件夹时，此选项非常有用。

❷ 完整路径：使用完整路径附着外部参照时，外部参照的精确位置（如 C:\Projects\2016\Smith Residence\xrefs\Site plan.dwg）将保存到宿主图形中。此选项的精确度最高，但灵活性最小。如果移动工程文件夹，AutoCAD 将无法融入任何使用完整路径附着的外部参照。

❸ 相对路径：使用相对路径附着外部参照时，将保存外部参照相对于宿主图形的位置。此选项的灵活性最大。如果移动工程文件夹，只要此外部参照相对宿主图形的位置未发生变化，AutoCAD 仍可以融入使用相对路径附着的外部参照。

## 8.3.2　外部参照裁剪

附着的外部参照可以根据需要对其范围进行裁剪，也可以控制边框的显示。

1. 裁剪外部参照

（1）执行方式

☑　命令行：XCLIP。

☑　工具栏：参照→裁剪外部参照🗗。

（2）操作步骤

```
命令：XCLIP↙
选择对象：（选择被参照图形）
选择对象：（继续选择，或按 Enter 键结束命令）
输入剪裁选项[开(ON)/关(OFF)/剪裁深度(C)/删除(D)/生成多段线(P)/新建边界(N)] <新建边界>：
```

（3）选项说明

❶ 开(ON)：在宿主图形中不显示外部参照或块的被裁剪部分。

❷ 关(OFF)：在宿主图形中显示外部参照或块的全部几何信息，忽略裁剪边界。

❸ 剪裁深度(C)：在外部参照或块上设置前裁剪平面和后裁剪平面，如果对象位于边界和指定深度定义的区域外，则不显示。

❹ 删除(D)：为选定的外部参照或块删除裁剪边界。

❺ 生成多段线(P)：自动绘制一条与裁剪边界重合的多段线。此多段线采用当前的图层、线型、线宽和颜色设置。

用 PEDIT 修改当前裁剪边界，然后用新生成的多段线重新定义裁剪边界时，则使用此选项。要在重定义裁剪边界时查看整个外部参照，可使用"关"选项关闭裁剪边界。

❻ 新建边界(N)：定义一个矩形或多边形裁剪边界，或者用多段线生成一个多边形裁剪边界。裁剪后，外部参照在裁剪边界内的部分仍然可见，而剩余部分则变为不可见，外部参照附着和块插入的几何图形并未改变，只是改变了显示可见性，并且裁剪边界只对选择的外部参照起作用，对其他图形没有影响，如图 8-41 所示。

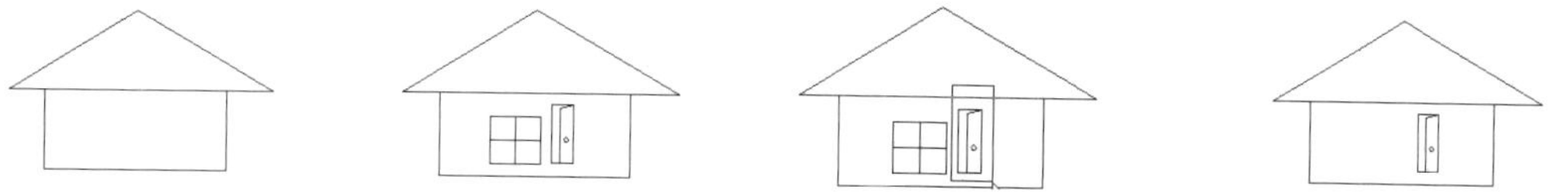

（a）宿主图形　　（b）插入参照图形后　　（c）选择裁剪边界　　（d）只有边界内的参照图形被显示

图 8-41　裁剪参照边界

**2．裁剪边界边框**

（1）执行方式

☑　命令行：XCLIPFRAME。

☑　菜单栏：修改→对象→外部参照→边框。

☑　工具栏：参照→外部参照边框 。

（2）操作步骤

> 命令：XCLIPFRAME✓
>
> 输入 XCLIPFRAME 的新值<0>:

裁剪外部参照图形时，可以通过该系统变量来控制是否显示裁剪边界的边框。如图 8-42 所示，当其值设置为 1 时，显示裁剪边框，并且该边框可以作为对象的一部分进行选择和打印；其值设置为 0 时，则不显示裁剪边框。

　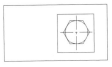

（a）不显示边框　　　　（b）显示边框

图 8-42　裁剪边界边框

## 8.3.3　外部参照绑定

如果将外部参照绑定到当前图形，则外部参照及其依赖命名对象将成为当前图形的一部分。外部参照依赖命名对象的命名语法从"块名|定义名"变为"块名$n$定义名"。在这种情况下，将为绑定到当前图形中的所有外部参照相关定义名创建唯一的命名对象。例如，如果有一个名为 FLOOR1 的外部参照，它包含一个名为 WALL 的图层，那么在绑定外部参照后，依赖外部参照的图层 FLOOR1|WALL 将变为名为 FLOOR1$0$WALL 的本地定义图层。如果已经存在同名的本地命名对象，$n$中的数字将自动增加。在此例中，如果图形中已经存在 FLOOR1$0$WALL，依赖外部参照的图层 FLOOR1|WALL 将重命名为 FLOOR1$1$WALL。

**1．执行方式**

☑　命令行：XBIND。

☑　菜单栏：修改→对象→外部参照→绑定。

☑　工具栏：参照→外部参照绑定 📇。

**2．操作步骤**

> 命令：XBIND✓

系统打开"外部参照绑定"对话框，如图 8-43 所示。

☑　外部参照：显示所选择的外部参照。可以将其展开，进一步显示该外部参照的各种设置定义名，如标注样式、图层、线型和文字样式等。

☑　绑定定义：显示将被绑定的外部参照的有关设置定义。

选择完毕，单击"确定"按钮后退出。系统将外部参照所依赖的命名对象（如块、标注样式、图层、线型和文字样式等）添加到用户图形。

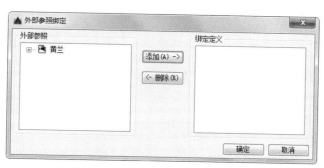

图 8-43　"外部参照绑定"对话框

## 8.3.4　外部参照管理

外部参照附着后，可以利用相关命令对其进行管理。

### 1. 执行方式

☑　命令行：XREF（或 XR）。

☑　菜单栏：插入→外部参照。

☑　工具栏：参照→外部参照 。

☑　快捷菜单：选择外部参照，在绘图区右击，在弹出的快捷菜单中选择"外部参照管理器"命令。

### 2. 操作步骤

命令：XREF✓

系统自动执行该命令，打开如图 8-44 所示的"外部参照"选项板。在该选项板中，可以附着、组织和管理所有与图形相关联的文件参照，还可以附着和管理参照图形（外部参照）、附着的 DWF 参考底图和输入的光栅图像。

## 8.3.5　在单独的窗口中打开外部参照

在宿主图形中，可以选择附着的外部参照，并使用"打开参照"命令在单独的窗口中打开此外部参照，不需要浏览后再打开外部参照文件。使用"打开参照"命令可以在新窗口中立即打开外部参照。

### 1. 执行方式

☑　命令行：XOPEN。

☑　菜单栏：工具→外部参照和块在位编辑→打开参照。

### 2. 操作步骤

图 8-44　"外部参照"选项板

命令：XOPEN✓
选择外部参照：

选择外部参照后，系统立即重新建立一个窗口，显示外部参照图形。

### 8.3.6 参照编辑

对已经附着或绑定的外部参照可以通过参照编辑相关命令对其进行编辑。

**1. 在位编辑参照**

（1）执行方式

☑ 命令行：REFEDIT。

☑ 菜单栏：工具→外部参照和块在位编辑→在位编辑参照。

☑ 工具栏：参照编辑→在位编辑参照。

（2）操作步骤

```
命令: REFEDIT✓
选择参照:
```

选择要编辑的参照后，系统打开"参照编辑"对话框，如图 8-45 所示。

（3）选项说明

❶ "标识参照"选项卡：为标识要编辑的参照提供形象化辅助工具并控制选择参照的方式。

❷ "设置"选项卡：该选项卡为编辑参照提供选项，如图 8-46 所示。

图 8-45 "参照编辑"对话框

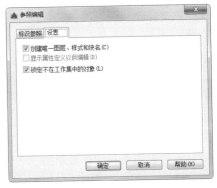
图 8-46 "设置"选项卡

在上述对话框完成设定后，单击"确定"按钮后退出，即可对所选择的参照进行编辑。

📝 **技巧**：对某一个参照进行编辑后，该参照在别的图形中或同一图形其他插入地方的图形也同时改变。如图 8-47（a）所示，螺母作为参照两次插入到宿主图形中。对右边的参照进行删除编辑，确认后，左边的参照同时改变，如图 8-47（b）所示。

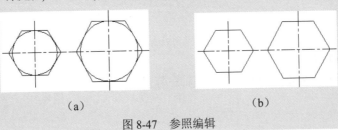
（a）　　　　　　　　　　　　　　（b）

图 8-47 参照编辑

**2. 保存或放弃参照修改**

（1）执行方式

☑ 命令行：REFCLOSE。

- ☑ 菜单栏：工具→外部参照和块在位编辑→保存参照编辑（关闭参照）。
- ☑ 工具栏：参照编辑→保存参照编辑 🔲（关闭参照 🔳）。
- ☑ 快捷菜单：在位参照编辑期间，在没有选定对象的情况下，在绘图区右击，在弹出的快捷菜单中选择"关闭 REFEDIT 任务"命令。

（2）操作步骤

命令：REFCLOSE✓
输入选项 [保存(S)/放弃参照修改(D)] <保存>：

选择"保存"或"放弃"命令即可，在这个过程中，系统会给出警告提示框，用户可以确认或取消操作。

3. 添加或删除对象

（1）执行方式
- ☑ 命令行：REFSET。
- ☑ 菜单栏：工具→外部参照和块在位编辑→添加到工作集（从工作集中删除）。
- ☑ 工具栏：参照编辑→向工作集中添加对象（从工作集删除对象）。

（2）操作步骤

命令：REFSET✓
输入选项 [添加(A)/删除(R)] <添加>：（选择相应选项操作即可）

## 8.3.7 操作实例——将螺母插入到连接盘

本例综合利用前面所学的外部参照的相关知识，将螺母以外部参照的形式插入到连接盘图形中，组成一个连接配合，流程如图 8-48 所示。

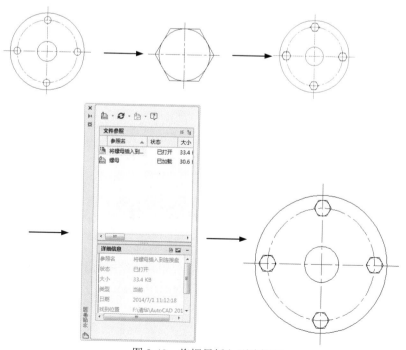

图 8-48 将螺母插入到连接盘

**Note**

**操作步骤:**(光盘\实例演示\第 8 章\将螺母插入到连接盘.avi)

(1)打开源文件。打开如图 8-49（a）所示的连接盘图形。

(2)打开"外部参照"对话框。选择菜单栏中的"插入"→"外部参照"命令,在打开的"选择外部参照文件"对话框中选择如图 8-49（b）所示的螺母图形文件,系统打开"外部参照"对话框,进行相关设置后退出。

(3)设置参数。在连接盘图形中指定相关参数后,螺母就作为外部参照插入到螺母图形中。

(4)重复插入。利用同样的外部参照附着方法或复制方法重复插入。

(5)删除辅助线。删除连接盘图形上的螺孔线,结果如图 8-50 所示。

(6)删除中心线。插入后发现螺母的中心线还存在且不符合制图规范。这时,可以打开螺母文件,将螺母的中心线删除。

(7)重载图形。系统在状态栏右下角提示:外部参照文件已更改,需要重载。确认后单击"参照"工具栏中的"外部参照"按钮,系统打开"外部参照"选项板,如图 8-51 所示。选择其中的螺母文件,单击"重载"按钮,系统对外部参照进行重载,重载后的连接盘图形如图 8-52 所示。

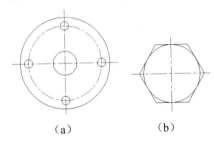

（a）　　　　　　（b）

图 8-49　外部参照

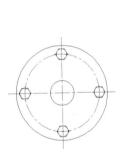

图 8-50　外部参照结果

图 8-51　"外部参照"选项板

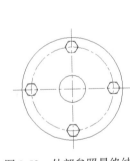

图 8-52　外部参照最终结果

# 8.4　光　栅　图　像

所谓光栅图像是指由一些称为像素的小方块或点的矩形栅格组成的图像。AutoCAD 2016 提供对多数常见图像格式的支持,这些格式包括.bmp、.jpeg、.gif、.pcx 等。

光栅图像可以复制、移动或裁剪,也可以通过夹点操作修改图像、调整图像对比度、用矩形或多边形裁剪图像或将图像用作修剪操作的剪切边。

## 8.4.1 图像附着

利用图像的第一步是将图像附着到宿主图形上，下面讲述其具体方法。

### 1. 执行方式

☑ 命令行：IMAGEATTACH（或 IAT）。
☑ 菜单栏：插入→光栅图像参照。
☑ 工具栏：参照→附着图像　。

### 2. 操作步骤

命令：IMAGEATTACH↙

系统自动执行该命令，打开如图 8-53 所示的"选择参照文件"对话框。在该对话框中选择需要插入的光栅图像，单击"打开"按钮，打开"附着图像"对话框，如图 8-54 所示。在该对话框中指定光栅图像的插入点、比例和旋转角度等特性。若选中"在屏幕上指定"复选框，则可以在屏幕上用拖动图像的方法来指定；若单击"显示细节"按钮，则对话框将扩展，并列出选中图像的详细信息，如精度、图像像素尺寸等。设置完成后，单击"确定"按钮，即可将光栅图像附着到当前图形中。

图 8-53 "选择参照文件"对话框

图 8-54 "附着图像"对话框

*Note*

## 8.4.2　光栅图像管理

光栅图像附着后，可以利用相关命令对其进行管理。

### 1.　执行方式

命令行：IMAGE（或 IM）。

### 2.　操作步骤

```
命令: IMAGE↙
```

系统自动执行该命令，在打开的如图 8-55 所示的"外部参照"选项板中选择要进行管理的光栅图像，即可对其进行拆离等操作。

在 AutoCAD 2016 中，还有一些关于光栅图像的命令，在"参照"工具栏中可以找到这些命令。这些命令与外部参照的相关命令操作方法类似，下面仅作简要介绍，具体的操作参照外部参照相关命令即可。

- ☑ IMAGECLIP 命令：裁剪图像边界的创建与控制，可以用矩形或多边形作剪裁边界；可以控制裁剪功能的打开与关闭，还可以删除裁剪边界。
- ☑ IMAGEFRAME 命令：控制图像边框是否显示。
- ☑ IMAGEADJUST 命令：控制图像的亮度、对比度和褪色度。
- ☑ IMAGEQUALITY 命令：控制图像显示的质量，高质量显示速度较慢，草稿式显示速度较快。
- ☑ TRANSPARENCY 命令：控制图像的背景像素是否透明。

图 8-55　"外部参照"选项板

## 8.4.3　操作实例——睡莲满池

本例综合利用前面所学的光栅图像的相关知识，绘制长满睡莲的水池图形，其流程如图 8-56 所示。通过本例，读者可以体会到工程图与图像配合使用这种方法的好处。

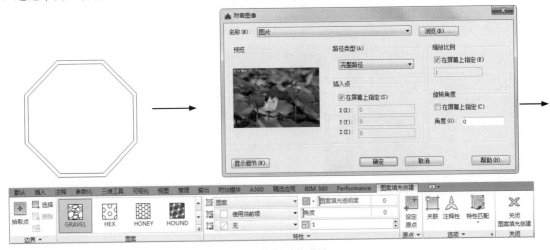

图 8-56　绘制睡莲满池

图 8-56 绘制睡莲满池（续）

**操作步骤：（光盘\实例演示\第 8 章\睡莲满池.avi）**

（1）绘制多边形。单击"默认"选项卡"绘图"面板中的"多边形"按钮 ⬠，绘制一个正八边形。

（2）偏移多边形。单击"默认"选项卡"修改"面板中的"偏移"按钮 ⬜，向内偏移正多边形，结果如图 8-57 所示。

（3）附着图像。选择"插入"→"光栅图像参照"命令，打开如图 8-58 所示的"选择参照文件"对话框。在该对话框中选择需要插入的光栅图像，单击"打开"按钮，打开"附着图像"对话框，如图 8-59 所示。设置完成后，单击"确定"按钮并退出。命令行提示如下：

```
指定插入点 <0,0>:
基本图像大小：宽：211.666667，高：158.750000，Millimeters
指定缩放比例因子 <1>: ↙
```

附着图像的图形如图 8-60 所示。

图 8-57 绘制水池外形

图 8-58 "选择参照文件"对话框

图 8-59 "附着图像"对话框

图 8-60 附着图像的图形

（4）裁剪光栅图像。选择菜单栏中的"修改"→"裁剪"→"图像"命令，裁剪光栅图像。命令行提示与操作如下：

```
命令：IMAGECLIP↙
选择要剪裁的图像：（框选整个图形）
指定对角点：
已滤除 1 个。
输入图像剪裁选项 [开(ON)/关(OFF)/删除(D)/新建边界(N)] <新建边界>：↙
外部模式 - 边界外的对象将被隐藏。
指定剪裁边界或选择反向选项:[选择多段线(S)/多边形(P)/矩形(R)/反向剪裁(I)] <矩形>：P↙
指定第一点:<对象捕捉 开>（捕捉内部的正八边形的各个端点）
指定下一点或 [放弃(U)]：（捕捉下一点）
指定下一点或 [放弃(U)]：（捕捉下一点）
指定下一点或 [闭合(C)/放弃(U)]：↙
```

修剪后的图形如图 8-61 所示。

图 8-61　修剪后的图形

（5）图案填充。单击"默认"选项卡"绘图"面板中的"图案填充"按钮 ，打开"图案填充创建"选项卡，选择 GRAVEL 图案，如图 8-62 所示，填充到两个正八边形之间，作为水池边缘的铺石，最终结果如图 8-56 所示。

图 8-62　"图案填充创建"选项卡

# 8.5　综合演练——组合机床液压系统原理图

组合机床是由一些通用部件（如动力头、滑台、床身、立柱、底座、回转台工作台等）和少量的专用部件（如主轴箱、夹具等）组成的，加工一种或几种工件的一道或者几道工序的高效率机床。

YT4543 型液压滑台工作台面的液压系统原理图如图 8-63 所示。

本例首先绘制液压缸，再绘制各种阀门，如单向阀、机械式二位阀、电磁式二位阀、调速阀、三位五通阀和顺序阀，最后添加油泵、滤油器和回油缸等元件，绘制流程如图 8-63 所示。

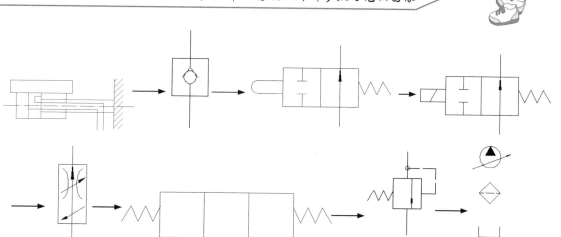

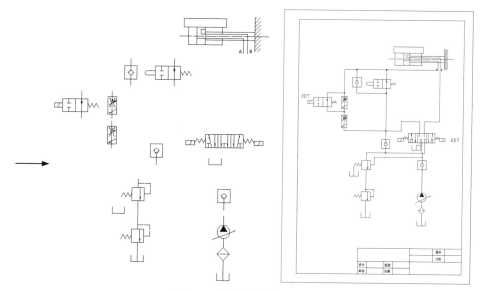

图 8-63 组合机床液压系统原理图

**操作步骤：（光盘\实例演示\第 8 章\组合机床液压系统原理图.avi）**

## 8.5.1 绘制液压缸

该液压缸属缸体移动、活塞不动形式，活塞杆固定于机架上。

（1）绘制中心线。单击"默认"选项卡"绘图"面板中的"矩形"按钮□，绘制长为 12、宽为 70 的矩形。单击"图层"工具栏中的"图层特性管理器"按钮，弹出"图层特性管理器"选项板，新建 XX 图层，选择 ACAD_ISO04W100 线型；单击"默认"选项卡"绘图"面板中的"直线"按钮，绘制穿过矩形中心的直线。如图 8-64 所示，完成床身绘制。

（2）图案填充。单击"默认"选项卡"绘图"面板中的"图案填充"按钮，选择步骤（1）中绘制的矩形为填充边界，填充图案为 ANSI31，填充角度为 0，填充比例选择 1。单击"默认"选项卡"修改"面板中的"分解"按钮，把步骤（1）中绘制的矩形分解，选中其上边、下边和右边删除，如图 8-65 所示。

（3）绘制矩形。单击"默认"选项卡"绘图"面板中的"矩形"按钮□，绘制如图 8-66 所示的两个矩形。第一个矩形长为 120、宽为 20，第二个矩形长为 20、宽为 40。

图 8-64　床身

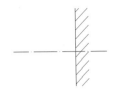

图 8-65　图案填充

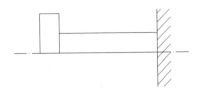

图 8-66　绘制两个矩形

（4）移动矩形。单击"默认"选项卡"修改"面板中的"移动"按钮✛，分别把步骤（3）中绘制的第一个矩形向 Y 轴负方向平移 10 个单位，第二个矩形沿 Y 轴负方向平移 20 个单位，即得到活塞和活塞杆符号，如图 8-67 所示。

（5）绘制矩形。单击"默认"选项卡"绘图"面板中的"矩形"按钮▭，绘制如图 8-68 所示的两个矩形。第一个矩形长为 90、宽为 40；第二个矩形长为 100、宽为 20。

（6）移动图形。单击"默认"选项卡"修改"面板中的"移动"按钮✛，把步骤（5）中绘制的两个矩形向 X 轴正方向平移 40 个单位，如图 8-69 所示。

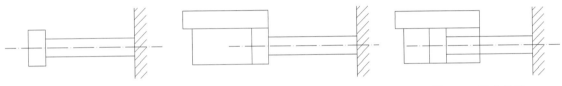

图 8-67　活塞和活塞杆符号　　　　　图 8-68　两个矩形　　　　　图 8-69　移动效果

（7）移动图形。单击"默认"选项卡"修改"面板中的"移动"按钮✛，把步骤（5）中绘制的长为 100、宽为 20 的矩形向 X 轴正方向移动 5 个单位，即得工作台，如图 8-70 所示。

（8）绘制矩形。单击"默认"选项卡"绘图"面板中的"矩形"按钮▭，绘制如图 8-71 所示的矩形，长为 10、宽为 10。

（9）移动图形。单击"默认"选项卡"修改"面板中的"移动"按钮✛，把步骤（8）中绘制的矩形向 Y 轴正方向移动 5 个单位，效果如图 8-72 所示。

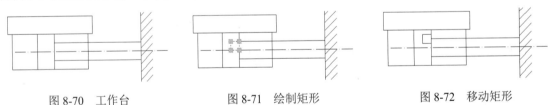

图 8-70　工作台　　　　　图 8-71　绘制矩形　　　　　图 8-72　移动矩形

（10）绘制导管。单击"默认"选项卡"绘图"面板中的"直线"按钮╱，绘制两条如图 8-73 所示的直线，表示液压缸两侧进出液压油的导管。

（11）输入文字。单击"默认"选项卡"注释"面板中的"多行文字"按钮🅰，为两侧进出油管编号，即得到活塞杆不动液压缸移动式的液压缸符号，如图 8-74 所示。

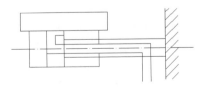

图 8-73　绘制液压缸两侧进出管

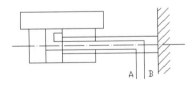

图 8-74　液压缸符号（A、B 分别为两侧进油标号）

（12）写块。在命令行中输入 WBLOCK，系统打开如图 8-75 所示的"写块"对话框，输入块名

"液压缸",指定保存路径、基点等,单击"确定"按钮保存,以方便后面设计液压系统时调用。

图 8-75 "写块"对话框

## 8.5.2 绘制单向阀

单向阀的符号十分形象,沿角发散方向液压油可以通过,反方向不能通过。

(1)绘制矩形。单击"默认"选项卡"绘图"面板中的"矩形"按钮□,绘制长、宽各为 30 的矩形,如图 8-76 所示。

(2)绘制直线。单击"默认"选项卡"绘图"面板中的"直线"按钮✐,过上下边的中点绘制如图 8-77 所示的直线。

(3)绘制圆。单击"默认"选项卡"绘图"面板中的"圆"按钮⊙,以步骤(2)中绘制的直线的中点为圆心,半径为 5,绘制一个圆,如图 8-78 所示。

(4)绘制直线。单击"默认"选项卡"绘图"面板中的"直线"按钮✐,绘制连续直线,命令行提示与操作如下:

```
命令: _line
指定第一个点:
指定下一点或 [放弃(U)]: @0,-7.5(捕捉步骤(2)中直线的上端点,画长为 7.5、竖直向下的
直线)
指定下一点或 [放弃(U)]: tan 到(在命令行中输入 tan+Space 键,出现如图 8-79 所示的效果)
指定下一点或 [闭合(C)/放弃(U)]:
```

图 8-76 绘制矩形　　　图 8-77 绘制直线　　　图 8-78 绘制一个圆　　　图 8-79 画切线

直线绘制完成后的效果如图 8-80 所示。

(5)绘制直线。单击"默认"选项卡"绘图"面板中的"直线"按钮✐,过矩形的左右两边中点绘制一条直线。调用"延伸"命令,以该直线为剪刀线将步骤(4)中绘制的斜线延伸与之相交,

效果如图 8-81 所示。

（6）镜像图形。单击"默认"选项卡"修改"面板中的"镜像"按钮 △，把步骤（5）中延伸的斜线沿步骤（2）中绘制的直线镜像复制一份，效果如图 8-82 所示。

（7）删除图形。单击"默认"选项卡"修改"面板中的"删除"按钮 ✐，选择步骤（5）中绘制的直线，将其删除。单击"默认"选项卡"修改"面板中的"修剪"按钮 ⊹，修剪图形，如图 8-83 所示。

图 8-80　直线绘制　　　图 8-81　延伸效果　　　图 8-82　镜像效果　　　图 8-83　修剪效果

（8）绘制直线。单击"默认"选项卡"绘图"面板中的"直线"按钮 ✐，在矩形上下边绘制引出线，作为单向阀进油出油线，完成以上步骤，即得到单向阀符号，如图 8-84 所示。

（9）写块。在命令行中输入 WBLOCK，将以上绘制的单向阀符号生成图块并保存，供后面设计液压系统时调用。

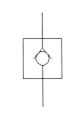

图 8-84　单向阀符号

### 8.5.3　绘制机械式二位阀

机械式二位阀只有开和闭两条路线，触动触头时阀由常开（常闭）转为常闭（常开）。

（1）绘制矩形。单击"默认"选项卡"绘图"面板中的"矩形"按钮 □，绘制如图 8-85 所示的两个连接矩形，长为 30、宽为 30。

（2）绘制多段线。单击"默认"选项卡"绘图"面板中的"多段线"按钮 ⤵，绘制如图 8-86 所示的箭头，表示液压油流动的方向，命令行提示与操作如下：

```
命令: _pline
指定起点: _mid 于　（捕捉线段中点）
当前线宽为 0.0000
指定下一个点或 [圆弧(A)/半宽(H)/长度(L)/放弃(U)/宽度(W)]: @0,20
指定下一点或 [圆弧(A)/闭合(C)/半宽(H)/长度(L)/放弃(U)/宽度(W)]: W
指定起点宽度 <0.0000>: 2
指定端点宽度 <2.0000>: 0
指定下一点或 [圆弧(A)/闭合(C)/半宽(H)/长度(L)/放弃(U)/宽度(W)]: _mid 于　（捕捉线段中点）
指定下一点或 [圆弧(A)/闭合(C)/半宽(H)/长度(L)/放弃(U)/宽度(W)]: *取消*
```

（3）绘制直线。单击"默认"选项卡"绘图"面板中的"直线"按钮 ✐，绘制如图 8-87 所示的连续直线。

 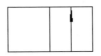 

图 8-85　两个连接矩形　　　图 8-86　绘制箭头　　　图 8-87　连续直线

（4）镜像图形。单击"默认"选项卡"修改"面板中的"镜像"按钮 △，效果如图 8-88 所示。

继续调用"镜像"命令，效果如图 8-89 所示，表示机械阀处于左侧位置时，油路被切断。

（5）绘制矩形。单击"默认"选项卡"绘图"面板中的"矩形"按钮▢，绘制如图 8-90 所示的矩形，矩形长为 20、宽为 10。

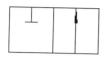

图 8-88　镜像效果一

图 8-89　镜像效果二

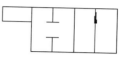

图 8-90　绘制矩形

（6）绘制圆弧。单击"默认"选项卡"绘图"面板中的"圆弧"按钮⌒，绘制如图 8-91 所示的半圆弧。命令行提示与操作如下：

```
命令：_arc
指定圆弧的起点或 [圆心(C)]：（捕捉图 8-90 左上角点）
指定圆弧的第二个点或 [圆心(C)/端点(E)]：C
指定圆弧的圆心：（捕捉图 8-90 左边矩形短边中点）
指定圆弧的端点或 [角度(A)/弦长(L)]：
```

（7）分解矩形。单击"默认"选项卡"修改"面板中的"分解"按钮▦，分解步骤（5）中绘制的矩形，选中它的左边线并删除，效果如图 8-92 所示。

（8）移动图形。单击"默认"选项卡"修改"面板中的"移动"按钮✛，把步骤（7）中完成的图形向 Y 轴负方向平移 10 个单位，效果如图 8-93 所示。

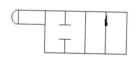

图 8-91　绘制半圆弧

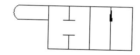

图 8-92　删除左边

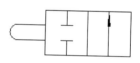

图 8-93　移动效果

（9）绘制直线。单击"默认"选项卡"绘图"面板中的"直线"按钮╱，绘制如图 8-94 所示的折线，表示机械阀复位的弹簧符号。

（10）绘制直线。单击"默认"选项卡"绘图"面板中的"直线"按钮╱，为机械二位阀画两条引出线，如图 8-95 所示，完成以上步骤即得机械式二位阀符号。

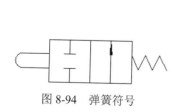

图 8-94　弹簧符号

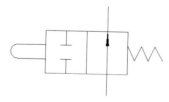

图 8-95　机械式二位阀符号

（11）写块。在命令行中输入 WBLOCK，将机械二位阀符号生成图块并保存，供后面设计液压系统时调用。

## 8.5.4　绘制电磁式二位阀

电磁式二位阀与机械阀类似，但开合由电磁铁触电控制。绘制符号时可以调用"复制"命令复制机械式二位阀一份，然后修改获得电磁式二位阀。

（1）插入块。单击"默认"选项卡"块"面板中的"插入"按钮，插入机械二位阀图块。利用"分解"命令，分解插入的图块，并删除左边的半圆弧，如图 8-96 所示。

（2）绘制直线。单击"默认"选项卡"绘图"面板中的"直线"按钮，绘制如图 8-97 所示的直线。

（3）绘制直线。单击"默认"选项卡"绘图"面板中的"直线"按钮，绘制如图 8-98 所示的直线，表示电磁符号。完成以上步骤后，即得电磁式二位阀符号。

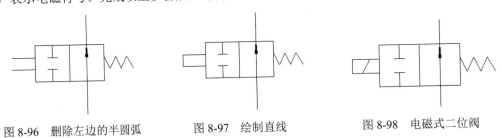

图 8-96　删除左边的半圆弧　　　图 8-97　绘制直线　　　图 8-98　电磁式二位阀

（4）写块。在命令行中输入 WBLOCK，把以上所得电磁式二位阀符号生成图块并保存，供以后设计液压系统时调用。

## 8.5.5　绘制调速阀

调速阀用于控制油路的液压油流量。

（1）绘制矩形。单击"默认"选项卡"绘图"面板中的"矩形"按钮，绘制一个长为 20、宽为 40 的矩形，如图 8-99 所示。

（2）绘制多段线。单击"默认"选项卡"绘图"面板中的"多段线"按钮，过矩形的上边和下边中点绘制竖直向上的箭头，表示液压油流过调速阀的方向，如图 8-100 所示。

（3）绘制椭圆弧。单击"默认"选项卡"绘图"面板中的"椭圆弧"按钮，绘制如图 8-101 所示的一段椭圆弧。

（4）镜像图形。单击"默认"选项卡"修改"面板中的"镜像"按钮，把步骤（3）中绘制的椭圆弧沿步骤（1）中矩形上下两边中点所成直线镜像复制一份，如图 8-102 所示。

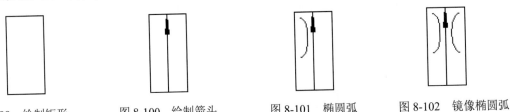

图 8-99　绘制矩形　　　图 8-100　绘制箭头　　　图 8-101　椭圆弧　　　图 8-102　镜像椭圆弧

（5）绘制多段线。单击"默认"选项卡"绘图"面板中的"多段线"按钮，绘制如图 8-103 所示的箭头。再次调用"多段线"命令，绘制如图 8-104 所示的箭头。

（6）绘制直线。单击"默认"选项卡"绘图"面板中的"直线"按钮，在步骤（1）中绘制矩形上下边中点引出两条直线，作为调速阀的引出线。完成以上步骤后，即得调速阀符号，如图 8-105 所示。

（7）写块。在命令行中输入 WBLOCK，把以上所得调速阀符号生成图块并保存，供以后设计液压系统时调用。

图 8-103　箭头一

图 8-104　箭头二

图 8-105　调速阀

## 8.5.6　绘制三位五通阀

（1）绘制矩形。单击"默认"选项卡"绘图"面板中的"矩形"按钮□，绘制连续的 3 个矩形，表示出阀的 3 个位置，每个矩形长、宽各为 30，如图 8-106 所示。

（2）绘制直线。单击"默认"选项卡"绘图"面板中的"直线"按钮，绘制端部的复位弹簧，再利用"镜像"命令把复位弹簧沿阀的中心线镜像复制一份，如图 8-107 所示。

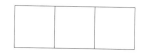

图 8-106　绘制 3 个矩形

图 8-107　绘制复位弹簧

（3）绘制矩形。单击"默认"选项卡"绘图"面板中的"矩形"按钮□，在步骤（2）中绘制的复位弹簧两端绘制长为 20、宽为 10 的矩形。利用"直线"命令绘制斜线，表示两端电磁铁，如图 8-108 所示。

（4）绘制直线。单击"默认"选项卡"绘图"面板中的"直线"按钮和"多段线"按钮，绘制每个阀位的 5 个液压油通道，如图 8-109 所示。

图 8-108　绘制电磁铁

图 8-109　三位五通阀

（5）写块。在命令行中输入 WBLOCK，将以上绘制的三位五通阀符号生成图块并保存，以方便后面绘制液压系统时调用。

## 8.5.7　绘制顺序阀

顺序阀是把压力作为控制信号，自动接通或者切断某一油路，控制执行元件产生顺序动作的压力阀。

（1）绘制矩形。单击"默认"选项卡"绘图"面板中的"矩形"按钮□，绘制一个长、宽各为 30 的矩形，表示顺序阀的外壳和腔体，如图 8-110 所示。

（2）绘制直线。单击"默认"选项卡"绘图"面板中的"直线"按钮，绘制一段折线，表示顺序阀是靠弹簧机械复位的，如图 8-111 所示。

（3）绘制多段线。单击"默认"选项卡"绘图"面板中的"多段线"按钮，绘制一段向下的箭头，表示顺序阀允许的液压油流动方向，如图 8-112 所示。

（4）移动图形。单击"默认"选项卡"修改"面板中的"移动"按钮，把步骤（3）中绘制的箭头向 X 轴正方向移动 5 个单位，效果如图 8-113 所示。

（5）绘制直线。单击"默认"选项卡"绘图"面板中的"直线"按钮，过外壳上下边中点绘制两端引线，如图 8-114 所示。

图 8-110　顺序阀的外壳　　　　　图 8-111　复位弹簧　　　　　图 8-112　液压油流动方向

　　（6）绘制折线。选择虚线线型 ACAD_ISO02W100，单击"默认"选项卡"绘图"面板中的"直线"按钮，绘制如图 8-115 所示的一段折线，表示顺序阀受入口压力控制开启或者关闭。完成以上步骤后，顺序阀符号绘制完毕。

图 8-113　移动效果　　　　　图 8-114　两端引线　　　　　图 8-115　顺序阀符号

　　（7）写块。在命令行中输入 WBLOCK，将以上绘制的顺序阀符号生成图块并保存，以方便后面设计液压系统时调用。

## 8.5.8　绘制油泵、滤油器和回油缸

　　（1）绘制圆。单击"默认"选项卡"绘图"面板中的"圆"按钮，绘制半径为 15 的圆，如图 8-116 所示。

　　（2）绘制直线。单击"默认"选项卡"绘图"面板中的"直线"按钮，在如图 8-117 处绘制一条与 X 轴正方向成-60°的直线，直线长为 15。

　　（3）绘制正多边形。单击"默认"选项卡"绘图"面板中的"多边形"按钮，以步骤（2）中绘制的斜线为边，绘制一个正三角形，如图 8-118 所示。

图 8-116　绘制圆　　　　　图 8-117　绘制直线　　　　　图 8-118　绘制正三角形

　　（4）图案填充。单击"默认"选项卡"绘图"面板中的"图案填充"按钮，选择 solid 图案样式，把步骤（3）中的正三角形填充，如图 8-119 所示。

　　（5）绘制多段线。单击"默认"选项卡"绘图"面板中的"多段线"按钮，绘制如图 8-120 所示的箭头。至此，液压泵的符号绘制完毕。

　　（6）绘制直线。单击"默认"选项卡"绘图"面板中的"直线"按钮，在如图 8-121 处绘制一条与 X 轴正方向成-45°的直线，直线长为 15。

　　（7）绘制正方形。单击"默认"选项卡"绘图"面板中的"多边形"按钮，以步骤（6）中绘制的斜线为边，绘制一个正方形，如图 8-122 所示，作为滤油器外壳。

　　（8）绘制直线。选择虚线线型 ACAD_ISO02W100，单击"默认"选项卡"绘图"面板中的"直线"按钮，绘制如图 8-123 所示的一段直线，作为滤油器的滤纸。至此，滤油器绘制完成。

图 8-119　图案填充　　　　图 8-120　箭头　　　　图 8-121　绘制直线

（9）绘制矩形。单击"默认"选项卡"绘图"面板中的"矩形"按钮□，绘制一个矩形，矩形长、宽分别为 30、15。单击"默认"选项卡"修改"面板中的"分解"按钮◎，分解矩形。删除其上边，如图 8-124 所示。至此，油箱绘制完成。

（10）绘制直线。单击"默认"选项卡"绘图"面板中的"直线"按钮╱，把以上 3 个元件用油管线连接起来，即得到液压油发生系统，如图 8-125 所示。

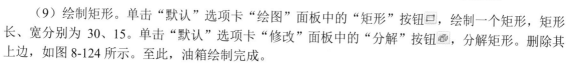

图 8-122　绘制正方形　　图 8-123　画虚线　　图 8-124　油箱绘制　　图 8-125　油泵、滤油器和回油缸符号

（11）写块。利用 WBLOCK 命令，把以上绘制的图形生成图块并保存，以方便后面绘制液压系统时调用。

## 8.5.9　完成绘制

（1）新建文件。新建一个文件，调用随书光盘"源文件"文件夹中的 A4 title 样板，新建文件"YT4543 滑台液压系统电气设计.dwg"。

（2）插入图块。单击"默认"选项卡"块"面板中的"插入"按钮⯐，打开"插入"对话框，如图 8-126 所示，选择绘制好的图块，插入到图形中，按图 8-127 所示布局好液压系统元件。

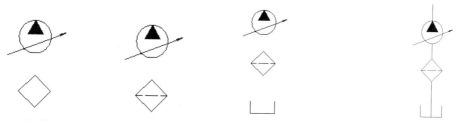

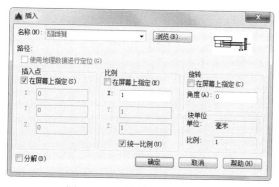

图 8-126　"插入"对话框

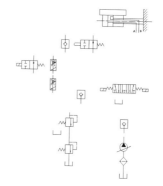

图 8-127　布局元件

（3）输入文字。单击"默认"选项卡"绘图"面板中的"直线"按钮╱，连接油压回路，再单击"默认"选项卡"注释"面板中的"多行文字"按钮 A，为元件标上文字标识。如图 8-63 所示，即得 YT4543 局部液压系统原理图。

# 8.6 动手练一练

通过本章的学习，读者对图块、外部参照及光栅图像的应用等知识有了大体的了解，本节通过 3 个操作练习使读者进一步掌握本章知识要点。

## 8.6.1 定义"螺母"图块并插入到轴图形中，组成一个配合

操作提示：

（1）如图 8-128 所示，利用"块定义"对话框进行适当设置来定义块。

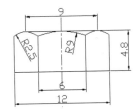

图 8-128 绘制图块

（2）利用 WBLOCK 命令，进行适当设置，保存块。

（3）打开绘制好的轴零件图。

（4）执行"外部参照附着"命令，选择 8.1.3 节绘制的螺母零件图文件为参照图形文件，设置相关参数，将"螺母"图形附着到轴零件图中。

## 8.6.2 标注齿轮表面粗糙度

操作提示：

（1）如图 8-129 所示，利用"直线"命令绘制表面粗糙度符号。

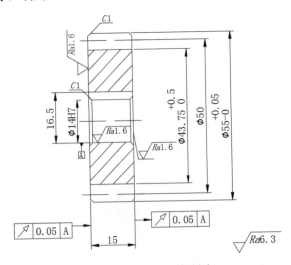

图 8-129 标注表面粗糙度

（2）定义表面粗糙度符号的属性，将表面粗糙度值设置为其中需要验证的标记。

（3）将绘制的表面粗糙度符号及其属性定义成图块。

（4）保存图块。

（5）在图形中插入表面粗糙度图块，每次插入时输入不同的表面粗糙度值作为属性值。

### 8.6.3　标注穹顶展览馆立面图形的标高符号

绘制重复图形单元最简单快捷的办法是：将重复的图形单元制作成图块，然后将图块插入图形。本实验通过对标高符号的标注使读者掌握图块的相关知识，效果如图 8-130 所示。

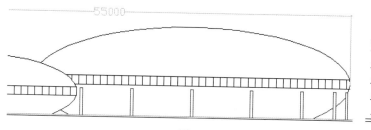

图 8-130　标注标高符号

操作提示：

（1）利用"直线"命令绘制标高符号。

（2）定义标高符号的属性，将标高值设置为其中需要验证的标记。

（3）将绘制的标高符号及其属性定义成图块。

（4）保存图块。

（5）在建筑图形中插入标高图块，每次插入时输入不同的标高值作为属性值。

# 集成化绘图工具

　　为了提高系统整体的图形设计效率，并有效地管理整个系统的所有图形设计文件，AutoCAD 经过不断的探索和完善，推出大量的集成化绘图工具，包括查询工具、设计中心、工具选项板、CAD 标准、图纸集管理器和标记集管理器等。利用设计中心和工具选项板，用户可以建立个性化的图库，也可以利用别人提供的强大资源快速、准确地进行图形设计；同时利用 CAD 标准、图纸集管理器和标记集管理器，用户可以有效地协同统一管理整个系统的图形文件。

　　本章主要介绍查询工具、设计中心、工具选项板、CAD 标准、图纸集、标记集等知识。

- ☑ 设计中心
- ☑ 工具选项板
- ☑ 对象查询
- ☑ CAD 标准

- ☑ 图纸集
- ☑ 标记集
- ☑ 视口与空间
- ☑ 打印

## 任务驱动&项目案例

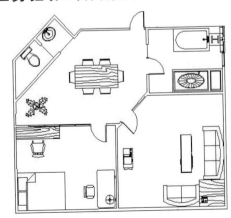

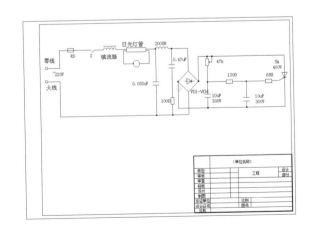

# 9.1 设 计 中 心

AutoCAD 2016 设计中心是一种集成化的快速绘图工具，使用它可以很容易地组织设计内容，并把它们拖动到设计者的图形中，辅助快速绘图。可以使用 AutoCAD 2016 设计中心窗口的内容显示框来观察用 AutoCAD 2016 设计中心的资源管理器所浏览资源的细目。

## 9.1.1 启动设计中心

设计中心的启动方式非常简单，下面简要介绍。

1. 执行方式

☑ 命令行：ADCENTER。
☑ 菜单栏：工具→选项板→设计中心。
☑ 工具栏：标准→设计中心 。
☑ 快捷键：Ctrl+2。
☑ 功能区：视图→选项板→设计中心 。

2. 操作步骤

命令：ADCENTER✓

执行上述命令，系统打开设计中心。第一次启动设计中心时，默认打开的选项卡为"文件夹"。内容显示区采用大图标显示，左侧的资源管理器采用树形显示方式显示系统的树形结构，浏览资源的同时，在内容显示区显示所浏览资源的有关细目或内容，如图 9-1 所示。图中左侧方框为 AutoCAD 2016 设计中心的资源管理器，右侧方框为 AutoCAD 2016 设计中心窗口的内容显示框。右侧上面窗口为文件显示框，中间窗口为图形预览显示框，下面窗口为说明文本显示框。

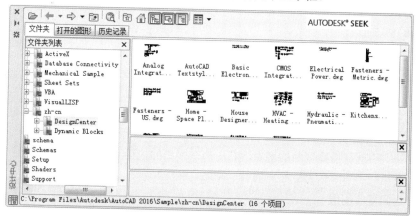

图 9-1 AutoCAD 2016 设计中心的资源管理器和内容显示区

可依靠鼠标拖动边框来改变 AutoCAD 2016 设计中心资源管理器、内容显示区及 AutoCAD 2016 绘图区的大小，但内容显示区的最小尺寸应能显示两列大图标。

如果要改变 AutoCAD 2016 设计中心的位置，可在 AutoCAD 2016 设计中心工具条的上部用鼠标拖动它，释放鼠标后，AutoCAD 2016 设计中心便可处于当前位置。到新位置后，仍可以用鼠标改变各窗口的大小，也可以通过设计中心边框左侧下方的"自动隐藏"按钮自动隐藏设计中心。

## 9.1.2　插入图块

可以利用设计中心将图块插入到图形中。将一个图块插入到图形中时，块定义就被复制到图形数据库中。在一个图块被插入图形之后，如果原来的图块被修改，则插入到图形中的图块也随之改变。

当其他命令正在执行时，图块不能插入到图形中。例如，在插入块时，如果提示行正在执行一个命令，此时光标变成一个带斜线的圆，提示操作无效。另外，一次只能插入一个图块。AutoCAD 设计中心提供插入图块的两种方法：利用鼠标指定比例和旋转方式，以及精确指定坐标、比例和旋转角度方式。

**1．利用鼠标指定比例和旋转方式插入图块**

采用此方法时，AutoCAD 根据鼠标拉出的线段长度与角度确定比例与旋转角度。

采用该方法插入图块的步骤如下。

（1）从文件夹列表或查找结果列表中选择要插入的图块，按住鼠标左键将其拖动到打开的图形中。释放鼠标，此时，被选择的对象插入到当前打开的图形中。利用当前设置的捕捉方式，可以将对象插入到任何存在的图形中。

（2）单击指定一点作为插入点，移动鼠标，鼠标位置点与插入点之间距离为缩放比例，单击可确定比例。用同样的方法移动鼠标，鼠标指定位置和插入点连线与水平线角度为旋转角度。被选择的对象可根据鼠标指定的比例和角度插入到图形中。

**2．精确指定坐标、比例和旋转角度插入图块**

利用该方法可以设置插入图块的参数，具体方法如下。

（1）从文件夹列表或查找结果列表框选择要插入的对象，拖动对象到打开的图形。

（2）在相应的命令行提示下输入比例和旋转角度等数值。

被选择的对象根据指定的参数插入到图形中。

## 9.1.3　图形复制

利用设计中心进行图形复制的方法有两种，下面具体讲述。

**1．在图形之间复制图块**

利用 AutoCAD 设计中心可以浏览和装载需要复制的图块，然后将图块复制到剪贴板，利用剪贴板将图块粘贴到图形中。具体方法如下。

（1）在设计中心选择需要复制的图块，右击，在弹出的快捷菜单中选择"复制"命令。

（2）将图块复制到剪贴板上，然后通过"粘贴"命令粘贴到当前图形上。

**2．在图形之间复制图层**

利用 AutoCAD 设计中心可以从任何一个图形复制图层到其他图形。例如，如果已经绘制一个包括设计所需的所有图层的图形，在绘制另外的新图形时，可以新建一个图形，并通过 AutoCAD 设计中心将已有的图层复制到新的图形中，这样可以节省时间，并保证图形一致。

（1）拖动图层到已打开的图形：确认要复制图层的目标图形文件被打开，并且是当前的图形文件。在控制板或查找结果列表框中选择要复制的一个或多个图层。拖动图层到打开的图形文件，释放鼠标后选择的图层被复制到打开的图形中。

（2）复制或粘贴图层到打开的图形：确认要复制的图层的图形文件被打开，并且是当前的图形文件。在控制板或查找结果列表中选择要复制的一个或多个图层，右击，在弹出的快捷菜单中选择"复制到粘贴板"命令。如果要粘贴图层，需先确认粘贴的目标图形文件被打开且为当前文件，右击，在弹出的快捷菜单中选择"粘贴"命令即可。

## 9.1.4　操作实例——给"房子"图形插入"窗户"图块

利用前面学过的 AutoCAD 设计中心功能将已有的图块插入"房子"图形，流程如图 9-2 所示。

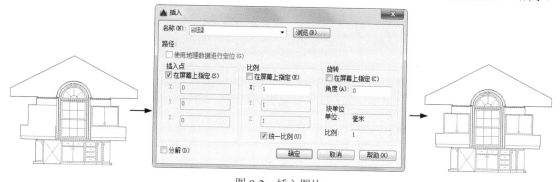

图 9-2　插入图块

**操作步骤：**（光盘\实例演示\第 9 章\给"房子"图形插入"窗户"图块.avi）

（1）打开设计中心窗口。单击"视图"选项卡"选项板"面板中的"设计中心"按钮，打开设计中心窗口。

（2）从设计中心窗口中选择"文件夹"选项卡，然后在选择的图块上右击，在弹出的快捷菜单中选择"插入为块"命令，如图 9-3 所示。

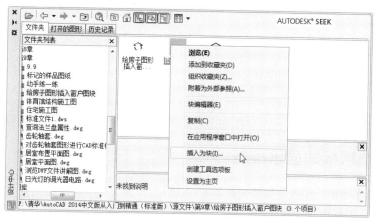

图 9-3　打开设计中心并插入块

（3）设置对话框。打开"插入"对话框，进行设置后，单击"确定"按钮，如图 9-4 所示。

（4）捕捉端点。返回绘图窗口后，打开"对象捕捉"工具栏，单击"捕捉到端点"按钮，然后选择房子左侧的一个端点为图块放置位置，如图 9-5 所示，结果如图 9-2 所示。

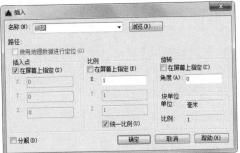

图 9-4　"插入"对话框

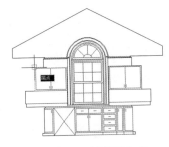

图 9-5　捕捉插入点

# 9.2　工具选项板

工具选项板是工具选项板窗口中选项卡形式的区域，提供组织、共享和放置块及填充图案的有效方法。工具选项板还可以包含由第三方开发人员提供的自定义工具。

## 9.2.1　打开工具选项板

工具选项板的打开方式非常简单，下面简单进行介绍。

### 1. 执行方式

- ☑　命令行：TOOLPALETTES。
- ☑　菜单栏：工具→选项板→工具选项板窗口。
- ☑　工具栏：标准→工具选项板窗口▯。
- ☑　快捷键：Ctrl+3。
- ☑　功能区：视图→选项板→设计中心▯。

### 2. 操作步骤

命令：TOOLPALETTES✓

系统自动打开工具选项板，如图 9-6 所示。

### 3. 选项说明

在工具选项板中，系统设置了一些常用的图形选项卡，这些常用的图形选项卡可以方便用户绘图。

## 9.2.2　工具选项板的显示控制

可以利用工具选项板的相关功能控制其显示，具体方法如下。

### 1. 移动和缩放工具选项板窗口

用鼠标按住工具选项板窗口深色边框，拖动鼠标，即可移动工具选项板窗口。将鼠标指向工具选项板窗口边缘，出现双向伸缩箭头时，按住鼠标左键拖动即可缩放工具选项板窗口。

### 2. 自动隐藏

在工具选项板窗口深色边框上单击"自动隐藏"按钮▯，可自动隐藏工具选项板窗口，再次单击，则自动打开工具选项板窗口。

### 3. "透明度"控制

在工具选项板窗口深色边框上单击"特性"按钮 ※，打开快捷菜单，如图 9-7 所示。选择"透明度"命令，系统打开"透明度"对话框，如图 9-8 所示。通过调节按钮可以调节工具选项板的透明度。

图 9-6　工具选项板窗口

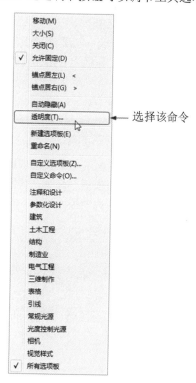

图 9-7　快捷菜单

### 4. 视图控制

将鼠标放在工具选项板的空白地方，右击，在弹出的快捷菜单中选择"视图选项"命令，如图 9-9 所示。打开"视图选项"对话框，如图 9-10 所示。选择有关选项，拖动调节按钮可以调节视图中图标或文字的大小。

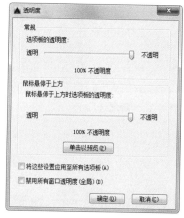

图 9-8　"透明度"对话框

图 9-9　快捷菜单

图 9-10　"视图选项"对话框

### 9.2.3 新建工具选项板

用户可以新建工具选项板，这样有利于个性化作图，也能够满足特殊作图需要。

#### 1. 执行方式

- ☑ 命令行：CUSTOMIZE。
- ☑ 菜单栏：工具→自定义→工具选项板。
- ☑ 快捷菜单：在任意工具栏上右击，在弹出的快捷菜单中选择"自定义"命令。
- ☑ 工具选项板：特性🗐→自定义（或新建）选项板。

#### 2. 操作步骤

命令：CUSTOMIZE✓

系统打开"自定义"对话框的"工具选项板-所有选项板"选项卡，如图 9-11 所示。右击，在弹出的快捷菜单中选择"新建选项板"命令，如图 9-12 所示，然后在弹出的对话框中可以为新建的工具选项板命名。确定后，工具选项板中增加一个新的选项卡，如图 9-13 所示。

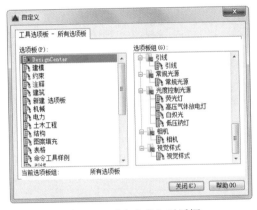

图 9-11 "自定义"对话框

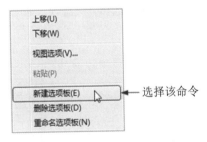

图 9-12 "新建选项板"命令

图 9-13 新增选项卡

### 9.2.4 向工具选项板添加内容

可以用两种方法向工具选项板添加内容，具体如下。

（1）将图形、块和图案填充从设计中心拖动到工具选项板上。例如，在 DesignCenter 文件夹上右击，在弹出的快捷菜单中选择"创建块的工具选项板"命令，如图 9-14 所示。设计中心中存储的图元就出现在工具选项板中新建的 DesignCenter 选项卡上，如图 9-15 所示。这样就可以将设计中心与工具选项板结合起来，建立一个快捷方便的工具选项板。将工具选项板中的图形拖动到另一个图形中时，图形将作为块插入。

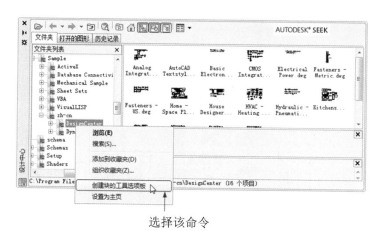

图 9-14　将存储图元创建成"设计中心"工具选项板

图 9-15　新创建的工具选项板

（2）使用"剪切""复制""粘贴"命令将一个工具选项板中的工具移动或复制到另一个工具选项板中。

## 9.2.5　操作实例——居室布置平面图

利用前面学过的设计中心和工具选项板的知识绘制如图 9-16 所示的居室布置平面图。读者注意体会利用设计中心和工具选项板给绘图带来的便利。

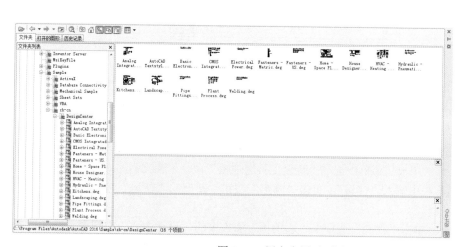

图 9-16　居室布置平面图

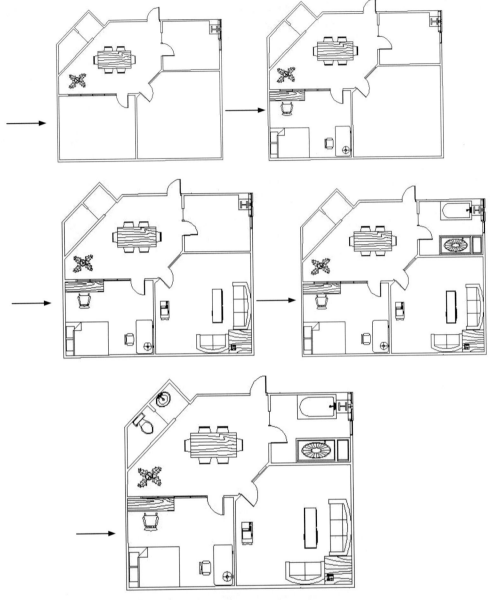

图 9-16  居室布置平面图（续）

**操作步骤：（光盘\实例演示\第 9 章\居室布置平面图.avi）**

（1）打开住房结构截面图。其中进门为餐厅，左首为厨房，右首为卫生间，正对为客厅，客厅左边为寝室。

（2）打开工具选项板。单击"视图"选项卡"选项板"面板中的"工具选项板"按钮▥，打开工具选项板。在"工具选项板"菜单中选择"新建工具选项板"命令，建立新的"工具选项板"选项卡。在新建工具栏名称栏中输入"住房"，单击"确定"按钮。新建的"住房"选项卡将显示在工具选项板中。

（3）打开选项卡。单击"视图"选项卡"选项板"面板中的"设计中心"按钮▦，打开设计中心，将设计中心中的 Kitchens、House Designer、Home-Space Planner 图块拖动到工具选项板的"住房"

选项卡，如图 9-17 所示。

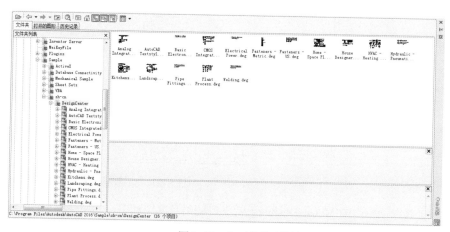

图 9-17　向工具选项板插入设计中心图块

（4）布置餐厅。将工具选项板中的 Home-Space Planner 图块拖动到当前图形中，利用"缩放"命令调整所插入的图块与当前图形的相对大小，如图 9-18 所示。对该图块进行分解操作，将 Home-Space Planner 图块分解成单独的小图块集。将图块集中的"饭桌"和"植物"图块拖动到餐厅的适当位置，如图 9-19 所示。

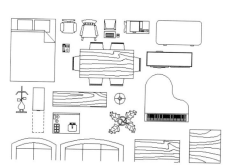

图 9-18　将 Home-Space Planner 图块拖动到当前图形

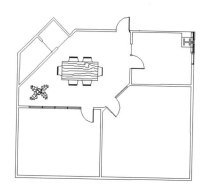

图 9-19　布置餐厅

（5）布置寝室。将"双人床"图块移动到当前图形的寝室中，移动过程中需要利用钳夹功能进行旋转和移动操作，命令行提示与操作如下：

```
 ** 移动 **
指定移动点或 [基点(B)/复制(C)/放弃(U)/退出(X)]:（指定移动点）
 ** 旋转 **
指定旋转角度或 [基点(B)/复制(C)/放弃(U)/参照(R)/退出(X)]: 90✓
 ** 移动 **
指定移动点或 [基点(B)/复制(C)/放弃(U)/退出(X)]:（指定移动点）
```

用同样的方法将"琴桌"、"书桌"、"台灯"和两个"椅子"图块移动并旋转到当前图形的寝室中，如图 9-20 所示。

（6）布置客厅。用同样的方法将"转角桌"、"电视机"、"茶几"和两个"沙发"图块移动并旋转到当前图形的客厅中，如图 9-21 所示。

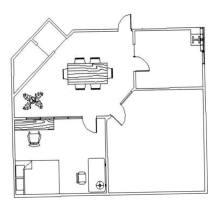

图 9-20　布置寝室图

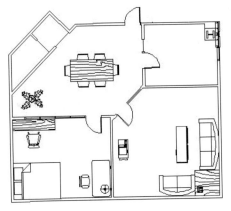

图 9-21　布置客厅

（7）布置厨房。将工具选项板中的 House Designer 图块拖动到当前图形中，利用"缩放"命令调整所插入的图块与当前图形的相对大小，如图 9-22 所示。对该图块进行分解操作，将 House Designer 图块分解成单独的小图块集。用同样的方法将"灶台""洗菜盆""水龙头"图块移动并旋转到当前图形的厨房中，如图 9-23 所示。

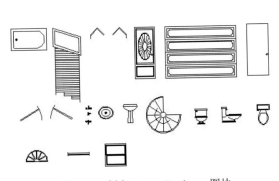

图 9-22　插入 House Designer 图块

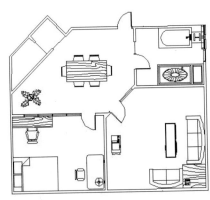

图 9-23　布置厨房

（8）布置卫生间。用同样的方法将"马桶"和"洗脸盆"移动并旋转到当前图形的卫生间中，复制"水龙头"图块并旋转移动到洗脸盆上。删除当前图形中其他没有用处的图块，最终绘制出的图形如图 9-16 所示。

# 9.3　对象查询

在绘制图形或阅读图形的过程中，有时需要即时查询图形对象的相关数据，例如对象之间的距离、建筑平面图室内面积等。为了方便这些查询工作，AutoCAD 提供相关的查询命令。

对象查询的菜单命令集中在"工具"→"查询"菜单中，如图 9-24 所示。其工具栏命令则主要集中在"查询"工具栏中，如图 9-25 所示。

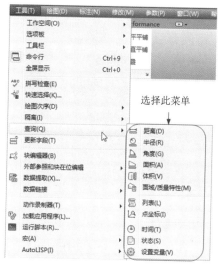

选择此菜单

图 9-24 "查询"菜单

图 9-25 "查询"工具栏

Note

## 9.3.1 查询距离

1. 执行方式

☑ 命令行：MEASUREGEOM。

☑ 菜单栏：工具→查询→距离。

☑ 工具栏：查询→距离🗐。

2. 操作步骤

```
命令：_MEASUREGEOM✓
输入选项 [距离(D)/半径(R)/角度(A)/面积(AR)/体积(V)] <距离>：_distance
指定第一点：
指定第二个点或 [多个点(M)]：
距离 = 65.3123，XY 平面中的倾角 = 0，与 XY 平面的夹角 = 0
X 增量 = 65.3123，Y 增量 = 0.0000，Z 增量 = 0.0000
输入选项 [距离(D)/半径(R)/角度(A)/面积(AR)/体积(V)/退出(X)] <距离>：
```

面积、面域/质量特性的查询与距离查询类似，这里不再赘述。

## 9.3.2 查询对象状态

1. 执行方式

☑ 命令行：STATUS。

☑ 菜单栏：工具→查询→状态。

2. 操作步骤

```
命令：STATUS✓
```

系统自动切换到文本显示窗口，显示当前文件的状态，包括文件中的各种参数状态及文件所在磁盘的使用状态，如图 9-26 所示。

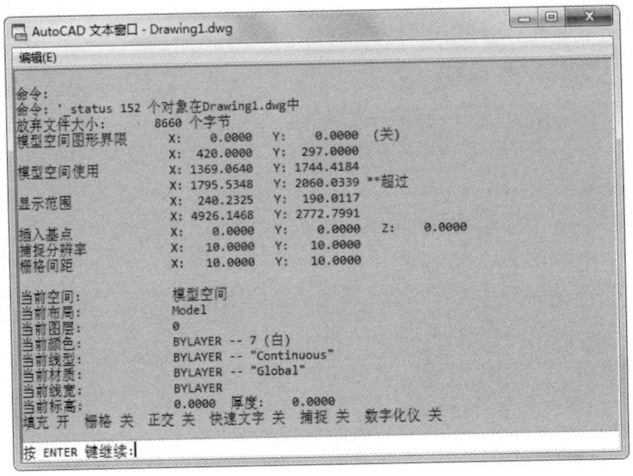

图 9-26　文本显示窗口

列表显示、点坐标、时间、系统变量等查询工具与查询对象状态方法和功能相似，这里不再赘述。

## 9.3.3　操作实例——查询法兰盘属性

图形查询功能主要是通过一些查询命令来完成的，这些命令在"查询"工具栏中大多都可以找到。通过查询工具可以查询点的坐标、距离、面积及面域/质量特性，在图 9-27 中通过查询法兰盘的属性来熟悉查询命令的用法。

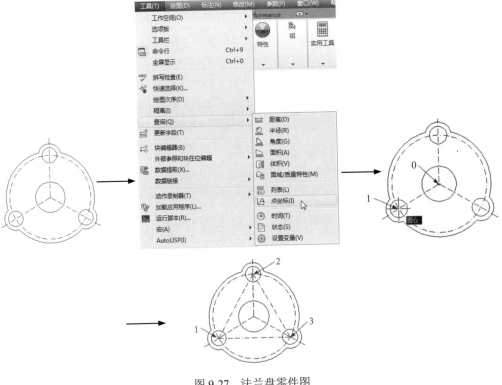

图 9-27　法兰盘零件图

**操作步骤：**（光盘\实例演示\第 **9** 章\查询法兰盘属性**.avi**）

（1）打开"源文件/第 8 章/法兰盘"图形，如图 9-28 所示。

（2）点查询。"点坐标"命令用于查询指定点的坐标值。选择菜单栏中的"工具"→"查询"→"点坐标"命令，如图 9-29 所示，命令行提示与操作如下：

```
命令：ID↙
指定点：（选择法兰盘中心点）
指定点：X = 924.3817    Y = 583.4961    Z = 0.0000
```

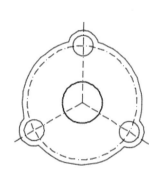

图 9-28　法兰盘

图 9-29　点坐标查询

要进行更多查询，重复以上步骤即可。

（3）距离查询。AutoCAD 记录几何对象相对于标准坐标系的每个位置，可以快速计算出任意指定的两点间的距离，并显示以当前图形中的单位制计算的两点间距离，测量 XY 平面中的倾角，测量两点连线与 XY 平面的夹角，以及计算两点间 X、Y、Z 坐标增量。选择菜单栏中的"工具"→"查询"→"距离"命令，或在"查询"工具栏中单击"距离"按钮 ，命令行提示与操作如下：

```
命令：DIST↙
指定第一点：（选择法兰盘边缘左下角的小圆圆心，图 9-30 中 1 点）
指定第二个点或 [多个点(M)]：（选择法兰盘中心点，图 9-30 中 0 点）
距离 = 55.0000，XY 平面中的倾角 = 30，与 XY 平面的夹角 = 0
X 增量 = 47.6314，Y 增量 = 27.5000，Z 增量 = 0.0000
```

查询结果的各个选项的说明如下。

☑　距离：两点之间的三维距离。

☑　XY 平面中的倾角：两点之间连线在 XY 平面上的投影与 X 轴的夹角。

☑　与 XY 平面的夹角：两点之间连线与 XY 平面的夹角。

☑　X 增量：第二点 X 坐标相对于第一点 X 坐标的增量。

☑　Y 增量：第二点 Y 坐标相对于第一点 Y 坐标的增量。

☑　Z 增量：第二点 Z 坐标相对于第一点 Z 坐标的增量。

（4）面积查询。面积查询命令可以计算一系列指定点之间的面积和周长，或计算多种对象的面

*Note*

积和周长，还可使用加模式和减模式来计算组合面积。面积查询命令的具体操作步骤如下。

❶ 调用该命令，则系统提示"指定第一个角点或 [对象(O)/加(A)/减(S)]:"。

☑ 指定一系列角点：系统将其视为一个封闭多边形的各个顶点，并计算和报告该封闭多边形的面积和周长。

☑ 指定对象(O)：AutoCAD 计算和报告该对象的面积和周长，可选的对象包括圆、椭圆、样条曲线、多段线、正多边形、面域和实体等。

❷ 在通过上述两种方式进行计算时，可使用加模式和减模式进行组合计算。

☑ 加模式：使用该选项计算某个面积时，系统除了报告该面积和周长的计算结果之外，还在总面积中加上该面积。

☑ 减模式：使用该选项计算某个面积时，系统除了报告该面积和周长的计算结果之外，还在总面积中减去该面积。

选择"工具"→"查询"→"面积"命令，或单击"查询"工具栏中的"面积"按钮，命令行提示与操作如下：

> 命令：AREA✓
> 指定第一个角点或 [对象(O)/增加面积(A)/减少面积(S)] <对象(O)>：(选择法兰盘上 1 点，如图 9-31 所示)
> 指定下一个点或 [圆弧(A)/长度(L)/放弃(U)]：(选择法兰盘上 2 点，如图 9-31 所示)
> 指定下一个点或 [圆弧(A)/长度(L)/放弃(U)]：(选择法兰盘上 3 点，如图 9-31 所示)
> 指定下一个点或 [圆弧(A)/长度(L)/放弃(U)/总计(T)] <总计>：(选择法兰盘上 1 点，如图 9-31 所示)
>
> 指定下一个点或 [圆弧(A)/长度(L)/放弃(U)/总计(T)] <总计>：✓
> 面积 = 3929.5903，周长 = 285.7884

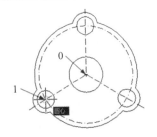

图 9-30 查询法兰盘两点间距离

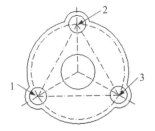

图 9-31 查询法兰盘三点形成的面的周长及面积

# 9.4 CAD 标准

　　CAD 标准其实就是为命名对象（如图层和文本样式）定义一个公共特性集。所有用户在绘制图形时都应严格按照这个约定来创建、修改和应用 AutoCAD 图形。用户可以根据图形中使用的命名对象，如图层、文本样式、线型和标注样式来创建 CAD 标准。

　　在绘制复杂图形时，如果绘制图形的所有人员都遵循一个共同的标准，那么协调与沟通就会变得十分容易，出现的错误也容易纠正。为维护图形文件一致，可以创建标准文件以定义常用属性。标准为命名对象（如图层和文字样式）定义一组常用特性。为此，用户或用户的 CAD 管理员可以创建、应用和核查 AutoCAD 图形中的标准。因为标准可以帮助其他用户理解图形，所以在许多用户创建同一个图形的协作环境下尤其有用。

　　用户在定义一个标准之后，可以以样板的形式存储这个标准，并能够将一个标准文件与多个图形文件相关联，从而检查 CAD 图形文件是否与标准文件一致。

　　当用户以 CAD 标准文件来检查图形文件是否符合标准时，图形文件中所有上面提到的命名对象都会被检查到。如果用户在确定一个对象时使用了非标准文件中的名称，那么这个非标准的对象将被清除出当前图形。任何一个非标准对象都被转换成标准对象。

## 9.4.1　创建 CAD 标准文件

　　在 AutoCAD 中，可以为下列命名对象创建标准：图层、文字样式、线型和标注样式。如果要创建 CAD 标准，需要先创建一个定义有图层、标注样式、线型和文字样式的文件，然后以样板的形式存储，CAD 标准文件的扩展名为.dws。用户在创建一个具有上述条件的图形文件后，如果要以该文件作为标准文件，可单击快速访问工具栏中的"另存为"按钮🖫，打开"图形另存为"对话框，如图 9-32 所示。在"文件类型"下拉列表框中选择"AutoCAD 图形标准（*.dws）"选项，然后单击"保存"按钮，这时就会生成一个和当前图形文件同名，但扩展名为.dws 的标准文件。

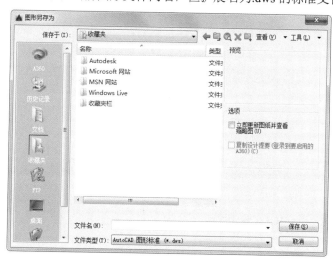

图 9-32　"图形另存为"对话框

## 9.4.2　关联标准文件

　　在使用 CAD 标准文件检查图形文件前，首先应该将该图形文件与标准文件关联。

1. 执行方式

☑　命令行：STANDARDS。

☑　菜单栏：工具→CAD 标准→配置。

☑　工具栏：CAD 标准→配置🖾（如图 9-33 所示）。

图 9-33　"CAD 标准"工具栏

☑　功能区：管理→CAD 标准→检查✔。

**Note**

### 2. 操作步骤

命令：STANDARDS✓

系统打开"配置标准"对话框。

### 3. 选项说明

（1）"标准"选项卡

"与当前图形关联的标准文件"列表框列出与当前图形相关联的所有标准（DWS）文件。要添加标准文件，单击"添加标准文件"图标即可。要删除标准文件，单击"删除标准文件"图标即可。如果此列表中的多个标准之间发生冲突（例如，如果两个标准指定名称相同而特性不同的图层），则优先采用第一个显示的标准文件。要在列表中改变某标准文件的位置，选择该文件，并单击"上移"或"下移"按钮。可以使用快捷菜单添加、删除或重新排列文件，如图 9-34 所示。

（2）"插件"选项卡

该选项卡列出并描述当前系统上安装的标准插入模块。安装的标准插入模块将用于每一个命名对象，利用它即可定义标准（图层、标注样式、线型和文字样式）。预计将来第三方应用程序应能够安装其他的插入模块，如图 9-35 所示。

图 9-34　"标准"选项卡

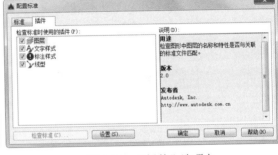

图 9-35　"插件"选项卡

## 9.4.3　使用 CAD 标准检查图形

可以利用已经设置的 CAD 标准检查所绘制的图形是否符合标准。在批量绘制图形时，这样可以使所有图形都符合相同的标准，增强图形的规范度。

### 1. 执行方式

☑　命令行：CHECKSTANDARDS。

☑　菜单栏：工具→CAD 标准→检查。

☑　工具栏：CAD 标准→检查 ✓。

### 2. 操作步骤

命令：CHECKSTANDARDS✓

系统自动打开"检查标准"对话框，如图 9-36 所示（可在设置与标准文件关联后，在弹出的"配置标准"对话框中单击"检查标准"按钮，如图 9-37 所示，同样弹出如图 9-36 所示的"检查标准"对话框）。其中，"问题"列表框提供关于当前图形中非标准对象的说明。要修复问题，从"替换为"列表中选择一个替换选项，然后单击"修复"按钮。选中"将此问题标记为忽略"复选框，则将当前问题标记为忽略。如果在"CAD 标准设置"对话框中取消选中"显示忽略的问题"复选框，下一次检查该图形时将不显示已标记为忽略的问题。

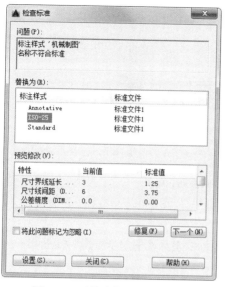

图 9-36 "检查标准"对话框

图 9-37 "配置标准"对话框

## 9.4.4 操作实例——对齿轮轴套进行 CAD 标准检验

本例通过学过的 CAD 标准检查功能来对齿轮轴套进行 CAD 标准检验。首先创建标准文件,然后将图形文件与标准文件关联,最后检查是否冲突,流程如图 9-38 所示。

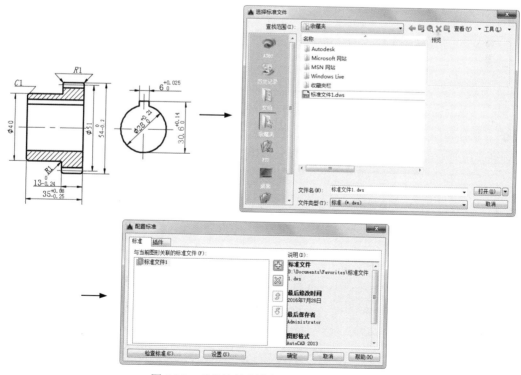

图 9-38 对齿轮轴套进行 CAD 标准检验

图 9-38　对齿轮轴套进行 CAD 标准检验(续)

**操作步骤:(光盘\实例演示\第 9 章\对齿轮轴套进行 CAD 标准检验.avi)**

(1)创建标准文件。要设置标准,可以创建定义图层特性、标注样式、线型和文字样式的文件,然后将其保存为扩展名为.dws 的标准文件。

❶ 单击快速访问工具栏中的"新建"按钮□,或者单击标准工具栏中的"新建"按钮□。

❷ 选择合适的样板文件,在本例中选择"自建样板 1.dwt"。

❸ 在样板图形中,创建任何将要作为标准文件一部分的图层、标注样式、线型和文字样式。在图 9-39 中创建作为标准的几个图层,对图层的属性进行设置。

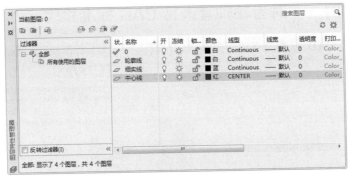

图 9-39　标准文件的图层

❹ 单击快速访问工具栏中的"另存为"按钮□,出现如图 9-40 所示的对话框,将标准文件命名为"标准文件 1",在"文件类型"下拉列表框中选择"AutoCAD 图形标准(*.dws)"选项,保存即可。

图 9-40　保存标准文件

✍ **技巧**：DWS 文件必须以当前图形文件格式保存。要创建以前图形格式的 DWS 文件，应以所需的 DWG 格式保存该文件，然后使用.dws 扩展名对 DWG 文件进行重命名。

根据工程的组织方式，可以决定是否创建多个工程特定标准文件并将其与单个图形关联。在核查图形文件时，标准文件中的各个设置间可能会产生冲突。例如，某个标准文件指定图层"墙"为黄色，而另一个标准文件指定该图层为红色。发生冲突时，第一个与图形关联的标准文件具有优先权。如果有必要，可以改变标准文件的顺序以改变优先级。

如果希望只使用指定的插入模块核查图形，可以在定义标准文件时指定插入模块。例如，如果最近只对图形进行文字更改，那么用户可能希望只使用图层和文字样式插入模块并核查图形，以节省时间。在默认情况下，核查图形是否与标准冲突时将使用所有插入模块。

（2）使标准文件与当前图形相关联。标准文件创建后，与当前图形还没有丝毫联系。要检验当前图形是否符合标准，还必须使当前图形与标准文件相关联。

❶ 打开随书光盘的"源文件\第 9 章\齿轮轴套"图形文件作为当前图形，如图 9-41 所示。

❷ 选择菜单栏中的"工具"→"CAD 标准"→"配置"命令，或者在命令行中输入 standards，打开如图 9-42 所示的"配置标准"对话框。

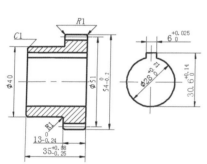

图 9-41　齿轮轴套

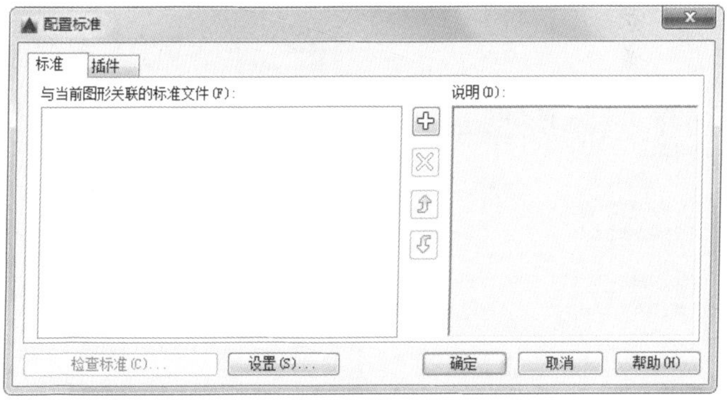

图 9-42　"配置标准"对话框

在"配置标准"对话框的"标准"选项卡中，单击 🖽 按钮添加标准文件，系统弹出如图 9-43 所示的"选择标准文件"对话框。在对话框中找到并选择"标准文件 1.dws"作为标准文件。

打开标准文件后，出现如图 9-44 所示的对话框，则当前图形与"标准文件 1"关联。

图 9-43　"选择标准文件"对话框

图 9-44　"配置标准"对话框

❸ 单击"配置标准"对话框中的"设置"按钮，弹出如图 9-45 所示的"CAD 标准设置"对话框，

可以对 CAD 的标准进行设置。

如果要使其他标准文件与当前图形相关联，重复执行以上步骤即可。

> ✍ **技巧:** 可以使用通知功能警告用户在操作图形文件时发生标准冲突。此功能允许用户在发生标准冲突后立即进行修改，从而使创建和维护遵从标准的图形更加容易。

（3）检查图形文件与标准是否冲突。将标准文件与图形相关联后，应该定期检查该图形，以确保它符合其标准。这在许多用户同时更新一个图形文件时尤为重要。

在如图 9-44 所示的"配置标准"对话框中，单击"检查标准"按钮，弹出如图 9-46 所示的"检查标准"对话框，在"问题"一栏注解当前图形与标准文件中相冲突的项目；单击"下一个"按钮，对当前图形的项目逐一检查。可以选中"将此问题标记为忽略"复选框，忽略当前冲突项目，也可以单击"修复"按钮，将当前图形中与标准文件相冲突的部分替换为标准文件。

检查完成后，弹出如图 9-47 所示的"检查标准-检查完成"对话框，此消息总结在图形中发现的标准冲突，还显示自动修复的冲突、手动修复的冲突和被忽略的冲突。若对检查结果不满意，可以继续进行检查和修复，直到当前图形的图层与标准文件一致为止。

图 9-45　"CAD 标准设置"对话框　　图 9-46　"检查标准"对话框　　图 9-47　"检查标准-检查完成"对话框

# 9.5　图　纸　集

整理图纸集是大多数设计项目的重要工作，然而手动组织非常耗时，其流程如图 9-48 所示。为了提高组织图纸集的效率，AutoCAD 推出图纸集管理器功能，利用该功能可以在图纸集中为各个图纸自动创建布局，如图 9-49 所示。

## 9.5.1　创建图纸集

在批量绘图或管理某个项目的所有图纸时，用户可以根据需要创建图纸集。

1. 执行方式

☑　命令行: NEWSHEETSET。

☑　菜单栏: 文件→新建图纸集或工具→向导→新建图纸集或应用程序菜单▲→新建→图纸集。

☑　工具栏: 标准→图纸集管理器▱→新建图纸集（如图 9-50 所示）。

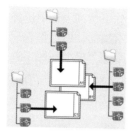

图 9-48　手动组织图形流程

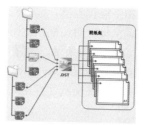

图 9-49　图纸集组织图形流程

 Note

### 2. 操作步骤

命令：NEWSHEETSET✓

系统打开"创建图纸集-开始"对话框，如图 9-51 所示。对话框中有"样例图纸集"和"现有图形"两个单选按钮，功能相似。选中前者，以系统预设的图纸集作为创建工具；选中后者，则以现有图形作为创建工具。按系统提示继续操作可以创建图纸集。

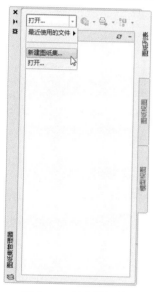

图 9-50　新建图纸集

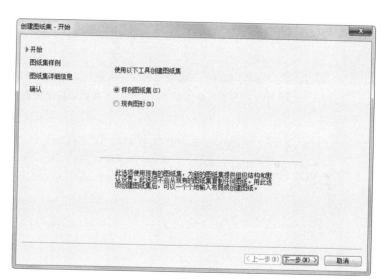

图 9-51　"创建图纸集-开始"对话框

## 9.5.2　打开图纸集管理器并放置视图

创建好图纸集后，可以根据需要对图纸集进行管理或添加图形到图纸集中。

### 1. 执行方式

☑　命令行：SHEETSET。
☑　菜单栏：工具→选项板→图纸集管理器。
☑　工具栏：标准→图纸集管理器 。
☑　功能区：视图→选项板→图纸集管理器 。

### 2. 操作步骤

命令：SHEETSET✓

**Note**

系统打开"图纸集管理器"选项板，如图 9-50 所示。在控件下拉列表框中选择"打开"选项，系统打开"打开图纸集"对话框，如图 9-52 所示。选择一个图纸集后，图纸集管理器中显示该图纸集的图纸列表，如图 9-53 所示。选择"图纸集管理器"选项板中的"模型视图"选项卡，双击位置目录中的"添加新位置"目录项，如图 9-54 所示。系统打开"浏览文件夹"对话框，如图 9-55 所示。选择文件夹后，该文件夹所有文件出现在位置目录中，如图 9-56 所示。

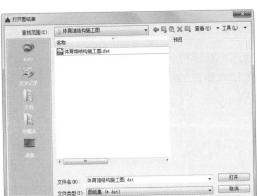

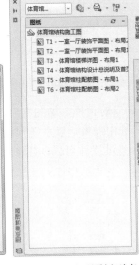

图 9-52 "打开图纸集"对话框　　　图 9-53 显示图纸列表　图 9-54 "添加新位置"目录项

图 9-55 "浏览文件夹"对话框　　　　　　　　图 9-56 模型视图

选择一个图形文件后，右击，在弹出的快捷菜单中选择"放置到图纸上"命令，如图 9-57 所示。选择的图形文件的布局就出现在当前图纸的布局中，右击，系统打开"比例"快捷菜单，选择一个合适的比例，如图 9-58 所示。拖动鼠标，指定一个位置后，该布局就插入到当前图形布局中，如图 9-59 所示，下面的布局为原图形布局，上面的布局为插入的布局。

选择"图纸管理器"对话框中的"图纸列表"选项卡，可以看到新添加的布局已经存在于当前图纸集中，如图 9-60 所示。

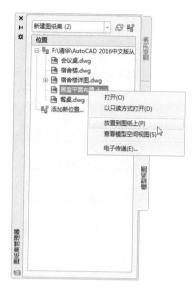

图 9-57 快捷菜单

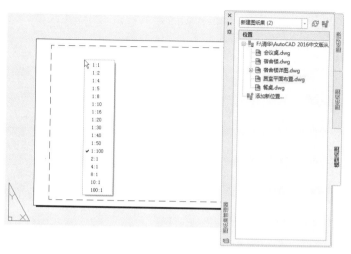

图 9-58 "比例"快捷菜单

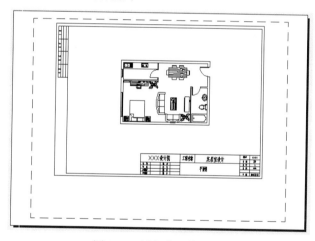

图 9-59 插入布局结果

📚 体育馆结构施工图
- T5 - 体育馆结构设计总说明及首页图 - 布局1
- T6 - 体育馆楼梯详图 - 布局1
- T1 - 体育馆柱配筋图 - 布局1
- T2 - 体育馆柱配筋图 - 布局2
- T3 - 一室一厅装饰平面图 - 布局1
- T4 - 一室一厅装饰平面图 - 布局2

图 9-60 图纸集显示结果

📣 **注意:** 图纸集管理器中打开和添加的图纸必须是布局空间图形,不能是模型空间图形。如果不是布局空间图形,必须事先进行转换。

## 9.5.3 操作实例——创建体育馆建筑结构施工图图纸集

利用创建图纸集的方法创建体育馆建筑结构施工图图纸集,利用图纸集管理器功能设置图纸,其流程如图 9-61 所示。

**操作步骤:**(光盘\实例演示\第 9 章\创建体育馆建筑结构施工图图纸集.avi)

(1)将绘制的体育馆结构施工图移动到同一文件夹中,并将文件夹命名为"体育馆结构施工图",然后即可创建图纸集。

(2)单击"视图"选项卡"选项板"面板中的"图纸集管理器"按钮 ,打开"图纸集管理器"选项板,然后在控件下拉列表框中选择"新建图纸集"选项,如图 9-62 所示。

Note

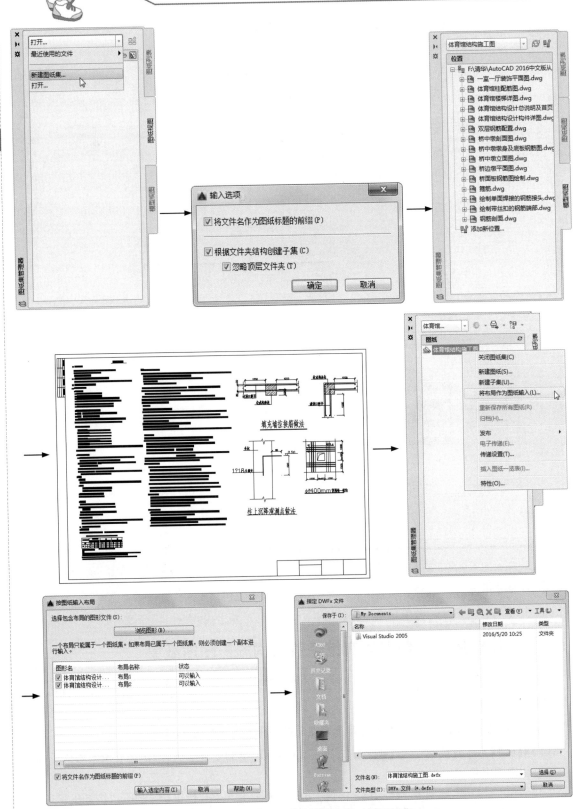

图 9-61　创建体育馆建筑结构施工图图纸集

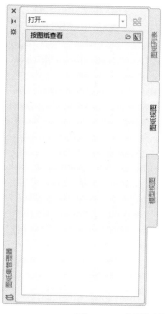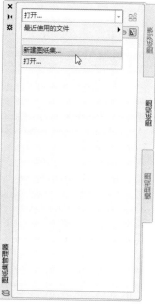

图 9-62　由图纸集管理器新建图纸集

（3）在弹出的"创建图纸集"对话框中，由于已经将图纸绘制完成，所以选中"现有图形"单选按钮，然后单击"下一步"按钮，进入"创建图纸集-图纸集详细信息"对话框，将图纸集名称修改为"体育馆结构施工图"，并在下面路径中选择保存图纸集的路径，如图 9-63 所示。

（4）单击"下一步"按钮，打开"输入选项"对话框，将其中的复选框全部选中，如图 9-64 所示。

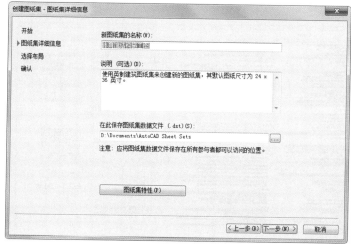

图 9-63　图纸集详细信息

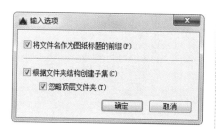

图 9-64　设置布局

（5）单击"确定"按钮，并单击"下一步"按钮，显示图纸集的详细确认信息，如图 9-65 所示，单击"完成"按钮。

（6）系统自动打开"图纸集管理器"选项板，并显示将"体育馆结构施工图"图纸集设置为当前，然后选择"模型视图"选项卡，如图 9-66 所示。双击"添加新位置"选项，然后选择事先保存好图形文件的文件夹，单击"确定"按钮，如图 9-67 所示。

**Note**

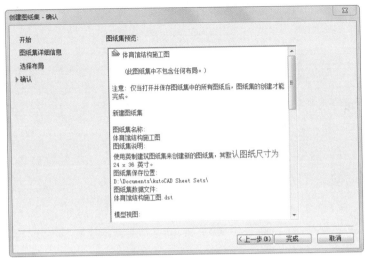

图 9-65　图纸集信息

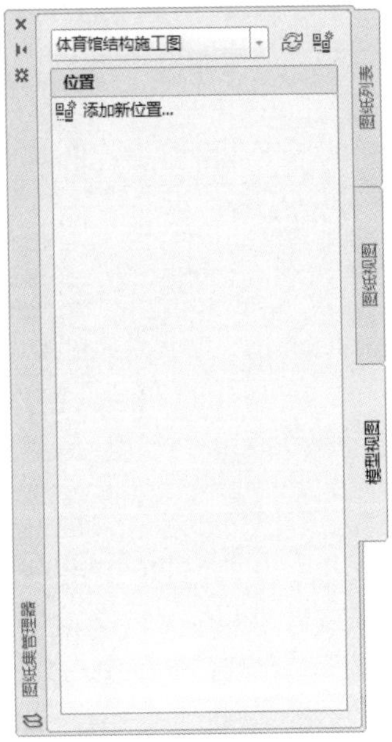

图 9-66　图纸集管理器

（7）选择"图纸列表"及"图纸视图"选项卡，发现其均为空白，这是因为没有向其中添加布局。首先为各图形创建布局模式。例如打开"体育馆结构设计总说明及首页图.dwg"，即在资源列表中双击首页图打开文件，如图 9-68 所示。

图 9-67　添加图纸

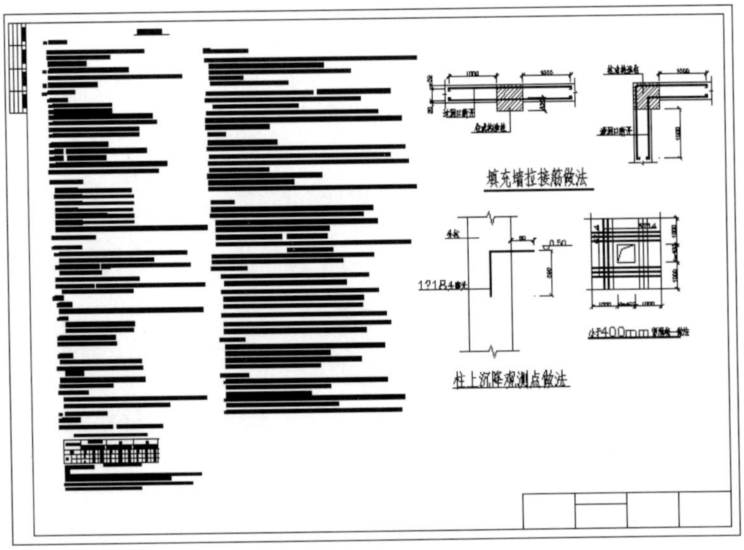

图 9-68　首页图

（8）选择绘图区域下面的"布局"选项卡，创建布局 2，如图 9-69 所示。

（9）其他文件也同样创建布局。然后返回图纸集管理器，选择"图纸列表"选项卡，在图纸集名称上面右击，在弹出的快捷菜单中选择"将布局作为图纸输入"命令，如图 9-70 所示。

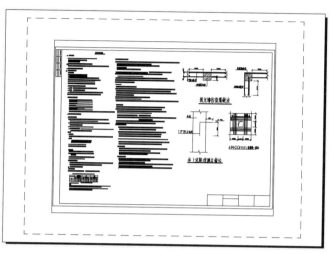

图 9-69 首页图布局

图 9-70 输入布局

打开"按图纸输入布局"对话框，如图 9-71 所示，然后单击"浏览图形"按钮，在打开的对话框中选择创建过布局的文件，加入到图纸列表中。加入之后如图 9-72 所示。图纸集管理器如图 9-73 所示，在图纸列表中已经将所绘文件加入，可以直接通过管理器的窗口随时调用。

图 9-71 选择布局文件

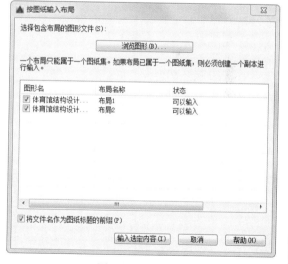

图 9-72 输入布局

（10）选择其中一个布局，可以通过单击"详细信息"按钮查询图纸的信息，也可以通过单击右侧的"预览"按钮预览布局形式，如图 9-74 所示。

建立完成图纸集，设计人员就可以方便地通过图纸集管理器来管理图纸，并且可以随时通过双击打开图纸集中的图纸。

同时，还可以通过新建图纸，随时创建图形，既满足结构设计简化工作的需要，提高绘图效率，又方便图纸管理。

Note

图 9-73　图纸集管理器

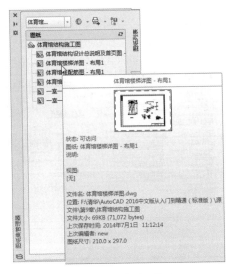

图 9-74　查看详细信息

（11）在图纸集管理器的图纸列表中，选择一个图纸，然后右击，在弹出的快捷菜单中选择"重命名并重新编号"命令，如图 9-75 所示。打开"重命名并重新编号图纸"对话框，如图 9-76 所示。

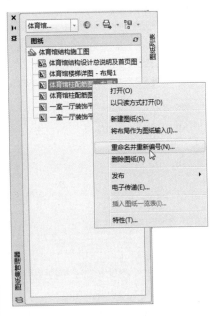

图 9-75　重命名并重新编号

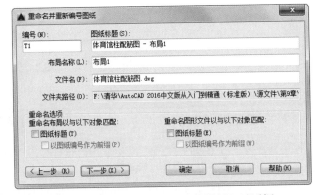

图 9-76　"重命名并重新编号图纸"对话框

（12）将编号修改为 T1，单击"下一步"按钮，修改第二幅图纸。依次将图形命名为 T1 到 T6，最后图纸集如图 9-77 所示。

建立图纸集后，可以利用图纸集的布局生成图纸文件。例如在图纸集中选择一个图布局，右击，在弹出的快捷菜单中选择"发布"→"发布为 DWFx"命令，AutoCAD 弹出"指定 DWFx 文件"对话框，如图 9-78 所示。选择适当路径，单击"选择"按钮，进行发布工作，同时在屏幕右下角显示发布状态图标，鼠标停留在上面，显示当前执行操作的状态。如不必打印，则关闭弹出的"打印-正在处理后台作业"对话框。

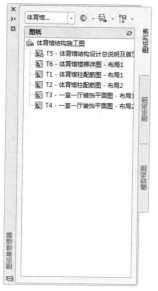

图 9-77 重新编号后的图纸集

图 9-78 发布图纸

# 9.6 标 记 集

当设计处于最后阶段时，可以发布要检查的图形，并通过电子方式接收更正和注释，然后可以针对这些注释进行相应处理和响应并重新发布图形。通过电子方式完成这些工作，可以简化交流过程、缩短检查周期并提高设计过程的效率。

## 9.6.1 打开标记集管理器

可以利用标记集管理器进行标记相关工作。下面讲述打开标记集管理器的具体方法。

1. 执行方式

☑ 命令行：MARKUP。

☑ 菜单栏：工具→选项板→标记集管理器。

☑ 工具栏：标准→标记集管理器 。

☑ 功能区：视图→选项板→标记集管理器 。

2. 操作步骤

命令：MARKUP✓

系统打开标记集管理器，如图 9-79 所示。在标记集管理器的控件下拉列表框中选择"打开"选项，或者直接在"文件"菜单中选择"加载标记集"命令，系统打开"打开标记 DWF"对话框，如图 9-80 所示。选择文件后，系统弹出网页文件，如图 9-81 所示。

**Note**

图 9-79　标记集管理器

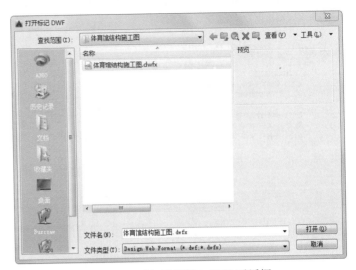

图 9-80　"打开标记 DWF"对话框

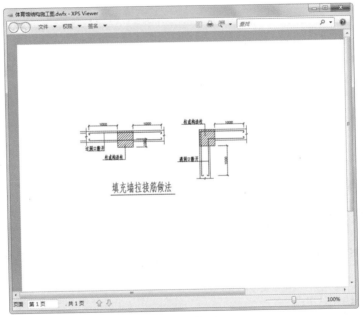

图 9-81　网页文件

## 9.6.2　标记相关操作

在标记集管理器中，可以进行标记的相关操作。

### 1. 查看标记详细信息与修改注释

在加载的标记 DWF 文件目录中，双击文件名，或者右击，在弹出的快捷菜单中选择"打开图纸"命令，系统将打开带有红色标记的图纸文件，如图 9-82 所示。在下面的详细信息列表中显示出文件的详细信息。其中，包括"标记状态"下拉列表框，显示标记的 4 种状态，它们的作用介绍如下。

（1）<无>：指示尚未指定状态的单个标记，这是新标记的默认状态。

（2）问题：指示已指定"问题"状态的单个标记。打开并查看某个标记后，如果需要了解该标记的更多信息，可以将其状态更改为"问题"。

（3）待检查：指示已指定"待检查"状态的单个标记。实现某个标记后，可以将其状态更改为"待检查"，表示标记创建者应当检查对图纸和标记状态所做的修改。

（4）完成：指示已指定"完成"状态的单个标记。已经实现并查看某个标记后，可以将其状态修改为"完成"。

如果更改状态，系统会在标记历史中记录一个新条目。

在"详细信息"下的"注释"区域中，可以为选定的标记添加注释或备注，如图 9-83 所示。

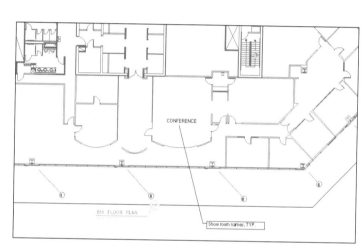

图 9-82　带标记的文件

图 9-83　详细信息

标记状态的修改信息及添加的注释自动保存在 DWF 文件中，并在重新发布 DWF 文件时包含这些内容。也可以通过在标记集节点上右击，在弹出的快捷菜单中选择"保存标记历史修改记录"命令，以保存对标记的修改记录。

### 2. 重新发布带标记的图形集

在 AutoCAD 绘图区中，根据需要修改 DWG 文件。在标记集管理器中，单击标记节点，并根据需要修改其状态或添加注释。

修改完图形和关联标记后，单击标记集管理器顶部的"重新发布标记 DWF"按钮，在弹出的快捷菜单中选择下列命令之一。

（1）重新发布所有图纸：重新发布带标记的 DWF 文件中的所有图纸。

（2）重新发布标记图纸：仅重新发布带标记的 DWF 文件中具有关联标记的图纸。

系统打开"指定 DWF 文件"对话框，如图 9-84 所示，选择某个 DWF 文件或输入某个 DWF 文件名，然后单击"选择"按钮。

如果没有输入新的 DWF 文件名，则包

图 9-84　"指定 DWF 文件"对话框

含图形和标记修改内容的同名 DWF 文件将覆盖先前创建的带标记的 DWF 文件。经过修改后的文件包括其标记重新发布，其他用户在接到该文件后可以再次进行检查，这样有利于整套图纸规范化，也有利于工作组之间的协调工作。

### 9.6.3  操作实例——带标记的样品图纸

本例如图 9-85 所示，发布要检查的图形，并通过电子方式查看标记详细信息与修改注释，再重新发布。

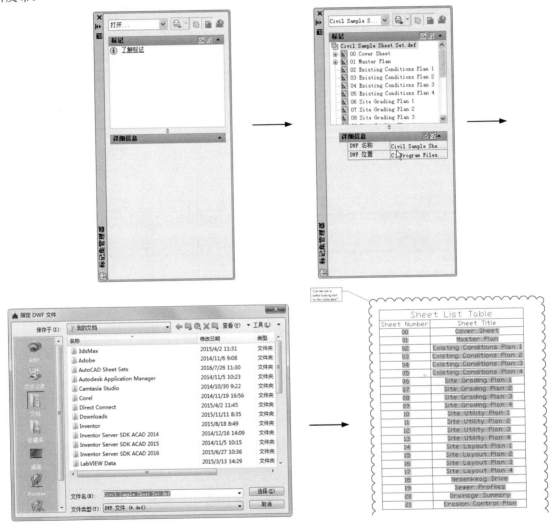

图 9-85  带标记的样品图纸

**操作步骤：(光盘\实例演示\第 9 章\带标记的样品图纸.avi)**

（1）打开标记集管理器。单击"视图"选项卡"选项板"面板中的"标记集管理器"按钮，或单击"标准"工具栏中的 按钮，命令行提示与操作如下：

> 命令：MARKUP↙

执行上述命令，系统打开标记集管理器，如图 9-86 所示。在标记集管理器的控件下拉列表框中选择"打开"选项，系统打开"打开标记 DWF"对话框，如图 9-87 所示。

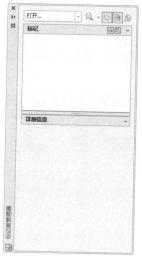

图 9-86 标记集管理器

图 9-87 "打开标记 DWF"对话框

（2）选择模板。选择 AutoCAD 2016 模板文件 Civil Sample Sheet Set.dwf，将该标记文件加载到标记集管理器中，如图 9-88 所示。为方便加载，将模板文件复制到源文件目录下。

（3）查看标记详细信息与修改注释。在加载的标记 DWF 文件目录中双击文件名，如图 9-88 所示，或者右击，在弹出的快捷菜单中选择"打开图纸"命令，系统打开带有红色标记的图纸文件。

（4）重新发布带标记的图形集。在 AutoCAD 绘图区中，根据需要修改 DWF 文件。在标记集管理器中单击标记节点，并根据需要修改其状态或添加注释。

（5）修改完图形和关联标记后，单击标记集管理器顶部的"重新发布标记 DWF"按钮 ，其右边下拉菜单中有两个选项，选择其中一项。

☑ 重新发布所有图纸：重新发布带标记的 DWF 文件中的所有图纸。

☑ 重新发布标记图纸：仅重新发布带标记的 DWF 文件中具有关联标记的图纸。

（6）系统打开"指定 DWF 文件"对话框，如图 9-89 所示。选择某个 DWF 文件或输入某个 DWF 文件名，然后单击"选择"按钮，该文件即被发布。

图 9-88 加载文件

图 9-89 "指定 DWF 文件"对话框

# 9.7 视口与空间

　　AutoCAD 窗口提供两个并行的工作环境，即"模型"选项卡和"布局"选项卡。本节将重点讲述模型和布局的设置及控制。在"模型"选项卡上工作时，可以绘制主题的模型，通常称其为模型空间。在"布局"选项卡上工作时，可以布置模型的多个"快照"。一个布局代表一张可以使用各种比例显示一个或多个模型视图的图样。可以选择"模型"或"布局"选项卡来实现模型空间和布局空间的转换。

　　无论是模型空间，还是布局空间，都以各种视区来表示图形。视区是图形屏幕上用于显示图形的一个矩形区域。默认时，系统把整个作图区域作为单一的视区，用户可以通过其绘制和显示图形。此外，用户也可根据需要把作图屏幕设置成多个视区，每个视区显示图形的不同部分，这样可以更清楚地描述物体的形状。但同一时间仅有一个是当前视区。这个当前视区便是工作区，系统在工作区周围显示粗边框，以便用户知道哪一个视区是工作区。本节内容的菜单命令主要集中在"视图"菜单，而本节内容的工具栏命令主要集中在"视口"和"布局"两个工具栏中，如图 9-90 所示。

图 9-90　"视口"和"布局"工具栏

## 9.7.1 视口

　　绘图区可以被划分为多个相邻的非重叠视口。在每个视口中可以进行平移和缩放操作，也可以进行三维视图设置与三维动态观察，如图 9-91 所示。

　　1. 新建视口

　　（1）执行方式

　　☑　命令行：VPORTS。
　　☑　菜单栏：视图→视口→新建视口。
　　☑　工具栏：视口→显示"视口"对话框 。
　　☑　功能区：视图→模型视口→命名→新建视口。

　　（2）操作步骤

　　执行上述操作后，系统打开如图 9-92 所示"视口"对话框的"新建视口"选项卡，该选项卡中列出一个标准视口配置列表，可用来创建层叠视口。如图 9-93 所示为按图 9-92 中设置创建的新图形视口，可以在多视口的单个视口中再创建多视口。

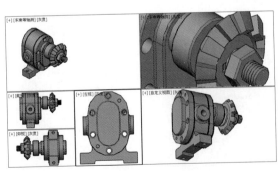

图 9-91　视口操作

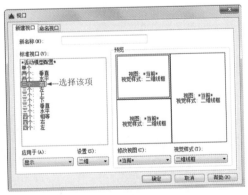

图 9-92　"新建视口"选项卡

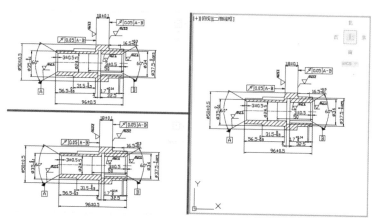

图 9-93　创建的视口

**2．命名视口**

（1）执行方式

☑　命令行：VPORTS。

☑　菜单栏：视图→视口→命名视口。

☑　工具栏：视口→显示"视口"对话框。

（2）操作步骤

执行上述操作后，系统打开如图 9-94 所示"视口"对话框的"命名视口"选项卡，该选项卡用来显示保存在图形文件中的视口配置。其中，"当前名称"提示行显示当前视口名；"命名视口"列表框用来显示保存的视口配置；"预览"显示框用来预览被选择的视口配置。

## 9.7.2　模型空间与图纸空间

AutoCAD 可在两个环境中完成绘图和设计工作，即模型空间和图纸空间。模型空间又可分为平铺式和浮动式。大部分设计和绘图工作都是在平铺式模型空间中完成的，而图纸空间是模拟手工绘图的空间，它是为绘制平面图而准备的一张虚拟图纸，是二维空间的工作环境。从某种意义上说，图纸空间就是为布局图面、打印出图而设计的，还可在其中添加诸如边框、注释、标题和尺寸标注等内容。

在模型空间和图纸空间中，都可以进行输出设置。在绘图区底部有"模型"选项卡及一个或多个"布局"选项卡，如图 9-95 所示。

图 9-94　"命名视口"选项卡

图 9-95　"模型"和"布局"选项卡

选择"模型"或"布局"选项卡，可以在它们之间进行空间切换，如图 9-96 和图 9-97 所示。

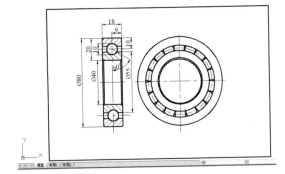

图 9-96　"模型"空间

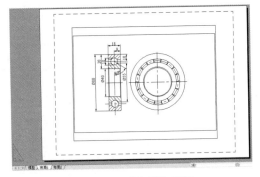

图 9-97　"布局"空间

## ★知识链接——国标对比例的规定

比例为图样中图形与其实物相应要素的线性尺寸之比,分为原值比例、放大比例、缩小比例 3 种。

需要按比例绘制图形时,应符合表 9-1 所示的规定,必要时也允许选取表 9-2 规定(GB/T 14690)的比例。

表 9-1　标准比例系列

| 种　类 | 比　例 | | | | | |
| --- | --- | --- | --- | --- | --- | --- |
| 原值比例 | 1:1 | | | | | |
| 放大比例 | 5:1 | 2:1 | $5 \times 10^n:1$ | $2 \times 10^n:1$ | $1 \times 10^n:1$ | |
| 缩小比例 | 1:2 | 1:5 | 1:10 | $1:2 \times 10^n$ | $1:5 \times 10^n$ | $1:1 \times 10^n$ |

注: n 为正整数,下同。

表 9-2　可用比例系列

| 种　类 | 比　例 | | | | |
| --- | --- | --- | --- | --- | --- |
| 放大比例 | 4:1 | 2.5:1 | $4 \times 10^n:1$ | $2.5 \times 10^n:1$ | |
| 缩小比例 | 1:1.5 | 1:2.3 | 1:3 | 1:4 | 1:6 |
| | $1:1.5 \times 10^n$ | $1:2.5 \times 10^n$ | $1:3 \times 10^n$ | $1:4 \times 10^n$ | $1:6 \times 10^n$ |

(1)比例一般标注在标题栏中,必要时可在视图名称的下方或右侧标出。

(2)不论采用哪种比例绘制图形,尺寸数值按原值注出。

## ▲技巧与提示——输出图像文件方法

选择菜单栏中的"文件"→"输出"命令,或直接在命令行中输入 export,系统打开"输出"对话框,在"保存类型"下拉列表框中选择*.bmp 格式,单击"保存"按钮,在绘图区选中要输出的图形后按 Enter 键,被选图形便被输出为*.bmp 格式的图形文件。

# 9.8　打　印

在利用 AutoCAD 建立图形文件后,通常要进行绘图的最后一个环节,即输出图形。在这个过程中,为在一张图纸上得到一幅完整的图形,必须恰当地规划图形的布局,合理地安排图纸规格和尺寸,正确地选择打印设备及各种打印参数。

## 9.8.1 打印设备的设置

最常见的打印设备有打印机和绘图仪。在输出图样时，首先需要添加和配置要使用的打印设备。

### 1. 打开打印设备

（1）执行方式

- ☑ 命令行：PLOTTERMANAGER。
- ☑ 菜单栏：文件→绘图仪管理器。
- ☑ 功能区：输出→打印→绘图仪管理器。

（2）操作步骤

❶ 选择菜单栏中的"工具"→"选项"命令，打开"选项"对话框。

❷ 选择"打印和发布"选项卡，单击"添加或配置绘图仪"按钮，如图 9-98 所示。

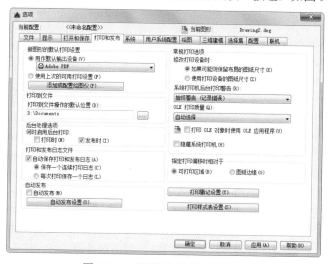

图 9-98 "打印和发布"选项卡

❸ 系统打开 Plotters 窗口，如图 9-99 所示。

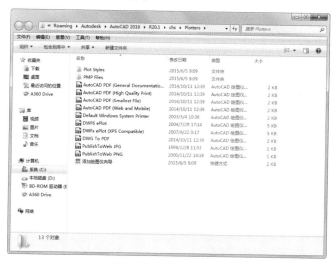

图 9-99 Plotters 窗口

❹ 要添加新的绘图仪器或打印机,可双击 Plotters 窗口中的"添加绘图仪向导"图标,打开"添加绘图仪-简介"对话框,如图 9-100 所示,按向导逐步添加。

❺ 双击 Plotters 窗口中的绘图仪配置图标,如 DWF6 ePlot.pc3,打开"绘图仪配置编辑器"对话框,如图 9-101 所示,对绘图仪进行相关设置。

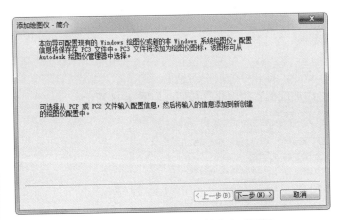

图 9-100 "添加绘图仪-简介"对话框

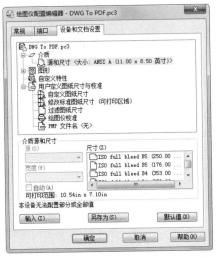

图 9-101 "绘图仪配置编辑器"对话框

## 2. 绘图仪配置编辑器图

"绘图仪配置编辑器"对话框有 3 个选项卡,可根据需要进行重新配置。

(1)"常规"选项卡,如图 9-102 所示。

❶ 绘图仪配置文件名:显示在"添加打印机"向导中指定的文件名。

❷ 驱动程序信息:显示绘图仪驱动程序类型(系统或非系统)、名称、型号和位置,以及 HDI 驱动程序文件版本号(AutoCAD 专用驱动程序文件)、网络服务器 UNC 名(如果绘图仪与网络服务器连接)、I/O 端口(如果绘图仪连接在本地)、系统打印机名(如果配置的绘图仪是系统打印机)、PMP(绘图仪型号参数)文件名和位置(如果 PMP 文件附着在 PC3 文件中)。

(2)"端口"选项卡,如图 9-103 所示。

图 9-102 "常规"选项卡

图 9-103 "端口"选项卡

❶ "打印到下列端口"单选按钮：选中该单选按钮，将图形通过选定端口发送到绘图仪。

❷ "打印到文件"单选按钮：选中该单选按钮，将图形发送至在"打印"对话框中指定的文件。

❸ "后台打印"单选按钮：选中该单选按钮，使用后台打印实用程序打印图形。

❹ "端口"列表：显示可用端口（本地和网络）的列表和说明。

❺ "显示所有端口"复选框：选中该复选框，显示计算机上的所有可用端口，而不管绘图仪使用哪个端口。

❻ "浏览网络"按钮：单击该按钮，显示网络选择，可以连接到另一台非系统绘图仪。

❼ "配置端口"按钮：单击该按钮，打印样式显示"配置 LPT 端口"或"COM 端口设置"对话框。

（3）"设备和文档设置"选项卡，如图 9-101 所示。

控制 PC3 文件中的许多设置。单击任意节点的图标可以查看和修改指定设置。

## 9.8.2 创建布局

图纸空间是图纸布局环境，可以在这里指定图纸大小、添加标题栏、显示模型的多个视图及创建图形标注和注释。

### 1. 执行方式

☑ 命令行：LAYOUTWIZARD。

☑ 菜单栏：插入→布局→创建布局向导。

### 2. 操作步骤

（1）选择菜单栏中的"插入"→"布局"→"创建布局向导"命令，打开"创建布局-开始"对话框。在"输入新布局的名称"文本框中输入新布局名称，如图 9-104 所示。

（2）单击"下一步"按钮，打开如图 9-105 所示的"创建布局-打印机"对话框。在该对话框中选择配置新布局"机械图"的绘图仪。

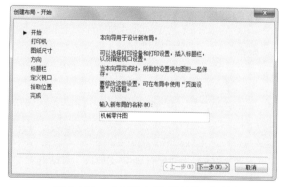

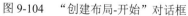

图 9-104 "创建布局-开始"对话框

图 9-105 "创建布局-打印机"对话框

（3）单击"下一步"按钮，打开如图 9-106 所示的"创建布局-图纸尺寸"对话框。该对话框用于选择打印图纸的大小和所用的单位。在"图纸尺寸"下拉列表框中列出可用的各种格式的图纸，由选择的打印设备决定，可从中选择一种格式。"图形单位"选项组用于控制输出图形的单位，可以选择"毫米"、"英寸"或"像素"。选中"毫米"单选按钮，即以毫米为单位，再选择图纸的大小，如 ISO A2（594.00 毫米×420.00 毫米）。

（4）单击"下一步"按钮，打开如图 9-107 所示的"创建布局-方向"对话框。在该对话框中选中"纵向"或"横向"单选按钮，可设置图形在图纸上的布置方向。

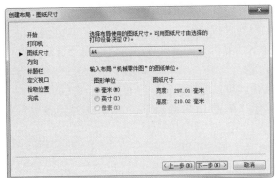

图 9-106　"创建布局-图纸尺寸"对话框

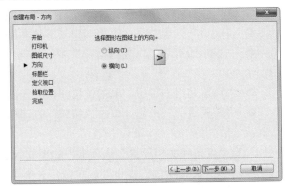

图 9-107　"创建布局-方向"对话框

（5）单击"下一步"按钮，打开如图 9-108 所示的"创建布局-标题栏"对话框。在该对话框左侧的列表框中列出当前可用的图纸边框和标题栏样式，可从中选择一种，作为创建布局的图纸边框和标题栏样式，在对话框右侧的预览框中显示所选的样式。在对话框下面的"类型"选项组中，可以指定所选标题栏图形文件是作为"块"，还是作为"外部参照"插入到当前图形中。一般情况下，在绘图时都已经绘制出标题栏，所以选择"无"选项即可。

（6）单击"下一步"按钮，打开如图 9-109 所示的"创建布局-定义视口"对话框。在该对话框中可以指定新创建的布局默认视口设置和比例等。其中，"视口设置"选项组用于设置当前布局，定义视口数；"视口比例"下拉列表框用于设置视口的比例。选中"阵列"单选按钮时，下面 4 个文本框变为可用，"行数"和"列数"两个文本框分别用于输入视口的行数和列数，"行间距"和"列间距"两个文本框分别用于输入视口的行间距和列间距。

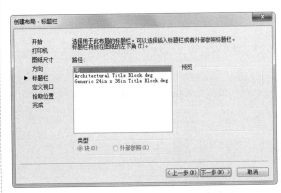

图 9-108　"创建布局-标题栏"对话框

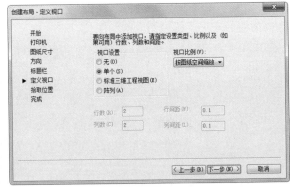

图 9-109　"创建布局-定义视口"对话框

（7）单击"下一步"按钮，打开如图 9-110 所示的"创建布局-拾取位置"对话框。在该对话框中单击"选择位置"按钮，系统暂时关闭该对话框，返回到绘图区，从图形中指定视口配置的大小和位置。

（8）单击"下一步"按钮，打开如图 9-111 所示的"创建布局-完成"对话框。

（9）单击"完成"按钮，完成新布局"机械零件图"的创建。系统自动返回到布局空间，显示新创建的"机械零件图"布局，如图 9-112 所示。

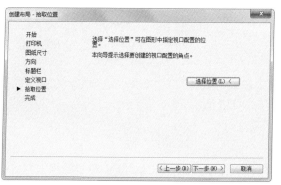

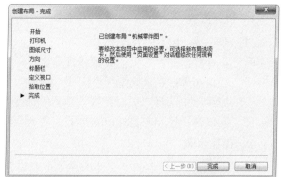

图 9-110 "创建布局-拾取位置"对话框 　　　　图 9-111 "创建布局-完成"对话框

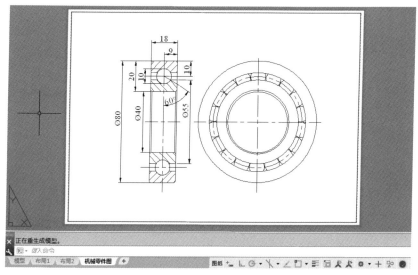

图 9-112 完成"机械零件图"布局的创建

## ▲技巧与提示——输出图像时分辨率的设置

　　AutoCAD 中图形显示比例较大时，圆和圆弧看起来由若干直线段组成，这并不影响打印结果，但在输出图像时，输出结果将与绘图区显示完全一致。因此，若发现有圆或圆弧显示为折线段，应在输出图像前使用 viewers 命令对屏幕的显示分辨率进行优化，使圆和圆弧看起来尽量光滑逼真。对于 AutoCAD 中输出的图像文件，其分辨率为屏幕分辨率，即 72dpi。如果该文件用于其他程序仅供屏幕显示，则此分辨率已经合适。若最终要打印出来，就要在图像处理软件（如 Photoshop）中将图像的分辨率提高，一般设置为 300dpi 即可。

## 9.8.3 页面设置

　　页面设置可以对打印设备和其他影响最终输出的外观和格式进行设置，并将这些设置应用到其他布局中。在"模型"选项卡中完成图形的绘制之后，可以通过选择"布局"选项卡开始创建要打印的布局。"页面设置"中指定的各种设置和布局将一起存储在图形文件中，可以随时修改页面设置中的选项。

**1. 执行方式**

☑  命令行：PAGESETUP。

☑  菜单栏：文件→页面设置管理器。

☑  快捷菜单：在"模型"空间或"布局"空间中右击"模型"或"布局"选项卡，在弹出的快
捷菜单中选择"页面设置管理器"命令，如图 9-113 所示。

☑  功能区：输出→打印→页面设置管理器 🖫。

**2. 操作步骤**

（1）选择菜单栏中的"文件"→"页面设置管理器"命令，在打开的"页面设置管理器"对话
框中可以完成新建布局、修改原有布局、输入存在的布局和将某一布局置为当前等操作，如图 9-114
所示。

图 9-113　选择"页面设置管理器"命令

图 9-114　"页面设置管理器"对话框

（2）在"页面设置管理器"对话框中单击"新建"按钮，打开"新建页面设置"对话框，如
图 9-115 所示。

（3）在"新页面设置名"文本框中输入新建页面的名称，如"机械图"，单击"确定"按钮，打
开"页面设置-机械零件图"对话框，如图 9-116 所示。

图 9-115　"新建页面设置"对话框

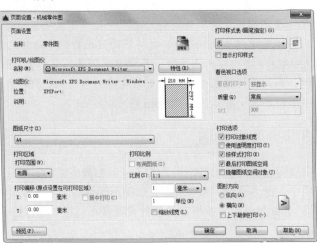

图 9-116　"页面设置-机械零件图"对话框

（4）在"页面设置-模型"对话框中可以设置布局和打印设备并预览布局的结果。对于一个布局，可利用"页面设置"对话框来完成其设置，虚线表示图纸中当前配置的图纸尺寸和绘图仪的可打印区域。设置完毕后，单击"确定"按钮。

**3. 选项说明**

"页面设置"对话框中的各选项功能介绍如下。

（1）"打印机/绘图仪"选项组：用于选择打印机或绘图仪。在"名称"下拉列表框中列出所有可用的系统打印机和 PC3 文件，从中选择一种打印机，指定为当前已配置的系统打印设备，以打印输出布局图形。单击"特性"按钮，可打开"绘图仪配置编辑器"对话框。

（2）"图纸尺寸"选项组：用于选择图纸尺寸。其下拉列表中可用的图纸尺寸由当前为布局所选的打印设备确定。如果配置绘图仪进行光栅输出，则必须按像素指定输出尺寸。通过使用绘图仪配置编辑器可以添加存储在绘图仪配置（PC3）文件中的自定义图纸尺寸。如果使用系统打印机，则图纸尺寸由 Windows 控制面板中的默认纸张设置决定。为已配置的设备创建新布局时，默认图纸尺寸显示在"页面设置"对话框中。如果在"页面设置"对话框中修改了图纸尺寸，则在布局中保存的将是新图纸尺寸，而忽略绘图仪配置文件（PC3）中的图纸尺寸。

（3）"打印区域"选项组：用于指定图形实际打印的区域。在"打印范围"下拉列表框中有"显示""窗口""图形界限""布局"4 个选项。选择"窗口"选项，系统将关闭对话框并返回到绘图区，这时通过指定区域的两个对角点或输入坐标值来确定一个矩形打印区域，然后再返回到"页面设置"对话框。

（4）"打印偏移"选项组：用于指定打印区域自图纸左下角的偏移。在布局中，指定打印区域的左下角默认在图纸边界的左下角点，也可以在 X、Y 文本框中输入一个正值或负值来偏移打印区域的原点。在 X 文本框中输入正值时，原点右移；在 Y 文本框中输入正值时，原点上移。在"模型"空间中，选中"居中打印"复选框，系统将自动计算图形居中打印的偏移量，将图形打印在图纸的中间。

（5）"打印比例"选项组：用于控制图形单位与打印单位之间的相对尺寸。打印布局时的默认比例是 1:1，在"比例"下拉列表框中可以定义打印的精确比例，选中"缩放线宽"复选框，将对有宽度的线也进行缩放。一般情况下，打印时图形中的各实体按图层中指定的线宽来打印，不随打印比例缩放。在"模型"空间中打印时，默认设置为"布满图纸"。

（6）"打印样式表"选项组：用于指定当前赋予布局或视口的打印样式表。其"打印样式表"下拉列表框中显示了可赋予当前图形或布局的当前打印样式。如果要更改包含在打印样式表中的打印样式定义，则单击"编辑"按钮，打开"打印样式表编辑器"对话框，从中可修改选中的打印样式定义。

（7）"着色视口选项"选项组：用于确定若干用于打印着色和渲染视口的选项。可以指定每个视口的打印方式，并将该打印设置与图形一起保存。可以从各种分辨率（最大为绘图仪分辨率）中进行选择，并将该分辨率设置与图形一起保存。

（8）"打印选项"选项组：用于确定线宽、打印样式及打印样式表等的相关属性。选中"打印对象线宽"复选框，打印时系统将打印线宽；选中"按样式打印"复选框，以使用在打印样式表中定义、赋予几何对象的打印样式来打印；选中"隐藏图纸空间对象"复选框，不打印布局环境（图纸空间）对象的消隐线，即只打印消隐后的效果。

（9）"图形方向"选项组：用于设置打印时图形在图纸上的方向。选中"横向"单选按钮，横向打印图形，使图形的顶部在图纸的长边；选中"纵向"单选按钮，纵向打印，使图形的顶部在图纸的短边；选中"上下颠倒打印"复选框，使图形颠倒打印。

### 9.8.4 从模型空间输出图形

从模型空间输出图形时，需要在打印时指定图纸尺寸，即在"打印"对话框中选择要使用的图纸尺寸。在该对话框中列出的图纸尺寸取决于在"打印"或"页面设置"对话框中选定的打印机或绘图仪。

**1. 执行方式**

☑ 命令行：PLOT。
☑ 菜单栏：文件→打印。
☑ 工具栏：标准→打印🖨。
☑ 功能区：输出→打印→打印🖨。

**2. 操作步骤**

（1）打开需要打印的图形文件，如机械零件图。
（2）选择菜单栏中的"文件"→"打印"命令，执行打印命令。
（3）打开"打印-机械零件图"对话框，如图 9-117 所示，在该对话框中设置相关选项。

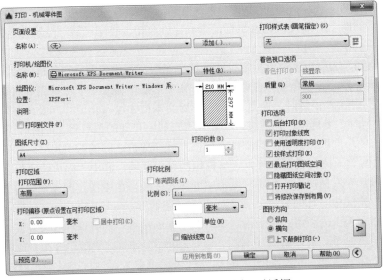

图 9-117　"打印-机械零件图"对话框

**3. 选项说明**

（1）在"页面设置"选项组中列出图形中已命名或已保存的页面设置，可以将这些已保存的页面设置作为当前页面设置；可以单击"添加"按钮，基于当前设置创建一个新的页面设置。

（2）"打印机/绘图仪"选项组：用于指定打印时使用已配置的打印设备。在"名称"下拉列表框中列出可用的 PC3 文件或系统打印机，可以从中进行选择。设备名称前面的图标识别区分为 PC3 文件，或是系统打印机。

（3）"打印份数"微调框：用于指定要打印的份数。打印到文件时，此选项不可用。

（4）单击"应用到布局"按钮，可将当前打印设置保存到当前布局中。

其他选项与"页面设置"对话框中的相同，此处不再赘述。完成所有的设置后，单击"确定"按钮开始打印。

Note

预览按执行 PREVIEW 命令时在图纸上打印的方式显示图形。要退出打印预览并返回"打印"对话框，按 Esc 键，然后按 Enter 键，或右击，在弹出的快捷菜单中选择"退出"命令。打印预览效果如图 9-118 所示。

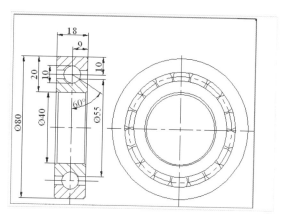

图 9-118　打印预览

### 9.8.5　从图纸空间输出图形

从图纸空间输出图形时，根据打印的需要进行相关参数的设置，首先应在"页面设置"对话框中指定图纸的尺寸。

（1）打开需要打印的图形文件，将视图空间切换到"布局 1"，如图 9-119 所示。在"布局 1"选项卡上右击，在弹出的快捷菜单中选择"页面设置管理器"命令。

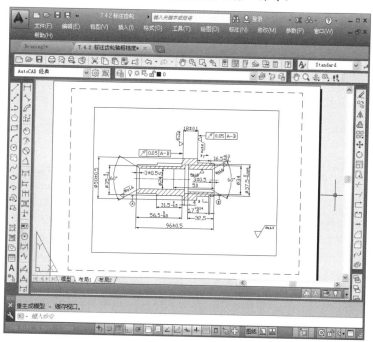

图 9-119　切换到"布局 1"

（2）打开"页面设置管理器"对话框，如图 9-120 所示。单击"新建"按钮，打开"新建页面设置"对话框。

（3）在"新建页面设置"对话框的"新页面设置名"文本框中输入"零件图"，如图9-121所示。

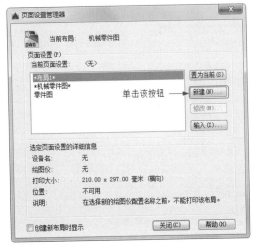

图9-120 "页面设置管理器"对话框

图9-121 创建"零件图"新页面

（4）单击"确定"按钮，打开"页面设置-布局1"对话框，根据打印的需要进行相关参数的设置，如图9-122所示。

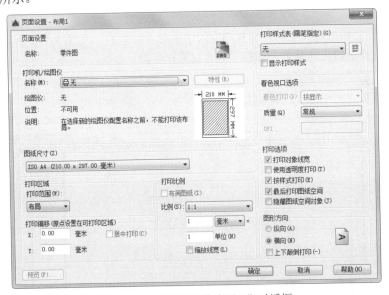

图9-122 "页面设置-布局1"对话框

（5）设置完成后，单击"确定"按钮，返回到"页面设置管理器"对话框。在"当前页面设置"列表框中选择"零件图"选项，单击"置为当前"按钮，将其置为当前布局，如图9-123所示。

（6）单击"关闭"按钮，完成"零件图"布局的创建，如图9-124所示。

（7）单击"标准"工具栏中的"打印"按钮🖶，打开"打印-布局1"对话框，如图9-125所示，不需要重新设置，单击左下方的"预览"按钮，打印预览效果如图9-126所示。

（8）如果满意其效果，在预览窗口中右击，在弹出的快捷菜单中选择"打印"命令，完成一张零件图的打印。

图 9-123　将"零件图"布局置为当前

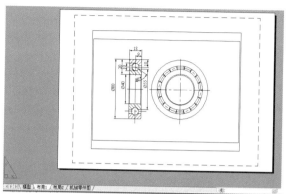

图 9-124　完成"零件图"布局的创建

图 9-125　"打印-布局 1"对话框

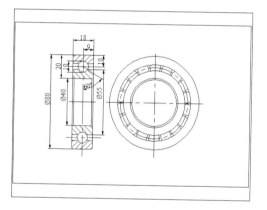

图 9-126　打印预览效果

在布局空间中还可以先绘制完图样,然后将图框与标题栏都以"块"的形式插入到布局中,组成一份完整的技术图纸。

# 9.9　综合演练——日光灯的调节器电路

当宾客临门、欢度节日、幸逢喜事时,我们希望灯光明亮;当我们在休息、观看电视、照料婴儿时,就需要将灯光调暗一些。为了实现这种要求,可以用调节器调节灯光的亮度。如图 9-127 所示为所要得到的日光灯的调节器电路图。绘图思路为:首先观察并分析图样的结构,绘制出大体的结构框图,也就是绘制出主要的电路图导线;然后绘制出各个电子元件,接着将各个电子元件插入到结构图中相应的位置;最后在电路图的适当位置添加相应的文字和注释说明,即可完成电路图的绘制。

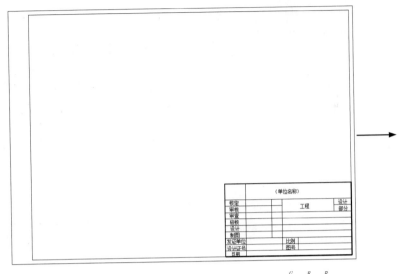

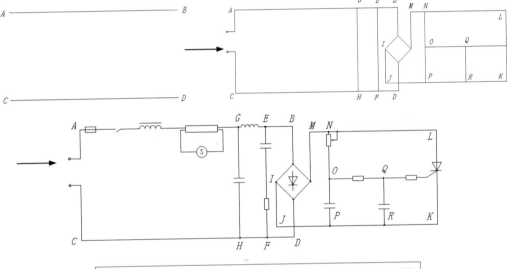

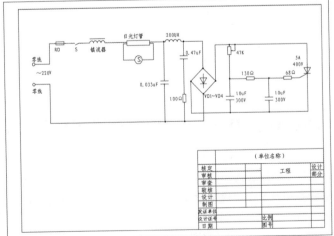

图 9-127　日光灯的调节器电路

操作步骤：（光盘\实例演示\第9章\日光灯的调节器电路.avi）

### 9.9.1　设置绘图环境

（1）插入 A3 样板图。打开 AutoCAD 2016 应用程序，单击快速访问工具栏中的"新建"按钮，选择随书光盘中的"源文件\第 9 章\9.9\A3-新.dwt"样板文件，系统返回绘图区，同时选择的样板图也会出现在绘图区中，其中样板图左下角点坐标为（0,0），如图 9-128 所示。

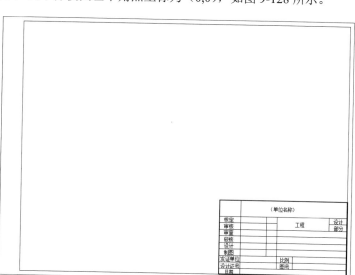

图 9-128　插入的 A3 样板图

（2）单击"默认"选项卡"图层"面板中的"图层特性"按钮，弹出"图层特性管理器"选项板，新建"连接线层"和"实体符号层"，图层的属性设置如图 9-129 所示，将"连接线层"设为当前图层。

图 9-129　新建图层

### 9.9.2　绘制线路结构图

（1）绘制水平直线。单击"默认"选项卡"绘图"面板中的"直线"按钮，绘制一条长度为 200 的水平直线 AB；单击"默认"选项卡"修改"面板中的"偏移"按钮，将水平直线 AB 向下偏移 100，得到水平直线 CD，如图 9-130 所示。

（2）绘制竖直直线。单击"默认"选项卡"绘图"面板中的"直线"按钮 ，在"正交"和"对象捕捉"绘图方式下，捕捉点 B 作为竖直直线的起点绘制竖直直线 BD；单击"默认"选项卡"修改"面板中的"偏移"按钮 ，将竖直直线 BD 分别向左偏移 25 和 50，得到竖直直线 EF 和 GH，绘制结果如图 9-131 所示。

图 9-130　绘制水平直线　　　　　　　图 9-131　绘制竖直直线

（3）绘制四边形。单击"默认"选项卡"绘图"面板中的"多边形"按钮 ，输入边数为 4，在"对象捕捉"绘图方式下，捕捉直线 BD 的中点为四边形的中心，输入内接圆的半径为 16，结果如图 9-132 所示。

（4）旋转四边形。单击"默认"选项卡"修改"面板中的"旋转"按钮 ，选择绘制的四边形作为旋转对象，逆时针旋转 45°，旋转结果如图 9-133 所示。

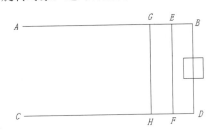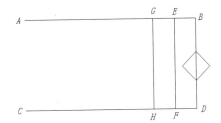

图 9-132　绘制四边形　　　　　　　　图 9-133　旋转四边形

（5）修剪图形。单击"默认"选项卡"修改"面板中的"修剪"按钮 ，选择需要修剪的对象范围，确定后，命令行中提示选择需要修剪的对象，修剪掉多余的线段，修剪结果如图 9-134 所示。

（6）绘制多段线。单击"默认"选项卡"绘图"面板中的"多段线"按钮 ，在"正交"和"对象捕捉"绘图方式下，用鼠标左键捕捉四边形的一个角点 I 为起点，绘制一条多段线，如图 9-135 所示，其中 IJ=40，JK=150，KL=85。

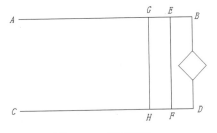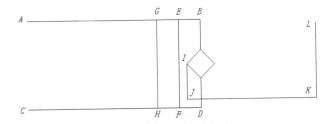

图 9-134　修剪图形　　　　　　　　　图 9-135　绘制多线段

按照和上述类似的方法，可以绘制结构线路图中的其他线段，绘制结果如图 9-136 所示。

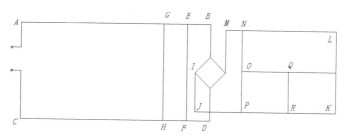

图 9-136 结构线路图

## 9.9.3 绘制各实体符号

（1）绘制熔断器

❶ 将"连接线层"设为当前图层，单击"默认"选项卡"绘图"面板中的"矩形"按钮▭，绘制一个长为 10、宽为 5 的矩形。

❷ 单击"默认"选项卡"修改"面板中的"分解"按钮，将矩形分解成直线，如图 9-137 所示。

❸ 在"对象捕捉"绘图方式下，单击"默认"选项卡"绘图"面板中的"直线"按钮，捕捉直线 2 和 4 的中点作为直线的起点和终点，绘制直线如图 9-138 所示。

❹ 单击"默认"选项卡"修改"面板中的"拉长"按钮，将直线 5 分别向左和向右拉长 5，如图 9-139 所示，完成熔断器的绘制。

图 9-137 绘制并分解矩形    图 9-138 绘制直线    图 9-139 拉长直线

（2）绘制开关

❶ 单击"默认"选项卡"绘图"面板中的"直线"按钮，绘制一条长为 5 的直线 1。重复"直线"命令，在"对象捕捉"绘图方式下，捕捉直线 1 的右端点作为新绘制直线的左端点，绘制长度为 5 的直线 2，采用相同的方法绘制长度为 5 的直线 3，结果如图 9-140 所示。

❷ 单击"默认"选项卡"修改"面板中的"旋转"按钮，在"对象捕捉"绘图方式下关闭"正交"功能，捕捉直线 2 的右端点，输入旋转的角度为 30°，得到如图 9-141 所示的图形，完成开关符号的绘制。

（3）绘制圆

❶ 单击"默认"选项卡"绘图"面板中的"圆"按钮，在适当的位置绘制一个半径为 2.5 的圆，如图 9-142 所示。

图 9-140 绘制 3 段直线    图 9-141 绘成开关    图 9-142 绘制圆

❷ 单击"默认"选项卡"修改"面板中的"矩形阵列"按钮，将步骤❶绘制的圆进行矩形阵列，设置行数为 1、列数为 4、行偏移为 0、列偏移为 5、阵列角度为 0，单击"确定"按钮，阵列结果如图 9-143 所示。

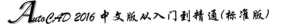

❸ 单击"默认"选项卡"绘图"面板中的"直线"按钮 ，在"对象捕捉"绘图方式下，捕捉圆 1 和圆 4 的圆心作为直线的起点和终点，绘制出水平直线，结果如图 9-144 所示。

❹ 单击"默认"选项卡"修改"面板中的"拉长"按钮 ，将水平直线分别向左和向右拉长 2.5，结果如图 9-145 所示。

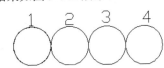

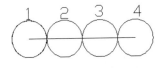

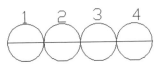

图 9-143　绘制阵列圆　　　　　　图 9-144　绘制水平直线　　　　　　图 9-145　拉长直线

❺ 单击"默认"选项卡"修改"面板中的"修剪"按钮 ，以水平直线为修剪边，对圆进行修剪，结果如图 9-146 所示。

❻ 单击"默认"选项卡"修改"面板中的"移动"按钮 ，将水平直线向上平移 5，如图 9-147 所示，镇流器的绘制完成。

图 9-146　修剪图形　　　　　　　　　　图 9-147　镇流器

（4）绘制日光灯管和起辉器

❶ 单击"默认"选项卡"绘图"面板中的"矩形"按钮 ，绘制一个长为 30、宽为 6 的矩形，如图 9-148 所示。

❷ 单击"默认"选项卡"绘图"面板中的"直线"按钮 ，在"正交"和"对象捕捉追踪"绘图方式下，捕捉矩形左侧边上的中点作为直线的起点，向右侧绘制一条长为 35 的水平直线，如图 9-149 所示。

❸ 单击"默认"选项卡"修改"面板中的"拉长"按钮 ，将步骤❷绘制的水平直线向左拉长 5。在"对象捕捉"绘图方式下，捕捉水平直线的左端点，将直线向左拉长 5，结果如图 9-150 所示。

图 9-148　绘制矩形　　　　　图 9-149　绘制水平直线　　　　图 9-150　拉长水平直线

❹ 单击"默认"选项卡"修改"面板中的"偏移"按钮 ，将拉伸后的水平直线向上、向下偏移 1，删除中间线，如图 9-151 所示。

❺ 单击"默认"选项卡"修改"面板中的"修剪"按钮 ，选择矩形作为修剪边，对两条水平直线进行修剪，修剪结果如图 9-152 所示。

图 9-151　偏移水平直线　　　　　　图 9-152　修剪水平直线

❻ 单击"默认"选项卡"绘图"面板中的"多段线"按钮 ，在"对象捕捉"绘图方式下，捕捉图 9-151 中的 $B1$ 点作为多段线的起点，捕捉 $D1$ 作为多段线的终点，绘制多段线，使得 $B1E1$=20、$E1F1$=40、$F1D1$=20，结果如图 9-153 所示。

❼ 绘制圆并输入文字。单击"默认"选项卡"绘图"面板中的"圆"按钮 ，绘制一个半径为 5

的圆。单击"默认"选项卡"注释"面板中的"多行文字"按钮 A，在圆中心输入字母 S，结果如图 9-154 所示。

❽ 单击"默认"选项卡"修改"面板中的"移动"按钮 ✛，在"对象捕捉"绘图方式下，关闭"正交"功能，选择如图 9-154 所示的图形作为移动对象，按 Enter 键，命令行中提示选择移动基点，捕捉圆心作为移动基点，并捕捉线段 *E1F1* 的中点作为移动插入点，移动结果如图 9-155 所示。

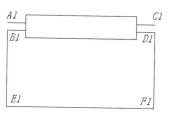

图 9-153　绘制多段线

图 9-154　绘制圆并输入字母

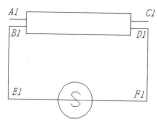

图 9-155　移动图形

❾ 单击"默认"选项卡"修改"面板中的"修剪"按钮 ⁄，选择如图 9-154 所示图形中的圆作为剪切边，对直线 *E1F1* 进行修剪，修剪结果如图 9-156 所示，日光灯管和起辉器的绘制完成。

（5）绘制电感线圈

❶ 单击"默认"选项卡"绘图"面板中的"圆"按钮 ⊘，在适当的位置绘制一个半径为 2.5 的圆。

❷ 单击"默认"选项卡"修改"面板中的"矩形阵列"按钮 ▦，将步骤❶绘制的圆进行矩形阵列，设置行数为 1、列数为 4、行偏移为 0、列偏移为 5、阵列角度为 0，单击"确定"按钮，阵列结果如图 9-157 所示。

❸ 单击"默认"选项卡"绘图"面板中的"直线"按钮 ⁄，在"对象捕捉"绘图方式下，捕捉圆 1 和圆 4 的圆心作为直线的起点和终点，绘制出水平直线，绘制结果如图 9-158 所示。

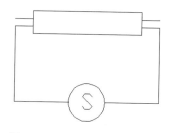

图 9-156　日光灯管和起辉器

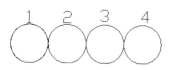

图 9-157　绘制并阵列圆

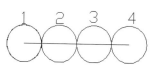

图 9-158　绘制圆心连接线

❹ 单击"默认"选项卡"修改"面板中的"拉长"按钮 ⁄，将直线分别向左和向右拉长 2.5，结果如图 9-159 所示。

❺ 单击"默认"选项卡"修改"面板中的"修剪"按钮 ⁄，以直线为修剪边，对圆进行修剪，然后删除直线，如图 9-160 所示，电感线圈的绘制完成。

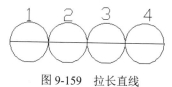

图 9-159　拉长直线

图 9-160　电感线圈

（6）绘制电阻

❶ 单击"默认"选项卡"绘图"面板中的"矩形"按钮 ▢，绘制一个长为 10、宽为 4 的矩形，如

图 9-161 所示。

❷ 单击"默认"选项卡"绘图"面板中的"直线"按钮，在"对象捕捉"绘图方式下，分别捕捉矩形左、右两侧边的中点作为直线的起点和终点，绘制结果如图 9-162 所示。

❸ 单击"默认"选项卡"修改"面板中的"拉长"按钮，将步骤❷绘制的直线分别向左和向右拉长 2.5，结果如图 9-163 所示。

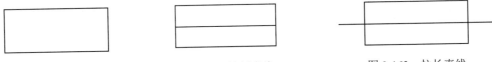

图 9-161　绘制矩形　　　图 9-162　绘制直线　　　图 9-163　拉长直线

❹ 单击"默认"选项卡"修改"面板中的"修剪"按钮，选择矩形为修剪边，对水平直线进行修剪，修剪结果如图 9-164 所示，电阻符号的绘制完成。

（7）绘制电容符号

❶ 单击"默认"选项卡"绘图"面板中的"直线"按钮，在"正交"绘图方式下，绘制一条长度为 10 的水平直线。

❷ 单击"默认"选项卡"修改"面板中的"偏移"按钮，将步骤❶绘制的直线向下偏移 4，偏移结果如图 9-165 所示。

❸ 单击"默认"选项卡"绘图"面板中的"直线"按钮，在"对象捕捉"绘图方式下，分别捕捉两条水平直线的中点作为要绘制的竖直直线的起点和终点，绘制结果如图 9-166 所示。

图 9-164　电阻　　　图 9-165　绘制并偏移直线　　　图 9-166　绘制竖直直线

❹ 单击"默认"选项卡"修改"面板中的"拉长"按钮，将步骤❸绘制的竖直直线分别向上和向下拉长 2.5，如图 9-167 所示。

❺ 单击"默认"选项卡"修改"面板中的"修剪"按钮，选择两条水平直线作为修剪边，对竖直直线进行修剪，修剪结果如图 9-168 所示，电容符号的绘制完成。

图 9-167　拉长直线　　　　　　图 9-168　电容符号

（8）绘制二极管

❶ 单击"默认"选项卡"绘图"面板中的"多边形"按钮，绘制一个等边三角形，将内接圆的半径设置为 5，如图 9-169 所示。

❷ 单击"默认"选项卡"修改"面板中的"旋转"按钮，以顶点 A 为旋转中心点，顺时针旋转 180°，旋转结果如图 9-170 所示。

❸ 单击"默认"选项卡"绘图"面板中的"直线"按钮，在"对象捕捉"绘图方式下，捕捉线段 BC 的中点和 A 点作为竖直直线的起点和终点，绘制直线，结果如图 9-171 所示。

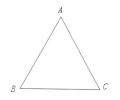

图9-169 绘制等边三角形

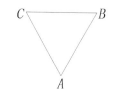

图9-170 旋转等边三角形

图9-171 绘制竖直直线

❹ 单击"默认"选项卡"修改"面板中的"拉长"按钮，将步骤❸绘制的竖直直线分别向上和向下拉长5，结果如图9-172所示。

❺ 单击"默认"选项卡"绘图"面板中的"直线"按钮，在"正交"绘图方式下，捕捉下侧顶点作为直线的起点，向右绘制一条长为4的水平直线。单击"默认"选项卡"修改"面板中的"镜像"按钮，以竖直直线为镜像线，将已绘制的水平直线进行镜像操作，结果如图9-173所示，二极管的绘制完成。

（9）绘制滑动变阻器

❶ 单击"默认"选项卡"修改"面板中的"复制"按钮，将图9-164中绘制好的电阻复制一份，如图9-174所示。

❷ 单击"默认"选项卡"绘图"面板中的"多段线"按钮，在"对象捕捉"绘图方式下，捕捉矩形上侧边的中点作为多线段的起点，绘制如图9-175所示的多段线。

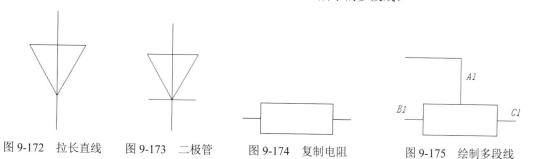

图9-172 拉长直线 　　图9-173 二极管 　　图9-174 复制电阻 　　图9-175 绘制多段线

❸ 单击"默认"选项卡"块"面板中的"插入"按钮，弹出"插入"对话框，如图9-176所示。单击"名称"文本框右侧的"浏览"按钮，选择随书光盘中的"源文件\第9章\9.9\箭头"图块，单击"确定"按钮。捕捉如图9-175所示的A1点作为"箭头"块的插入点，然后输入箭头旋转的角度为270°，滑动变阻器的绘制完成，如图9-177所示。

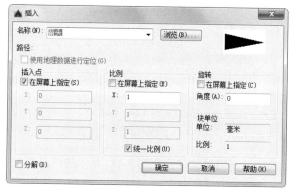

图9-176 "插入"对话框

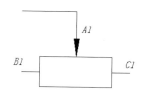

图9-177 滑动变阻器

### 9.9.4 将实体符号插入到结构线路图

根据日光灯调光器电路的原理图，将前面绘制好的实体符号插入到结构线路图合适的位置上。由于在单独绘制实体符号时，符号大小以方便看清楚为标准，所以插入到结构线路图中时，可能不协调，这时可以根据实际需要调用"缩放"功能来调整。在插入实体符号的过程中，结合"对象捕捉"、"对象捕捉追踪"或"正交"等功能，选择合适的插入点。下面以几个典型的实体符号插入结构线路图为例来介绍具体的操作步骤。

（1）移动镇流器。将如图 9-178 所示的镇流器移动到如图 9-179 所示的导线 AG 合适的位置上。

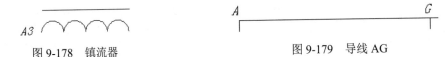

图 9-178　镇流器　　　　　　　　　　　　　图 9-179　导线 AG

❶ 单击"默认"选项卡"修改"面板中的"移动"按钮 ✥，在"对象捕捉"绘图方式下，关闭"正交"功能，捕捉如图 9-178 所示的 *A3* 点，拖动图形，选择导线 *AG* 的左端点 *A* 作为图形的插入点，插入结果如图 9-180 所示。

❷ 单击"默认"选项卡"修改"面板中的"移动"按钮 ✥，在"正交"绘图方式下，捕捉镇流器的端点 *A3* 作为移动基点，继续向右移动图形到合适的位置，移动结果如图 9-181 所示。

图 9-180　插入结果　　　　　　　　　　　　图 9-181　继续移动图形

❸ 单击"默认"选项卡"修改"面板中的"修剪"按钮 ⊁，将如图 9-181 所示的图形进行修剪，修剪结果如图 9-182 所示。

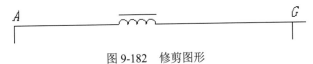

图 9-182　修剪图形

（2）移动二极管。将如图 9-183 所示的二极管移动到如图 9-184 所示的结构图的四边形中。单击"默认"选项卡"修改"面板中的"移动"按钮 ✥，在"对象捕捉"绘图方式下，关闭"正交"功能，捕捉接近二极管的等边三角形中心的位置作为移动基点，将二极管移动到四边形中央，移动结果如图 9-185 所示。

图 9-183　二极管　　　　　图 9-184　四边形　　　　　图 9-185　移动二极管

（3）移动滑动变阻器。将如图 9-186 所示的滑动变阻器移动到如图 9-187 所示的两条导线 *NL* 和 *NO* 上。

❶ 单击"默认"选项卡"修改"面板中的"旋转"按钮 ◓，在"对象捕捉"绘图方式下，捕捉

滑动变阻器的端点 *B1* 作为旋转基点，将其旋转 90°，结果如图 9-188 所示。

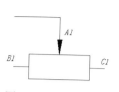

图 9-186　滑动变阻器

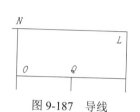

图 9-187　导线

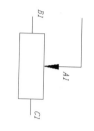

图 9-188　旋转滑动变阻器

❷ 单击"默认"选项卡"修改"面板中的"移动"按钮✛，选择滑动变阻器作为移动对象，捕捉端点 *B1* 作为移动基点，将图形拖到导线处，捕捉导线端点 *N* 作为图形的插入点，结果如图 9-189 所示。

❸ 单击"默认"选项卡"修改"面板中的"修剪"按钮，将图形进行适当的修剪，修剪结果如图 9-190 所示。

图 9-189　插入图形

图 9-190　修剪图形

其他符号图形同样可以按照类似的方法进行平移、修剪，这里不再一一列举。将所有电气符号插入到线路结构图中，结果如图 9-191 所示。

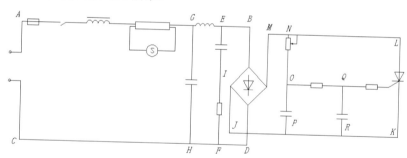

图 9-191　插入各图形符号到线路结构图中

⚡ 注意：图 9-191 中各导线之间的交叉点处并没有表明是实心，还是空心，这对读图是一项很大的障碍。根据日光灯调节器的工作原理，在适当的交叉点处加上实心圆。加上实心交点后的图形如图 9-192 所示。

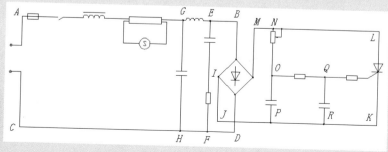

图 9-192　加入实心交点后的图形

### 9.9.5　添加文字和注释

（1）新建文字样式

❶　单击"默认"选项卡"注释"面板中的"文字样式"按钮，弹出"文字样式"对话框，如图 9-193 所示。

图 9-193　"文字样式"对话框

❷　单击"新建"按钮，弹出"新建样式"对话框，输入样式名为"注释"，确定后回到"文字样式"对话框。在"字体名"下拉列表框中选择"仿宋_GB2312"选项，设置高度为默认值 0，宽度因子为 1，倾斜角度为默认值 0。将"注释"置为当前文字样式，单击"应用"按钮。

（2）添加文字和注释到图中

❶　单击"默认"选项卡"注释"面板中的"多行文字"按钮，在需要注释的地方划定一个矩形框，弹出"文字编辑器"选项卡。

❷　选择"注释"作为文字样式，根据需要可以调整文字的高度，还可以结合应用"左对齐"、"居中"和"右对齐"等功能调整文字的位置，结果如图 9-194 所示。

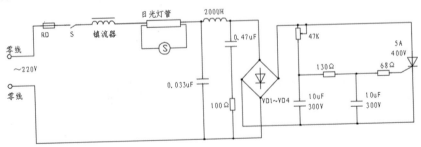

图 9-194　添加文字和注释

## 9.10　动手练一练

通过本章的学习，读者对设计中心、工具选项板、对象查询等集成化绘图工具有了大体的了解，本节通过 3 个操作练习使读者进一步掌握本章的知识要点。

### 9.10.1　利用工具选项板绘制轴承图形

操作提示：

（1）打开工具选项板，在"机械"选项卡中选择"滚珠轴承"图块，插入到新建空白图形，通过右键快捷菜单进行缩放。

（2）利用"图案填充"命令对图形剖面进行填充。绘制结果如图 9-195 所示。

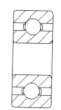

图 9-195　绘制图形

### 9.10.2　利用设计中心绘制盘盖组装图

操作提示：

（1）打开设计中心与工具选项板。

（2）建立一个新的工具选项板标签。

（3）在设计中心中查找已经绘制好的常用机械零件图。

（4）将这些零件图拖入到新建立的工具选项板标签中。

（5）打开一个新图形文件界面。

（6）将需要的图形文件模块从工具选项板上拖入到当前图形中，并进行适当的缩放、移动、旋转等操作。绘制结果如图 9-196 所示。

### 9.10.3　打印预览齿轮图形

图形输出是绘制图形的最后一步工序。正确地对图形进行打印设置，有利于顺利地输出图纸。本实验的目的是使读者掌握打印设置的方法。齿轮图形如图 9-197 所示。

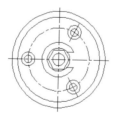

图 9-196　盘盖组装图

图 9-197　齿轮

操作提示：

（1）执行"打印"命令。

（2）进行打印设备参数设置。

（3）进行打印设置。

（4）输出预览。

# 第 10 章

# 数据交换

随着各种软件功能的不断发展完善，这些软件的功能正变得日益强大。由于不同软件平台的功能侧重点不同，所以在有各自优点的同时，也存在其他方面的不足之处，这时就需要借鉴其他软件的某些比自身要强大的功能。AutoCAD 为用户提供了强大的数据交换功能，从而实现了 AutoCAD 与其他软件的数据对接与信息沟通。

- ☑ Web 浏览器的启动及操作
- ☑ 电子出图
- ☑ 电子传递与图形发布
- ☑ 超链接
- ☑ 输入/输出其他格式的文件

## 任务驱动&项目案例

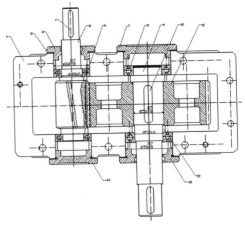

# 10.1 Web 浏览器的启动及操作

Autodesk 公司为其开发的 AutoCAD 软件加入了 WHIP!插件，这种插件能够加速网络程序驱动，并且能够在网上阅读 DWG 和 DWF 文件。

## 10.1.1 在 AutoCAD 中启动 Web 浏览器

### 1. 执行方式

☑ 命令行：BROWSER。

☑ 工具栏：Web→浏览 Web🔍。

### 2. 操作步骤

```
命令：BROWSER↙
输入网址 （URL） <http://www.autodesk.com.cn>：
```

系统提示默认的 URL（Uniform Resource Locator）地址为 http://www.autodesk.com.cn，用户可按 Enter 键接受默认地址或输入新地址。AutoCAD 启动 Web 浏览器，然后该浏览器转到指定地址（URL）。如图 10-1 所示为打开的 www.autodesk.com.cn 网站。

图 10-1 打开的 www.autodesk.com.cn 网站

## 10.1.2 打开 Web 文件

在 AutoCAD 中，还有很多命令或对话框可以与 Web 交换信息，如 OPEN、APPLOAD、EXPORT、XREF 等，从而使其 Web 功能大大增强。

下面仅以 OPEN 命令为例，讲述如何通过网络打开图形文件。在命令行中输入 OPEN 或通过菜单、工具栏的相应命令打开"选择文件"对话框，如图 10-2 所示。在项目列表中单击 Buzzsaw 或 FTP 按钮。其中，Buzzsaw 是为建筑设计及建筑行业提供的企业对企业运作平台。FTP 收藏夹中则有用户收藏的 FTP 站点，可以在"选择文件"对话框中通过"工具"下拉列表中的"添加/修改 FTP 位置"命令来为 FTP 收藏夹添加或修改 FTP 位置。选择好 Buzzsaw 站点或 FTP 位置后，即可通过网络打开上面的图形文件。

图 10-2    "选择文件"对话框

技巧：通过 FTP 连接网络数据必须打开 FTP 服务器。用户也可以单击"选择文件"对话框中的"搜索 Web"按钮，打开"浏览 Web-打开"对话框，如图 10-3 所示。在该对话框中输入浏览的网络地址即可打开相应的站点，以查找需要的文件或数据。

图 10-3    "浏览 Web-打开"对话框

# 10.2　电　子　出　图

　　利用 AutoCAD 的电子出图（ePlot）特性，用户可在 Web 上发布 DWF 文件。DWF 文件具有高速、安全、精确、易于使用等特点。该文件可由 Internet 浏览器或 Autodesk WHIP! 4.0 插件打开、观察或输出。

　　在本质上，一个 DWF 文件像一个电子图表——便于在 WWW 上查看 CAD 图形。DWF 不是创建工程文档的 CAD 文件格式，仅用来通过 Internet 发布 CAD 文件和通过浏览器查看发布到 Web 上的 CAD 数据。

## 10.2.1　DWF 文件的输出

AutoCAD 提供两个配置好的 ePlot PC3（plotter configuration）文件用于生成 DWF 文件。用户可以修改这些文件或使用"添加打印机向导"来创建其余的 DWF 输出配置。

1. 执行方式

☑　命令行：DWFOUT 或 PLOT。

☑　菜单栏：文件→打印。

☑　工具栏：标准→打印 🖨 。

2. 操作步骤

命令：DWFOUT✓（或 PLOT✓）

执行上述命令后，系统打开"打印-模型"对话框，如图 10-4 所示。在"打印机/绘图仪"选项组的"名称"下拉列表框中选择 DWF6 ePlot.pc3。该对话框的其他设置与"打印"命令相同，单击"确定"按钮，系统打开"浏览打印文件"对话框，在其中指定文件要输出的文件夹或 URL 地址，以及文件名称后，保存即可。

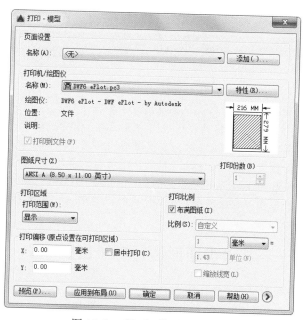

图 10-4　"打印-模型"对话框

📝 技巧：用户在 Internet 上发布 DWF 文件时必须遵循 Internet 协议。

## 10.2.2　浏览 DWF 文件

如果用户在计算机中安装了 4.0 以上版本的 WHIP!插件和浏览器，则可在 Microsoft Internet Explorer 或 Netscape Communicator 浏览器中查看 DWF 文件。如果 DWF 文件中包含图层和命名视图，还可在浏览器中控制其显示特征，如图 10-5 所示。

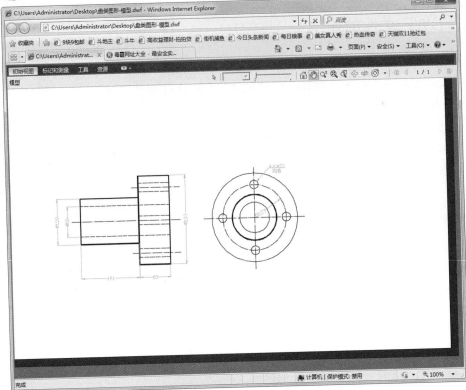

图 10-5　浏览 DWF 文件

✍ 技巧：（1）在创建 DWF 文件时，只能把当前用户坐标系下创建的命名视图写入 DWF 文件，任何在非当前用户坐标系下创建的命名视图均不能写入 DWF 文件。
（2）在模型空间输出 DWF 文件时，只能把模型空间下的命名视图写入 DWF 文件。
（3）在图纸空间输出 DWF 文件时，只能把图纸空间下的命名视图写入 DWF 文件。
（4）如果命名视图在 DWF 文件输出范围之外，则在此 DWF 文件中不包含此命名视图。
（5）如果命名视图中一部分包含在 DWF 文件范围之内，则只有包含 DWF 文件范围之内的命名视图是可见的。

## 10.2.3　操作实例——将盘类图形进行电子出图

将如图 10-6 所示的盘类图形进行电子出图。

本例首先设置打印模式，再输出 DWF 出图，其流程如图 10-6 所示。

**操作步骤：（光盘\实例演示\第 10 章\将盘类图形进行电子出图.avi）**

为了更好地在 Internet 上应用 DWF 文件，提供高质量、高精度的硬备份输出，在此引入"电子出图"的概念（ePlot），这实际上是一种自动打印到 DWF 文件的打印机制。即使是对非 AutoCAD 的用户也可以创建与传统纸介质输出相同质量和精度的电子图纸，并允许在 Internet 浏览器中打开，或嵌入 HTML 在 Internet 上发布。而且即使没有安装 AutoCAD，用户也可以用 Internet 浏览器和免费的 Autodesk WHIP！插入模块，查看和打印 DWF 文件，从而实现随时随地交流信息、设计沟通与共享的目的。

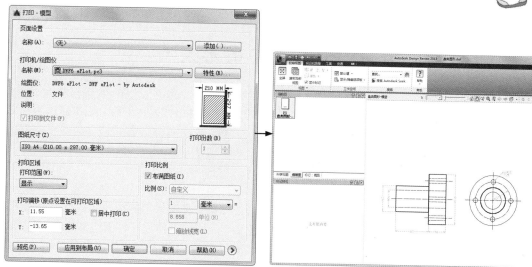

图 10-6　打开 DWF 文件

（1）打开随书光盘中的"源文件\第 10 章\盘类图形"图形文件。

（2）单击快速访问工具栏中的"打印"按钮，打开"打印-模型"对话框，如图 10-7 所示，默认值为 A4 图纸，用户也可根据需要选择不同型号的图纸，在"打印机/绘图仪"选项组的"名称"下拉列表框中选择 DWF6 ePlot.pc3 打印机，单击"确定"按钮。

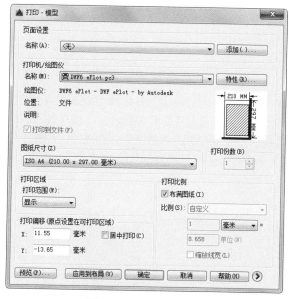

图 10-7　选择打印设备

选择 DWF6 ePlot.pc3 打印机后，图形即可以 DWF 格式输出。

电子出图后的 DWF 格式文件必须使用互联网的浏览器及安装 Autodesk WHIP!插件或 Volo View Express 才能打开并查看。

安装 WHIP! 插件后，即可在浏览器中查看 DWF 文件，而且可以在浏览器的窗口上右击，在弹出的快捷菜单中选择"缩放"（Zoom）或"平移"（Pan）命令执行图形的显示调整功能，而且还可以进行打开或关闭图层、打印操作。

Note

# 10.3 电子传递与图形发布

电子传递与图形发布都属于 AutoCAD 图形的网络相关传递与输出方式。下面分别讲述这两种文件的输出或传递方式。

## 10.3.1 电子传递

在将图形发送给他人时，常见的一个问题是忽略图形的相关文件（如字体和外部参照）。在某些情况下，没有这些关联文件将使接收者无法使用原来的图形。使用电子传递可以创建 AutoCAD 图形传递集，它可以自动包含所有相关文件。用户可以将传递集在 Internet 上发布或作为电子邮件附件发送给其他人，自动生成一个报告文件，其中包括有关传递集包括的文件和必须对这些文件所做的处理（以便使原来的图形可以使用这些文件）的详细说明，也可以在报告中添加注释或指定传递集的口令保护。用户可以指定一个文件夹来存放传递集中的各个文件，也可以创建自解压可执行文件或 Zip 文件（将所有文件打包）。

**1. 执行方式**

☑ 命令行：ETRANSMIT。

☑ 菜单栏：文件→电子传递。

**2. 操作步骤**

命令：ETRANSMIT✓

执行上述命令后，系统自动打开"创建传递"对话框，如图 10-8 所示。该对话框中有"文件树"和"文件表"两个选项卡，分别显示传递文件的有关信息。可以通过"添加文件"或"传递设置"按钮以添加文件或进行传递设置。完成设置后，单击"确定"按钮，系统打开"添加要传递的文件"对话框，如图 10-9 所示。指定文件后，系统自动进行传递。

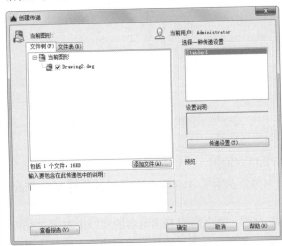

图 10-8 "创建传递"对话框

图 10-9 "添加要传递的文件"对话框

## 10.3.2 操作实例——将盘类图形进行电子传递

AutoCAD 中的电子传递功能可将当前打开的文件和所有相关文件，以及 x-refs 打包到一个传输集合中，并发送到要求的位置，其流程如图 10-10 所示。这类似于通过 Web 发送电子邮件消息，允许文件在公司内部和 Web 上的任何位置共享。

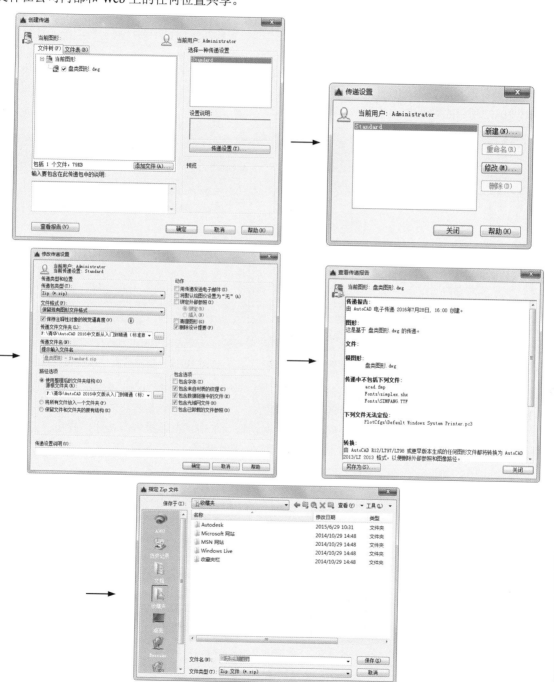

图 10-10　将盘类图形进行电子传递

**操作步骤：**（光盘\实例演示\第 **10** 章\将盘类图形进行电子传递**.avi**）

（1）打开随书光盘中的"源文件\第 10 章\盘类图形"图形文件。

（2）选择菜单栏中的"文件"→"电子传递"命令，弹出如图 10-11 所示的"创建传递"对话框，通过该对话框可以创建一个将文件通过 Web 发送到客户端的电子传递。

在"当前图形"列表框中显示要进行电子传递的 DWG 图形及相关文件，单击下面的"添加文件"按钮，可以添加要传递的图形。

在对话框左下角的"注解"文本框中，可以输入要包含在此传递包中的注解，对图形文件进行一定的说明。

（3）可以对传递文件的类型和传递时的属性进行设置。在对话框的右边，可以选择一种传递设置，默认为标准 Standard，也可以新建传递设置或者修改标准传递设置。单击"传递设置"按钮，弹出如图 10-12 所示的对话框。

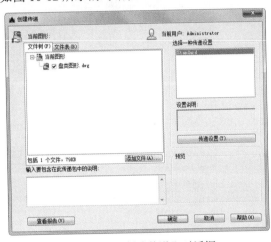

图 10-11　"创建传递"对话框

图 10-12　新建或者修改传递设置

单击"新建"按钮，可以新建一种传递设置；单击"修改"按钮，可以修改标准传递设置。如图 10-13 所示为修改标准传递设置的对话框。

（4）相关的设置完成后，返回"创建传递"对话框，单击"查看报告"按钮，弹出"查看传递报告"对话框，如图 10-14 所示，对要传递的图形文件作出说明。

图 10-13　修改传递设置

图 10-14　查看传递报告

（5）设置完毕后，系统弹出如图 10-15 所示的"指定 Zip 文件"对话框，单击"保存"按钮即可。

图 10-15 "指定 Zip 文件"对话框

## 10.3.3 图形发布

使用 Design Publisher 可以将图形和打印集直接合并到图纸或发布为 DWF（Web 图形格式）文件。可以将图形集发布为单个多页 DWF6 格式文件或多个单页 DWF6 格式文件；可以发布到在每个布局的页面设置中指定的设备（打印机或文件）。使用 Design Publisher 可以灵活地创建电子或图纸图形集并将其用于分发，然后接收方可以查看或打印图形集。

使用 Design Publisher 可以在任何工程环境中创建图形集合，同时维护原始图形的完整性。与原始 DWG 文件不同，DWF 文件不能更改。

可以为特定用户自定义图形集，也可以随着项目的进展在图形集中添加和删除图纸。使用 Design Publisher 可以直接发布到图纸，或者发布到可使用电子邮件、FTP 站点、项目网站或 CD 进行分发的中间电子格式。

DWF 格式图形集的接收方无须安装 AutoCAD 或了解 AutoCAD。无论图形集的接收方位于世界的何种地方，都可以使用 Autodesk Express Viewer 查看和打印高质量的布局。

1. 执行方式

☑ 命令行：PUBLISH。
☑ 菜单栏：文件→发布。
☑ 工具栏：标准→发布 🖨。

2. 操作步骤

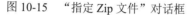
命令：PUBLISH✓

执行上述命令后，系统打开"发布"对话框，如图 10-16 所示。

3. 选项说明

（1）用户可以通过"添加图纸"按钮🖼、"加载图纸列表"按钮🗒、"保存图纸列表"按钮🖫、"删除图纸"按钮🖾、"上移图纸"按钮🔼、"下移图纸"按钮🔽、"打印戳记设置"按钮👤对所选图纸进行操作。

（2）可以选择"页面设置中指定的绘图仪"或 DWF 选项将图纸发布到相应的位置。

（3）单击"发布选项"按钮，打开"DWF 发布选项"对话框，如图 10-17 所示，对发布选项进行相应设置。

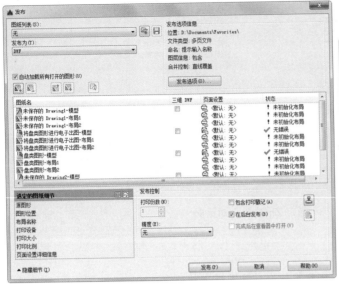

图 10-16　"发布"对话框

图 10-17　"DWF 发布选项"对话框

## 10.3.4　操作实例——发布盘类零件图形

绘制好的电子文档图形图纸可以发布到需要的各个地方。为提高发布效率，可以组合图纸以发布电子图形集。

发布的图形都采用 DWF 格式，图形 Web 格式（DWF）文件可被压缩小于原 DWG 文件，因此，在 Internet 上的传输速度更快，尤其是采用传输速度较慢的链接，这一点更为明显。由于不能显示原图，即他人亦不能对其进行修改，故采用 DWF 文件格式更加安全。所以，DWF 是最适合通过电子邮件或 Internet 交换的文件格式。如图 10-18 所示为发布盘类零件图形的流程。

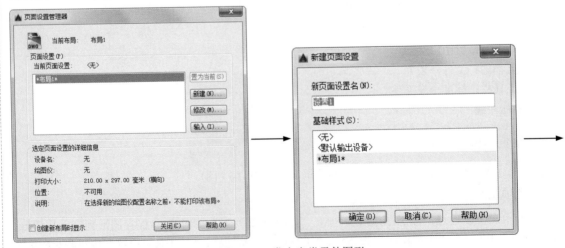

图 10-18　发布盘类零件图形

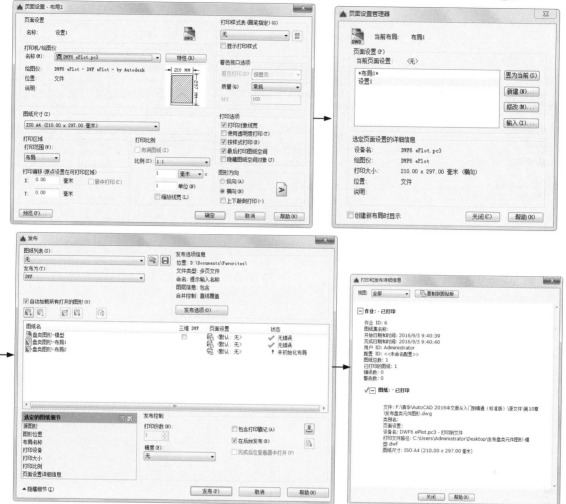

图 10-18　发布盘类零件图形（续）

**操作步骤：**（光盘\实例演示\第 **10** 章\发布盘类零件图形**.avi**）

（1）打开随书光盘中的"源文件\第 10 章\盘类图形"图形文件。

（2）右击绘图区下面的"布局"选项卡，在弹出的快捷菜单中选择"页面设置管理器"命令，系统打开"页面设置管理器"对话框，如图 10-19 所示。单击"新建"按钮，系统打开"新建页面设置"对话框，如图 10-20所示。接受默认设置名"设置 1"，单击"确定"按钮。

系统打开"页面设置-布局 1"对话框，如图 10-21所示，在"打印机/绘图仪"选项组的"名称"下拉列表框中选择 DWF6 ePlot.pc3，单击"确定"按钮，系统返回"页面设置管理器"对话框，如图 10-22 所示。在"当前页面设置"列表框中选择"设置 1"，单击"置为当前"按钮，再单击"关闭"按钮，显示的布局如图 10-23 所示。

图 10-19　"页面设置管理器"对话框

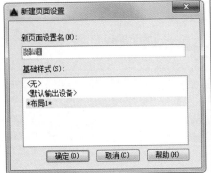

图 10-20　"新建页面设置"对话框

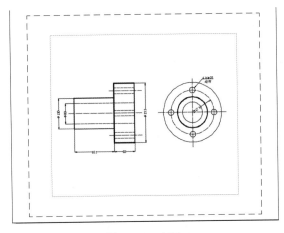

图 10-21　"页面设置-布局 1"对话框

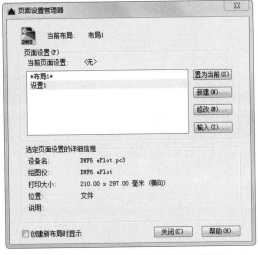

图 10-22　"页面设置管理器"对话框

图 10-23　布局

（3）发布图形。

命令：PUBLISH✓

执行上述命令后，系统打开"发布"对话框，如图 10-24 所示，在"发布为"下拉列表框中选择
DWF 选项。用户可以通过"添加图纸"按钮 🔲、"加载图纸列表"按钮 🗁、"保存图纸列表"按钮 🔚、
"删除图纸"按钮 🔃、"上移图纸"按钮 🔼、"下移图纸"按钮 🔽、"打印戳记设置"按钮 🔳 对所选图
纸进行操作。

单击"发布选项"按钮，打开"DWF 发布选项"对话框，如图 10-25 所示，对发布选项进行相
应设置。

（4）设置完成后，单击"确定"按钮返回"发布"对话框。单击"发布"按钮，系统打开"指
定 DWF 文件"对话框，如图 10-26 所示。在"文件名"文本框中输入文件名。单击"选择"按钮，
系统打开"发布-保存图纸列表"提示框，如图 10-27 所示，单击"是"按钮，系统打开"输出-更改

未保存"对话框，如图 10-28 所示。指定文件名和路径，单击"关闭"按钮，当前图形就发布成了 DWF 文件。

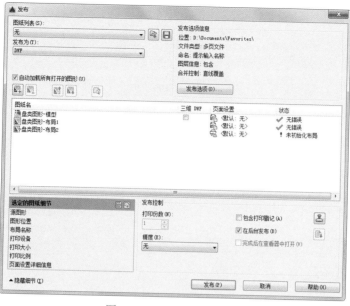

图 10-24 "发布"对话框

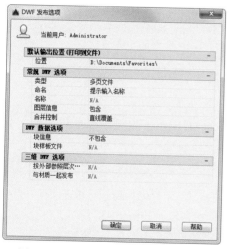

图 10-25 "DWF 发布选项"对话框

图 10-26 "指定 DWF 文件"对话框

图 10-27 "发布-保存图纸列表"提示框

图 10-28 "输出-更改未保存"对话框

系统在后台对图形进行发布，并弹出"打印-正在处理后台作业"对话框，单击"关闭"按钮，这时在界面右下角有一个打印机图标，如图 10-29 所示。单击此图标，可以打开"打印和发布详细信息"对话框，如图 10-30 所示，可以查看有关信息。

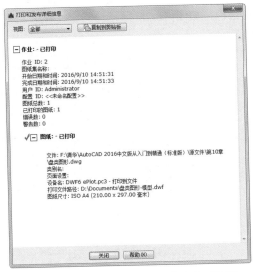

图 10-30　"打印和发布详细信息"对话框

图 10-29　打印机图标

## 10.3.5　网上发布

网上发布向导为创建包含 AutoCAD 图形的 DWF、JPEG 或 PNG 图像的格式化网页提供简化的界面。其中，DWF 格式不压缩图形文件；JPEG 格式采用有损压缩，即有目的地丢弃一些数据以显著减小压缩文件的大小；PNG（便携式网络图形）格式采用无损压缩，即不丢失原始数据就可以减小文件的大小。

### 1. 执行方式

☑　命令行：PUBLISHTOWEB。
☑　菜单栏：文件→网上发布。

### 2. 操作步骤

命令：PUBLISHTOWEB✓

执行上述命令，系统自动打开"网上发布-开始"对话框，如图 10-31 所示。单击"下一步"按钮，进行相应设置，最后系统打开"网上发布-预览并发布"对话框，如图 10-32 所示。

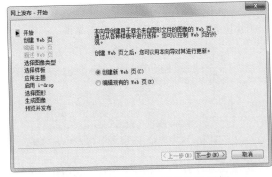

图 10-31　"网上发布-开始"对话框

图 10-32　"网上发布-预览并发布"对话框

用户可以单击"预览"按钮进行预览或单击"立即发布"按钮进行发布。如图 10-33 所示为单击

"预览"按钮后打开的"网上发布"网页，可以预览发布的效果。准备好后，可以单击"立即发布"按钮进行网上发布。

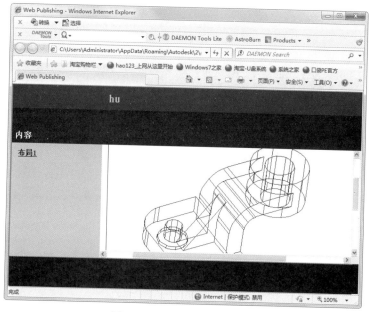

图 10-33 "网上发布"网页

## 10.3.6 操作实例——发布盘类元件图形

本例主要利用网上发布功能进行相应设置，最后发布盘类零件图形，其流程如图 10-34 所示。

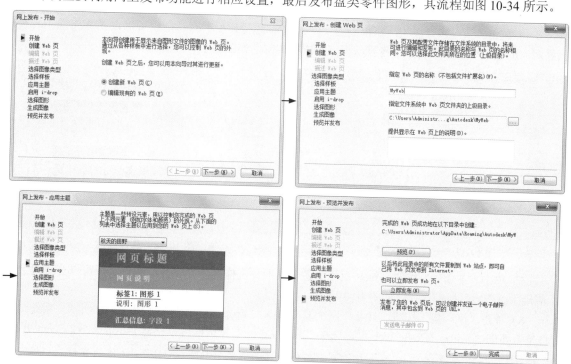

图 10-34 发布盘类零件图形

**操作步骤：**（光盘\实例演示\第 10 章\发布盘类零件图形 2.avi）

（1）网上发布。在命令行中输入 publishtoweb，执行网上发布，命令行提示与操作如下：

```
命令：PUBLISHTOWEB✓
```

系统打开"网上发布-开始"对话框，如图 10-35 所示。选中"创建新 Web 页"或"编辑现有的 Web 页"单选按钮，可以选择是创建新 Web 页，还是对现有 Web 页进行编辑。这里选中"创建新 Web 页"单选按钮，然后单击"下一步"按钮。

（2）系统打开如图 10-36 所示的"网上发布-创建 Web 页"对话框，输入 Web 页的名称为 MyWeb，采用默认的文件存放位置，单击"下一步"按钮。

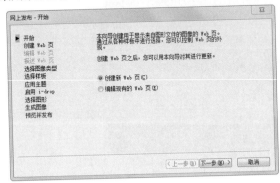

图 10-35　创建 Web 页

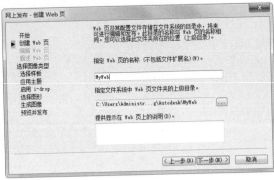

图 10-36　指定 Web 页名称

（3）在打开的"网上发布-选择图像类型"对话框中选择将在 Web 页显示的图形图像的类型，可以在 DWF、JPEG 和 PNG 格式之间选择，如图 10-37 所示。右边的图像大小选项可以选择 Web 页中显示图像的大小。

（4）单击"下一步"按钮，在弹出的"网上发布-选择样板"对话框中可以设置 Web 页的样板，选择对应的选项后，在预览框中将显示相应的样板实例，如图 10-38 所示。

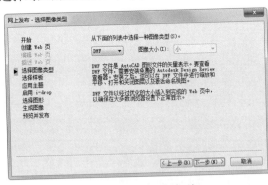

图 10-37　选择图像类型

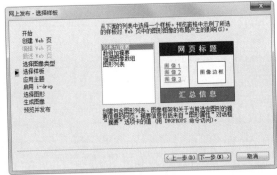

图 10-38　选择样板

（5）单击"下一步"按钮，Web 页面上各元素的外观样式，如字体、颜色等，可以在"网上发布-应用主题"对话框中选择，如图 10-39 所示，预览框中可以显示相应的样式。

（6）单击"下一步"按钮，打开"网上发布-启用 i-drop"对话框，如图 10-40 所示，系统询问用户是否要创建 i-drop 有效的 Web 页，选中"启用 i-drop"复选框可以创建 i-drop 有效的 Web 页。

✍ **技巧：** i-drop 有效的 Web 页会在该页上随所生成的图像一起发送 DWG 文件的备份。利用此功能，访问 Web 页的用户可以将图形文件拖动到 AutoCAD 绘图环境中。

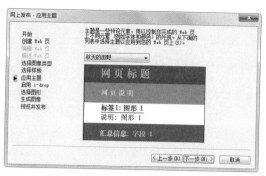

图 10-39 选择应用主题

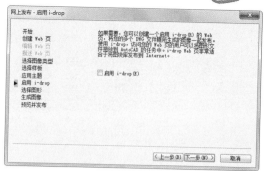

图 10-40 启用 i-drop

（7）单击"下一步"按钮，系统打开"网上发布-选择图形"对话框，在该对话框中可以确定在 Web 页中要显示成图像的图形文件。设置好图像后，单击"添加"按钮，添加到"图像列表"列表框中。

（8）单击"下一步"按钮，系统打开"网上发布-生成图像"对话框，如图 10-41 所示，可以确定重新生成已修改图形的图像，还是重新生成所有图像。

（9）单击"下一步"按钮，在打开的"网上发布-预览并发布"对话框（如图 10-42 所示）中单击"预览"按钮，可以预览图形的发布效果，如图 10-43 所示。

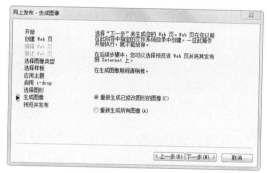

图 10-41 生成图像

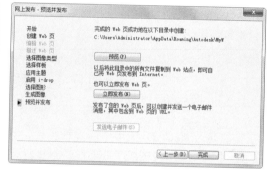

图 10-42 预览并发布

图 10-43 预览效果

（10）单击"立即发布"按钮，系统提示指定发布位置，如图 10-44 所示。

图 10-44　指定发布位置

发送 Web 页后，"发送电子邮件"选项即为可用状态，通过发送电子邮件可以创建、发送 URL 及其位置等信息。

# 10.4　超　链　接

超链接是 AutoCAD 图形中的一种指针，利用超链接可实现由当前页到关联文件的跳转。在 AutoCAD 中可为某个视图或字处理程序创建超链接，还可将超链接附着到 AutoCAD 的任意图形对象上。超链接可提供简单而有效的方式，快速地将各种文档（如其他图形、明细表、数据库信息或项目计划等）与 AutoCAD 图形相关联。

超链接可指向本地机、网络驱动器或 Internet 上存储的文件。在默认情况下，将鼠标指针放在某个附着超链接的图形对象上，AutoCAD 可提供光标的反馈提示，然后便可选择该对象，使用"超链接"快捷菜单打开与之相关联的文件。

在 AutoCAD 2016 中，可创建两种类型的超链接文件：绝对超链接与相对超链接。绝对超链接存储文件位置的完整路径；相对超链接存储文件位置的相对路径，该路径是由系统变量 HYPERLINKBASE 指定的默认 URL 或目录的路径。

## 10.4.1　添加超链接

### 1. 执行方式

☑　命令行：HYPERLINK。

☑　菜单栏：插入→超链接。

### 2. 操作步骤

```
命令：HYPERLINK✓
选择对象：（选择对象）
```

上述操作完成后，系统打开"插入超链接"对话框，如图 10-45 所示。

3. 选项说明

"插入超链接"对话框中有"现有文件或 Web 页"、"此图形的视图"和"电子邮件地址"3 个选项卡。其详细说明分别参见图 10-45、图 10-46 和图 10-47，下面对图中主要选项的作用进行介绍。

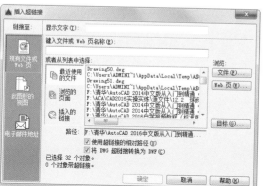

图 10-45 "插入超链接"对话框

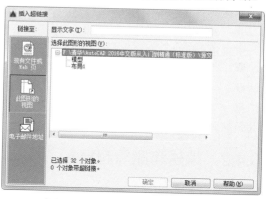

图 10-46 "此图形的视图"选项卡

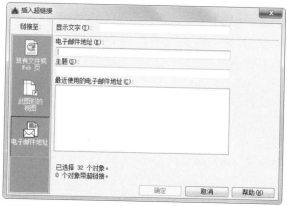

图 10-47 "电子邮件地址"选项卡

（1）"现有文件或 Web 页"选项卡

❶ "键入文件或 Web 页名称"文本框：指定要与超链接关联的文件或 Web 页。该文件可存储在本地、网络驱动器、Internet 或 Intranet 上。

❷ 最近使用的文件：显示最近使用过的文件列表，可从中选择一个进行链接。

❸ 浏览的页面：显示最近浏览过的 Web 页列表，可从中选择一个进行链接。

❹ 插入的链接：显示最近插入的超链接列表，可从中选择一个进行链接。

❺ "使用超链接的相对路径"复选框：为超链接设置相对路径。如果选中此复选框，链接文件的完整路径并不和超链接一起存储。

❻ "将 DWG 超链接转换为 DWF"复选框：指定将图形发布或打印为 DWF 文件时，应将 DWG 超链接转换为 DWF 文件超链接。

❼ "文件"按钮：单击该按钮，打开"浏览 Web 选择超链接"对话框，可从中浏览需要与超链接关联的文件。

❽ "目标"按钮：单击该按钮，打开"选择文档中的位置"对话框，可从中选择一个命名位置进行链接。

技巧："现有文件或 Web 页"选项卡中有一个"显示文字"文本框，该文本框指定超链接的说明。当文件名或 URL 对识别所链接文件的内容不是很有帮助时，此说明很有用。

（2）"此图形的视图"选项卡

用于指定当前图形中链接目标的命名视图。其中，"选择此图形的视图"列表框中显示当前图形中命名视图的可扩展的树状图，从中可选择一个进行链接。

（3）"电子邮件地址"选项卡

用于指定链接目标电子邮件地址。执行超链接时，使用默认的系统邮件程序创建新邮件。

❶ "电子邮件地址"文本框：指定电子邮件地址。

❷ "主题"文本框：指定电子邮件的主题。

❸ "最近使用的电子邮件地址"文本框：列出最近使用过的电子邮件地址，可从中选择一个用于超链接。

## 10.4.2 编辑和删除超链接

### 1. 执行方式

☑ 命令行：HYPERLINK。

☑ 菜单栏：插入→超链接。

☑ 快捷菜单：选择包含超链接的对象，右击，在弹出的快捷菜单中选择"超链接"→"编辑超链接"命令。

### 2. 操作步骤

命令：HYPERLINK✓
选择对象：（选择对象）

执行上述操作后，系统打开"编辑超链接"对话框，如图 10-48 所示。

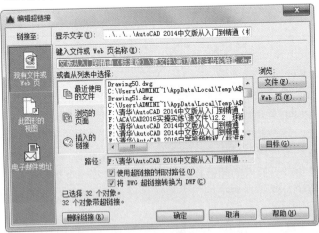

图 10-48    "编辑超链接"对话框

该对话框与如图 10-45 所示的"插入超链接"对话框类似，需要强调的是，该对话框中有一个"删除链接"按钮，单击该按钮，则删除已建立的超链接。

用户也可以先选择建立超链接的图形文件，然后右击，在弹出的快捷菜单中选择"超链接"→"打开×:\××.××"命令，打开与该图形相链接的图形，如图 10-49 所示。

Note

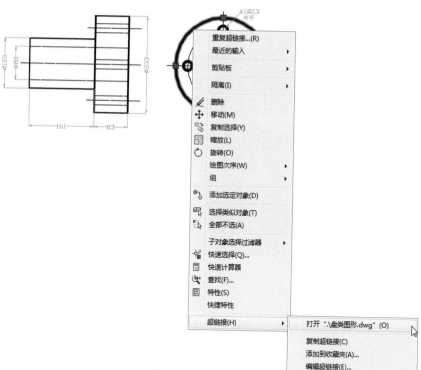

图 10-49　右键菜单

## 10.4.3　操作实例——将明细表超链接到变速器组装图上

将明细表超链接到变速器组装图上，并打开此明细表，其流程如图 10-50 所示。

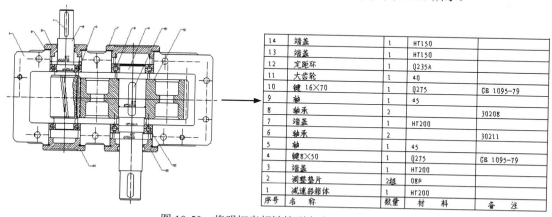

| 14 | 端盖 | 1 | HT150 | |
| 13 | 端盖 | 1 | HT150 | |
| 12 | 定距环 | 1 | Q235A | |
| 11 | 大齿轮 | 1 | 40 | |
| 10 | 键 16×70 | 1 | Q275 | GB 1095-79 |
| 9 | 轴 | 1 | 45 | |
| 8 | 轴承 | 2 | | 30208 |
| 7 | 端盖 | 1 | HT200 | |
| 6 | 轴承 | 2 | | 30211 |
| 5 | 轴 | 1 | 45 | |
| 4 | 键8×50 | 1 | Q275 | GB 1095-79 |
| 3 | 端盖 | 1 | HT200 | |
| 2 | 调整垫片 | 2组 | 08F | |
| 1 | 减速器箱体 | 1 | HT200 | |
| 序号 | 名　称 | 数量 | 材　料 | 备　注 |

图 10-50　将明细表超链接到变速器组装图上

**操作步骤：（光盘\实例演示\第 10 章\将明细表超链接到变速器组装图上.avi）**

（1）打开随书光盘中的"源文件\第 10 章\变速器组装图"图形文件。

（2）选择菜单栏中的"插入"→"超链接"命令，选择图形为对象后按 Enter 键，系统打开"插入超链接"对话框。

（3）在"插入超链接"对话框中单击"文件"按钮，找到并选择如图 10-51 所示的明细表的路径

Note

"源文件\第 10 章\明细表"及图形文件。单击"确定"按钮后退出,系统便为这两个图形建立超链接。

(4)选中如图 10-52 所示的图形并右击,在弹出的快捷菜单中选择"超链接"→"打开×:\××.×××"命令,即可打开与如图 10-52 所示图形相链接的明细表。

| 14 | 端盖 | 1 | HT150 | |
| 13 | 端盖 | 1 | HT150 | |
| 12 | 定距环 | 1 | Q235A | |
| 11 | 大齿轮 | 1 | 40 | |
| 10 | 键 16×70 | 1 | Q275 | GB 1095-79 |
| 9 | 轴 | 1 | 45 | |
| 8 | 轴承 | 2 | | 30208 |
| 7 | 端盖 | 1 | HT200 | |
| 6 | 轴承 | 2 | | 30211 |
| 5 | 轴 | 1 | 45 | |
| 4 | 键8×50 | 1 | Q275 | GB 1095-79 |
| 3 | 端盖 | 1 | HT200 | |
| 2 | 调整垫片 | 2组 | 08F | |
| 1 | 减速器箱体 | 1 | HT200 | |
| 序号 | 名 称 | 数量 | 材 料 | 备 注 |

图 10-51　明细表

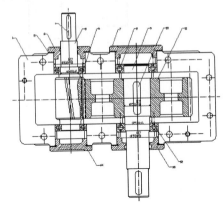

图 10-52　变速器组装图

# 10.5　输入/输出其他格式的文件

AutoCAD 以 DWG 格式保存自身的图形文件,但这种格式不能适用于其他软件平台或应用程序。要在其他应用程序中使用 AutoCAD 图形,必须将其转换为特定的格式。AutoCAD 可以输出多种格式的文件,供用户在不同软件之间交换数据。

AutoCAD 不仅能够输出其他格式的图形文件,以供其他应用软件使用,也可以使用其他软件生成的图形文件。AutoCAD 能够输入/输出的文件类型有 DXF、DXB、ACIS、3D Studio、WMF 和封装 PostScript 等。

## 10.5.1　输入不同格式文件

AutoCAD 可以输入包括 DXF(图形交换格式)、DXB(二进制图形交换)、ACIS(实体造型系统)、3DS(3D Studio)、WMF(Windows 图元)等类型格式的文件,输入方法类似。下面以 3DS 文件为例进行讲述。

1. 执行方式

☑　命令行:3DSIN 或 IMPORT。

☑　菜单栏:插入→3D Studio。

2. 操作步骤

命令:3DSIN↙

执行上述操作后,AutoCAD 打开"3D Studio 文件输入"对话框,如图 10-53 所示。在该对话框的"文件名"下拉列表框中选择一个文件名,单击"打开"按钮,AutoCAD 打开"3D Studio 文件输入选项"对话框,如图 10-54 所示,可以在该对话框中进行各项设置,如图 10-55 所示为输入的 3DS 文件。

利用 IMPORT 命令也可输入 3DS 文件到 AutoCAD 中,输入该命令后,系统打开"输入文件"对话框，如图 10-56 所示。选择所需要的文件，其结果与 3DSIN 命令类似。

图 10-53 "3D Studio 文件输入"对话框

图 10-54 "3D Studio 文件输入选项"对话框

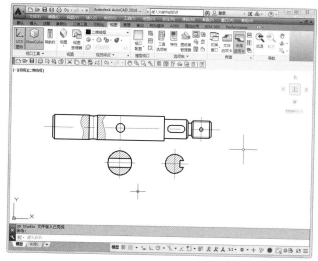

图 10-55 输入的 3DS 文件

图 10-56 "输入文件"对话框

## 10.5.2 输出不同格式文件

AutoCAD 可以输出包括 DXF（图形交换格式）、EPS（封装 PostScript）、ACIS（实体造型系统）、

WMF（Windows 图元）、BMP（位图）、STL（平版印刷）、DXX（属性数据提取）等类型格式的文件，输出方法类似。下面以输出 BMP 格式文件为例进行讲述。

1．执行方式

命令行：BMPOUT。

2．操作步骤

```
命令：BMPOUT↙
选择对象：（选择对象）
选择对象：↙
```

执行上述命令后，AutoCAD 打开"创建光栅文件"对话框，如图 10-57 所示。在该对话框的"文件名"下拉列表框中输入要输出的文件名后，单击"保存"按钮，AutoCAD 选择的对象输出成 BMP 文件。

图 10-57　"创建光栅文件"对话框

另外，可以通过"输出"命令输出各种格式文件。执行方式如下。

☑　命令行：EXPORT。

☑　菜单栏：文件→输出。

执行上述操作后，系统打开"输出数据"对话框，如图 10-58 所示。在"文件类型"下拉列表框中可以选择各种格式的文件类型。

图 10-58　"输出数据"对话框

# 10.6 综合演练——将住房布局 DWG 图形转化成 BMP 图形

若对用 AutoCAD 绘制的图形效果不够满意，可以输出到 Photoshop，用 Photoshop 强大的图形处理能力对其进行更细腻的光影、色彩的处理。

本例通过插入光栅文件，选择文件类型，插入图像文件，完成从住房布局 DWG 图形到 BMP 图形的转换，其流程如图 10-59 所示。

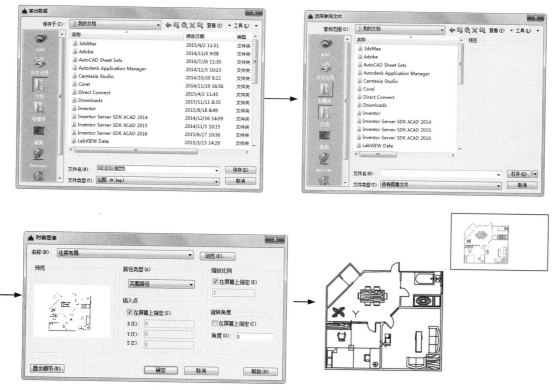

图 10-59 将住房布局 DWG 图形转化成 BMP 图形

**操作步骤：**（光盘\实例演示\第 **10** 章\将住房布局 DWG 图形转化成 **BMP** 图形.avi）

（1）打开源文件。打开随书光盘中的"源文件\第 10 章\住房布局"图形文件。选择菜单栏中的"文件"→"输出"命令，弹出如图 10-60 所示的对话框。在"文件类型"下拉列表框中选择"位图（*.bmp）"选项，如图 10-61 所示。

确定一个合适的路径和文件名，完成 DWG 图形到 BMP 图形的转化。此时即可在 Photoshop 中打开，并对图形进行细腻处理。

将 DWG 图形转化成 BMP 图形后，还可在 AutoCAD 中调用该图形。

（2）插入光栅文件。选择菜单栏中的"插入"→"光栅图像参照"命令，弹出"选择参照文件"对话框，如图 10-62 所示。

（3）选择文件类型。在"文件类型"下拉列表框中选择插入所有格式的图形文件，如图 10-63

所示，从中选择 BMP（*.bmp,*.rle,*.dib）等格式的文件。

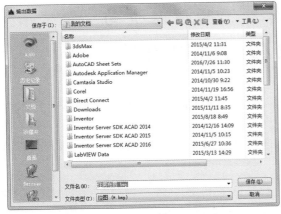

图 10-60　"输出数据"对话框

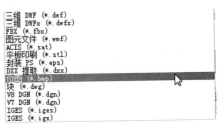

图 10-61　输出文件类型

图 10-62　"选择参照文件"对话框

图 10-63　选择插入的文件类型

（4）插入文件。选择要调用的源文件中的 BMP 格式文件"住房布局截面图"，单击"打开"按钮，弹出"附着图像"对话框，如图 10-64 所示，其中"名称"下拉列表框下面显示所要插入图片文件的名称和路径。通过"插入点""缩放比例""旋转角度"3 个选项组可以分别设置图片文件的插入点、插入比例和旋转角度。当然，也可以直接单击"确定"按钮，用鼠标在绘图区直接指定图片文件的插入点等，按提示完成操作即可。

图 10-64　"附着图像"对话框

# 10.7  动手练一练

通过本章的学习，读者应该掌握了根据不同的需求将图形输出为不同形式的方法，本节通过 3 个操作练习使读者进一步掌握本章知识要点。

## 10.7.1  通过 AutoCAD 的网络功能进入 CAD 共享资源网站

利用网络的互联互通功能交流信息、共享资源是 AutoCAD 的强大功能之一，本练习的目的是使读者熟悉 AutoCAD 的网络功能和网络资源，掌握 AutoCAD 网络功能的用法。

操作提示：

（1）将计算机进行网络连接。

（2）利用 AutoCAD 的网络相关命令打开网址为 http://www.cadalog.com 的网站。

（3）在该网站中查阅相关资料。

## 10.7.2  将挂轮架图形文件进行电子出图，并进行电子传递和网上发布

电子出图、电子传递和网上发布都是图形输出中除了传统纸质图纸印刷外新的输出方式。本练习的目的是使读者熟练掌握 AutoCAD 的各种电子输出与信息交流方式。挂轮架的效果图如图 10-65 所示。

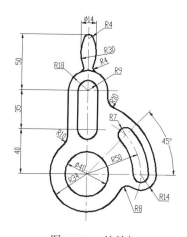

图 10-65  挂轮架

操作提示：

（1）利用"打印"命令打开"打印"对话框，进行电子输出设置并确认。

（2）利用"电子传递"命令进行相关设置并确认。

（3）利用"网上发布"命令逐步设置并确认发布。

## 10.7.3  将皮带轮图形输出成 BMP 文件

DWG 文件与其他格式文件的转换是实现 AutoCAD 与其他软件平台数据交换的重要手段。通过

本练习，要求读者掌握输入/输出不同格式文件的方法。

操作提示：

（1）打开皮带轮图形的 DWG 格式文件，如图 10-66 所示。

图 10-66　皮带轮

（2）选择菜单栏中的"文件"→"输出"命令，在打开的对话框中选择文件格式为 BMP。

（3）单击"确定"按钮保存。

# 第11章

# 绘制三维模型

本章开始学习有关 AutoCAD 2016 三维绘图知识，包括三维模型的分类、设置视图的显示、观察模式、三维绘制及基本三维曲面的绘制。

- ☑ 三维坐标系统
- ☑ 观察模式
- ☑ 基本三维绘制
- ☑ 三维网格
- ☑ 网格编辑

**任务驱动&项目案例**

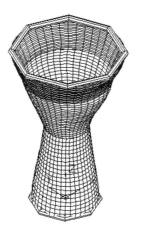

# 11.1 三维模型的分类

利用 AutoCAD 2016 创建三维模型，按照其创建的方式和在计算机中的存储方式，可以将三维模型分为 3 种类型：线型模型、表面模型和实体模型。

（1）线型模型：是对三维对象的轮廓描述。线型模型没有表面，由描述轮廓的点、线、面组成，如图 11-1 所示。线型模型结构简单，绘制费时。此外，由于线型模型没有面和体的特征，因而不能进行消隐和渲染等处理。

（2）表面模型：用面来描述三维对象。表面模型不仅具有边界，而且还具有表面。表面模型示例如图 11-2 所示。由于表面模型具有面的特征，因此可以对它进行物理计算，以及进行渲染和着色的操作。

（3）实体模型：不仅具有线和面的特征，而且还具有实体的特征，如体积、重心和惯性矩等。实体模型示例如图 11-3 所示。

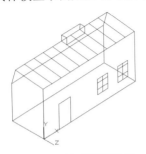
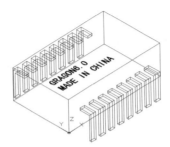

图 11-1　线型模型示例　　　　图 11-2　表面模型示例　　　　图 11-3　实体模型示例

AutoCAD 2016 不仅可以建立基本的三维实体，对它进行剖切、装配干涉检查等操作，还可以对实体进行布尔运算，以构造复杂的三维实体。此外，由于消隐和渲染技术的运用，可以使实体具有很好的可视性，因而实体模型广泛应用于广告设计和三维动画等领域。

# 11.2 三维坐标系统

AutoCAD 2016 使用的是笛卡尔坐标系，其使用的直角坐标系有两种类型，一种是世界坐标系（WCS），另一种是用户坐标系（UCS）。绘制二维图形时，常用的坐标系，即世界坐标系，由系统默认提供。世界坐标系又称通用坐标系或绝对坐标系，对于二维绘图来说，世界坐标系足以满足要求。为了方便创建三维模型，AutoCAD 2016 允许用户根据需要设定坐标系，即用户坐标系，合理地创建 UCS，可以方便地创建三维模型。

## 11.2.1 右手法则与坐标系

在 AutoCAD 中通过右手法则确定直角坐标系 Z 轴的正方向和绕轴线旋转的正方向，这是因为用户只需要简单地使用右手即可确定所需要的坐标信息。

在 AutoCAD 中输入的坐标采用绝对坐标和相对坐标两种形式，格式如下。

☑　绝对坐标格式：X, Y, Z。

☑　相对坐标格式：@X, Y, Z。

AutoCAD 可以用柱坐标和球坐标定义点的位置。

柱面坐标系统类似于 2D 极坐标输入，由该点在 XY 平面的投影点到 Z 轴的距离、该点与坐标原点的连线在 XY 平面的投影与 X 轴的夹角及该点沿 Z 轴的距离来定义，格式如下。

☑　绝对坐标形式：XY 距离<角度, Z 距离。

☑　相对坐标形式：@XY 距离<角度, Z 距离。

例如，绝对坐标 10<60, 20 表示在 XY 平面的投影点距离 Z 轴 10 个单位，该投影点与原点在 XY 平面的连线相对于 X 轴的夹角为 60°，沿 Z 轴离原点 20 个单位的一个点，如图 11-4 所示。

在球面坐标系统中，3D 球面坐标的输入类似于 2D 极坐标的输入。球面坐标系统由坐标点到原点的距离、该点与坐标原点的连线在 XY 平面内的投影与 X 轴的夹角及该点与坐标原点的连线与 XY 平面的夹角来定义。具体格式如下。

☑　绝对坐标形式：XYZ 距离<XY 平面内投影角度<与 XY 平面夹角。

☑　相对坐标形式：@XYZ 距离<XY 平面内投影角度<与 XY 平面夹角。

例如，坐标 10<60<15 表示该点距离原点为 10 个单位，与原点连线在 XY 平面内的投影与 X 轴成 60°夹角，连线与 XY 平面成 15°夹角，如图 11-5 所示。

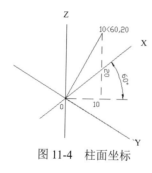

图 11-4　柱面坐标

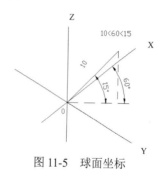

图 11-5　球面坐标

## 11.2.2　坐标系设置

可以利用相关命令对坐标系进行设置。

1.　执行方式

☑　命令行：ucsman（快捷命令：UC）。

☑　菜单栏：工具→命名 UCS。

☑　工具栏：UCS II→命名 UCS 　。

☑　功能区：视图→坐标→命名 UCS 　。

2.　操作步骤

执行上述操作后，系统打开如图 11-6 所示的 UCS 对话框。

3.　选项说明

（1）"命名 UCS"选项卡

该选项卡用于显示已有的 UCS、设置当前坐标系，如图 11-6 所示。

在"命名 UCS"选项卡中，用户可以将世界坐标系、上一次使用的 UCS 或某一命名的 UCS 设置为当前坐标，其具体方法是：从列表框中选择某一坐标系，单击"置为当前"按钮。可以利用选项卡中的"详细信息"按钮了解指定坐标系相对于某一坐标系的详细信息,其具体步骤是:单击"详细信息"按钮,系统打开如图 11-7 所示的"UCS 详细信息"对话框,该对话框详细说明用户所选坐标系的原点及 X、Y 和 Z 轴的方向。

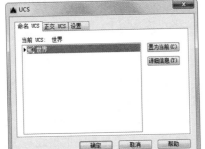

图 11-6　UCS 对话框

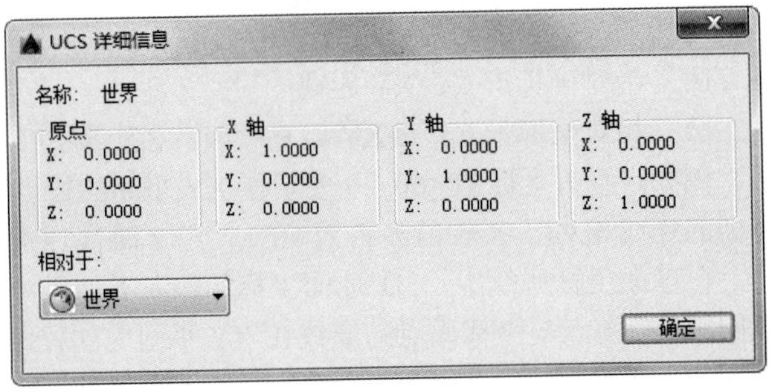

图 11-7　"UCS 详细信息"对话框

（2）"正交 UCS"选项卡

该选项卡用于将 UCS 设置成某一正交模式,如图 11-8 所示。其中,"深度"列用来定义用户坐标系 XY 平面上的正投影与通过用户坐标系原点平行平面之间的距离。

（3）"设置"选项卡

该选项卡用于设置 UCS 图标的显示形式、应用范围等,如图 11-9 所示。

图 11-8　"正交 UCS"选项卡

图 11-9　"设置"选项卡

## 11.2.3　创建坐标系

在三维绘图的过程中,有时根据操作的要求,需要转换坐标系,这时就需要新建一个坐标系来取代原来的坐标系。

### 1. 执行方式

- ☑　命令行:ucs。
- ☑　菜单栏:工具→新建 UCS。
- ☑　工具栏:单击 UCS 工具栏中的任一按钮。
- ☑　功能区:视图→坐标→UCS⌐。

### 2. 操作步骤

```
命令:_ucs
当前 UCS 名称:*世界*
```

指定 UCS 的原点或 [面(F)/命名(NA)/对象(OB)/上一个(P)/视图(V)/世界(W)/X/Y/Z/Z 轴(ZA)] <世界>: _w

### 3. 选项说明

（1）指定 UCS 的原点：使用一点、两点或三点定义一个新的 UCS。如果指定单个点 1，当前 UCS 的原点将移动而不更改 X、Y 和 Z 轴的方向。选择该选项，命令行提示与操作如下：

> 指定 X 轴上的点或 <接受>:（继续指定 X 轴通过的点 2 或直接按 Enter 键，接受原坐标系 X 轴为新坐标系的 X 轴）
> 指定 XY 平面上的点或 <接受>:（继续指定 XY 平面通过的点 3 以确定 Y 轴或直接按 Enter 键，接受原坐标系 XY 平面为新坐标系的 XY 平面，根据右手法则，相应的 Z 轴也同时确定）

示意图如图 11-10 所示。

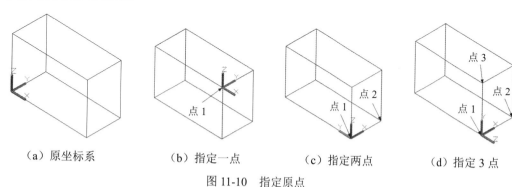

（a）原坐标系　　（b）指定一点　　（c）指定两点　　（d）指定 3 点

图 11-10　指定原点

（2）面(F)：将 UCS 与三维实体的选定面对齐。要选择一个面，在此面的边界内或面的边上单击，被选中的面高亮显示，UCS 的 X 轴与找到的第一个面上最近的边对齐。选择该选项，命令行提示与操作如下：

> 选择实体面、曲面或网格:（选择面）
> 输入选项 [下一个(N)/X 轴反向(X)/Y 轴反向(Y)] <接受>: ✓（结果如图 11-11 所示）
> 如果选择 "下一个" 选项，系统将 UCS 定位于邻接的面或选定边的后向面

（3）对象(OB)：根据选定三维对象定义新的坐标系，如图 11-12 所示。新建 UCS 的拉伸方向（Z 轴正方向）与选定对象的拉伸方向相同。选择该选项，命令行提示与操作如下：

> 选择对齐 UCS 的对象: 选择对象

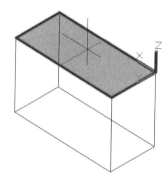

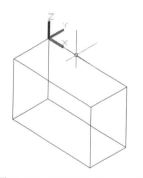

图 11-11　选择面确定坐标系　　图 11-12　选择对象确定坐标系

对于大多数对象，新 UCS 的原点位于离选定对象最近的顶点处，并且 X 轴与一条边对齐或相切。对于平面对象，UCS 的 XY 平面与该对象所在的平面对齐。对于复杂对象，重新定位原点，轴的当前方向保持不变。

（4）视图(V)：以垂直于观察方向（平行于屏幕）的平面为 XY 平面，创建新的坐标系，UCS 原点保持不变。

（5）世界(W)：将当前用户坐标系设置为世界坐标系。WCS 是所有用户坐标系的基准，不能被重新定义。

> ✍ **技巧：** 该选项不能用于三维多段线、三维网格和构造线等对象。

（6）X、Y、Z：绕指定轴旋转当前 UCS。

（7）Z 轴(ZA)：利用指定的 Z 轴正半轴定义 UCS。

## 11.2.4 动态坐标系

打开动态坐标系的具体操作方法是单击状态栏中的"允许/禁止动态 UCS"按钮。可以使用动态 UCS 在三维实体的平整面上创建对象，而无须手动更改 UCS 方向。在执行命令的过程中，将光标移动到面上方时，动态 UCS 临时将 UCS 的 XY 平面与三维实体的平整面对齐，如图 11-13 所示。

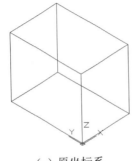　　　　　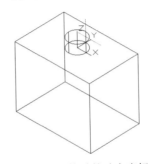

　　（a）原坐标系　　　　　　（b）绘制圆柱体时的动态坐标系

图 11-13 动态 UCS

动态 UCS 激活后，指定的点和绘图工具（如极轴追踪和栅格）都将与动态 UCS 建立的临时 UCS 相关联。

# 11.3 视 点 设 置

对三维造型而言，不同的角度和视点观察的效果完全不同。为了以合适的角度观察物体，需要设置观察的视点，AutoCAD 为用户提供相关的方法。

## 11.3.1 利用对话框设置视点

AutoCAD 提供"视点预设"功能，帮助读者事先设置观察视点。

**1. 执行方式**

☑ 命令行：DDVPOINT。

☑ 菜单栏：视图→三维视图→视点预设。

2. 操作步骤

命令：DDVPOINT✓

执行 DDVPOINT 命令或选择相应的菜单，AutoCAD 弹出"视点预设"对话框，如图 11-14 所示。

在"视点预设"对话框中，左侧的图形用于确定视点和原点的连线在 XY 平面投影与 X 轴正方向的夹角；右侧的图形用于确定视点和原点的连线与其在 XY 平面投影的夹角。用户也可以在"自：X 轴"和"自：XY 平面"两个文本框中输入相应的角度。"设置为平面视图"按钮用于将三维视图设置为平面视图。用户设置好视点的角度后，单击"确定"按钮，AutoCAD 2016 按该点显示图形。

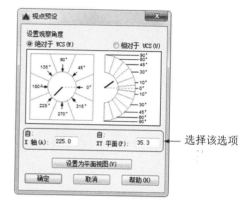

图 11-14　"视点预设"对话框

### 11.3.2　利用罗盘确定视点

在 AutoCAD 中，用户可以通过罗盘和三轴架确定视点。罗盘是以二维显示的地球仪，它的中心是北极(0,0,1)，相当于视点位于 Z 轴的正方向；内部的圆环为赤道(n,n,0)；外部的圆环为南极(0,0,-1)，相当于视点位于 Z 轴的负方向。

1. 执行方式

☑　命令行：VPOINT。

☑　菜单栏：视图→三维视图→视点。

2. 操作步骤

命令：VPOINT
当前视图方向：VIEWDIR=0.0000,0.0000,1.0000
指定视点或 [旋转(R)] <显示指南针和三轴架>：

"显示指南针和三轴架"是系统默认的选项，直接按 Enter 键即执行"显示坐标球和三轴架"命令，AutoCAD 出现如图 11-15 所示的罗盘和三轴架。

在图 11-15 中，罗盘相当于球体的俯视图，十字光标表示视点的位置。确定视点时，拖动鼠标使光标在坐标球上移动时，三轴架的 X、Y 轴绕 Z 轴转动。三轴架转动的角度与光标在坐标球上的位置相对应，光标位于坐标球的不同位置，对应的视点也不相同。当光标位于内环内部时，视点相当于在球体的上半球；当光标位于内环与外环之间时，视点相当于在球体的下半球。用户根据需要确定视点的位置后按 Enter 键，AutoCAD 按该视点显示三维模型。

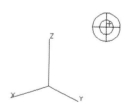

图 11-15　罗盘和三轴架

# 11.4　观　察　模　式

AutoCAD 2016 大大增强了图形的观察功能，在增强原有的动态观察功能和相机功能的前提下，又增加了控制盘和视图控制器等功能。

## 11.4.1 动态观察

AutoCAD 2016 提供具有交互控制功能的三维动态观测器，用户利用三维动态观测器可以实时地控制和改变当前视口中创建的三维视图，以得到期望的效果。动态观察分为 3 类，分别是受约束的动态观察、自由动态观察和连续动态观察。

### 1. 受约束的动态观察

（1）执行方式

☑ 命令行：3DORBIT（快捷命令：3DO）。

☑ 菜单栏：视图→动态观察→受约束的动态观察。

☑ 快捷菜单：启用交互式三维视图后，在视口中右击，在弹出的快捷菜单中选择"受约束的动态观察"命令，如图 11-16 所示。

☑ 工具栏：动态观察→受约束的动态观察⊕或三维导航→受约束的动态观察⊕（如图 11-17 所示）。

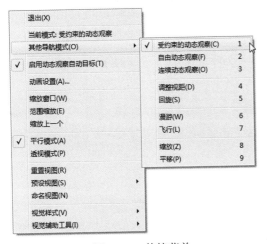

图 11-16　快捷菜单

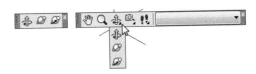

图 11-17　"动态观察"和"三维导航"工具栏

☑ 功能区：视图→导航→动态观察⊕（如图 11-18 所示）。

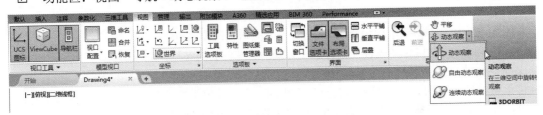

图 11-18　"动态观察"下拉菜单

（2）操作步骤

执行上述操作后，视图的目标保持静止，而视点围绕目标移动。但是，从用户的视点来看就像三维模型正在随着光标的移动而旋转，用户可以以此方式指定模型的任意视图。

系统显示三维动态观察光标图标。如果水平拖动鼠标，相机将平行于世界坐标系（WCS）的 XY 平面移动。如果垂直拖动鼠标，相机将沿 Z 轴移动，如图 11-19 所示。

（a）原始图形　　　　　　　　　　　　（b）拖动鼠标

图 11-19　受约束的三维动态观察

✍ **技巧**：3DORBIT 命令处于活动状态时，无法编辑对象。

**2．自由动态观察**

（1）执行方式

☑　命令行：3DFORBIT。

☑　菜单栏：视图→动态观察→自由动态观察。

☑　快捷菜单：启用交互式三维视图后，在视口中右击，在弹出的快捷菜单中选择"自由动态观察"命令。

☑　工具栏：动态观察→自由动态观察❷或三维导航→自由动态观察❷。

☑　功能区：视图→导航→自由动态观察❷。

（2）操作步骤

执行上述操作后，在当前视口出现一个绿色的大圆，在大圆上有 4 个绿色的小圆，如图 11-20 所示。此时通过拖动鼠标即可对视图进行旋转观察。

在三维动态观测器中，查看目标的点被固定，用户可以利用鼠标控制相机位置绕观察对象运动得到动态的观测效果。当光标在绿色大圆的不同位置进行拖动时，光标的表现形式是不同的，视图的旋转方向也不同。视图的旋转由光标的表现形式和其位置决定，光标在不同位置有⊙、⊙、⊕、⊕等几种表现形式，可分别对对象进行不同形式的旋转。

**3．连续动态观察**

（1）执行方式

☑　命令行：3DCORBIT。

☑　菜单栏：视图→动态观察→连续动态观察。

☑　快捷菜单：启用交互式三维视图后，在视口中右击，在弹出的快捷菜单中选择"连续动态观察"命令。

☑　工具栏：动态观察→连续动态观察❷或三维导航→连续动态观察❷。

☑　功能区：视图→导航→连续动态观察❷。

（2）操作步骤

执行上述操作后，绘图区出现动态观察图标，按住鼠标拖动，图形按鼠标拖动的方向旋转，旋转速度为鼠标拖动的速度，如图 11-21 所示。

✍ **技巧**：如果设置了相对于当前 UCS 的平面视图，就可以在当前视图用绘制二维图形的方法在三维对象的相应面上绘制图形。

图 11-20 自由动态观察

图 11-21 连续动态观察

### 11.4.2 视图控制器

使用视图控制器功能可以方便地转换方向视图。

**1. 执行方式**

命令行：navvcube。

**2. 操作步骤**

命令：NAVVCUBE↙
输入选项 [开(ON)/关(OFF)/设置(S)] <ON>：

上述命令控制视图控制器的打开与关闭，打开该功能时，绘图区的右上角自动显示视图控制器，如图 11-22 所示。

单击控制器的显示面或指示箭头，界面图形自动转换到相应的方向视图。如图 11-23 所示为单击控制器"上"面后，系统转换到上视图的情形。单击控制器上的 按钮，系统回到西南等轴测视图。

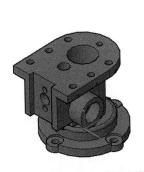

图 11-22 显示视图控制器

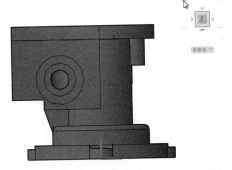

图 11-23 单击控制器"上"面后的视图

### 11.4.3 相机

相机是 AutoCAD 提供的另外一种三维动态观察功能。相机与动态观察的不同之处在于：动态观察使视点相对对象位置发生变化，相机观察使视点相对对象位置不发生变化。

**1. 创建相机**

（1）执行方式

☑ 命令行：CAMERA。
☑ 菜单栏：视图→创建相机。

☑　功能区：可视化→相机→创建相机  。

（2）操作步骤

```
命令：CAMERA
当前相机设置：高度=0 镜头长度=50 毫米
指定相机位置：（指定位置）
指定目标位置：（指定位置）
输入选项 [?/名称(N)/位置(LO)/高度(H)/目标(T)/镜头(LE)/剪裁(C)/视图(V)/退出(X)]
<退出>：
```

设置完毕后，界面出现一个相机符号，表示创建了一个相机。

（3）选项说明

❶　位置(LO)：指定相机的位置。

❷　高度(H)：更改相机的高度。

❸　目标(T)：指定相机的目标。

❹　镜头(LE)：更改相机的焦距。

❺　剪裁(C)：定义前后剪裁平面并设置它们的值。选择该项，系统提示：

```
是否启用前向剪裁平面？[是(Y)/否(N)] <否>：（指定"是"启用前向剪裁）
指定从目标平面的前向剪裁平面偏移 <当前>：（输入距离）
是否启用后向剪裁平面？[是(Y)/否(N)] <否>：（指定"是"启用后向剪裁）
指定从目标平面的后向剪裁平面偏移 <当前>：（输入距离）
```

剪裁范围内的对象不可见，如图 11-24 所示为设置剪裁平面后单击相机符号后系统显示对应的相机预览视图。

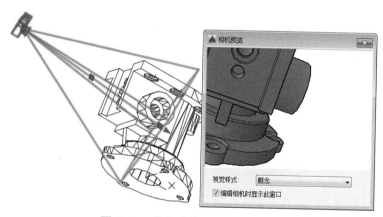

图 11-24　相机及其对应的相机预览

❻　视图(V)：设置当前视图以匹配相机设置。选择该选项，系统提示：

```
是否切换到相机视图？[是(Y)/否(N)] <否>
```

### 2. 调整距离

（1）执行方式

☑　命令行：3DDISTANCE。

☑　菜单栏：视图→相机→调整视距。

☑ 快捷菜单：启用交互式三维视图后，在视口中右击，在弹出的快捷菜单中选择"调整视距"命令。

☑ 工具栏：相机调整→调整视距🖳或三维导航→调整视距🖳。

（2）操作步骤

命令：3DDISTANCE✓
按 Esc 或 Enter 键退出，或者右击以显示快捷菜单

执行该命令后，系统将光标更改为具有上箭头和下箭头的直线。单击并向屏幕顶部垂直拖动光标使相机靠近对象，从而使对象显示得更大；单击并向屏幕底部垂直拖动光标使相机远离对象，从而使对象显示得更小，如图 11-25 所示。

3. 回旋

（1）执行方式

☑ 命令行：3DSWIVEL。

☑ 菜单栏：视图→相机→回旋。

☑ 快捷菜单：启用交互式三维视图后，在视口中右击，在弹出的快捷菜单中选择"回旋"命令。

☑ 工具栏：相机调整→回旋🖳或三维导航→回旋🖳。

定点设备按住 Ctrl 键，然后单击鼠标滚轮以暂时进入 3DSWIVEL 模式。

（2）操作步骤

命令：3DSWIVEL✓
按 Esc 或 Enter 键退出，或者右击以显示快捷菜单

执行该命令后，系统在拖动方向上模拟平移相机，查看的目标将更改。可以沿 XY 平面或 Z 轴回旋视图，如图 11-26 所示。

图 11-25 调整距离

图 11-26 回旋

## 11.4.4 漫游和飞行

使用漫游和飞行功能，可以产生一种在 XY 平面行走或飞越视图的观察效果。

1. 漫游

（1）执行方式

☑ 命令行：3DWALK。

☑ 菜单栏：视图→漫游和飞行→漫游。

☑ 快捷菜单：启用交互式三维视图后，在视口中右击，在弹出的快捷菜单中选择"漫游"命令。

☑ 工具栏：漫游和飞行→漫游👣或三维导航→漫游👣。

（2）操作步骤

命令：3DWALK↙

执行该命令后，系统在当前视口中激活漫游模式，在当前视图上显示一个绿色的十字形表示当前漫游位置，同时系统打开"定位器"选项板。在键盘上，使用 4 个箭头键或 W（前）、A（左）、S（后）、D（右）键和鼠标来确定漫游的方向。要指定视图的方向，可沿要进行观察的方向拖动鼠标，也可以直接通过定位器调节目标指示器设置漫游位置，如图 11-27 所示。

2. 飞行

（1）执行方式

☑ 命令行：3DFLY。

☑ 菜单栏：视图→漫游和飞行→飞行。

☑ 快捷菜单：启用交互式三维视图后，在视口中右击，在弹出的快捷菜单中选择"飞行"命令。

☑ 工具栏：漫游和飞行→飞行✛或三维导航→飞行✛。

（2）操作步骤

命令：3DFLY↙

执行该命令后，系统在当前视口中激活飞行模式，同时系统打开"定位器"选项板，如图 11-28 所示。可以离开 XY 平面，就像在模型中飞越或环绕模型飞行一样。在键盘上，使用 4 个箭头键或 W（前）、A（左）、S（后）、D（右）键和鼠标来确定飞行的方向。

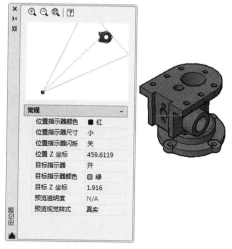

图 11-27　漫游设置

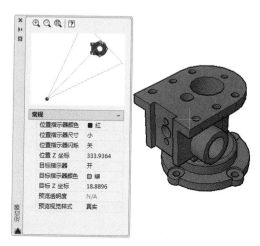

图 11-28　飞行设置

3. 漫游和飞行设置

（1）执行方式

☑ 命令行：WALKFLYSETTINGS。

☑ 菜单栏：视图→漫游和飞行→漫游和飞行设置。

☑ 快捷菜单：启用交互式三维视图后，在视口中右击，在弹出的快捷菜单中选择"飞行"命令。

☑ 工具栏：漫游和飞行→漫游和飞行设置🖰或三维导航→漫游和飞行设置🖰。

（2）操作步骤

命令：WALKFLYSETTINGS↙

执行该命令后，系统打开"漫游和飞行设置"对话框，如图 11-29 所示，可以通过该对话框设置漫游和飞行的相关参数。

图 11-29　"漫游和飞行设置"对话框

## 11.4.5　运动路径动画

使用运动路径动画功能可以设置观察的运动路径，并输出运动观察过程动画文件。

### 1. 执行方式

☑　命令行：ANIPATH。

☑　菜单栏：视图→运动路径动画。

### 2. 操作步骤

命令：ANIPATH↙

执行该命令后，系统打开"运动路径动画"对话框，如图 11-30 所示。其中的"相机"和"目标"选项组分别有"点"和"路径"两个单选按钮，可以分别设置相机或目标为点或路径。设置"相机"为"路径"，单击按钮，选择图 11-31 中左边的样条曲线为路径。设置"将目标链接至"为"点"，单击按钮，选择图 11-31 中右边的实体上一点为目标点。"动画设置"选项组中"角减速"表示相机转弯时，以较低的速率移动相机；"反向"表示反转动画的方向。

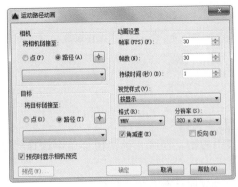

图 11-30　"运动路径动画"对话框

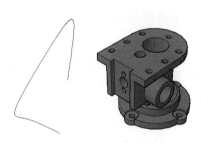

图 11-31　路径和目标

设置好各个参数后，单击"确定"按钮，系统生成动画，同时给出动画预览，如图 11-32 所示，可以使用各种播放器播放产生的动画。

## 11.4.6 控制盘

在 AutoCAD 2016 中，使用控制盘功能可以方便地观察图形对象。

1. 执行方式

☑ 命令行：NAVSWHEEL。

☑ 菜单栏：视图→Steeringwheel。

☑ 功能区：导航栏→Steeringwheels（如图 11-33 所示）。

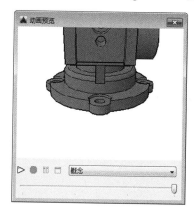

图 11-32 动画预览

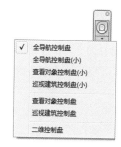

图 11-33 Steeringwheels 下拉菜单

2. 操作步骤

命令：NAVSWHEEL↙

执行该命令后，系统显示控制盘，如图 11-34 所示。控制盘随鼠标一起移动，在控制盘中选择某项显示命令，并按住鼠标，移动鼠标，则图形对象进行相应的显示变化。单击控制盘上的 按钮，系统打开如图 11-35 所示的快捷菜单，可以进行相关操作。单击控制盘上的 按钮，则关闭控制盘。

图 11-34 控制盘

图 11-35 快捷菜单

### 11.4.7 运动显示器

在 AutoCAD 2016 中，使用运动显示器功能可以建立运动。

**1. 执行方式**

☑ 命令行：NAVSMOTION。

☑ 菜单栏：视图→ShowMotion。

**2. 操作步骤**

命令：NAVSMOTION↙

执行上面的命令后，系统打开"运动显示器"工具栏，如图 11-36 所示。单击其中的🔊按钮，系统打开"新建视图/快照特性"对话框，如图 11-37 所示，对其中各项特性进行设置后，即可建立一个运动。

图 11-36 "运动显示器"工具栏

如图 11-38 所示为建立运动后的界面；如图 11-39 所示为单击"运动显示器"工具栏中的▷按钮，执行运动后的界面。

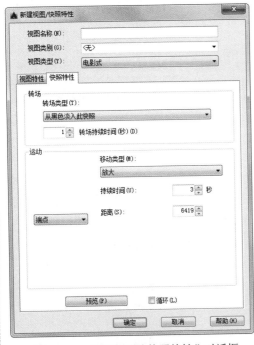

图 11-37 "新建视图/快照特性"对话框　　图 11-38 建立运动后的界面　　图 11-39 执行运动后的界面

### 11.4.8 操作实例——观察阀体三维模型

熟悉基本的三维观察模式之后，下面通过实际的案例来进一步熟悉这些三维观察功能，其流程如图 11-40 所示。

本实例涉及的创建 UCS 坐标、设置视点、使用动态观察命令观察阀体等功能，其使用方法都是在 AutoCAD 2016 三维造型中必须掌握和熟练运用的基本方法和步骤。

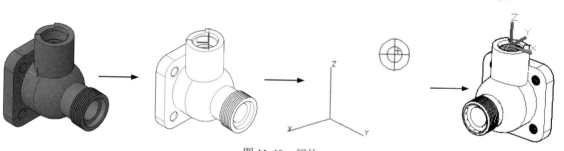

图 11-40　阀体

**操作步骤：**（光盘\实例演示\第 **11** 章\观察阀体三维模型**.avi**）

（1）打开源文件。选择随书光盘中的"\源文件\第 11 章\"文件夹，从中选择"阀体.dwg"文件夹，单击"打开"按钮，或双击该文件图标，即可将该文件打开。

（2）运用"视觉样式"对图案进行填充。单击"视图"选项卡"视觉样式"面板中的"隐藏"按钮，命令行提示与操作如下：

```
命令：_vscurrent
输入选项 [二维线框(2)/线框(W)/隐藏(H)/真实(R)/概念(C)/着色(S)/带边缘着色(E)/灰
度(G)/勾画(SK)/X 射线(X)/其他(O)] <真实>：_H
```

（3）坐标设置。打开 UCS 图标显示并创建 UCS 坐标系，将 UCS 坐标系原点设置在阀体的上端顶面中心点上。选择"视图"→"显示"→"UCS 图标"→"开"命令，若选择"开"则屏幕显示图标，否则隐藏图标。使用 UCS 命令将坐标系原点设置到阀体的上端顶面中心点上，命令行提示与操作如下：

```
命令：UCS
当前 UCS 名称：*世界*
指定 UCS 的原点或 [面(F)/命名(NA)/对象(OB)/上一个(P)/视图(V)/世界(W)/X/Y/Z/Z
轴(ZA)] <世界>：<打开三维对象捕捉>（选择阀体顶面圆的圆心）
指定 X 轴上的点或 <接受>：
命令：_ucsicon
输入选项 [开(ON)/关(OFF)/全部(A)/非原点(N)/原点(OR)/可选(S)/特性(P)] <开>：_OFF
命令：_ucsicon
输入选项 [开(ON)/关(OFF)/全部(A)/非原点(N)/原点(OR)/可选(S)/特性(P)] <关>：_ON
```

结果如图 11-41 所示。

（4）设置三维视点。选择菜单栏中的"视图"→"三维视图"→"视点"命令，打开坐标轴和三轴架，如图 11-42 所示，在坐标球上选择一点作为视点（在坐标球上使用鼠标移动这个十字光标，同时三轴架根据坐标指示的观察方向旋转），命令行提示与操作如下：

```
命令：_vpoint
当前视图方向：VIEWDIR=-11.5396,2.1895,1.4380
指定视点或 [旋转(R)] <显示指南针和三轴架>：（在坐标球上指定点）
```

（5）单击"视图"选项卡"导航"面板上的"动态观察"下拉菜单中的"自由动态观察"按钮，此时，绘图区显示图标，如图 11-43 所示。使用鼠标移动视图，将阀体移动到合适的位置，如图 11-44 所示。

图 11-41　UCS 移到顶面结果

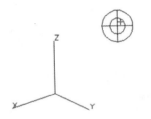

图 11-42　坐标轴和三轴架

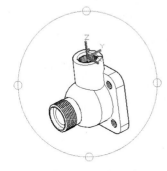

图 11-43　显示图标

图 11-44　转动阀体

# 11.5　绘制基本三维图形

三维图形中有一些基本的图形元素，下面依次进行讲解。

## 11.5.1　绘制三维点

点是图形中最简单的单元。前面已经学过二维点的绘制方法，三维点的绘制方法与二维类似，下面进行简要讲述。

1. 执行方式

☑　命令行：POINT。
☑　菜单栏：绘图→点→单点。
☑　工具栏：绘图→点 ˚。
☑　功能区：默认→绘图→点 ˚。

2. 操作步骤

```
命令：POINT↙
指定点：
```

另外，绘制三维直线、构造线和样条曲线时，具体绘制方法与二维相似，不再赘述。

## 11.5.2　绘制三维多段线

前面学习过绘制二维多段线。三维多段线与二维多段线类似，也是由具有宽度的线段和圆弧组成，只是这些线段和圆弧是空间的。下面具体讲述其绘制方法。

1. 执行方式

☑  命令行：3DPLOY。

☑  菜单栏：绘图→三维多段线。

☑  功能区：默认→绘图→三维多段线 。

2. 操作步骤

```
命令：3DPLOY✓
指定多段线的起点：(指定某一点或者输入坐标点)
指定直线的端点或 [放弃(U)]：(指定下一点)
```

### 11.5.3  绘制三维面

三维面是指以空间 3 个点或 4 个点组成一个面，可以通过任意指定三点或四点来绘制三维面。下面具体讲述其绘制方法。

1. 执行方式

☑  命令行：3DFACE（快捷命令：3F）。

☑  菜单栏：绘图→建模→网格→三维面。

2. 操作步骤

```
命令：3DFACE✓
指定第一点或 [不可见(I)]：指定某一点或输入 I
```

3. 选项说明

（1）指定第一点：输入某一点的坐标或用鼠标确定某一点，以定义三维面的起点。在输入第一点后，可按顺时针或逆时针方向输入其余的点，以创建普通三维面。如果在输入四点后按 Enter 键，则以指定第四点生成一个空间的三维平面。如果在提示下继续输入第二个平面上的第三点和第四点坐标，则生成第二个平面。该平面以第一个平面的第三点和第四点作为第二个平面的第一点和第二点，创建第二个三维平面。继续输入点可以创建用户要创建的平面，按 Enter 键结束。

（2）不可见(I)：控制三维面各边的可见性，以便创建有孔对象的正确模型。如果在输入某一边之前输入 I，则可以使该边不可见。如图 11-45 所示为创建长方体时某一边使用 I 命令和不使用 I 命令的视图比较。

（a）可见边    （b）不可见边

图 11-45  "不可见"命令选项视图比较

### 11.5.4  绘制多边网格面

AutoCAD 中可以指定多个点来组成空间平面，下面简要介绍其具体方法。

1. 执行方式

命令行：PFACE。

2. 操作步骤

```
命令：PFACE✓
指定顶点 1 的位置：(输入点 1 的坐标或指定一点)
```

指定顶点 2 的位置或 <定义面>：（输入点 2 的坐标或指定一点）

......

指定顶点 n 的位置或 <定义面>：（输入点 n 的坐标或指定一点）

在输入最后一个顶点的坐标后，在提示下直接按 Enter 键，命令行提示与操作如下：

输入顶点编号或 [颜色(C)/图层(L)]：（输入顶点编号或输入选项）

输入平面上顶点的编号后，根据指定的顶点序号，AutoCAD 生成一平面。确定一个平面上的所有顶点之后，在提示状态下按 Enter 键，AutoCAD 则指定另外一个平面上的顶点。

### 11.5.5 绘制三维网格

AutoCAD 中可以指定多个点来组成三维网格，这些点按指定的顺序来确定其空间位置。下面介绍其具体方法。

**1. 执行方式**

命令行：3DMESH。

**2. 操作步骤**

命令：3DMESH✓
输入 M 方向上的网格数量：（输入 2～256 之间的值）
输入 N 方向上的网格数量：（输入 2～256 之间的值）
指定顶点(0,0)的位置：（输入第一行第一列的顶点坐标）
指定顶点(0,1)的位置：（输入第一行第二列的顶点坐标）
指定顶点(0,2)的位置：（输入第一行第三列的顶点坐标）

......

指定顶点(0,N-1)的位置：（输入第一行第 N 列的顶点坐标）
指定顶点(1, 0)的位置：（输入第二行第一列的顶点坐标）
指定顶点(1, 1)的位置：（输入第二行第二列的顶点坐标）

......

指定顶点(1, N-1)的位置：（输入第二行第 N 列的顶点坐标）

......

指定顶点(M-1, N-1)的位置：（输入第 M 行第 N 列的顶点坐标）

如图 11-46 所示为绘制的三维网格表面。

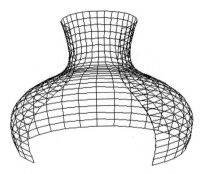

图 11-46　三维网格表面

# 11.6　通过二维图形生成三维网格

在三维造型的生成过程中，可以通过二维图形来生成三维网格，具体如下所述。

## 11.6.1　直纹网格

1. 执行方式

☑　命令行：RULESURF。

☑　菜单栏：绘图→建模→网格→直纹网格。

2. 操作步骤

命令：RULESURF✓
当前线框密度：SURFTAB1=当前值
选择第一条定义曲线：（指定第一条曲线）
选择第二条定义曲线：（指定第二条曲线）

下面介绍如何生成一个简单的直纹曲面。首先选择菜单栏中的"视图"→"三维视图"→"西南等轴测"命令，将视图转换为"西南等轴测"，然后绘制如图 11-47（a）所示的两个圆作为草图，执行 RULESURF 命令，分别选择绘制的两个圆作为第一条和第二条定义曲线，最后生成的直纹曲面如图 11-47（b）所示。

（a）作为草图的图　　　（b）生成的直纹曲面

图 11-47　绘制直纹曲面

## 11.6.2　平移网格

1. 执行方式

☑　命令行：TABSURF。

☑　菜单栏：绘图→建模→网格→平移网格。

2. 操作步骤

命令：TABSURF✓
当前线框密度：SURFTAB1=6
选择用作轮廓曲线的对象：（选择一个已经存在的轮廓曲线）
选择用作方向矢量的对象：（选择一个方向线）

**3. 选项说明**

（1）轮廓曲线：可以是直线、圆弧、圆、椭圆、二维或三维多段线。AutoCAD 默认从轮廓曲线上离选定点最近的点开始绘制曲面。

（2）方向矢量：指出形状的拉伸方向和长度。在多段或直线上选定的端点决定拉伸的方向。

如图 11-48 所示为选择以图 11-48（a）中六边形为轮廓曲线对象，并以图 11-48（a）中所绘制的直线为方向矢量绘制的图形，平移后的曲面图形如图 11-48（b）所示。

（a）六边形和方向线　　　（b）平移后的曲面

图 11-48　平移曲面

## 11.6.3　边界网格

**1. 执行方式**

☑　命令行：EDGESURF。

☑　菜单栏：绘图→建模→网格→边界网格。

**2. 操作步骤**

```
命令：EDGESURF↙
当前线框密度：SURFTAB1=6 SURFTAB2=6
选择用作曲面边界的对象 1：（选择第一条边界线）
选择用作曲面边界的对象 2：（选择第二条边界线）
选择用作曲面边界的对象 3：（选择第三条边界线）
选择用作曲面边界的对象 4：（选择第四条边界线）
```

**3. 选项说明**

系统变量 SURFTAB1 和 SURFTAB2 分别控制 M、N 方向的网格分段数。通过在命令行中输入 SURFTAB1 改变 M 方向的默认值，在命令行中输入 SURFTAB2 改变 N 方向的默认值。

下面介绍如何生成一个简单的边界曲面。首先选择菜单栏中的"视图"→"三维视图"→"西南等轴测"命令，将视图转换为西南等轴测视图，绘制 4 条首尾相连的边界，如图 11-49（a）所示。在绘制边界的过程中，为了方便绘制，可以首先绘制一个基本三维表面中的立方体作为辅助立体，在它上面绘制边界，然后再将其删除。执行 EDGESURF 命令，分别选择绘制的 4 条边界，则得到如图 11-49（b）所示的边界曲面。

（a）边界曲线　　　（b）生成的边界曲面

图 11-49　边界曲面

### 11.6.4 操作实例——花篮的绘制

本例通过绘制花篮以巩固对上面基本三维操作的学习，并达到对各种网格面进行练习的目的。绘制花篮流程如图 11-50 所示。

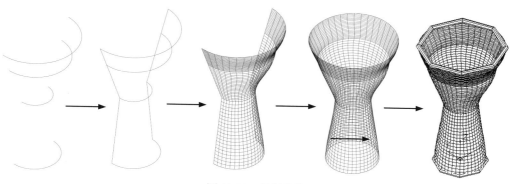

图 11-50 绘制花篮

**操作步骤：**（光盘\实例演示\第 11 章\花篮.avi）

（1）单击"默认"选项卡"绘图"面板中的"圆弧"按钮，命令行提示与操作如下：

```
命令：_arc
指定圆弧的起点或 [圆心(C)]：-6,0,0
指定圆弧的第二个点或 [圆心(C)/端点(E)]：0,-6
指定圆弧的端点：6,0
命令：_arc
指定圆弧的起点或 [圆心(C)]：-4,0,15
指定圆弧的第二个点或 [圆心(C)/端点(E)]：0,-4
指定圆弧的端点：4,0
命令：ARC✓
指定圆弧的起点或 [圆心(C)]：-8,0,25
指定圆弧的第二个点或 [圆心(C)/端点(E)]：0,-8
指定圆弧的端点：8,0
命令：ARC✓
指定圆弧的起点或 [圆心(C)]：-10,0,30
指定圆弧的第二个点或 [圆心(C)/端点(E)]：0,-10
指定圆弧的端点：10,0
```

绘制结果如图 11-51 所示。单击"可视化"选项卡"视图"面板中的"西南等轴测"按钮，将当前视图设为西南等轴测视图，结果如图 11-52 所示。

（2）绘制直线。单击"默认"选项卡"绘图"面板中的"直线"按钮，指定坐标为{（-6,0,0），（-4,0,15），（-8,0,25），（-10,0,30）}、{（6,0,0），（4,0,15），（8,0,25），（10,0,30）}、{（-4,0,15），（-8,0,25），（4,0,15），（8,0,25）}，绘制结果如图 11-53 所示。

（3）设置网格数。在命令行中输入 SURFTAB1、SURFTAB2，命令行提示与操作如下：

```
命令：SURFTAB1
输入 SURFTAB1 的新值 <6>：20
命令：SURFTAB2
输入 SURFTAB2 的新值 <6>：20
```

Note

图 11-51　绘制圆弧

图 11-52　西南等轴测视图

图 11-53　绘制直线

（4）边界网格。选择菜单栏中的"绘图"→"建模"→"网格"→"边界网格"命令，选择围成曲面的 4 条边，将曲面内部填充线条，效果如图 11-54 所示。

重复上述命令，图形的边界曲面填充结果如图 11-55 所示。

（5）三维镜像。选择菜单栏中的"修改"→"三维操作"→"三维镜像"命令，命令行提示与操作如下：

```
命令：MIRROR3D↙
选择对象：（选择所有对象）
选择对象：↙
指定镜像平面（三点）的第一个点或 [对象(O)/上一个(L)/ Z 轴(Z)/视图(V)/ XY 平面(XY)/YZ
平面(YZ)/ZX 平面(ZX)/三点(3)] <三点>：（捕捉边界面上一点）
指定第二点：（捕捉边界面上一点）
指定端点：（捕捉边界面上一点）
```

绘制结果如图 11-56 所示。

图 11-54　边界曲面（1）

图 11-55　边界曲面（2）

图 11-56　三维镜像处理

（6）绘制圆环体。单击"三维工具"选项卡"建模"面板中的"圆环体"按钮◎，命令行提示与操作如下：

```
命令：_MESH
当前平滑度设置为：0
输入选项 [长方体(B)/圆锥体(C)/圆柱体(CY)/棱锥体(P)/球体(S)/楔体(W)/圆环体(T)/设
置(SE)] <圆环体>：_TORUS
指定中心点或 [三点(3P)/两点(2P)/切点、切点、半径(T)]：0,0,0
指定半径或 [直径(D)] <177.2532>：6
指定圆管半径或 [两点(2P)/直径(D)]：0.5
命令：（直接按 Enter 键表示重复执行上一个命令）MESH
```

当前平滑度设置为：0
输入选项 [长方体(B)/圆锥体(C)/圆柱体(CY)/棱锥体(P)/球体(S)/楔体(W)/圆环体(T)/设置(SE)] <圆环体>：
指定中心点或 [三点(3P)/两点(2P)/切点、切点、半径(T)]：0,0,30
指定半径或 [直径(D)] <177.2532>：10
指定圆管半径或 [两点(2P)/直径(D)]：0.5

单击"视图"选项卡"视觉样式"面板中的"隐藏"按钮◎，对实体进行消隐。消隐之后的结果如图 11-50 所示。

## 11.6.5　旋转网格

### 1. 执行方式

☑　命令行：REVSURF。
☑　菜单栏：绘图→建模→网格→旋转网格。

### 2. 操作步骤

命令：REVSURF✓
当前线框密度：SURFTAB1=6　SURFTAB2=6
选择要旋转的对象：（选择已绘制好的直线、圆弧、圆或二维、三维多段线）
选择定义旋转轴的对象：（选择已绘制好用作旋转轴的直线或是开放的二维、三维多段线）
指定起点角度<0>：（输入值或直接按 Enter 键受默认值）
指定包含角度（+=逆时针，-=顺时针）<360>：（输入值或直接按 Enter 键受默认值）

### 3. 选项说明

（1）系统变量 SURFTAB1 和 SURFTAB2：用来控制生成网格的密度。SURFTAB1 指定在旋转方向上绘制的网格线数目；SURFTAB2 指定绘制的网格线数目进行等分。
（2）起点角度：如果设置为非零值，平面将从生成路径曲线位置的某个偏移处开始旋转。
（3）包含角度：用来指定绕旋转轴旋转的角度。

如图 11-57 所示为利用 REVSURF 命令绘制的花瓶。

（a）轴线和回转轮廓线

（b）回转面

（c）调整视角

图 11-57　绘制花瓶

## 11.6.6　操作实例——弹簧的绘制

绘制如图 11-58 所示的弹簧。本例主要利用 11.6.5 节讲述的旋转网格功能，首先绘制平面辅助线，再旋转成实体，其流程如图 11-58 所示。

Note

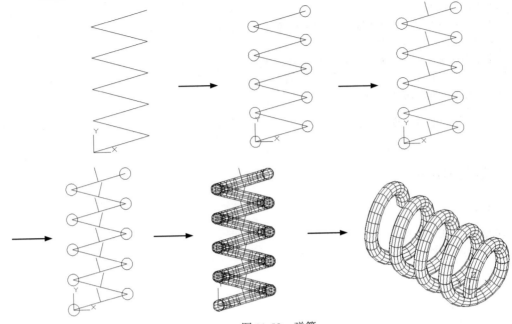

图 11-58　弹簧

**操作步骤：**（光盘\实例演示\第 **11** 章\弹簧**.avi**）

（1）利用 UCS 命令设置用户坐标系。在命令行中输入 UCS，命令行提示与操作如下：

```
命令：UCS↙
当前 UCS 名称：*世界*
指定 UCS 的原点或 [面(F)/命名(NA)/对象(OB)/上一个(P)/视图(V)/世界(W)/X/Y/Z/Z
轴(ZA)]<世界>：200,200,0↙
指定 X 轴上的点或 <接受>：↙
```

（2）绘制多段线。单击"默认"选项卡"绘图"面板中的"多段线"按钮，以（0,0,0）为起点，以（@200<15）、（@200<165）为剩余点坐标，绘制多段线。重复上述步骤，结果如图 11-59 所示。

（3）绘制圆。单击"默认"选项卡"绘图"面板中的"圆"按钮，指定多段线的起点为圆心，半径为 20，结果如图 11-60 所示。

（4）复制图形。单击"默认"选项卡"修改"面板中的"复制"按钮，结果如图 11-61 所示。重复上述步骤，结果如图 11-62 所示。

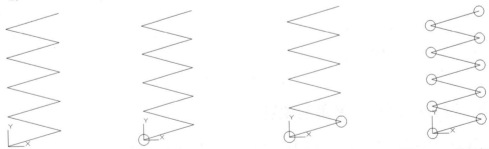

图 11-59　绘制多段线　　　图 11-60　指定圆心　　　图 11-61　复制圆　　　图 11-62　重复复制图形

（5）绘制直线。单击"默认"选项卡"绘图"面板中的"直线"按钮，直线的起点为第一条多段线的中点，终点的坐标为（@50<105），重复上述步骤，结果如图 11-63 所示。

（6）绘制直线。单击"默认"选项卡"绘图"面板中的"直线"按钮 ，直线的起点为第二条多段线的中点，终点的坐标为（@50<75），重复上述步骤，结果如图 11-64 所示。

（7）设置网格数。在命令行中输入 SURFTAB1 和 SUPFTAB2，命令行提示与操作如下：

```
命令：SURFTAB1↙
输入 SURFTAB1 的新值<6>：12↙
命令：SURFTAB2↙
输入 SURFTAB2 的新值<6>：12↙
```

（8）旋转面。选择菜单栏中的"绘图"→"建模"→"网格"→"旋转网格"命令，结果如图 11-65 所示。重复上述步骤，结果如图 11-66 所示。命令行提示与操作如下：

```
命令：_revsurf
当前线框密度：SURFTAB1=12  SURFTAB2=12
选择要旋转的对象：
选择定义旋转轴的对象：
指定起点角度 <0>：
指定夹角（+=逆时针，-=顺时针）<360>：180
命令：REVSURF
当前线框密度：SURFTAB1=12  SURFTAB2=12
选择要旋转的对象：
选择定义旋转轴的对象：
指定起点角度 <0>：
指定夹角（+=逆时针，-=顺时针）<360>：-180
命令：REVSURF
当前线框密度：SURFTAB1=12  SURFTAB2=12
选择要旋转的对象：
选择定义旋转轴的对象：
指定起点角度 <0>：
指定夹角（+=逆时针，-=顺时针）<360>：-180
命令：REVSURF
当前线框密度：SURFTAB1=12  SURFTAB2=12
选择要旋转的对象：
选择定义旋转轴的对象：
指定起点角度 <0>：
指定夹角（+=逆时针，-=顺时针）<360>：-180
命令：REVSURF
当前线框密度：SURFTAB1=12  SURFTAB2=12
选择要旋转的对象：
选择定义旋转轴的对象：
指定起点角度 <0>：
指定夹角（+=逆时针，-=顺时针）<360>：-180
命令：REVSURF
当前线框密度：SURFTAB1=12  SURFTAB2=12
选择要旋转的对象：
选择定义旋转轴的对象：
指定起点角度 <0>：
指定夹角（+=逆时针，-=顺时针）<360>：-180
命令：REVSURF
```

```
当前线框密度：SURFTAB1=12   SURFTAB2=12
选择要旋转的对象：
选择定义旋转轴的对象：
指定起点角度 <0>：
指定夹角 (+=逆时针, -=顺时针) <360>: -180
命令：REVSURF
当前线框密度：SURFTAB1=12   SURFTAB2=12
选择要旋转的对象：
选择定义旋转轴的对象：
指定起点角度 <0>：
指定夹角 (+=逆时针, -=顺时针) <360>: -180
命令：REVSURF
当前线框密度：SURFTAB1=12   SURFTAB2=12
选择要旋转的对象：
选择定义旋转轴的对象：
指定起点角度 <0>：
指定夹角 (+=逆时针, -=顺时针) <360>: -180
```

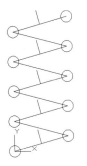  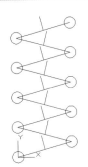  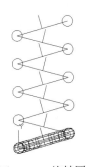  

图 11-63  绘制直线（1）    图 11-64  绘制直线（2）    图 11-65  旋转圆    图 11-66  重复旋转圆

（9）视图设置。单击"可视化"选项卡"视图"面板中的"西南等轴测"按钮，切换视图。

（10）删除辅助线。单击"默认"选项卡"修改"面板中的"删除"按钮，删除多余的线条。

（11）消隐。单击"视图"选项卡"视觉样式"面板中的"隐藏"按钮，对实体进行消隐，最终结果如图 11-58 所示。

## 11.6.7  平面曲面

### 1. 执行方式

☑  命令行：PLANESURF。

☑  菜单栏：绘图→建模→曲面→平面。

### 2. 操作步骤

```
命令：PLANESURF✓
指定第一个角点或 [对象(O)] <对象>：
```

### 3. 选项说明

（1）指定第一个角点：通过指定两个角点来创建矩形形状的平面曲面，如图 11-67 所示。

（2）对象(O)：通过指定平面对象创建平面曲面，如图 11-68 所示。

图 11-67　矩形形状的平面曲面

图 11-68　指定平面对象创建平面曲面

*Note*

# 11.7　绘制基本三维网格

　　三维基本图元与三维基本形体表面类似，有长方体表面、圆柱体表面、棱锥面、楔体表面、球面、圆锥面、圆环面等。

## 11.7.1　绘制网格长方体

### 1. 执行方式

☑　命令行：MESH。

☑　菜单栏：绘图→建模→网格→图元→长方体。

☑　工具栏：平滑网格图元→网格长方体⊞。

☑　功能区：三维工具→建模→网格长方体⊞。

### 2. 操作步骤

```
命令：_MESH
当前平滑度设置为：0
输入选项 [长方体(B)/圆锥体(C)/圆柱体(CY)/棱锥体(P)/球体(S)/楔体(W)/圆环体(T)/设置(SE)] <长方体>：_BOX
指定第一个角点或 [中心(C)]：（给出长方体角点）
指定其他角点或 [立方体(C)/长度(L)]：（给出长方体其他角点）
指定高度或 [两点(2P)]：（给出长方体的高度）
```

### 3. 选项说明

（1）指定第一个角点：设置网格长方体的第一个角点。

（2）中心(C)：设置网格长方体的中心。

（3）立方体(C)：将长方体的所有边设置为长度相等。

（4）宽度：设置网格长方体沿 Y 轴的宽度。

（5）高度：设置网格长方体沿 Z 轴的高度。

（6）两点（高度）：基于两点之间的距离设置高度。

## 11.7.2　绘制网格圆锥体

### 1. 执行方式

☑　命令行：MESH。

☑ 菜单栏：绘图→建模→网格→图元→圆锥体。

☑ 工具栏：平滑网格图元→网格圆锥体。

☑ 功能区：三维工具→建模→网格圆锥体。

2. 操作步骤

```
命令：_MESH
当前平滑度设置为：0
输入选项 [长方体(B)/圆锥体(C)/圆柱体(CY)/棱锥体(P)/球体(S)/楔体(W)/圆环体(T)/设
置(SE)]<圆锥体>：_CONE
    指定底面的中心点或 [三点(3P)/两点(2P)/切点、切点、半径(T)/椭圆(E)]：
    指定底面半径或 [直径(D)]：
    指定高度或 [两点(2P)/轴端点(A)/顶面半径(T)]<100.0000>：
```

3. 选项说明

（1）指定底面的中心点：设置网格圆锥体底面的中心点。

（2）三点(3P)：通过指定三点设置网格圆锥体的位置、大小和平面。

（3）两点（直径）：根据两点定义网格圆锥体的底面直径。

（4）切点、切点、半径(T)：定义具有指定半径，且半径与两个对象相切的网格圆锥体的底面。

（5）椭圆(E)：指定网格圆锥体的椭圆底面。

（6）指定底面半径：设置网格圆锥体底面的半径。

（7）指定直径：设置圆锥体的底面直径。

（8）指定高度：设置网格圆锥体沿与底面所在平面垂直的轴的高度。

（9）两点（高度）：通过指定两点之间的距离定义网格圆锥体的高度。

（10）指定轴端点：设置圆锥体的顶点的位置，或圆锥体平截面顶面的中心位置。轴端点的方向可以为三维空间中的任意位置。

（11）指定顶面半径：指定创建圆锥体平截面时圆锥体的顶面半径。

## 11.7.3 绘制网格圆柱体

1. 执行方式

☑ 命令行：MESH。

☑ 菜单栏：绘图→建模→网格→图元→圆柱体。

☑ 工具栏：平滑网格图元→网格圆柱体🖫。

☑ 功能区：三维工具→建模→网格圆柱体🖫。

2. 操作步骤

```
命令：_MESH
当前平滑度设置为：0
输入选项 [长方体(B)/圆锥体(C)/圆柱体(CY)/棱锥体(P)/球体(S)/楔体(W)/圆环体(T)/设
置(SE)]<圆柱体>：_CYLINDER
    指定底面的中心点或 [三点(3P)/两点(2P)/切点、切点、半径(T)/椭圆(E)]：
    指定底面半径或 [直径(D)]：
    指定高度或 [两点(2P)/轴端点(A)/顶面半径(T)]：
```

### 3. 选项说明

（1）指定底面的中心点：设置网格圆柱体底面的中心点。

（2）三点(3P)：通过指定三点设置网格圆柱体的位置、大小和平面。

（3）两点（直径）：通过指定两点设置网格圆柱体底面的直径。

（4）两点（高度）：通过指定两点之间的距离定义网格圆柱体的高度。

（5）切点、切点、半径(T)：定义具有指定半径，且半径与两个对象相切的网格圆柱体的底面。如果指定的条件可生成多种结果，则使用最近的切点。

（6）指定底面半径：设置网格圆柱体底面的半径。

（7）指定直径：设置圆柱体的底面直径。

（8）指定高度：设置网格圆柱体沿与底面所在平面垂直的轴的高度。

（9）指定轴端点：设置圆柱体顶面的位置。轴端点的方向可以为三维空间中的任意位置。

（10）椭圆(E)：指定网格圆柱体的椭圆底面。

## 11.7.4 绘制网格棱锥体

### 1. 执行方式

☑ 命令行：MESH。

☑ 菜单栏：绘图→建模→网格→图元→棱锥体。

☑ 工具栏：平滑网格图元→网格棱锥体△。

☑ 功能区：三维工具→建模→网格棱锥体△。

### 2. 操作步骤

```
命令：_MESH
当前平滑度设置为：0
输入选项 [长方体(B)/圆锥体(C)/圆柱体(CY)/棱锥体(P)/球体(S)/楔体(W)/圆环体(T)/设
置(SE)] <棱锥体>：_PYRAMID
 4 个侧面    外切
指定底面的中心点或 [边(E)/侧面(S)]：
指定底面半径或 [内接(I)]：
指定高度或 [两点(2P)/轴端点(A)/顶面半径(T)]：
```

### 3. 选项说明

（1）指定底面的中心点：设置网格棱锥体底面的中心点。

（2）边(E)：设置网格棱锥体底面一条边的长度，如指定的两点所指明的长度一样。

（3）侧面(S)：设置网格棱锥体的侧面数，输入 3～32 之间的正值。

（4）指定底面半径：设置网格棱锥体底面的半径。

（5）内接(I)：指定网格棱锥体的底面是内接的，还是绘制在底面半径内。

（6）指定高度：设置网格棱锥体沿与底面所在的平面垂直的轴的高度。

（7）两点（高度）：通过指定两点之间的距离定义网格棱锥体的高度。

（8）指定轴端点：设置棱锥体顶点的位置，或棱锥体平截面顶面的中心位置。轴端点的方向可以为三维空间中的任意位置。

（9）指定顶面半径：指定创建棱锥体平截面时网格棱锥体的顶面半径。

（10）外切：指定棱锥体的底面是外切的，还是绕底面半径绘制。

**Note**

### 11.7.5 绘制网格球体

**1. 执行方式**

☑ 命令行：MESH。
☑ 菜单栏：绘图→建模→网格→图元→球体。
☑ 工具栏：平滑网格图元→网格球体 。
☑ 功能区：三维工具→建模→网格球体 。

**2. 操作步骤**

> 命令：_MESH
> 当前平滑度设置为：0
> 输入选项 [长方体 (B) /圆锥体 (C) /圆柱体 (CY) /棱锥体 (P) /球体 (S) /楔体 (W) /圆环体 (T) /设置 (SE) ] <球体>：_SPHERE
> 指定中心点或 [三点 (3P) /两点 (2P) /切点、切点、半径 (T) ]：
> 指定半径或 [直径 (D) ] <214.2721>：

**3. 选项说明**

（1）指定中心点：设置球体的中心点。
（2）三点(3P)：通过指定三点设置网格球体的位置、大小和平面。
（3）两点（直径）：通过指定两点设置网格球体的直径。
（4）切点、切点、半径(T)：使用与两个对象相切的指定半径定义网格球体。

### 11.7.6 绘制网格楔体

**1. 执行方式**

☑ 命令行：MESH。
☑ 菜单栏：绘图→建模→网格→图元→楔体。
☑ 工具栏：平滑网格图元→网格楔体 。
☑ 功能区：三维工具→建模→网格楔体 。

**2. 操作步骤**

> 命令：_MESH
> 当前平滑度设置为：0
> 输入选项 [长方体 (B) /圆锥体 (C) /圆柱体 (CY) /棱锥体 (P) /球体 (S) /楔体 (W) /圆环体 (T) /设置 (SE) ] <楔体>：_WEDGE
> 指定第一个角点或 [中心 (C) ]：
> 指定其他角点或 [立方体 (C) /长度 (L) ]：
> 指定高度或 [两点 (2P) ] <84.3347>：
> 指定第一角点：设置网格楔体底面的第一个角点
> 中心：设置网格楔体底面的中心点

**3. 选项说明**

（1）立方体(C)：将网格楔体底面的所有边设为长度相等。
（2）长度(L)：设置网格楔体底面沿 X 轴的长度。

（3）宽度：设置网格长方体沿 Y 轴的宽度。

（4）指定高度：设置网格楔体的高度。输入正值，沿当前 UCS 的 Z 轴正方向绘制高度；输入负值，沿 Z 轴负方向绘制高度。

（5）两点（高度）：通过指定两点之间的距离定义网格楔体的高度。

## 11.7.7 绘制网格圆环体

### 1. 执行方式

- ☑ 命令行：MESH。
- ☑ 菜单栏：绘图→建模→网格→图元→圆环体。
- ☑ 工具栏：平滑网格图元→网格圆环体。
- ☑ 功能区：三维工具→建模→网格圆环体 。

### 2. 操作步骤

```
命令：_MESH
当前平滑度设置为：0
输入选项 [长方体(B)/圆锥体(C)/圆柱体(CY)/棱锥体(P)/球体(S)/楔体(W)/圆环体(T)/设置(SE)] <圆体>：_TORUS
指定中心点或 [三点(3P)/两点(2P)/切点、切点、半径(T)]：
指定半径或 [直径(D)] <30.6975>：
```

### 3. 选项说明

（1）指定中心点：设置网格圆环体的中心点。

（2）三点(3P)：通过指定三点设置网格圆环体的位置、大小和旋转面。圆管的路径通过指定的点。

（3）两点（圆环体直径）：通过指定两点设置网格圆环体的直径。直径从圆环体的中心点开始计算，直至圆管的中心点。

（4）切点、切点、半径(T)：定义与两个对象相切的网格圆环体半径。

（5）指定半径（圆环体）：设置网格圆环体的半径，从圆环体的中心点开始测量，直至圆管的中心点。

（6）指定直径（圆环体）：设置网格圆环体的直径，从圆环体的中心点开始测量，直至圆管的中心点。

（7）指定圆管半径：设置沿网格圆环体路径扫掠的轮廓半径。

（8）两点（圆管半径）：基于指定的两点之间的距离设置圆管轮廓的半径。

（9）指定圆管直径：设置网格圆环体圆管轮廓的直径。

## 11.7.8 通过转换创建网格

### 1. 执行方式

- ☑ 命令行：MESHSMOOTH。
- ☑ 菜单栏：绘图→建模→网格→平滑网格。

### 2. 操作步骤

```
命令：_MESHSMOOTH
```

选择要转换的对象：(三维实体或曲面)

3. 选项说明

将图元实体对象转换为网格时可获得最稳定的结果，结果网格与原实体模型的形状非常相似。尽管转换结果可能与期望的有所差别，但也可转换其他类型的对象。这些对象包括扫掠曲面和实体、传统多边形和多面网格对象、面域、闭合多段线和使用创建的对象。对于上述对象，通常可以通过调整转换设置来改善结果。

## 11.7.9　操作实例——足球门的绘制

利用前面学过的三维网格绘制的各种基本方法绘制足球门。本例首先利用"直线""圆弧"命令绘制框架，再利用边界网格完成球门的实体图，绘制流程如图 11-69 所示。

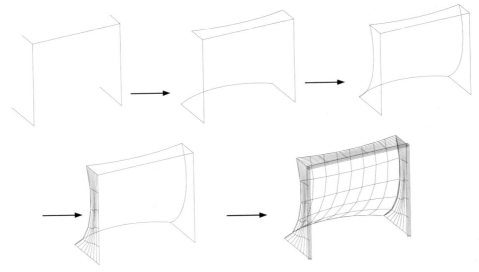

图 11-69　足球门

**操作步骤：**(光盘\实例演示\第 11 章\足球门.avi)

（1）对视点进行设置。选择菜单栏中的"视图"→"三维视图"→"视点"命令，命令行提示与操作如下：

```
命令：VPOINT
当前视图方向：VIEWDIR=0.0000,0.0000,1.0000
指定视点或 [旋转(R)] <显示指南针和三轴架>：1,0.5,-0.5
```

（2）绘制直线。单击"默认"选项卡"绘图"面板中的"直线"按钮 ，命令行提示与操作如下：

```
命令：_line
指定第一个点：150,0,0
指定下一点或 [放弃(U)]：@-150,0,0
指定下一点或 [放弃(U)]：@0,0,260
指定下一点或 [闭合(C)/放弃(U)]：@0,300,0
```

```
指定下一点或 [闭合(C)/放弃(U)]: @0,0,-260
指定下一点或 [闭合(C)/放弃(U)]: @150,0,0
指定下一点或 [闭合(C)/放弃(U)]:
命令: _line
指定第一个点: 0,0,260
指定下一点或 [放弃(U)]: @70,0,0
指定下一点或 [放弃(U)]:
命令: LINE
指定第一个点: 0,300,260
指定下一点或 [放弃(U)]: @70,0,0
指定下一点或 [放弃(U)]:
```

绘制结果如图 11-70 所示。

（3）绘制圆弧。单击"默认"选项卡"绘图"面板中的"圆弧"按钮 ，命令行提示与操作如下：

```
命令: _arc
指定圆弧的起点或 [圆心(C)]: 150,0,0
指定圆弧的第二个点或 [圆心(C)/端点(E)]: 200,150
指定圆弧的端点: 150,300
命令: _arc
指定圆弧的起点或 [圆心(C)]: 70,0,260
指定圆弧的第二个点或 [圆心(C)/端点(E)]: 50,150
指定圆弧的端点: 70,300
```

绘制结果如图 11-71 所示。

图 11-70 绘制直线

图 11-71 绘制圆弧

调整当前坐标系，选择菜单栏中的"工具"→"新建 UCS"→x 命令，命令行提示与操作如下：

```
命令: _ucs
当前 UCS 名称: *世界*
输入选项[新建(N)/移动(M)/正交(G)/上一个(P)/恢复(R)/保存(S)/删除(D)/应用(A)/?/世
界(W)]<世界>: _x
指定绕 X 轴的旋转角度 <90>:
```

单击"默认"选项卡"绘图"面板中的"圆弧"按钮 ，命令行提示与操作如下：

```
命令: _arc
指定圆弧的起点或 [圆心(C)]: 150,0,0
指定圆弧的第二个点或 [圆心(C)/端点(E)]: 50,130
指定圆弧的端点: 70,260
```

```
命令：ARC
指定圆弧的起点或 [圆心(C)]：150,0,-300
指定圆弧的第二个点或 [圆心(C)/端点(E)]：50,130
指定圆弧的端点：70,260
```

绘制结果如图 11-72 所示。

（4）绘制边界曲面设置网格数。在命令行中输入 SURFTAB1 和 SUPFTAB2，命令行提示与操作如下：

```
命令：SURFTAB1
输入 SURFTAB1 的新值 <6>：8
命令：SURFTAB2
输入 SURFTAB2 的新值 <6>：5
```

选择"绘图"→"建模"→"网格"→"边界网格"命令，命令行提示与操作如下：

```
命令：EDGESURF✓
当前线框密度：SURFTAB1=8 SURFTAB2=5
选择用作曲面边界的对象 1：（选择第一条边界线）
选择用作曲面边界的对象 2：（选择第二条边界线）
选择用作曲面边界的对象 3：（选择第三条边界线）
选择用作曲面边界的对象 4：（选择第四条边界线）
```

选择图形最左边 4 条边，绘制结果如图 11-73 所示。

（5）重复上述命令，填充效果如图 11-74 所示。

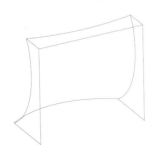

图 11-72　绘制弧线　　　　　　图 11-73　绘制边界曲面　　　　　图 11-74　填充效果

（6）绘制门柱。选择菜单栏中的"绘图"→"建模"→"网格"→"图元"→"圆柱体"命令，命令行提示与操作如下：

```
命令：MESH✓
当前平滑度设置为：0
输入选项 [长方体(B)/圆锥体(C)/圆柱体(CY)/棱锥体(P)/球体(S)/楔体(W)/圆环体(T)/设置(SE)] <圆柱体>：_CYLINDER
指定底面的中心点或 [三点(3P)/两点(2P)/切点、切点、半径(T)/椭圆(E)]：0,0,0✓
指定底面半径或 [直径(D)]：5✓
指定高度或 [两点(2P)/轴端点(A)]：A✓
指定轴端点：0,260,0✓
命令：MESH✓
当前平滑度设置为：0
```

```
            输入选项 [长方体(B)/圆锥体(C)/圆柱体(CY)/棱锥体(P)/球体(S)/楔体(W)/圆环体(T)/设
置(SE)] <圆柱体>: _CYLINDER
            指定底面的中心点或 [三点(3P)/两点(2P)/切点、切点、半径(T)/椭圆(E)]: 0,0,-300✓
            指定底面半径或 [直径(D)]: 5✓
            指定高度或 [两点(2P)/轴端点(A)]: A✓
            指定轴端点: @0,260,0✓
            命令: MESH✓
            当前平滑度设置为: 0
            输入选项 [长方体(B)/圆锥体(C)/圆柱体(CY)/棱锥体(P)/球体(S)/楔体(W)/圆环体(T)/设
置(SE)] <圆柱体>: _CYLINDER
            指定底面的中心点或 [三点(3P)/两点(2P)/切点、切点、半径(T)/椭圆(E)]: 0,260,0
            指定底面半径或 [直径(D)]: 5✓
            指定高度或 [两点(2P)/轴端点(A)]: A✓
            指定轴端点: @0,0,-300✓
```

最终效果如图 11-69 所示。

# 11.8 网 格 编 辑

AutoCAD 2016 极大地加强了在网格编辑方面的功能，本节简要介绍这些新功能。

## 11.8.1 提高（降低）平滑度

利用 AutoCAD 2016 提供的新功能可以提高（降低）网格曲面的平滑度。

1. 执行方式

☑ 命令行：MESHSMOOTHMORE（MESHSMOOTHLESS）。
☑ 菜单栏：修改→网格编辑→提高平滑度（或降低平滑度）。
☑ 工具栏：平滑网格→提高网格平滑度 （或降低网格平滑度 ）。
☑ 功能区：三维工具→网格→提高平滑度 （或降低平滑度 ）。

2. 操作步骤

```
            命令: MESHSMOOTHMORE✓
            选择要提高平滑度的网格对象:（选择网格对象）
            选择要提高平滑度的网格对象: ✓
```

选择对象后，系统对对象网格提高平滑度，如图 11-75 和图 11-76 所示为提高网格平滑度前后的对比。

图 11-75 提高平滑度前

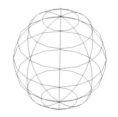

图 11-76 提高平滑度后

### 11.8.2 锐化（取消锐化）

锐化功能能使平滑的曲面选定的局部变得尖锐，取消锐化功能则是锐化功能的逆过程。

#### 1. 执行方式

- ☑ 命令行：MESHCREASE（MESHUNCREASE）。
- ☑ 菜单栏：修改→网格编辑→锐化（取消锐化）。
- ☑ 工具栏：平滑网格→锐化 （取消锐化 ）。

#### 2. 操作步骤

```
命令：_MESHCREASE
选择要锐化的网格子对象：(选择曲面上的子网格，被选中的子网格高亮显示，如图 11-77 所示)
选择要锐化的网格子对象：✓
指定锐化值 [始终(A)] <始终>：12✓
```

结果如图 11-78 所示，如图 11-79 所示则为渲染后曲面锐化前后的对比图。

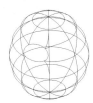

图 11-77　选择子网格对象　　　图 11-78　锐化结果　　　图 11-79　渲染后的曲面锐化前后对比

### 11.8.3 优化网格

优化网格对象可增加可编辑面的数目，从而提供对精细建模细节的附加控制功能。

#### 1. 执行方式

- ☑ 命令行：MESHREFINE。
- ☑ 菜单栏：修改→网格编辑→优化网格。
- ☑ 工具栏：平滑网格→优化网格。
- ☑ 功能区：三维工具→网格→优化网格 。

#### 2. 操作步骤

```
命令：_MESHREFINE
选择要优化的网格对象或面子对象：(选择如图 11-80 所示的球体曲面)
选择要优化的网格对象或面子对象：✓
```

结果如图 11-81 所示，可以看出可编辑面增加。

图 11-80　优化前　　　　　　　图 11-81　优化后

### 11.8.4 分割面

分割面功能可以把一个网格分割成两个网格，从而增加局部网格数。

**1. 执行方式**

☑ 命令行：MESHSPLIT。
☑ 菜单栏：修改→网格编辑→分割面。

**2. 操作步骤**

```
命令：_MESHSPLIT
选择要分割的网格面：（选择如图 11-82 所示的网格面）
指定第一个分割点：（指定一个分割点）
指定第二个分割点：（指定另一个分割点，如图 11-83 所示）
```

结果如图 11-84 所示，一个网格面被以指定的分割线为界线分割成两个网格面，并且生成的新网格面与原来的整个网格系统匹配。

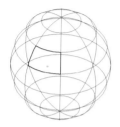

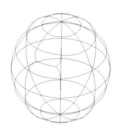

图 11-82　选择网格面　　　图 11-83　指定分割点　　　图 11-84　分割结果

### 11.8.5 其他网格编辑命令

AutoCAD 2016 "修改" 菜单下的 "网格编辑" 子菜单还提供以下 4 个菜单命令。
（1）转换为具有镶嵌面的实体：将如图 11-85 所示的网格转换成如图 11-86 所示的具有镶嵌面的实体。

图 11-85　网格　　　　　图 11-86　具有镶嵌面的实体

（2）转换为具有镶嵌面的曲面：将如图 11-85 所示的网格转换成如图 11-87 所示的具有镶嵌面的曲面。
（3）转换成平滑实体：将如图 11-85 所示的网格转换成如图 11-88 所示的平滑实体。
（4）转换成平滑曲面：将如图 11-85 所示的网格转换成如图 11-89 所示的平滑曲面。

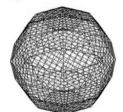

图 11-87 具有镶嵌面的曲面

图 11-88 平滑实体

图 11-89 平滑曲面

# 11.9 综合演练——茶壶

分析如图 11-90 所示的茶壶,壶嘴的建立是一个需要特别注意的地方,因为如果使用三维实体建模工具,很难建立起图示的实体模型,因而采用建立曲面的方法建立壶嘴的表面模型。壶把采用沿轨迹拉伸截面的方法生成,壶身则采用旋转曲面的方法生成。

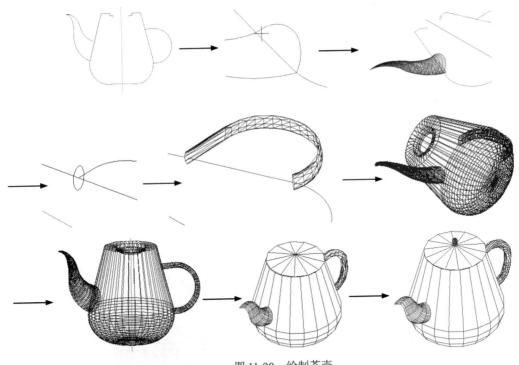

图 11-90 绘制茶壶

操作步骤:(光盘\实例演示\第 11 章\茶壶.avi)

## 11.9.1 绘制茶壶拉伸截面

(1)单击"默认"选项卡"图层"面板中的"图层特性"按钮🖿,打开"图层特性管理器"选项板,创建"辅助线"和"茶壶"图层,如图 11-91 所示。

(2)在"辅助线"图层上绘制一条竖直直线段,作为旋转直线,如图 11-92 所示。然后单击"视图"选项卡"导航"面板中的"范围"下拉菜单中的"实时"图标🔍,将所绘直线区域放大。

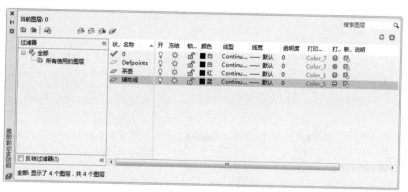

图 11-91  "图层特性管理器"选项板

图 11-92  绘制旋转轴

（3）将"茶壶"图层设置为当前图层。单击"默认"选项卡"绘图"面板中的"多段线"按钮，绘制茶壶半轮廓线，如图 11-93 所示。

（4）单击"默认"选项卡"修改"面板中的"镜像"按钮，将茶壶半轮廓线以辅助线为对称轴镜像到直线的另外一侧。

（5）单击"默认"选项卡"绘图"面板中的"多段线"按钮，按照图 11-94 所示的样式绘制壶嘴和壶把轮廓线。

（6）单击"可视化"选项卡"视图"面板中的"西南等轴测"按钮，将当前视图切换为西南等轴测视图，如图 11-95 所示。

图 11-93  绘制茶壶半轮廓线

图 11-94  绘制壶嘴和壶把轮廓线

图 11-95  西南等轴测视图

（7）在命令行中输入 UCS，新建如图 11-96 所示的坐标系。

（8）为使用户坐标系不在茶壶嘴上显示，在命令行中输入 UCSICON，然后依次选择 n、"非原点"。

（9）在命令行中输入 UCS，将坐标系绕 X 轴旋转 90°。

（10）单击"默认"选项卡"绘图"面板中的"圆弧"按钮，在壶嘴处画一圆弧，如图 11-97 所示。下面在壶嘴与壶身交接处绘另一段圆弧。

图 11-96  新建坐标系

图 11-97  绘制壶嘴处圆弧

（11）在命令行中输入 UCS，旋转坐标系，使当前坐标系绕 X 轴旋转 90°。

（12）单击"绘图"工具栏中的"椭圆弧"按钮，以壶嘴和壶体的两个交点作为圆弧的两个端点，选择合适的切线方向绘制图形，如图 11-98 所示。

（13）利用"多段线"快捷命令 PL，捕捉壶嘴处的圆弧端点，分别绘制两条多段线，并将原来的多段线删除掉，如图 11-99 所示。

图 11-98　绘制壶嘴与壶身交接处圆弧　　　　图 11-99　绘制多段线

### 11.9.2　拉伸茶壶截面

（1）修改三维表面的显示精度。将系统变量 surftab1 和 surftab2 的值设为 20，命令行提示与操作如下：

```
命令：surftab1✓
输入 SURFTAB1 的新值 <6>：20✓
命令：SURFTAB2✓
输入 SURFTAB2 的新值 <6>：20✓
```

（2）选择菜单栏中的"绘图"→"建模"→"网格"→"边界网格"命令，绘制壶嘴曲面，命令行提示与操作如下：

```
命令：EDGESURF✓
当前线框密度：SURFTAB1=6 SURFTAB2=6
选择用作曲面边界的对象 1：（依次选择壶嘴的 4 条边界线）
选择用作曲面边界的对象 2：（依次选择壶嘴的 4 条边界线）
选择用作曲面边界的对象 3：（依次选择壶嘴的 4 条边界线）
选择用作曲面边界的对象 4：（依次选择壶嘴的 4 条边界线）
```

得到如图 11-100 所示壶嘴半曲面。

（3）选择菜单栏中的"修改"→"三维操作"→"三维镜像"命令，创建壶嘴下半部分曲面，如图 11-101 所示。

（4）在命令行中输入 UCS，新建坐标系。单击"端点"按钮，选择壶把与壶体的上部交点作为新的原点，壶把多段线的第一段直线的方向作为 X 轴正方向，按 Enter 键接受 Y 轴的默认方向。

（5）在命令行中输入 UCS，将坐标系绕 Y 轴旋转-90°，即沿顺时针方向旋转 90°，得到如图 11-102 所示的新坐标系。

（6）绘制壶把的椭圆截面。单击"默认"选项卡"绘图"面板中的"椭圆"按钮，绘制如图 11-103 所示的椭圆。

（7）单击"三维工具"选项卡"建模"面板中的"拉伸"按钮，将椭圆截面沿壶把轮廓线拉伸成壶把，创建壶把，如图 11-104 所示。

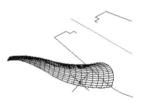　　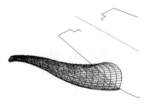　　

图 11-100　绘制壶嘴半曲面　　　　图 11-101　壶嘴下半部分曲面　　　　图 11-102　新建坐标系

（8）选择菜单栏中的"修改"→"对象"→"多段线"命令，将壶体轮廓线合并成一条多段线。

（9）选择菜单栏中的"绘图"→"建模"→"网格"→"旋转网格"命令，命令行提示与操作如下：

```
命令: REVSURF↙
当前线框密度: SURFTAB1=20  SURFTAB2=20
选择要旋转的对象 1：（指定壶体轮廓线）
选择定义旋转轴的对象：（指定已绘制好用作旋转轴的辅助线）
指定起点角度<0>: ↙
指定夹角（+=逆时针，-=顺时针）<360>: ↙
```

旋转壶体曲线，得到壶体表面，如图 11-105 所示。

图 11-103　绘制壶把的椭圆截面

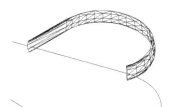

图 11-104　拉伸壶把

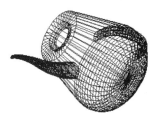

图 11-105　建立壶体表面

（10）在命令行中输入 UCS，返回世界坐标系，然后再次执行 UCS 命令。将坐标系绕 X 轴旋转 -90°，如图 11-106 所示。

（11）选择菜单栏中的"修改"→"三维操作"→"三维旋转"命令，将茶壶图形旋转 90°，如图 11-106 所示。

（12）关闭"辅助线"图层，然后执行 HIDE 命令对模型进行消隐处理，结果如图 11-107 所示。

图 11-106　世界坐标系下的视图

图 11-107　消隐处理后的茶壶模型

## 11.9.3　绘制茶壶盖

（1）在命令行中输入 UCS，新建坐标系，将坐标系切换到世界坐标系，并将坐标系放置在中心线端点。

（2）单击"默认"选项卡"绘图"面板中的"多段线"按钮 ⊃，绘制壶盖轮廓线，如图 11-108 所示。

（3）选择菜单栏中的"绘图"→"建模"→"网格"→"旋转网格"命令或在命令行中输入 revsurf，将步骤（2）绘制的多段线绕中心线旋转 360°，命令行提示与操作如下：

```
命令: _revsurf
```

当前线框密度: SURFTAB1=20  SURFTAB2=20
选择要旋转的对象: (选择上步绘制的对象)
选择定义旋转轴的对象: (选择中心线)
指定起点角度 <0>: ✓
指定夹角 (+=逆时针, -=顺时针) <360>: ✓

单击"可视化"选项卡"视图"面板中的"西南等轴测"按钮◎,转换视图。

(4) 单击"视图"选项卡"视觉样式"面板中的"隐藏"按钮◎,消隐后的效果如图 11-109 所示。

(5) 将视图方向设定为前视图,绘制如图 11-110 所示的多段线。

图 11-108  绘制壶盖轮廓线

图 11-109  消隐处理后的壶盖模型

图 11-110  绘制壶盖上端

(6) 选择菜单栏中的"绘图"→"建模"→"网格"→"旋转网格"命令,将绘制好的多段线绕中心线旋转 360°,如图 11-111 所示。

(7) 单击"可视化"选项卡"视图"面板中的"西南等轴测"按钮◎,切换视图,然后单击"视图"选项卡"视觉样式"面板中的"隐藏"按钮◎,对实体进行消隐。将已绘制的图形消隐,消隐后的效果如图 11-112 所示。

图 11-111  所旋转网格

图 11-112  茶壶消隐后的结果

# 11.10  动手练一练

通过本章的学习,读者对三维绘图的相关知识有了大体的了解,本节通过两个操作练习使读者进一步掌握本章知识要点。

## 11.10.1  利用三维动态观察器观察泵盖图形

为了更清楚地观察三维图形,了解三维图形各部分各方位的结构特征,需要从不同视角观察三维图形,利用三维动态观察器能够方便地对三维图形进行多方位观察。本练习要求读者掌握从不同视角观察物体的方法。本例习泵盖的效果如图 11-113 所示。

图 11-113 泵盖

操作提示：

（1）打开三维动态观察器。

（2）灵活利用三维动态观察器的各种工具进行动态观察。

## 11.10.2 绘制小凉亭

三维表面是构成三维图形的基本单元，灵活利用各种基本三维表面构建三维图形是三维绘图的关键技术与能力要求。本练习要求读者熟练掌握各种三维表面的绘制方法，体会构建三维图形的技巧。本练习小凉亭的效果如图 11-114 所示。

图 11-114 小凉亭

操作提示：

（1）利用"三维视点"命令设置绘图环境。

（2）利用"平移曲面"命令绘制凉亭的底座。

（3）利用"平移曲面"命令绘制凉亭的支柱。

（4）利用"阵列"命令得到其他的支柱。

（5）利用"多段线"命令绘制凉亭顶盖的轮廓线。

（6）利用"旋转"命令生成凉亭顶盖。

# 第 12 章

## 绘制三维实体

　　本章介绍三维实体绘制。实体模型具有边和面，还有在其表面内由计算机确定的质量。实体模型是最容易使用的三维模型，它的信息最完整，不会产生歧义。与线框模型和曲面模型相比，实体模型的信息最完整、创建方式最直接。因此，在 AutoCAD 三维绘图中，实体模型应用最为广泛。

　　三维实体是绘图设计过程中相当重要的一个环节。因为图形的主要作用是表达物体的立体形状，而物体的真实度则需三维建模进行绘制。本章对创建基本三维实体单元、布尔运算、通过二维图形生成三维实体，以及建模三维操作进行详细的介绍。

- ☑ 创建基本三维实体单元
- ☑ 布尔运算
- ☑ 通过二维图形生成三维实体
- ☑ 建模三维操作

## 任务驱动&项目案例

# 12.1 创建基本三维实体单元

复杂的三维实体都是由最基本的实体单元，如长方体、圆柱体等通过各种方式组合而成的。本节简要讲述这些基本实体单元的绘制方法。

## 12.1.1 绘制多段体

通过 POLYSOLID 命令，用户可以将现有的直线、二维多段线、圆弧或圆转换为具有矩形轮廓的建模。多段体可以包含曲线线段，在默认情况下轮廓始终为矩形。

**1. 执行方式**

☑ 命令行：POLYSOLID。
☑ 菜单栏：绘图→建模→多段体。
☑ 工具栏：建模→多段体 ⑦。
☑ 功能区：三维工具→建模→多段体 ⑦。

**2. 操作步骤**

```
命令：POLYSOLID✓
指定起点或 [对象(O)/高度(H)/宽度(W)/对正(J)] <对象>：(指定起点)
指定下一个点或 [圆弧(A)/放弃(U)]：(指定下一点)
指定下一个点或 [圆弧(A)/放弃(U)]：(指定下一点)
指定下一个点或 [圆弧(A)/闭合(C)/放弃(U)]：✓
```

**3. 选项说明**

（1）对象(O)：指定要转换为建模的对象。可以将直线、圆弧、二维多段线、圆等转换为多段体，如图 12-1 所示。

（2）高度(H)：指定建模的高度。

（3）宽度(W)：指定建模的宽度。

（4）对正(J)：使用命令定义轮廓时，可以将建模的宽度和高度设置为左对正、右对正或居中，对正方式由轮廓的第一条线段的起始方向决定。

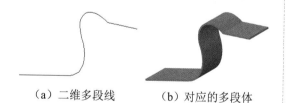

（a）二维多段线　　（b）对应的多段体

图 12-1 多段体

## 12.1.2 绘制螺旋

螺旋是一种特殊的基本三维实体，如图 12-2 所示。如果没有专门的命令，要绘制一个螺旋体还是很困难的，AutoCAD 2016 提供一个螺旋绘制功能来完成螺旋体的绘制。

**1. 执行方式**

☑ 命令行：HELIX。
☑ 菜单栏：绘图→建模→螺旋。

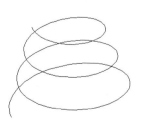

图 12-2 螺旋体

☑ 工具栏：建模→螺旋■。
☑ 功能区：默认→绘图→螺旋■。

2. 操作步骤

> 命令：HELIX↙
> 圈数 = 3.0000　　　扭曲=CCW
> 指定底面的中心点：（指定点）
> 指定底面半径或 [直径(D)] <1.0000>：（输入底面半径或直径）
> 指定顶面半径或 [直径(D)] <26.5531>：（输入顶面半径或直径）
> 指定螺旋高度或 [轴端点(A)/圈数(T)/圈高(H)/扭曲(W)] <1.0000>：

3. 选项说明

（1）轴端点(A)：指定螺旋轴的端点位置。它定义螺旋的长度和方向。

（2）圈数(T)：指定螺旋的圈（旋转）数。螺旋的圈数不能超过500。

（3）圈高(H)：指定螺旋内一个完整圈的高度。指定圈高值时，螺旋中的圈数相应地自动更新。如果已指定螺旋的圈数，则不能输入圈高的值。

（4）扭曲(W)：指定是以顺时针（CW）方向，还是以逆时针方向（CCW）绘制螺旋。螺旋扭曲的默认值是逆时针。

## 12.1.3 绘制长方体

长方体是最简单的实体单元，下面讲述其绘制方法。

1. 执行方式

☑ 命令行：BOX。
☑ 菜单栏：绘图→建模→长方体。
☑ 工具栏：建模→长方体■。
☑ 功能区：三维工具→建模→长方体■。

2. 操作步骤

> 命令：BOX↙
> 指定第一个角点或 [中心(C)] <0,0,0>：（指定第一点或按 Enter 键表示原点是长方体的角点，或输入 C 表示中心点）

3. 选项说明

（1）指定第一个角点

用于确定长方体的一个顶点位置。选择该选项后，命令行提示与操作如下：

> 指定其他角点或 [立方体(C)/长度(L)]：（指定第二点或输入选项）

各选项功能如下。

❶ 指定其他角点：用于指定长方体的其他角点。输入另一角点的数值，即可确定该长方体。如果输入的是正值，则沿着当前 UCS 的 X、Y 和 Z 轴的正向绘制长度；如果输入的是负值，则沿着 X、Y 和 Z 轴的负向绘制长度。如图 12-3 所示为利用角点创建的长方体。

❷ 立方体(C)：用于创建一个长、宽、高相等的长方体。如图 12-4 所示为利用立方体创建的长方体。

图 12-3 利用角点创建的长方体

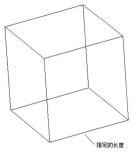

图 12-4 利用立方体创建的长方体

❸ 长度(L)：按要求输入长、宽、高的值。如图 12-5 所示为利用长、宽和高创建的长方体。

（2）中心点

利用指定的中心点创建长方体。如图 12-6 所示为利用中心点创建的长方体。

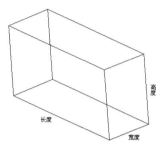

图 12-5 利用长、宽和高创建的长方体

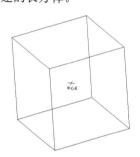

图 12-6 利用中心点创建的长方体

📎 **技巧**：如果在创建长方体时选择"立方体"或"长度"选项，则还可以在单击以指定长度时指定长方体在 XY 平面中的旋转角度；如果选择"中心"选项，则可以利用指定中心点来创建长方体。

## 12.1.4 绘制圆柱体

圆柱体也是一种简单的实体单元，下面讲述其绘制方法。

1．执行方式

☑ 命令行：CYLINDER（快捷命令：CYL）。

☑ 菜单栏：绘图→建模→圆柱体。

☑ 工具栏：建模→圆柱体 。

☑ 功能区：三维工具→建模→圆柱体 。

2．操作步骤

```
命令：CYLINDER✓
当前线框密度：ISOLINES=4
指定底面的中心点或 [三点(3P)/两点(2P)/切点、切点、半径(T)/椭圆(E)]<0,0,0>：
```

3．选项说明

（1）指定底面的中心点：先输入底面圆心的坐标，然后指定底面的半径和高度，此选项为系统的默认选项。AutoCAD 按指定的高度创建圆柱体，且圆柱体的中心线与当前坐标系的 Z 轴平行，如

图 12-7 所示。可以指定另一个端面的圆心来指定高度，AutoCAD 根据圆柱体两个端面的中心位置来创建圆柱体，该圆柱体的中心线就是两个端面的连线，如图 12-8 所示。

（2）椭圆(E)：创建椭圆圆柱体。椭圆端面的绘制方法与平面椭圆一样，创建的椭圆圆柱体如图 12-9 所示。

 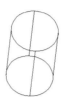 

图 12-7　按指定高度创建圆柱体　　图 12-8　指定圆柱体另一个端面的中心位置　　图 12-9　椭圆圆柱体

## 12.1.5　操作实例——叉拨架

利用上面学过的"长方体"和"圆柱体"命令绘制如图 12-10 所示的叉拨架。

本例首先绘制长方体，完成架体的绘制，然后在架体不同位置绘制圆柱体，最后利用差集运算完成架体上孔，其流程如图 12-10 所示。

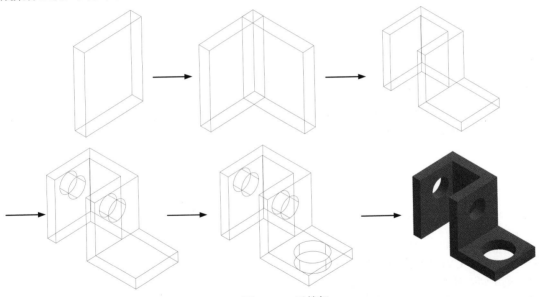

图 12-10　叉拨架

**操作步骤：（光盘\实例演示\第 12 章\叉拨架.avi）**

（1）绘制顶端立板长方体。单击"三维工具"选项卡"建模"面板中的"长方体"按钮◻，绘制顶端立板长方体，命令行提示与操作如下：

```
命令：_box
指定第一个角点或 [中心(C)]：0.5,2.5,0
指定其他角点或 [立方体(C)/长度(L)]：0,0,3
```

（2）切换视图。单击"可视化"选项卡"视图"面板中的"东南等轴测"按钮◈，设置视图角度，将当前视图设为东南等轴测视图，结果如图 12-11 所示。

*Note*

（3）绘制架体。单击"三维工具"选项卡"建模"面板中的"长方体"按钮▢，以角点坐标为（0,2.5,0）、（@2.72,-0.5,3）绘制连接立板长方体，结果如图 12-12 所示。

图 12-11　切换视图

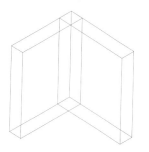

图 12-12　绘制架体

（4）绘制其他部分长方体。单击"三维工具"选项卡"建模"面板中的"长方体"按钮▢，以角点坐标（2.72,2.5,0）、（@-0.5, -2.5,3）、（2.22,0,0）、（@2.75,2.5,0.5）绘制其他部分长方体。

（5）缩放视图。单击"视图"选项卡"导航"面板中的"范围"下拉菜单中的"全部"按钮⌕，缩放图形，结果如图 12-13 所示。

（6）并集运算。单击"三维工具"选项卡"实体编辑"面板中的"并集"按钮⚬，将步骤（5）绘制的图形合并，结果如图 12-14 所示。

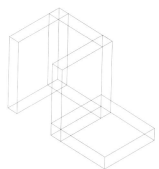

图 12-13　缩放图形

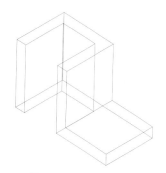

图 12-14　并集运算

（7）绘制横向孔。单击"三维工具"选项卡"建模"面板中的"圆柱体"按钮▢，绘制圆柱体，命令行提示与操作如下：

```
命令: _cylinder
指定底面的中心点或 [三点(3P)/两点(2P)/切点、切点、半径(T)/椭圆(E)]: 0,1.25,2
指定底面半径或 [直径(D)]: 0.5
指定高度或 [两点(2P)/轴端点(A)]: A
指定轴端点: 0.5,1.25,2
命令: _cylinder
指定底面的中心点或 [三点(3P)/两点(2P)/切点、切点、半径(T)/椭圆(E)]: 2.22,1.25,2
指定底面半径或 [直径(D)]: 0.5
指定高度或 [两点(2P)/轴端点(A)]: A
指定轴端点: 2.72,1.25,2
```

结果如图 12-15 所示。

（8）绘制竖向孔。单击"三维工具"选项卡"建模"面板中的"圆柱体"按钮▢，以（3.97,1.25,0）

为中心点，以 0.75 为底面半径、0.5 为高度绘制圆柱体，结果如图 12-16 所示。

（9）差集运算。单击"三维工具"选项卡"实体编辑"面板中的"差集"按钮，将轮廓建模与 3 个圆柱体进行差集。单击"视图"选项卡"视觉样式"面板中的"隐藏"按钮，对实体进行消隐。消隐之后的图形如图 12-17 所示。

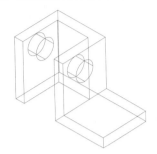　　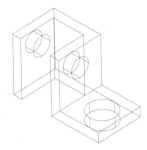　　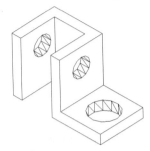

图 12-15　绘制横向孔　　　　图 12-16　绘制竖向孔　　　　图 12-17　差集运算

## 12.1.6　绘制楔体

楔体也属于一种简单的实体单元，下面讲述其绘制方法。

### 1. 执行方式

☑　命令行：WEDGE。
☑　菜单栏：绘图→建模→楔体。
☑　工具栏：建模→楔体▱。
☑　功能区：三维工具→建模→楔体▱。

### 2. 操作步骤

命令：WEDGE✓
指定第一个角点或 [中心(C)]：

### 3. 选项说明

（1）指定第一个角点：指定楔体的第一个角点，然后按提示指定下一个角点或长、宽、高，结果如图 12-18 所示。

（2）中心(C)：指定楔体的中心点，然后按提示指定下一个角点或长、宽、高。

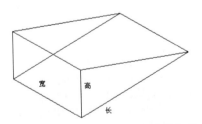

图 12-18　指定长、宽、高创建的楔体

## 12.1.7　绘制棱锥体

棱锥体也属于一种简单的实体单元，下面讲述其绘制方法。

### 1. 执行方式

☑　命令行：PYRAMID。
☑　菜单栏：绘图→建模→棱锥体。
☑　工具栏：建模→棱锥体◇。
☑　功能区：三维工具→建模→棱锥体◇。

2. 操作步骤

```
命令：PYRAMID↙
4 个侧面  外切
指定底面的中心点或 [边(E)/侧面(S)]：（指定中心点）
指定底面半径或 [内接(I)]：（指定底面外切圆半径）
指定高度或 [两点(2P)/轴端点(A)/顶面半径(T)]：（指定高度）
```

3. 选项说明

（1）指定底面的中心点：这是最基本的执行方式，选择该选项后按提示指定外切圆半径和高度，结果如图 12-19 所示。

（2）内接(I)：与上面讲的外切方式类似，只不过指定的底面半径是棱锥底面的内接圆半径。

（3）两点(2P)：通过指定两点的方式指定棱锥高度，两点间的距离为棱锥高度。选择该选项后，命令行提示与操作如下：

```
指定第一个点：（指定第一个点）
指定第二个点：（指定第二个点，如图 12-20 所示）
```

（4）轴端点(A)：通过指定轴端点的方式指定棱锥高度和倾向，指定点为棱锥顶点。由于顶点与底面中心点连线为棱锥高线，垂直于底面，所以底面方向随指定的轴端点位置不停地变动，如图 12-21 所示。

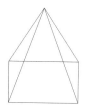

图 12-19  指定底面中心点、外切圆
半径和高度创建的棱锥体

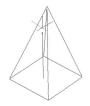

图 12-20  通过两点方式
确定棱锥高度

图 12-21  通过指定轴端点
方式绘制棱锥

（5）顶面半径(T)：通过指定顶面半径的方式指定棱台上顶面外切圆或内接圆半径，如图 12-22 所示。选择该选项后，命令行提示与操作如下：

```
指定顶面半径 <0.0000>：（指定半径）
指定高度或 [两点(2P)/轴端点(A)] <165.5772>：（指定棱台高度，同上面所述方法）
```

（6）边(E)：通过指定边的方式指定棱锥底面正多边形，如图 12-23 所示。选择该选项后，命令行提示与操作如下：

```
命令：_pyramid
4 个侧面  内接
指定底面的中心点或 [边(E)/侧面(S)]：E↙
指定边的第一个端点：（指定底面边的第一个端点，如图 12-23 中点 1 所示）
指定边的第二个端点：（指定底面边的第二个端点，如图 12-23 中点 2 所示）
指定高度或 [两点(2P)/轴端点(A)/顶面半径(T)] <102.1225>：（按上面所述方式指定高度）
```

（7）侧面(S)：通过指定侧面数目的方式指定棱锥的棱数，如图 12-24 所示。选择该选项后，命令行提示与操作如下：

命令：_pyramid
4 个侧面　内接
指定底面的中心点或 [边(E)/侧面(S)]：S✓
输入侧面数 <4>：6✓（指定棱边数，如图 12-24 所示为绘制的六棱锥）
指定底面的中心点或 [边(E)/侧面(S)]：（按上面讲述方式继续执行）

图 12-22　通过指定顶面半径
方式绘制棱台

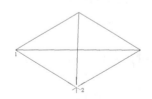

图 12-23　通过指定边的方式
绘制棱锥底面

图 12-24　通过指定侧面数目的
方式绘制六棱锥

## 12.1.8　绘制圆锥体

圆锥体也属于一种简单的实体单元，下面讲述其绘制方法。

1. 执行方式

☑　命令行：CONE。
☑　菜单栏：绘图→建模→圆锥体。
☑　工具栏：建模→圆锥体△。
☑　功能区：三维工具→建模→圆锥体△。

2. 操作步骤

命令：CONE✓
指定底面的中心点或 [三点(3P)/两点(2P)/切点、切点、半径(T)/椭圆(E)]：

3. 选项说明

（1）指定底面的中心点：指定圆锥体底面的中心位置，然后指定底面半径和锥体高度或顶点位置。

（2）椭圆(E)：创建底面是椭圆的圆锥体。如图 12-25 所示为绘制的椭圆圆锥体，其中，图 12-25（a）所示的线框密度为 4。输入 ISOLINES 命令后增加线框密度至 16 后的图形如图 12-25（b）所示。

（a）ISOLINES=4　　（b）ISOLINES=16

图 12-25　椭圆圆锥体

## 12.1.9　绘制球体

球体也属于一种简单的实体单元，下面讲述其绘制方法。

1. 执行方式

☑　命令行：SPHERE。
☑　菜单栏：绘图→建模→球体。
☑　工具栏：建模→球体◎。

☑ 功能区：三维工具→建模→球体◎。

2. 操作步骤

> 命令：SPHERE✓
> 指定中心点或 [三点(3P)/两点(2P)/切点、切点、半径(T)]：（输入球心的坐标值）
> 指定半径或 [直径(D)]：（输入相应的数值）

### 12.1.10 绘制圆环体

圆环体也属于一种简单的实体单元，下面讲述其绘制方法。

1. 执行方式

☑ 命令行：TORUS。
☑ 菜单栏：绘图→建模→圆环体。
☑ 工具栏：建模→圆环体◎。
☑ 功能区：三维工具→建模→圆环体◎。

2. 操作步骤

> 命令：TORUS✓
> 指定中心点或 [三点(3P)/两点(2P)/切点、切点、半径(T)]：（指定中心点）
> 指定半径或 [直径(D)]：（指定半径或直径）
> 指定圆管半径或 [两点(2P)/直径(D)]：（指定半径或直径）

如图 12-26 所示为绘制的圆环体。

### 12.1.11 操作实例——弯管接头

下面利用学过的基本三维实体绘制命令来绘制弯管接头。

本例首先利用坐标在不同位置绘制圆柱体，在拐角处绘制球体，利用布尔运算完成图形，绘制流程如图 12-27 所示。

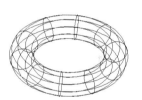

图 12-26 圆环体

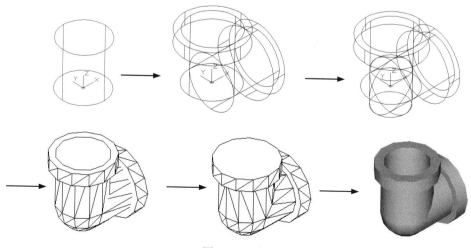

图 12-27 弯管接头

**操作步骤:**(光盘\实例演示\第12章\弯管接头.avi)

(1)切换视图。单击"可视化"选项卡"视图"面板中的"西南等轴测"按钮◊。

(2)绘制管体。单击"三维工具"选项卡"建模"面板中的"圆柱体"按钮◻,绘制底面中心点为(0,0,0)、半径为20、高度为40的圆柱体,命令行提示与操作如下:

```
命令: CYL✓
指定底面的中心点或 [三点(3P)/两点(2P)/切点、切点、半径(T)/椭圆(E)]: 0,0,0✓
指定底面半径或 [直径(D)] <20.0000>: 20✓
指定高度或 [两点(2P)/轴端点(A)] <10.0000>: 40✓
```

(3)按照上述步骤,绘制底面中心点为(0,0,40)、半径为25、高度为-10的圆柱体。

(4)按照上述步骤,绘制底面中心点为(0,0,0)、半径为20、轴端点为(40,0,0)的圆柱体。

(5)按照上述步骤,绘制底面中心点为(40,0,0)、半径为25、轴端点为(@-10,0,0)的圆柱体。

(6)绘制管头。单击"三维工具"选项卡"建模"面板中的"球体"按钮◯,绘制一个球心在原点、半径为20的球体。

(7)消隐处理。单击"视图"选项卡"视觉样式"面板中的"隐藏"按钮◉,对绘制好的建模进行消隐,此时窗口图形如图12-28所示。

(8)并集运算。单击"三维工具"选项卡"实体编辑"面板中的"并集"按钮◍,将上面绘制的所有建模组合为一个整体,此时窗口图形如图12-29所示。

(9)绘制竖直孔。单击"三维工具"选项卡"建模"面板中的"圆柱体"按钮◻,绘制底面中心点在原点、直径为35、高度为40的圆柱体。

(10)绘制横向孔。单击"三维工具"选项卡"建模"面板中的"圆柱体"按钮◻,绘制底面中心点在原点、直径为35、轴端点为(40,0,0)的圆柱体。

(11)绘制弯孔。单击"三维工具"选项卡"建模"面板中的"球体"按钮◯,绘制一个球心在原点、直径为35的球体。

(12)差集运算。单击"三维工具"选项卡"实体编辑"面板中的"差集"按钮◍,对弯管和直径为35的圆柱体和球体进行布尔运算。

(13)消隐处理。单击"视图"选项卡"视觉样式"面板中的"隐藏"按钮◉,对绘制好的建模进行消隐,此时图形如图12-30所示。渲染后的效果如图12-27所示。

图12-28  弯管主体

图12-29  求并集后的弯管主体

图12-30  弯管消隐图

# 12.2 布尔运算

布尔运算在数学的集合运算中得到广泛应用,AutoCAD也将该运算应用到建模的创建过程中。

## 12.2.1 三维建模布尔运算

用户可以对三维建模对象进行并集、交集、差集的运算。三维建模的布尔运算与平面图形类似。如图 12-31 所示为 3 个圆柱体进行交集运算后的图形。

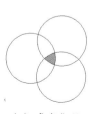

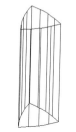

（a）求交集前　　　　　　　　（b）求交集后　　　　　　　　（c）交集的立体图

图 12-31　3 个圆柱体交集后

📝 **技巧:** 如果某些命令第一个字母都相同,那么对于比较常用的命令,其快捷命令取第一个字母,其他命令的快捷命令可用前面两个或 3 个字母表示。例如,R 表示 Redraw,RA 表示 Redrawall,L 表示 Line,LT 表示 LineType,LTS 表示 LTScale。

## 12.2.2　操作实例——深沟球轴承

利用布尔运算相关功能创建如图 12-32 所示的深沟球轴承。

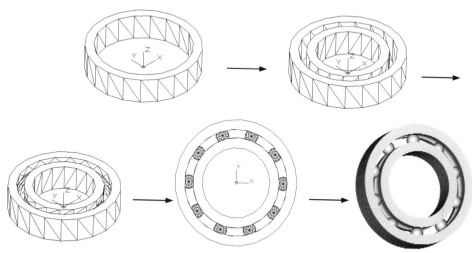

图 12-32　深沟球轴承

**操作步骤:** （光盘\实例演示\第 **12** 章\深沟球轴承**.avi**）

（1）设置线框密度,命令行提示与操作如下:

```
命令: ISOLINES✓
输入 ISOLINES 的新值 <4>: 10✓
```

（2）切换视图。单击"可视化"选项卡"视图"面板中的"西南等轴测"按钮◎,切换到西南等轴测视图。

（3）绘制外轮廓。单击"三维工具"选项卡"建模"面板中的"圆柱体"按钮，命令行提示与操作如下：

```
命令: _cylinder
指定底面的中心点或 [三点(3P)/两点(2P)/切点、切点、半径(T)/椭圆(E)] <0,0,0>: (在绘图
区指定底面中心点位置)
    指定底面的半径或 [直径(D)]: 45✓
    指定高度或 [两点(2P)/轴端点(A)]: 20✓
命令: ✓ (继续创建圆柱体)
    指定底面的中心点或 [三点(3P)/两点(2P)/切点、切点、半径(T)/椭圆(E)] <0,0,0>: ✓
    指定底面的半径或 [直径(D)]: 38✓
    指定高度或 [两点(2P)/轴端点(A)]: 20✓
```

（4）差集运算。单击"视图"选项卡"导航"面板中的"范围"下拉菜单中的"实时"按钮，上下转动鼠标滚轮对其进行适当放大。单击"三维工具"选项卡"实体编辑"面板中的"差集"按钮，将创建的两个圆柱体进行差集运算。

（5）消隐处理。单击"视图"选项卡"视觉样式"面板中的"隐藏"按钮，进行消隐处理后的图形如图 12-33 所示。

（6）创建内圈。按上述步骤，单击"三维工具"选项卡"建模"面板中的"圆柱体"按钮，以坐标原点为圆心，分别创建高度为 20、半径为 32 和 25 的两个圆柱；单击"三维工具"选项卡"实体编辑"面板中的"差集"按钮，对其进行差集运算，以创建轴承的内圈圆柱体，结果如图 12-34 所示。

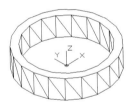
图 12-33　轴承外圈圆柱体

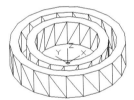
图 12-34　轴承内圈圆柱体

（7）并集运算。单击"三维工具"选项卡"实体编辑"面板中的"并集"按钮，将创建的轴承外圈与内圈圆柱体进行并集运算。

（8）绘制圆环体。单击"三维工具"选项卡"建模"面板中的"圆环体"按钮，绘制底面中心点为（0,0,10）、半径为 35、圆管半径为 5 的圆环，命令行提示与操作如下：

```
命令: _torus
指定中心点或 [三点(3P)/两点(2P)/切点、切点、半径(T)]: 0,0,10
指定半径或 [直径(D)] <25.0000>: 35
指定圆管半径或 [两点(2P)/直径(D)]: 5
```

（9）差集运算。单击"三维工具"选项卡"实体编辑"面板中的"差集"按钮，将创建的圆环与轴承的内外圈进行差集运算，结果如图 12-35 所示。

（10）绘制滚珠。单击"三维工具"选项卡"建模"面板中的"球体"按钮，指定中心点为（35,0,10）、绘制半径为 5 的球体。

（11）环形阵列。单击"默认"选项卡"修改"面板中的"环形阵列"按钮，将创建的滚动体进行环形阵列，阵列中心为坐标原点，数目为 10。单击"可视化"选项卡"视图"面板中的"俯视"按钮，切换到俯视图，结果如图 12-36 所示。

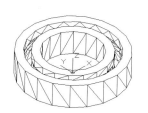
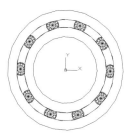

图 12-35　圆环与轴承内外圈进行差集运算结果 　　　　图 12-36　阵列滚动体

（12）并集运算。单击"三维工具"选项卡"实体编辑"面板中的"并集"按钮，将阵列的滚动体与轴承的内外圈进行并集运算。

（13）渲染处理。单击"可视化"选项卡"渲染-MentalRay"面板中的"渲染"按钮，选择适当的材质，渲染后的效果如图 12-32 所示。

# 12.3　通过二维图形生成三维实体

同三维网格的生成原理一样，可以通过二维图形来生成三维实体。AutoCAD 提供拉伸、旋转、扫掠、放样和拖曳 5 种方法来生成三维实体，具体如下所述。

## 12.3.1　拉伸

"拉伸"是指在平面图形的基础上沿一定路径生成三维实体的过程。

1. 执行方式

☑　命令行：EXTRUDE（快捷命令：EXT）。
☑　菜单栏：绘图→建模→拉伸。
☑　工具栏：建模→拉伸。
☑　功能区：三维工具→建模→拉伸。

2. 操作步骤

```
命令：EXTRUDE↙
当前线框密度：ISOLINES=4，闭合轮廓创建模式 = 实体
选择要拉伸的对象或 [模式(MO)]：_MO
闭合轮廓创建模式 [实体(SO)/曲面(SU)] <实体>：_SO
选择要拉伸的对象或 [模式(MO)]：（选择绘制好的二维对象）
选择要拉伸的对象或 [模式(MO)]：（可继续选择对象或按 Enter 键结束选择）
指定拉伸的高度或 [方向(D)/路径(P)/倾斜角(T)/表达式(E)]：
```

3. 选项说明

（1）指定拉伸的高度：按指定的高度拉伸出三维建模对象。输入高度值后，根据实际需要，指

定拉伸的倾斜角度。如果指定的角度为 0，AutoCAD 则把二维对象按指定的高度拉伸成柱体；如果输入角度值，拉伸后建模截面沿拉伸方向按此角度变化，成为一个棱台或圆台体。如图 12-37 所示为不同角度拉伸圆的结果。

（a）拉伸前　　　（b）拉伸锥角为 0°　　　（c）拉伸锥角为 10°　　　（d）拉伸锥角为-10°

图 12-37　拉伸圆

（2）路径(P)：以现有的图形对象作为拉伸创建三维建模对象。如图 12-38 所示为沿圆弧曲线路径拉伸圆的结果。

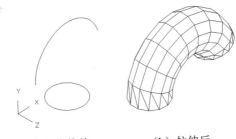

（a）拉伸前　　　　　　（b）拉伸后

图 12-38　沿圆弧曲线路径拉伸圆

✍ **技巧：** 可以使用创建圆柱体的"轴端点"命令确定圆柱体的高度和方向。轴端点是圆柱体顶面的中心点，轴端点可以位于三维空间的任意位置。

（3）方向(D)：通过指定的两点确定拉伸的长度和方向。

（4）倾斜角(T)：用于拉伸的倾斜角是两个指定点间的距离。

（5）表达式(E)：输入公式或方程式以指定拉伸高度。

🔊 **注意：** 拉伸对象和拉伸路径必须是不在同一个平面上的两个对象，这里需要转换坐标平面。有的读者经常发现无法拉伸对象，很可能就是因为拉伸对象和拉伸路径在同一个平面上。

## 12.3.2　操作实例——六角形拱顶

本实例绘制六角形拱顶，主要运用到"长方体""旋转曲面""拉伸"命令，绘制流程如图 12-39 所示。

图 12-39　绘制六角形拱顶

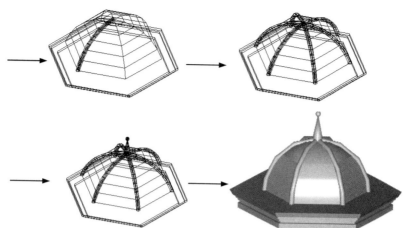

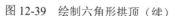

图 12-39 绘制六角形拱顶（续）

**操作步骤：（光盘\实例演示\第 12 章\六角形拱顶.avi）**

（1）设置绘图环境。用 LIMITS 命令设置图幅：297×210。在命令行中输入 ISOLINES，设置线框密度为 10。

（2）绘制正六边形并拉伸。单击"默认"选项卡"绘图"面板中的"多边形"按钮◎，以（0,0,0）为中心点绘制内接圆半径为 150 的正六边形。单击"三维工具"选项卡"建模"面板中的"拉伸"按钮⬚，拉伸高度为 10。结果如图 12-40 所示，命令行提示与操作如下：

```
命令：_extrude
当前线框密度：ISOLINES=4，闭合轮廓创建模式 = 实体
选择要拉伸的对象或 [模式(MO)]：_MO
闭合轮廓创建模式 [实体(SO)/曲面(SU)] <实体>：_SO
选择要拉伸的对象或 [模式(MO)]：（选择绘制好的正六边形）
选择要拉伸的对象或 [模式(MO)]：↙
指定拉伸的高度或 [方向(D)/路径(P)/倾斜角(T)/表达式(E)]：10↙
```

单击"可视化"选项卡"视图"面板中的"西南等轴测"按钮◎，切换到西南等轴测视图，结果如图 12-41 所示。

（3）绘制正六边形并拉伸。重复上述步骤，以（0,0,10）为中心点，绘制外切圆半径为 145 的正六边形；单击"三维工具"选项卡"建模"面板中的"拉伸"按钮⬚，拉伸高度为 5。以（0,0,15）为中心点绘制外切圆半径为 150 的正六边形，然后将其拉伸，拉伸高度为 5，结果如图 12-42 所示。

（4）绘制直线。单击"默认"选项卡"绘图"面板中的"直线"按钮╱，过（0,0,35）和（0,0,135）绘制直线，结果如图 12-43 所示。

图 12-40 绘制正六边形并拉伸　　图 12-41 切换视图　　图 12-42 绘制正六边形并拉伸　　图 12-43 绘制直线

在命令行中输入 UCS，绕 X 轴旋转 90°。

（5）绘制圆弧。单击"默认"选项卡"绘图"面板中的"圆弧"按钮╱，以直线的上端点为起

点，以下端点为圆心，绘制包含角为 90 的圆弧，结果如图 12-44 所示。

（6）旋转曲面。选择菜单栏中的"绘图"→"建模"→"网格"→"旋转网格"命令，命令行提示与操作如下：

```
命令：REVSURF✓
当前线框密度：SURFTAB1=6  SURFTAB2=6
选择要旋转的对象：（选择圆弧）
选择定义旋转轴的对象：（选择直线）
指定起点角度 <0>：✓
指定包含角 (+=逆时针，-=顺时针) <360>：✓
```

结果如图 12-45 所示。

（7）绘制圆并拉伸。在命令行中输入 UCS，选择"世界"。

单击"默认"选项卡"绘图"面板中的"圆"按钮⊘，以弧线下端点（-100,0,35）为圆心绘制半径为 5 的圆。单击"三维工具"选项卡"建模"面板中的"拉伸"按钮⬚，将圆沿弧线拉伸，命令行提示与操作如下：

```
命令：_extrude
当前线框密度： ISOLINES=10，闭合轮廓创建模式 = 实体
选择要拉伸的对象或 [模式(MO)]：_MO
闭合轮廓创建模式 [实体(SO)/曲面(SU)] <实体>：_SO
选择要拉伸的对象或 [模式(MO)]：（选择已绘制圆）
选择要拉伸的对象或 [模式(MO)]：✓
指定拉伸的高度或 [方向(D)/路径(P)/倾斜角(T)/表达式(E)]：P✓
选择拉伸路径或 [倾斜角(T)]：（选择圆弧）
```

结果如图 12-46 所示。

图 12-44　绘制圆弧

图 12-45　旋转曲面

图 12-46　绘制圆并拉伸

（8）阵列处理。单击"默认"选项卡"修改"面板中的"环形阵列"按钮⬚，将拉伸后的实体以（0,0,0）为中心进行环形阵列，阵列总数为 6，填充角度为 360，结果如图 12-47 所示。

（9）创建圆锥体。单击"三维工具"选项卡"建模"面板中的"圆锥体"按钮△，以六角形拱顶的顶端为底面中心绘制半径为 10、高为 50 的圆锥体，结果如图 12-48 所示。

（10）创建球体。单击"三维工具"选项卡"建模"面板中的"球体"按钮◯，以圆锥体顶端为球心创建半径为 5 的球体，结果如图 12-49 所示。

图 12-47　阵列处理

图 12-48　创建圆锥体

图 12-49　创建球体

（11）渲染视图。单击"可视化"选项卡"材质"面板中的"材质浏览器"按钮 ⊗，在"材质浏览器"选项板中选择适当的材质。单击"可视化"选项卡"渲染-MentalRay"面板中的"渲染"按钮 ☺，对实体进行渲染，渲染后的效果如图 12-39 所示。

### 12.3.3　旋转

"旋转"是指一个平面图形围绕某个轴转过一定角度形成实体的过程。

**1. 执行方式**

- ☑ 命令行：REVOLVE（快捷命令：REV）。
- ☑ 菜单栏：绘图→建模→旋转。
- ☑ 工具栏：建模→旋转 ☒。
- ☑ 功能区：三维工具→建模→旋转 ☎。

**2. 操作步骤**

```
命令：REVOLVE✓
当前线框密度： ISOLINES=4，闭合轮廓创建模式 = 实体
选择要旋转的对象或 [模式(MO)]：（选择绘制好的二维对象）
选择要旋转的对象或 [模式(MO)]：（继续选择对象或按 Enter 键结束选择）
指定旋转轴的起点或定义轴依照 [对象(O)/X 轴(X)/Y 轴(Y)]：
```

**3. 选项说明**

（1）指定旋转轴的起点：通过两个点来定义旋转轴。AutoCAD 按指定的角度和旋转轴旋转二维对象。

（2）对象(O)：选择已经绘制好的直线或用 "多段线"命令绘制的直线段作为旋转轴线。

（3）X（Y）轴：将二维对象绕当前坐标系（UCS）的 X（Y）轴旋转。如图 12-50 所示为矩形平面绕 X 轴旋转的结果。

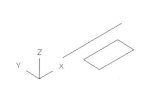 

（a）旋转界面　　　（b）旋转后的建模

图 12-50　旋转体

### 12.3.4　操作实例——带轮

分析如图 12-51 所示的带轮，它除了有比较规则的建模部分外，还有不规则的部分，如弧形孔。通过绘制带轮，用户应该掌握创建复杂建模的思路以及绘制从简单到复杂、从规则到不规则的图形的方法。

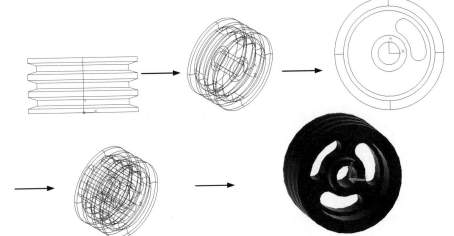

图 12-51　带轮

**操作步骤：（光盘\实例演示\第 12 章\带轮的绘制.avi）**

（1）绘制截面轮廓线

❶ 单击"默认"选项卡"绘图"面板中的"多段线"按钮，绘制轮廓线，命令行提示与操作如下：

```
命令: PLINE✓
指定起点: 0,0✓
当前线宽为 0.0000
指定下一个点或 [圆弧(A)/半宽(H)/长度(L)/放弃(U)/宽度(W)]: 0,240✓
指定下一点或 [圆弧(A)/闭合(C)/半宽(H)/长度(L)/放弃(U)/宽度(W)]: 250,240✓
指定下一点或 [圆弧(A)/闭合(C)/半宽(H)/长度(L)/放弃(U)/宽度(W)]: 250,220✓
指定下一点或 [圆弧(A)/闭合(C)/半宽(H)/长度(L)/放弃(U)/宽度(W)]: 210,207.5✓
指定下一点或 [圆弧(A)/闭合(C)/半宽(H)/长度(L)/放弃(U)/宽度(W)]: 210,182.5✓
指定下一点或 [圆弧(A)/闭合(C)/半宽(H)/长度(L)/放弃(U)/宽度(W)]: 250,170✓
指定下一点或 [圆弧(A)/闭合(C)/半宽(H)/长度(L)/放弃(U)/宽度(W)]: 250,145✓
指定下一点或 [圆弧(A)/闭合(C)/半宽(H)/长度(L)/放弃(U)/宽度(W)]: 210,132.5✓
指定下一点或 [圆弧(A)/闭合(C)/半宽(H)/长度(L)/放弃(U)/宽度(W)]: 210,107.5✓
指定下一点或 [圆弧(A)/闭合(C)/半宽(H)/长度(L)/放弃(U)/宽度(W)]: 250,95✓
指定下一点或 [圆弧(A)/闭合(C)/半宽(H)/长度(L)/放弃(U)/宽度(W)]: 250,70✓
指定下一点或 [圆弧(A)/闭合(C)/半宽(H)/长度(L)/放弃(U)/宽度(W)]: 210,57.5✓
指定下一点或 [圆弧(A)/闭合(C)/半宽(H)/长度(L)/放弃(U)/宽度(W)]: 210,32.5✓
指定下一点或 [圆弧(A)/闭合(C)/半宽(H)/长度(L)/放弃(U)/宽度(W)]: 250,20✓
指定下一点或 [圆弧(A)/闭合(C)/半宽(H)/长度(L)/放弃(U)/宽度(W)]: 250,0✓
指定下一点或 [圆弧(A)/闭合(C)/半宽(H)/长度(L)/放弃(U)/宽度(W)]: C✓
```

结果如图 12-52 所示。

❷ 单击"三维工具"选项卡"建模"面板中的"旋转"按钮，指定轴起点为（0,0）、轴端点为（0,240）、旋转角度为 360°，旋转轮廓线。

❸ 单击"可视化"选项卡"视图"面板中的"西南等

图 12-52　带轮轮廓线

轴测"按钮◈，切换视图。

❹ 单击"视图"选项卡"视觉样式"面板中的"隐藏"按钮◈，此时图形结果如图 12-53 所示。

（2）绘制轮毂

❶ 设置新的坐标系。在命令行中输入 UCS，命令行提示与操作如下：

```
命令：UCS↙
当前 UCS 名称：*世界*
指定 UCS 的原点或 ［面(F)/命名(NA)/对象(OB)/上一个(P)/视图(V)/世界(W)/X/Y/Z/Z
轴(ZA)］<世界>：X↙
        指定绕 X 轴的旋转角度<90>：↙
```

❷ 单击"默认"选项卡"绘图"面板中的"圆"按钮◉，绘制圆心在原点、半径为 190 的圆。

❸ 单击"默认"选项卡"绘图"面板中的"圆"按钮◉，绘制圆心在（0,0,-250）、半径为 190 的圆。

❹ 单击"默认"选项卡"绘图"面板中的"圆"按钮◉，绘制圆心在（0,0,-45）、半径为 50 的圆。结果如图 12-54 所示。

❺ 单击"默认"选项卡"绘图"面板中的"圆"按钮◉，绘制圆心在（0,0,-45）、半径为 80 的圆。

❻ 单击"三维工具"选项卡"建模"面板中的"拉伸"按钮▣，拉伸离原点较近的半径为 190 的圆，拉伸高度为-85。

按上述方法拉伸离原点较远的半径为 190 的圆，高度为 85。将半径为 50 和 80 的圆拉伸，高度为-160，此时图形如图 12-55 所示。

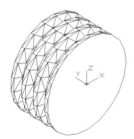
图 12-53　旋转后的带轮

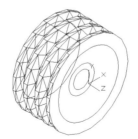
图 12-54　带轮的中间图

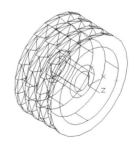
图 12-55　拉伸后的建模

❼ 单击"三维工具"选项卡"实体编辑"面板中的"差集"按钮◎，从带轮主体中减去半径为 190 拉伸的建模，对拉伸后的建模进行布尔运算。

❽ 单击"三维工具"选项卡"实体编辑"面板中的"交集"按钮◎，将带轮主体与半径为 80 拉伸的建模进行计算。单击"三维工具"选项卡"实体编辑"面板中的"差集"按钮◎，从带轮主体中减去半径为 50 拉伸的建模。

❾ 单击"视图"选项卡"视觉样式"面板中的"带边缘着色"按钮▣，对建模进行带边框的体着色，此时图形结果如图 12-56 所示。

（3）绘制孔

❶ 选择菜单栏中的"视图"→"三维视图"→"平面视图"→"当前 UCS"命令。单击"视图"选项卡"视觉样式"面板中的"二维线框"按钮▣。

❷ 单击"默认"选项卡"绘图"面板中的"圆"按钮◉，绘制 3 个圆心在原点，半径分别为 170、100 和 135 的圆。

❸ 单击"默认"选项卡"绘图"面板中的"圆"按钮◉，绘制一个圆心在（135,0）、半径为 35

的圆。

❹ 单击"默认"选项卡"修改"面板中的"复制"按钮🔲，复制半径为 35 的圆，并将它放在原点。

❺ 单击"默认"选项卡"修改"面板中的"移动"按钮✥，移动在原点的半径为 35 的圆，移动位移@135<60。

❻ 单击"默认"选项卡"修改"面板中的"修剪"按钮✁，并删除多余的线段，此时图形如图 12-57 所示。

❼ 单击"修改 II"工具栏中的"编辑多段线"按钮🖉，将弧形孔的边界编辑成一条封闭的多段线。

❽ 单击"默认"选项卡"修改"面板中的"环形阵列"按钮🏭，进行阵列。设置中心点为（0,0），项目总数为 3。此时窗口的图形如图 12-58 所示。

图 12-56 带轮的着色图

图 12-57 弧形的边界

图 12-58 弧形面阵列图

❾ 单击"三维工具"选项卡"建模"面板中的"拉伸"按钮🗐，拉伸绘制的 3 个弧形面，拉伸高度为-240。

❿ 单击"可视化"选项卡"视图"面板中的"西南等轴测"按钮◈，改变视图的观察方向，结果如图 12-59 所示。

⓫ 单击"三维工具"选项卡"实体编辑"面板中的"差集"按钮◎，将 3 个弧形建模从带轮建模中减去。

为便于观看，用三维动态观察器将带轮旋转一个角度，窗口图形如图 12-60 所示。

图 12-59 弧形面拉伸后的图

图 12-60 求差集后的带轮

## 12.3.5 扫掠

"扫掠"是指某平面轮廓沿着某个指定的路径扫描过的轨迹形成三维实体的过程。"拉伸"是以拉伸对象为主体，以拉伸实体从拉伸对象所在的平面位置为基准开始生成；"扫掠"是以路径为主体，即扫掠实体从路径所在的位置开始生成，并且路径可以是空间曲线。

### 1. 执行方式

☑ 命令行：SWEEP。

☑ 菜单栏：绘图→建模→扫掠。

☑　工具栏：建模→扫掠 。

☑　功能区：三维工具→建模→扫掠 。

2. 操作步骤

```
命令：SWEEP↙
当前线框密度：ISOLINES=4，闭合轮廓创建模式 = 实体
选择要扫掠的对象或 [模式(MO)]：_MO
闭合轮廓创建模式 [实体(SO)/曲面(SU)] <实体>：_SO
选择要扫掠的对象或 [模式(MO)]：（选择对象，如图 12-61（a）中的圆）
选择要扫掠的对象或 [模式(MO)]：↙
选择扫掠路径或 [对齐(A)/基点(B)/比例(S)/扭曲(T)]：（选择对象，如图 12-61（a）中的螺旋线）
```

扫掠结果如图 12-61（b）所示。

（a）对象和路径　　　　（b）结果

图 12-61　扫掠对象和扫掠结果

3. 选项说明

（1）对齐(A)：指定是否对齐轮廓以使其作为扫掠路径切向的法向。在默认情况下，轮廓是对齐的。选择该选项，命令行提示如下：

```
扫掠前对齐垂直于路径的扫掠对象 [是(Y)/否(N)] <是>：（输入 N，指定轮廓无须对齐；按 Enter
键，指定轮廓将对齐）
```

✍技巧：使用"扫掠"命令，可以通过沿开放或闭合的二维或三维路径扫掠开放或闭合的平面曲线（轮廓）来创建新建模或曲面。"扫掠"命令用于沿指定路径以指定轮廓的形状（扫掠对象）创建建模或曲面。可以扫掠多个对象，但是这些对象必须在同一平面内。如果沿一条路径扫掠闭合的曲线，则生成建模。

（2）基点(B)：指定要扫掠对象的基点。如果指定的点不在选定对象所在的平面上，则该点将被投影到该平面上。选择该选项，命令行提示如下：

```
指定基点：指定选择集的基点
```

（3）比例(S)：指定比例因子以进行扫掠操作。从扫掠路径的开始到结束，比例因子将统一应用到扫掠的对象上。选择该选项，命令行提示如下：

```
输入比例因子或 [参照(R)] <1.0000>：（指定比例因子，输入 R，调用参照选项；按 Enter 键，选
择默认值）
```

其中，"参照(R)"选项表示通过拾取点或输入值来根据参照的长度缩放选定的对象。

（4）扭曲(T)：设置正被扫掠对象的扭曲角度。扭曲角度指定沿扫掠路径全部长度的旋转量。选择该选项，命令行提示如下：

输入扭曲角度或允许非平面扫掠路径倾斜 [倾斜(B)/表达式(EX)]<n>:(指定小于360°的角度值,输入B,打开倾斜;按Enter键,选择默认角度值)

其中,"倾斜(B)"选项指定被扫掠的曲线是否沿三维扫掠路径(三维多线段、三维样条曲线或螺旋线)自然倾斜(旋转)。

如图 12-62 所示为扭曲扫掠示意图。

(a)对象和路径　　(b)不扭曲　　(c)扭曲 45°

图 12-62　扭曲扫掠

## 12.3.6　操作实例——锁

分析如图 12-63 所示的锁图形可以看出,该图形的结构简单。本例要求用户对锁头图形的结构熟悉,且能灵活运用三维表面模型基本图形的绘制命令和编辑命令。

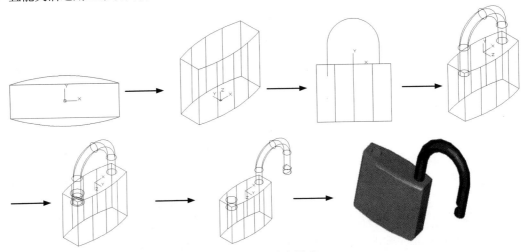

图 12-63　锁头图形

**操作步骤:(光盘\实例演示\第 12 章\锁的绘制.avi)**

(1)绘制矩形。单击"默认"选项卡"绘图"面板中的"矩形"按钮□,绘制角点坐标为(-100,30)和(100,-30)的矩形。

(2)绘制圆弧。单击"默认"选项卡"绘图"面板中的"圆弧"按钮╱,绘制起点坐标为(100,30)、端点坐标为(-100,30)、半径为 340 的圆弧。

(3)绘制圆弧。单击"默认"选项卡"绘图"面板中的"圆弧"按钮╱,绘制起点坐标为(-100,-30)、端点坐标为(100,-30)、半径为 340 的圆弧,如图 12-64 所示。

(4)修剪对象。单击"默认"选项卡"修改"面板中的"修剪"按钮≁,对上述圆弧和矩形进行修剪,结果如图 12-65 所示。

(5)编辑多段线。单击"修改 Ⅱ"工具栏中的"编辑多段线"按钮◢,将上述多段线合并为一个整体。

（6）切换多段线。单击"可视化"选项卡"视图"面板中的"西南等轴测"按钮，切换到西南等轴测视图。

（7）拉伸对象。单击"三维工具"选项卡"建模"面板中的"拉伸"按钮，选择上述创建的面域，高度为 150，结果如图 12-66 所示。

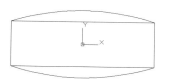

图 12-64　绘制圆弧后的图形

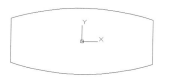

图 12-65　修剪后的图形

图 12-66　拉伸后的图形

（8）切换视图。在命令行中输入 UCS，将新的坐标原点移动到点（0,0,150），切换视图。选择菜单栏中的"视图"→"三维视图"→"平面视图"→"当前 UCS"命令。

（9）绘制圆。单击"默认"选项卡"绘图"面板中的"圆"按钮，指定圆心坐标（-70,0），半径为 15。重复上述指令，在右边的对称位置再作一个同样大小的圆，结果如图 12-67 所示。单击"可视化"选项卡"视图"面板中的"前视"按钮，切换到前视图。

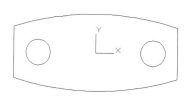

图 12-67　绘制圆后的图形

（10）转换坐标。在命令行中输入 UCS，将新的坐标原点移动到点（0,150,0）。

（11）绘制多段线。单击"默认"选项卡"绘图"面板中的"多段线"按钮，绘制多段线，命令行提示与操作如下：

```
命令：PLINE
指定起点：-70,-30
当前线宽为 0.0000
指定下一个点或 [圆弧(A)/半宽(H)/长度(L)/放弃(U)/宽度(W)]：@80<90
指定下一点或 [圆弧(A)/闭合(C)/半宽(H)/长度(L)/放弃(U)/宽度(W)]：A
指定圆弧的端点(按住 Ctrl 键以切换方向)或
[角度(A)/圆心(CE)/闭合(CL)/方向(D)/半宽(H)/直线(L)/半径(R)/第二个点(S)/放弃(U)/宽度(W)]：A
指定夹角：-180
指定圆弧的端点(按住 Ctrl 键以切换方向)或 [圆心(CE)/半径(R)]：R
指定圆弧的半径：70
指定圆弧的弦方向 <90>：0
指定圆弧的端点(按住 Ctrl 键以切换方向)或 [角度(A)/圆心(CE)/闭合(CL)/方向(D)/半宽(H)/直线(L)/半径(R)/第二个点(S)/放弃(U)/宽度(W)]：L
指定下一点或 [圆弧(A)/闭合(C)/半宽(H)/长度(L)/放弃(U)/宽度(W)]：70,0
指定下一点或 [圆弧(A)/闭合(C)/半宽(H)/长度(L)/放弃(U)/宽度(W)]：
```

结果如图 12-68 所示。

（12）切换视图。单击"可视化"选项卡"视图"面板中的"西南等轴测"按钮，回到西南等轴测视图。

（13）扫掠处理。单击"三维工具"选项卡"建模"面板中的"扫掠"按钮，将绘制的圆与多

**Note**

段线进行扫掠处理，命令行提示与操作如下：

```
命令：_sweep
当前线框密度：ISOLINES=4，闭合轮廓创建模式 = 实体
选择要扫掠的对象或 [模式(MO)]：_MO
闭合轮廓创建模式 [实体(SO)/曲面(SU)] <实体>：_SO
选择要扫掠的对象或 [模式(MO)]：找到 1 个（选择圆）
选择要扫掠的对象或 [模式(MO)]：（选择圆）
选择扫掠路径或 [对齐(A)/基点(B)/比例(S)/扭曲(T)]：（选择多段线）
```

结果如图 12-69 所示。

（14）绘制圆柱体。单击"三维工具"选项卡"建模"面板中的"圆柱体"按钮◎，绘制底面中心点为（-70,0,0）、底面半径为 20、轴端点为（-70,-30,0）的圆柱体，结果如图 12-70 所示。

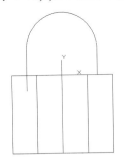

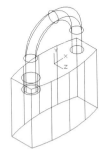

图 12-68　绘制多段线后的图形　　　　图 12-69　扫掠后的图形　　　　图 12-70　绘制圆柱体

（15）坐标设置。在命令行中输入 UCS，将新的坐标原点绕 X 轴旋转 90°。

（16）绘制楔体。单击"三维工具"选项卡"建模"面板中的"楔体"按钮◎，绘制楔体，命令行提示与操作如下：

```
命令：WE
指定第一个角点或 [中心(C)]：-50,-70,10
指定其他角点或 [立方体(C)/长度(L)]：-80,70,10
指定高度或 [两点(2P)] <30.0000>：20
```

（17）差集处理。单击"三维工具"选项卡"实体编辑"面板中的"差集"按钮◎，将扫掠体与楔体进行差集运算，如图 12-71 所示。

（18）旋转对象。单击"建模"工具栏中的"三维旋转"按钮◎（将在后面章节中详细讲述），将上述锁柄绕着右边圆的中心垂线旋转 180°，命令行提示与操作如下：

```
命令：3DROTATE
UCS 当前的正角方向：ANGDIR=逆时针　ANGBASE=0
选择对象：（选择锁柄）
选择对象：✓
指定基点：（指定右边圆的圆心）
拾取旋转轴：（指定右边圆的中心垂线）
指定角的起点或输入角度：90
```

旋转的结果如图 12-72 所示。

（19）差集运算。单击"三维工具"选项卡"实体编辑"面板中的"差集"按钮◎，将左边小圆

柱体与锁体进行差集操作，在锁体上打孔。

（20）圆角处理。单击"默认"选项卡"修改"面板中的"圆角"按钮□，设置圆角半径为10，对锁体四周的边进行圆角处理。

（21）消隐处理。单击"视图"选项卡"视觉样式"面板中的"隐藏"按钮◎，或者直接在命令行中输入 hide 后按 Enter 键，结果如图 12-73 所示。

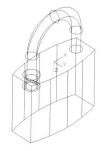

图 12-71　差集后的图形　　　　图 12-72　旋转处理　　　　图 12-73　消隐处理

## 12.3.7　放样

"放样"是指按指定的导向线生成实体的过程，使实体的某几个截面形状正好是指定的平面图形形状。

### 1. 执行方式

☑　命令行：LOFT。

☑　菜单栏：绘图→建模→放样。

☑　工具栏：建模→放样◎。

☑　功能区：三维工具→建模→放样◎。

### 2. 操作步骤

```
命令：LOFT↙
当前线框密度：ISOLINES=4，闭合轮廓创建模式 = 实体
按放样次序选择横截面或 [点(PO)/合并多条边(J)/模式(MO)]：_MO
闭合轮廓创建模式 [实体(SO)/曲面(SU)] <实体>：_SO
按放样次序选择横截面或 [点(PO)/合并多条边(J)/模式(MO)]：找到 1 个（依次选择如图 12-74
所示的 3 个截面）
按放样次序选择横截面或 [点(PO)/合并多条边(J)/模式(MO)]：找到 1 个，总计 2 个
按放样次序选择横截面或 [点(PO)/合并多条边(J)/模式(MO)]：找到 1 个，总计 3 个
按放样次序选择横截面或 [点(PO)/合并多条边(J)/模式(MO)]：
选中 3 个横截面
输入选项 [导向(G)/路径(P)/仅横截面(C)/设置(S)] <仅横截面>：
```

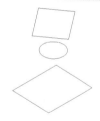

图 12-74　选择截面

### 3. 选项说明

（1）导向(G)：指定控制放样建模或曲面形状的导向曲线。导向曲线是直线或曲线，可通过将其他线框信息添加至对象来进一步定义建模或曲面的形状，如图12-75所示。选择该选项，命令行提示如下：

选择导向轮廓或 [合并多条边(J)]：（选择放样实体或曲面的导向曲线，然后按Enter键）

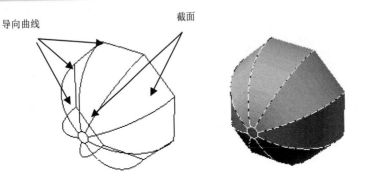

图12-75　导向放样

**技巧：** 每条导向曲线必须满足以下条件才能正常工作：
- ☑ 与每个横截面相交。
- ☑ 从第一个横截面开始。
- ☑ 到最后一个横截面结束。

可以为放样曲面或建模选择任意数量的导向曲线。

（2）路径(P)：指定放样建模或曲面的单一路径，如图12-76所示。选择该选项，命令行提示与操作如下：

选择路径：（指定放样建模或曲面的单一路径）

图12-76　路径放样

**技巧：** 路径曲线必须与横截面的所有平面相交。

（3）仅横截面(C)：选择该选项，系统弹出"放样设置"对话框，如图12-77所示。其中有4个单选按钮：如图12-78（a）所示为选中"直纹"单选按钮的放样结果示意图，如图12-78（b）所示为选中"平滑拟合"单选按钮的放样结果示意图，如图12-78（c）所示为选中"法线指向"单选按钮并选择"所有横截面"选项的放样结果示意图，如图12-78（d）所示为选中"拔模斜度"单选按钮并设置起点角度为45°、起点幅值为10、端点角度为60°、端点幅值为10的放样结果示意图。

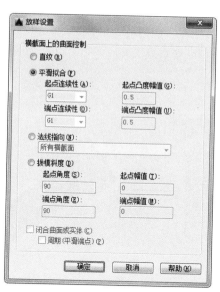

图 12-77 "放样设置"对话框

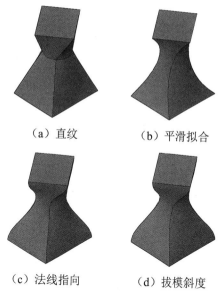

（a）直纹　　　　（b）平滑拟合

（c）法线指向　　　（d）拔模斜度

图 12-78 放样示意图

Note

## 12.3.8 拖曳

"拖曳"实际上是一种三维实体对象的夹点编辑方法，通过拖动三维实体上的夹持点来改变三维实体的形状。

### 1. 执行方式

☑ 命令行：PRESSPULL。
☑ 工具栏：建模→按住并拖动 ⬜。
☑ 功能区：三维工具→实体编辑→按住并拖动 ⬜。

### 2. 操作步骤

命令：PRESSPULL✓

单击有限区域以进行按住或拖动操作。

选择有限区域后，按住鼠标左键并拖动，相应的区域就会进行拉伸变形。如图 12-79 所示为选择圆台上表面，按住并拖动的结果。

（a）圆台　　　　（b）向下拖动　　　　（c）向上拖动

图 12-79 按住并拖动

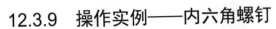

### 12.3.9 操作实例——内六角螺钉

本实例绘制内六角圆柱头螺钉。首先绘制螺帽,接着绘制螺纹,最后将两者放置到一起完成绘制,绘制流程如图 12-80 所示。

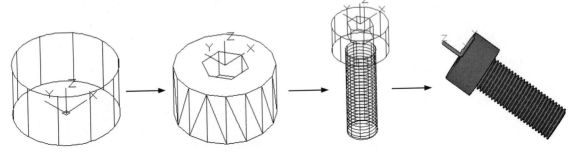

图 12-80　内六角螺钉

**操作步骤:(光盘\实例演示\第 12 章\内六角螺钉.avi)**

（1）启动系统。启动 AutoCAD,使用默认设置画图。

（2）设置线框密度。命令行提示与操作如下:

```
命令: ISOLINES✓
输入 ISOLINES 的新值 <4>: 10✓
```

（3）绘制圆柱体。单击"三维工具"选项卡"建模"面板中的"圆柱体"按钮 ,绘制底面中心点为（0,0,0）、半径为 15、高度为 16 的圆柱体。

（4）切换视图。单击"可视化"选项卡"视图"面板中的"西南等轴测"按钮 ,切换到西南等轴测视图,结果如图 12-81 所示。

（5）设置新的用户坐标系。单击 UCS 工具栏中的 按钮,将坐标原点移动到圆柱顶面的圆心,命令行提示与操作如下:

```
命令: UCS
当前 UCS 名称: *世界*
指定 UCS 的原点或 [面(F)/命名(NA)/对象(OB)/上一个(P)/视图(V)/世界(W)/X/Y/Z/Z
轴(ZA)] <世界>: _cen 于 (捕捉圆柱顶面的圆心)
指定 X 轴上的点或 <接受>: ✓
```

（6）绘制多边形。单击"默认"选项卡"绘图"面板中的"多边形"按钮 ,绘制中心在圆柱顶面圆心、内接于圆、半径为 7 的正六边形。

（7）拉伸对象。单击"三维工具"选项卡"建模"面板中的"拉伸"按钮 ,拉伸正六边形,拉伸高度为-8,结果如图 12-82 所示。

（8）差集运算。单击"三维工具"选项卡"实体编辑"面板中的"差集"按钮 ,选取圆柱与正六棱柱进行差集运算。

（9）消隐处理。单击"视图"选项卡"视觉样式"面板中的"隐藏"按钮 ,结果如图 12-83 所示。

（10）单击"三维工具"选项卡"建模"面板中的"圆柱体"按钮 ,绘制底面中心点为（0,0,-16）、半径为8、高度为-50 的圆柱体。消隐效果如图 12-84 所示。

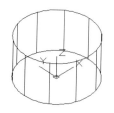

图 12-81　创建的圆柱

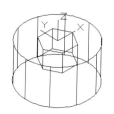

图 12-82　拉伸正六边形

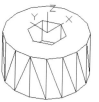

图 12-83　消隐处理

（11）单击"默认"选项卡"绘图"面板中的"螺旋"按钮▤，绘制螺旋线。命令行提示与操作如下：

```
命令：HELIX
圈数 = 25.0000        扭曲=CCW
指定底面的中心点：0,0,-68
指定底面半径或 [直径(D)] <7.9000>：7.9
指定顶面半径或 [直径(D)] <7.9000>：7.9
指定螺旋高度或 [轴端点(A)/圈数(T)/圈高(H)/扭曲(W)] <50.0000>：T
输入圈数 <25.0000>：26
指定螺旋高度或 [轴端点(A)/圈数(T)/圈高(H)/扭曲(W)] <50.0000>：52
```

结果如图 12-85 所示。

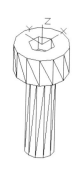

图 12-84　消隐结果

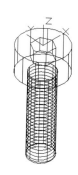

图 12-85　绘制螺旋线

（12）单击"默认"选项卡"绘图"面板中的"直线"按钮╱，在螺旋线下端点处绘制截面三角形，尺寸如图 12-86 所示。绘制结果如图 12-87 所示。

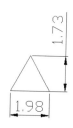

图 12-86　截面三角形尺寸

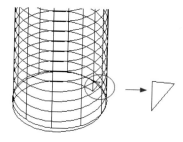

图 12-87　绘制截面三角形

（13）单击"默认"选项卡"绘图"面板中的"面域"按钮◙，将绘制的截面三角形进行面域操作。

（14）单击"三维工具"选项卡"建模"面板中的"扫掠"按钮，绘制直线，命令行提示与操作如下：

```
命令: _sweep
当前线框密度: ISOLINES=10，闭合轮廓创建模式 = 实体
选择要扫掠的对象或 [模式(MO)]: _MO
闭合轮廓创建模式 [实体(SO)/曲面(SU)] <实体>: _SO
选择要扫掠的对象或 [模式(MO)]: (拾取创建的面域三角形)
选择要扫掠的对象或 [模式(MO)]: (按 Enter 键结束选择)
选择扫掠路径或 [对齐(A)/基点(B)/比例(S)/扭曲(T)]: (拾取螺旋线)
```

概念显示后的动态旋转结果如图 12-88 所示。

（15）单击"三维工具"选项卡"实体编辑"面板中的"差集"按钮，将实体与圆柱体进行差集运算。

（16）单击"三维工具"选项卡"建模"面板中的"圆柱体"按钮，以（0,0,-66）为中心点绘制半径为 10、高度为-5 的圆柱体。消隐后结果如图 12-89 所示。

（17）单击"三维工具"选项卡"实体编辑"面板中的"差集"按钮，将实体与圆柱体进行差集运算。概念显示结果如图 12-90 所示。

图 12-88　扫掠螺纹

图 12-89　绘制圆柱体

图 12-90　差集结果

# 12.4　建模三维操作

本节介绍一些基本的建模三维操作命令。这些命令有的为二维和三维绘制共有，但在三维绘制操作中与二维绘制操作中应用时有所不同，如倒角、圆角功能；有的命令是关于二维与三维或曲面与实体相互转换的命令。

## 12.4.1　倒角

三维造型绘制中的"倒角"命令与二维绘制中的"倒角"命令相同，但执行方法略有差别。

### 1. 执行方式

☑　命令行：CHAMFEREDGE。

☑　菜单栏：修改→实体编辑→倒角边。

☑　工具栏：实体编辑→倒角边。

☑ 功能区：三维工具→实体编辑→倒角边 。

**2. 操作步骤**

```
命令：CHAMFEREDGE↙
距离 1 = 0.0000，距离 2 = 0.0000
选择一条边或[环(L)/距离(D)]:
```

**3. 选项说明**

☑ 选择一条边：选择建模的一条边，此选项为系统的默认选项。选择某一条边以后，边就变成虚线。

☑ 环(L)：如果选择"环(L)"选项，对一个面上的所有边建立倒角，命令行继续出现如下提示：

```
选择环边或[边(E)/距离(D)]:（选择环边）
输入选项[接受(A)/下一个（N）]<接受>:↙
选择环边或[边(E)/距离(D)]: ↙
按 Enter 键接受倒角或[距离(D)]: ↙
```

☑ 距离(D)：如果选择"距离(D)"选项，则是输入倒角距离。

如图 12-91 所示为对长方体倒角的结果。

 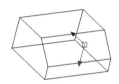 

（a）选择倒角边"1" （b）选择边倒角结果 （c）选择环倒角结果

图 12-91 对长方体倒角

## 12.4.2 操作实例——平键

本实例利用上面学习的"倒角边"命令绘制平键，首先绘制一条多段线，然后拉伸处理，最后再进行相应的倒角处理，如图 12-92 所示。

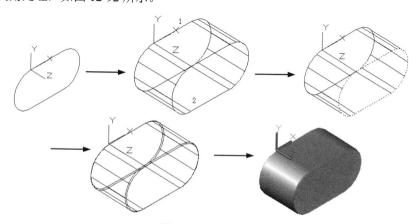

图 12-92 绘制平键

**Note**

**操作步骤：（光盘\实例演示\第 12 章\平键.avi）**

（1）配置绘图环境。

❶ 启动 AutoCAD 2016，使用默认绘图环境。

❷ 建立新文件。单击快速访问工具栏中的"新建"按钮，弹出"选择样板"对话框，单击"打开"按钮右侧的下拉按钮，以"无样板打开-公制"（毫米）方式建立新文件，如图 12-93 所示。将新文件命名为"键.dwg"并保存。

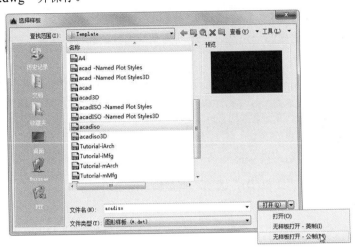

图 12-93　新建文件

（2）设置线框密度。默认设置为 4，有效值的范围为 0～2047。设置对象上每个曲面的轮廓线数目，命令行提示与操作如下：

```
命令：ISOLINES✓
输入 ISOLINES 的新值 <8>：10✓
```

（3）设置视图方向。单击"可视化"选项卡"视图"面板中的"前视"按钮，将当前视图方向设置为前视图。

（4）绘制多段线。单击"默认"选项卡"绘图"面板中的"多段线"按钮，绘制多段线，命令行提示与操作如下：

```
命令：_pline
指定起点：0,0✓
当前线宽为 0.0000
指定下一个点或 [圆弧(A)/半宽(H)/长度(L)/放弃(U)/宽度(W)]：@5,0✓
指定下一点或 [圆弧(A)/闭合(C)/半宽(H)/长度(L)/放弃(U)/宽度(W)]：A✓
指定圆弧的端点(按住 Ctrl 键以切换方向)或 [角度(A)/圆心(CE)/闭合(CL)/方向(D)/半
宽(H)/直线(L)/半径(R)/第二个点(S)/放弃(U)/宽度(W)]：A✓
指定夹角：-180✓
指定圆弧的端点(按住 Ctrl 键以切换方向)或 [圆心(CE)/半径(R)]：@0,-5✓
指定圆弧的端点(按住 Ctrl 键以切换方向)或 [角度(A)/圆心(CE)/闭合(CL)/方向(D)/半
宽(H)/直线(L)/半径(R)/第二个点(S)/放弃(U)/宽度(W)]：L✓
指定下一点或 [圆弧(A)/闭合(C)/半宽(H)/长度(L)/放弃(U)/宽度(W)]：@-5,0✓
指定下一点或 [圆弧(A)/闭合(C)/半宽(H)/长度(L)/放弃(U)/宽度(W)]：A✓
```

指定圆弧的端点(按住 Ctrl 键以切换方向)或 [角度(A)/圆心(CE)/闭合(CL)/方向(D)/半宽(H)/直线(L)/半径(R)/第二个点(S)/放弃(U)/宽度(W)]: A↙

　　　指定夹角: -180↙

　　　指定圆弧的端点(按住 Ctrl 键以切换方向)或 [圆心(CE)/半径(R)]: @0,0↙

指定圆弧的端点(按住 Ctrl 键以切换方向)或 [角度(A)/圆心(CE)/闭合(CL)/方向(D)/半宽(H)/直线(L)/半径(R)/第二个点(S)/放弃(U)/宽度(W)]: ↙

　　结果如图 12-94 所示。

　　(5)设置视图方向。单击"可视化"选项卡"视图"面板中的"西南等轴测"按钮◈，将当前视图设置为西南等轴测方向，结果如图 12-95 所示。

　　(6)拉伸多线段。单击"三维工具"选项卡"建模"面板中的"拉伸"按钮▣，将多段线进行拉伸，命令行提示与操作如下：

命令: _extrude
当前线框密度:  ISOLINES=10,闭合轮廓创建模式 = 实体
选择要拉伸的对象或 [模式(MO)]: _MO
闭合轮廓创建模式 [实体(SO)/曲面(SU)] <实体>: _SO
选择要拉伸的对象或 [模式(MO)]:(用鼠标选择绘制的多段线)↙
选择要拉伸的对象或 [模式(MO)]: ↙
指定拉伸的高度或 [方向(D)/路径(P)/倾斜角(T)/表达式(E)]: 5↙

　　结果如图 12-96 所示。

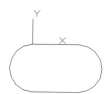

图 12-94　绘制多段线

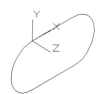

图 12-95　设置视图方向

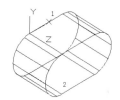

图 12-96　拉伸效果

　　(7)倒角处理。单击"三维工具"选项卡"实体编辑"面板中的"倒角边"按钮◉，对拉伸体进行倒角操作，命令行提示与操作如下：

命令: _CHAMFEREDGE
距离 1 = 0.1000, 距离 2 = 1.0000
选择一条边或 [环(L)/距离(D)]: D↙
指定距离 1 或 [表达式(E)] <0.1000>: 0.1↙
指定距离 2 或 [表达式(E)] <1.0000>: 0.1↙
选择一条边或 [环(L)/距离(D)]:(用鼠标选择如图 12-96 所示的 2 处的一条边)
选择同一个面上的其他边或 [环(L)/距离(D)]:(依次选择第二条边)
选择同一个面上的其他边或 [环(L)/距离(D)]:(依次选择第三条边)
选择同一个面上的其他边或 [环(L)/距离(D)]:(依次选择第四条边,如图 12-97 所示)
选择同一个面上的其他边或 [环(L)/距离(D)]: ↙
按 Enter 键接受倒角或 [距离(D)]: ↙

　　倒角结果如图 12-98 所示。

　　重复"倒角边"命令，将图 12-96 所示的 1 处倒角，倒角参数设置与上面相同，结果如图 12-98 所示。

图 12-97　选择边

图 12-98　倒角边

（8）设置视觉样式。单击"视觉样式"工具栏中的"真实"按钮，结果如图 12-92 所示。

## 12.4.3　圆角

三维造型绘制中的"圆角"命令与二维绘制中的"圆角"命令相同，但执行方法略有差别。

### 1. 执行方式

☑　命令行：FILLETEDGE。
☑　菜单栏：修改→三维编辑→圆角边。
☑　工具栏：实体编辑→圆角边。
☑　功能区：三维工具→实体编辑→圆角边。

### 2. 操作步骤

```
命令：FILLETEDGE✓
半径 = 1.0000
选择边或 [链(C)/环(L)/半径(R)]：（选择建模上的一条边）✓
已选定 1 个边用于圆角。
按 Enter 键接受圆角或[半径(R)]：✓
```

### 3. 选项说明

选择"链(C)"选项，表示与此边相邻的边都被选中，并进行倒圆角的操作。如图 12-99 所示为对长方体倒圆角的结果。

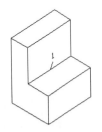
（a）选择倒圆角边 1

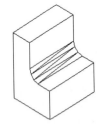
（b）边倒圆角结果

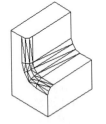
（c）链倒圆角结果

图 12-99　对模型棱边倒圆角

## 12.4.4　操作实例——棘轮

利用学习的"圆角边"命令绘制棘轮，如图 12-100 所示。

本例利用"圆""点""移动""偏移"等命令绘制平面图形，最后利用"拉伸"命令完成图形，绘制流程如图 12-100 所示。

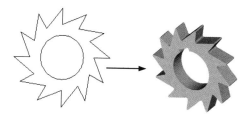

图 12-100　棘轮

**操作步骤:** (光盘\实例演示\第 **12** 章\棘轮**.avi**)

(1) 启动系统。启动 AutoCAD，使用默认设置画图。

(2) 设置线框密度。在命令行中输入 ISOLINES，设置线框密度，命令行提示与操作如下:

```
命令: ISOLINES✓
输入 ISOLINES 的新值 <4>: 10✓
```

(3) 绘制同心圆。

❶ 单击"默认"选项卡"绘图"面板中的"圆"按钮◎，分别绘制 3 个半径为 90、60、40 的同心圆。

❷ 单击"默认"选项卡"实用工具"面板中的"点样式"按钮，选择点样式为"×"，然后单击"默认"选项卡"绘图"面板中的"定数等分"按钮，命令行提示与操作如下:

```
命令: DIVIDE✓
选择要定数等分的对象:（选取 R90 圆）
输入线段数目或 [块(B)]: 12✓
```

重复"点"命令，等分 R60 圆，结果如图 12-101 所示。

❸ 单击"默认"选项卡"绘图"面板中的"多段线"按钮，分别捕捉内外圆的等分点，绘制棘轮轮齿截面，结果如图 12-102 所示。

❹ 单击"默认"选项卡"修改"面板中的"环形阵列"按钮，将绘制的多段线进行环形阵列，阵列中心为圆心，数目为 12。

❺ 单击"默认"选项卡"修改"面板中的"删除"按钮，删除 R90 及 R60 圆，并将点样式更改为"无"，结果如图 12-103 所示。

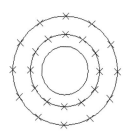 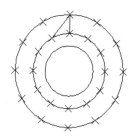 

图 12-101　等分圆周　　　图 12-102　棘轮轮齿　　　图 12-103　阵列轮齿

(4) 绘制键槽。

❶ 单击状态栏中的"正交模式"按钮，打开正交模式。单击"默认"选项卡"绘图"面板中的"构造线"按钮，过圆心绘制两条辅助线。

❷ 单击"默认"选项卡"修改"面板中的"移动"按钮，将水平辅助线向上移动 45，将竖直

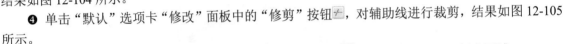
辅助线向左移动 11。

❸ 单击"默认"选项卡"修改"面板中的"偏移"按钮，将移动后的竖直辅助线向右偏移 22，结果如图 12-104 所示。

❹ 单击"默认"选项卡"修改"面板中的"修剪"按钮，对辅助线进行裁剪，结果如图 12-105 所示。

❺ 单击"默认"选项卡"绘图"面板中的"面域"按钮，选择全部图形，创建面域。

❻ 单击"三维工具"选项卡"建模"面板中的"拉伸"按钮，选择全部图形进行拉伸，拉伸高度为 30。

❼ 单击"可视化"选项卡"视图"面板中的"西南等轴测"按钮，切换到西南等轴测视图。

❽ 单击"三维工具"选项卡"实体编辑"面板中的"差集"按钮，将创建的棘轮与键槽进行差集运算。单击"视图"选项卡"视觉样式"面板中的"隐藏"按钮，进行消隐处理后的图形如图 12-106 所示。

图 12-104 辅助线　　　　　图 12-105 键槽图　　　　　图 12-106 消隐处理后的建模

❾ 单击"三维工具"选项卡"实体编辑"面板中的"圆角边"按钮，对棘轮轮齿进行倒圆角操作，圆角半径为 5，命令行提示与操作如下：

```
命令: _FILLETEDGE
半径 = 1.0000
选择边或 [链(C)/环(L)/半径(R)]: R✓
输入圆角半径或 [表达式(E)] <1.0000>: 5✓
选择边或 [链(C)/环(L)/半径(R)]: (依次选择对应的边，如图 12-107 所示)
选择边或 [链(C)/环(L)/半径(R)]:
选择边或 [链(C)/环(L)/半径(R)]:
选择边或 [链(C)/环(L)/半径(R)]:
选择边或 [链(C)/环(L)/半径(R)]:
选择边或 [链(C)/环(L)/半径(R)]:
选择边或 [链(C)/环(L)/半径(R)]:
选择边或 [链(C)/环(L)/半径(R)]:
选择边或 [链(C)/环(L)/半径(R)]:
选择边或 [链(C)/环(L)/半径(R)]:
选择边或 [链(C)/环(L)/半径(R)]:
选择边或 [链(C)/环(L)/半径(R)]:
选择边或 [链(C)/环(L)/半径(R)]:
选择边或 [链(C)/环(L)/半径(R)]: ✓
按 Enter 键接受倒角或 [距离(D)]: ✓
```

结果如图 12-108 所示。

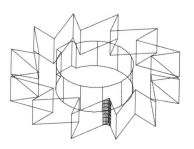

图 12-107 选择倒圆角的边

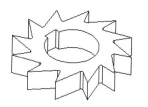

图 12-108 倒圆角

❿ 单击"可视化"选项卡"材质"面板中的"材质浏览器"按钮 ⊗，选择适当的材质，渲染后的效果如图 12-100 所示。

## 12.4.5 提取边

利用 XEDGES 命令，通过从建模、面域或曲面中提取所有边，以创建线框几何体。

1. 执行方式

☑ 命令行：XEDGES。

☑ 菜单栏：修改→三维操作→提取边。

☑ 功能区：三维工具→实体编辑→提取边 ⬜。

2. 操作步骤

命令：XEDGES✓
选择对象：（选择要提取线框几何体的对象，然后按 Enter 键）

操作完成后，系统提取对象的边，形成线框几何体，如图 12-109 所示。

（a）长方体

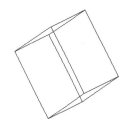

（b）提取的边

图 12-109 提取边

✍ 技巧：可以选择提取单个边和面，方法是按住 Ctrl 键以选择边和面。

## 12.4.6 加厚

通过加厚曲面，可以从任何曲面类型中创建三维建模。

1. 执行方式

☑ 命令行：THICKEN。

☑ 菜单栏：修改→三维操作→加厚。

☑ 功能区：三维工具→曲面→加厚 ⬜。

**2. 操作步骤**

```
命令: THICKEN✓
选择要加厚的曲面: (选择曲面)
选择要加厚的曲面: ✓
指定厚度 <0.0000>: 10✓
```

如图 12-110 所示为将平面曲面加厚的结果。

## 12.4.7  转换为实体（曲面）

在三维造型的设计过程中，可以利用相关命令将二维对象直接转换成三维曲面或实体。

**1. 转换为实体**

利用 CONVTOSOLID 命令可以将具有厚度的统一宽度多段线、具有厚度的闭合零宽度多段线或具有厚度的圆对象转换为拉伸三维建模。如图 12-111 所示为将厚为 1、宽为 2 的矩形框转换为拉伸实体的示例。

（a）平面曲面　　　　　（b）加厚结果

图 12-110　平面加厚

（a）矩形　　　（b）建模

图 12-111　转换为建模

（1）执行方式

☑　命令行：CONVTOSOLID。

☑　菜单栏：修改→三维操作→转换为实体。

（2）操作步骤

```
命令: CONVTOSOLID✓
选择对象: (选择要转换为建模的对象)
选择对象: ✓
```

系统将对象转换为实体。

**2. 转换为曲面**

利用 CONVTOSUFACE 命令可以将二维建模、面域、具有厚度的开放零宽度多段线、直线、圆弧或三维平面转换为曲面，如图 12-112 所示。

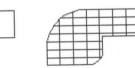

（a）二维建模　　　　　　　　　　（b）面域

图 12-112　转换为曲面

（c）具有厚度的开放零宽度多段线          （d）具有厚度的直线

（e）具有厚度的圆弧                    （f）三维平面

图 12-112  转换为曲面（续）

（1）执行方式

☑　命令行：CONVTOSUFACE。

☑　菜单栏：修改→三维操作→转换为曲面。

（2）操作步骤

```
命令：CONVTOSUFACE✓
选择对象：（选择要转换为曲面的对象）
选择对象：✓
```

系统将对象转换为曲面。

## 12.4.8  干涉检查

干涉检查主要通过对比两组对象或一对一地检查所有建模来检查建模模型中的干涉（三维建模相交或重叠的区域）。系统在建模相交处创建和亮显临时建模。

干涉检查常用于检查装配体立体图是否干涉，从而判断设计是否正确。

1. 执行方式

☑　命令行：INTERFERE（快捷命令：INF）。

☑　菜单栏：修改→三维操作→干涉检查。

☑　功能区：三维工具→实体编辑→干涉检查 。

2. 操作步骤

在此以如图 12-113（a）所示的零件图为例进行干涉检查，命令行提示与操作如下：

```
命令：INTERFERE✓
选择第一组对象或 [嵌套选择(N)/设置(S)]：（选择图 12-113（b）中的手柄）
选择第一组对象或 [嵌套选择(N)/设置(S)]：✓
选择第二组对象或 [嵌套选择(N)/检查第一组(K)] <检查>：（选择图 12-113（b）中的套环）
选择第二组对象或 [嵌套选择(N)/检查第一组(K)] <检查>：✓
```

系统打开"干涉检查"对话框，如图 12-114 所示。该对话框中列出找到的干涉对数量，并可以通过"上一个"和"下一个"按钮来亮显干涉对，如图 12-115 所示。

3. 选项说明

（1）嵌套选择(N)：选择该选项，用户可以选择嵌套在块和外部参照中的单个建模对象。

（a）零件图　　　　　　　（b）装配图

图 12-113　干涉检查

（2）设置(S)：选择该选项，系统打开"干涉设置"对话框，如图 12-116 所示，可以设置干涉的相关参数。

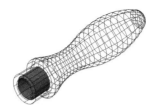

图 12-114　"干涉检查"对话框　　　图 12-115　亮显干涉　　　图 12-116　"干涉设置"对话框

# 12.5　综合演练——轴承座

本例绘制的轴承座是机械设计中常用的零件之一。首先利用"长方体"和"圆角"命令绘制底座，然后利用坐标转换绘制上方圆柱体，接着绘制连接部分。同样利用先绘制平面图形再拉伸的一般绘制方法，最后转换坐标系绘制筋板，绘制方法同上，绘制流程如图 12-117 所示。

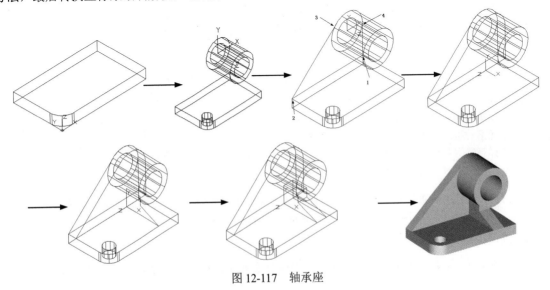

图 12-117　轴承座

**操作步骤：**（光盘\实例演示\第 **12** 章\轴承座**.avi**）

（1）启动系统。启动 AutoCAD，使用默认设置画图。

（2）切换视图。在命令行中输入 ISOLINES，设置线框密度为 10。单击"可视化"选项卡"视图"面板中的"西南等轴测"按钮，切换到西南等轴测视图。

（3）绘制底座。单击"三维工具"选项卡"建模"面板中的"长方体"按钮，以坐标原点为角点绘制长为 140、宽为 80、高为 15 的长方体。

（4）倒圆角。单击"默认"选项卡"修改"面板中的"圆角"按钮，对长方体进行倒圆角操作，圆角半径为 20。

单击"三维工具"选项卡"建模"面板中的"圆柱体"按钮，以长方体底面圆角中点（20,20,0）为圆心创建半径为 10、高为 15 的圆柱。

（5）差集运算。单击"三维工具"选项卡"实体编辑"面板中的"差集"按钮，将长方体与圆柱进行差集运算，结果如图 12-118 所示。

（6）坐标设置。在命令行中输入 UCS，将坐标原点移动到（110,80,70），并将其绕 X 轴旋转 90°。

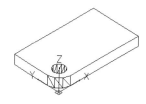

图 12-118 差集后的建模

（7）绘制圆柱体。单击"默认"选项卡"绘图"面板中的"圆"按钮，以坐标原点为圆心分别创建直径为 60 和 38、高为 60 的圆柱，如图 12-119 所示。

（8）绘制圆。单击"绘图"工具栏中的"圆"按钮，以坐标原点为圆心绘制直径为 60 的圆。

（9）绘制连接板轮廓。在 1 点→2 点→3 点（切点）及 1 点→4 点（切点）间绘制线段，如图 12-120 所示。

（10）面域处理。单击"默认"选项卡"修改"面板中的"修剪"按钮，修剪∅60 圆的下半部。单击"默认"选项卡"绘图"面板中的"面域"按钮，将线段组成的区域创建为面域。

（11）拉伸面域。单击"三维工具"选项卡"建模"面板中的"拉伸"按钮，将面域拉伸 15，结果如图 12-121 所示。

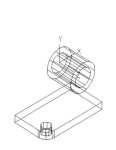

图 12-119 创建圆柱

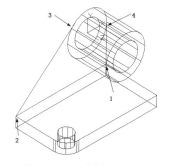

图 12-120 绘制多段线

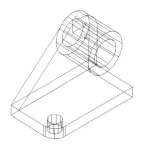

图 12-121 拉伸面域

（12）坐标设置。在命令行中输入 UCS，并将其绕 Y 轴旋转-180°；坐标原点移动到（9, -55, -15），并将其绕 Y 轴旋转 90°。

（13）绘制筋板轮廓。单击"默认"选项卡"绘图"面板中的"多段线"按钮，在（0,0）→（@0,30）→（@27,0）→（@0,-15）→（@38,-15）→（0,0）间绘制闭合多段线，如图 12-122 所示。

（14）拉伸处理。单击"默认"选项卡"修改"面板中的"拉伸"按钮，将辅助线拉伸-18，结果如图 12-123 所示。

（15）差集运算。单击"三维工具"选项卡"实体编辑"面板中的"并集"按钮◎，除去∅38圆柱外，将所有建模进行并集运算。单击"三维工具"选项卡"实体编辑"面板中的"差集"按钮◎，将建模与∅38 圆柱进行差集运算。单击"视图"选项卡"视觉样式"面板中的"隐藏"按钮◎，进行消隐处理后的图形如图 12-124 所示。

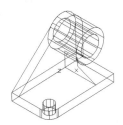

图 12-122　绘制多段线

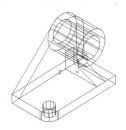

图 12-123　拉伸建模

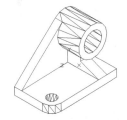

图 12-124　消隐后的建模

（16）渲染处理。单击"可视化"选项卡"材质"面板中的"材质浏览器"按钮◎，选择适当的材质，单击"可视化"选项卡"渲染-MentalRay"面板中的"渲染"按钮◎，结果如图 12-117 所示。

# 12.6　动手练一练

通过本章的学习，读者对三维实体的绘制知识有了大体的了解，本节通过 3 个操作练习使读者进一步掌握本章知识要点。

## 12.6.1　绘制透镜

本练习绘制的透镜主要用到一些基本三维建模命令和布尔运算命令。本练习要求读者掌握基本三维建模命令的使用方法。本练习绘制的透镜效果如图 12-125 所示。

图 12-125　透镜

操作提示：

（1）分别绘制圆柱体和球体。

（2）利用"并集"和"差集"命令进行处理。

## 12.6.2　绘制绘图模板

本练习绘制的绘图模板主要用到"拉伸"命令和布尔运算命令。本练习要求读者掌握"拉伸"命令的使用方法。本练习绘制的绘图模板效果如图 12-126 所示。

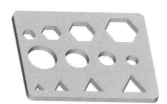

图 12-126  绘图模板

操作提示：

（1）绘制长方体。

（2）在长方体底面绘制一些平面图形并进行拉伸。

（3）利用"差集"命令进行处理。

## 12.6.3  绘制接头

本练习绘制的接头主要用到基本三维建模命令和"拉伸"命令及布尔运算命令。本练习要求读者掌握拉伸各种基本三维建模命令的使用方法。本练习绘制的接头如图 12-127 所示。

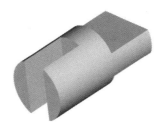

图 12-127  接头

操作提示：

（1）绘制圆柱体。

（2）绘制矩形并进行拉伸。

（3）绘制长方体并进行复制。

（4）利用"差集"命令进行处理。

# 第13章

# 三维实体编辑

三维实体编辑主要是对三维物体进行编辑，主要内容包括剖切实体、编辑三维实体、对象编辑、显示形式、渲染实体。本章将对消隐及渲染页进行详细的介绍。

- ☑ 剖切实体
- ☑ 编辑三维实体
- ☑ 对象编辑
- ☑ 显示形式
- ☑ 渲染实体

## 任务驱动&项目案例

# 13.1　剖　切　实　体

利用假想的平面对实体进行剖切是实体编辑的一种基本方法，读者注意体会其具体操作方法。

## 13.1.1　剖切

剖切功能用于将实体沿某个截面剖切后得到剩下的实体。

### 1. 执行方式

☑　命令行：SLICE（快捷命令：SL）。

☑　菜单栏：修改→三维操作→剖切。

☑　功能区：三维工具→实体编辑→剖切 。

### 2. 操作步骤

```
命令：_slice
选择要剖切的对象：（选择要剖切的实体）找到 1 个
选择要剖切的对象：（继续选择或按 Enter 键结束选择）
指定切面的起点或 [平面对象(O)/曲面(S)/Z 轴(Z)/视图(V)/XY(XY)/YZ(YZ)/ZX(ZX)/三
点(3)] <三点>：
指定平面上的第二个点：
```

在所需的侧面上指定点或 [保留两个侧面(B)] <保留两个侧面>：

### 3. 选项说明

（1）平面对象(O)：将所选对象的所在平面作为剖切面。

（2）Z 轴(Z)：通过平面指定一点与在平面的 Z 轴（法线）上指定另一点来定义剖切平面。

（3）视图(V)：以平行于当前视图的平面作为剖切面。

（4）XY 平面(XY)/YZ 平面(YZ)/ZX 平面(ZX)：将剖切平面与当前用户坐标系（UCS）的 XY 平面/YZ 平面/ZX 平面对齐。

（5）三点(3)：根据空间的 3 个点确定的平面作为剖切面。确定剖切面后，系统提示保留一侧或两侧。

如图 13-1 所示为剖切三维实体图。

## 13.1.2　剖切截面

剖切截面功能与剖切相对应，是指平面剖切实体后截面的形状。

（a）剖切前的三维实体　　　（b）剖切后的实体

图 13-1　剖切三维实体

### 1. 执行方式

☑　命令行：SECTION（快捷命令：SEC）。

### 2. 操作步骤

```
命令：SECTION↙
选择对象：（选择要剖切的实体）
```

指定截面平面上的第一个点，依照 [对象(O)/Z轴(Z)/视图(V)/XY/YZ/ZX/三点(3)] <三点>：（指定一点或输入一个选项）

如图 13-2 所示为断面图形。

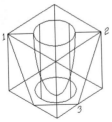

（a）剖切平面与断面　　（b）移出的断面图形　　（c）填充剖面线的断面图形

图 13-2　断面图形

### 13.1.3　截面平面

通过截面平面功能可以创建实体对象的二维截面平面或三维截面实体。

**1. 执行方式**

☑　命令行：SECTIONPLANE。
☑　菜单栏：绘图→建模→截面平面。
☑　功能区：三维工具→截面→截面平面 ▱。

**2. 操作步骤**

命令：SECTIONPLANE✓
选择面或任意点以定位截面线或 [绘制截面(D)/正交(O)]：

**3. 选项说明**

（1）选择面或任意点以定位截面线

❶ 选择绘图区的任意点（不在面上）可以创建独立于实体的截面对象。第一点可创建截面对象旋转所围绕的点，第二点可创建截面对象。如图 13-3 所示为在手柄主视图上指定两点创建一个截面平面。如图 13-4 所示为转换到西南等轴测视图的情形，图中半透明的平面为活动截面，实线为截面控制线。

单击活动截面平面，显示编辑夹点，如图 13-5 所示，其功能分别介绍如下。

图 13-3　创建截面　　　　图 13-4　西南等轴测视图　　　　图 13-5　截面编辑夹点

☑　截面实体方向：表示生成截面实体时所要保留的一侧，单击该箭头，则反向。
☑　截面平移编辑夹点：选中并拖动该夹点，截面沿其法向平移。

☑ 宽度编辑夹点：选中并拖动该夹点，可以调节截面宽度。

☑ 截面属性下拉菜单按钮：单击该按钮，显示当前截面的属性，包括截面平面（如图 13-5 所示）、截面边界（如图 13-6 所示）、截面体积（如图 13-7 所示）3 种，分别显示截面平面相关操作的作用范围。调节相关夹点可以调整范围。

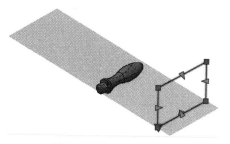

图 13-6　截面边界

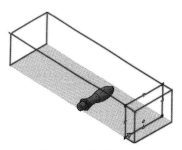

图 13-7　截面体积

❷ 选择实体或面域上的面可以产生与该面重合的截面对象。

❸ 快捷菜单。在截面平面编辑状态下右击，系统打开快捷菜单，如图 13-8 所示。其中几个主要选项介绍如下。

☑ 激活活动截面：选择该命令，活动截面被激活，可以对其进行编辑，同时源对象不可见，如图 13-9 所示。

图 13-8　快捷菜单

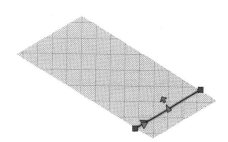

图 13-9　编辑活动截面

☑ 活动截面设置：选择该命令，弹出"截面设置"对话框，可以设置截面各参数，如图 13-10 所示。

☑ 生成二维/三维截面：选择该命令，系统弹出"生成截面/立面"对话框，如图 13-11 所示。设置相关参数后，单击"创建"按钮，即可创建相应的图块或文件。在如图 13-12 所示的截面平面位置创建的三维截面如图 13-13 所示。如图 13-14 所示为对应的二维截面。

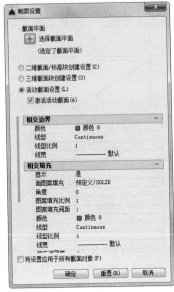

图 13-10 "截面设置"对话框　　图 13-11 "生成截面/立面"对话框　　图 13-12 截面平面位置

☑ 　将折弯添加至截面：选择该命令，系统提示添加折弯到截面的一端，并可以编辑折弯的位置
和高度。在如图 13-15 所示的基础上添加折弯后的截面平面，如图 13-16 所示。

图 13-13 三维截面　　　　　图 13-14 二维截面　　　　　图 13-15 折弯截面

（2）绘制截面(D)

该选项定义具有多个点的截面对象以创建带有折弯的截面线。选择该选项，命令行提示与操作
如下：

> 指定起点：（指定点 1）
> 指定下一点：（指定点 2）
> 指定下一点或按 Enter 键完成：（指定点 3 或按 Enter 键）
> 指定截面视图方向上的下一点：（指定点以指示剪切平面的方向）

该选项将创建处于截面边界状态的截面对象，并且活动截面关闭，该截面线可以带有折弯，如
图 13-16 所示。

如图 13-17 所示为按图 13-16 所示设置截面生成的三维截面对象。如图 13-18 所示为对应的二维
截面。

（3）正交(O)

该选项将截面对象与相对于 UCS 的正交方向对齐。选择该选项，命令行提示与操作如下：

> 将截面对齐至 [前(F)/后(B)/顶部(T)/底部(B)/左(L)/右(R)]：

选择该选项后，以相对于 UCS（不是当前视图）的指定方向创建截面对象，并且该对象包含所有三维对象。该选项创建处于截面边界状态的截面对象，并且活动截面打开。

图 13-16 折弯后的截面平面

图 13-17 三维截面

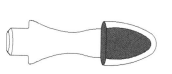
图 13-18 二维截面

选择该选项，可以很方便地创建工程制图中的剖视图。UCS 处于如图 13-19 所示的位置。如图 13-20 所示为对应的左向截面。

图 13-19 UCS 位置

图 13-20 左向截面

## 13.1.4 操作实例——连接轴环

利用上面所学的剖切相关功能绘制连接轴环。

本实例首先利用"多段线"命令绘制底座轮廓，再进行拉伸，完成底座绘制，接着利用"长方体""圆柱体"等命令绘制其余部分，最后利用绘制圆柱体并利用差集运算完成孔的创建，流程如图 13-21 所示。

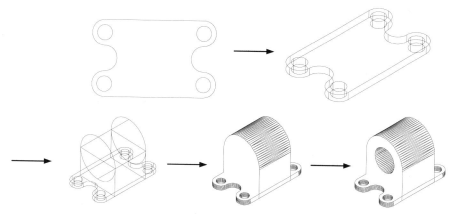
图 13-21 绘制连接轴环

**操作步骤：**（光盘\实例演示\第 13 章\连接轴环.avi）

（1）绘制底座轮廓。单击"默认"选项卡"绘图"面板中的"多段线"按钮，命令行提示与操作如下：

```
命令: _pline
指定起点: -200,150
```

当前线宽为 0.0000

指定下一个点或 [圆弧(A)/半宽(H)/长度(L)/放弃(U)/宽度(W)]: @400,0

指定下一点或 [圆弧(A)/闭合(C)/半宽(H)/长度(L)/放弃(U)/宽度(W)]: A

指定圆弧的端点(按住 Ctrl 键以切换方向)或 [角度(A)/圆心(CE)/闭合(CL)/方向(D)/半宽(H)/直线(L)/半径(R)/第二个点(S)/放弃(U)/宽度(W)]: R

指定圆弧的半径: 50

指定圆弧的端点(按住 Ctrl 键以切换方向)或 [角度(A)]: A

指定夹角: -180

指定圆弧的弦方向(按住 Ctrl 键以切换方向) <0>: -90

指定圆弧的端点(按住 Ctrl 键以切换方向)或 [角度(A)/圆心(CE)/闭合(CL)/方向(D)/半宽(H)/直线(L)/半径(R)/第二个点(S)/放弃(U)/宽度(W)]: R

指定圆弧的半径: 50

指定圆弧的端点(按住 Ctrl 键以切换方向)或 [角度(A)]: @0,-100

指定圆弧的端点(按住 Ctrl 键以切换方向)或 [角度(A)/圆心(CE)/闭合(CL)/方向(D)/半宽(H)/直线(L)/半径(R)/第二个点(S)/放弃(U)/宽度(W)]: R

指定圆弧的半径: 50

指定圆弧的端点(按住 Ctrl 键以切换方向)或 [角度(A)]: A

指定夹角: -180

指定圆弧的弦方向(按住 Ctrl 键以切换方向) <0>: -90

指定圆弧的端点(按住 Ctrl 键以切换方向)或 [角度(A)/圆心(CE)/闭合(CL)/方向(D)/半宽(H)/直线(L)/半径(R)/第二个点(S)/放弃(U)/宽度(W)]: L

指定下一点或 [圆弧(A)/闭合(C)/半宽(H)/长度(L)/放弃(U)/宽度(W)]: @-400,0

指定下一点或 [圆弧(A)/闭合(C)/半宽(H)/长度(L)/放弃(U)/宽度(W)]: A

指定圆弧的端点(按住 Ctrl 键以切换方向)或 [角度(A)/圆心(CE)/闭合(CL)/方向(D)/半宽(H)/直线(L)/半径(R)/第二个点(S)/放弃(U)/宽度(W)]: R

指定圆弧的半径: 50

指定圆弧的端点(按住 Ctrl 键以切换方向)或 [角度(A)]: A

指定夹角: -180

指定圆弧的弦方向 <180>: 90

指定圆弧的端点(按住 Ctrl 键以切换方向)或 [角度(A)/圆心(CE)/闭合(CL)/方向(D)/半宽(H)/直线(L)/半径(R)/第二个点(S)/放弃(U)/宽度(W)]: R

指定圆弧的半径: 50

指定圆弧的端点(按住 Ctrl 键以切换方向)或 [角度(A)]: @0,100

指定圆弧的端点(按住 Ctrl 键以切换方向)或 [角度(A)/圆心(CE)/闭合(CL)/方向(D)/半宽(H)/直线(L)/半径(R)/第二个点(S)/放弃(U)/宽度(W)]: R

指定圆弧的半径: 50

指定圆弧的端点(按住 Ctrl 键以切换方向)或 [角度(A)]: A

指定夹角: -180

指定圆弧的弦方向 <180>: 90

指定圆弧的端点(按住 Ctrl 键以切换方向)或 [角度(A)/圆心(CE)/闭合(CL)/方向(D)/半宽(H)/直线(L)/半径(R)/第二个点(S)/放弃(U)/宽度(W)]:

绘制结果如图 13-22 所示。

（2）绘制圆孔。单击"默认"选项卡"绘图"面板中的"圆"按钮⊙，以（-200,-100）为圆心、30 为半径绘制圆，绘制结果如图 13-23 所示。

（3）阵列处理。单击"默认"选项卡"修改"面板中的"矩形阵列"按钮▣▣，阵列对象选择圆，设为两行两列，设置行间距为 200，列间距为 400，绘制结果如图 13-24 所示。

图 13-22 绘制多线段

图 13-23 绘制圆

图 13-24 阵列处理

（4）拉伸处理。单击"三维工具"选项卡"建模"面板中的"拉伸"按钮，拉伸高度设置为30。单击"可视化"选项卡"视图"面板中的"西南等轴测"按钮，切换视图如图 13-25 所示。

（5）差集运算。单击"三维工具"选项卡"实体编辑"面板中的"差集"按钮，将多线段生成的柱体与 4 个圆柱进行差集运算，消隐之后结果如图 13-26 所示。

（6）绘制长方体。单击"三维工具"选项卡"建模"面板中的"长方体"按钮，以（-130，-150,0）、（130,150,200）为角点绘制长方体。

（7）绘制圆柱。单击"三维工具"选项卡"建模"面板中的"圆柱体"按钮，绘制底面中心点为（130,0,200）、底面半径为 150、轴端点为（-130,0,200）的圆柱体，如图 13-27 所示。

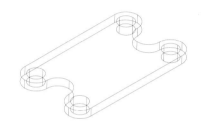

图 13-25 拉伸之后的西南等轴测视图

图 13-26 差集处理

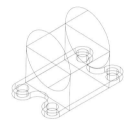

图 13-27 绘制长方体和圆柱体

（8）并集运算。单击"三维工具"选项卡"实体编辑"面板中的"并集"按钮，选择长方体和圆柱体进行并集运算，消隐之后结果如图 13-28 所示。

（9）绘制孔。单击"三维工具"选项卡"建模"面板中的"圆柱体"按钮，绘制底面中心点为（-130,0,200）、底面半径为 80、轴端点为（130,0,200）的圆柱体。

（10）差集运算。单击"三维工具"选项卡"实体编辑"面板中的"差集"按钮，将实体的轮廓与上述圆柱体进行差集运算，消隐之后结果如图 13-29 所示。

图 13-28 并集处理

图 13-29 差集处理

（11）剖切处理。单击"三维工具"选项卡"实体编辑"面板中的"剖切"按钮，命令行提示与操作如下：

```
命令：SLICE
选择要剖切的对象：（选择轴环部分）
选择要剖切的对象：
```

指定切面的起点或 [平面对象(O)/曲面(S)/Z轴(Z)/视图(V)/XY/YZ/ZX/三点(3)] <三点>:3
指定平面上的第一个点:-130,-150,30
指定平面上的第二个点:-130,150,30
指定平面上的第三个点:-50,0,350
选择要保留的剖切对象或 [保留两个侧面(B)] <保留两个侧面>:(选择如图13-29所示的一侧)

（12）并集运算。单击"三维工具"选项卡"实体编辑"面板中的"并集"按钮 ⚭，选择图形进行并集运算，消隐之后结果如图13-30所示。

（13）渲染处理。单击"可视化"选项卡"材质"面板中的"材质浏览器"按钮 ⊗，对图形赋予材质；单击"可视化"选项卡"渲染-MentalRay"面板中的"渲染"按钮 ⛶，渲染图形，如图13-31所示。

图 13-30　最终成图——连接轴环

图 13-31　渲染结果

# 13.2　编辑三维实体

和二维图形的编辑功能相似的是，三维造型中也有一些对应的编辑功能对三维造型进行相应的编辑。

## 13.2.1　三维阵列

### 1. 执行方式

☑　命令行：3DARRAY。
☑　工具栏：建模→三维阵列 ⊞。
☑　菜单栏：修改→三维操作→三维阵列。

### 2. 操作步骤

命令：3DARRAY✓
选择对象：选择要阵列的对象
选择对象：选择下一个对象或按 Enter 键
输入阵列类型[矩形(R)/环形(P)]<矩形>:

### 3. 选项说明

（1）矩形(R)：对图形进行矩形阵列复制，是系统的默认选项。选择该选项后，命令行提示与操作如下：

输入行数（---）<1>：输入行数
输入列数（|||）<1>：输入列数
输入层数（…）<1>：输入层数
指定行间距（---）：输入行间距
指定列间距（|||）：输入列间距
指定层间距（…）：输入层间距

（2）环形(P)：对图形进行环形阵列复制。选择该选项后，命令行提示与操作如下：

输入阵列中的项目数目：输入阵列的数目
指定要填充的角度（+=逆时针，－=顺时针）<360>：输入环形阵列的圆心角
旋转阵列对象？[是(Y)/否(N)]<是>：确定阵列上的每一个图形是否根据旋转轴线的位置进行旋转
指定阵列的中心点：输入旋转轴线上一点的坐标
指定旋转轴上的第二点：输入旋转轴线上另一点的坐标

如图 13-32 所示为 3 层 3 行 3 列间距分别为 300 的圆柱的矩形阵列。如图 13-33 所示为圆柱的环形阵列。

图 13-32　三维图形的矩形阵列　　　　图 13-33　三维图形的环形阵列

## 13.2.2　操作实例——转向盘

本实例绘制转向盘的主要思路是：先绘制一个圆环作为扶手，然后绘制支筋和轴。主要应用"圆环体""圆柱体""环形阵列""差集""并集"命令来绘制图形，绘制流程如图 13-34 所示。

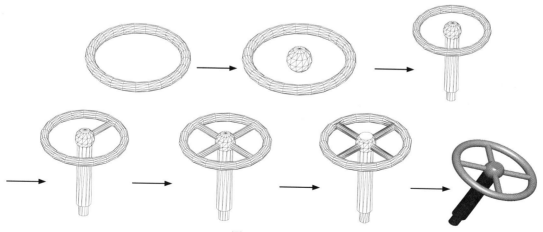

图 13-34　绘制转向盘

**操作步骤：**（光盘\实例演示\第 13 章\转向盘.avi）

（1）启动系统。启动 AutoCAD 2016，使用默认设置绘图环境。

（2）绘制圆环体。单击"三维工具"选项卡"建模"面板中的"圆环体"按钮◎，命令行提示与操作如下：

```
命令：TORUS↙
指定中心点或 [三点(3P)/两点(2P)/切点、切点、半径(T)]：0,0,0↙
指定半径或 [直径(D)] <0.0000>：160↙
指定圆管半径或 [两点(2P)/直径(D)] <0.0000>：16↙
```

（3）切换视图。设置视图方向，单击"可视化"选项卡"视图"面板中的"西南等轴测"按钮◎，将当前视图方向设置为西南等轴测视图；单击"视图"选项卡"视觉样式"面板中的"隐藏"按钮◎，对实体进行消隐，结果如图 13-35 所示。

（4）绘制球体。单击"三维工具"选项卡"建模"面板中的"球体"按钮◎，命令行提示与操作如下：

```
命令：SPHERE↙
指定中心点或 [三点(3P)/两点(2P)/切点、切点、半径(T)]：0,0,0↙
指定半径或 [直径(D)] <0.0000>：40↙
```

结果如图 13-36 所示。

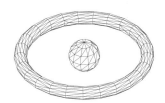

图 13-35　圆环的绘制　　　　　　　　图 13-36　绘制球体

（5）绘制圆柱体。单击"三维工具"选项卡"建模"面板中的"圆柱体"按钮◎，以原点为圆心，命令行提示与操作如下：

```
命令：CYLINDER↙
指定底面的中心点或 [三点(3P)/两点(2P)/切点、切点、半径(T)/椭圆(E)]:0,0,0↙
指定底面半径或 [直径(D)]：30↙
指定高度或 [两点(2P)/轴端点(A)]：-300↙
```

参照前面的方法，单击"三维工具"选项卡"建模"面板中的"圆柱体"按钮◎，以坐标原点为圆心，创建半径为 20、高为-350 的圆柱体，绘制结果如图 13-37 所示。

（6）绘制轮辐圆柱体。单击"三维工具"选项卡"建模"面板中的"圆柱体"按钮◎，以原点为圆心，命令行提示与操作如下：

```
命令：CYLINDER↙
指定底面的中心点或 [三点(3P)/两点(2P)/切点、切点、半径(T)/椭圆(E)]:0,0,0↙
指定底面半径或 [直径(D)]：12↙
指定高度或 [两点(2P)/轴端点(A)]：A↙
指定轴端点：160,0,0↙
```

结果如图 13-38 所示。

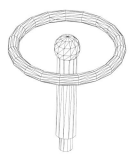

图 13-37 绘制圆柱体

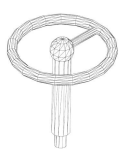

图 13-38 绘制轮辐圆柱体

（7）三维阵列处理。选择菜单栏中的"修改"→"三维操作"→"三维阵列"命令，命令行提示与操作如下：

```
命令：3DARRAY✓
选择对象：（选择轮辐圆柱体）
选择对象：✓
输入阵列类型 ［矩形(R)/环形(P)］ <矩形>：P✓
输入阵列中的项目数目：4✓
指定要填充的角度 (+=逆时针，-=顺时针) <360>：✓
旋转阵列对象？［是(Y)/否(N)］<Y>：✓
指定阵列的中心点：0,0,0✓
指定旋转轴上的第二点：0,0,20✓
```

结果如图 13-39 所示。

（8）剖切处理。单击"三维工具"选项卡"实体编辑"面板中的"剖切"按钮，命令行提示与操作如下：

```
命令：SLICE✓
选择要剖切的对象：（选择球体）
选择要剖切的对象：✓
指定切面的起点或 ［平面对象(O)/曲面(S)/Z 轴(Z)/视图(V)/XY(XY)/YZ(YZ)/ZX(ZX)/三点(3)］<三点>：3✓
指定平面上的第一个点：0,0,30✓
指定平面上的第二个点：0,10,30✓
指定平面上的第三个点：10,10,30✓
在所需的侧面上指定点或 ［保留两个侧面(B)］<保留两个侧面>：（选择圆球的下侧）
```

（9）并集处理。单击"三维工具"选项卡"实体编辑"面板中的"并集"按钮，命令行提示与操作如下：

```
命令：UNION✓
选择对象：（选择轮辐与圆环）
选择对象：✓
命令：UNION✓
选择对象：（选择支杆的两个圆柱）
选择对象：✓
```

结果如图 13-40 所示。

（10）渲染处理。单击"可视化"选项卡"材质"面板中的"材质浏览器"按钮 ⊙，选择适当的材质，单击"可视化"选项卡"渲染-MentalRay"面板中的"渲染"按钮 ☕，对图形进行渲染。渲染后的效果如图 13-41 所示。

图 13-39　三维阵列

图 13-40　合并后的转向盘

图 13-41　转向盘

### 13.2.3　三维镜像

1. 执行方式

☑　　命令行：MIRROR3D。
☑　　菜单栏：修改→三维操作→三维镜像。

2. 操作步骤

```
命令：MIRROR3D↙
选择对象：选择要镜像的对象
选择对象：选择下一个对象或按 Enter 键
指定镜像平面（三点）的第一个点或 [对象(O)/最近的(L)/Z 轴(Z)/视图(V)/XY 平面(XY)/YZ 平面(YZ)/ZX 平面(ZX)/三点(3)] <三点>：
在镜像平面上指定第一点：
```

3. 选项说明

（1）指定镜像平面（三点）的第一个点：输入镜像平面上点的坐标。该选项通过 3 个点确定镜像平面，是系统的默认选项。

（2）最近的(L)：相对于最后定义的镜像平面对选定的对象进行镜像处理。

（3）Z 轴(Z)：利用指定的平面作为镜像平面。选择该选项后，命令行提示与操作如下：

```
在镜像平面上指定点：输入镜像平面上一点的坐标
在镜像平面的 Z 轴（法向）上指定点：输入与镜像平面垂直的任意一条直线上任意一点的坐标
是否删除源对象?[是(Y)/否(N)]：根据需要确定是否删除源对象
```

（4）视图(V)：指定一个平行于当前视图的平面作为镜像平面。

（5）XY（YZ、ZX）平面：指定一个平行于当前坐标系的 XY（YZ、ZX）平面作为镜像平面。

### 13.2.4　操作实例——手推车小轮

利用已学习的三维镜像功能，绘制手推车小轮。本实例首先绘制平面轮廓，再旋转完成外轮廓绘制，接着绘制单个轮辐并进行阵列、镜像等操作，最后旋转绘制外胎，完成手推车小轮的创建，流程如图 13-42 所示。

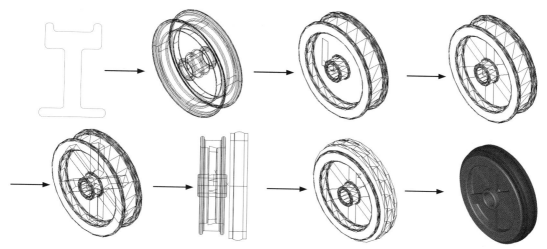

图 13-42 绘制手推车小轮

**操作步骤：（光盘\实例演示\第 13 章\手推车小轮.avi）**

（1）绘制旋转轮廓。单击"默认"选项卡"绘图"面板中的"直线"按钮，指定坐标为（-200,100）、（@0,50）、（@150,0）、（@0,350）、（@-120,0）、（@0,150）、（@50,0）、（@0,-50）、（@240,0）、（@0,50）、（@50,0）、（@0,-150）、（@-120,0）、（@0,-350）、（@150,0）、（@0,-50）绘制连续闭合直线，如图 13-43 所示。

（2）圆角处理。单击"默认"选项卡"修改"面板中的"圆角"按钮，将圆角半径设为 20，圆角处理结果如图 13-44 所示。

（3）编辑多段线。单击"修改 II"工具栏中的"编辑多段线"按钮，将连续直线合并为多段线。

（4）旋转处理。单击"三维工具"选项卡"建模"面板中的"旋转"按钮，选择步骤（3）合并的多段线绕 X 轴旋转 360°。单击"可视化"选项卡"视图"面板中的"西南等轴测"按钮，将当前视图设为西南等轴测视图，如图 13-45 所示。

图 13-43 绘制直线　　　　图 13-44 圆角处理　　　　图 13-45 旋转图形

（5）绘制轮辐轮廓。选择菜单栏中的"绘图"→"三维多线段"命令，命令行提示与操作如下：

```
命令：3DPOLY
指定多段线的起点：-150,50,140
指定直线的端点或 [放弃(U)]：@0,0,400
指定直线的端点或 [放弃(U)]：@0,-100,0
指定直线的端点或 [闭合(C)/放弃(U)]：@0,0,-400
指定直线的端点或 [闭合(C)/放弃(U)]：C
```

消隐之后结果如图 13-46 所示。

（6）拉伸处理。单击"三维工具"选项卡"建模"面板中的"拉伸"按钮，选择上述绘制的图形，拉伸的倾斜角度为-10°，拉伸的高度为-120，结果如图 13-47 所示。

（7）阵列处理。将当前视图设置为左视图。单击"建模"工具栏中的"三维阵列"按钮，选择上述拉伸的轮辐矩形阵列 6 个，中心点为（0,0,0），旋转轴第二点为（1,0,0），结果如图 13-48 所示。

图 13-46　绘制三维多线段

图 13-47　拉伸图形

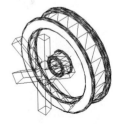
图 13-48　三维阵列处理

（8）切换视图。单击"可视化"选项卡"视图"面板中的"前视"按钮，将当前视图设为前视图；单击"默认"选项卡"修改"面板中的"移动"按钮，选择轮辐指定基点（0,0,0）、（400,0,0）进行移动。单击"可视化"选项卡"视图"面板中的"西南等轴测"按钮，切换视图，消隐之后结果如图 13-49 所示。

（9）镜像操作。选择菜单栏中的"修改"→"三维操作"→"三维镜像"命令，命令行提示与操作如下：

```
命令：MIRROR3D
选择对象：（选择上述进行阵列的轮辐）
选择对象：
指定镜像平面(三点)的第一个点或 [对象(O)/最近的(L)/Z 轴(Z)/视图(V)/XY 平面(XY)/YZ 平面(YZ)/ZX 平面(ZX)/三点(3)] <三点>：XY
指定 XY 平面上的点 <0,0,0>：
是否删除源对象？[是(Y)/否(N)] <否>：
```

结果如图 13-50 所示。

图 13-49　移动图形

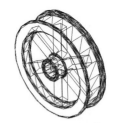
图 13-50　镜像处理

（10）新建坐标系。在命令行中输入 UCS，建立新坐标，命令行提示与操作如下：

```
命令：UCS
当前 UCS 名称：*俯视*
指定 UCS 的原点或 [面(F)/命名(NA)/对象(OB)/上一个(P)/视图(V)/世界(W)/X/Y/Z/Z轴(ZA)] <世界>：200,0,0
指定 X 轴上的点或 <接受>：
```

（11）绘制轮辐轮廓。单击"可视化"选项卡"视图"面板中的"俯视"按钮⬚，将当前视图设为俯视图。单击"默认"选项卡"绘图"面板中的"多段线"按钮⮂，命令行提示与操作如下：

```
命令：PLINE
指定起点：220,600
当前线宽为 0.0000
指定下一个点或 [圆弧(A)/半宽(H)/长度(L)/放弃(U)/宽度(W)]：@0,100
指定下一点或 [圆弧(A)/闭合(C)/半宽(H)/长度(L)/放弃(U)/宽度(W)]：@50,0
指定下一点或 [圆弧(A)/闭合(C)/半宽(H)/长度(L)/放弃(U)/宽度(W)]：A
指定圆弧的端点(按住 Ctrl 键以切换方向)或 [角度(A)/圆心(CE)/闭合(CL)/方向(D)/半
宽(H)/直线(L)/半径(R)/第二个点(S)/放弃(U)/宽度(W)]：S
指定圆弧上的第二个点：@70,20
指定圆弧的端点：@70,-20
指定圆弧的端点(按住 Ctrl 键以切换方向)或 [角度(A)/圆心(CE)/闭合(CL)/方向(D)/半
宽(H)/直线(L)/半径(R)/第二个点(S)/放弃(U)/宽度(W)]：L
指定下一个点或 [圆弧(A)/半宽(H)/长度(L)/放弃(U)/宽度(W)]：@50, 0
指定下一点或 [圆弧(A)/闭合(C)/半宽(H)/长度(L)/放弃(U)/宽度(W)]：@0,-100
指定圆弧的端点或 [角度(A)/圆心(CE)/闭合(CL)/方向(D)/半宽(H)/直线(L)/半径(R)/第二个
点(S)/放弃(U)/宽度(W)]：CL
```

绘制结果如图 13-51 所示。

（12）旋转外胎。单击"三维工具"选项卡"建模"面板中的"旋转"按钮🛞，选择多段线绕 X 轴旋转 360°，如图 13-52 所示。

（13）移动处理。单击"默认"选项卡"修改"面板中的"移动"按钮✥，将轮胎移动到合适的位置。单击"可视化"选项卡"视图"面板中的"西南等轴测"按钮◈，将当前视图设为西南等轴测视图，结果如图 13-53 所示。

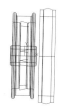

图 13-51　绘制多线段　　　图 13-52　绘制外胎　　　图 13-53　手推车小轮

## 13.2.5　对齐对象

1. 执行方式

☑　命令行：ALIGN（快捷命令：AL）。
☑　菜单栏：修改→三维操作→对齐。

2. 操作步骤

```
命令：ALIGN↙
选择对象：(选择要对齐的对象)
选择对象：(选择下一个对象或按 Enter 键)
指定一对、两对或三对点，将选定对象对齐
指定第一个源点：(选择点 1)
指定第一个目标点：(选择点 2)
```

指定第二个源点：↙

对齐结果如图 13-54 所示，两对点和三对点与一对点的情形类似。

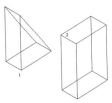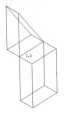

（a）对齐前　　　　　　　　（b）对齐后

图 13-54　一点对齐图

## 13.2.6　三维移动

### 1. 执行方式

☑　命令行：3DMOVE。

☑　菜单栏：修改→三维操作→三维移动。

☑　工具栏：建模→三维移动⊕。

### 2. 操作步骤

```
命令：（3DMOVE✓）
选择对象：（找到一个）
选择对象：✓
指定基点或 [位移(D)] <位移>：（指定基点）
指定第二个点或 <使用第一个点作为位移>：（指定第二点）
```

其操作方法与二维移动命令类似，如图 13-55 所示为将滚珠从轴承中移出的情形。

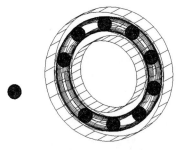

图 13-55　三维移动

## 13.2.7　三维旋转

### 1. 执行方式

☑　命令行：3DROTATE。

☑　菜单栏：修改→三维操作→三维旋转。

☑　工具栏：建模→三维旋转⊚。

2. 操作步骤

```
命令：3DROTATE↙
UCS 当前的正角方向：ANGDIR=逆时针  ANGBASE=0
选择对象：(选择一个滚珠)
选择对象：↙
指定基点：(指定圆心位置)
拾取旋转轴：(选择如图 13-56 所示的轴)
指定角的起点：(选择如图 13-56 所示的中心点)
指定角的端点：(指定另一点)
```

旋转结果如图 13-57 所示。

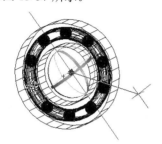

图 13-56　指定参数

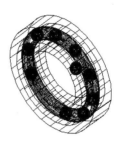

图 13-57　旋转结果

## 13.2.8　操作实例——三通管

本实例绘制的三通管应用"圆柱体""三维旋转""三维镜像"命令，以及布尔运算命令，绘制流程如图 13-58 所示。

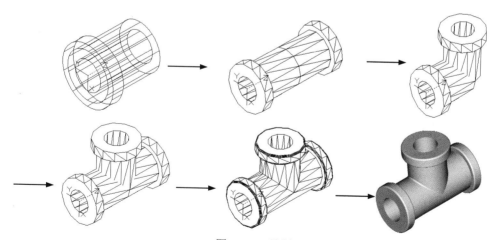

图 13-58　绘制三通管

**操作步骤：（光盘\实例演示\第 13 章\三通管.avi）**

（1）设置绘图环境。

❶ 用 LIMITS 命令设置图幅：297×210。

```
命令：LIMITS
```

```
重新设置模型空间界限:
指定左下角点或 [开(ON)/关(OFF)] <0.0000,0.0000>:
指定右上角点 <420.0000,297.0000>: 297,210
命令: ISOLINES
输入 ISOLINES 的新值 <4>: 10
```

❷ 设置线框密度。设置对象上每个曲面的轮廓线数目为 10。

（2）创建圆柱体。在命令行中输入 UCS，将当前坐标绕 Y 轴旋转 90°。单击"三维工具"选项卡"建模"面板中的"圆柱体"按钮🔲，创建半径为 50、高为 20 的圆柱体，命令行提示与操作如下:

```
命令: _cylinder
指定底面的中心点或 [三点(3P)/两点(2P)/切点、切点、半径(T)/椭圆(E)]: 0,0,0✓
指定底面半径或 [直径(D)] <74.3477>: 50✓
指定高度或 [两点(2P)/轴端点(A)] <129.2258>: 20✓
```

用相同的方法分别创建半径为 40、高为 100，以及半径为 25、高为 100 的两个圆柱，结果如图 13-59 所示。单击"可视化"选项卡"视图"面板中的"西南等轴测"按钮🔷，切换到西南等轴测视图。

（3）布尔运算。单击"三维工具"选项卡"实体编辑"面板中的"并集"按钮◎，将 R50 圆柱与 R40 圆柱进行并集运算。单击"三维工具"选项卡"实体编辑"面板中的"差集"按钮◎，将并集后的圆柱与 R25 圆柱进行差集运算。单击"视图"选项卡"视觉样式"面板中的"隐藏"按钮🔷，对实体进行消隐，结果如图 13-60 所示。

（4）镜像处理。选择"修改"→"三维操作"→"三维镜像"命令，以 XY 面为镜像平面将实体进行镜像处理，命令行提示与操作如下:

```
命令: MIRROR3D✓
选择对象: (选择上步运算后的实体)
选择对象: ✓
指定镜像平面 (三点) 的第一个点或 [对象(O)/最近的(L)/Z 轴(Z)/视图(V)/XY 平面(XY)/YZ
平面(YZ)/ZX 平面(ZX)/三点(3)] <三点>: XY✓
指定 XY 平面上的点 <0,0,0>: 0,0,100✓
是否删除源对象? [是(Y)/否(N)] <否>: ✓
```

结果如图 13-61 所示。

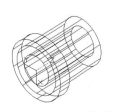

图 13-59  创建圆柱体

图 13-60  布尔运算

图 13-61  镜像处理

（5）旋转实体。选择菜单栏中的"修改"→"三维操作"→"三维旋转"命令，选取镜像后的实体，以 Y 轴为旋转轴旋转 90°，命令行提示与操作如下:

```
命令: _3DROTATE
UCS 当前的正角方向: ANGDIR=逆时针  ANGBASE=0
```

选择对象：（选取镜像得到的实体）
选择对象：✓
指定基点：（拾取圆柱体圆心）
拾取旋转轴：（拾取 Y 轴）
指定角的起点或键入角度：90✓

结果如图 13-62 所示。

（6）镜像处理。方法同步骤（4）。以 XY 面为镜像平面将实体进行镜像处理，结果如图 13-63 所示。

（7）并集运算。单击"三维工具"选项卡"实体编辑"面板中的"并集"按钮，将创建的 3 个实体进行并集运算。

（8）创建圆柱体。单击"三维工具"选项卡"建模"面板中的"圆柱体"按钮，以坐标原点为圆心创建半径为 25、高为 200 的圆柱。

（9）差集运算。单击"三维工具"选项卡"实体编辑"面板中的"差集"按钮，将并集后的实体与创建的 R25 圆柱进行差集运算。

（10）圆角处理。单击"默认"选项卡"修改"面板中的"圆角"按钮，对三通管各边倒 R3 圆角，命令行提示与操作如下：

命令：_fillet
当前设置：模式 = 修剪，半径 = 0.0000
选择第一个对象或 [放弃(U)/多段线(P)/半径(R)/修剪(T)/多个(M)]：R✓
输入圆角半径或 [表达式(E)]：3✓
选择边或 [链(C)/环(L)/半径(R)]：（拾取三通管各边）

结果如图 13-64 所示。

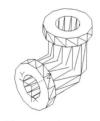
图 13-62 旋转实体

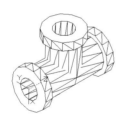
图 13-63 镜像处理

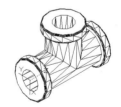
图 13-64 圆角处理

## 13.3 对象编辑

对象编辑是指对单个三维实体本身的某些部分或某些要素进行编辑，从而改变三维实体造型。

### 13.3.1 拉伸面

1. 执行方式

☑ 命令行：SOLIDEDIT。
☑ 菜单栏：修改→实体编辑→拉伸面。
☑ 工具栏：实体编辑→拉伸面。

☑　功能区：三维工具→实体编辑→拉伸面⬚。

2. 操作步骤

```
命令: _solidedit
实体编辑自动检查: SOLIDCHECK=1
输入实体编辑选项 [面(F)/边(E)/体(B)/放弃(U)/退出(X)] <退出>: _face
输入面编辑选项 [拉伸(E)/移动(M)/旋转(R)/偏移(O)/倾斜(T)/删除(D)/复制(C)/颜色(L)/材
质(A)/放弃(U)/退出(X)] <退出>: _extrude
选择面或 [放弃(U)/删除(R)]: (选择要进行拉伸的面)
选择面或 [放弃(U)/删除(R)/全部(ALL)]:
指定拉伸高度或 [路径(P)]:
指定拉伸的倾斜角度 <0>:
```

3. 选项说明

（1）指定拉伸高度：按指定的高度值拉伸面。指定拉伸的倾斜角度后，完成拉伸操作。

（2）路径(P)：沿指定的路径曲线拉伸面。如图 13-65 所示为拉伸长方体顶面和侧面的结果。

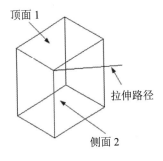
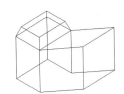

（a）拉伸前的长方体　　　　　　　　（b）拉伸后的三维实体

图 13-65　拉伸长方体

## 13.3.2　操作实例——顶针

本实例利用已学习的拉伸面功能绘制顶针。首先绘制圆柱面、圆锥面，最后利用拉伸面功能完成顶针上的各个孔的创建，其流程如图 13-66 所示。

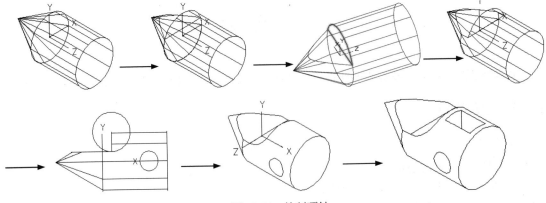

图 13-66　绘制顶针

**操作步骤：**（光盘\实例演示\第 13 章\顶针.avi）

（1）设置图纸。在命令行中输入 LIMITS，设置图幅为 297×210。

（2）设置线密度。在命令行中输入 ISOLINES，设置对象上每个曲面的轮廓线数目为 10。

（3）切换视图。将当前视图设置为西南等轴测方向，将坐标系绕 X 轴旋转 90°。以坐标原点为圆锥底面中心创建半径为 30、高为-50 的圆锥，以坐标原点为圆心创建半径为 30、高为 70 的圆柱，结果如图 13-67 所示。

（4）剖切操作。单击"三维工具"选项卡"实体编辑"面板中的"剖切"按钮，选取圆锥。以 ZX 面为剖切面，指定剖切面上的点为（0,10），对圆锥进行剖切，保留圆锥下部，结果如图 13-68 所示。

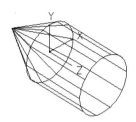

图 13-67 绘制圆锥及圆柱

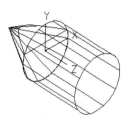

图 13-68 剖切圆锥

（5）并集运算。单击"三维工具"选项卡"实体编辑"面板中的"并集"按钮，选择圆锥与圆柱体进行并集运算。

（6）拉伸操作。单击"三维工具"选项卡"实体编辑"面板中的"拉伸面"按钮，选取如图 13-69 所示的实体表面，将其拉伸-10，命令行提示与操作如下：

```
命令: _solidedit
实体编辑自动检查: SOLIDCHECK=1
输入实体编辑选项 [面(F)/边(E)/体(B)/放弃(U)/退出(X)] <退出>: _face
输入面编辑选项 [拉伸(E)/移动(M)/旋转(R)/偏移(O)/倾斜(T)/删除(D)/复制(C)/颜色(L)/材
质(A)/放弃(U)/退出(X)] <退出>: _extrude
选择面或 [放弃(U)/删除(R)]: (选取如图 13-69 所示的实体表面)
选择面或 [放弃(U)/删除(R)/全部(ALL)]:
指定拉伸高度或 [路径(P)]: -10
指定拉伸的倾斜角度 <0>:
已开始实体校验。
已完成实体校验。
输入面编辑选项 [拉伸(E)/移动(M)/旋转(R)/偏移(O)/倾斜(T)/删除(D)/复制(C)/颜色(L)/材
质(A)/放弃(U)/退出(X)] <退出>:
实体编辑自动检查: SOLIDCHECK=1
输入实体编辑选项 [面(F)/边(E)/体(B)/放弃(U)/退出(X)] <退出>:
```

结果如图 13-70 所示。

（7）创建圆柱。将当前视图设置为左视图方向，以（10,30,-30）为圆心创建半径为 20、高为 60 的圆柱，以（50,0,-30）为圆心创建半径为 10、高为 60 的圆柱，结果如图 13-71 所示。

（8）差集运算。单击"三维工具"选项卡"实体编辑"面板中的"差集"按钮，选择实体图形与两个圆柱体进行差集运算，结果如图 13-72 所示。

（9）绘制方孔。将当前视图设置为西南等轴测视图方向，单击"三维工具"选项卡"建模"面板中的"长方体"按钮⬜，以（35,0,-10）为角点创建长为 30、宽为 30、高为 20 的长方体，然后将实体与长方体进行差集运算，消隐后的结果如图 13-73 所示。

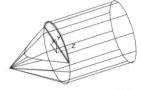
图 13-69　选取拉伸面

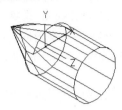
图 13-70　拉伸后的实体

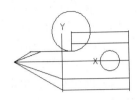
图 13-71　创建圆柱

（10）渲染处理。单击"可视化"选项卡"材质"面板中的"材质浏览器"按钮⬤，在"材质浏览器"选项板中选择适当的材质。单击"可视化"选项卡"渲染-MentalRay"面板中的"渲染"按钮🖐，对实体进行渲染，渲染后的结果如图 13-74 所示。

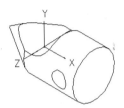
图 13-72　差集圆柱后的实体

图 13-73　消隐后的实体

图 13-74　顶针

（11）保存文件。单击快速访问工具栏中的"保存"按钮🖫，将绘制完成的图形以"顶针立体图.dwg"为文件名保存在指定的路径中。

### 13.3.3　移动面

1. 执行方式

☑　命令行：SOLIDEDIT。
☑　菜单栏：修改→实体编辑→移动面。
☑　工具栏：实体编辑→移动面🔲。
☑　功能区：三维工具→实体编辑→移动面🔲。

2. 操作步骤

```
命令：_solidedit
实体编辑自动检查：SOLIDCHECK=1
输入实体编辑选项 [面(F)/边(E)/体(B)/放弃(U)/退出(X)] <退出>：_face
输入面编辑选项 [拉伸(E)/移动(M)/旋转(R)/偏移(O)/倾斜(T)/删除(D)/复制(C)/颜色(L)/材
质(A)/放弃(U)/退出(X)] <退出>：_move
选择面或 [放弃(U)/删除(R)]：（选择要进行移动的面）
选择面或 [放弃(U)/删除(R)/全部(ALL)]：（继续选择移动面或按 Enter 键结束选择）
指定基点或位移：（输入具体的坐标值或选择关键点）
指定位移的第二点：（输入具体的坐标值或选择关键点）
```

各选项的含义在前面介绍的命令中都有涉及，如有问题，可查询相关命令（拉伸面、移动等）。如图 13-75 所示为移动三维实体的结果。

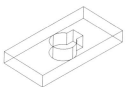
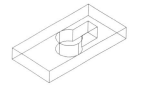

（a）移动前的图形　　　　　　　（b）移动后的图形

图 13-75　移动三维实体

### 13.3.4　偏移面

1. 执行方式

☑　命令行：SOLIDEDIT。
☑　菜单栏：修改→实体编辑→偏移面。
☑　工具栏：实体编辑→偏移面。
☑　功能区：三维工具→实体编辑→偏移面。

2. 操作步骤

```
命令：_solidedit
实体编辑自动检查：SOLIDCHECK=1
输入实体编辑选项 [面(F)/边(E)/体(B)/放弃(U)/退出(X)] <退出>：_face
输入面编辑选项 [拉伸(E)/移动(M)/旋转(R)/偏移(O)/倾斜(T)/删除(D)/复制(C)/颜色(L)/材
质(A)/放弃(U)/退出(X)] <退出>：_offset
选择面或 [放弃(U)/删除(R)]：（选择要进行偏移的面）
指定偏移距离：（输入要偏移的距离值）
```

如图 13-76 所示为通过"偏移"命令改变哑铃手柄大小的结果。

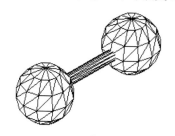
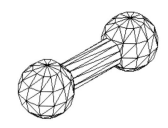

（a）偏移前　　　　　　　　　　（b）偏移后

图 13-76　偏移对象

### 13.3.5　删除面

1. 执行方式

☑　命令行：SOLIDEDIT。
☑　菜单栏：修改→实体编辑→删除面。
☑　工具栏：实体编辑→删除面。
☑　功能区：三维工具→实体编辑→删除面。

2. 操作步骤

```
命令: _solidedit
实体编辑自动检查: SOLIDCHECK=1
输入实体编辑选项 [面(F)/边(E)/体(B)/放弃(U)/退出(X)] <退出>: _face
输入面编辑选项 [拉伸(E)/移动(M)/旋转(R)/偏移(O)/倾斜(T)/删除(D)/复制(C)/颜色(L)/材
质(A)/放弃(U)/退出(X)] <退出>:
  _delete 选择面或 [放弃(U)/删除(R)]: (选择要删除的面)
```

如图 13-77 所示为删除长方体的一个圆角面后的结果。

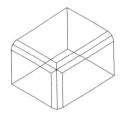　　　　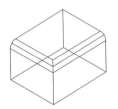

（a）倒圆角后的长方体　　　　　　（b）删除倒角面后的图形

图 13-77　删除圆角面

## 13.3.6　操作实例——镶块

利用已学习的删除面功能绘制镶块。本实例主要利用"拉伸"和"镜像"等命令绘制主体，再利用圆柱体、差集操作进行局部切除，完成图形的绘制，其流程如图 13-78 所示。

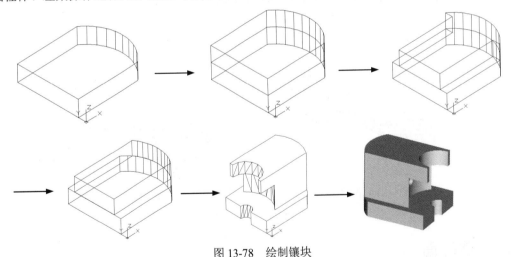

图 13-78　绘制镶块

**操作步骤：（光盘\实例演示\第 13 章\镶块.avi）**

（1）启动系统。启动 AutoCAD，使用默认设置画图。

（2）设置线框密度。在命令行中输入 ISOLINES，设置线框密度为 10。单击"可视化"选项卡"视图"面板中的"西南等轴测"按钮◎，切换到西南等轴测视图。

（3）绘制长方体。单击"三维工具"选项卡"建模"面板中的"长方体"按钮◻，以坐标原点为角点创建长为 50、宽为 100、高为 20 的长方体。

（4）绘制圆柱体。单击"三维工具"选项卡"建模"面板中的"圆柱体"按钮，以长方体右侧面底边中点为圆心创建半径为 50、高为 20 的圆柱。

（5）并集运算。单击"三维工具"选项卡"实体编辑"面板中的"并集"按钮，将长方体与圆柱进行并集运算，结果如图 13-79 所示。

（6）剖切处理。单击"三维工具"选项卡"实体编辑"面板中的"剖切"按钮，以 ZX 为剖切面，分别指定剖切面上的点为（0,10,0）及（0,90,0），对实体进行对称剖切，保留实体中部，结果如图 13-80 所示。

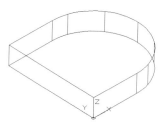

图 13-79　并集后的实体

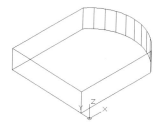

图 13-80　剖切后的实体

（7）复制对象。单击"默认"选项卡"修改"面板中的"复制"按钮，如图 13-81 所示，将剖切后的实体向上复制一个。

（8）拉伸处理。单击"三维工具"选项卡"实体编辑"面板中的"拉伸面"按钮。选取实体前端面，如图 13-82 所示，拉伸高度为-10。继续将实体后侧面拉伸-10，结果如图 13-83 所示。

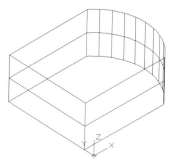

图 13-81　复制实体

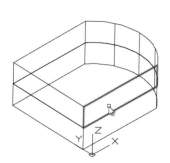

图 13-82　选取拉伸面

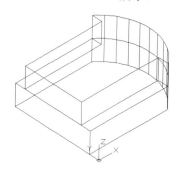

图 13-83　拉伸面操作后的实体

（9）删除面。单击"三维工具"选项卡"实体编辑"面板中的"删除面"按钮，删除实体上的面，如图 13-84 所示。继续将实体后部对称侧面删除，结果如图 13-85 所示。

（10）拉伸面。单击"三维工具"选项卡"实体编辑"面板中的"拉伸面"按钮，将实体顶面向上拉伸 40，结果如图 13-86 所示。

（11）绘制圆柱体。单击"三维工具"选项卡"建模"面板中的"圆柱体"按钮，以实体底面左边中点为圆心创建半径为 10、高为 20 的圆柱。同理，以 R10 圆柱顶面圆心为中心点继续创建半径为 40、高为 40 及半径为 25、高为 60 的圆柱。

（12）差集运算。单击"三维工具"选项卡"实体编辑"面板中的"差集"按钮，将实体与 3个圆柱进行差集运算，结果如图 13-87 所示。

（13）坐标设置。在命令行中输入 UCS，将坐标原点移动到（0,50,40），并将其绕 Y 轴旋转 90°。

（14）绘制圆柱体。单击"三维工具"选项卡"建模"面板中的"圆柱体"按钮，以坐标原点为底面中心点，创建半径为 5、高为 100 的圆柱，结果如图 13-88 所示。

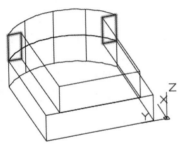
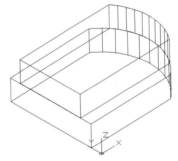
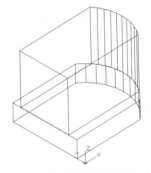

图 13-84　选取删除面　　图 13-85　删除面操作后的实体　　图 13-86　拉伸顶面操作后的实体

（15）差集运算。单击"三维工具"选项卡"实体编辑"面板中的"差集"按钮 ◎ ，将实体与圆柱进行差集运算。

（16）渲染处理。单击"可视化"选项卡"渲染-MentalRay"面板中的"渲染"按钮 ，渲染图形，渲染后的结果如图 13-89 所示。

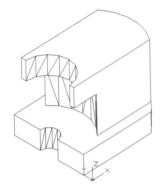
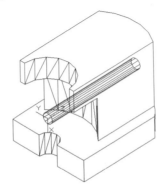
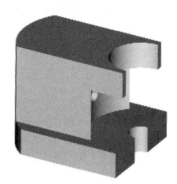

图 13-87　差集后的实体　　图 13-88　创建圆柱　　图 13-89　镶块

## 13.3.7　抽壳

**1．执行方式**

☑　命令行：SOLIDEDIT。

☑　菜单栏：修改→实体编辑→抽壳。

☑　工具栏：实体编辑→抽壳 。

☑　功能区：三维工具→实体编辑→抽壳 。

**2．操作步骤**

```
命令：_solidedit
实体编辑自动检查：SOLIDCHECK=1
输入实体编辑选项 [面(F)/边(E)/体(B)/放弃(U)/退出(X)] <退出>：_body
输入体编辑选项 [压印(I)/分割实体(P)/抽壳(S)/清除(L)/检查(C)/放弃(U)/退出(X)] <退出>：
_shell
    选择三维实体：(选择三维实体)
    删除面或 [放弃(U)/添加(A)/全部(ALL)]：(选择开口面)
    输入抽壳偏移距离：(指定壳体的厚度值)
```

如图 13-90 所示为利用"抽壳"命令创建的花盆。

（a）创建初步轮廓

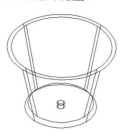

（b）完成创建

（c）消隐结果

图 13-90　利用"抽壳"命令创建的花盆

**技巧：** 抽壳是用指定的厚度创建一个空薄层的过程。可以为所有面指定一个固定的薄层厚度，通过选择面可以将这些面排除在壳外。一个三维实体只能有一个壳，通过将现有面偏移出其原位置来创建新的面。

## 13.3.8　操作实例——石桌

本实例绘制石桌，主要用到"圆柱体""球体""剖切""抽壳"命令和布尔运算命令等，其绘制流程如图 13-91 所示。

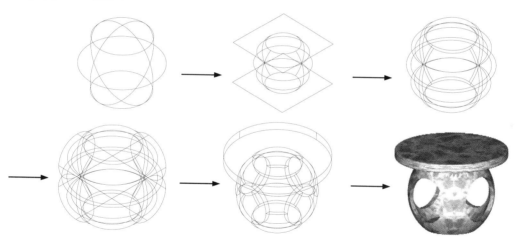

图 13-91　绘制石桌

**操作步骤：**（光盘\实例演示\第 13 章\石桌.avi）

（1）设置绘图环境。用 LIMITS 命令设置图幅为 297×210。在命令行中输入 ISOLINES，设置线框密度为 10。

（2）创建球体。单击"三维工具"选项卡"建模"面板中的"球体"按钮◎，命令行提示与操作如下：

命令：SPHERE✔
指定中心点或 [三点(3P)/两点(2P)/切点、切点、半径(T)]：0,0,0✔
指定半径或 [直径(D)]：50✔

单击"可视化"选项卡"视图"面板中的"西南等轴测"按钮◈，切换到西南等轴测视图，结果如图 13-92 所示。

（3）绘制矩形。单击"默认"选项卡"绘图"面板中的"矩形"按钮▭，以（-60,-60,-40）和（@120,120）为角点绘制矩形，再以（-60,-60,40）和（@120,120）为角点绘制矩形，结果如图 13-93 所示。

（4）剖切处理。单击"三维工具"选项卡"实体编辑"面板中的"剖切"按钮，分别选择两个矩形作为剖切面，保留球体中间部分，结果如图 13-94 所示。

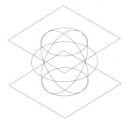
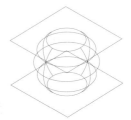

图 13-92　创建球体　　　　图 13-93　绘制矩形　　　　图 13-94　剖切处理

（5）删除矩形。单击"默认"选项卡"修改"面板中的"删除"按钮，将矩形删除，结果如图 13-95 所示。

（6）抽壳处理。单击"三维工具"选项卡"实体编辑"面板中的"抽壳"按钮，命令行提示与操作如下：

```
命令：SOLIDEDIT✓
实体编辑自动检查：SOLIDCHECK=1
输入实体编辑选项 [面(F)/边(E)/体(B)/放弃(U)/退出(X)] <退出>：_body
输入体编辑选项 [压印(I)/分割实体(P)/抽壳(S)/清除(L)/检查(C)/放弃(U)/退出(X)] <退出>：
_shell
选择三维实体：(选择剖切后的球体)✓
删除面或 [放弃(U)/添加(A)/全部(ALL)]：✓
输入抽壳偏移距离：5✓
已开始实体校验。
已完成实体校验。
输入体编辑选项 [压印(I)/分割实体(P)/抽壳(S)/清除(L)/检查(C)/放弃(U)/退出(X)] <退出>：✓
实体编辑自动检查：SOLIDCHECK=1
输入实体编辑选项 [面(F)/边(E)/体(B)/放弃(U)/退出(X)] <退出>：✓
```

结果如图 13-96 所示。

（7）创建圆柱体。单击"三维工具"选项卡"建模"面板中的"圆柱体"按钮，以（0,-50,0）为底面圆心、轴端点为（@0,100,0）创建半径为 25 的圆柱体；再以（-50,0,0）为底面圆心、轴端点为（@100,0,0）创建半径为 25 的圆柱体，结果如图 13-97 所示。

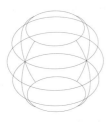
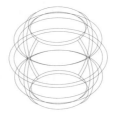
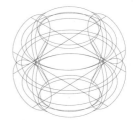

图 13-95　删除矩形　　　　图 13-96　抽壳处理　　　　图 13-97　创建圆柱体

（8）差集运算。单击"三维工具"选项卡"实体编辑"面板中的"差集"按钮，从实体中减去两个圆柱体，结果如图 13-98 所示。

（9）创建圆柱体。返回世界坐标系，单击"三维工具"选项卡"建模"面板中的"圆柱体"按钮，以（0,0,40）为底面圆心创建半径为 65、高为 10 的圆柱体，结果如图 13-99 所示。

（10）圆角处理。单击"三维工具"选项卡"实体编辑"面板中的"圆角边"按钮，将圆柱体的棱边进行圆角处理，圆角半径为 2，结果如图 13-100 所示。

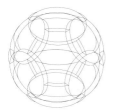

图 13-98 差集运算

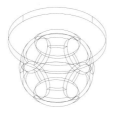

图 13-99 创建圆柱体

图 13-100 圆角处理

（11）渲染视图。单击"可视化"选项卡"材质"面板中的"材质浏览器"按钮，在"材质浏览器"选项板中选择适当的材质。单击"可视化"选项卡"渲染-MentalRay"面板中的"渲染"按钮，渲染图形。对实体进行渲染，渲染后的效果如图 13-91 所示。

## 13.3.9 旋转面

### 1. 执行方式

- ☑ 命令行：SOLIDEDIT。
- ☑ 菜单栏：修改→实体编辑→旋转面。
- ☑ 工具栏：实体编辑→旋转面。

### 2. 操作步骤

```
命令：_solidedit
实体编辑自动检查：SOLIDCHECK=1
输入实体编辑选项 [面(F)/边(E)/体(B)/放弃(U)/退出(X)] <退出>：_face
输入面编辑选项 [拉伸(E)/移动(M)/旋转(R)/偏移(O)/倾斜(T)/删除(D)/复制(C)/颜色(L)/材质(A)/放弃(U)/退出(X)] <退出>：_rotate
选择面或 [放弃(U)/删除(R)]：（选择要旋转的面）
选择面或 [放弃(U)/删除(R)/全部(ALL)]：（继续选择或按 Enter 键结束选择）
指定轴点或 [经过对象的轴(A)/视图(V)/X 轴(X)/Y 轴(Y)/Z 轴(Z)] <两点>：（选择一种确定轴线的方式）
指定旋转角度或 [参照(R)]：（输入旋转角度）
```

如图 13-101（b）所示为将如图 13-101（a）所示的开口槽方向旋转 90°后的结果。

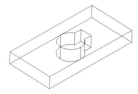

（a）旋转前

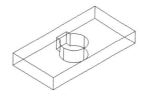

（b）旋转后

图 13-101 开口槽旋转 90°前后的图形

### 13.3.10　操作实例——轴支架

绘制如图 13-102 所示的轴支架。本实例主要利用"长方体"和"圆角"命令绘制底座，其余部分的绘制主要利用拉伸操作，流程如图 13-102 所示。

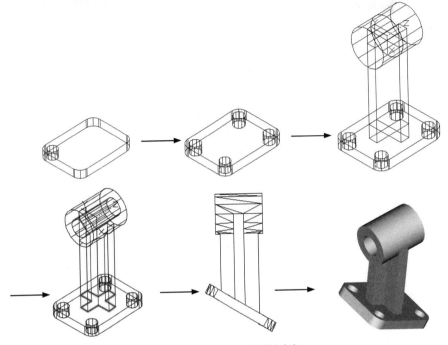

图 13-102　绘制轴支架

**操作步骤：**（光盘\实例演示\第 **13** 章\轴支架**.avi**）

（1）启动 AutoCAD 2016，使用默认设置绘图环境。

（2）设置线框密度。在命令行中输入 ISOLINES，命令行提示与操作如下：

```
命令：ISOLINES
输入 ISOLINES 的新值 <4>：10✓
```

（3）切换视图。单击"可视化"选项卡"视图"面板中的"西南等轴测"按钮，将当前视图方向设置为西南等轴测视图。

（4）绘制底座。单击"三维工具"选项卡"建模"面板中的"长方体"按钮，以（0,0,0）为角点坐标，分别以 80、60、10 为长、宽、高绘制连接立板长方体。

（5）圆角操作。单击"默认"选项卡"修改"面板中的"圆角"按钮，选择步骤（4）创建的长方体进行圆角处理。

（6）绘制圆柱体。单击"三维工具"选项卡"建模"面板中的"圆柱体"按钮，绘制底面中心点为（10,10,0）、半径为 6、指定高度为 10 的圆柱体，结果如图 13-103 所示。

（7）复制对象。单击"默认"选项卡"修改"面板中的"复制"按钮，选择步骤（6）绘制的圆柱体进行复制，结果如图 13-104 所示。

（8）差集运算。单击"三维工具"选项卡"实体编辑"面板中的"差集"按钮，将长方体和圆柱体进行差集运算。

（9）设置用户坐标系。在命令行中输入 UCS，命令行提示与操作如下：

```
命令：UCS↙
当前 UCS 名称：*世界*
指定 UCS 的原点或 [面(F)/命名(NA)/对象(OB)/上一个(P)/视图(V)/世界(W)/X/Y/Z/Z
轴(ZA)] <世界>：40,30,60↙
指定 X 轴上的点或 <接受>：↙
```

（10）绘制长方体。单击"三维工具"选项卡"建模"面板中的"长方体"按钮□，以坐标原点为长方体的中心点分别创建长为40、宽为10、高为100及长为10、宽为40、高为100的长方体，结果如图13-105所示。

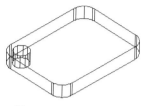

图13-103 创建圆柱体

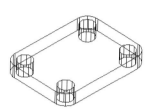

图13-104 复制圆柱体

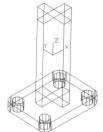

图13-105 创建长方体

（11）坐标系设置。在命令行中输入 UCS，移动坐标原点到（0,0,50），并将其绕 Y 轴旋转90°。

（12）绘制圆柱体。单击"三维工具"选项卡"建模"面板中的"圆柱体"按钮□，以坐标原点为底面中心点，创建半径为20、高为25的圆柱体。

（13）镜像处理。选择菜单栏中的"修改"→"三维操作"→"三维镜像"命令，选取圆柱体以 XY 轴进行旋转，结果如图13-106所示。

（14）并集运算。单击"三维工具"选项卡"实体编辑"面板中的"并集"按钮⊚，选择两个圆柱体与两个长方体进行并集运算。

（15）绘制圆柱体。单击"三维工具"选项卡"建模"面板中的"圆柱体"按钮□，捕捉步骤（12）创建的圆柱体的圆心为圆心，创建半径为10、高为50的圆柱体。

（16）差集运算。单击"三维工具"选项卡"实体编辑"面板中的"差集"按钮⊚，将并集后的实体与圆柱体进行差集运算，消隐处理后的图形如图13-107所示。

（17）旋转面。单击"三维工具"选项卡"实体编辑"面板中的"旋转面"按钮℃，旋转支架上部十字形底面，命令行提示与操作如下：

```
命令：SOLIDEDIT↙
实体编辑自动检查：SOLIDCHECK=1
输入实体编辑选项 [面(F)/边(E)/体(B)/放弃(U)/退出(X)] <退出>：F↙
输入面编辑选项 [拉伸(E)/移动(M)/旋转(R)/偏移(O)/倾斜(T)/删除(D)/复制(C)/颜色(L)/材
质(A)/放弃(U)/退出(X)] <退出>：R↙
选择面或 [放弃(U)/删除(R)]：（如图13-107所示，选择支架上部十字形底面）
指定轴点或 [经过对象的轴(A)/视图(V)/X 轴(X)/Y 轴(Y)/Z 轴(Z)] <两点>：Y↙
指定旋转原点 <0,0,0>：_endp 于 （捕捉十字形底面的右端点）
指定旋转角度或 [参照(R)]：30↙
```

结果如图13-108所示。

（18）在命令行中输入 Rotate3D，旋转底板，命令行提示与操作如下：

```
命令：ROTATE3D↙
选择对象：（选取底板）
选择对象：（回车）
指定轴上的第一个点或定义轴依据 [对象(O)/最近的(L)/视图(V)/X 轴(X)/Y 轴(Y)/Z 轴(Z)/
两点(2)]：Y↙
指定 Y 轴上的点 <0,0,0>：_endp 于 （捕捉十字形底面的右端点）
指定旋转角度或 [参照(R)]：30↙
```

（19）设置视图方向。单击"可视化"选项卡"视图"面板中的"前视"按钮，将当前视图方向设置为主视图。消隐处理后的图形如图 13-109 所示。

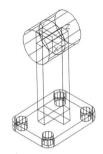

图 13-106　镜像圆柱体

图 13-107　消隐后的实体

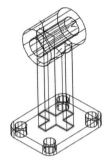

图 13-108　选择旋转面

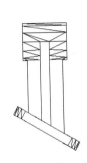

图 13-109　旋转底板

（20）渲染处理。单击"可视化"选项卡"渲染-MentalRay"面板中的"渲染"按钮，对图形进行渲染。渲染后的结果如图 13-102 所示。

## 13.3.11　倾斜面

### 1. 执行方式

☑　命令行：SOLIDEDIT。
☑　菜单栏：修改→实体编辑→倾斜面。
☑　工具栏：实体编辑→倾斜面。
☑　功能区：三维工具→实体编辑→倾斜面。

### 2. 操作步骤

```
命令：_solidedit
实体编辑自动检查：SOLIDCHECK=1
输入实体编辑选项 [面(F)/边(E)/体(B)/放弃(U)/退出(X)] <退出>：_face
输入面编辑选项 [拉伸(E)/移动(M)/旋转(R)/偏移(O)/倾斜(T)/删除(D)/复制(C)/颜色(L)/材
质(A)/放弃(U)/退出(X)] <退出>：_taper
选择面或 [放弃(U)/删除(R)]：（选择要倾斜的面）
选择面或 [放弃(U)/删除(R)/全部(ALL)]：（继续选择或按 Enter 键结束选择）
指定基点：（选择倾斜的基点（倾斜后不动的点））
指定沿倾斜轴的另一个点：（选择另一点（倾斜后改变方向的点））
指定倾斜角度：（输入倾斜角度）
```

## 13.3.12 操作实例——台灯

本实例绘制台灯，主要应用"圆柱体""多段线""移动""旋转""差集"命令及实体编辑命令等来完成图形的绘制，流程如图 13-110 所示。

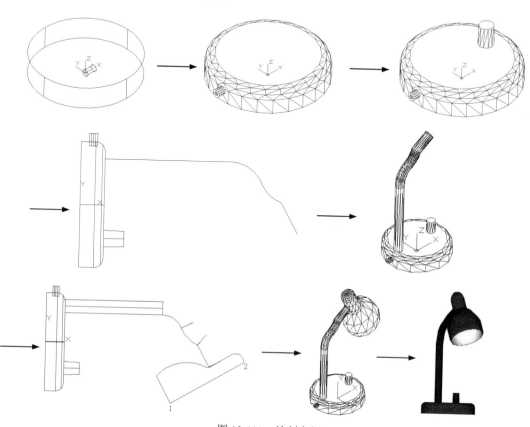

图 13-110 绘制台灯

**操作步骤:(光盘\实例演示\第 13 章\台灯.avi)**

(1) 绘制台灯底座

❶ 设置视图方向。单击"可视化"选项卡"视图"面板中的"西南等轴测"按钮，将视图切换到西南等轴测视图。

❷ 单击"三维工具"选项卡"建模"面板中的"圆柱体"按钮，绘制一个圆柱体，命令行提示与操作如下:

```
命令: CYLINDER↙
指定底面的中心点或 [三点(3P)/两点(2P)/切点、切点、半径(T)/椭圆(E)]: 0,0,0↙
指定底面半径或 [直径(D)]: D↙
指定底面直径: 150↙
指定高度或 [两点(2P)/轴端点(A)]: 30↙
```

❸ 单击"三维工具"选项卡"建模"面板中的"圆柱体"按钮，绘制底面中心点在原点、直径为 10、轴端点为 (15,0,0) 的圆柱体。

❹ 单击"三维工具"选项卡"建模"面板中的"圆柱体"按钮▣，绘制底面中心点在原点、直径为 5、轴端点为（15,0,0）的圆柱体，此时窗口图形如图 13-111 所示。

❺ 单击"三维工具"选项卡"实体编辑"面板中的"差集"按钮▣，求直径分别为 10 和 5 的两个圆柱体的差集。

❻ 单击"默认"选项卡"修改"面板中的"移动"按钮✛，将求差集后所得的实体导线孔从（0,0,0）移动到（-85,0,15），此时结果如图 13-112 所示。

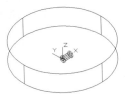

图 13-111　底座锥形

❼ 单击"三维工具"选项卡"实体编辑"面板中的"圆角边"按钮▣，对底座的上边缘倒半径为 12 的圆角。

❽ 单击"视图"选项卡"视觉样式"面板中的"隐藏"按钮⬡，对实体进行消隐，此时结果如图 13-113 所示。

（2）绘制开关旋钮

❶ 单击"三维工具"选项卡"建模"面板中的"圆柱体"按钮▣，绘制底面中心点为（40,0,30）、直径为 20、高度为 25 的圆柱体。

❷ 单击"三维工具"选项卡"实体编辑"面板中的"倾斜面"按钮▣，将已绘制的直径为 20 的圆柱体外表面倾斜 2°。

❸ 单击"视图"选项卡"视觉样式"面板中的"隐藏"按钮⬡，对实体进行消隐，此时结果如图 13-114 所示。

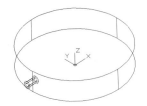

图 13-112　移动后的图形　　　　图 13-113　倒圆角后的底座　　　　图 13-114　开关旋钮和底座

（3）绘制支撑杆

❶ 改变视图方向。单击"可视化"选项卡"视图"面板中的"前视"按钮▣，将视图切换到前视图。

❷ 单击"默认"选项卡"修改"面板中的"旋转"按钮↻，将绘制的所有实体顺时针旋转-90°，图形如图 13-115 所示。

❸ 单击"默认"选项卡"绘图"面板中的"多段线"按钮⤵，绘制支撑杆的路径曲线，命令行提示与操作如下：

```
命令：PLINE↙
指定起点：30,55↙
当前线宽为 0.0000
指定下一个点或 [圆弧(A)/半宽(H)/长度(L)/放弃(U)/宽度(W)]：@150,0↙
指定下一点或 [圆弧(A)/闭合(C)/半宽(H)/长度(L)/放弃(U)/宽度(W)]：A↙
指定圆弧的端点(按住 Ctrl 键以切换方向) 或 [角度(A)/圆心(CE)/闭合(CL)/方向(D)/半
宽(H)/直线(L)/半径(R)/第二个点(S)/放弃(U)/宽度(W)]：S↙
指定圆弧上的第二个点：203.5,50.7↙
指定圆弧的端点：224,38↙
指定圆弧的端点(按住 Ctrl 键以切换方向) 或 [角度(A)/圆心(CE)/闭合(CL)/方向(D)/半
```

宽(H)/直线(L)/半径(R)/第二个点(S)/放弃(U)/宽度(W)]: 248,8↙
　　　　指定圆弧的端点(按住 Ctrl 键以切换方向)或 [角度(A)/圆心(CE)/闭合(CL)/方向(D)/半
宽(H)/直线(L)/半径(R)/第二个点(S)/放弃(U)/宽度(W)]: L↙
　　　　指定下一点或 [圆弧(A)/闭合(C)/半宽(H)/长度(L)/放弃(U)/宽度(W)]: 269,-28.8↙
　　　　指定下一点或 [圆弧(A)/闭合(C)/半宽(H)/长度(L)/放弃(U)/宽度(W)]: ↙

此时窗口图形如图 13-116 所示。

❹ 单击"建模"工具栏中的"三维旋转"按钮⊕，将图中的所有实体逆时针旋转 90°。

❺ 改变视图方向。单击"可视化"选项卡"视图"面板中的"西南等轴测"按钮◈，将视图切换到西南等轴测视图。单击"可视化"选项卡"视图"面板中的"俯视"按钮▢，将视图切换到俯视图。

❻ 单击"默认"选项卡"绘图"面板中的"圆"按钮◯，绘制一个圆，命令行提示与操作如下：

命令: CIRCLE↙
指定圆的圆心或 [三点(3P)/两点(2P)/切点、切点、半径(T)]: -55,0,30↙
指定圆的半径或 [直径(D)]:D↙
指定圆的直径: 20↙

❼ 单击"三维工具"选项卡"建模"面板中的"拉伸"按钮▣，沿支撑杆的路径曲线拉伸直径为 20 的圆。

❽ 单击"视图"选项卡"视觉样式"面板中的"隐藏"按钮◌，对实体进行消隐，此时结果如图 13-117 所示。

图 13-115　实体旋转

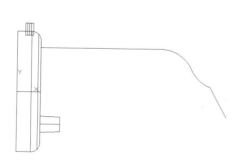

图 13-116　支撑杆的路径曲线

图 13-117　拉伸成支撑杆

（4）绘制灯头

❶ 改变视图方向。单击"可视化"选项卡"视图"面板中的"前视"按钮▣，将视图切换到前视。

❷ 单击"默认"选项卡"修改"面板中的"旋转"按钮◌，将绘制的所有实体逆时针旋转-90°。

❸ 单击"默认"选项卡"绘图"面板中的"多段线"按钮⌐，绘制截面轮廓线，命令行提示与操作如下：

命令: PLINE↙
指定起点:（选择支撑杆路径曲线的上端点）↙
当前线宽为 0.0000
指定下一个点或 [圆弧(A)/半宽(H)/长度(L)/放弃(U)/宽度(W)]: @20<30↙
指定下一点或 [圆弧(A)/闭合(C)/半宽(H)/长度(L)/放弃(U)/宽度(W)]: A↙
指定圆弧的端点(按住 Ctrl 键以切换方向)或 [角度(A)/圆心(CE)/闭合(CL)/方向(D)/半
宽(H)/直线(L)/半径(R)/第二个点(S)/放弃(U)/宽度(W)]: 316,-25↙
指定圆弧的端点(按住 Ctrl 键以切换方向)或 [角度(A)/圆心(CE)/闭合(CL)/方向(D)/半

宽(H)/直线(L)/半径(R)/第二个点(S)/放弃(U)/宽度(W)]: L
        指定下一点或 [圆弧(A)/闭合(C)/半宽(H)/长度(L)/放弃(U)/宽度(W)]: 200,-90↙
        指定下一点或 [圆弧(A)/闭合(C)/半宽(H)/长度(L)/放弃(U)/宽度(W)]: 177,-48.66↙
        指定下一点或 [圆弧(A)/闭合(C)/半宽(H)/长度(L)/放弃(U)/宽度(W)]: A↙
        指定圆弧的端点(按住 Ctrl 键以切换方向)或 [角度(A)/圆心(CE)/闭合(CL)/方向(D)/半宽(H)/直线(L)/半径(R)/第二个点(S)/放弃(U)/宽度(W)]: S↙
        指定圆弧上的第二个点: 216,-28↙
        指定圆弧的端点: 257.5,-34.5↙
        指定圆弧的端点(按住 Ctrl 键以切换方向)或 [角度(A)/圆心(CE)/闭合(CL)/方向(D)/半宽(H)/直线(L)/半径(R)/第二个点(S)/放弃(U)/宽度(W)]: L↙
        指定下一点或 [圆弧(A)/闭合(C)/半宽(H)/长度(L)/放弃(U)/宽度(W)]: C↙

此时窗口结果如图 13-118 所示。

❹ 单击"三维工具"选项卡"建模"面板中的"旋转"按钮▣，旋转截面轮廓，命令行提示与操作如下：

命令: REVOLVE↙
当前线框密度: ISOLINES=4,闭合轮廓创建模式 = 实体
选择要旋转的对象或 [模式(MO)]: _MO
闭合轮廓创建模式 [实体(SO)/曲面(SU)] <实体>: _SO:
选择要旋转的对象或 [模式(MO)]: (选择截面轮廓)↙
指定轴起点或根据以下选项之一定义轴 [对象(O)/X/Y/Z] <对象>: (选择图 13-118 中的 1 点)
指定轴端点: (选择图 13-118 中的 2 点)
指定旋转角度 <360>: ↙

❺ 单击"建模"工具栏中的"三维旋转"按钮▣，将绘制的所有实体逆时针旋转 90°。

❻ 改变视图方向。单击"可视化"选项卡"视图"面板中的"西南等轴测"按钮▣，将视图切换到西南等轴测视图。

❼ 单击"视图"选项卡"视觉样式"面板中的"隐藏"按钮▣，对实体进行消隐，此时窗口图形如图 13-119 所示。

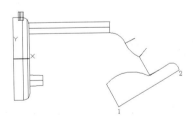

图 13-118　灯头的截面轮廓

图 13-119　消隐结果

❽ 用三维动态观察旋转实体。单击"视图"选项卡"导航"面板上的"动态观察"下拉菜单中的"自由动态观察"按钮▣，旋转灯头，使灯头的大端面朝外。

❾ 对灯头进行抽壳。单击"三维工具"选项卡"实体编辑"面板中的"抽壳"按钮▣，对灯头进行抽壳处理，命令行提示与操作如下：

命令: _solidedit
实体编辑自动检查: SOLIDCHECK=1
输入实体编辑选项 [面(F)/边(E)/体(B)/放弃(U)/退出(X)] <退出>: _body

```
输入体编辑选项 [压印(I)/分割实体(P)/抽壳(S)/清除(L)/检查(C)/放弃(U)/退出(X)] <退出>:
_shell
    选择三维实体:(选择灯头)↙
    删除面或 [放弃(U)/添加(A)/全部(ALL)]:(选择灯头的大端面)
    找到一个面,已删除 1 个
    删除面或 [放弃(U)/添加(A)/全部(ALL)]:↙
    输入抽壳偏移距离:2↙
    已开始实体校验。
    已完成实体校验。
    输入体编辑选项 [压印(I)/分割实体(P)/抽壳(S)/清除(L)/检查(C)/放弃(U)/退出(X)] <退
出>: X↙
    实体编辑自动检查:SOLIDCHECK=1
    输入实体编辑选项 [面(F)/边(E)/体(B)/放弃(U)/退出(X)] <退出>: X↙
```

⑩ 将台灯的不同部分着上不同的颜色。单击"三维工具"选项卡"实体编辑"面板中的"着色面"按钮 ，根据命令行的提示,将灯头和底座着上红色,灯头内壁着上黄色,其余部分着上蓝色。

⑪ 单击"可视化"选项卡"渲染-MentalRay"面板中的"渲染"按钮 ，对台灯进行渲染,渲染结果如图 13-120 所示。

（a）西南等轴测　　　　　　　　　　（b）某个角度

图 13-120　不同角度的台灯效果

## 13.3.13　复制面

### 1. 执行方式

☑ 命令行:SOLIDEDIT。
☑ 菜单栏:修改→实体编辑→复制面。
☑ 工具栏:实体编辑→复制面 。
☑ 功能区:三维工具→实体编辑→复制面 。

### 2. 操作步骤

```
命令: _solidedit
实体编辑自动检查:SOLIDCHECK=1
输入实体编辑选项 [面(F)/边(E)/体(B)/放弃(U)/退出(X)] <退出>: _face
输入面编辑选项 [拉伸(E)/移动(M)/旋转(R)/偏移(O)/倾斜(T)/删除(D)/复制(C)/颜色(L)/材
质(A)/放弃(U)/退出(X)] <退出>: _copy
    选择面或 [放弃(U)/删除(R)]:(选择要复制的面)
    选择面或 [放弃(U)/删除(R)/全部(ALL)]:(继续选择或按 Enter 键结束选择)
    指定基点或位移:(输入基点的坐标)
    指定位移的第二点:(输入第二点的坐标)
```

### 13.3.14　着色面

#### 1. 执行方式

☑　命令行：SOLIDEDIT。
☑　菜单栏：修改→实体编辑→着色面。
☑　工具栏：实体编辑→着色面🔲。
☑　功能区：三维工具→实体编辑→着色面🔲。

#### 2. 操作步骤

```
命令：_solidedit
实体编辑自动检查：SOLIDCHECK=1
输入实体编辑选项 [面(F)/边(E)/体(B)/放弃(U)/退出(X)] <退出>：_face
输入面编辑选项 [拉伸(E)/移动(M)/旋转(R)/偏移(O)/倾斜(T)/删除(D)/复制(C)/颜色(L)/材
质(A)/放弃(U)/退出(X)] <退出>：_color
选择面或 [放弃(U)/删除(R)]：(选择要着色的面)
选择面或 [放弃(U)/删除(R)/全部(ALL)]：(继续选择或按 Enter 键结束选择)
```

选择要着色的面后，打开"选择颜色"对话框，根据需要选择合适颜色作为要着色面的颜色。操作完成后，该表面被相应的颜色覆盖。

### 13.3.15　操作实例——双头螺柱立体图

本实例绘制的双头螺柱的型号为 AM12×30(GB898)，其表示为公称直径 $d$=12mm，长度 $L$=30mm，性能等级为 4.8 级，不经表面处理，A 型双头螺柱。本实例的制作思路是：首先绘制单个螺纹，然后使用"阵列"命令阵列所用的螺纹，再绘制中间的连接圆柱体，最后再绘制另一端的螺纹，其流程如图 13-121 所示。

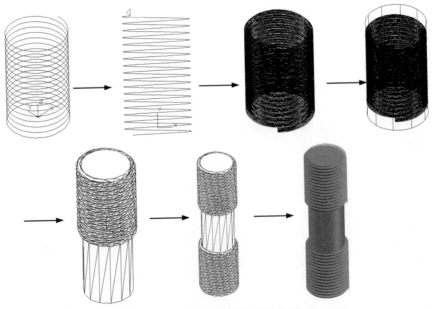

图 13-121　绘制双头螺柱立体图

**操作步骤：**（光盘\实例演示\第 13 章\双头螺柱立体图.avi）

（1）建立新文件。启动 AutoCAD 2016，使用默认设置绘图环境。单击快速访问工具栏中的"新建"按钮，打开"选择样板"对话框，单击"打开"按钮右侧的下拉按钮，以"无样板打开-公制"（毫米）方式建立新文件，将新文件命名为"双头螺柱立体图.dwg"并保存。

（2）设置线框密度。默认设置为 8，有效值的范围为 0～2047。设置对象上每个曲面的轮廓线数目，命令行提示与操作如下：

```
命令: ISOLINES✓
输入 ISOLINES 的新值 <8>: 10✓
```

（3）设置视图方向。单击"可视化"选项卡"视图"面板中的"西南等轴测"按钮，将当前视图方向设置为西南等轴测视图。

（4）创建螺纹。

❶ 绘制螺旋线。单击"默认"选项卡"绘图"面板中的"螺旋"按钮，绘制螺纹轮廓，命令行提示与操作如下：

```
命令: _Helix
圈数 = 3.0000        扭曲=CCW
指定底面的中心点: 0,0,-1
指定底面半径或 [直径(D)] <1.0000>: 5
指定顶面半径或 [直径(D)] <5.0000>:
指定螺旋高度或 [轴端点(A)/圈数(T)/圈高(H)/扭曲(W)] <1.0000>: T
输入圈数 <3.0000>: 17
指定螺旋高度或 [轴端点(A)/圈数(T)/圈高(H)/扭曲(W)] <1.0000>: 17
```

结果如图 13-122 所示。

❷ 切换视图方向。单击"可视化"选项卡"视图"面板中的"右视"按钮，将视图切换到右视图方向。

❸ 绘制牙型截面轮廓。单击"默认"选项卡"绘图"面板中的"直线"按钮，捕捉螺旋线的上端点绘制牙型截面轮廓，尺寸参照图 13-123 中的数据；单击"默认"选项卡"绘图"面板中的"面域"按钮，将其创建成面域，结果如图 13-124 所示。

图 13-122　绘制螺旋线

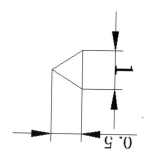

图 13-123　牙型尺寸

图 13-124　绘制牙型截面轮廓

❹ 扫掠形成实体。单击"可视化"选项卡"视图"面板中的"西南等轴测"按钮，将视图切换到西南等轴测视图。单击"三维工具"选项卡"建模"面板中的"扫掠"按钮，命令行提示与操作如下：

```
命令：_sweep
当前线框密度：ISOLINES=10，闭合轮廓创建模式 = 实体
选择要扫掠的对象或 [模式(MO)]：_MO
闭合轮廓创建模式 [实体(SO)/曲面(SU)] <实体>：_SO
选择要扫掠的对象或 [模式(MO)]：找到 1 个（选择三角牙型轮廓）
选择要扫掠的对象或 [模式(MO)]：
选择扫掠路径或 [对齐(A)/基点(B)/比例(S)/扭曲(T)]：（选择螺纹线）
```

结果如图 13-125 所示。

❺ 创建圆柱体。单击"三维工具"选项卡"建模"面板中的"圆柱体"按钮⊡，以坐标点（0,0,0）为底面中心点创建半径为 5、轴端点为（@0,15,0）的圆柱体，以坐标点（0,0,0）为底面中心点创建半径为 6、轴端点为（@0,-3,0）的圆柱体，以坐标点（0,15,0）为底面中心点创建半径为 6、轴端点为（@0,3,0）的圆柱体，结果如图 13-126 所示。

❻ 布尔运算处理。单击"三维工具"选项卡"实体编辑"面板中的"并集"按钮⊚，将螺纹与半径为 5 的圆柱体进行并集处理，然后单击"三维工具"选项卡"实体编辑"面板中的"差集"按钮⊚，从主体中减去半径为 6 的两个圆柱体；单击"视图"选项卡"视觉样式"面板中的"隐藏"按钮⊜，消隐后结果如图 13-127 所示。

图 13-125 扫掠实体

图 13-126 创建圆柱体

图 13-127 消隐结果

（5）绘制中间柱体。利用"圆柱体"命令绘制底面中心点在（0,0,0）、半径为 5、轴端点为（@0,-14,0）的圆柱体，消隐后结果如图 13-128 所示。

（6）绘制另一端螺纹。

❶ 复制螺纹。利用"复制"命令将最下面的一个螺纹从（0,15,0）复制到（0,-14,0），如图 13-129 所示。

❷ 并集处理。利用布尔运算的"并集"命令，将所绘制的图形作并集处理，消隐后的结果如图 13-130 所示。

（7）渲染视图。

❶ 着色面。对相应的面进行着色。

```
命令：SOLIDEDIT✓
实体编辑自动检查：SOLIDCHECK=1
输入实体编辑选项 [面(F)/边(E)/体(B)/放弃(U)/退出(X)] <退出>：F✓
输入面编辑选项 [拉伸(E)/移动(M)/旋转(R)/偏移(O)/倾斜(T)/删除(D)/复制(C)/颜色(L)/材
质(A)/放弃(U)/退出(X)] <退出>：L✓
选择面或 [放弃(U)/删除(R)/全部(ALL)]：（选择实体上任意一个面）
选择面或 [放弃(U)/删除(R)/全部(ALL)]：ALL✓
选择面或 [放弃(U)/删除(R)/全部(ALL)]：✓
```

图 13-128　绘制圆柱体后的图形

图 13-129　复制螺纹后的图形

图 13-130　并集后的图形

此时弹出"选择颜色"对话框，如图 13-131 所示，在其中选择所需要的颜色，然后单击"确定"按钮，AutoCAD 在命令行继续出现如下提示：

```
输入面编辑选项 [拉伸(E)/移动(M)/旋转(R)/偏移(O)/倾斜(T)/删除(D)/复制(C)/颜色(L)/材
质(A)/放弃(U)/退出(X)] <退出>: X↙
实体编辑自动检查: SOLIDCHECK=1
输入实体编辑选项 [面(F)/边(E)/体(B)/放弃(U)/退出(X)] <退出>: X
```

❷ 渲染实体。单击"可视化"选项卡"渲染-MentalRay"面板中的"渲染"按钮，选择适当的材质对图形进行渲染，渲染后的视图如图 13-132 所示。

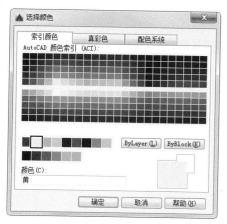

图 13-131　"选择颜色"对话框

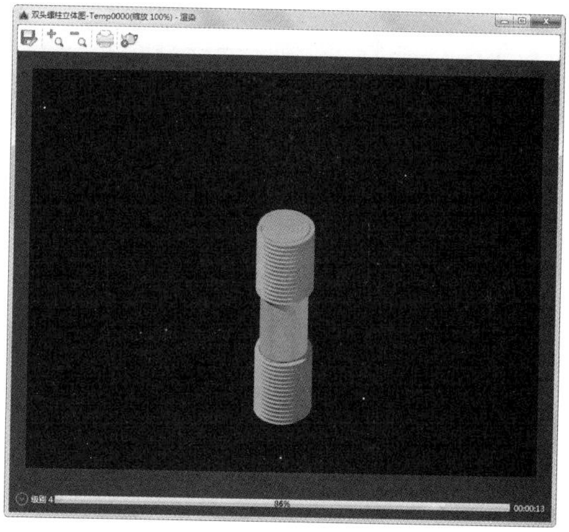

图 13-132　渲染后的视图

## 13.3.16　复制边

### 1. 执行方式

☑　命令行：SOLIDEDIT。

☑　菜单栏：修改→实体编辑→复制边。

☑　工具栏：实体编辑→复制边。

☑　功能区：三维工具→实体编辑→复制边。

### 2. 操作步骤

```
命令: _solidedit
实体编辑自动检查: SOLIDCHECK=1
```

输入实体编辑选项 [面(F)/边(E)/体(B)/放弃(U)/退出(X)] <退出>: _edge
输入边编辑选项 [复制(C)/着色(L)/放弃(U)/退出(X)] <退出>: _copy
选择边或 [放弃(U)/删除(R)]: (选择曲线边)
选择边或 [放弃(U)/删除(R)]: (按 Enter 键)
指定基点或位移: (单击确定复制基准点)
指定位移的第二点: (单击确定复制目标点)

如图 13-133 所示为复制边的图形结果。

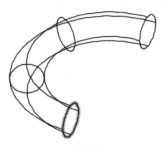

选择边　　　　　　　　　　　　复制边

图 13-133　复制边

## 13.3.17　操作实例——支架

本实例绘制支架，主要应用"圆柱体""长方体""拉伸""复制边""倒角""差集""并集"命令来完成图形的绘制，其绘制流程如图 13-134 所示。

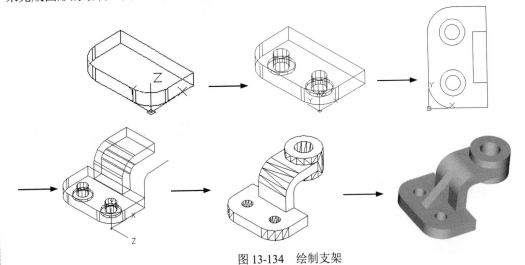

图 13-134　绘制支架

**操作步骤：**（光盘\实例演示\第 13 章\支架.avi）

（1）启动系统。启动 AutoCAD 2016，使用默认设置绘图环境。

（2）设置线框密度。设置对象上每个曲面的轮廓线数目为 10。

（3）设置视图方向。单击"可视化"选项卡"视图"面板中的"西南等轴测"按钮 ，将当前视图方向设置为西南等轴测视图。

（4）绘制长方体。单击"三维工具"选项卡"建模"面板中的"长方体"按钮，命令行提示与操作如下：

```
命令：BOX✓
指定第一个角点或 [中心(C)]:0,0,0✓
指定其他角点或 [立方体(C)/长度(L)]：L✓
指定长度：60✓
指定宽度：100✓
指定高度：15✓
```

（5）圆角处理。单击"默认"选项卡"修改"面板中的"圆角"按钮，命令行提示与操作如下：

```
命令：FILLET✓
当前设置：模式 = 修剪，半径 = 0.0000
选择第一个对象或 [放弃(U)/多段线(P)/半径(R)/修剪(T)/多个(M)]：（用鼠标选择要圆角处理的对象）
输入圆角半径或 [表达式(E)]：25✓
选择边或 [链(C)/环(L)/半径(R)]：（用鼠标选择长方体左端面的边）
已拾取到边。
选择边或 [链(C)/环(L)/半径(R)]：（依次用鼠标选择长方体左端面的边）
选择边或 [链(C)/环(L)/半径(R)]：✓
已选定 2 个边用于圆角。
选择第一个对象或 [放弃(U)/多段线(P)/半径(R)/修剪(T)/多个(M)]：✓
```

结果如图 13-135 所示。

（6）绘制圆柱体。单击"三维工具"选项卡"建模"面板中的"圆柱体"按钮，命令行提示与操作如下：

```
命令：CYLINDER✓
指定底面的中心点或 [三点(3P)/两点(2P)/切点、切点、半径(T)/椭圆(E)]：（用鼠标选择长方体底面圆角圆心）
指定底面半径或 [直径(D)]：15✓
指定高度或 [两点(2P)/轴端点(A)]：3✓
```

重复"圆柱体"命令，绘制半径为13、高为15的圆柱体。单击"默认"选项卡"修改"面板中的"复制"按钮，将绘制的两个圆柱体复制到另一个圆角处。

（7）差集处理。单击"三维工具"选项卡"实体编辑"面板中的"差集"按钮，命令行提示与操作如下：

```
命令：SUBTRACT✓
选择要从中减去的实体、曲面和面域…
选择对象：（用鼠标选择长方体）
选择对象：✓
选择要减去的实体、曲面和面域…
选择对象：（用鼠标选择圆柱体）
选择对象：✓
```

结果如图 13-136 所示。

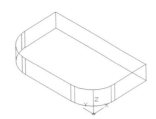

图 13-135　倒圆角后的长方体

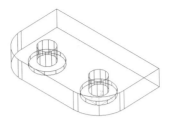

图 13-136　差集圆柱后的实体

（8）设置用户坐标系。在命令行中输入 UCS，命令行提示与操作如下：

　　命令：UCS↙
　　当前 UCS 名称：\*世界\*
　　指定 UCS 的原点或 [面(F)/命名(NA)/对象(OB)/上一个(P)/视图(V)/世界(W)/X/Y/Z/Z
轴(ZA)] <世界>：0,0,15↙
　　指定 X 轴上的点或 <接受>：↙

（9）设置视图方向。选择"视图"→"三维视图"→"平面视图"→"当前 UCS"命令，显示当前用户指定的坐标系。

（10）绘制矩形。单击"默认"选项卡"绘图"面板中的"矩形"按钮▢，以（60,25）为第一个角点，以（@-14,50）为第二个角点，绘制矩形，结果如图 13-137 所示。

（11）设置视图方向。单击"可视化"选项卡"视图"面板中的"前视"按钮▣，将当前视图方向设置为前视图。

（12）绘制辅助线。单击"默认"选项卡"绘图"面板中的"多段线"按钮⤵，命令行提示与操作如下：

　　命令：PLINE↙
　　指定起点：（如图 13-138 所示，捕捉长方体角点 1）
　　指定下一个点或 [圆弧(A)/半宽(H)/长度(L)/放弃(U)/宽度(W)]：@0,23↙
　　指定下一个点或 [圆弧(A)/半宽(H)/长度(L)/放弃(U)/宽度(W)]：A↙
　　指定圆弧的端点(按住 Ctrl 键以切换方向)或 [角度(A)/圆心(CE)/方向(D)/半宽(H)/直线(L)/
半径(R)/第二个点(S)/放弃(U)/宽度(W)]：A↙
　　指定夹角：-90↙
　　指定圆弧的端点(按住 Ctrl 键以切换方向)或 [圆心(CE)/半径(R)]：@10,10↙
　　指定圆弧的端点(按住 Ctrl 键以切换方向)或 [角度(A)/圆心(CE)/闭合(CL)/方向(D)/半
宽(H)/直线(L)/半径(R)/第二个点(S)/放弃(U)/宽度(W)]：L↙
　　指定下一点或 [圆弧(A)/闭合(C)/半宽(H)/长度(L)/放弃(U)/宽度(W)]：@35,0↙
　　指定下一点或 [圆弧(A)/闭合(C)/半宽(H)/长度(L)/放弃(U)/宽度(W)]：

结果如图 13-138 所示。

（13）设置视图方向。单击"可视化"选项卡"视图"面板中的"西南等轴测"按钮◈，将当前视图方向设置为西南等轴测视图，结果如图 13-139（a）所示。

（14）拉伸矩形。单击"三维工具"选项卡"建模"面板中的"拉伸"按钮▣，选取矩形，以辅助线为路径进行拉伸，结果如图 13-139（b）所示。

（15）删除辅助线。单击"默认"选项卡"修改"面板中的"删除"按钮✐，删除绘制的辅助线。

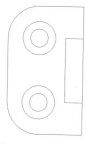

图 13-137 绘制矩形

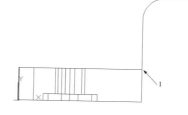

图 13-138 绘制辅助线

（16）设置用户坐标系。在命令行中输入 UCS，命令行提示与操作如下：

命令：UCS✓
当前 UCS 名称：*世界*
指定 UCS 的原点或 [面(F)/命名(NA)/对象(OB)/上一个(P)/视图(V)/世界(W)/X/Y/Z/Z轴(ZA)]<世界>：105,72,-50✓
指定 X 轴上的点或 <接受>：✓

按 Space 键重复该命令将其绕 X 轴旋转 90°。

（17）绘制圆柱体。单击"三维工具"选项卡"建模"面板中的"圆柱体"按钮，以坐标原点为圆心分别创建直径为∅50 和∅25、高为 34 的圆柱体。

（18）并集处理。单击"三维工具"选项卡"实体编辑"面板中的"并集"按钮，命令行提示与操作如下：

命令：UNION✓
选择对象：（用鼠标选取长方体、拉伸实体及∅50 圆柱体）
选择对象：✓

（19）差集处理。单击"三维工具"选项卡"实体编辑"面板中的"差集"按钮，将实体与∅25 圆柱进行差集运算。消隐处理后的图形如图 13-140 所示。

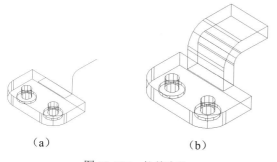

（a）　　　　　　　　　　（b）

图 13-139 拉伸实体

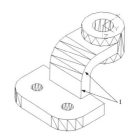

图 13-140 消隐后的实体

（20）复制边线。单击"三维工具"选项卡"实体编辑"面板中的"复制边"按钮，选取拉伸实体前端面边线，在原位置进行复制，命令行提示与操作如下：

命令：_solidedit
实体编辑自动检查：SOLIDCHECK=1
输入实体编辑选项 [面(F)/边(E)/体(B)/放弃(U)/退出(X)]<退出>：_edge
输入边编辑选项 [复制(C)/着色(L)/放弃(U)/退出(X)]<退出>：_copy

选择边或 [放弃(U)/删除(R)]: 选取拉伸实体前端面边线1↙
选择边或 [放弃(U)/删除(R)]: ↙
指定基点或位移: 0,0↙
指定位移的第二点: 0,0↙
输入边编辑选项 [复制(C)/着色(L)/放弃(U)/退出(X)] <退出>: ↙
实体编辑自动检查: SOLIDCHECK=1
输入实体编辑选项 [面(F)/边(E)/体(B)/放弃(U)/退出(X)] <退出>: ↙

（21）设置视图方向。单击"可视化"选项卡"视图"面板中的"前视"按钮，将当前视图方向设置为前视图。

（22）绘制直线。单击"默认"选项卡"绘图"面板中的"直线"按钮，捕捉拉伸实体左下端点为起点→（@-30,0）→R10 圆弧切点，绘制直线。

（23）修剪复制的边线。单击"默认"选项卡"修改"面板中的"修剪"按钮，对复制的边线进行修剪，结果如图 13-141 所示。

（24）创建面域。单击"默认"选项卡"绘图"面板中的"面域"按钮，将修剪后的图形创建为面域。

（25）设置视图方向。单击"可视化"选项卡"视图"面板中的"西南等轴测"按钮，将当前视图方向设置为西南等轴测视图。

（26）拉伸面域。单击"三维工具"选项卡"建模"面板中的"拉伸"按钮，选取面域，拉伸高度为 12。

（27）移动拉伸实体。单击"默认"选项卡"修改"面板中的"移动"按钮，将拉伸形成的实体移动到如图 13-142 所示的位置。

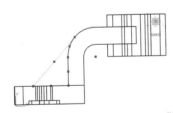
图 13-141　修剪后的图形

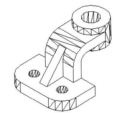
图 13-142　移动拉伸实体

（28）并集处理。单击"三维工具"选项卡"实体编辑"面板中的"并集"按钮，将实体进行并集运算。

（29）渲染处理。单击"可视化"选项卡"材质"面板中的"材质浏览器"按钮，选择适当的材质；单击"可视化"选项卡"渲染-MentalRay"面板中的"渲染"按钮，对图形进行渲染，效果如图 13-134 所示。

## 13.3.18　着色边

**1. 执行方式**

☑　命令行：SOLIDEDIT。
☑　菜单栏：修改→实体编辑→着色边。
☑　工具栏：实体编辑→着色边。
☑　功能区：三维工具→实体编辑→着色边。

2. 操作步骤

```
命令：_solidedit
实体编辑自动检查：SOLIDCHECK=1
输入实体编辑选项 [面(F)/边(E)/体(B)/放弃(U)/退出(X)] <退出>：_edge
输入边编辑选项 [复制(C)/着色(L)/放弃(U)/退出(X)] <退出>：_color
选择边或 [放弃(U)/删除(R)]：(选择要着色的边)
选择边或 [放弃(U)/删除(R)]：(继续选择或按 Enter 键结束选择)
```

选择边后，AutoCAD 打开"选择颜色"对话框，根据需要选择合适的颜色作为要着色边的颜色。

### 13.3.19 压印边

1. 执行方式

☑ 命令行：SOLIDEDIT。

☑ 菜单栏：修改→实体编辑→压印边。

☑ 工具栏：实体编辑→压印边⬚。

☑ 功能区：三维工具→实体编辑→压印边⬚。

2. 操作步骤

```
命令：IMPRINT
选择三维实体：
选择要压印的对象：
是否删除源对象 [是(Y)/否(N)] <N>：
```

依次选择三维实体、要压印的对象并设置是否删除源对象。如图 13-143 所示为将五角星压印在长方体上的图形。

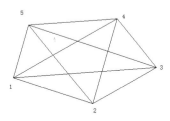

（a）五角星和五边形

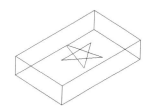

（b）压印后的长方体和五角星

图 13-143　压印对象

### 13.3.20 清除

1. 执行方式

☑ 命令行：SOLIDEDIT。

☑ 菜单栏：修改→实体编辑→清除。

☑ 工具栏：实体编辑→清除⬚。

☑ 功能区：三维工具→实体编辑→清除⬚。

2. 操作步骤

```
命令: _solidedit
实体编辑自动检查: SOLIDCHECK=1
输入实体编辑选项 [面(F)/边(E)/体(B)/放弃(U)/退出(X)] <退出>: _body
输入体编辑选项 [压印(I)/分割实体(P)/抽壳(S)/清除(L)/检查(C)/放弃(U)/退出(X)] <退出>:
_clean
    选择三维实体: (选择要删除的对象)
```

### 13.3.21　分割

1. 执行方式

☑　命令行: SOLIDEDIT。
☑　菜单栏: 修改→实体编辑→分割。
☑　工具栏: 实体编辑→分割 。
☑　功能区: 三维工具→实体编辑→分割 。

2. 操作步骤

```
命令: _solidedit
实体编辑自动检查: SOLIDCHECK=1
输入实体编辑选项 [面(F)/边(E)/体(B)/放弃(U)/退出(X)] <退出>: _body
输入体编辑选项 [压印(I)/分割实体(P)/抽壳(S)/清除(L)/检查(C)/放弃(U)/退出(X)] <退出>:
_sperate
    选择三维实体: (选择要分割的对象)
```

### 13.3.22　检查

1. 执行方式

☑　命令行: SOLIDEDIT。
☑　菜单栏: 修改→实体编辑→检查。
☑　工具栏: 实体编辑→检查 。
☑　功能区: 三维工具→实体编辑→检查 。

2. 操作步骤

```
命令: _solidedit
实体编辑自动检查: SOLIDCHECK=1
输入实体编辑选项 [面(F)/边(E)/体(B)/放弃(U)/退出(X)] <退出>: _body
输入体编辑选项 [压印(I)/分割实体(P)/抽壳(S)/清除(L)/检查(C)/放弃(U)/退出(X)] <退出>:
_check
    选择三维实体: (选择要检查的三维实体)
```

选择实体后，AutoCAD 将在命令行中显示出该对象是否为有效的 ACIS 实体。

### 13.3.23　夹点编辑

利用夹点编辑功能可以很方便地对三维实体进行编辑，它与二维对象夹点编辑功能相似。

其方法很简单，单击要编辑的对象，系统显示编辑夹点，选择某个夹点，按住鼠标拖动，则三维对象随之改变。选择不同的夹点，可以编辑对象的不同参数。红色夹点为当前编辑夹点，如图13-144所示。

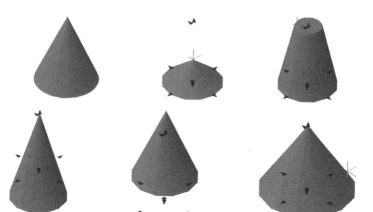

图 13-144  圆锥体及其夹点编辑

## 13.3.24  操作实例——六角螺母

综合利用上面学习的对象编辑功能绘制六角螺母。本实例首先创建圆锥，接着进行剖切处理，绘制螺纹，其绘制流程如图 13-145 所示。

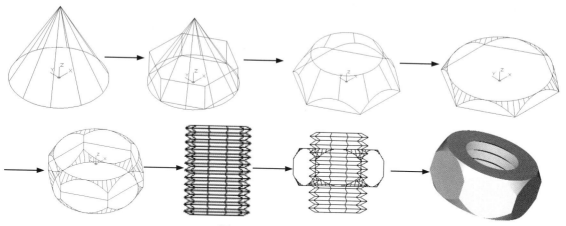

图 13-145  绘制六角螺母

**操作步骤：（光盘\实例演示\第 13 章\六角螺母.avi）**

（1）设置线框密度。命令行提示与操作如下：

> 命令：ISOLINES✓
> 输入 ISOLINES 的新值 <4>：10✓

（2）创建圆锥。单击"三维工具"选项卡"建模"面板中的"圆锥体"按钮△，在坐标原点创建圆锥体，命令行提示与操作如下：

> 命令：CONE✓
> 指定底面的中心点或 [三点(3P)/两点(2P)/切点、切点、半径(T)/椭圆(E)]：0,0,0✓

指定底面半径或 [直径(D)] <0.0000>: 12✓
指定高度或 [两点(2P)/轴端点(A)/顶面半径(T)] <0.0000>: 20✓

（3）切换视图。单击"可视化"选项卡"视图"面板中的"西南等轴测"按钮◈，切换到西南等轴测视图，结果如图 13-146 所示。

（4）绘制正六边形。单击"默认"选项卡"绘图"面板中的"多边形"按钮◎，以圆锥底面圆心为中心点、内接圆半径为 12 绘制正六边形。

（5）拉伸正六边形。单击"三维工具"选项卡"建模"面板中的"拉伸"按钮▣，拉伸正六边形，命令行提示与操作如下：

命令：EXT✓
当前线框密度：ISOLINES=4，闭合轮廓创建模式 = 实体
选择要拉伸的对象或 [模式(MO)]: _MO
闭合轮廓创建模式 [实体(SO)/曲面(SU)] <实体>: _SO
选择要拉伸的对象或 [模式(MO)]:（选取正六边形，然后按 Enter 键）
指定拉伸的高度或 [方向(D)/路径(P)/倾斜角(T)/表达式(E)] <0.0000>: 7✓

结果如图 13-147 所示。

（6）交集运算。单击"三维工具"选项卡"实体编辑"面板中的"交集"按钮◎，将圆锥体和正六棱柱体进行交集处理，命令行提示与操作如下：

命令：INTERSECT✓（或者单击"实体编辑"工具栏中的◎按钮）
选择对象：（分别选取圆锥及正六棱柱，然后按 Enter 键）

结果如图 13-148 所示。

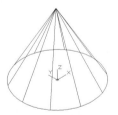

图 13-146　切换视图　　　　图 13-147　拉伸正六边形　　　　图 13-148　交集运算后的实体

（7）对形成的实体进行剖切。单击"三维工具"选项卡"实体编辑"面板中的"剖切"按钮▨，剖切交集运算后的实体，命令行提示与操作如下：

命令：SLICE✓
选择要剖切的对象：（选取交集运算形成的实体，然后按 Enter 键）
指定切面的起点或 [平面对象(O)/曲面(S)/Z 轴(Z)/视图(V)/XY/YZ/ZX/三点(3)] <三点>: XY✓
指定 XY 平面上的点 <0,0,0>: _mid 于（捕捉曲线的中点，如图 13-149 所示点）
在要保留的一侧指定点或 [保留两侧(B)]:（在 1 点下点取一点，保留下部）

结果如图 13-150 所示。

（8）拉伸面。单击"三维工具"选项卡"实体编辑"面板中的"拉伸面"按钮▣，拉伸实体底面，命令行提示与操作如下：

命令：SOLIDEDIT
实体编辑自动检查：SOLIDCHECK=1

输入实体编辑选项 [面(F)/边(E)/体(B)/放弃(U)/退出(X)] <退出>: _face✓

输入面编辑选项 [拉伸(E)/移动(M)/旋转(R)/偏移(O)/倾斜(T)/删除(D)/复制(C)/颜色(L)/材质(A)/放弃(U)/退出(X)] <退出>: E✓

选择面或 [放弃(U)/删除(R)]: (选取实体底面,然后按 Enter 键)

指定拉伸高度或 [路径(P)]: 2✓

指定拉伸的倾斜角度 <0>:

结果如图 13-151 所示。

图 13-149　捕捉曲线中点

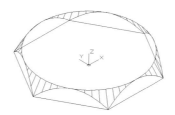

图 13-150　剖切后的实体

图 13-151　拉伸底面

（9）镜像操作。选择"修改"→"三维操作"→"三维镜像"命令,镜像实体,命令行提示与操作如下:

命令: MIRROR3D✓

选择对象: (选取实体)

指定镜像平面（三点）的第一个点或 [对象(O)/最近的(L)/Z 轴(Z)/视图(V)/XY 平面(XY)/YZ 平面(YZ)/ZX 平面(ZX)/三点(3)] <三点>: XY✓

指定 XY 平面上的点 <0,0,0>: _endp 于 (捕捉实体底面六边形的任意一个顶点)

是否删除源对象? [是(Y)/否(N)] <否>: ✓

结果如图 13-152 所示。

（10）参照前面的方法,单击"三维工具"选项卡"实体编辑"面板中的"并集"按钮◎,将镜像后的两个实体进行并集运算。

（11）切换视图。单击"可视化"选项卡"视图"面板中的"前视"按钮▣,切换到前视图。

（12）绘制螺纹牙型。单击"默认"选项卡"绘图"面板中的"多段线"按钮⊃,命令行提示与操作如下:

命令: PL✓

指定起点: (鼠标单击指定一点)

当前线宽为 0.0000

指定下一个点或 [圆弧(A)/半宽(H)/长度(L)/放弃(U)/宽度(W)]: @2<-30✓

指定下一点或 [圆弧(A)/闭合(C)/半宽(H)/长度(L)/放弃(U)/宽度(W)]: @2<-150✓

指定下一点或 [圆弧(A)/闭合(C)/半宽(H)/长度(L)/放弃(U)/宽度(W)]: ✓

结果如图 13-153 所示。

（13）阵列牙型。单击"默认"选项卡"修改"面板中的"矩形阵列"按钮▦,阵列螺纹牙型,阵列行数为 25,行间距为 2,绘制螺纹截面。

（14）绘制直线。单击"默认"选项卡"绘图"面板中的"直线"按钮╱,绘制直线,命令行提示与操作如下:

命令：L↙
指定第一个点：(捕捉螺纹的上端点)
指定下一点或 [放弃(U)]：@8<180↙
指定下一点或 [放弃(U)]：@50<-90↙
指定下一点或 [闭合(C)/放弃(U)]：(捕捉螺纹的下端点，然后按Enter键)

结果如图13-154所示。

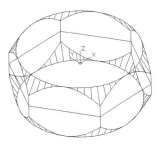

图13-152　镜像实体

图13-153　螺纹牙型

图13-154　螺纹截面

（15）面域处理。单击"默认"选项卡"绘图"面板中的"面域"按钮◻，将绘制的螺纹截面形成面域，然后单击"三维工具"选项卡"建模"面板中的"旋转"按钮◉，旋转螺纹截面，命令行提示与操作如下：

命令：REVOLVE↙
当前线框密度：ISOLINES=4，闭合轮廓创建模式 = 实体
选择要旋转的对象或 [模式(MO)]：_MO
闭合轮廓创建模式 [实体(SO)/曲面(SU)] <实体>：_SO
选择要旋转的对象或 [模式(MO)]：(选取螺纹截面)
指定轴起点或根据以下选项之一定义轴 [对象(O)/X/Y/Z] <对象>：(捕捉螺纹截面左边线的端点)
指定旋转角度或 [起点角度(ST)/反转(R)/表达式(EX)] <360>：↙

结果如图13-155所示。

（16）三维移动。选择"修改"→"三维操作"→"三维移动"命令，将螺纹移动到圆柱中心，结果如图13-156所示。

（17）差集处理。单击"三维工具"选项卡"实体编辑"面板中的"差集"按钮◎，将螺母与螺纹进行差集运算。

（18）切换视图。单击"可视化"选项卡"视图"面板中的"西南等轴测"按钮◈，切换到西南等轴测视图；单击"视图"选项卡"视觉样式"面板中的"隐藏"按钮◈，进行消隐处理后的图形如图13-157所示。

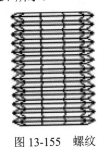

图13-155　螺纹

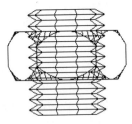

图13-156　移动螺纹

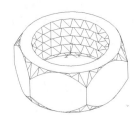

图13-157　消隐后的螺母

# 13.4　显 示 形 式

在 AutoCAD 中，三维实体有多种显示形式，包括二维线框、三维线框、三维消隐、真实、概念、消隐显示等。

## 13.4.1　消隐

消隐是指按视觉的真实情况消除那些被挡住部分的图线。

**1. 执行方式**

- ☑ 命令行：HIDE（快捷命令：HI）。
- ☑ 菜单栏：视图→消隐。
- ☑ 工具栏：渲染→隐藏 ⬡。
- ☑ 功能区：视图→视觉样式→隐藏 ⬡。

**2. 操作步骤**

执行上述操作后，系统将被其他对象挡住的图线隐藏起来，以增强三维视觉效果，结果如图 13-158 所示。

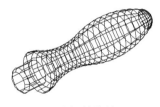
（a）消隐前

（b）消隐后

图 13-158　消隐结果

## 13.4.2　视觉样式

**1. 执行方式**

- ☑ 命令行：VSCURRENT。
- ☑ 菜单栏：视图→视觉样式→二维线框。
- ☑ 工具栏：视觉样式→二维线框 ⬡。
- ☑ 功能区：视图→视觉样式→视觉样式下拉菜单。

**2. 操作步骤**

命令：VSCURRENT✓
输入选项 [二维线框(2)/线框(W)/隐藏(H)/真实(R)/概念(C)/着色(S)/带边缘着色(E)/灰度(G)/勾画(SK)/X射线(X)/其他(O)] <二维线框>：

**3. 选项说明**

（1）二维线框(2)：用直线和曲线表示对象的边界。光栅和 OLE 对象、线型和线宽都是可见的。

即使将 COMPASS 系统变量的值设置为 1，它也不会出现在二维线框视图中。如图 13-159 所示为 UCS 坐标和手柄二维线框图。

（2）线框(W)：显示对象时利用直线和曲线表示边界。显示一个已着色的三维 UCS 图标，光栅和 OLE 对象、线型及线宽不可见。将 COMPASS 系统变量设置为 1 来查看坐标球，以显示应用到对象的材质颜色，如图 13-160 所示为 UCS 坐标和手柄三维线框图。

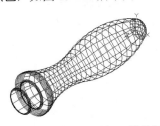

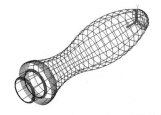

图 13-159　UCS 坐标和手柄二维线框图　　　　　图 13-160　UCS 坐标和手柄三维线框图

（3）隐藏(H)：显示用三维线框表示的对象并隐藏表示后向面的直线。如图 13-161 所示为 UCS 坐标和手柄的消隐图。

（4）真实(R)：着色多边形平面间的对象，并使对象的边平滑化。如果已为对象附着材质，将显示已附着到对象材质。如图 13-162 所示为 UCS 坐标和手柄真实图。

（5）概念(C)：着色多边形平面间的对象，并使对象的边平滑化。着色使用冷色和暖色之间的过渡，结果缺乏真实感，但是可以更方便地查看模型的细节。如图 13-163 所示为 UCS 坐标和手柄概念图。

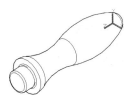　　　　　　　　

图 13-161　UCS 坐标和　　　　图 13-162　UCS 坐标和　　　　图 13-163　UCS 坐标和
　　手柄消隐图　　　　　　　　　手柄真实图　　　　　　　　　手柄概念图

（6）其他(O)：选择该选项，命令行提示与操作如下：

输入视觉样式名称 [?]：

可以输入当前图形中的视觉样式名称或输入"?"，以显示名称列表并重复该提示。

## 13.4.3　视觉样式管理器

### 1. 执行方式

- ☑　命令行：VISUALSTYLES。
- ☑　菜单栏：视图→视觉样式→视觉样式管理器或工具→选项板→视觉样式。
- ☑　工具栏：视觉样式→管理视觉样式 🔒 。
- ☑　功能区：视图→视觉样式→视觉样式→视觉样式管理器或视图→视觉样式→对话框启动器 ↘ 或视图→选项板→视觉样式 ⊗ 。

### 2. 操作步骤

执行上述操作后，系统弹出"视觉样式管理器"选项板，可以对视觉样式的各参数进行设置，如

图 13-164 所示。如图 13-165 所示为按图 13-164 所示进行设置的概念图显示结果。

图 13-164　"视觉样式管理器"选项板

图 13-165　显示结果

## 13.4.4　操作实例——固定板

综合利用上面学习的三维实体绘制相关功能绘制如图 13-166 所示的固定板。本实例应用"长方体""抽壳""剖切"命令来创建固定板的外形，利用"圆柱体""三维阵列""差集"命令来创建固定板上的孔。

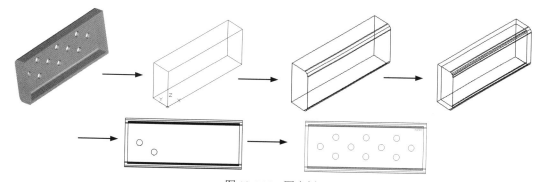

图 13-166　固定板

**操作步骤：（光盘\实例演示\第 13 章\固定板.avi）**

（1）启动系统。启动 AutoCAD，使用默认设置画图。

（2）设置线框密度。在命令行中输入 ISOLINES，设置线框密度为 10。单击"可视化"选项卡"视图"面板中的"西南等轴测"按钮，切换到西南等轴测视图。

（3）绘制长方体。单击"三维工具"选项卡"建模"面板中的"长方体"按钮▢，创建长为200、宽为40、高为80的长方体。

（4）圆角处理。单击"默认"选项卡"修改"面板中的"圆角"按钮▢，对长方体前端面进行圆角操作，圆角半径为8，结果如图13-167所示。

（5）抽壳处理。单击"三维工具"选项卡"实体编辑"面板中的"抽壳"按钮▣，对创建的长方体进行抽壳操作，命令行提示与操作如下：

```
命令: _solidedit
实体编辑自动检查: SOLIDCHECK=1
输入实体编辑选项 [面(F)/边(E)/体(B)/放弃(U)/退出(X)] <退出>: _body
输入体编辑选项 [压印(I)/分割实体(P)/抽壳(S)/清除(L)/检查(C)/放弃(U)/退出(X)] <退出>:
_shell
选择三维实体:（选取创建的长方体）
删除面或 [放弃(U)/添加(A)/全部(ALL)]:
输入抽壳偏移距离: 5
已开始实体校验。
已完成实体校验。
输入体编辑选项 [压印(I)/分割实体(P)/抽壳(S)/清除(L)/检查(C)/放弃(U)/退出(X)] <退出>:
实体编辑自动检查: SOLIDCHECK=1
输入实体编辑选项 [面(F)/边(E)/体(B)/放弃(U)/退出(X)] <退出>:
```

结果如图13-168所示。

（6）剖切处理。单击"三维工具"选项卡"实体编辑"面板中的"剖切"按钮✄，剖切创建的长方体，命令行提示与操作如下：

```
命令: SLICE✓
选择要剖切的对象:（选取长方体）
指定切面上的第一个点，依照 [对象(O)/Z轴(Z)/视图(V)/XY平面(XY)/YZ平面(YZ)/ZX平面(ZX)/三点(3)] <三点>: ZX✓
指定ZX平面上的点 <0,0,0>: _mid于（捕捉长方体顶面左边的中点）
在要保留的一侧指定点或 [保留两侧(B)]:（在长方体前侧单击，保留前侧）
```

结果如图13-169所示。

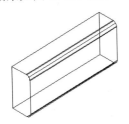

图13-167　圆角后的长方体

图13-168　抽壳后的长方体

图13-169　剖切长方体

（7）切换视图。单击"可视化"选项卡"视图"面板中的"前视"按钮▣，切换到前视图。单击"三维工具"选项卡"建模"面板中的"圆柱体"按钮▢，分别以（25,40）、（50,25）为圆心创建半径为5、高为-5的圆柱，结果如图13-170所示。

（8）三维阵列。单击"建模"工具栏中的"三维阵列"按钮▦，将创建的圆柱分别进行 2 行 3

列及 1 行 4 列的矩形阵列，行间距为 30、列间距为 50，结果如图 13-171 所示。

（9）差集处理。单击"三维工具"选项卡"实体编辑"面板中的"差集"按钮◎，将创建的长方体与圆柱进行差集运算。

（10）切换视图。单击"可视化"选项卡"视图"面板中的"西南等轴测"按钮◎，切换到西南等轴测视图。单击"视图"选项卡"视觉样式"面板中的"隐藏"按钮◎，进行消隐处理后的图形如图 13-172 所示。

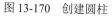

图 13-170　创建圆柱

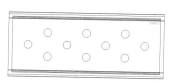

图 13-171　阵列圆柱

图 13-172　差集运算后的实体

（11）渲染处理。单击"可视化"选项卡"材质"面板中的"材质浏览器"按钮◎，选择适当的材质；单击"可视化"选项卡"渲染-MentalRay"面板中的"渲染"按钮◎，渲染后的结果如图 13-166 所示。

# 13.5　渲染实体

"渲染"是对三维图形对象加上颜色和材质因素，或灯光、背景、场景等因素的操作，能够更真实地表达图形的外观和纹理。"渲染"是输出图形前的关键步骤，尤其是在结果图的设计中。

## 13.5.1　设置光源

### 1. 执行方式

☑　命令行：LIGHT。

☑　菜单栏：视图→渲染→光源（如图 13-173 所示）。

☑　工具栏：渲染→光源（如图 13-174 所示）。

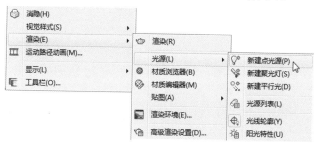

图 13-173　"光源"子菜单

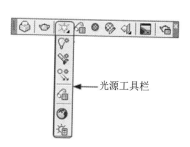

图 13-174　"渲染"工具栏

☑　功能区：可视化→光源→创建光源（如图 13-175 所示）。

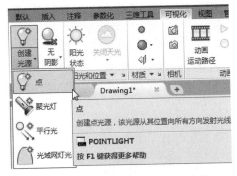

图 13-175 "创建光源"下拉菜单

**2. 操作步骤**

> 命令：LIGHT↙
> 输入光源类型 [点光源(P)/聚光灯(S)/光域网(W)/目标点光源(T)/自由聚光灯(F)/自由光域(B)/平行光(D)] <自由聚光灯>：

**3. 选项说明**

（1）点光源
创建点光源。选择该项，系统提示：

> 指定源位置 <0,0,0>：（指定位置）
> 输入要更改的选项 [名称(N)/强度因子(I)/状态(S)/光度(P)/阴影(W)/衰减(A)/过滤颜色(C)/退出(X)] <退出>：

上述主要选项的含义如下。

❶ 名称(N)：指定光源的名称。可以在名称中使用大写字母和小写字母、数字、空格、连字符（-）和下划线（_）。最大长度为 256 个字符。选择该选项，系统提示：

> 输入光源名称：

❷ 强度因子(I)：设置光源的强度或亮度。取值范围为 0.00 到系统支持的最大值。选择该选项，系统提示：

> 输入强度 (0.00 - 最大浮点数) <1>：

❸ 状态(S)：打开和关闭光源。如果图形中没有启用光源，则该设置没有影响。选择该选项，系统提示：

> 输入状态 [开(N)/关(F)] <开>：

❹ 阴影(W)：使光源投影。选择该选项，系统提示：

> 输入 [关(O)/锐化(S)/已映射柔和(F)/已采样柔和(A)] <锐化>：

其中主要选项的含义如下。

☑ 关(O)：关闭光源的阴影显示和阴影计算。关闭阴影将提高性能。

☑ 已映射柔和(F)：显示带有柔和边界的真实阴影。

☑ 已采样柔和(A)：显示真实阴影和基于扩展光源较柔和的阴影（半影）

❺ 衰减(A)：设置系统的衰减特性。选择该选项，系统提示：

> 输入要更改的选项 [衰减类型(T)/使用界限(U)/衰减起始界限(L)/衰减结束界限(E)/退出(X)]
> <退出>：

其中主要选项的含义如下。

☑ 衰减类型(T)：控制光线如何随距离增加而衰减。对象距点光源越远，则越暗。选择该选项，系统提示：

> 输入衰减类型 [无(N)/线性反比(I)/平方反比(S)] <线性反比>：

➢ 无(N)：设置无衰减。此时对象不论距离点光源是远还是近，明暗程度都一样。

➢ 线性反比(I)：将衰减设置为与距离点光源的线性距离成反比。例如，距离点光源两个单位时，光线强度是点光源的一半；距离点光源四个单位时，光线强度是点光源的四分之一。线性反比的默认值是最大强度的一半。

➢ 平方反比(S)：将衰减设置为与距离点光源距离的平方成反比。例如，距离点光源两个单位时，光线强度是点光源的四分之一；距离点光源四个单位时，光线强度是点光源的十六分之一。

☑ 衰减起始界限(L)：指定一个点，光线的亮度相对于光源中心的衰减于该点开始。默认值为 0。选择该选项，系统提示：

> 指定起始界限偏移<1>或 [关(O)]：

☑ 衰减结束界限(E)：指定一个点，光线的亮度相对于光源中心的衰减于该点结束。在此点之后，不会投射光线。在光线的结果很微弱，以致计算将浪费处理时间的位置处，设置结束界限将提高性能。选择该选项，系统提示：

> 指定结束界限偏移<?>或 [关(O)]：

❻ 过滤颜色(C)：控制光源的颜色。选择该选项，系统提示：

> 输入真彩色 (R,G,B) 或输入选项 [索引颜色(I)/HSL(H)/配色系统(B)]<255,255,255>：

颜色设置与前面介绍的颜色设置一样，此处不再赘述。

（2）聚光灯

创建聚光灯。选择该选项，系统提示：

> 指定源位置 <0,0,0>：（输入坐标值或使用定点设备）
> 指定目标位置 <1,1,1>：（输入坐标值或使用定点设备）
> 输入要更改的选项 [名称(N)/强度因子(I)/状态(S)/光度(P)/聚光角(H)/照射角(F)/阴影(W)/
> 衰减(A)/过滤颜色(C)/退出(X)] <退出>：

其中的大部分选项与点光源的选项相同，只对其特别选项加以说明。

❶ 聚光角(H)：指定定义最亮光锥的角度，也称为光束角。聚光角的取值范围为 0°～160°或基于别的角度单位的等价值。选择该选项，系统提示：

> 输入聚光角角度 (0.00-160.00)：<?>

**❷** 照射角(F)：指定定义完整光锥的角度，也称为现场角。照射角的取值范围为 0°～160°，默认值为 45°或基于别的角度单位的等价值。选择该选项，系统提示：

> 输入照射角角度 (0.00-160.00): <?>

✎ **技巧**：照射角角度必须大于或等于聚光角角度。

（3）平行光

创建平行光。选择该选项，系统提示：

> 指定光源方向<0,0,0> 或 [矢量(V)]: (指定点或输入 V)
> 指定光源去向<1,1,1>: (指定点)

如果输入 V 选项，显示以下提示：

> 指定矢量方向 <0.0000,-0.0100,1.0000>: （输入矢量）

指定光源方向后，显示以下提示：

> 输入要更改的选项 [名称(N)/强度因子(I)/状态(S)/光度(P)/阴影(W)/过滤颜色(C)/退出(X)]
> <退出>:

其中各选项与前面所述相同，此处不再赘述。

有关光源设置的命令还有光源列表、地理位置和阳光特性等，下面分别进行说明。

（4）光源列表

**❶** 执行方式

☑ 命令行：LIGHTLIST。

☑ 菜单栏：视图→渲染→光源→光源列表。

☑ 工具栏：渲染→光源→光源列表 ⌨。

☑ 功能区：可视化→光源→对话框启动器 ⌄。

**❷** 操作步骤

> 命令: LIGHTLIST✓

执行该命令后，系统弹出"模型中的光源"选项板，如图 13-176 所示，显示模型中已经建立的光源。

（5）阳光特性

**❶** 执行方式

☑ 命令行：SUNPROPERTIES。

☑ 菜单栏：视图→渲染→光源→阳光特性。

☑ 工具栏：渲染→光源→阳光特性 ⌨。

☑ 功能区：可视化→阳光和位置→对话框启动器 ⌄。

**❷** 操作步骤

> 命令: SUNPROPERTIES✓

执行该命令后，系统弹出"阳光特性"选项板，如图 13-177 所示，可以修改已经设置好的阳光特性。

图 13-176 "模型中的光源"选项板

图 13-177 "阳光特性"选项板

## 13.5.2 渲染环境

1. 执行方式

☑ 命令行：RENDERENVIRONMENT。
☑ 菜单栏：视图→渲染→渲染环境。
☑ 工具栏：渲染→渲染环境 。
☑ 功能区：可视化→渲染→渲染环境和曝光 。

2. 操作步骤

命令：RENDERENVIRONMENT✓

执行该命令后，AutoCAD 弹出如图 13-178 所示的"渲染环境和曝光"选项板，可以从中设置渲染环境的有关参数。

## 13.5.3 贴图

贴图的功能是在实体附着带纹理的材质后，调整实体或面上纹理贴图的方向。当材质被映射后，调整材质以适应对象的形状，将合适的材质贴图类型应用到对象中，可以使之更加适合对象。

1. 执行方式

☑ 命令行：MATERIALMAP。
☑ 菜单栏：视图→渲染→贴图（如图 13-179 所示）。
☑ 工具栏：渲染→贴图（如图 13-180 所示）或单击"贴图"工具栏中的按钮（如图 13-181 所示）。

2. 操作步骤

命令：MATERIALMAP✓
选择选项 [长方体(B)/平面(P)/球面(S)/柱面(C)/复制贴图至(Y)/重置贴图(R)]<长方体>：

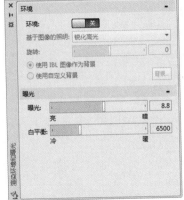

图 13-178 "渲染环境和曝光"选项板

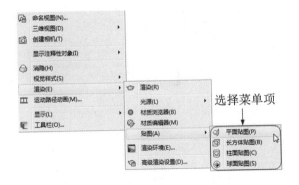

图 13-179 "贴图"子菜单

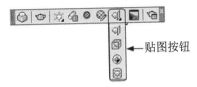

图 13-180 "渲染"工具栏

图 13-181 "贴图"工具栏

### 3. 选项说明

（1）长方体(B)：将图像映射到类似长方体的实体上，该图像在对象的每个面上重复使用。

（2）平面(P)：将图像映射到对象上，就像将其从幻灯片投影器投影到二维曲面上一样，图像不会失真，被缩放以适应对象。该贴图最常用于面。

（3）球面(S)：在水平和垂直两个方向上同时使图像弯曲。纹理贴图的顶边在球体的"北极"压缩为一个点；同样，底边在"南极"压缩为一个点。

（4）柱面(C)：将图像映射到圆柱形对象上，水平边一起弯曲，顶边和底边不会弯曲。图像的高度沿圆柱体的轴进行缩放。

（5）复制贴图至(Y)：将贴图从原始对象或面应用到选定对象。

（6）重置贴图(R)：将 UV 坐标重置为贴图的默认坐标。

如图 13-182 所示为球面贴图实例。

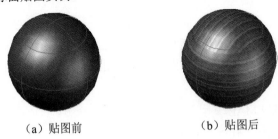

（a）贴图前 （b）贴图后

图 13-182 球面贴图

## 13.5.4 材质

### 1. 附着材质

AutoCAD 2016 将常用的材质都集成到"材质浏览器"选项板中，具体附着材质的步骤如下。

（1）执行方式

☑ 命令行：MATBROWSEROPEN。

☑ 菜单栏：视图→渲染→材质浏览器。

☑ 工具栏：渲染→材质浏览器 。

☑ 功能区：可视化→材质→材质浏览器 或视图→选项板→材质浏览器 。

（2）操作步骤

命令：MATBROWSEROPEN↙

执行该命令后，AutoCAD 弹出"材质浏览器"选项板，通过该选项板，可以对材质的有关参数进行设置。

❶ 单击"可视化"选项卡"材质"面板中的"材质浏览器"按钮 ，打开"材质浏览器"选项板，如图 13-183 所示。

❷ 选择需要的材质类型，直接拖动到对象上，如图 13-184 所示，即可附着材质。将视觉样式转换成"真实"时，显示出附着材质后的图形如图 13-185 所示。

图 13-183 "材质浏览器"选项板

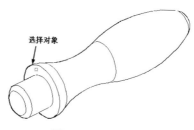

图 13-184 指定对象

2. 设置材质

（1）执行方式

☑ 命令行：mateditoropen。

☑ 菜单栏：视图→渲染→材质编辑器。

☑ 工具栏：渲染→材质编辑器 。

☑ 功能区：视图→选项板→材质编辑器 。

（2）操作步骤

命令：MATEDITOROPEN↙

执行该命令后，AutoCAD 弹出如图 13-186 所示的"材质编辑器"选项板。

图 13-185　附着材质后的效果

图 13-186　"材质编辑器"选项板

（3）选项说明

❶　"外观"选项卡：包含用于编辑材质特性的控件。可以更改材质的名称、颜色、光泽度、反射率、透明度等。

❷　"信息"选项卡：包含用于编辑和查看材质关键字信息的所有控件。

## 13.5.5　渲染

1. 高级渲染设置

（1）执行方式

☑　命令行：RPREF（快捷命令：RPR）。

☑　菜单栏：视图→渲染→高级渲染设置。

☑　工具栏：渲染→高级渲染设置 。

☑　功能区：视图→选项板→高级渲染设置 。

（2）操作步骤

执行上述操作后，系统弹出如图 13-187 所示的"渲染预设管理器"选项板。通过该选项板，可以对渲染的有关参数进行设置。

2. 渲染

（1）执行方式

☑　命令行：RENDER（快捷命令：RR）。

☑　菜单栏：视图→渲染→渲染。

☑　工具栏：渲染→渲染 。

☑　功能区：可视化→渲染-MentalRay→渲染 。

（2）操作步骤

执行上述操作后，系统弹出如图 13-188 所示的"渲染"窗口，显示渲染结果和相关参数。

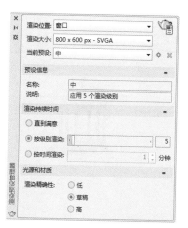

图 13-187 "渲染预设管理器"选项板

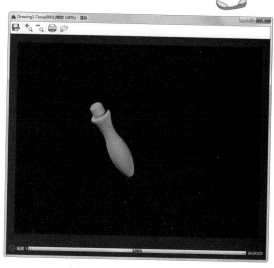

图 13-188 "渲染"窗口

✍ **技巧**：在 AutoCAD 2016 中，"渲染"代替传统的建筑、机械和工程图形使用水彩、有色蜡笔和油墨等生成最终演示的渲染结果图。渲染图形的过程一般分为以下 4 步。

（1）准备渲染模型：包括遵从正确的绘图技术，删除消隐面，创建光滑的着色网格和设置视图的分辨率。

（2）创建和放置光源，以及创建阴影。

（3）定义材质并建立材质与可见表面间的联系。

（4）进行渲染，包括检验渲染对象的准备、照明和颜色的中间步骤。

## 13.5.6 操作实例——凉亭

本实例绘制如图 13-189 所示的凉亭，其绘制思路是：利用"多边形"和"拉伸"命令生成亭基；利用"多段线"和"拉伸"命令生成台阶；利用"圆柱体"和"三维阵列"命令绘制立柱；利用"多段线"和"拉伸"命令生成连梁；利用"长方体""多行文字""边界网格""旋转""拉伸""三维阵列"等命令生成牌匾和亭顶；利用"圆柱体""并集""多段线""旋转""三维阵列"命令生成桌椅；利用"长方体"和"三维阵列"命令绘制长凳；最后进行赋材渲染。

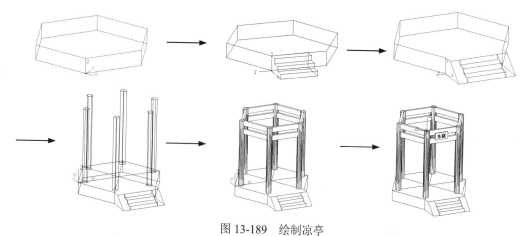

图 13-189 绘制凉亭

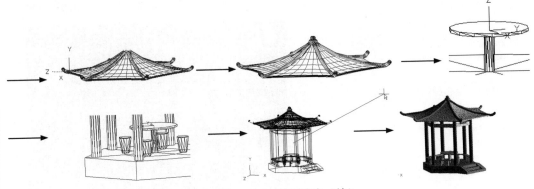

图 13-189　绘制凉亭（续）

**操作步骤：（光盘\实例演示\第 13 章\凉亭.avi）**

（1）绘制凉亭

❶ 打开 AutoCAD 2016 并新建一个文件，单击快速访问工具栏中的"保存"按钮，将文件保存为"凉亭.dwg"。

❷ 选择菜单栏中的"工具"→"工具栏"→AutoCAD 命令，调出"建模""实体编辑""渲染"工具栏，使其出现在屏幕上。

❸ 单击"默认"选项卡"绘图"面板中的"多边形"按钮，绘制一个边长为 120 的正六边形；单击"三维工具"选项卡"建模"面板中的"拉伸"按钮，将正六边形拉伸成高度为 30 的棱柱体。

❹ 选择菜单栏中的"视图"→"三维视图"→"视点预设"命令，弹出"视点预设"对话框，如图 13-190 所示。将"自：X 轴"后文本框内的值改为 305，将"自：XY 平面"后文本框内的值改为 20，单击"确定"按钮关闭对话框。切换视图，此时的亭基视图如图 13-191 所示。

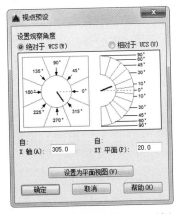

图 13-190　"视点预设"对话框

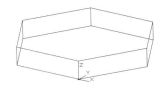

图 13-191　亭基视图

❺ 使用 UCS 命令建立如图 13-192 所示的新坐标系，重复 UCS 命令，将坐标系绕 Y 轴旋转 -90° 得到如图 13-193 所示的坐标系，命令行提示与操作如下：

　　命令：UCS↙
　　当前 UCS 名称：*世界*
　　指定 UCS 的原点或 [面(F)/命名(NA)/对象(OB)/上一个(P)/视图(V)/世界(W)/X/Y/Z/Z
轴(ZA)] <世界>：（输入新坐标系原点，打开目标捕捉功能，用鼠标选择图 13-192 中的 1 角点）
　　指定 X 轴上的点或 <接受> <309.8549,44.5770,0.0000>：（选择图 13-192 中的 2 角点）

Note

指定 XY 平面上的点或 <接受><307.1689,45.0770,0.0000>：（选择图 13-192 中的 3 角点）

命令：UCS✓

当前 UCS 名称：*没有名称*

指定 UCS 的原点或 ［面(F)/命名(NA)/对象(OB)/上一个(P)/视图(V)/世界(W)/X/Y/Z/Z 轴(ZA)］<世界>：Y✓

指定绕 Y 轴的旋转角度 <90>：-90✓

图 13-192　三点方式建立新坐标系

图 13-193　旋转变换后的新坐标系

❻ 单击"默认"选项卡"绘图"面板中的"多段线"按钮⤵，绘制台阶横截面轮廓线。多段线起点坐标为（0,0），其余各点坐标依次为（0,30）、（20,30）、（20,20）、（40,20）、（40,10）、（60,10）、（60,0）和（0,0）。

单击"三维工具"选项卡"建模"面板中的"拉伸"按钮⬚，将多段线沿 Z 轴负方向拉伸成宽度为 80 的台阶模型。使用三维动态观察工具将视点稍作偏移，拉伸前后的模型分别如图 13-194 和图 13-195 所示。

❼ 单击"默认"选项卡"修改"面板中的"移动"按钮✛，将台阶移动到其所在边的中心位置，如图 13-196 所示。

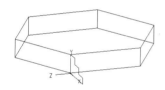

图 13-194　台阶横截面轮廓线

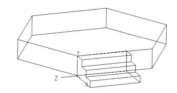

图 13-195　台阶模型

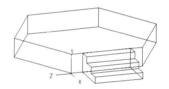

图 13-196　移动后的台阶模型

❽ 单击"默认"选项卡"绘图"面板中的"多段线"按钮⤵，绘制出滑台横截面轮廓线。

❾ 单击"三维工具"选项卡"建模"面板中的"拉伸"按钮⬚，将其拉伸成高度为 20 的三维实体。

❿ 单击"默认"选项卡"修改"面板中的"复制"按钮⬚，将滑台复制到台阶的另一侧，建立台阶两侧的滑台模型。

⓫ 单击"三维工具"选项卡"实体编辑"面板中的"并集"按钮⬤，将亭基、台阶和滑台合并成一个整体，结果如图 13-197 所示。

⓬ 单击"默认"选项卡"绘图"面板中的"直线"按钮◢，连接正六边形亭基顶面的 3 条对角线作为辅助线。

⓭ 使用 UCS 命令三点建立新坐标系的方法建立如图 13-198 所示的新坐标系。

⓮ 单击"三维工具"选项卡"建模"面板中的"圆柱体"按钮⬚，绘制一个底面中心坐标在点（20,0,0）、底面半径为 8、高为 200 的圆柱体，绘制凉亭立柱。

⓯ 单击"建模"工具栏中的"三维阵列"按钮⬚，阵列凉亭的 6 根立柱，阵列中心点为前面绘制的辅助线交点，旋转轴另一点为 Z 轴上任意点。

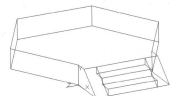

图 13-197　制作完成的亭基和台阶模型　　　图 13-198　用三点方式建立的新坐标系示意图

⓰ 单击"视图"选项卡"导航"面板中的"范围"下拉菜单中的"实时"按钮🔍，利用 ZOOM 命令使模型全部可见。接着单击"视图"选项卡"视觉样式"面板中的"隐藏"按钮⬤，对模型进行消隐，如图 13-199 所示。

⓱ 绘制连梁。打开圆心捕捉功能，单击"默认"选项卡"绘图"面板中的"多段线"按钮⤵，连接 6 根立柱的顶面中心。单击"默认"选项卡"修改"面板中的"偏移"按钮⬜，将多段线分别向内和向外偏移 3。单击"默认"选项卡"修改"面板中的"删除"按钮✎，删除中间的多段线。单击"三维工具"选项卡"建模"面板中的"拉伸"按钮🔲，将两条多段线分别拉伸成高度为-15 的实体。单击"三维工具"选项卡"实体编辑"面板中的"差集"按钮◎，并求差集生成连梁。

⓲ 单击"默认"选项卡"修改"面板中的"复制"按钮🗗，将连梁向下在距离 25 处复制一次，消隐完成的连梁模型如图 13-200 所示。

⓳ 绘制牌匾。使用 UCS 命令三点建立坐标系的方式建立一个坐标原点在凉亭台阶所在边的连梁外表面的顶部左上角点，X 轴与连梁长度方向相同的新坐标系。单击"三维工具"选项卡"建模"面板中的"长方体"按钮🔲，绘制一个长为 40、宽为 20、高为 3 的长方体，并使用"移动"命令将其移动到连梁中心位置，如图 13-201 所示。最后使用"多行文字"命令在牌匾上题上亭名（如"东庭"）。

图 13-199　三维阵列后的立柱模型　　　图 13-200　完成连梁后的凉亭模型　　　图 13-201　加上牌匾的凉亭模型

⓴ 利用 UCS 命令设置坐标系。

㉑ 为了方便绘图，新建图层 1，绘制如图 13-202 所示的辅助线。单击"默认"选项卡"绘图"面板中的"多段线"按钮⤵，绘制连接柱顶中心的封闭多段线。单击"默认"选项卡"绘图"面板中的"直线"按钮✎，连接柱顶面正六边形的对角线。单击"默认"选项卡"修改"面板中的"偏移"按钮⬜，将封闭多段线向外偏移 80。单击"默认"选项卡"绘图"面板中的"直线"按钮✎，画一条起点在对角线交点、高为 60 的竖线，并在竖线顶端绘制一个外切圆半径为 10 的正六边形。

㉒ 单击"默认"选项卡"绘图"面板中的"直线"按钮✎，按如图 13-203 所示连接辅助线，并移动坐标系到点 1、2、3 所构成的平面上。

㉓ 单击"默认"选项卡"绘图"面板中的"圆弧"按钮🭩，在点 1、2、3 所构成的平面内绘制一条弧线作为亭顶的一条脊线。选择菜单栏中的"修改"→"三维操作"→"三维镜像"命令，将其镜像到另一侧，在镜像时，选择如图 13-203 中边 1、边 2、边 3 的中点作为镜像平面上的 3 点。

㉔ 将坐标系绕 X 轴旋转 90°，将坐标系恢复到先前状态，单击"默认"选项卡"绘图"面板中的"圆弧"按钮，在亭顶的底面上绘制弧线，绘制出的亭顶轮廓线如图 13-204 所示。

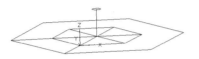

图 13-202　亭顶辅助线（1）

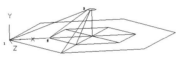

图 13-203　亭顶辅助线（2）

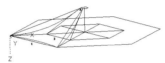

图 13-204　亭顶轮廓线

㉕ 单击"默认"选项卡"绘图"面板中的"直线"按钮，连接两条弧线的顶部。选择菜单栏中的"绘图"→"建模"→"网格"→"边界网格"命令，当前工作空间的菜单中未提供命令生成边缘曲面。将坐标系恢复到先前状态，如图 13-205 所示。4 条边界线为上面绘制的 3 条圆弧线，以及连接两条弧线的顶部的直线。

㉖ 绘制亭顶边缘。单击"默认"选项卡"修改"面板中的"复制"按钮，将下边缘轮廓线向下复制 5。单击"默认"选项卡"绘图"面板中的"直线"按钮，连接两条弧线的端点，选择菜单栏中的"绘图"→"建模"→"网格"→"边界网格"命令，当前工作空间的菜单中未提供命令生成边缘曲面。

㉗ 绘制亭顶脊线。使用三点方式建立新坐标系，使坐标原点位于脊线的一个端点，且 Z 轴方向与弧线相切。单击"默认"选项卡"绘图"面板中的"圆"按钮，在其一个端点绘制一个半径为 5 的圆，最后使用拉伸工具将圆按弧线拉伸成实体。

㉘ 绘制挑角。将坐标系绕 Y 轴旋转 90°，然后按照步骤㉕所示的方法在其一端绘制半径为 5 的圆并将其拉伸成实体。单击"三维工具"选项卡"建模"面板中的"球体"按钮，在挑角的末端绘制一个半径为 5 的球体。单击"三维工具"选项卡"实体编辑"面板中的"并集"按钮，将脊线和挑角连成一个实体。单击"视图"选项卡"视觉样式"面板中的"隐藏"按钮，消隐得到如图 13-206 所示的结果。

㉙ 单击"建模"工具栏中的"三维阵列"按钮，将如图 13-206 所示图形阵列，得到完整的顶面，如图 13-207 所示。

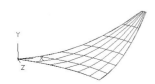

图 13-205　亭顶曲面（部分）

图 13-206　亭顶脊线和挑角

图 13-207　阵列后的亭顶

㉚ 绘制顶缨。将坐标系移动到顶部中心位置，且使 XY 平面在竖直面内。单击"默认"选项卡"绘图"面板中的"多段线"按钮，绘制顶缨半截面。单击"三维工具"选项卡"建模"面板中的"旋转"按钮，绕中轴线旋转生成实体。完成的亭顶外表面如图 13-208 所示。

㉛ 绘制内表面。新建图层 2，将如图 13-209 所示的六边形和直线放置在图层 2 中，关闭图层 1。利用"直线"命令绘制边界线。选择菜单栏中的"绘图"→"建模"→"网格"→"边界网格"命令，生成边缘曲面，绘制如图 13-209 所示的亭顶内表面。单击"建模"工具栏中的"三维阵列"按钮，将其阵列到整个亭顶，如图 13-210 所示。

㉜ 单击"视图"选项卡"视觉样式"面板中的"隐藏"按钮，消隐模型，如图 13-211 所示。

（2）绘制凉亭内桌椅

❶ 在命令行中输入 UCS，将坐标系移至亭基的中心点。

❷ 单击"三维工具"选项卡"建模"面板中的"圆柱体"按钮▣，绘制一个底面中心在亭基上表面中心位置、底面半径为 5、高为 40 的圆柱体。利用 ZOOM 命令选取桌脚部分放大视图。使用 UCS 命令将坐标系移动到桌脚顶面圆心处。

图 13-208　完成的亭顶外表面

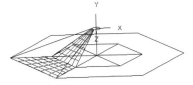

图 13-209　亭顶内表面（局部）

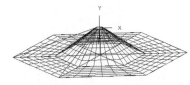

图 13-210　亭顶内表面（完全）

❸ 绘制桌面。单击"三维工具"选项卡"建模"面板中的"圆柱体"按钮▣，绘制一个底面中心在桌脚顶面圆心处、底面半径为 40、高为 3 的圆柱体。

❹ 单击"三维工具"选项卡"实体编辑"面板中的"并集"按钮◉，将桌脚和桌面连成一个整体。

❺ 单击"视图"选项卡"视觉样式"面板中的"隐藏"按钮◉，绘制完成的桌子如图 13-212 所示。

图 13-211　凉亭结果图

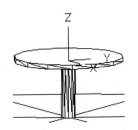

图 13-212　消隐处理后的桌子模型

❻ 利用 UCS 命令移动坐标系至桌脚底部中心处。

❼ 单击"默认"选项卡"绘图"面板中的"圆"按钮◉，绘制一个中心点为（0,0）、半径为 50 的辅助圆。

❽ 在命令行中输入 UCS，将坐标系移动到辅助圆的某一个四分点上，并将其绕 X 轴旋转 90°，得到如图 13-213 所示的坐标系。

❾ 单击"默认"选项卡"绘图"面板中的"多段线"按钮◌，绘制椅子的半剖面。通过输入（0,0）→（0,25）→（10,25）→（10,24）→（a）→（6,0）→（l）→（c）绘制多段线。

❿ 生成椅子实体。单击"三维工具"选项卡"建模"面板中的"旋转"按钮◉，旋转步骤❾绘制的多段线。

⓫ 单击"视图"选项卡"视觉样式"面板中的"隐藏"按钮◉，观察选择生成的椅子，如图 13-214 所示。

⓬ 选择菜单栏中的"修改"→"三维操作"→"三维阵列"命令，在桌子四周阵列 4 张椅子。

⓭ 单击"默认"选项卡"修改"面板中的"删除"按钮◢，删除辅助圆。

⓮ 单击"视图"选项卡"视觉样式"面板中的"隐藏"按钮◉，观看建立的桌椅模型，如图 13-215 所示。

⓯ 在命令行中输入 UCS，并将其绕 X 轴旋转 90°。单击"三维工具"选项卡"建模"面板中的"长方体"按钮▣，绘制一个长方体（两个对角顶点分别为（0,-8,0）和（100,16,3）），然后将其向上平移 20。

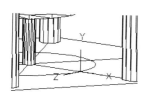

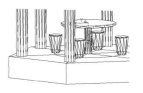

图 13-213 经平移和旋转后的新坐标系　图 13-214 旋转生成的椅子模型　图 13-215 消隐后的桌椅模型

⓰ 单击"三维工具"选项卡"建模"面板中的"长方体"按钮▢，绘制凳脚，凳脚高为 20、厚为 3、宽为 16。单击"默认"选项卡"修改"面板中的"复制"按钮❀，将其复制到合适的位置，利用"并集"命令将凳脚和凳面合并成一个实体。

⓱ 单击"建模"工具栏中的"三维阵列"按钮⊞，将长凳阵列到其他边，然后删除台阶所在边的长凳，完成的凉亭模型如图 13-216 所示。

（3）创建凉亭灯光

❶ 单击"可视化"选项卡"光源"面板中的"点"按钮，命令行提示与操作如下：

```
命令: _pointlight
指定源位置 <0,0,0>: (适当指定位置，如图 13-217 所示)
输入要更改的选项 [名称(N)/强度因子(I)/状态(S)/光度(P)/阴影(W)/衰减(A)/过滤颜色(C)/
退出(X)] <退出>:
输入要更改的选项 [衰减类型(T)/使用界限(U)/衰减起始界限(L)/衰减结束界限(E)/退出(X)]
<退出>: T✓
输入衰减类型 [无(N)/线性反比(I)/平方反比(S)] <无>: I✓
输入要更改的选项 [衰减类型(T)/使用界限(U)/衰减起始界限(L)/衰减结束界限(E)/退出(X)]
<退出>: U✓
界限 [开(N)/关(F)] <关>: N✓
输入要更改的选项 [衰减类型(T)/使用界限(U)/衰减起始界限(L)/衰减结束界限(E)/退出(X)]
<退出>: L✓
指定起始界限偏移 <1>: 10✓
输入要更改的选项 [衰减类型(T)/使用界限(U)/衰减起始界限(L)/衰减结束界限(E)/退出(X)]
<退出>:✓
输入要更改的选项 [名称(N)/强度因子(I)/状态(S)/阴影(W)/衰减(A)/颜色(C)/退出(X)] <退
出>: ✓
```

上述操作完成后，就设置完成点光源，但该光源设置是否合理还不太清楚。为了观看该光源设置的结果，可以用 RENDER 命令预览，渲染后的凉亭如图 13-217 所示。

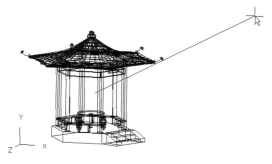

图 13-216 指定点光源的位置　　图 13-217 光源照射下的凉亭渲染图

❷ 单击"可视化"选项卡"光源"面板中的"聚光灯"按钮，命令行提示与操作如下：

```
命令：_spotlight
指定源位置 <0,0,0>：（适当指定一点）
指定目标位置 <0,0,-10>：（适当指定一点）
输入要更改的选项 [名称(N)/强度(I)/状态(S)/光度(P)/聚光角(H)/照射角(F)/阴影(W)/衰
减(A)/颜色(C)/退出(X)] <退出>：H↙
输入聚光角 (0.00-160.00) <45>：60↙
输入要更改的选项 [名称(N)/强度(I)/状态(S)/光度(P)/聚光角(H)/照射角(F)/阴影(W)/衰
减(A)/颜色(C)/退出(X)] <退出>：F↙
输入照射角 (0.00-160.00) <60>：75↙
输入要更改的选项 [名称(N)/强度(I)/状态(S)/光度(P)/聚光角(H)/照射角(F)/阴影(W)/衰
减(A)/颜色(C)/退出(X)] <退出>：↙
```

当创建完某个光源（点光源、平行光源和聚光灯）后，如果对该光源不满意，可以在屏幕上直接将其删除。

❸ 为柱子赋材质。单击"可视化"选项卡"材质"面板中的"材质浏览器"按钮 ⊗，选择适当的材质，如图 13-218 所示。打开其中的"木材-塑料材质库"选项卡，选择其中一种材质，将其拖动到绘制的柱子实体上。用同样的方法为凉亭其他部分赋上合适的材质。

❹ 单击"渲染"工具栏中的"渲染环境"按钮 ，系统弹出"渲染环境和曝光"选项板，如图 13-219 所示，在其中可以进行相关参数设置。

❺ 单击"渲染"工具栏中的"高级渲染设置"按钮 ，系统弹出"渲染预设管理器"选项板，如图 13-220 所示，在其中可以进行相关参数的设置。

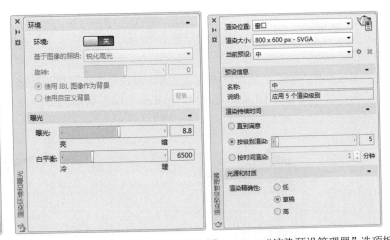

图 13-218 "材质浏览器"选项板　图 13-219 "渲染环境和曝光"选项板 图 13-220 "渲染预设管理器"选项板

❻ 单击"可视化"选项卡"渲染-MentalRay"面板中的"渲染"按钮 ，对实体进行渲染。

# 13.6 综合演练——战斗机

战斗机由战斗机机身（包括发动机喷口和机舱）、机翼、水平尾翼、阻力伞舱、垂尾、武器挂架和导弹发射架、所携带的导弹和副油箱、天线和大气数据探头等部分组成，如图13-221所示。

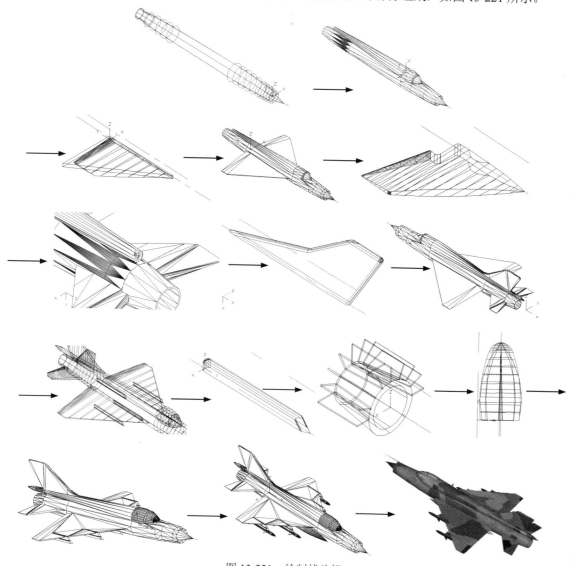

图13-221 绘制战斗机

**操作步骤：**（光盘\实例演示\第13章\战斗机.avi）

## 13.6.1 机身与机翼

本节制作机身和机翼。战斗机机身是一个典型的旋转体，因此，在绘制战斗机机身过程中，使用

"多段线"命令先绘制出机身的半剖面，然后执行"旋转"命令旋转得到。最后使用"多段线"和"拉伸"等命令绘制机翼和水平尾翼。

（1）图层设置。单击"默认"选项卡"图层"面板中的"图层特性"按钮，弹出"图层特性管理器"选项板，设置图层，如图 13-222 所示。

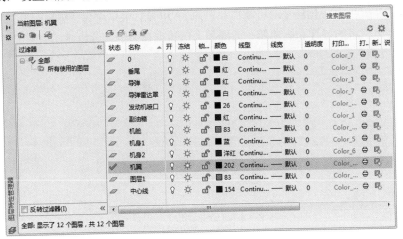

图 13-222　设置图层

（2）设置线框密度。在命令行中输入 SURFTAB1、SURFTAB2，设置线框密度为 24。

（3）绘制中心线。将"中心线"图层设置为当前图层，单击"默认"选项卡"绘图"面板中的"直线"按钮，绘制一条中心线，起点和终点坐标分别为（0,-40）和（0,333）。

（4）绘制机身截面轮廓线。将"机身 1"图层设置为当前图层，单击"默认"选项卡"绘图"面板中的"多段线"按钮，指定起点坐标为（0,0），然后依次输入（8,0）→（11.5,-4）→A→S→（12,0）→（14,28）→S→（16,56）→（17,94）→L→（15.5,245）→A→S→（14,277）→（13,303）→L→（0,303）→C，结果如图 13-223 所示。

（5）绘制雷达罩截面轮廓线。单击"默认"选项卡"绘图"面板中的"多段线"按钮，指定起点坐标为（0,0），指定下两个点坐标为（8,0）和（0,-30），最后输入 C 将图形封闭，结果如图 13-224 所示。

（6）绘制发动机喷口截面轮廓线。单击"默认"选项卡"绘图"面板中的"多段线"按钮，指定起点坐标为（10,303），指定下 3 个点坐标为（13,303）、（10,327）和（9,327）。最后输入 C 将图形封闭，结果如图 13-225 所示。

图 13-223　绘制机身截面轮廓线　　图 13-224　绘制雷达罩截面轮廓线　　图 13-225　绘制发动机喷口截面轮廓线

（7）旋转轮廓线。单击"三维工具"选项卡"建模"面板中的"旋转"按钮，旋转已绘制的机身、雷达罩和发动机喷口截面。单击"可视化"选项卡"视图"面板中的"西南等轴测"按钮，结果如图 13-226 所示。

（8）设置坐标系。在命令行中输入 UCS，将坐标系移动到点（0,94,17），绕 Y 轴旋转-90°，结果如图 13-227 所示。

（9）绘制旋转轴。关闭"机身 1"图层，将"中心线"图层设置为当前图层，单击"默认"选项卡"绘图"面板中的"直线"按钮，绘制旋转轴，起点和终点坐标分别为（-2,-49）和（1.5,209），如图 13-228 所示。

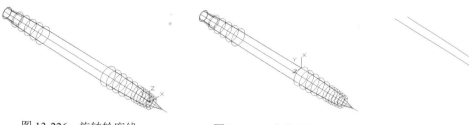

图 13-226　旋转轮廓线　　　图 13-227　变换坐标系　　　图 13-228　绘制旋转轴

（10）绘制机身上部截面轮廓线。将"机身 2"图层设置为当前图层，单击"默认"选项卡"绘图"面板中的"多段线"按钮，指定起点坐标为（0,0），指定其余各个点坐标依次为（11,0）、（5,209）和（0,209），最后输入 C 将图形封闭，结果如图 13-229 所示。

（11）绘制机舱连接处截面轮廓线。单击"默认"选项卡"绘图"面板中的"多段线"按钮，指定起点坐标为（10.6,-28.5），指定下 3 个点坐标为（8,-27）、（7,-30）和（9.8,-31），最后输入 C 将图形封闭，结果如图 13-230 所示。

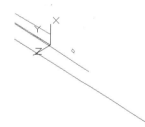

图 13-229　绘制机身上部截面轮廓线　　　图 13-230　绘制机舱连接处截面轮廓线

（12）绘制机舱截面轮廓线。将"机舱"图层设置为当前图层，单击"默认"选项卡"绘图"面板中的"多段线"按钮，指定起点坐标为（11,0），依次输入 A→S→（10,-28.5）→（-2,-49）→L→（0,0）→C，结果如图 13-231 所示。

（13）修剪机舱截面轮廓线。使用"修剪""直线"等命令将机身上部分修剪为如图 13-232 所示的样式，单击"默认"选项卡"绘图"面板中的"面域"按钮，将剩下的机身上部截面轮廓线和直线封闭的区域创建成面域。单击"默认"选项卡"绘图"面板中的"面域"按钮，旋转机身上部截面面域、机舱截面和机舱连接处截面。单击"三维工具"选项卡"建模"面板中的"旋转"按钮，旋转已绘制的机舱截面。

图 13-231　绘制机舱截面轮廓线

（14）并集运算。将"机身1"图层打开，并将其设置为当前图层。单击"三维工具"选项卡"实体编辑"面板中的"并集"按钮⚙，将机身、机身上部和机舱连接处合并，用 HIDE 命令消除隐藏线，结果如图 13-233 所示。

✍ **技巧**：在旋转截面轮廓线时，当前图层要设置成轮廓线的图层类型。

（15）转换视图。使用 UCS 命令将坐标系移至点（-17,151,0），设置"机翼"图层为当前图层，然后将"机身1"图层关闭。

（16）绘制机翼侧视截面轮廓。单击"默认"选项卡"绘图"面板中的"多段线"按钮⤵，指定起点坐标为（0,0），依次输入 A→S→（2.7,-8）→（3.6,-16）→S→（2,-90）→（0,-163）；单击"默认"选项卡"修改"面板中的"镜像"按钮⚏，镜像出轮廓线的左边一半。最后单击"默认"选项卡"绘图"面板中的"面域"按钮▣，将左右两条多段线所围成的区域创建成面域，如图 13-234 所示。

图 13-232　调整图形　　　图 13-233　战斗机机身　　　图 13-234　机翼侧视截面轮廓

（17）拉伸机翼。单击"三维工具"选项卡"建模"面板中的"拉伸"按钮▣，将视图转换成西南等轴测视图。用"拉伸"命令拉伸已创建的面域，设置拉伸高度为 100、倾斜角度为 1.5°，结果如图 13-235 所示。

（18）坐标设置。在命令行中输入 UCS，将坐标系绕 Y 轴旋转 90°，然后沿 Z 轴移动-3.6。

（19）绘制机翼俯视截面轮廓线。单击"默认"选项卡"绘图"面板中的"多段线"按钮⤵，依次输入（0,0）→（0,-163）→（-120,0）→C。单击"三维工具"选项卡"建模"面板中的"拉伸"按钮▣，将多段线拉伸为高度为 7.2 的实体，如图 13-236 所示。

（20）交集运算。单击"三维工具"选项卡"实体编辑"面板中的"交集"按钮⚙，对拉伸机翼侧视截面形成的实体和拉伸机翼俯视截面形成的实体求交集，结果如图 13-237 所示。

图 13-235　拉伸机翼侧视截面　　　图 13-236　拉伸机翼俯视截面轮廓线　　　图 13-237　求交集

（21）三维旋转。单击"建模"工具栏中的"三维旋转"按钮⚙，将机翼绕 Y 轴转-5°。单击"建模"工具栏中的"三维镜像"按钮⚏，镜像平面为 YZ，镜像出另一半机翼，将前面的机身打开；单击"三维工具"选项卡"实体编辑"面板中的"并集"按钮，合并所有实体。结果如图 13-238 所示。

（22）切换视图。在命令行中输入UCS，将坐标系绕Y轴旋转-90°，移至点（3.6,105,0），将"垂尾"图层设置为当前图层，关闭"机身1"图层。选择"视图"→"三维视图"→"平面视图"→"当前"命令，将视图变成当前视图。

（23）绘制机尾翼侧视截面轮廓线。单击"默认"选项卡"绘图"面板中的"多段线"按钮 ，起点坐标为（0,0），依次输入A→S→（2,-20）→（3.6,-55）→S→（2.7,-80）→（0,-95）。

（24）单击"默认"选项卡"修改"面板中的"镜像"按钮 ，镜像出轮廓线的左边一半，如图13-239所示。单击"默认"选项卡"绘图"面板中的"面域"按钮 ，将已绘制的多段线和镜像生成的多段线所围成的区域创建成面域。

（25）单击"可视化"选项卡"视图"面板中的"西南等轴测"按钮 ，再单击"三维工具"选项卡"建模"面板中的"拉伸"按钮 ，拉伸已创建的面域，设置拉伸高度为50，倾斜角度为3，结果如图13-240所示。

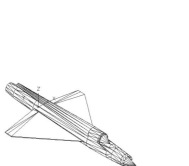

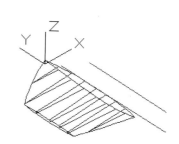

图13-238　机翼合并结果　　图13-239　绘制尾翼侧视截面轮廓线　　图13-240　拉伸尾翼侧视截面

（26）绘制机翼。用UCS命令将坐标系绕Y轴旋转90°并沿Z轴移动-3.6。单击"默认"选项卡"绘图"面板中的"多段线"按钮 ，起点坐标为（0,-95），其他5个点坐标分别为（-50,-50）、（-50,-29）、（-13,-40）、（-14,-47）、（0,-47），然后输入C将图形封闭。最后用"拉伸"命令将多段线拉伸成高度为7.2的实体，如图13-241所示。

（27）单击"三维工具"选项卡"实体编辑"面板中的"交集"按钮 ，对拉伸机翼侧视截面和俯视截面形成的实体求交集，单击"三维工具"选项卡"实体编辑"面板中的"圆角边"按钮 ，半径为5，给翼缘打上圆角，如图13-242所示。

（28）选择菜单栏中的"修改"→"三维操作"→"三维镜像"命令，镜像出另一半机翼，单击"三维工具"选项卡"实体编辑"面板中的"并集"按钮 ，将其与机身合并，结果如图13-143所示。

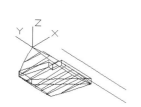
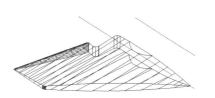
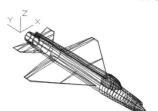

图13-241　拉伸尾翼俯视截面　　图13-242　单个尾翼结果图　　图13-143　机身合并结果图

## 13.6.2 附件

本节制作战斗机附件，如图 13-244 所示。首先使用"圆"和"拉伸"等命令绘制阻力伞舱，然后使用"多段线"和"拉伸"等命令绘制垂尾，最后使用"多段线""拉伸""剖切""三维镜像"等命令绘制武器挂架和导弹发射架。

（1）切换视图。单击"可视化"选项卡"视图"面板中的"东北等轴测"按钮 ，转换到东北等轴测视图，并将"机身 2"图层设置为当前图层。用窗口缩放工具 将机身尾部截面局部放大。用 UCS 命令将坐标系移至点（0,0,3.6），将它绕 X 轴旋转-90°。单击"视图"选项卡"视觉样式"面板中的"隐藏"按钮 ，隐藏线。单击"默认"选项卡"绘图"面板中的"圆"按钮 ，鼠标选择机身上部的尾截面上圆心作为圆心，点取尾截面上轮廓线上一点确定半径，如图 13-245 所示。

（2）拉伸操作。单击"三维工具"选项卡"建模"面板中的"拉伸"按钮 ，用窗口方式选中已绘制的圆，设置拉伸高度为 28、倾斜角度为 0。用 HIDE 命令消除隐藏线，结果如图 13-246 所示。

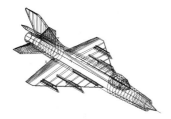
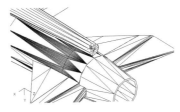
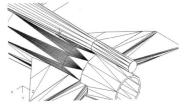

图 13-244　武器挂架和导弹发射架效果　　　图 13-245　绘制圆　　　图 13-246　拉伸操作

（3）绘制阻力伞舱舱盖。类似于步骤（1），在已拉伸成的实体后部截面绘制一个圆。单击"三维工具"选项卡"建模"面板中的"拉伸"按钮 ，用窗口方式选中已绘制的圆，设置拉伸高度为 14、倾斜角度为 12°。用 HIDE 命令消除隐藏线，结果如图 13-247 所示。

（4）切换视图。在命令行中输入 UCS 将坐标系绕 Y 轴旋转-90°。移至点（0,0,-2.5），将"机身 1""机身 2""机舱"图层关闭。将"垂尾"图层设置为当前图层。选择"视图"→"三维视图"→"平面视图"→"当前"命令，或在命令行中输入 PLAN，将视图变成当前视图。

（5）绘制垂尾侧视截面轮廓线。用窗口缩放工具 将飞机的尾部处局部放大。单击"默认"选项卡"绘图"面板中的"多段线"按钮 ，指定起点坐标为（-200,0）→（-105,-30）→（-55,-65）→（-15,-65）→（-55,0），最后输入 C，将图形封闭，如图 13-248 所示。

（6）拉伸尾垂。单击"可视化"选项卡"视图"面板中的"东北等轴测"按钮 ，转换到东北等轴测视图。单击"三维工具"选项卡"建模"面板中的"拉伸"按钮 ，将其拉伸为高度为 5、倾斜角度为 0 的实体。单击"三维工具"选项卡"实体编辑"面板中的"圆角边"按钮 ，为垂尾相应位置添加圆角，半径为 2，如图 13-249 所示。

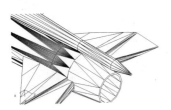
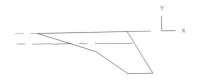
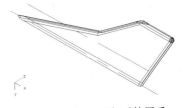

图 13-247　绘制阻力伞舱舱盖　　　图 13-248　绘制垂尾侧视截面轮廓线　　　图 13-249　打完圆角后的尾垂

（7）切换视图。在命令行中输入 UCS，将坐标系原点移至点（0,0,2.5），然后绕 X 轴旋转 90°。

将"尾翼"图层关闭，并将"垂尾"图层设置为当前图层，将视图变成当前视图。

（8）绘制垂尾俯视截面轮廓线。将图形局部放大，单击"默认"选项卡"绘图"面板中的"多段线"按钮 。指定起点坐标为（30,0），然后依次输入 A→S→（-35,1.8）→（-100,2.5）→L→（-184,2.5）→A→（-192,2）→（-200,0）。单击"默认"选项卡"修改"面板中的"镜像"按钮 ，镜像出轮廓线的左边一半，如图 13-250 所示。单击"默认"选项卡"绘图"面板中的"面域"按钮 ，将已绘制的多段线和镜像生成的多段线所围成的区域创建成面域。

（9）切换视图。单击"可视化"选项卡"视图"面板中的"东北等轴测"按钮 ，切换到东北等轴测视图；单击"三维工具"选项卡"建模"面板中的"拉伸"按钮 ，拉伸已创建的面域，设置拉伸高度为 65、倾斜角度为 0.35，结果如图 13-251 所示。

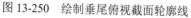

图 13-250　绘制垂尾俯视截面轮廓线

图 13-251　拉伸垂尾俯视截面

（10）交集运算。将"垂尾"图层设置为当前图层。单击"三维工具"选项卡"实体编辑"面板中的"交集"按钮 ，对拉伸垂尾侧视截面形成的实体和拉伸俯视截面形成的实体求交集，结果如图 13-252 所示。

（11）并集运算。将"机身 1""机身 2""机翼""机舱"图层打开，并将"机身 1"图层设置为当前图层。单击"三维工具"选项卡"实体编辑"面板中的"交集"按钮 ，将机身、垂尾和阻力伞舱体合并。单击"视图"选项卡"视觉样式"面板中的"隐藏"按钮 ，消除隐藏线，结果如图 13-253 所示。

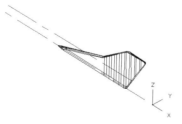

图 13-252　求交集

图 13-253　垂尾结果

（12）坐标系设置。在命令行中输入 UCS，将坐标系绕 Z 轴旋转 90°，移至点（0,105,0），将视图切换到西南等轴测视图，最后将"机身 1""机身 2""机舱"图层关闭，将"机翼"图层设置为当前图层，将视图变成当前视图。

（13）绘制长武器挂架截面。单击"默认"选项卡"绘图"面板中的"多段线"按钮 ，绘制一条连接点（0,0）→（1,0）→（1,70）→（0,70）的封闭曲线。单击"三维工具"选项卡"建模"面板中的"拉伸"按钮 ，将其拉伸成高为 6.3 的实体。单击"可视化"选项卡"视图"面板中的"西南等轴测"按钮 ，如图 13-254 所示。

（14）镜像并合并实体图。单击"三维工具"选项卡"实体编辑"面板中的"剖切"按钮 ，进行切分，结果如图 13-255 所示。选择菜单栏中的"修改"→"三维操作"→"三维镜像"命令，单击"三维工具"选项卡"实体编辑"面板中的"并集"按钮⚬，将其加工成如图 13-256 所示的结果。
单击"默认"选项卡"修改"面板中的"圆角"按钮◻，给挂架几条边打上圆角，圆角半径为 0.5，
如图 13-257 所示。

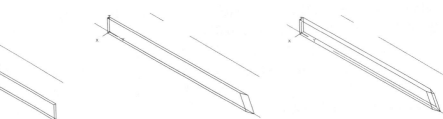

图 13-254　拉伸并转换视图　　　　图 13-255　切分实体　　　　图 13-256　镜像并合并实体图

　　（15）复制机翼内侧长武器挂架。单击"默认"选项卡"修改"面板中的"复制"按钮🗗，复制
出机腹下的长武器挂架（如图 13-258 所示）和机翼内侧长武器挂架（如图 13-259 所示）。删除原始
武器挂架，单击"三维工具"选项卡"实体编辑"面板中的"并集"按钮⚬，将长武器挂架和机身
合并。

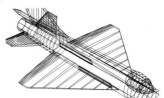
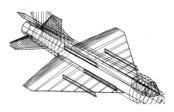

图 13-257　给一些边打上圆角　　图 13-258　复制出机腹挂架　图 13-259　复制并镜像机翼内侧长武器挂架

　　（16）使用同样的方法绘制短武器挂架（如图 13-260 所示），单击"默认"选项卡"修改"面板
中的"复制"按钮🗗，给机身安上短武器挂架（如图 13-261 所示）。
　　（17）使用类似的方法绘制导弹发射架（如图 13-262 所示）并给机身安上导弹发射架。

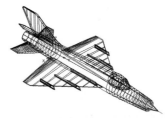
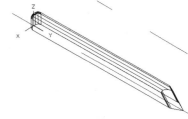

图 13-260　短武器挂架　　　图 13-261　复制并镜像出短武器挂架　　　图 13-262　导弹发射架

## 13.6.3　细节完善

　　本节制作战斗机最后完成图。首先使用"多段线""拉伸""差集""三维镜像"等命令细化发动
机喷口和机舱，然后绘制导弹和副油箱。在绘制过程中，采用"装配"的方法，先将导弹和副油箱绘
制好并分别保存成单独的文件，然后用"插入块"命令将这些文件的图形"装配"到飞机上。这种方
法与直接在原图中绘制的方法相比，避免了繁杂的坐标系变换，更加简单实用。在绘制导弹和副油箱
时，还需要注意坐标系的设置。最后对其他细节进行完善，并赋材渲染。

（1）图层设置。用 UCS 命令将坐标系原点移至点（0,-58,0），关闭"机身 1"图层，将"发动机喷口"图层设置为当前图层。

（2）坐标系转换。在西南等轴测状态下，用窗口缩放工具将图形局部放大。用 UCS 命令将坐标系沿 Z 轴移动-0.3。首先绘制长武器挂架截面：单击"默认"选项卡"绘图"面板中的"多段线"按钮，绘制多段线。指定起点坐标为（-12.7,0），其他各点坐标为（-20,0）→（-20,-24）→（-9.7,-24）→C，将图形封闭，如图 13-263 所示。

（3）拉伸实体。单击"三维工具"选项卡"建模"面板中的"拉伸"按钮，拉伸已绘制的封闭多段线，设置拉伸高度为 0.6、倾斜角度为 0。将图形放大，结果如图 13-264 所示。用 UCS 命令将坐标系沿 Z 轴移动 0.3。

（4）复制对象。单击"默认"选项卡"修改"面板中的"复制"按钮，对已拉伸成的实体在原处复制一份。单击"建模"工具栏中的"三维旋转"按钮，通过复制形成实体，设置旋转角度为22.5°，旋转轴为 Y 轴，结果如图 13-265 所示。

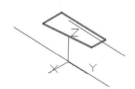
图 13-263 绘制多段线

图 13-264 拉伸

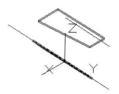
图 13-265 复制并旋转

（5）参照步骤（4）所用的方法，重复 7 次，结果如图 13-266 所示。

（6）三维镜像。选择菜单栏中的"修改"→"三维操作"→"三维镜像"命令，对已复制和旋转成的 9 个实体进行镜像，镜像面为 XY 平面，结果如图 13-267 所示。

（7）差集运算。单击"三维工具"选项卡"实体编辑"面板中的"差集"按钮，从发动机喷口实体中减去已通过复制、旋转和镜像得到的实体，结果如图 13-268 所示。

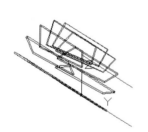
图 13-266 多次复制并旋转

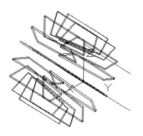
图 13-267 镜像

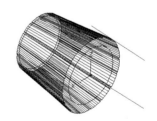
图 13-268 求差

（8）坐标系切换。用 UCS 命令将坐标系原点移至点（0,209,0），将视图变成当前视图。将视图变成东北等轴测视图，用窗口缩放工具将机舱部分图形局部放大，发现机舱前部和机身相交成如图 13-269 所示的尖锥形，需要进一步修改。

（9）图层切换。关闭"机身 1"图层，然后将"中心线"图层设置为当前图层。单击"默认"选项卡"绘图"面板中的"直线"按钮，绘制旋转轴，起点和终点坐标分别为（15,50）和（15,-10），如图 13-270 所示。

（10）转换视图。选择"视图"→"三维视图"→"平面视图"→"当前 UCS(C)"命令，将"机舱"图层设置为当前图层。单击"默认"选项卡"绘图"面板中的"多段线"按钮，指定起点坐标为（28,0），然后依次输入 A→S→（27,28.5）→（23,42）→S→（19.9,46）→（15,49）→L→（15,0）→C，结果如图 13-271 所示。

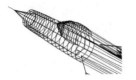

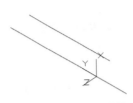

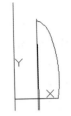

图 13-269　东北等轴测视图　　　　　图 13-270　绘制旋转轴　　　　　图 13-271　绘制多段线

（11）旋转对象。单击"三维工具"选项卡"建模"面板中的"旋转"按钮，将刚才绘制的封闭曲线绕着旋转轴旋转成实体，如图 13-272 所示。

（12）观察图形。打开"机身 1"图层，用自由动态观察器将图形调整到合适的视角，对比原来的机舱和新的机舱（绿线），如图 13-273 所示。发现机舱前部和机身相交处已经不再是尖锥形。

（13）差集运算。单击"三维工具"选项卡"实体编辑"面板中的"差集"按钮，从机身实体中减去机舱实体，如图 13-274 所示。

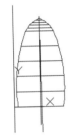

图 13-272　旋转成实体　　　图 13-273　对比机舱形状　　　　图 13-274　求差运算

（14）切换图层。关闭"机身 1"图层，并设置"机舱"图层为当前图层。

（15）绘制多段线。单击"默认"选项卡"绘图"面板中的"多段线"按钮，指定起点坐标为（28,0），然后依次输入 A→S→（27,28.5）→（23,42.2）→S→（19.9,46.2）→（15,49），结果如图 13-275 所示。

（16）旋转对象。单击"三维工具"选项卡"建模"面板中的"旋转"按钮，将已绘制的曲线绕步骤（9）中绘制的旋转轴旋转成曲面，如图 13-276 所示。

（17）切换图层。打开"机身 1"图层，用自由动态观察器将图形调整到合适的视角。单击"视图"选项卡"视觉样式"面板中的"隐藏"按钮，消除隐藏线，结果如图 13-277 所示。最后用 UCS命令将坐标系原点移至点（0,-151,0），并且绕 Y 轴旋转-90°。

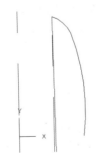

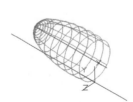

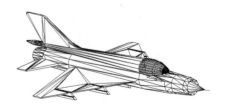

图 13-275　绘制多段线　　　　图 13-276　旋转成曲面　　　　图 13-277　机舱结果

Note

（18）绘制多段线。将"导弹"图层设置为当前图层，用 ISOLINES 命令设置总网格线数为 8。单击"默认"选项卡"绘图"面板中的"圆"按钮⊘，绘制一个圆心在原点、半径为 2.5 的圆。将视图转换成西南等轴测视图，单击"三维工具"选项卡"建模"面板中的"拉伸"按钮⬛，拉伸已绘制的封闭多段线，设置拉伸高度为 70、倾斜角度为 0。将图形放大，关闭"机身 1"图层，结果如图 13-278 所示。

（19）设置坐标系。用 UCS 命令将坐标系绕 X 轴旋转 90°，将视图变成当前视图，结果如图 13-279 所示。

图 13-278　拉伸

图 13-279　变换坐标系和视图

（20）绘制封闭多段线。将"导弹雷达罩"图层设置为当前图层。单击"默认"选项卡"绘图"面板中的"多段线"按钮⤺，指定起点坐标为（0,70），然后依次输入（2.5,70）→A→S→（1.8,75）→（0,80）→L→C，结果如图 13-280 所示。

（21）设置线框密度。在命令行中输入 SURFTAB1、SURFTAB2，设置线框数为 30。单击"三维工具"选项卡"建模"面板中的"旋转"按钮⬡，旋转绘制多段线，指定旋转轴为 Y 轴，结果如图 13-281 所示。

图 13-280　绘制封闭多段线

图 13-281　旋转生成曲面

（22）绘制多段线。使用 UCS 命令将坐标系沿 Z 轴移动-0.3。放大导弹局部尾部，单击"默认"选项卡"绘图"面板中的"多段线"按钮⤺，绘制导弹尾翼截面轮廓，指定起点坐标（7.5,0），依次输入（@0,10）→（0,20）→（-7.5,10）→（@0,-10）→C，将图形封闭，结果如图 13-282 所示。

（23）绘制导弹中翼截面轮廓线。将导弹缩小至全部可见，单击"默认"选项卡"绘图"面板中的"多段线"按钮⤺，输入起点坐标（7.5,50），然后依次输入（0,62）→（@-7.5,-12）→C，将图形封闭，结果如图 13-283 所示。

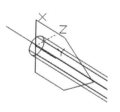

图 13-282　绘制导弹尾翼截面轮廓线

图 13-283　绘制导弹中翼截面线

（24）用自由动态观察器  将视图调整到合适的角度，单击"三维工具"选项卡"建模"面板中的"拉伸"按钮，拉伸已绘制的封闭多段线，设置拉伸高度为0.6、倾斜角度为0。将图形放大，结果如图13-284所示。

（25）复制对象。使用UCS命令将坐标系沿Z轴移动0.3。单击"默认"选项卡"修改"面板中的"复制"按钮，对刚才拉伸成的实体在原处复制一份，选择菜单栏中的"修改"→"三维操作"→"三维旋转"命令，通过复制形成的实体设置旋转角度为90°，旋转轴为Y轴，结果如图13-285所示。

（26）并集运算。将"导弹"图层设置为当前图层，单击"三维工具"选项卡"实体编辑"面板中的"并集"按钮，导弹上的部分全部合并，如图13-286所示。

图13-284　拉伸截面

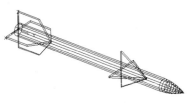

图13-285　旋转导弹弹翼

图13-286　合并实体

（27）圆角运算。单击"三维工具"选项卡"实体编辑"面板中的"圆角边"按钮，给弹翼和导弹后部打上圆角，圆角半径设置为0.2，结果如图13-287所示。

（28）三维旋转。单击"建模"工具栏中的"三维旋转"按钮，将整个导弹绕Y轴旋转45°，如图13-288所示。

（29）创建导弹块。单击"默认"选项卡"块"面板中的"创建"按钮，打开"块定义"对话框，输入名称"导弹"。单击"确定"按钮，关闭对话框。继续单击"插入"选项卡"块定义"面板中的"写块"按钮，保存导弹块。

（30）绘制副油箱。将"副油箱"图层设置为当前图层。关闭"导弹""机身1""机舱"图层，单击"默认"选项卡"绘图"面板中的"直线"按钮，绘制旋转轴，指定起点和终点坐标分别为（0,-50）和（0,150），然后用ZOOM命令将图形缩小，结果如图13-289所示。

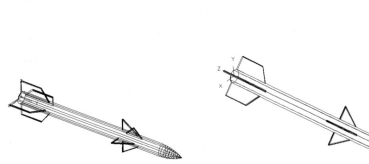

图13-287　给一些边打上圆角　　　　图13-288　旋转导弹　　　　图13-289　变换坐标系和视图

（31）设置线框密度。单击"默认"选项卡"绘图"面板中的"多段线"按钮，指定起点坐标为（0,-40），然后输入A，绘制圆弧，接着输入S，指定圆弧上的第二个点坐标为（5,-20），圆弧的端点为（8,0）；输入 L，输入下一点的坐标为（8,60）；输入 A，绘制圆弧，接着输入 S，指定圆弧上的第二个点坐标为（5,90），圆弧的端点为（0,120）。最后将旋转轴直线删除，结果如图 13-290 所示。

（32）旋转操作。单击"三维工具"选项卡"建模"面板中的"旋转"按钮 🡒，旋转绘制多段线，指定旋转轴为 Y 轴，结果如图 13-291 所示。

（33）创建副油箱块。单击"默认"选项卡"块"面板中的"创建"按钮 🡒，打开"块定义"对话框，输入名称"副油箱"。单击"确定"按钮，关闭对话框。继续在命令行中输入 WBLOCK 命令，保存副油箱块。

（34）为战斗机安装导弹和副油箱。返回到战斗机绘图区，打开"导弹""机身1""机舱"图层，并设置"机身1"图层为当前图层，删除掉刚绘制的导弹和副油箱，单击"插入"选项卡"块"面板中的"插入块"按钮 🡒，打开"插入"对话框，单击"浏览"按钮，打开文件"导弹.dwg"，设置插入点坐标为导弹发射架中间位置，插入导弹图形，如图 13-292 所示。

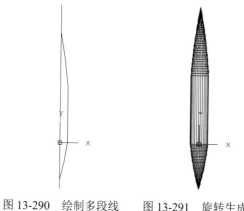

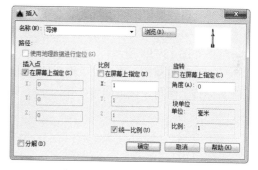

图 13-290　绘制多段线　　图 13-291　旋转生成曲面　　　　　图 13-292　"插入"对话框

（35）插入导弹。单击"插入"选项卡"块"面板中的"插入块"按钮 🡒，打开"插入"对话框，单击"浏览"按钮，打开文件"导弹.dwg"，继续插入导弹图形，如图 13-293 所示。继续插入飞机另一侧的两枚导弹，结果如图 13-294 所示。

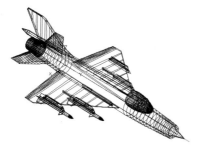
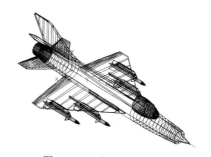

图 13-293　插入导弹（1）　　　　　　　　图 13-294　插入导弹（2）

（36）插入副油箱。单击"插入"选项卡"块"面板中的"插入块"按钮 🡒，弹出"插入"对话框，单击"浏览"按钮，打开"副油箱.dwg"文件，设置插入点坐标为（0,45,-31），其他设置如图 13-295 所示。设置插入点为飞机的左下侧。单击"视图"选项卡"视觉样式"面板中的"隐藏"按钮 ⬡，消除隐藏线，结果如图 13-296 所示。

（37）绘制天线。使用 UCS 命令将坐标系沿 X 轴移动 10。将"机翼"图层设置为当前图层，将其他图层全部关闭，将视图变成当前视图。

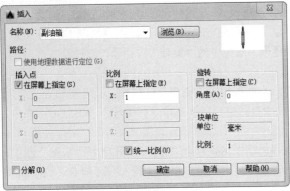

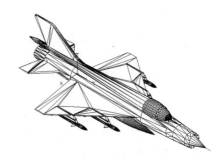

图 13-295  "插入"对话框 　　　　　　　　　图 13-296  安装导弹和副油箱的结果

（38）绘制多段线。单击"默认"选项卡"绘图"面板中的"多段线"按钮⊃，起点坐标为（0,120），其余各点坐标为（0,117）→（23,110）→（23,112），最后闭合图形，结果如图 13-297 所示。

（39）拉伸操作。单击"三维工具"选项卡"建模"面板中的"拉伸"按钮▣，拉伸已绘制的封闭多段线，设置拉伸高度为 0.8、倾斜角度为 0。用 UCS 命令将坐标系沿着 Z 轴移动 0.4。将图形放大，结果如图 13-298 所示。

（40）圆角操作。单击"三维工具"选项卡"实体编辑"面板中的"圆角边"按钮◉，给已拉伸成的实体打上圆角，设置圆角半径为 0.3，这样天线即绘制完成，结果如图 13-299 所示。

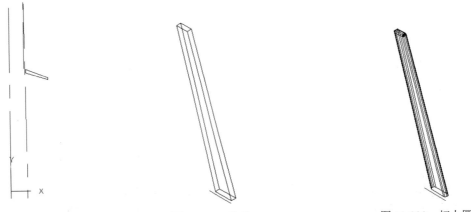

图 13-297  绘制多段线 　　　　　　图 13-298  拉伸 　　　　　　图 13-299  打上圆角

（41）切换视图。单击"视图"选项卡"视图"面板中的"西北等轴测"按钮◈，转换成西北等轴测视图，打开其他图层，将"机身 1"图层设置为当前图层。单击"三维工具"选项卡"实体编辑"面板中的"并集"按钮◉，将天线和机身合并。单击"视图"选项卡"视觉样式"面板中的"隐藏"按钮◈，消除隐藏线，结果如图 13-300 所示。

（42）绘制天线。用 UCS 命令将坐标系绕 Y 轴旋转-90°，并将原点移到（4.7,220,1.7）。将"机翼"图层设置为当前图层，将其他图层全部关闭。

（43）绘制大气数据探头。单击"默认"选项卡"绘图"面板中的"多段线"按钮⊃，绘制多段线，起点坐标为（0,0），其余各点坐标分别为（0.9,0）、（@0,20）、（@-0.3,0）和（@-0.6,50），最后输入 C 将图形封闭，结果如图 13-301 所示。

（44）旋转实体。单击"三维工具"选项卡"建模"面板中的"旋转"按钮◉，旋转已绘制的封闭多段线生成实体，设置旋转轴为 Y 轴，用 UCS 命令将视图变成西南等轴测视图，并将天线部分放大，结果如图 13-302 所示。

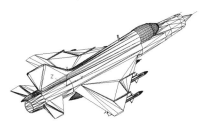

图 13-300　加上天线的结果

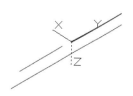

图 13-301　绘制多段线

（45）并集处理。单击"视图"选项卡"视图"面板中的"西南等轴测"按钮，打开其他图层，将"机身 1"图层设置为当前图层。单击"三维工具"选项卡"实体编辑"面板中的"并集"按钮，将大气数据探头和机身合并。单击"视图"选项卡"视觉样式"面板中的"隐藏"按钮，结果如图 13-303 所示。

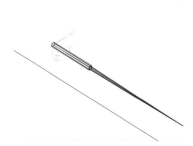

图 13-302　旋转生成实体并变换视图

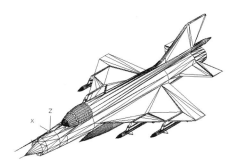

图 13-303　加上大气数据探头的结果

（46）删除多余辅助线。将除了"中心线"以外的图层都关闭，单击"默认"选项卡"修改"面板中的"删除"按钮，删除所有的中心线。打开其他所有图层。将图形调整到合适的大小和角度。在命令行中输入 UCSICON，然后输入 OFF，将坐标系图标关闭，最终结果如图 13-221 所示。单击"视图"选项卡"视觉样式"面板中的"隐藏"按钮，对实体进行消隐。

（47）渲染处理。单击"可视化"选项卡"材质"面板中的"材质浏览器"按钮，给战斗机各部件赋予适当的材质。单击"可视化"选项卡"渲染-MentalRay"面板中的"渲染"按钮，渲染后的结果如图 13-221 所示。

# 13.7　动手练一练

通过本章的学习，读者对三维实体编辑等的相关知识有了大体的了解，本节通过 3 个操作练习使读者进一步掌握本章知识要点。

## 13.7.1　创建三通管

创建如图 13-304 所示的三通管。三维图形具有形象逼真的优点，同时三维图形的创建比较复杂，需要读者掌握的知识比较多。本练习要求读者熟悉三维模型创建的步骤，掌握三维模型的创建技巧。

图 13-304　三通管

操作提示：

（1）创建 3 个圆柱体。

（2）镜像和旋转圆柱体。

（3）圆角处理。

### 13.7.2　创建轴

轴是最常见的机械零件，如图 13-305 所示。本练习需要创建的轴集中了很多典型的机械结构形式，如轴体、孔、轴肩、键槽、螺纹、退刀槽、倒角等，因此需要用到的三维命令也比较多。通过本例的练习，可以使读者进一步熟悉三维绘图的技能。

图 13-305　轴

操作提示：

（1）顺次创建直径不等的 4 个圆柱。

（2）对 4 个圆柱进行并集处理。

（3）转换视角，绘制圆柱孔。

（4）镜像并拉伸圆柱孔。

（5）对轴体和圆柱孔进行差集处理。

（6）采用同样的方法创建键槽结构。

（7）创建螺纹结构。

（8）对轴体进行倒角处理。

（9）渲染处理。

### 13.7.3　创建三脚支架

三脚支架是最常见的建筑器材，形状如图 13-306 所示。本练习要创建的拱顶需要用到的三维命令比较多。通过本例的练习，可以使读者进一步熟悉三维绘图的技能。

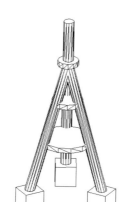

图 13-306　三脚支架

操作提示：

（1）绘制两个不等圆柱体。

（2）绘制一个斜体圆柱。

（3）在斜体圆柱下方绘制长方体。

（4）阵列斜体圆柱与下方的长方体。

（5）绘制三脚支架下方两个不等圆柱体。

（6）渲染处理。

# 第14章

## 视图转换

前面介绍了使用 AutoCAD 绘制零件图和三维造型的方法及步骤，然而无论是零件图，还是装配图，其中的每个视图都不能同时反映物体长、宽、高 3 个方向的尺度和形状，必须具备一定看图能力的技术人员才能想象出物体的形状。因此，在工程中，经常使用轴测图作为帮助看图的辅助图样，也可以在已有的三维实体基础上生成指导加工生产用的三视图。

- ☑ 轴测图的基本知识
- ☑ 轴测图的一般绘制方法
- ☑ 由三维实体生成三视图

## 任务驱动&项目案例

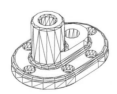
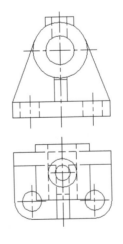

# 14.1 轴测图的基本知识

国家标准 GB/T 14692－2008 规定：轴测图一般采用正等测、正二测和斜二测，必要时允许采用其他轴测图。

## 14.1.1 轴测图的形成

轴测图是指将物体连同其参考直角坐标系沿不平行于任一坐标面的方向用平行投影法将其投射在单一投影面上所得到，且能同时反映物体长、宽、高 3 个方向尺度富有立体感的图形。

由于轴测图是用平行投影法得到的，因此其具有以下特性。

（1）平行性：对于物体上相互平行的直线，它们的轴测投影仍相互平行；物体上平行于坐标轴的线段，在轴测图上仍平行于相应的轴测轴。

（2）定比性：对于物体上平行于坐标轴的线段，其轴测投影与原线段长度之比等于相应的轴向伸缩系数。

## 14.1.2 轴向伸缩系数和轴间角

由于物体上 3 个直角坐标轴对轴测投影面倾斜角度不同，所以在轴测图上各条轴线的投影长度也不同。直角坐标轴的轴测投影（简称轴测轴）的单位长度与相应直角坐标轴上的单位长度的比值称为轴向伸缩系数，分别用 $p_1$、$q_1$、$r_1$ 表示，简化伸缩系数分别用 $p$、$q$、$r$ 表示。两根轴测轴之间的夹角称为轴间角。

## 14.1.3 轴测图的分类

轴测图根据投影方向与轴测投影面是否垂直，分为正轴测图和斜轴测图两大类，每类按轴向伸缩系数不同又分为以下 3 类。

（1）正（或斜）等轴测图，简称正（或斜）等测，$p_1=q_1=r_1$。

（2）正（或斜）二等轴测图，简称正（或斜）二测，$p_1=q_1\neq r_1$ 或 $q_1=r_1\neq p_1$ 或 $p_1=r_1\neq q_1$。

（3）正（或斜）三轴测图，简称正（或斜）三测，$p_1\neq q_1\neq r_1$。

# 14.2 轴测图的一般绘制方法

轴测图的一般绘制方法与前面介绍的二维图形绘制方法基本相同。

前面介绍了利用 AutoCAD 绘制二维平面图形的方法，轴测图也属于二维平面图形，因此，绘制方法与前面介绍的二维图形绘制方法基本相同。利用简单的绘图命令，如"直线""椭圆""圆"等命令并结合编辑命令，如"修剪"命令等，即可完成绘制。下面简单介绍利用 AutoCAD 绘制轴测图的一般步骤。

（1）设置绘图环境。在绘制轴测图之前，需要根据轴测图的大小和复杂程度设置图形界限以及图层。

（2）建立直角坐标系，绘制轴测轴。

（3）根据轴向伸缩系数确定物体在轴测图上各点的坐标，然后连线画出。轴测图中一般只用粗实线画出物体的可见轮廓线，必要时才用虚线画出不可见轮廓线。

（4）保存图形。

# 14.3　轴测图绘制综合实例

下面具体给出两个轴测图绘制的实例，帮助读者熟悉和掌握轴测图绘制的具体方法。

## 14.3.1　绘制轴承座的正等测图

根据轴承座视图绘制该轴承座的正等测图，图中给出绘制尺寸。首先绘制底部，接着绘制上方复杂部分，如轴承、支撑板，其流程如图 14-1 所示。

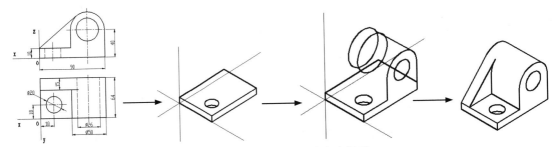

图 14-1　轴承座视图及直角坐标系

**操作步骤：**（光盘\实例演示\第 **14** 章\绘制轴承座的正等测图**.avi**）

（1）设置绘图环境

❶ 在命令行中输入 LIMITS，设置图幅为 420×297。

❷ 在命令行中输入 LAYER，创建 CSX（用于绘制可见轮廓线，线宽为 0.3mm，线型为 Continuous，颜色为"白"）及 XSX（用于绘制轴测轴，线宽为 0.09mm，线型为 Continuous，颜色为"白"）图层。

（2）绘制轴测轴

将 XSX 图层设置为当前图层，单击"默认"选项卡"绘图"面板中的"构造线"按钮，绘制轴测轴，命令行提示与操作如下：

```
命令：_xline（绘制轴测轴）
指定点或 [水平(H)/垂直(V)/角度(A)/二等分(B)/偏移(O)]：V↙
指定通过点：（在适当位置处单击左键，绘制 Z 轴）
指定通过点：↙
命令：SNAP↙（光标捕捉命令）
指定捕捉间距或 [开(ON)/关(OFF)/纵横向间距(A)/样式(S)/类型(T)] <10.0000>：S↙（改变
栅格捕捉样式）
    输入捕捉栅格类型 [标准(S)/等轴测(I)] <S>：I↙（将栅格捕捉样式改为正等轴测模式，此时光
标样式改变为正等测样式，如图 14-2（a）所示。使用 Ctrl+E 快捷键可以在正等测的 3 种模式间切换，如
图 14-2 所示。打开正交功能，则光标只能沿着光标两条直线的方向进行）
    指定垂直间距 <10.0000>：1↙（将栅格间距设置为1）
```

命令：_xline（绘制 X 轴）

指定点或 [水平(H)/垂直(V)/角度(A)/二等分(B)/偏移(O)]：<正交 开>（打开正交功能，在适当位置处单击左键，绘制 X 轴）

指定通过点：↙

命令：_xline↙（绘制 Y 轴）

指定点或 [水平(H)/垂直(V)/角度(A)/二等分(B)/偏移(O)]：（捕捉 X 轴与 Z 轴的交点，绘制 Y 轴）

指定通过点：↙

（a）XOY 平面光标　　　（b）XOZ 平面光标　　　（c）YOZ 平面光标

图 14-2　正等测光标样式

（3）绘制底板

将 CSX 图层设置为当前图层，单击"默认"选项卡"绘图"面板中的"直线"按钮和"椭圆"按钮，单击"默认"选项卡"修改"面板中的"偏移"按钮、"复制"按钮、"删除"按钮和"修剪"按钮绘制底板，命令行提示与操作如下：

命令：LINE（绘制底板底面）

指定第一个点：（捕捉轴测轴的交点）

指定下一点或 [放弃(U)]：@64<-30

指定下一点或 [放弃(U)]：@90<30

指定下一点或 [闭合(C)/放弃(U)]：@64<150

指定下一点或 [闭合(C)/放弃(U)]：C↙

命令：OFFEST（偏移绘制四边形的前面两条边，作为绘制底板圆孔的辅助线）

当前设置：删除源=否 图层=源 OFFSETGAPTYPE=0

指定偏移距离或 [通过(T)/删除(E)/图层(L)] <通过>：18↙

选择要偏移的对象，或 [退出(E)/放弃(U)] <退出>：（选择四边形的下边）

指定要偏移的那一侧上的点，或 [退出(E)/多个(M)/放弃(U)] <退出>：（向四边形内部偏移）

选择要偏移的对象，或 [退出(E)/放弃(U)] <退出>：（选择四边形的左边）

指定要偏移的那一侧上的点，或 [退出(E)/多个(M)/放弃(U)] <退出>：（向四边形内部偏移）

选择要偏移的对象，或 [退出(E)/放弃(U)] <退出>：↙

命令：ELLIPSE（用"椭圆"命令绘制底板上的圆孔）

指定椭圆轴的端点或 [圆弧(A)/中心点(C)/等轴测圆(I)]：I↙（绘制正等轴测圆）

指定等轴测圆的圆心：（捕捉偏移的两条边的交点）

指定等轴测圆的半径或 [直径(D)]：D↙

指定等轴测圆的直径：20↙

命令：COPY（复制绘制的四边形及椭圆，生成底板顶面）

选择对象：（用窗选方式，选择绘制的四边形及椭圆）

找到 5 个

当前设置：复制模式 = 多个

指定基点或 [位移(D)/模式(O)] <位移>：（捕捉绘制的四边形的左后顶点）

指定位移的第二点或 [阵列(A)] <用第一点作位移>：<正交 关> @0,10↙（关闭正交功能，输入复制距离）

命令：LINE（绘制底板棱线）

指定第一个点:(捕捉底板底面的一个顶点)

指定下一点或 [放弃(U)]:(捕捉底板顶面的对应顶点)

指定下一点或 [放弃(U)]:↙

……(方法同上,绘制其余棱线)

命令:ERASE(删除底板底面上被遮挡住的线条及偏移的辅助线)

选择对象:(选择底板底面四边形后面的两条线及偏移辅助线)

找到 1 个,总计 4 个

命令:TRIM(剪去底面椭圆多余的部分)

……(结果如图 14-3 所示)

(4)绘制轴承

❶ 单击"默认"选项卡"绘图"面板中的"直线"按钮✐和"椭圆"按钮◯,单击"默认"选项卡"修改"面板中的"复制"按钮❀、"修剪"按钮✚和"删除"按钮✐绘制轴承,命令行提示与操作如下:

命令:LINE(将 XSX 图层设置为当前图层,绘制辅助线,定出轴承前端面圆心位置,如图 14-4 所示"4"点)

指定第一个点:(捕捉底板底面左后顶点,如图 14-4 所示"1"点)

指定下一点或 [放弃(U)]:@65<30↙(捕捉底板底面左后棱线上的一点,如图 14-4 所示"2"点)

指定下一点或 [放弃(U)]:@64<-30↙(输入下一点坐标,如图 14-4 所示"3"点)

指定下一点或 [闭合(C)/放弃(U)]:@0,40↙(输入下一点坐标,如图 14-4 所示"4"点)

指定下一点或 [闭合(C)/放弃(U)]:↙

命令:ELLIPSE(将 CSX 图层设置为当前图层,绘制轴承前端面Ø50 圆)

指定椭圆轴的端点或 [圆弧(A)/中心点(C)/等轴测圆(I)]:I↙

指定等轴测圆的圆心:(捕捉"4"点)

指定等轴测圆的半径或 [直径(D)]:<等轴测平面右> D↙(按 Ctrl+E 快捷键切换正等测模式,将光标切换为 XOZ 平面)

指定等轴侧圆的直径:50↙

命令:ELLIPSE↙(绘制轴承前端面Ø26 圆)

指定椭圆轴的端点或 [圆弧(A)/中心点(C)/等轴测圆(I)]:I↙

指定等轴测圆的圆心:(捕捉"4"点)

指定等轴测圆的半径或 [直径(D)]:D↙

指定等轴测圆的直径:26↙

命令:COPY(复制绘制的Ø50 正等测圆)

选择对象:(选择Ø50 正等测圆)

找到 1 个

当前设置:复制模式 = 多个

指定基点或 [位移(D)/模式(O)] <位移>:O输入复制模式选项 [单个(S)/多个(M)] <多个>:M

指定基点或 [位移(D)/模式(O)] <位移>:(捕捉椭圆圆心)↙

指定位移的第二点或 [阵列(A)]<用第一点作位移>:@49<150

指定位移的第二点或 [阵列(A)]<用第一点作位移>:@64<150

指定位移的第二点或 [阵列(A)]<用第一点作位移>:↙

命令:LINE(绘制前后两个Ø50 正等测圆的切线)

指定第一个点:_tan 到(捕捉最后面Ø50 正等测圆的切点)

指定下一点或 [放弃(U)]:_tan 到(绘制最前面Ø50 正等测圆的切点)

命令:LINE↙(绘制轴承前端面)

```
指定第一个点：_int 于（捕捉底板顶面右前端点）
指定下一点或 [放弃(U)]：_tan 到（捕捉前面∅50正等测圆的右侧切点）
命令：COPY（复制已绘制的右边切线）
选择对象：（选择已绘制的右边切线）
找到 1 个
选择对象：✓
当前设置：复制模式 = 多个
指定基点或 [位移(D)/模式(O)] <位移>：（捕捉切线的端点）
指定位移的第二点或 [阵列(A)]<用第一点作位移>：@50<-150✓
```

❷ 单击"默认"选项卡"修改"面板中的"修剪"按钮 ⏋，剪去轴承前端面多余的线段，单击"默认"选项卡"修改"面板中的"删除"按钮 ✐，删去辅助线。结果如图 14-5 所示。

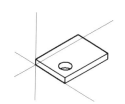

图 14-3　底板主要轮廓线

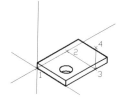

图 14-4　绘制辅助线

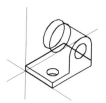

图 14-5　绘制轴承

（5）绘制支撑板

❶ 单击"默认"选项卡"绘图"面板中的"直线"按钮 ✐，单击"默认"选项卡"修改"面板中的"复制"按钮 ❀、"修剪"按钮 ⏋ 和"删除"按钮 ✐，绘制支撑板，命令行提示与操作如下：

```
命令：LINE（绘制支撑板）
指定第一个点：（捕捉底板顶面左后顶点）
指定下一点或 [放弃(U)]：_tan 到（捕捉∅50正等测圆的切点）
指定下一点或 [放弃(U)]：✓
命令：COPY（复制已绘制的切线）
选择对象：（选择已绘制的切线）
找到 1 个
选择对象：✓
指定基点或位移，或 [重复(M)]：（捕捉切线的端点）
指定位移的第二点或 [阵列(A)] <用第一点作位移>：@15<-30✓
命令：COPY✓（复制轴承前端面左边的切线）
选择对象：（选择轴承前端面左边的切线）
找到 1 个
选择对象：✓
当前设置：复制模式 = 多个
指定基点或 [位移(D)/模式(O)] <位移>：（捕捉切线的端点）
指定位移的第二点或 [阵列(A)]<用第一点作位移>：@49<150✓
命令：LINE（绘制剩余的直线）
```

结果如图 14-6 所示。

❷ 单击"默认"选项卡"修改"面板中的"修剪"按钮 ⏋，剪去支撑板多余的线段；单击"默认"选项卡"修改"面板中的"删除"按钮 ✐，删除辅助线，结果如图 14-7 所示。

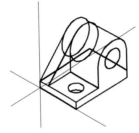

图 14-6　绘制支撑板　　　　　　　图 14-7　轴承座正等测图

（6）保存图形

单击快速访问工具栏中的"保存"按钮，将图形保存在源文件目录下。

## 14.3.2　绘制端盖的斜二测图

根据端盖视图绘制该端盖的斜二测图。本实例首先建立直角坐标系，再根据相应尺寸、形状绘制实体模型，其流程如图 14-8 所示。

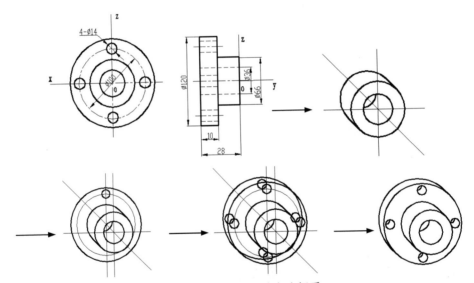

图 14-8　端盖视图及直角坐标系

**操作步骤：（光盘\实例演示\第 14 章\绘制端盖的斜二测图.avi）**

（1）设置绘图环境

❶ 用 LIMITS 命令设置图幅：420×297。

❷ 用 LAYER 命令创建 CSX（线宽为 0.3mm，线型为 Continuous，颜色为"白"，用于绘制可见轮廓线）及 XSX（线宽为 0.09mm，线型为 Continuous，颜色为"白"，用于绘制轴测轴）图层。

（2）绘制轴测轴

建立直角坐标系，将 XSX 图层设置为当前图层。单击"默认"选项卡"绘图"面板中的"构造线"按钮，绘制轴测轴，命令行提示与操作如下：

```
命令：XLINE（绘制轴测轴）
指定点或 [水平(H)/垂直(V)/角度(A)/二等分(B)/偏移(O)]：V↙
```

指定通过点：（在适当位置处单击左键，绘制 Z 轴）

指定通过点：✓

命令：XLINE✓（绘制 X 轴）

指定点或 [水平(H)/垂直(V)/角度(A)/二等分(B)/偏移(O)]：H✓

指定通过点：（在适当位置处单击左键，绘制 X 轴）

指定通过点：✓

命令：XLINE✓（绘制 Y 轴）

指定点或 [水平(H)/垂直(V)/角度(A)/二等分(B)/偏移(O)]：（捕捉 X 轴与 Z 轴的交点，绘制
Y 轴）

指定通过点：@100<-45✓

指定通过点：✓

（3）绘制圆柱筒

将 CSX 图层设置为当前图层，单击"默认"选项卡"绘图"面板中的"圆"按钮⊙和"直线"按钮✐，单击"默认"选项卡"修改"面板中的"复制"按钮❀和"修剪"按钮┴，绘制圆柱筒，命令行提示与操作如下：

命令：CIRCLE（绘制∅66 圆）

指定圆的圆心或 [三点(3P)/两点(2P)/切点、切点、半径(T)]：（捕捉轴测轴交点）

指定圆的半径或 [直径(D)]：D✓

指定圆的直径：66✓

命令：CIRCLE✓（绘制∅36 圆）

指定圆的圆心或 [三点(3P)/两点(2P)/ 切点、切点、半径(T)]：（捕捉轴测轴交点）

指定圆的半径或 [直径(D)]：D✓

指定圆的直径：36✓

命令：COPY（复制∅66 圆）

选择对象：（选择∅66 圆）

找到 1 个

选择对象：✓

当前设置：复制模式 = 多个

指定基点或 [位移(D)/模式(O)] <位移>：

指定位移的第二点或 [阵列(A)] <用第一点作位移>：@18<135✓

命令：COPY✓（复制∅36 圆）

选择对象：（选择∅36 圆）

找到 1 个

选择对象：✓

当前设置：复制模式 = 多个

指定基点或 [位移(D)/模式(O)] <位移>：

指定位移的第二点或 [阵列(A)] <用第一点作位移>：@28<135✓

修剪复制的∅36 圆。

命令：LINE（绘制圆柱筒切线）

指定第一个点：_tan 到（捕捉前面∅66 圆的右侧切点）

指定下一点或 [放弃(U)]：_tan 到（捕捉后面∅66 圆的右侧切点）

指定下一点或 [放弃(U)]：✓

……（方法同上，绘制左侧切线）

剪去复制的∅66 圆在切线之间的部分，结果如图 14-9 所示。

（4）绘制底座

❶ 单击"默认"选项卡"绘图"面板中的"圆"按钮⊙和"直线"按钮✐，单击"默认"选项

卡"修改"面板中的"环形阵列"按钮和"复制"按钮，绘制底座，命令行提示与操作如下：

```
命令：CIRCLE（绘制Ø120圆）
指定圆的圆心或 [三点(3P)/两点(2P)/切点、切点、半径(T)]：（捕捉复制的Ø66圆的圆心）
指定圆的半径或 [直径(D)] <18.0000>：D✓
指定圆的直径 <36.0000>：120✓
命令：XLINE（将XSX图层设置为当前图层，绘制辅助线）
指定点或 [水平(H)/垂直(V)/角度(A)/二等分(B)/偏移(O)]：V✓
指定通过点：（捕捉Ø120圆的圆心）
指定通过点：✓
命令：CIRCLE（绘制Ø100圆）
指定圆的圆心或 [三点(3P)/两点(2P)/切点、切点、半径(T)]：（捕捉复制的Ø66圆的圆心）
指定圆的半径或 [直径(D)] <60.0000>：D✓
指定圆的直径 <120.0000>：100✓
命令：CIRCLE（将CSX图层设置为当前图层，绘制Ø14圆）
指定圆的圆心或 [三点(3P)/两点(2P)/切点、切点、半径(T)]：（捕捉Ø100圆与辅助线的交点）
指定圆的半径或 [直径(D)] <50.0000>：D✓
指定圆的直径 <100.0000>：14✓（结果如图14-10所示）
```

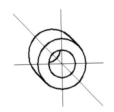

图14-9　圆柱筒的斜二测图

图14-10　绘制底座

利用"环形阵列"命令对Ø14圆进行环形阵列，阵列数为4，填角为360，阵列中心为Ø100圆的圆心。

```
命令：COPY（复制Ø120圆及4个Ø14圆）
选择对象：（选择Ø120圆及4个Ø14圆）
找到 1 个，总计 5 个
选择对象：✓
当前设置：复制模式 = 多个
指定基点或 [位移(D)/模式(O)] <位移>：（捕捉Ø120圆的圆心）
指定位移的第二点或 [阵列(A)]<用第一点作位移>：@10<-45
命令：LINE（绘制底座切线）
指定第一个点：_tan 到（捕捉前面Ø120圆的右侧切点）
指定下一点或 [放弃(U)]：_tan 到（捕捉后面Ø120圆的右侧切点）
指定下一点或 [放弃(U)]：✓
```

❷ 单击"默认"选项卡"绘图"面板中的"直线"按钮，绘制左侧切线，结果如图14-11所示。

❸ 单击"默认"选项卡"修改"面板中的"修剪"按钮，修剪复制的Ø120圆在切线间的部分及复制的Ø14圆。关闭XSX图层，结果如图14-12所示。

（5）保存图形

单击快速访问工具栏中的"保存"按钮，将图形保存在源文件目录下。

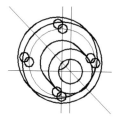

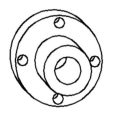

图 14-11　绘制左侧切线　　　　图 14-12　端盖斜二测图

# 14.4　由三维实体生成三视图

本节介绍将三维实体生成三视图的操作命令。

在 AutoCAD 中，由三维实体模型生成三维视图可以采用以下两种方法。

（1）用 VPORTS 或 MVIEW 命令在图纸空间中创建多个三维视图视口，然后使用"创建实体轮廓线"命令 SOLPROF 在每个视口中分别生成实体模型的轮廓线。

（2）用"创建实体视图"命令 SOLVIEW 在图纸空间中生成实体模型的各个三维视图视口，然后使用"创建实体图形"命令 SOLDRAW（该命令仅适用于 SOLVIEW 命令创建的视口）在每个视口中分别生成实体模型的轮廓线。

下面简单介绍常用命令。

## 14.4.1　"创建实体视图"命令 SOLVIEW

1. 执行方式

☑　命令行：SOLVIEW。

☑　菜单栏：绘图→建模→设置→视图◙。

2. 操作步骤

```
命令：_solview
正在重生成布局。
重生成模型 - 缓存视口。
输入选项 [UCS(U)/正交(O)/辅助(A)/截面(S)]:
```

3. 选项说明

（1）UCS(U)：基于当前 UCS 或保存的 UCS 创建新视口。视口中的视图是三维实体模型在平行于 XY 平面（X 轴指向右，Y 轴垂直向上）的投影面上投影所得到的平面视图。

（2）正交(O)：根据已生成的视图创建新的正交视图。

（3）辅助(A)：在已生成的视图中指定两个点来定义一个倾斜平面，系统创建该倾斜平面内的斜视图。

（4）截面(S)：在已生成的视图中指定两个点来定义剖切平面的位置，系统根据该剖切平面创建剖视图。

利用 SOLVIEW 命令创建浮动视口后，系统还将创建多个图层，如表 14-1 所示，分别用于放置视口边框、视口中的可见轮廓线、不可见轮廓线、尺寸标注和填充图案等。

表 14-1　使用 SOLVIEW 命令后自动创建的图层

| 图 层 名 | 对 象 类 型 | 图 层 名 | 对 象 类 型 |
|---|---|---|---|
| VPORTS | 视口边框 | 视图名——DIM | 尺寸标注 |
| 视图名——VIS | 可见轮廓线 | 视图名——HAT | 填充图案 |
| 视图名——HID | 不可见轮廓线 | | |

## 14.4.2　"创建实体图形"命令 SOLDRAW

### 1．执行方式

☑　命令行：SOLDRAW。

☑　菜单栏：绘图→建模→设置→图形 。

### 2．操作步骤

```
命令：_soldraw
恢复缓存的视口 - 正在重生成布局。
选择要绘图的视口...
选择对象：(选择要绘制的视口)
```

执行该命令后，系统提示"选择对象:"，此时用户需选择由 SOLVIEW 命令生成的视口，选择完成后，所选择的视口中自动生成实体轮廓线。如果所选择的视口是由 SOLVIEW 命令的"截面(S)"选项创建的，则自动生成剖视图并填充剖面线，剖面线的图案、比例、角度等属性分别由系统变量 HPNAME、HPSCALE、HPANG 控制。

## 14.4.3　"创建实体轮廓"命令 SOLPROF

### 1．执行方式

☑　命令行：SOLPROF。

☑　菜单栏：绘图→建模→设置→轮廓 。

### 2．操作步骤

```
命令：SOLPROF✓
```

执行该命令后，系统要求选择实体目标，用户可以一次选择多个实体。选择完成后，出现以下提示：

```
选择对象：使用对象选择方法
是否在单独的图层中显示隐藏的轮廓线？[是(Y)/否(N)] <是>：
```

如果输入 Y，则系统创建两个新的图层：名称以 PH 开头的图层和名称以 PV 开头的图层，分别用于放置可见轮廓线和不可见轮廓线；如果输入 N，则系统把所有轮廓线都当作是可见的，并且放置在一个图层上。通常选择 Y，以便于观察和编辑。

```
是否将轮廓线投影到平面？[是(Y)/否(N)] <是>：
```

如果输入 Y，则系统把轮廓线投影到一个与视图方向垂直并通过用户坐标系原点的平面上，生成

2D 轮廓线；否则，将生成三维实体模型的 3D 轮廓线，也就是三维实体的线框模型。

> 是否删除相切的边？[是(Y)/否(N)] <是>：

如果输入 Y，则系统删除相切边，即两个相切表面之间的分界线，否则不删除相切边。

💡提示：SOLPROF 命令生成的轮廓线不是单一的线条，而是作为图块被保存的。

# 14.5 三维实体生成三视图综合实例

下面给出 3 个由三维实体图生成三视图的实例，帮助读者熟悉和掌握将三维实体图转换成二维工程图的具体方法。

## 14.5.1 轴承座实体模型转换成三视图

用前面介绍的方法及命令生成轴承座实体模型（如图 14-13 所示）的三视图及轴测图。本实例主要用到视口、视图、轮廓命令转换成三视图，最后绘制辅助线，其流程如图 14-13 所示。

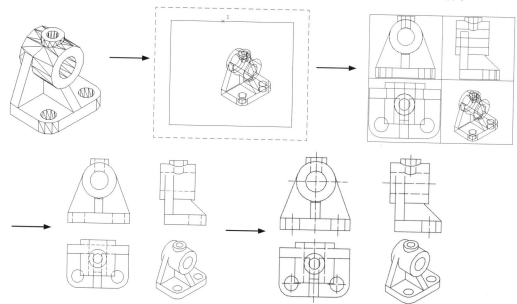

图 14-13 轴承座实体转换成三视图

**操作步骤：（光盘\实例演示\第 14 章\轴承座实体模型转换成三视图.avi）**

（1）创建视口

❶ 单击快速访问工具栏中的"打开"按钮 📂，弹出"选择文件"对话框，从中选择保存的"轴承座实体.dwg"文件，单击"打开"按钮，或双击该文件名，即可将该文件打开，并将其另存为"轴承座三视图.dwg"。

❷ 进入图纸空间，删除视口。选择"布局 1"选项卡，进入图纸空间，如图 14-14 所示。单击"默认"选项卡"修改"面板中的"删除"按钮 ✍，命令行提示与操作如下：

命令：_erase（删除整个视口）
选择对象：（单击视口边框上任一点，如图14-14所示"1"点）
找到 1 个
选择对象：✓

❸ 创建多个视口。选择菜单栏中的"视图"→"视口"→"新建视口"命令，弹出"视口"对话框，如图14-15所示。设置4个视口，设置完成后，单击"确定"按钮，命令行提示与操作如下：

指定第一个角点或 [布满(F)] <布满>：✓
正在重生成模型。
……（结果如图14-16所示）

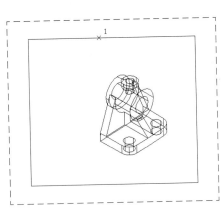

图14-14 图纸空间中的视口

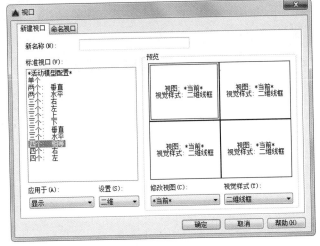

图14-15 "视口"对话框

❹ 创建实体轮廓线。选择"模型"选项卡，进入绘图空间，选择菜单栏中的"绘图"→"建模"→"设置"→"轮廓"命令，命令行提示与操作如下：

命令：MSPACE✓（在图纸布局中切换到模型空间）
命令：SOLPROF✓（创建实体模型的轮廓线）
选择对象：（在左上角的主视图视口中单击，激活该视口，激活后视口边框显示为黑色粗实线。在视口中选择实体对象）
找到 1 个
选择对象：✓
是否在单独的图层中显示隐藏的轮廓线？[是(Y)/否(N)] <是>：✓
是否将轮廓线投影到平面？[是(Y)/否(N)] <是>：✓
是否删除相切的边？ [是(Y)/否(N)] <是>：✓
已选定一个实体。
命令：✓（继续创建其他视口实体模型的轮廓线）
选择对象：（激活左下角的俯视图视口。在视口中选择实体对象）
找到 1 个
选择对象：✓
是否在单独的图层中显示隐藏的轮廓线？[是(Y)/否(N)] <是>：✓
是否将轮廓线投影到平面？[是(Y)/否(N)] <是>：✓
是否删除相切的边？ [是(Y)/否(N)] <是>：✓

已选定一个实体。

......（方法同前，分别创建剩余左视图及轴测图中实体模型的轮廓线）

激活主视图视口，在"视口"工具栏的"视口比例"下拉列表中选择 1:1，方法同前，分别设置俯视图、左视图视口缩放比例均为 1:1，轴测图视口不变，命令行提示与操作如下：

命令：PSPACE✓（在图纸布局中切换到图纸空间）

❺ 单击"默认"选项卡"图层"面板中的"图层特性"按钮，弹出"图层特性管理器"选项板。关闭 0 图层（该图层中为实体模型）和 PH-F6 图层（该图层中为轴测图不可见轮廓线），并将其余以"PH-"开头的图层的线型设置为 ACAD_ISO02W100，结果如图 14-17 所示。

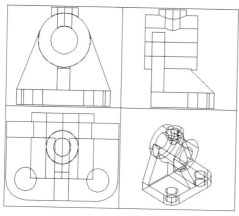
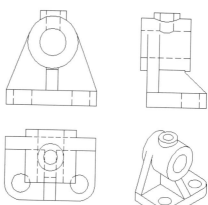

图 14-16　创建多个视口　　　　图 14-17　三视图及轴测图

❻ 单击"默认"选项卡"图层"面板中的"图层特性"按钮，弹出"图层特性管理器"选项板，新建一个 DHX 图层，用于绘制三视图中的轴线及对称中心线，设置线型为 ACAD_ISO04W100，其余不变，并将其设置为当前图层。

❼ 单击"默认"选项卡"绘图"面板中的"直线"按钮，画出三视图中的轴线及对称中心线。

❽ 保存图形。单击快速访问工具栏中的"保存"按钮，将图形保存到源文件目录下。

（2）使用 SOLVIEW 及 SOLDRAW 命令绘制三视图

❶ 单击快速访问工具栏中的"打开"按钮，执行"打开已有图形文件"命令。按 Enter 键后，弹出"选择文件"对话框，从中选择保存的"轴承座实体.dwg"文件（单击"打开"按钮，或双击该文件名，即可将该文件打开）。

❷ 单击快速访问工具栏中的"另存为"按钮，将图形以"轴承座三视图 1.dwg"为文件名保存在指定路径中。

❸ 在命令行中输入 UCS，命令行提示与操作如下：

命令：UCS✓（更改用户坐标系）
当前 UCS 名称：*没有名称*
指定 UCS 的原点或 [面(F)/命名(NA)/对象(OB)/上一个(P)/视图(V)/世界(W)/X/Y/Z/Z
轴(ZA)] <世界>：V✓（更改用户坐标系为视图，即原点不变，XY 平面与屏幕平行）
命令：UCS
当前 UCS 名称：*没有名称*
指定 UCS 的原点或 [面(F)/命名(NA)/对象(OB)/上一个(P)/视图(V)/世界(W)/X/Y/Z/Z
轴(ZA)] <世界>：NA

Note

❹ 进入图纸空间，删除视口（方法同前）。

❺ 创建视口。选择菜单栏中的"绘图"→"建模"→"设置"→"视图"命令，命令行提示与操作如下：

```
命令: SOLVIEW↙
输入选项 [UCS(U)/正交(O)/辅助(A)/截面(S)]: U↙（选择用户坐标系）
输入选项 [命名(N)/世界(W)/当前(C)] <当前>: W↙（使用世界坐标系创建视口）
输入视图比例 <1>: ↙（按 Enter 键，取默认值）
指定视图中心: （在图纸空间左下角适当位置处单击，确定俯视图视口的中心位置）
指定视图中心 <指定视口>: ↙（按 Enter 键，指定视口）
指定视口的第一个角点: （指定俯视图视口的左上角点）
指定视口的对角点: （指定俯视图视口的右下角点，这两个点确定俯视图视口的范围）
输入视图名: 俯视图↙（指定视口的名称）
UCSVIEW = 1  UCS 将与视图一起保存（结果如图 14-18 所示）
输入选项 [UCS(U)/正交(O)/辅助(A)/截面(S)]: O↙（选择正交选项，由俯视图视口创建主视图）
指定视口要投影的那一侧: <对象捕捉 开>（打开对象捕捉功能，如图 14-18 所示，选择俯视图视口
下边框的中点 1）
指定视图中心: （在俯视图视口上方适当位置处单击，确定主视图视口的中心位置）
指定视图中心 <指定视口>: ↙
指定视口的第一个角点: （指定主视图视口的左上角点）
指定视口的对角点: （指定主视图视口的左上角点）
输入视图名: 主视图↙（指定视口的名称）
UCSVIEW = 1  UCS 将与视图一起保存
输入选项 [UCS(U)/正交(O)/辅助(A)/截面(S)]: O↙（选择正交选项，由主视图视口创建左视图）
指定视口要投影的那一侧: （如图 14-19 所示，选择主视图视口左边框的中点"1"）
指定视图中心: （在主视图视口右边适当位置处单击，确定俯视图视口的中心位置）
指定视图中心 <指定视口>: ↙
指定视口的第一个角点: （指定左视图视口的左上角点）
指定视口的对角点: （指定左视图视口的左上角点）
输入视图名: 左视图↙（指定视口的名称）
UCSVIEW = 1  UCS 将与视图一起保存（结果如图 14-20 所示）
输入选项 [UCS(U)/正交(O)/辅助(A)/截面(S)]: U↙
输入选项 [命名(N)/世界(W)/?/当前/(C)] <当前>: N↙（使用保存的用户坐标系，创建轴测图
视口）
输入要恢复的 UCS 名: 轴测↙（输入坐标系名称）
输入视图比例 <1>: 0.7↙（输入视图比例）
指定视图中心: （在左视图视口下方适当位置处单击，确定轴测图视口的中心位置）
指定视图中心 <指定视口>: ↙
指定视口的第一个角点: （指定轴测图视口的左上角点）
指定视口的对角点: （指定轴测图视口的左上角点）
输入视图名: 轴测图↙（指定视口的名称）
UCSVIEW = 1  UCS 将与视图一起保存（结果如图 14-21 所示）
输入选项 [UCS(U)/正交(O)/辅助(A)/截面(S)]: ↙（按 Enter 键，结束命令）
```

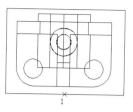

图 14-18　创建的俯视图视口

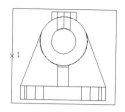

图 14-19　创建的主视图视口

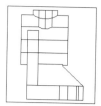

图 14-20　创建的左视图视口

❻ 生成实体轮廓线。选择菜单栏中的"绘图"→"建模"→"设置"→"图形"命令，命令行提示与操作如下：

```
命令：SOLDRAW↙
选择要绘图的视口...
选择对象：(分别单击主视图、俯视图、左视图及轴测图视口边框，选择视口)
......
找到 1 个，总计 4 个
选择对象：↙
```

❼ 单击"默认"选项卡"图层"面板中的"图层特性"按钮，打开"图层特性管理器"选项板，关闭 0 图层（该图层中为实体模型）、"轴测图-HID"图层（该图层中为轴测图不可见轮廓线）和VPORTS 图层（该图层中为视口边框），并分别将"主视图-HID""俯视图-HID""左视图-HID"图层的线型设置为 ACAD_ISO02W100，结果如图 14-22 所示。

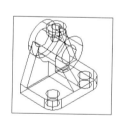

图 14-21　创建的轴测图视口

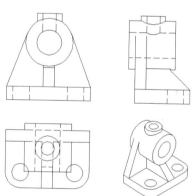

图 14-22　获得的三视图及轴测图

❽ 单击"默认"选项卡"图层"面板中的"图层特性"按钮，打开"图层特性管理器"选项板，新建一个 DHX 图层，用于绘制三视图中的轴线及对称中心线，设置线型为 ACAD_ISO04W100，其余不变，并将其设置为当前图层。

❾ 单击"默认"选项卡"绘图"面板中的"直线"按钮，画出三视图中的轴线及对称中心线。如果创建的主视图、俯视图及左视图没有对齐，即不满足"主俯视图长对正、主左视图高平齐、俯左视图宽相等"的原则，则可以使用对齐视图命令 MVSETUP，分别将其对齐。

❿ 保存图形。单击快速访问工具栏中的"保存"按钮，将图形保存在源文件目录下。

## 14.5.2　由泵盖实体生成剖视图实例

用前面所学过的命令生成泵盖实体模型的俯视图及剖视图，其流程如图 14-23 所示。

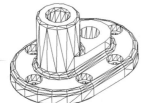 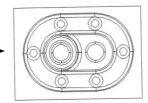 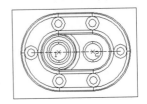

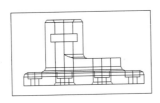 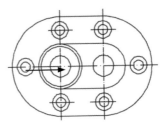

图 14-23　由泵盖实体生成剖视图实例

**操作步骤:(光盘\实例演示\第 14 章\由泵盖实体生成剖视图实例.avi)**

（1）打开文件。打开图形文件"泵盖实体.dwg"，并将其另存为"泵盖视图.dwg"。

（2）进入图纸空间，删除视口。选择"布局 1"选项卡，进入图纸空间。单击"默认"选项卡"修改"面板中的"删除"按钮 ，删除整个视口。

（3）创建视口。选择菜单栏中的"绘图"→"建模"→"设置"→"视图"命令，命令行提示与操作如下:

```
命令: SOLVIEW↙
输入选项 [UCS(U)/正交(O)/辅助(A)/截面(S)]: U↙（选择用户坐标系）
输入选项 [命名(N)/世界(W)/?/当前(C)] <当前>: W↙（使用世界坐标系创建视口）
输入视图比例 <1>: ↙（按 Enter 键，取默认值）
指定视图中心:（在图纸空间下方适当位置处单击，确定俯视图视口的中心位置）
指定视图中心 <指定视口>: ↙（按 Enter 键，指定视口）
指定视口的第一个角点:（指定俯视图视口的左上角点）
指定视口的对角点:（指定俯视图视口的右下角点）
输入视图名: 俯视图↙（指定视口的名称）
UCSVIEW = 1  UCS 将与视图一起保存（结果如图 14-24 所示）
输入选项 [UCS(U)/正交(O)/辅助(A)/截面(S)]: S↙（选择截面选项，由俯视图视口创建剖视图）
指定剖切平面的第一个点:（如图 14-25 所示，选择俯视图中左边圆的圆心 1 点）
指定剖切平面的第二个点:（如图 14-25 所示，选择俯视图中右边圆的圆心 2 点，则 1 和 2 点连线确
定了剖切平面的位置和角度）
指定要从哪侧查看:（选择 1 和 2 点连线下方任一点）
输入视图比例 <1>: ↙
指定视图中心:（在俯视图视口上方适当位置处单击，确定剖视图视口的中心位置）
指定视图中心 <指定视口>: ↙
```

指定视口的第一个角点：（指定剖视图视口的左上角点）
指定视口的对角点：（指定剖视图视口的右下角点）
输入视图名：剖视图✓（指定视口的名称）
UCSVIEW = 1 UCS 将与视图一起保存（结果如图 14-26 所示）
输入选项 [UCS(U)/正交(O)/辅助(A)/截面(S)]：✓（按 Enter 键，结束命令）

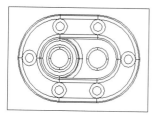

图 14-24 创建的俯视图

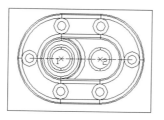

图 14-25 指定剖切平面

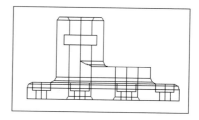

图 14-26 创建的剖视图

（4）生成实体轮廓线及剖视图中的剖面线。选择菜单栏中的"绘图"→"建模"→"设置"→"图形"命令，命令行提示与操作如下：

命令：HPNAME✓（修改剖面线样式）
输入 HPNAME 的新值 <"ANGLE">：ansi31✓（输入新的剖面线样式名）
命令：SOLDRAW✓
选择要绘图的视口...
选择对象：（分别单击俯视图及剖视图视口边框，选择视口）
......
找到 1 个，总计 2 个
选择对象：✓

（5）单击"默认"选项卡"图层"面板中的"图层特性"按钮，打开"图层特性管理器"选项，关闭 0 图层（该图层中为实体模型）、"剖视图-HID"图层（该图层中为剖视图不可见轮廓线）、VPORTS 图层（该图层中为视口边框）及"俯视图-HID"图层（该图层中为俯视图不可见轮廓线），结果如图 14-27 所示。

（6）单击"默认"选项卡"图层"面板中的"图层特性"按钮，打开"图层特性管理器"选项板，新建一个 DHX 图层，用于绘制三视图中的轴线及对称中心线，设置线型为 ACAD_ISO04W100，其余不变，并将其设置为当前图层。

（7）单击"默认"选项卡"绘图"面板中的"直线"按钮，画出视图中的轴线及对称中心线。如果创建的主视图与剖视图没有对齐，则可使用对齐视图命令 MVSETUP 分别将其对齐。

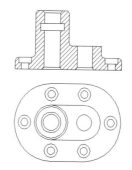

图 14-27 创建的俯视图及剖视图

（8）保存图形。单击快速访问工具栏中的"保存"按钮，将文件保存在源文件目录下。

## 14.5.3 由泵轴实体生成剖面图实例

用前面所学过的命令生成泵轴实体模型的主视图及剖面图，其流程如图 14-28 所示。

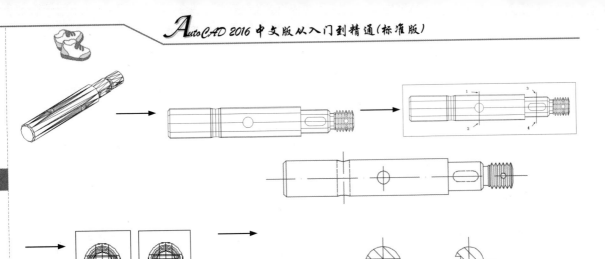

图 14-28　泵轴实体模型

**操作步骤：**（光盘\实例演示\第 **14** 章\由泵轴实体生成剖面图实例**.avi**）

（1）打开图形文件"泵轴实体.dwg"，并将其另存为"泵轴视图.dwg"。

（2）进入图纸空间，删除视口。选择"布局 1"选项卡，进入图纸空间。单击"默认"选项卡"修改"面板中的"删除"按钮 ✍，删除整个视口。

（3）创建视口。选择菜单栏中的"绘图"→"建模"→"设置"→"视图"命令，命令行提示与操作如下：

```
命令：SOLVIEW✓
输入选项 [UCS(U)/正交(O)/辅助(A)/截面(S)]：U✓（选择用户坐标系）
输入选项 [命名(N)/世界(W)/?/当前(C)] <当前>：✓（使用当前用户坐标系创建视口）
输入视图比例 <1>：2✓（输入视图比例）
指定视图中心：（在图纸空间上方适当位置处单击，确定主视图视口的中心位置）
指定视图中心 <指定视口>：✓（按 Enter 键，指定视口）
指定视口的第一个角点：（指定主视图视口的左上角点）
指定视口的对角点：（指定主视图视口的右下角点）
输入视图名：主视图✓（指定视口的名称）
UCSVIEW = 1  UCS 将与视图一起保存（结果如图 14-29 所示）
输入选项 [UCS(U)/正交(O)/辅助(A)/截面(S)]：S✓（选择截面选项，由主视图视口创建剖面图）
指定剖切平面的第一个点：（如图 14-30 所示，选择主视图中 1 点）
指定剖切平面的第二个点：（如图 14-30 所示，选择主视图中 2 点）
指定要从哪侧查看：（选择 1 点和 2 点连线左方任一点）
输入视图比例 <2>：2✓
指定视图中心：（在主视图视口右边适当位置处单击，确定剖面图视口的中心位置）
指定视图中心 <指定视口>：✓
指定视口的第一个角点：（指定剖面图视口的左上角点）
指定视口的对角点：（指定剖面图视口的右下角点）
输入视图名：剖面图1✓（指定视口的名称）
UCSVIEW = 1  UCS 将与视图一起保存
输入选项 [UCS(U)/正交(O)/辅助(A)/截面(S)]：✓（按 Enter 键，结束命令）
```

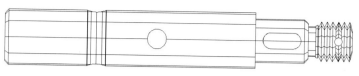

图 14-29　创建的主视图

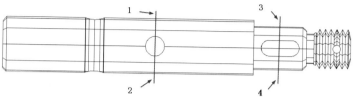

图 14-30　指定剖切平面

（4）单击"默认"选项卡"修改"面板中的"移动"按钮✥，命令行提示与操作如下：

```
命令：MOVE
选择对象：(选择剖面图 1 视口边框)
找到 1 个
选择对象：✓
指定基点或位移：(选择剖面图 1 视口边框上任一点)
指定位移的第二点或 <用第一点作位移>：(拖动鼠标，将剖面图 1 视口放置在主视图下方适当位置处，
结果如图 14-31 所示)
命令：SOLVIEW✓
输入选项 [UCS(U)/正交(O)/辅助(A)/截面(S)]：S✓（按 Enter 键，结束命令）
指定剖切平面的第一个点：(如图 14-30 所示，选择主视图中 3 点)
指定剖切平面的第二个点：(如图 14-30 所示，选择主视图中 4 点)
指定要从哪侧查看：(选择 3 点和 4 点连线左边任一点)
输入视图比例 <1>：2✓
指定视图中心：(在主视图视口左边适当位置处单击，确定剖面图视口的中心位置)
指定视图中心 <指定视口>：✓
指定视口的第一个角点：(指定剖面图视口的左上角点)
指定视口的对角点：(指定剖面图视口的右下角点)
输入视图名：剖面图 2✓（指定视口的名称）
UCSVIEW = 1  UCS 将与视图一起保存
输入选项 [UCS(U)/正交(O)/辅助(A)/截面(S)]：✓
```

单击"默认"选项卡"修改"面板中的"移动"按钮✥，移动生成的剖面图 2 如图 14-32 所示。

图 14-31　创建的剖面图 1

图 14-32　创建的剖面图 2

（5）创建实体轮廓线及剖面图中的剖面线。选择菜单栏中的"绘图"→"建模"→"设置"→"图形"命令，命令行提示与操作如下：

```
命令：HPNAME✓（修改剖面线样式）
输入 HPNAME 的新值 <"ANGLE">: ansi31✓（输入新的剖面线样式名）
命令：SOLDRAW✓（创建实体图形命令）
选择要绘图的视口...
选择对象：（分别单击主视图、剖面图 1 及剖面图 2 视口边框，选择视口）
......
找到 1 个，总计 3 个
选择对象：✓
```

（6）单击"默认"选项卡"图层"面板中的"图层特性"按钮，打开"图层特性管理器"选项板，关闭 0 图层（该图层中为实体模型）、"剖面图 1-HID"图层（该图层中为剖面图 1 不可见轮廓线）及"剖面图 2-HID"图层（该图层中为剖面图 2 不可见轮廓线），将"主视图-HID"图层的线型设置为 ACAD_ISO02W100。

（7）单击"默认"选项卡"修改"面板中的"删除"按钮，激活剖面图 2 视口，删除多余线条。

（8）单击"默认"选项卡"图层"面板中的"图层特性"按钮，打开"图层特性管理器"选项板，关闭 VPORTS 图层（该图层中为视口边框），结果如图 14-33 所示。然后新建一个 DHX 图层，用于绘制三视图中的轴线及对称中心线，设置线型为 ACAD_ISO04W100，其余不变，并将其设置为当前图层。

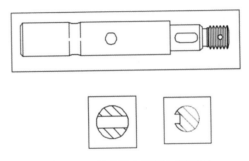

图 14-33　创建的主视图与剖面图

（9）单击"默认"选项卡"绘图"面板中的"直线"按钮，画出视图中的轴线及对称中心线，命令行提示与操作如下：

```
......
（如果创建的主视图与剖面图没有对齐，则可以使用"对齐"命令，分别将其对齐）
命令：MVSETUP✓（对齐剖面图与主视图）
输入选项 [对齐(A)/创建(C)/缩放视口(S)/选项(O)/标题栏(T)/放弃(U)]：A✓
输入选项 [角度(A)/水平(H)/垂直对齐(V)/旋转视图(R)/放弃(U)]：V✓（竖直对齐）
指定基点：（激活主视图视口，选择小圆圆心）
指定视口中平移的目标点：（激活剖面图 1 视口，选择圆心）
输入选项 [角度(A)/水平(H)/垂直对齐(V)/旋转视图(R)/放弃(U)]：V✓
指定基点：（激活主视图视口，选择右边键槽上任一点）
指定视口中平移的目标点：（激活剖面图 2 视口，选择圆心）
输入选项 [角度(A)/水平(H)/垂直对齐(V)/旋转视图(R)/放弃(U)]：✓
```

（10）保存图形。单击快速访问工具栏中的"保存"按钮，将图形保存在源文件目录下。

# 14.6 动手练一练

通过本章的学习，读者对视图转换的相关知识有了大体的了解，本节通过两个操作练习使读者进一步掌握本章知识要点。

## 14.6.1 绘制轴承支座轴测图

本练习绘制如图 14-34 所示的轴承支座。通过本练习，主要目的是帮助读者进一步熟悉轴测图的绘制方法。

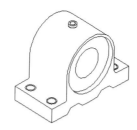

图 14-34　轴承支座轴测图

操作提示：

（1）设置绘图环境。

（2）绘制轴承支座。

## 14.6.2 将机座三维实体图转换成三视图

本练习将如图 14-35 所示的机座转换成三视图。通过本练习，主要帮助读者进一步熟悉将实体图转换成三视图的具体方法。

图 14-35　机座

操作提示：

（1）设置视口。

（2）编辑图线。

# 教学视频学习二维码

扫描下列二维码，读者可在手机中学习书中所有案例的练习视频。

| | | | |
|---|---|---|---|
| 1. 绘制线段.avi | 2. 方头平键图形.avi | 2. 哈哈猪.avi | 2. 螺母.avi |
| 2. 梅花.avi | 2. 汽车.avi | 2. 五角星（方法二）.avi | 2. 五角星（方法一）.avi |
| 2. 洗脸盆.avi | 2. 棘轮.avi | 3. 泵轴.avi | 3. 尺寸约束法绘制方头平键.avi |
| 3. 绘制直线1.avi | 3. 绘制直线2.avi | 3. 绘制直线3.avi | 3. 绘制直线4.avi |
| 3. 极轴追踪法绘制方头平键.avi | 3. 盘盖.avi | 3. 三角形.avi | 3. 相切及同心圆.avi |

| | | | |
|---|---|---|---|
| 3.圆公切线.avi | 4.M10螺母.avi | 4.办公桌.avi | 4.餐厅桌椅.avi |
| 4.电视柜.avi | 4.挂轮架.avi | 4.挂钟.avi | 4.间歇轮.avi |
| 4.力矩式自整角发送机.avi | 4.连接盘.avi | 4.链接图形.avi | 4.门.avi |
| 4.曲柄.avi | 4.手柄.avi | 4.洗菜盆.avi | 4.选择指定对象.avi |
| 4.油标尺.avi | 4.圆头平键.avi | 4.整流桥电路.avi | 4.装饰盘.avi |
| 5.编辑图形.avi | 5.别墅墙体.avi | 5.单人床.avi | 5.法兰盘.avi |

| | | | |
|---|---|---|---|
| 5.锅.avi | 5.花朵.avi | 5.旋钮.avi | 5.支架.avi |
| 5.足球.avi | 6.机械制图样板图.avi | 6.明细表.avi | 6.在标注文字时插入"±"号.avi |
| 7.标注齿轮轴套.avi | 7.标注阀盖尺寸.avi | 7.标注挂轮架.avi | 7.标注卡槽.avi |
| 7.标注螺栓.avi | 8.标注阀盖表面粗糙度.avi | 8.定义螺母图块.avi | 8.动态块功能标注阀盖粗糙度.avi |
| 8.将螺母插入到连接盘.avi | 8.属性功能标注阀盖粗糙度.avi | 8.睡莲满池.avi | 8.组合机床液压系统原理图.avi |
| 9.查询法兰盘属性.avi | 9.创建体育馆建筑结构施工图图纸集.avi | 9.带标记的样品图纸.avi | 9.对齿轮轴套进行CAD标准检验.avi |

| | | | |
|---|---|---|---|
| 9. 给房子图形插入窗户图块.avi | 9. 居室布置平面图.avi | 9. 日光灯的调光器电路.avi | 10. 发布盘类零件图形.avi |
| 10. 发布盘类元件图形.avi | 10. 将明细表超链接到变速器组装图.avi | 10. 将盘类图形进行电子出图.avi | 10. 将盘类图形进行电子传递.avi |
| 10. 将住房布局DWG图形转化成BMP图形.avi | 11. 茶壶.avi | 11. 弹簧.avi | 11. 观察阀体三维模型.avi |
| 11. 花篮.avi | 11. 足球门.avi | 12. 拨叉架.avi | 12. 带轮的绘制.avi |
| 12. 棘轮.avi | 12. 六角形拱顶.avi | 12. 内六角螺钉.avi | 12. 平键.avi |
| 12. 深沟球轴承.avi | 12. 锁的绘制.avi | 12. 弯管接头.avi | 12. 轴承座.avi |

| | | | |
|---|---|---|---|
| 13.顶针.avi | 13.固定板.avi | 13.连接轴环.avi | 13.凉亭.avi |
| 13.六角螺母.avi | 13.三通管.avi | 13.石桌.avi | 13.手推车小轮.avi |
| 13.双头螺柱立体图.avi | 13.台灯.avi | 13.镶块.avi | 13.战斗机.avi |
| 13.支架.avi | 13.轴支架.avi | 13.转向盘.avi | 14.绘制端盖的斜二测图.avi |